グリフィス
素粒子物理学

Introduction to Elementary Particles
David J. Griffiths

花垣 和則・波場 直之
訳

丸善出版

Introduction to Elementary Particles

Second, Revised Edition

by

David Griffiths

Copyright © 2008 WILEY-VCH Verlag GmbH & Co. KGaA, Weinheim

All Rights Reserved. Authorised translation from the German language edition published by Wiley-VCH Verlag GmbH & Co. KGaA. Responsibility for the accuracy of the translation rests solely with Maruzen Publishing Co., Ltd. and is not the responsibility of Wiley. No part of this book may be reproduced in any form without the written permission of the original publisher.

Japanese translation rights arranged with John Wiley & Sons Limited through Japan UNI Agency, Inc., Tokyo.

第2版のはじめに

本書の初版が出版されてから20年が経過した．大部分がそれなりに最新のままだということは，満足であると同時に苦痛でもある．念のためにいっておくと，完全に抜け落ちている点はいくつかある．たとえば，トップクォークの存在は当時は確認されていなかったし，（よい理由があるわけでもないのに）ニュートリノは一般的に質量がゼロであると仮定されていた．しかし，本質的には本書の主題は標準模型であり，その標準模型が，驚くほど堅固であることが証明された．これは，理論が賞賛に値しているのと同時に，私たち素粒子物理学者全体の想像力に対する告発でもある．素粒子物理学の歴史の中で，これほどまで，真に革命的な発見のない期間というのはなかったと思う．ニュートリノ振動はどうだろう．確かに，素晴らしい話ではあるが（この話題についての章を追加した），この尋常ではない現象は，標準模型に非常にうまく収まっているし，（もちろん後知恵ではあるが）振り返ってみると，もしニュートリノ振動がなかったら，もっと驚くべきことであった．超対称性と弦理論はどうだろう．その通り，いまのところ憶測にすぎない（現代の理論の発展に関する章を追加した）．確かな実験的検証がある限り，（ニュートリノ質量と混合を含む）標準模型が依然として支配者なのだ．

すでに述べた二つの新しい章に加えて，1章で歴史を最新のものに，5章を短く，6章で黄金律に関するより説得力のある紹介を，そして，電磁形状因子とスケーリングを説明する8章の大部分を削除した（これは，クォーク模型を確固たるものとした深非弾性散乱実験を解釈する上では決定的に重要であったが，今日ではクォークの存在を疑う人はいないし，そこでの詳細は本質的にはもはやそれほど重要ではない）．そして，8章で削除しなかった部分と，元々の9章とを組み合わせて，ハドロンに関する新しい章をつくった．これら以外の変更はあまり重要ではない．

多くの人々が私に提案や訂正を送ってくれ，また，私の質問に辛抱強く答えてくれた．全員に感謝することはできないが，とくにたくさん助けてくれた何人かにお礼をいいたい．Guy Blaylock（マサチューセッツ大学アマースト校），John Boersma（ロチェスター大学），Carola Chinellato（ブラジル），Eugene Commins

(カルフォルニア大学バークレー校), Mimi Gerstell (カルフォルニア工科大学), Nahmin Horwitz (シラキュース大学), Richard Kass (オハイオ州立大学), Janis McKenna (UBC), Nic Nigro (シアトル大学), John Norbury (ウィスコンシン大学ミルウォーキー校), Jason Quinn (ノートルダム大学), Aaron Roodman (SLAC), Natthi Sharma (イースタンミシガン大学), Steve Wasserbeach (ハバフォード大学), そして, とりわけ Pat Burchat (スタンフォード大学) に感謝する.

この作業の一部は, スタンフォード大学と SLAC でサバティカルの間に行った. とくに, この作業を可能にしてくれた Patricia Burchat と Michael Peskin に感謝する.

David J. Griffiths
2008

初版のはじめに

　この素粒子理論の序論は，おもに物理学を専攻している学部上級生を対象としている．同僚のほとんどは，このテーマは彼らには不適切だと考えている．というのも，数学が難しすぎて，現象論が広範囲に散らばりすぎていて，定式化があやふやで，将来内容が変わってしまうかもしれないからだ．10年前なら私は同意しただろう．しかし，過去10年間で，物事は驚くほど整理され，素粒子物理学は成熟したといえる．学ぶべきことがもっとたくさんあるのはあきらかだが，現在までにすでに筋の通った統一された理論構造がある．それは，大学院まで勉強しないでいるには，あるいは，現代物理学のわずかな一部として薄く定性的な形で伝えるには，あまりにも刺激的かつ重要すぎるものだ．私は，素粒子物理学を標準の学部課程カリキュラムに入れるときが来たと思っている．

　残念なことに，この分野の研究文献は学部生にとってはあきらかに手も足も出ない．また，いまでも大学院生向けの優れた教科書はいくつかあるが，それらは，場の量子論ではないにしても，高度な量子力学を十分に準備しなければならない．逆の極端としては，多くの一般書や，Scientific American の優れた記事が多数ある．しかし，学部生のために特別に書かれたものはほとんどない．本書は，その必要性を満たすための努力の成果で，私がリード大学でときどき担当した素粒子の授業の学期一つ分を元にしている．その受講生たちは，電磁気学（Lorrain の教科書と Corson の教科書のレベル）と，量子力学（Park の教科書のレベル）を履修しており，特殊相対論はかなり熟知していた．

　想定しているおもな読者に加えて，本書が，大学院初年度の学生のための初めての教科書，あるいは，より専門的な内容の準備として役立つことを願っている．このことを念頭に置きつつ，より完璧かつ柔軟であるために，本書には，一つの学期で楽にこなすことができるよりも多くの題材を盛り込んだ（私自身の講座では，1 章と 2 章を学生自身に読んでもらって，3 章から講義を始めている．5 章を全部飛ばして，6 章と 7 章を集中してやり，8 章の最初の 2 節の議論の後，10 章に飛ぶ）．読者（および教師）の手助けのために，各章とも，目的と内容，必要とされる予備知識，および，その後の内容における位置付けについての簡単なイン

トロダクションから始めている．

　本書は，私がスタンフォード線形加速器センター（SLAC）でサバティカルの間に書いたものである．Sidney Drell 教授と理論グループのメンバーのホスピタリティに感謝する．

David J. Griffiths

1986

訳者まえがき

　原書は，素粒子物理学実験の研究室で，4年生，あるいは修士課程の初年度に，ゼミで広く使われているのではないかと思います．そのような有名な本を，私のような者が訳してよいのか，訳すことができるのか非常に心配しました．

　実際，翻訳の作業を始めてみると，予想していた通りではあったのですが，「翻訳」という作業は「著述」以上に難事業でした．数式の説明や，物理法則の説明自体は自明なのですが，著者が込めたメッセージをどう日本語にしたらよいのか思いつかない，あるいは，微妙なニュアンスをどう伝えればよいのか考え込む，こういう時間が翻訳作業の大部分を占めました．自分の考えに基づいての説明になってしまわないよう，著者の思考を汲み取りつつ，文章の背後にある意図に思いを巡らせつつ，物理の説明として間違っていない文章をつくるのは，自分自身との葛藤でもありました．

　しかし，そのような読み方をしたおかげで，以前ゼミで使ったときには物理の内容しか気にしていなかったために見えなかった，教育という観点での戦略や，思考の流れが多少なりとも見えてくるようになりました（気のせいかもしれませんが）．私の力量不足のために，それをうまく翻訳し表現することができなかったかもしれませんが，一読者として，本全体を眺めると，著者の戦略は「イントロダクション」として素晴らしい匙加減であったと実感しています．拙訳を自信をもってお勧めできるかどうかわかりませんが，原著は素晴らしくよくまとまったものであり，冒頭に書いたように，4年生あるいは修士課程の初年度に初めて素粒子物理学に触れる学生にとっては最適の書の一つであることを再認識しました．

　最後に，本書を日本語に翻訳する機会を与えてくださった原著者のグリフィス氏に感謝いたします．また，辛抱強く翻訳作業にお付き合いいただいた丸善出版の担当者の方々，とくに，校正でお世話になった村田レナさんに感謝いたします．そして，本書の翻訳という企画を提案してお声がけくださった元丸善出版の沼澤修平さんに心からお礼申し上げます．

花垣　和則

グリフィス氏のこの本は，素粒子物理学の初学者によい本だと思います．しかし，理論の研究者として，どうしてもコメントしておかなくてはいけないと思う箇所があります．

　一つ目は，6 章，7 章のくりこみに関してです．くりこみが開発されたときは著者も書くように，無限大の問題を「絨毯(じゅうたん)の下にごみを隠す」たんなる処方箋であって，理論とは程遠いように思われていました．しかしながら，現代では，くりこみは，たんに「絨毯の下にごみを隠す」のではなく，自然の階層性を正しく記述し（クォークとグルーオンの詳細なダイナミクスを知らなくても水素原子のエネルギースペクトルを正確に計算できますよね），量子場の理論だけでなく，スピン系などの多様な問題にも適用可能な普遍的な理論だとわかっています．また，発散を差し引いた残りの有限部分（たとえば，m や g）が，エネルギー依存性（「走る」質量，「走る」結合定数）をもつと理解するよりは，「高エネルギー（近距離）から低エネルギー（長距離）への粗視化のスケーリングの情報が，発散に含まれていることが本質」で，物理量のエネルギー依存性があらわれると理解した方がよいです．こうしたくりこみ理論は精密に機能していて，QCD の漸近的自由や，QED の微細構造定数 137 分の 1 のエネルギーによる変化が実験と一致します．そして，電子の磁気能率などは実験結果と 1 兆分の 1 以下の精度で一致するのです．

　二つ目は，7 章で，「$\pi^0 \to 2\gamma$ の崩壊は，$e^+ + e^- \to 2\gamma$ と基本的に同じで，始状態の二つのクォークがたまたま束縛状態になっているとみなせる」と記述がありますが，この崩壊過程は，「たまたま束縛状態になっている」とみなすのではなく，もっと豊かな物理が背後に存在することを知っていただきたいのです．それは，「QCD のカイラル対称性の自発的破れ」と「量子効果での対称性の破れ（アノマリー）」の二つです．実際，π をカイラル対称性の自発的破れに付随する南部–ゴールドストンボソンとみなしたうえで，アノマリーを考慮すると，崩壊過程や散乱過程が実験と非常によく一致します．

　また，12.3 節のレプトジェネシスに関して，$\nu_e \to \nu_\mu$ と $\bar{\nu}_e \to \bar{\nu}_\mu$ などニュートリノ・反ニュートリノの振動の違いに寄与する MSN 行列中の CP 位相だけだと，多くの人が考えている右巻きニュートリノの崩壊によるレプトジェネシスは機能しないことに注意して下さい（ただし，近年この CP 位相だけで機能するレプトジェネシスも研究されています）．

　このような話をきちんとしようと思ったら，さらにたくさんのページ数や数学

的準備が必要ですから，この本の範囲を超えてしまうことはよくわかります．ただ，この本の先に，もっと深遠な物理の世界が広がっていることを頭の隅に残しておいてほしいものです．それを踏まえたうえで，本書をさらに進んだ勉強へ踏み出すきっかけにしていただけたらと思います．

最後に，業績をフェアに評価するのは難しいことだと思いますが，個人的には，本文の「ゴールドストンボソン」や「ウォードの恒等式」は，「南部–ゴールドストンボソン」，「ウォード–高橋の恒等式」と覚えてほしいと思います．

波場　直之

注：原書のあきらかなミスや式の引用間違いについては，修正しました．

公式と物理定数

粒子データ

質量 (MeV/c^2), 寿命 (秒), 電荷 (陽子の電荷を1とした単位)

レプトン (スピン $1/2$)

世代	フレーバー	電荷	質量*	寿命	おもな崩壊
第1	e (電子)	-1	0.510 999	∞	—
	ν_e (電子ニュートリノ)	0	0	∞	—
第2	μ (ミューオン)	-1	105.659	2.19703×10^{-6}	$e\nu_\mu\bar{\nu}_e$
	ν_μ (ミューニュートリノ)	0	0	∞	—
第3	τ (タウ)	-1	1776.99	2.91×10^{-13}	$e\nu_\tau\bar{\nu}_e, \mu\nu_\tau\bar{\nu}_\mu, \pi^-\nu_\tau$
	ν_τ (タウニュートリノ)	0	0	∞	—

* ニュートリノの質量は非常に小さいので,ほとんどの場合ゼロとしてよい. 詳しくは11章を参照.

クォーク (スピン $1/2$)

世代	フレーバー	電荷	質量*
第1	d (ダウン)	$-1/3$	7
	u (アップ)	$2/3$	3
第2	s (ストレンジ)	$-1/3$	120
	c (チャーム)	$2/3$	1 200
第3	b (ボトム)	$-1/3$	4 300
	t (トップ)	$2/3$	174 000

* 軽いクォークの質量は正確でなく推測値である. メソンやバリオンの中での有効質量は5章を参照.

力の媒介粒子 (スピン 1)

力	力の媒介粒子	電荷	質量	寿命	主崩壊
強い力	g (8 グルーオン)	0	0	∞	—
電磁力	γ (光子)	0	0	∞	—
弱い力	$W^\pm$ (荷電)	± 1	80 420	3.11×10^{-25}	$e^+\nu_e, \mu^+\nu_\mu, \tau^+\nu_\tau, cX$ $\to$ ハドロン
	Z^0 (中性)	0	91 190	2.64×10^{-25}	$e^+e^-, \mu^+\mu^-, \tau^+\tau^-, q\bar{q}$ $\to$ ハドロン

バリオン (スピン 1/2)

バリオン	含有クォーク	電荷	質量	寿命	主崩壊
$N \begin{cases} p \\ n \end{cases}$	uud	1	938.272	∞	—
	udd	0	939.565	885.7	$pe\bar{\nu}_e$
Λ	uds	0	1115.68	2.63×10^{-10}	$p\pi^-, n\pi^0$
Σ^+	uus	1	1189.37	8.02×10^{-11}	$p\pi^0, n\pi^+$
Σ^0	uds	0	1192.64	7.4×10^{-20}	$\Lambda\gamma$
Σ^-	dds	-1	1197.45	1.48×10^{-10}	$n\pi^-$
Ξ^0	uss	0	1314.8	2.90×10^{-10}	$\Lambda\pi^0$
Ξ^-	dss	-1	1321.3	1.64×10^{-10}	$\Lambda\pi^-$
Λ_c^+	udc	1	2286.5	2.00×10^{-13}	$pK\pi, \Lambda\pi\pi, \Sigma\pi\pi$

バリオン (スピン 3/2)

バリオン	含有クォーク	電荷	質量	寿命	主崩壊
Δ	uuu, uud, udd, ddd	$2,1,0,-1$	1232	5.6×10^{-24}	$N\pi$
Σ^*	uus, uds, dds	$1,0,-1$	1385	1.8×10^{-23}	$\Lambda\pi, \Sigma\pi$
Ξ^*	uss, dss	$0,-1$	1533	6.9×10^{-23}	$\Xi\pi$
Ω^-	sss	-1	1672	8.2×10^{-11}	$\Lambda K^-, \Xi\pi$

擬スカラーメソン (スピン 0)

メソン	含有クォーク	電荷	質量	寿命	主崩壊
$\pi^\pm$	$u\bar{d}, d\bar{u}$	1,−1	139.570	2.60×10^{-8}	$\mu\nu_\mu$
π^0	$(u\bar{u} - d\bar{d})/\sqrt{2}$	0	134.977	8.4×10^{-17}	$\gamma\gamma$
$K^\pm$	$u\bar{s}, s\bar{u}$	1,−1	493.68	1.24×10^{-8}	$\mu\nu_\mu, \pi\pi, \pi\pi\pi$
$K^0, \bar{K}^0$	$d\bar{s}, s\bar{d}$	0	497.65	$K_S^0: 8.95 \times 10^{-11}$	$\pi\pi$
				$K_L^0: 5.11 \times 10^{-8}$	$\pi e\nu_e, \pi\mu\nu_\mu, \pi\pi\pi$
η	$(u\bar{u} + d\bar{d} - 2s\bar{s})/\sqrt{6}$	0	547.51	5.1×10^{-19}	$\gamma\gamma, \pi\pi\pi$
η'	$(u\bar{u} + d\bar{d} + s\bar{s})/\sqrt{3}$	0	957.78	3.2×10^{-21}	$\eta\pi\pi, \rho\gamma$
$D^\pm$	$c\bar{d}, d\bar{c}$	1,−1	1869.3	1.04×10^{-12}	$K\pi\pi, K\mu\nu_\mu, Ke\nu_e$
$D^0, \bar{D}^0$	$c\bar{u}, u\bar{c}$	0	1864.5	4.1×10^{-13}	$K\pi\pi, Ke\nu_e, K\mu\nu_\mu$
$D_s^\pm$	$c\bar{s}, s\bar{c}$	1,−1	1968.2	5.0×10^{-13}	$\eta\rho, \phi\pi\pi, \phi\rho$
$B^\pm$	$u\bar{b}, b\bar{u}$	1,−1	5279.0	1.6×10^{-12}	$D^*\ell\nu_\ell, D\ell\nu_\ell, D^*\pi\pi\pi$
$B^0, \bar{B}^0$	$d\bar{b}, b\bar{d}$	0	5279.4	1.5×10^{-12}	$D^*\ell\nu_\ell, D\ell\nu_\ell, D^*\pi\pi$

ベクトルメソン (スピン 1)

メソン	含有クォーク	電荷	質量	寿命	主崩壊
ρ	$u\bar{d}, (u\bar{u} - d\bar{d})/\sqrt{2}, d\bar{u}$	1,0,−1	775.5	4×10^{-24}	$\pi\pi$
K^*	$u\bar{s}, d\bar{s}, s\bar{d}, s\bar{u}$	1,0,−1	894	1×10^{-23}	$K\pi$
ω	$(u\bar{u} + d\bar{d})/\sqrt{2}$	0	782.6	8×10^{-23}	$\pi\pi\pi, \pi\gamma$
ψ	$c\bar{c}$	0	3097	7×10^{-21}	$e^+e^-, \mu^+\mu^-, 5\pi, 7\pi$
D^*	$c\bar{d}, c\bar{u}, u\bar{c}, d\bar{c}$	1,0,−1	2008	3×10^{-21}	$D\pi, D\gamma$
Υ	$b\bar{b}$	0	9460	1×10^{-20}	$e^+e^-, \mu^+\mu^-, \tau^+\tau^-$

スピン 1/2

パウリ行列：

$$\sigma_x \equiv \begin{pmatrix} 0 & 1 \\ 1 & 0 \end{pmatrix}, \quad \sigma_y \equiv \begin{pmatrix} 0 & -i \\ i & 0 \end{pmatrix}, \quad \sigma_z \equiv \begin{pmatrix} 1 & 0 \\ 0 & -1 \end{pmatrix}$$

$$\sigma_i \sigma_j = \delta_{ij} + i\epsilon_{ijk}\sigma_k, \quad (\mathbf{a}\cdot\boldsymbol{\sigma})(\mathbf{b}\cdot\boldsymbol{\sigma}) = \mathbf{a}\cdot\mathbf{b} + i\sigma\cdot(\mathbf{a}\times\mathbf{b})$$

$$\sigma_i^\dagger = \sigma_i = \sigma_i^{-1}, \quad e^{i\theta\cdot\sigma} = \cos\theta + i(\hat{\theta}\cdot\sigma)\sin\theta$$

ディラック行列：

$$\gamma^0 \equiv \begin{pmatrix} 1 & 0 \\ 0 & -1 \end{pmatrix}, \quad \sigma^i \equiv \begin{pmatrix} 0 & \sigma_i \\ -\sigma_i & 0 \end{pmatrix}, \quad \gamma^{0\dagger}=\gamma^0, \quad \gamma^{i\dagger}=-\gamma^i, \quad \gamma^0\gamma^{\mu\dagger}\gamma^0=\gamma^\mu$$

$$\{\gamma^\mu, \gamma^\nu\} = 2g^{\mu\nu}, \quad g^{\mu\nu} = g_{\mu\nu} = \begin{Bmatrix} 1 & 0 & 0 & 0 \\ 0 & -1 & 0 & 0 \\ 0 & 0 & -1 & 0 \\ 0 & 0 & 0 & -1 \end{Bmatrix}$$

$$\gamma^5 \equiv i\gamma^0\gamma^1\gamma^2\gamma^3 = \begin{pmatrix} 0 & 1 \\ 1 & 0 \end{pmatrix}, \quad \{\gamma^\mu, \gamma^5\} = 0, \quad (\gamma^5)^2 = 1$$

(積のルールとトレース定理は付録 C を参照)

ディラック方程式：

$$i\hbar\gamma^\mu\,\partial_\mu\psi - mc\,\psi = 0$$

$$(\not{p} - mc)u = 0, \quad (\not{p} + mc)v = 0, \quad \bar{u}(\not{p} - mc) = 0, \quad \bar{v}(\not{p} + mc) = 0$$

$$\bar{\psi} \equiv \psi^\dagger\gamma^0, \quad \bar{\Gamma} \equiv \gamma^0\Gamma^\dagger\gamma^0, \quad \not{a} \equiv a_\mu\gamma^\mu$$

ファインマン則

	外線	伝搬関数

スピン 0： なし $\dfrac{i}{q^2-(mc)^2}$

スピン 1/2： $\begin{cases} \text{入射粒子：} & u \\ \text{入射反粒子：} & \bar{v} \\ \text{放出粒子：} & \bar{u} \\ \text{放出反粒子：} & v \end{cases}$ $\dfrac{i(\not{q}+mc)}{q^2-(mc)^2}$

スピン 1： $\begin{cases} \text{入射：} & \epsilon_\mu \\ \text{放出：} & \epsilon_\mu^* \end{cases}$ $\begin{cases} \text{質量ゼロ：} & \dfrac{-ig_{\mu\nu}}{q^2} \\[1em] \text{質量をもつ：} & \dfrac{-i[g_{\mu\nu}-q_\mu q_\nu/(mc)^2]}{q^2-(mc)^2} \end{cases}$

(バーテックス因子については付録 D を参照)

基本定数

プランク定数：	$\hbar$	=	1.05457×10^{-34} J s
		=	6.58212×10^{-22} MeV s
光速：	c	=	2.99792×10^8 m/s
電子質量：	m_e	=	9.10938×10^{-31} kg = 0.510999 MeV/c^2
陽子質量：	m_p	=	1.67262×10^{-27} kg = 938.272 MeV/c^2
電子電荷 (大きさ)：	e	=	1.60218×10^{-19} C
		=	4.80320×10^{-10} esu
微細構造定数：	α	=	$e^2/\hbar c = 1/137.036$
ボーア半径：	a	=	$\hbar^2/m_e e^2 = 5.29177 \times 10^{-11}$ m
ボーアエネルギー：	E_n	=	$-m_e e^4/2\hbar^2 n^2 = -13.6057/n^2$ eV
古典電子半径：	r_e	=	$e^2/m_e c^2 = 2.81794 \times 10^{-15}$ m
QED 結合定数：	g_e	=	$e\sqrt{4\pi/\hbar c} = 0.302822$
弱結合定数：	g_w	=	$g_e/\sin\theta_w = 0.6295$
	g_z	=	$g_w/\cos\theta_w = 0.7180$
弱混合角：	θ_w	=	$28.76°$ ($\sin^2\theta_w = 0.2314$)
強結合定数：	g_s	=	1.214

変換因子

1 Å	=	0.1 nm = 10^{-10} m
1 fm	=	10^{-15} m
1 barn	=	10^{-28} m^2
1 eV	=	1.60218×10^{-19} J
1 MeV/c^2	=	1.78266×10^{-30} kg
1 Coulomb	=	2.99792×10^{-9} esu

目　次

序 ——————————————————————————— 1

1　素粒子物理学の歴史 ——————————————— 13
- 1.1　古典時代（1897～1932 年） ———————————— 13
- 1.2　光子（1900～1924 年） ——————————————— 15
- 1.3　中間子（1934～1947 年） —————————————— 19
- 1.4　反粒子（1930～1956 年） —————————————— 21
- 1.5　ニュートリノ（1930～1962 年） —————————— 24
- 1.6　ストレンジ粒子（1947～1960 年） ————————— 32
- 1.7　八道説（1961～1964 年） —————————————— 36
- 1.8　クォーク模型（1964 年） —————————————— 40
- 1.9　11 月革命とその余波（1974～1983 年，1995 年） —— 46
- 1.10　仲介役ベクトルボソン（1983 年） ————————— 50
- 1.11　標準模型（1978 年～？） ————————————— 51

2　素粒子の運動学 ——————————————————— 63
- 2.1　四つの力 ——————————————————————— 63
- 2.2　量子電気力学（QED） ——————————————— 64
- 2.3　量子色力学（QCD） ———————————————— 71
- 2.4　弱い相互作用 ———————————————————— 76
  - 2.4.1　中性相互作用 —————————————————— 77
  - 2.4.2　荷電相互作用 —————————————————— 78
  - 2.4.3　クォーク ———————————————————— 80
  - 2.4.4　W と Z の電弱結合 ——————————————— 83
- 2.5　崩壊と保存則 ———————————————————— 84

xvi　目　次

　　2.6　統一の方法 ……………………………………………………… 89

3　相対論的運動学 — **95**
　　3.1　ローレンツ変換 …………………………………………………… 95
　　3.2　4元ベクトル ……………………………………………………… 98
　　3.3　エネルギーと運動量 ……………………………………………… 102
　　3.4　衝　突 …………………………………………………………… 107
　　　　3.4.1　古典的衝突 ………………………………………………… 107
　　　　3.4.2　相対論的衝突 ……………………………………………… 108
　　3.5　応用例 …………………………………………………………… 109

4　対称性 — **123**
　　4.1　対称性，群，保存則 ……………………………………………… 123
　　4.2　角運動量 ………………………………………………………… 128
　　　　4.2.1　角運動量の足し算 ………………………………………… 130
　　　　4.2.2　スピン 1/2 ………………………………………………… 135
　　4.3　フレーバー対称性 ………………………………………………… 138
　　4.4　離散対称性 ……………………………………………………… 146
　　　　4.4.1　パリティ …………………………………………………… 146
　　　　4.4.2　荷電共役 …………………………………………………… 153
　　　　4.4.3　CP ……………………………………………………… 155
　　　　4.4.4　時間反転と CPT 定理 …………………………………… 160

5　束縛状態 — **171**
　　5.1　シュレーディンガー方程式 ………………………………………… 171
　　5.2　水　素 …………………………………………………………… 174
　　　　5.2.1　微細構造 …………………………………………………… 177
　　　　5.2.2　ラムシフト ………………………………………………… 179
　　　　5.2.3　超微細分離 ………………………………………………… 180
　　5.3　ポジトロニウム …………………………………………………… 181
　　5.4　クォーコニウム …………………………………………………… 185
　　　　5.4.1　チャーモニウム …………………………………………… 186

　　　　5.4.2　ボトモニウム　188
　5.5　軽いクォークでできた中間子　189
　5.6　バリオン　193
　　　　5.6.1　バリオンの波動関数　194
　　　　5.6.2　磁気モーメント　202
　　　　5.6.3　質　量　204

6　ファインマン則　211

　6.1　崩壊と散乱　211
　　　　6.1.1　崩壊の頻度　211
　　　　6.1.2　断面積　213
　6.2　黄金律　218
　　　　6.2.1　崩壊の黄金律　218
　　　　6.2.2　散乱の黄金律　223
　6.3　トイモデルに対するファインマン則　226
　　　　6.3.1　A の寿命　229
　　　　6.3.2　$A+A \to B+B$ 散乱　230
　　　　6.3.3　高次のダイアグラム　232

7　量子電気力学　239

　7.1　ディラック方程式　239
　7.2　ディラック方程式の解　243
　7.3　双一次共変形　250
　7.4　光　子　254
　7.5　QED に対するファインマン則　258
　7.6　例　262
　7.7　カシミール・トリック　266
　7.8　断面積と寿命　271
　7.9　くりこみ　280

8　クォークの電気力学と色力学　293

　8.1　e^+e^- 衝突におけるハドロン生成　293

xviii 目次

- 8.2 弾性電子–陽子散乱 ... 299
- 8.3 色力学のファインマン則 ... 303
- 8.4 カラー因子 ... 308
  - 8.4.1 クォークと反クォーク ... 309
  - 8.4.2 クォークとクォーク ... 311
- 8.5 QCDにおける対消滅 ... 314
- 8.6 漸近的自由 ... 318

9 弱い相互作用 ... 327

- 9.1 荷電レプトン弱相互作用 ... 327
- 9.2 ミュー粒子崩壊 ... 330
- 9.3 中性子の崩壊 ... 336
- 9.4 パイ中間子の崩壊 ... 342
- 9.5 クォークの荷電弱相互作用 ... 345
- 9.6 中性弱相互作用 ... 351
- 9.7 電弱統一 ... 360
  - 9.7.1 カイラルフェルミオン ... 360
  - 9.7.2 弱アイソスピンとハイパー荷 ... 364
  - 9.7.3 電弱混合 ... 367

10 ゲージ理論 ... 377

- 10.1 古典力学によるラグランジアンの定式化 ... 377
- 10.2 相対論的場の理論におけるラグランジアン ... 378
- 10.3 局所ゲージ不変 ... 382
- 10.4 ヤン–ミルズ理論 ... 386
- 10.5 色力学 ... 391
- 10.6 ファインマン則 ... 395
- 10.7 質量項 ... 398
- 10.8 自発的対称性の破れ ... 401
- 10.9 ヒッグス機構 ... 404

11 ニュートリノ振動 — 413
- 11.1 太陽ニュートリノ問題 — 413
- 11.2 振動 — 416
- 11.3 ニュートリノ振動の確認 — 419
- 11.4 ニュートリノ質量 — 423
- 11.5 混合行列 — 424

12 その後：次は何だろうか？ — 429
- 12.1 ヒッグスボソン — 430
- 12.2 大統一 — 434
- 12.3 物質・反物質非対称 — 438
- 12.4 超対称性，弦理論，余剰次元 — 440
  - 12.4.1 超対称性 — 440
  - 12.4.2 弦理論 — 442
- 12.5 暗黒物質と暗黒エネルギー — 444
  - 12.5.1 暗黒物質 — 444
  - 12.5.2 暗黒エネルギー — 446
- 12.6 結論 — 448

付録 — 453
- A ディラックのデルタ関数 — 453
- B 崩壊率と断面積 — 458
  - B.1 崩壊 — 458
    - B.1.1 二体崩壊 — 458
  - B.2 断面積 — 458
    - B.2.1 二体散乱 — 459
- C パウリ行列とディラック行列 — 461
  - C.1 パウリ行列 — 461
  - C.2 ディラック行列 — 461
- D ファインマン則（ツリーレベル） — 464
  - D.1 外線 — 464
  - D.2 伝播関数 — 464

    D.3 バーテックス因数 464

索　引 ──────────────── **467**

序

素粒子物理学

　素粒子物理学は，「物質は何からできているのか」というような最も根源的な，いい換えると最もミクロな世界の疑問に答える．驚くべきことに，原子よりも小さなスケールでは，物質はわずかな粒と，粒の間の非常に大きな空間からできている．さらに驚くべきことには，これらの小さな粒にはいくつかの違った種類があり（電子，陽子，中性子，パイ中間子，ニュートリノなど），それらが天文学的な量だけ積み重なることでわれわれの周りの「物」を形づくっているのだ．そして，その複製はまったくもって完璧なコピーなのだ．同じ工場の組み立てラインでつくられた2台のフォードのようにたんに「よく似ている」のではなく，まったく区別できないのだ．一つ，あるいはすべての電子をもし見ることができたとしても，認識するためのシリアル番号を押印することはできない．この絶対的な同一性という概念は，マクロの世界にはない（量子力学では，パウリの排他原理で反映されている）．この同一性が，素粒子物理学をとてつもなくすっきりさせた．大きな電子と小さな電子，あるいは新しい電子と古い電子という心配はしなくてもよい．電子は電子なのだ．そのような同一性に到達するのは，そう簡単なことではなかった．

　そこで，私の最初の仕事は，さまざまな種類の素粒子たち，ドラマに例えるなら役者を紹介することである．それらをたんに表にして，性質（質量，電荷，スピンなど）を教えることもできるが，ここでは歴史的な視点を取り入れ，それぞれの粒子がどのようにして初めて登場してきたのかを説明するのがよいと考える．そうすることで粒子たちは個性をもち，より記憶しやすく，より興味深くなるはずだ．さらに，そのような話のいくつかはそれ自体が面白い．

　1章で粒子たちの紹介が済んだら，次の課題は「それらはどのように相互作用をするのか」になる．この問題は，直接的にも間接的にも，本書の残りすべてを占めている．もし肉眼で見える二つの物体を取り扱い，それらがどのように相互作用するのかを知りたかったら，たぶん，それらをさまざまな間隔で置き，二つの物体間に作用する力を測定するだろう．まさにそれが，クーロンが電荷をもった二つの小さな球体間に働

く電気的反発力の法則を決めた方法であり，キャベンディッシュが鉛でできた二つの重りの重力による引力を測定した方法である．しかし，陽子をピンセットでつまんだり，電子を糸の端に結びつけることはできない．それらは小さすぎる．そこで，実際上の問題から，素粒子の相互作用を探査するには，より間接的な方法に頼らなければならない．後にわかるように，われわれが実験で得る情報のほとんどすべては三つの方法で得ている．(1) 一つの粒子を別の粒子に入射し，(たとえば) その散乱角度を記録するというような散乱事象．(2) 瞬時にばらばらになる粒子の破片を精査する崩壊．そして (3) 二つ以上の粒子が一つに固められている複合物の性質を研究する束縛状態．以上の三つだ．いうまでもなく，そのような間接的な検証から相互作用の法則を決めるのは簡単な仕事ではない．通常は，相互作用のかたちを想像して得られた理論的予言を実験データと比較する．

　そのような想像（「模型」がもっとちゃんとした用語だ）の形成は，ある普遍的な原理，とくに相対論と量子力学のうえに成り立っている．下に示す表に，力学の四つの領域を概観した．

古典力学	量子力学
相対論的力学	場の量子論

日常生活は，もちろん古典力学で支配されている．しかし，非常に高速（光速に匹敵する速さ）で移動する物体に対しては，古典力学の法則は特殊相対論に修正される．また，非常に小さな（ざっくりいって原子の大きさ）物体に対しては量子力学に置き換えられる．そして最後に，速くて，かつ小さな物については，相対論と量子力学を組み込んだ場の量子論が必要となる．さて，素粒子はもちろんとてつもなく小さく，かつ典型的には非常に高速である．そのため，当然素粒子物理学は場の量子論の領域に入る．

　ここで，よく見て認識してほしいのは，力学の枠組みとある特定の運動法則との違いである．たとえば，ニュートンの万有引力の法則はある特別の相互作用（重力）を記述している一方で，ニュートンの三つの運動法則は力学の適用範囲（古典力学）を定義し，（その管轄内では）あらゆる相互作用がその運動法則に従う．いまある例では，力の法則により F がどのようなものかわかり，力学によって運動を指定するにはどのように F を使えばよいのかわかる．ということで，素粒子物理の力学のゴールは，場の量子論の枠組みの中で粒子の振る舞いを正しく記述する運動法則ひとそろえを推定することになる．

しかしながら，粒子の振る舞いのよくある特徴のいくつかは，相互作用の詳細とは何の関係もない．むしろ，それらは相対論によって直接決まってしまったり，あるいは量子力学から，あるいはまたその両方の組み合わせから決まってしまう．たとえば，相対論では，エネルギーと運動量はつねに保存するが，（静止）質量は保存しない．それゆえ，Δ は p と π の合計よりも重いにもかかわらず，$\Delta \to p + \pi$ という崩壊は完全に許容される．このような反応は，質量保存を厳格に要求する古典力学では不可能だ．さらに，相対論は（静止）質量がゼロの粒子の存在を許すし，つまり質量のない粒子という極限の発想は古典力学では許されず，後に見ていくように，光子とグルーオンには質量がない．

量子力学では，物理体系は状態 s（シュレーディンガー方程式の波動方程式 ψ_s あるいはディラック理論のケット $|s\rangle$）で記述される．散乱や崩壊などの物理過程は，ある一つの状態から別の状態への遷移から成り立っている．しかし，量子力学では初期状態を与えたからといって，終状態が一意的に決まるわけではない．一般に，われわれが計算できるのは，ある遷移が起こる確率だけである．この不確定さは，粒子の振る舞いの中に見出される．たとえば，荷電パイ中間子は通常ミュー粒子とニュートリノに崩壊するが，まれには電子とニュートリノに崩壊する．もともとのパイ中間子に違いはなく，完全に同じだ．これはたんに粒子がどちらにも崩壊できるという特性なのだ．

最後に，相対論と量子力学の統合によって，それらが単独では生むことのできない特別のボーナスがもたらされた．それらは，反粒子（粒子と同じ質量，同じ寿命をもち，電荷は反対）の存在と，パウリの排他律（非相対論的な量子力学ではたんに経験則的な仮定であった）の証明と，いわゆる CPT 定理である．これらについては後でさらに詳しく説明するが，ここで言及したのは，これらの特質が，ある特定の模型によって導き出されるのではなく，力学体系そのものから得られるということを強調したかったからだ．劇的な革命がない限り，それらは不変なのだ．ところで，栄光に包まれた場の量子論は難しくて深遠ではあるが，心配するには及ばない．ファインマンが，美しくて，直感的にわかりやすく，学ぶのがそれほど難しくない定式化を発明している．これについては 6 章で見ていく（すでに存在している場の量子論からファインマン則を導き出すことは別の話であり，それをやろうと思うと大学院生の授業の後半の大部分を使ってしまう．だから，ここではそれについてはやらない）．

1960 年代から 1970 年代にかけて，重力以外の，素粒子の知られているすべての相互作用を記述する理論が現れた（いまの段階でいえるのは，重力はあまりに弱すぎて通常の粒子反応にはまったく寄与しないということだ）．この理論，より正確には，素粒

子の2種類のグループ（クォークとレプトン）のうえに立脚した，量子電磁気学と，グラショー-ワインバーグ-サラムによる電弱相互作用の理論と，量子色力学のひとまとめは，標準模型とよばれるようになった．それが素粒子物理学の最後だとは誰も思っていないが，少なくともいまのわれわれはすべてのカード（粒子）を得た．1978年に標準模型が「正統」であるという地位を獲得して以来，あらゆる実験の結果が標準模型と合っている．さらに一つ，魅力的な耽美的特徴がある．すべての基本的相互作用は，局所ゲージ対称性の要求という一般原理によって導き出されるのだ．さらなる将来の発展は，標準模型の否定ではなく，拡張であるように思える．本書は「標準模型の導入」とよんでもよいくらいである．

その別名が示す通り，本書は素粒子物理学の理論について述べており，実験の手法や装置についてはほとんど触れていない．これらは重要な点であり，それらを教科書の中に組み入れてもよいという議論もあるが，内容が散漫になり，理論そのものの簡明性や美しさの邪魔をする可能性がある．読者が議論している内容の実験について勉強することをすすめるし，ときどき読みやすい記事の参照もする．だがいまここでは，実験に関する最もよくある二つの質問に対して，非常に短い回答を与えるにとどめる．

素粒子をどのように生成するのか？

電子と陽子は，通常の物質を構成する安定粒子なので簡単だ．電子が必要なら，一片の金属を熱すればよい．勝手に電子が飛び出してくる．もし電子ビームがほしいなら，電子を引きつけるための正に帯電した板を近くに置いて小さな穴を開ければよい．穴を通り抜けてきた電子がビームになる．このような電子銃が，テレビのブラウン管の部品，あるいはオシロスコープ，そして電子加速器（図 I.1）になっている．

陽子を得るには，水素をイオン化させる（いい換えると，電子を剥ぎ取る）．実際のところ，陽子を標的として使おうとするなら，電子について気を使う必要さえない．非常に軽い電子は，高いエネルギーの入射粒子によって吹き飛ばされてしまうからだ．それゆえ，水素タンクは実質的には陽子タンクなのだ．もっとエキゾチックな粒子を得るにはおもに三つの方法がある．宇宙線を使うか，原子核反応を使うか，粒子加速器を使うか，である．

宇宙線：地球はつねに宇宙空間から飛来する高エネルギー粒子（おもに陽子）の爆撃を受けている．これらの粒子の源が何であるかは依然として謎のままだ．いずれにせよ，それらが大気上層の原子にぶつかると，二次粒子（地表に届くとき

図I.1　SLAC国立加速器研究所全景．直線が線形加速器（提供：SLAC）

にはおもにミュー粒子とニュートリノ）を生成し，その二次粒子が四六時中雨のように降り注いでいる．素粒子の源泉として，宇宙線には二つの利点がある．それらは無料で，そして実験室で到達できるよりもはるかに高いエネルギーをもっている．しかし，二つの大きな欠点がある．現実的な大きさの検出器に当たる頻度が非常に低く，また，まったくコントロールできない．そのため，宇宙線を使った実験には忍耐と幸運が必要になる．

原子核反応：放射性原子核が崩壊するとき，中性子やニュートリノやアルファ線とよばれるもの（実際にはアルファ粒子は二つの中性子と二つの陽子の束縛状態）やベータ線（実際には電子あるいは陽電子）やガンマ線（実際には光子）などさまざまな粒子を放出する．

粒子加速器：電子または陽子からスタートして，それらを高エネルギーにまで加速し，標的にぶつける（図I.1）．吸収材と磁石をうまく配置することで，標的にぶつけてできた粒子の中から研究に使いたいものを分離摘出することができる．今

日ではそのような方法で，陽電子，ミュー粒子，パイ中間子，K 中間子，B 中間子，反陽子，そしてニュートリノなどの強度の高い二次ビームを生成可能である．そしてその二次ビームをさらにまた別の標的に当てることもできる．電子，陽子，陽電子，反陽子という安定粒子は，強力な磁石により軌道を保たれる蓄積リングに放り込まれることさえあり，その中を数時間も高速で周回し，必要なときに引き出される [1]．

一般に，生成したい粒子が重くなればなるほど，衝突のエネルギーはより高くなければならない．だからこそ，歴史的に，軽い粒子がまず発見される傾向があり，時が経つにつれて加速器がより強力になり，より重い粒子が発見されているのだ．一つの粒子を動かない標的に入射するのに比べて，二つの高速な粒子を正面衝突させると圧倒的に高い相対エネルギーを得られることがわかる（もちろん，こうするにははるかに難しい照準合わせが必要だ）．こうした理由で，現代の実験の多くは蓄積リングの交差で得られるビーム衝突を使っている．もし粒子が最初の交差で衝突に失敗しても，次の周回でまた衝突するチャンスがあるからだ．実際のところ，電子と陽電子（あるいは陽子と反陽子）は同じリングを使うことができ，その中で正電荷の粒子はある方向へ，負電荷の粒子はその反対方向に回っている．不運なことに，荷電粒子が加速すると放射光を出し，結果としてエネルギーを失ってしまう．円運動の場合（もちろん加速を含んでいる）シンクロトロン放射とよばれ，高いエネルギーをもつ電子の蓄積リングでの効率を著しく制限する（同じエネルギーならば，より重い粒子の加速度は小さく，シンクロトロン放射はそれほど問題にならない）．そのため，電子の散乱実験は徐々に線形衝突型加速器に代わっていき，一方で蓄積リングは陽子やもっと重い粒子に使われ続けるだろう．

素粒子物理学者がいつも高いエネルギーを求めるのにはもう一つ理由がある．概して，衝突のエネルギーが高いと，二つの粒子は互いにより近づく．だから，もし非常に近距離での相互作用を研究したいときには，非常に高いエネルギーをもつ粒子が必要になる．量子力学の言葉では，運動量 p の粒子はド・ブロイの式 $\lambda = h/p$ で与えられる波長 λ をもつ．ここで h はプランク定数である．大きな波長（低い運動量）では，相対的に大きな構造を見ることしかできない．何か極度に小さいものを検査するには，その大きさと同じくらい短い波長，つまり高い運動量が必要なのだ．これを不確定性原理（$\Delta x \, \Delta p \geq h/4\pi$）で考えることもできる．つまり，$\Delta x$ を小さくしたければ，Δp は大きくなければならない．でも結局のところ，結論は同じだ．短距離を探

図 I.2　フェルミ国立加速器研究所（フェルミラボ）全景．後ろに見える大きな円がテバトロン（提供：フェルミラボ Visual Media Services）

査するには高いエネルギーが必要である．

　いまのところ世界中で最も高いエネルギーを達成しているのはフェルミラボのテバトロンで，最大のビームエネルギーはほぼ 1 TeV である（図 I.2）．テバトロン（陽子-反陽子衝突型加速器）は 1983 年に稼働開始し，その後継者である Superconducting Supercollider (SSC) は 1993 年まで建設が続けられたが，議会によって中止された．その結果として，主要な発達が不可能な時期が長く続いた．この不毛な時代は，欧州原子核研究機構 (CERN) で Large Hadron Collider (LHC) が 2008 年にデータ収集を開始することで終わった（図 I.3）．LHC はビームエネルギーが 7 TeV を超えるように設計されていて，この新たな地平によってヒッグス粒子[*1]，もしかしたら超対称性粒子，そして一番よいのはまったく予期されていなかった何かが発見されることだ[2]．LHC の後に何が来るかははっきりしない．一番あり得るのは，提案されている International Linear Collider (ILC) だ．しかし，加速器はあまりに巨大になり（SSC の周長は 87 km の予定だった），さらなる巨大化の余地はない．たぶん，加速器の時代は終わりに近づいていて，素粒子物理学はさらなる高エネルギーの情報を求めて，天体物

[*1] 訳注：2012 年に LHC でヒッグス粒子は発見された．

図 I.3 欧州原子核研究機構 (CERN) 全景．円が LHC トンネル（その前は LEP）の通り道を示す．ジュネーブとモンブランが背景に見える（提供：CERN）

理学あるいは宇宙論にならなければならないのかもしれない．あるいは，もしかしたら，誰かがエネルギーを素粒子に絞り込む新たなうまいアイデアを生むのかもしれない[*2]．

素粒子をどのように検出するのか？

ガイガーカウンター，霧箱，泡箱，スパークチェンバー，ドリフトチェンバー，写

[*2] 巨視的なスケールでは，使われているエネルギーは大したことはない．結局のところ，1 TeV (10^{12} eV) はたった 10^{-7} J である．問題なのはエネルギーをどうやって粒子に送り込むかだ．そうすることを妨げる物理法則はないのだが，いまのところ巨大な（かつ高価な）機材を使う以外の方法を誰も思いついていない．

真乳剤, チェレンコフカウンター, シンチレーター, 光電子増倍管など, たくさんの種類の粒子検出器が存在する. 実際のところ, 現代の典型的検出器はこれらの装置すべてを並べたもので, それらがコンピューターにつながれ, 粒子を追跡しその飛跡をスクリーンに映し出す (図 I.4).

詳細を気にする必要はないが, 一つだけ覚えておかなければならないことがある. 粒子検出のたいていの仕組みでは, 高エネルギーの荷電粒子が物質を通過する際その経路に沿って原子をイオン化しているという事実を利用している. そして, そのイオンが, それぞれに応じて, しずく (霧箱) あるいは泡 (泡箱) あるいは火花 (スパークチェンバー) の「種」として働く. しかし電気的に中性の粒子は, 物質をイオン化しないので足跡を残さない. たとえば, 図 1.9 の泡箱の写真を見ると, 5 個の中性粒子は「見えない」ことがわかる. それらの経路を, 写真中の荷電粒子の飛跡を解析し, 各頂点でエネルギーと運動量の保存を課すことによって再構成することができる. もう一つ大事なのは, 写真中のほとんどの飛跡が曲がっていることである (実際は, 多

図 I.4　フェルミラボの CDF 検出器. トップクォークが発見された (提供：フェルミラボ Visual Media Services)

かれ少なかれすべてが曲線である．直線だと思うものがあったら定規を当ててみよ）．泡箱は巨大な磁石の二極間に設置されていた．磁場 B 中では，電荷 q と運動量 p をもつ粒子は，有名なサイクロトロンの式 $R = pc/qB$ で与えられる半径 R の円運動をする．ただし c は光速とする．よって，磁場を知っていれば，飛跡の曲率から非常に単純に粒子の運動量を求めることができる．さらに，曲線の向きからただちに電荷の符号もわかる．

単位

素粒子は小さいので，グラムやエルグ，ジュールなどの通常の単位は大きすぎて不便だ．原子物理では，1 V のポテンシャル差によって加速されたときに電子が獲得するエネルギーを電子ボルト（$1\,\text{eV} = 1.6 \times 10^{-19}$ J）という単位として導入した．eV は小さすぎて不便なのだがこれを使うことにしよう．原子核物理では keV（10^3 eV）を使う．素粒子物理での典型的なエネルギーは，MeV（10^6 eV），GeV（10^9 eV），あるいは TeV（10^{12} eV）だったりする．運動量は，MeV/c（あるいは GeV/c など）の単位で測られ，質量の単位は MeV/c^2 だ．よって陽子は，$938\,\text{MeV}/c^2 = 1.67 \times 10^{-24}$ g の重さになる．

実際のところ，素粒子の理論家は怠け者で（あるいは，見方によっては賢いので），彼らは式の中でめったに c や $\hbar$（$\hbar \equiv h/2\pi$）を使わない．次元を正しくそろえるために，一番最後に c や $\hbar$ を入れればよいようにしている．彼らがいつもいうように「$c = \hbar = 1$ とすればよい」．これは結局のところ，時間は cm を単位として，質量とエネルギーは cm の逆数を単位として使うことになる．つまり，時間の基本単位は光が 1 cm 進むのにかかる時間で，エネルギーの基本単位は波長 2π cm の光子のエネルギーである．計算を終えた最後に，通常の単位に戻せばよい．これによって物事は非常にすっきりとするのだが，本書ではすべての c と $\hbar$ を残しておこう．というのは，そうすることで，先に進んでも次元が合っているかどうかを自分で確認できるからだ（うっとうしく感じるかもしれないが，$\hbar$ を無視する方が，誰かが $\hbar$ を正しい場所によみがえらせるよりもはるかに簡単なのだ）．

最後に，電荷の単位に何を使うかという問題がある．物理の初級コースでは，たいていの教師が SI 単位系を好む．SI 単位系では，電荷はクーロンで測られるので，クーロンの法則は以下になる．

$$F = \frac{1}{4\pi\epsilon_0} \frac{q_1 q_2}{r^2} \quad \text{(SI)}$$

応用コースでは電荷を静電単位（esu）で測るガウス単位系が使われ，クーロンの法則は以下になる．

$$F = \frac{q_1 q_2}{r^2} \quad (\text{G})$$

しかし，素粒子物理学者はローレンツ–ヘヴィサイド単位系を好み，クーロンの法則は以下のかたちになる．

$$F = \frac{1}{4\pi} \frac{q_1 q_2}{r^2} \quad (\text{HL})$$

それら三つの単位系での電荷は以下のような関係になる．

$$q_{\text{HL}} = \sqrt{4\pi}\, q_{\text{G}} = \frac{1}{\sqrt{\epsilon_0}}\, q_{\text{SI}}$$

本書では混乱を避けるため，ガウス単位系のみを使っていく．可能な限り，微細構造定数

$$\alpha = \frac{e^2}{\hbar c} = \frac{1}{137.036}$$

を用いて結果を表していく．ここで，e はガウス単位系での電子の電荷である．たいていの素粒子物理学の教科書ではこれを $e^2/4\pi$ と書く．なぜなら，ローレンツ–ヘヴィサイド単位を使って $c = \hbar = 1$ としているからだ．が，いかなる単位系でも数値は $1/137$ で一致する．

さらに勉強したい人のための参考図書

1960 年代初頭以降，カリフォルニア大学バークレー校の Particle Data Group は，確認されている粒子とそれらの性質をまとめたリストを定期的に発行している．これらは 1 年おきに，Review of Modern Physics か Journal of Physics G で出版され，その要約を載せた（無料の）小冊子を http://pdg.lbl.gov から注文することができる．当初は，この要約は財布に入るカードの大きさであったが，2006 年には 315 ページもある分厚いものとなった．これを Particle Physics Booklet (PPB) と今後表記する．素粒子物理学を学ぶ学生全員がそれをもつべきだ．家に忘れてきてはならない！　より長い方は，Review of Particle Physics (RPP) とよばれ，専門家にとってのバイブルだ．2006 年版は 1231 ページに達し，あらゆるトピックについて，その道の世界的権威によって書かれた信頼できる記事も載っている [3]．素粒子に関するどんな話題についても，確実かつ最新の情報を得ることができる（Particle Data Group のウェブ

サイトからアクセス可能).

素粒子物理は,広範であり,かつ急速に変化している学問である.本書の目的は,いくつかの重要な概念と方法を紹介して,そこから何を学ぶべきかというセンスをもってもらい,願わくは,その先をもっと見たいという好奇心を刺激することである.もし場の量子論についてさらに詳しく学びたい場合は,以下をとくにおすすめする.

- J. D. Bjorken and S. D. Drell: Relativistic Quantum Mechanics and Relativistic Quantum Fields (McGraw-Hill, 1964).
- D. Itzykson and J.-B. Zuber: Quantum Field Theory (McGraw-Hill, 1980).
- M.E. Peskin and D. V. Schroeder: An Introduction to Quantum Field Theory (Perseus, 1995).
- L.H. Ryder: Quantum Field Theory (Cambridge University Press, 1985).
- J.J. Sakurai: Advanced Quantum Mechanics (Addison-Wesley, 1967).

素粒子物理については,以下がとりわけ有用である(平易なものから順に並べてある).

- F. Close, M. Marten and C. Sutton: The Particle Explosion (Oxford University Press, 1987).
- H. Frauenfelder and E.M. Henley: Subatomic Physics, 2nd edn (Prentice-Hall, 1991).
- K. Gottfried and V. F. Weisskopf: Concepts of Particle Physics (Oxford University Press, 1984).
- D.H. Perkins: Introduction to High-Energy Physics, 4th edn (Cambridge University Press, 2000).
- F. Halzen and A. D. Martin: Quarks and Leptons (John Wiley & Sons, 1984).
- B. P. Roe: Particle Physics at the New Millennium (Springer, 1996).
- I.J.R. Aitchison and A.J.G. Hey: Gauge Theories in Particle Physics, 3rd edn (Institute of Physics, 2003).
- A. Seiden: Particle Physics: A Comprehensive Introduction (Addison-Wesley, 2005).
- C. Quigg: Gauge Theories of the Strong, Weak, and Electromagnetic Interactions (Addison-Wesley, 1997).

参 考 書

[1] 包括的な参考文献は,Q. W. Chao: American Journal of Physics, **74**, 855 (2006) を参照.
[2] C. L. Smith: Scientific American, **71** (July 2000); (a) L. Lederman: Nature, **448**, 310 (2007).
[3] 現時点での参考文献としては,W.-M. *et al.*: Journal of Physics, G **33**, 1 (2006). しかし,最新のバージョンを使用したいだろうから,たんに Particle Physics Booklet と Review of Particle Physics を参考文献として挙げておく.関連事項に更新があると,毎年それが加わる.

1

素粒子物理学の歴史

　本章は，素粒子物理学の「伝え語り」である．その目的は，さまざまな粒子がどのように発見され，またどのように世界に組み込まれていったのかを紹介することである．その道すがら，素粒子物理学理論の土台となったいくつかの根源的な考え方を紹介する．この章は，本書の残りを読むうえでの背景でしかないので，ここで扱う題材はさっと読み流してほしい（歴史としては，ここで描く内容は正しくない．素粒子物理学発展の本流を追いかけて，科学の発展にはつきものの間違いや袋小路を無視しているからだ．それゆえ，この章は素粒子物理学者の好む（鋭い洞察の積み重ねと，馬鹿な失敗や勘違い，あるいはフラストレーションによって台無しにされることなく済んだ輝かしい成功の数々の）「伝え語り」なのだ．実際には，まさに紆余曲折があった）．

1.1　古典時代（1897～1932 年）

　やや強引ではあるが，1897 年の J・J・トムソンによる電子の発見が素粒子物理学の誕生だと私は考えている（はるか昔，デモクラテスとギリシャ時代の原子論にまでさかのぼることがよくあるが，いくつかの含蓄のある言葉以外，彼らの哲学的な思索は現代の科学と共通するものはない．好古趣味の観点からは多少興味深くても，科学本来の観点からは無視してよい）[1]．熱したフィラメントから飛び出す陰極線が磁石によって曲がることをトムソンは知っていた．これが意味するところは，陰極線は電荷をもっているということである．実際に，曲がる方向を考えると電荷は負でなければならなかった．それゆえ，陰極線は光線などではなく，粒子の流れであるように思えた．交差する電場と磁場の中にビームを通し，かつ，電場から受ける力と磁場から受ける力の合計がゼロになるように調整し，トムソンは粒子の速度（光速の約 1/10）と電荷質量比を測ることに成功した（問題 1.1）．この電荷質量比は，すでに知られていたいかなるイオンよりもはるかに大きいことがわかり，電荷が異常に大きいか，質量が非常に小さいかのどちらかであることを示唆した．間接的な証拠によると後者が正しかった．トムソンはその粒子を小体（コーパスル）とよんだ．1891 年，ジョージ・

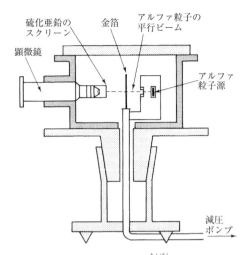

図1.1 ラザフォード散乱実験に使われた装置の模式図．金箔で散乱されたアルファ粒子が蛍光板に当たり発光する．その光を顕微鏡で目視した

ジョンストン・ストーニーは，電荷の最小単位として「電子」という言葉を初めて使った．後に，その粒子そのものが電子とよばれるようになった．

　これら電子が原子の重要な構成物であると，トムソンは正しく推測していた．しかし，原子は全体で電気的に中性であり，また電子よりも非常に重いので，正の電荷をどのように補い，原子の大部分を占める質量がどのように分布しているのか，という疑問がすぐに生じた．トムソンは，（彼の言葉を借りると）プディングの中のプラムのように，重く，電気的に正に帯電したペーストの中に電子が埋まっていると想像した．このトムソンの模型は，ラザフォードの有名な散乱実験によってきっぱりと否定された．その実験は，正の電荷と質量のほとんどは，原子の中心部分にあるちっぽけな核，つまり原子核に集中していることを示した．アルファ線（イオン化したヘリウム原子）のビームを金の薄膜に入射することにより，ラザフォードは上記の事実を証明した（図1.1）．トムソンの仮定のように，金原子が拡散した小球からなっている構造ならば，すべてのアルファ線がわずかにそれるはずである．しかし，おがくずの入ったバッグを弾丸が貫通するかのように，それていくものはほとんどなかった．実際には，ほとんどのアルファ線は金にまったく邪魔されずに突き抜け，ほんのわずかのアルファ線が大角度で散乱された．ラザフォードの結論は，アルファ線は，非常に小さく，非常に硬く，非常に重い何かにぶつかったというものであった．あきらかに，正の電荷とほぼすべての質量が，原子の体積のほんの一部分にすぎない中央部分に集中

していた（電子は散乱に寄与するには軽すぎる．はるかに重いアルファ線により蹴散らされてしまう）．

最も軽い原子（水素）の原子核は，ラザフォードにより陽子と名づけられた．1914年，太陽の周りを惑星が回っているような，反対の電荷による引力で陽子の周りの軌道上に電子がいるという水素模型をニールス・ボーアは提案した．完成途上の量子力学により，ボーアは水素のスペクトルを計算することができ，その計算結果は実験結果とよく一致した．そこで，より重い原子は，複数の電子軌道に囲まれた2個以上の陽子の塊と考えるのが自然であった．ここで不運なのは，次に重い原子（ヘリウム）は，確かに2個の電子をもっているが，重さは水素の4倍であり，リチウム（3個の電子をもつ）は水素の重さの7倍，というようになっていることである．1932年にチャドウィックが中性子（電気的に中性な陽子の双子）を発見することで，この矛盾は解決した．ヘリウム原子核は2個の陽子に加えて2個の中性子を，リチウムは4個の中性子をもつことが，そして，一般に，重い原子核は陽子と同数の中性子をもっていることがわかっている（中性子の数には不定性がある．化学的に同じ性質をもつ原子は同じ陽子数だが，中性子の数の違う同位体がある）．

中性子の発見が，われわれのいうところの素粒子物理学古典時代にけりをつけた．それ以前には決して「物質は何からできているのか」というきわめて素朴な疑問に満足な答えを与えることができなかった（このようにいうことを許してほしい）．1932年には，陽子と中性子と電子がすべてであった．しかし，素粒子物理学の中世（1930～1960年）を支配する三つの偉大な発想の種（湯川の中間子，ディラックの陽電子，そしてパウリのニュートリノ）はすでにまかれていた．が，これらについて語る前に，光子を紹介するために少しだけ時代をさかのぼらなければならない．

1.2　光子（1900～1924年）

光子は，WやZ（これらは1983年まで発見されなかった）と多くの共通点をもつことを考えると，電子，陽子，中性子に比べるとずいぶんと近代的な粒子である．また，発見に至る過程の本質は非常にはっきりとしているが，正確に，光子がいつ誰によって発見されたのかをいい当てるのは難しい．1900年，プランクが光子発見に最初の貢献をした．プランクは黒体輻射とよばれる，高温の物体が発する電磁波の説明をしようとしていた．熱的過程を説明するのに大成功を収めた統計力学を電磁波に応用しようとすると，ナンセンスな結果しか得られなかった．とりわけ，輻射エネルギー

が無限大になってしまうという「無限大問題」は大きな問題だった．プランクは，電磁波の輻射エネルギーを量子化し，

$$E = h\nu \tag{1.1}$$

というエネルギーをもった塊であると仮定すると，無限大問題を回避し実験値を理論的に再現できることを見つけた．ここで，ν は電磁波の振動数，h は実験値を再現するようにプランクが調整した定数で，現在知られているプランク定数の値は

$$h = 6.626 \times 10^{-27} \,\mathrm{erg\,s} \tag{1.2}$$

である．輻射がなぜ量子化されているのかをプランクは明言しなかった．彼はたんに放射過程の特異性だと仮定していた．何らかの理由で，高温の物体の表面ではわずかな塊としてしか光[*1]が飛び出さないのだと．

1905 年に，アインシュタインははるかに過激な説を打ち出した．量子化は電磁場自体の特性であり，輻射の仕組みとは何ら関係ないと彼は論じた．この新案を加えつつ，プランクのアイデアを採用して，アインシュタインは，光電効果，つまり電磁波が金属の表面に入射すると電子が飛び出す現象を説明した．アインシュタインの説では，入射した光の量子は金属中の電子に当たり，エネルギー $h\nu$ を渡す．そして励起された電子は金属の表面から飛び出すが，その際にエネルギー w（いわゆる金属の仕事関数，各金属に固有の経験的な定数値）を失う．それゆえ金属から飛び出してきた電子のエネルギーは

$$E \leq h\nu - w \tag{1.3}$$

となる（電子は金属表面に到達するまでにエネルギーを失う．それゆえ $=$ ではなく $\leq$ を使った）．アインシュタインの式 (1.3) は，導き出すのは簡単だが，驚くほどの含蓄を含んでいる．電子のエネルギーの最大値は光の強度には無関係で，色（波長）にのみ依存しているといっているのだ．念のために付け加えると，より高い強度のビームはより多くの電子をたたき出すが，たたき出された電子のエネルギーは同じなのだ．

プランクの理論と違って，アインシュタインの理論は敵意に満ちた評価を受け，その後の 20 年間，アインシュタインは光量子説のために孤独な戦いを強いられた [2]．輻射の仕組みにかかわらず電磁波が本質的に量子化しているということで，信用を失っていた光量子説の復活に，危うくもアインシュタインは近づいてしまったのだ．もち

[*1] 本書では，「光」という言葉は，可視光領域であるかどうかにかかわらず電磁波を意味する．

1.2 光子（1900〜1924年）

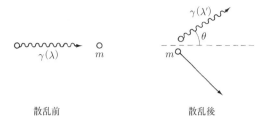

散乱前　　　　　　　散乱後

図1.2 コンプトン散乱．波長 λ の光子が，質量 m の静止した粒子を散乱させる．散乱された光子は，式 (1.4) で与えられるような波長 λ' をもつ

ろんニュートンはそのような小球モデルを導入していたが，19世紀物理学最大の成功は，ニュートンのもう一つのアイデアである波の理論だと信じられていた．実験結果がアインシュタインの説に近づいても，先の成功に疑いを挟む者はいなかった．1916年にミリカンは光電効果に関する膨大な実験を終え，「アインシュタインの光電効果の式は……あらゆる場合に，得られた実験結果を正確に予言する……がしかし，アインシュタインが到達した小球理論もどきを現時点で支持することはまったくできそうにない」と報告せざるを得なかった [3]．

　問題に終止符を打ったのは，1923年のコンプトンによる実験だった．コンプトンは，静止している粒子によって散乱された光の波長が以下の式に従って変化していることを見つけた．

$$\lambda' = \lambda + \lambda_c (1 - \cos\theta) \tag{1.4}$$

ここで λ は入射波長を，λ' は散乱波長を，θ は散乱角を，そして

$$\lambda_c = h/mc \tag{1.5}$$

は，標的粒子（質量 m）の，いわゆるコンプトン波長を表す．これは，光を静止質量ゼロの，プランクの式で与えられるエネルギーをもつ粒子とみなして（相対論的）エネルギーと運動量の保存を使えば，古典的なたんなる弾性散乱のときのように（図1.2），正確に求めることができる式である（問題 3.27）．この事実が議論を終わらせた．光が原子の大きさ以下のスケールでは粒子として振る舞うことに対する，直接的であり，反対することのできない実験的な証拠となったのだ．この粒子は光子（1926年に化学者のギルバート・ルイスに名づけられた）とよばれ，その記号は（ガンマ線から）γ である．微視的なレベルにおける光子の粒子としての性質は，すでに確立された巨視的

なスケールでの波の性質（干渉や回折現象として表れる）と調和しなければならないが，この話については量子力学の教科書に任せることにする．

　当初，光子は物理学者の間では受け入れがたい存在であったが，徐々に場の量子論に自然に見出されることとなり，また，電磁相互作用全体に新しい考え方をもたらした．古典電磁気学では，たとえば，二つの電子の反発力は互いの周りの電場によるものだと考える．それぞれの電子が電場に寄与し，それぞれが電場に反応する．しかし場の量子論では，電場は（光子のかたちで）量子化されていて，相互作用は二つの電荷の間を行ったり来たりする光子の流れで，それぞれの電子は断続的に光子を放出すると同時に断続的に光子を吸収するという描像になる．そして，同じことがあらゆる非接触型の相互作用について適用される．古典的には「距離を隔てた相互作用」は場によって「媒介された」と解釈したが，いまは，粒子（場に付随した量子）の交換によって媒介されたという．電磁力では光子が，重力では重力子とよばれる粒子が媒介粒子である（しかしながら，重力を正しく記述する量子理論はいまだ開発されていないし，実験的に重力子を検出するには数世紀以上かかるだろう）．

　これら媒介という考え方が実際にどう取り入れられているかをこれから見ていくことになるが，いまここでは一つよくある勘違いを解いておきたい．あらゆる相互作用が粒子の交換によって引き起こされているという場合，たんに運動学的な現象についていっているわけではない．2人のアイススケート選手が雪玉を投げ合うと，彼らの間には反動による斥力が働くと考えたければそう考えてもよい．しかし，そのようなことをここでいっているわけではない．たとえば，その仕組みだと引力を説明することが難しい．むしろ，媒介粒子のことを「少しだけこっちに来て」あるいは「向こうへ行って」と伝えるメッセンジャーと考えた方がよいかもしれない．

　「古典的な」描像では，物は原子からできている．原子の中では逆符号の電荷による引力によって電子が陽子と中性子の周りの軌道上に閉じ込められているということを先に説明した．今度はこの考え方に，その束縛力は電子と原子核中の陽子の間での光子の交換によるものだという，より洗練された定式化を与えることができる．しかしながら，原子物理にとってはこれはやりすぎである．というのは，原子物理のレベルでは電場の量子化による効果はほんのわずかだからだ（ラムシフトと電子の異常磁気モーメント）．精度の高い近似で，相互作用はクーロンの法則で与えられる振りをして大丈夫なのだ（さまざまな磁気双極子とともに）．重要なのは，基底状態では莫大な数の光子が絶え間なく飛び交っているので，結果として実効的には場の「凹凸」が滑らかになり，古典的な電磁気学が真実を近似するのに適しているという点である．しか

し，光電効果やコンプトン散乱のような素粒子反応のほとんどでは，個々の光子が反応に寄与していて，量子化を無視できなくなるのだ．

1.3 中間子（1934～1947 年）

さて，古典的な模型には，「何が原子核の構造を保持しているのか」という際立った問題が一つある．何にせよ，非常に狭い空間に固まっている正の電荷をもった陽子は激しく反発し合うべきである．陽子（と中性子）をつなぎ止めている，電磁気力による反発力よりも強い何らかの力があるのは明白だ．その力のことを，創造力の乏しい当時の物理学者はたんに強い力とよんだ．しかし，もしそのようなポテンシャル力が存在するなら，なぜわれわれは日々の生活でその力を感じないのだろうか．事実，筋肉の収縮からダイナマイトの爆発に至るまで，われわれが直接感じるほぼあらゆる力の源は電磁気力であり，原子核反応あるいは原子爆弾を除く唯一の例外は重力である．われわれがその力を感じない理由は，力は大きいものの，強い力は非常に短距離力だからである（力の到達距離はボクサーのリーチのようなものだ．つまりその距離の外では影響力は急速にゼロに近づく．重力と電磁気力の到達距離は無限大だが，強い力では核子の大きさ程度である）[*2]．

強い力に関する最初の重要な理論は，湯川によって 1934 年に提唱された [4]．湯川は，電磁場によって電子が原子核に，重力によって月が地球に引っ張られているように，何らかの場により陽子と中性子が引っ張り合っていると仮定した．その場は適切に量子化されているはずで，湯川は，（光子のような）粒子の交換で，すでに知られていた強い力の特徴を与える粒子の性質とは何なのか，という疑問をもった．たとえば，相互作用の到達距離が短いことはその媒介粒子が比較的重いことを示唆している．湯川は，その粒子の質量が電子の約 300 倍，あるいは陽子の約 1/6 であると計算した（問題 1.2）．その質量が電子と陽子の間なので，湯川の提案した粒子は中間子（「中くらいの重さ」を意味する）とよばれるようになった．同様の発想から，電子はレプトン（「軽量」を意味する）と，一方で，陽子と中性子はバリオン（「重量」を意味する）とよばれた．だが，湯川はそのような粒子が実験室で観測されていないことを知っていたので，彼の理論は間違っていると考えた．しかしその時代，宇宙線に関する非常

[*2] これは少し単純化しすぎている．相互作用は通常 $e^{-(r/a)}/r^2$ のように変化して，a を力の「到達距離」と考える．クーロンの法則とニュートンの万有引力の法則では $a = \infty$ で，強い相互作用では a は約 10^{-13} cm（1 fm）である．

に多くの系統立った研究がなされていて，1937年までに二つの独立したグループ（西海岸のアンダーソンとネッダーマイヤー，そして東海岸のストリートとスティーブンソン）が，湯川が描いた描像に一致する粒子を見つけ出していた[*3]．実際，本書を読んでいるいまこの瞬間に 2, 3 秒に 1 回の割合で降り注いでいる宇宙線はそのような中途半端な質量をもった粒子たちである．

しばらくの間，すべてがうまくいっているように思えた．しかし，宇宙線中の粒子のより詳細な研究が進むにつれて，さまざまな矛盾が現れた．湯川が予言したよりも，その粒子の寿命は長く，そしてはるかに軽かった．さらに悪いことには，二つのグループの質量測定値が一致しなかった．1946 年（物理学者がつまらない研究にしばらく従事した後），決定的な実験がローマで行われて，宇宙線中の粒子は原子中の原子核と非常に弱くしか相互作用していないことが示された [5]．もしこれが本当に湯川の予言した中間子ならば，つまり，強い相互作用を伝えるものならば，その相互作用は劇的な

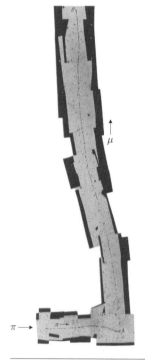

図 1.3 当時パウエルが撮影した写真の一つで，標高の高い地点で宇宙線にさらされた写真乳剤中にパイ中間子による飛跡が見える．左から入射したパイ中間子がミュー粒子とニュートリノに崩壊している（後者は電気的に中性のため飛跡を残さない）（出典：Powell, C. F., Fowler, P. H. and Perkins, D. H.: The Study of Elementary Particles by the Photographic Method (Pergamon, 1959). 1947 年に Nature, **159**, 694 に初めて掲載された）

[*3] 実際にこれら宇宙線中に見出された粒子と湯川の提案した中間子を結びつけたのは，オッペンハイマーであった．

強さのはずである．その謎は 1947 年にようやく解けた．パウエルと彼のブリストルでの共同研究者らは，宇宙線中に本当に二つの中間子が存在することを発見して [6]，その一つを π（「パイ中間子」），そしてもう一つを μ（「ミュー粒子」）とよんだ（同時期にマーシャクも理論サイドから同じ結論に達していた [7]）．湯川の提案した中間子は，本当は π で，それは大気上層でおびただしく生成されるが，通常は地上に到達する前に崩壊してしまう（問題 3.4）．パウエルらのグループは写真乳剤を山の頂上に設置した（図 1.3）．その崩壊物の一つはより軽く（より長寿命），そして海抜 0 m でおもに観測される μ である．湯川の予言する中間子の探索においては，ミュー粒子は強い相互作用とは何ら関係のない偽物だった．事実，あらゆる点でミュー粒子は重い電子のように振る舞い，レプトンの仲間としてきっちりと収まった（当時は習慣により，それを「ミュー中間子」とよぶ人もいたが）．

1.4 反粒子（1930～1956 年）

非相対論的量子力学は，1923 年から 1926 年という驚くほど短い期間で完成したが，相対論的な拡張ははるかに難しい問題であった．最初の重要な仕事は，1927 年のディラックによる彼の名前を冠した方程式の発見であった．ディラック方程式は，相対論的な式 $E^2 - \boldsymbol{p}^2 c^2 = m^2 c^4$ のエネルギーをもつ自由電子を記述すると考えられた．しかし，非常に厄介な問題をはらんでいた．すべての正のエネルギー解（$E = +\sqrt{\boldsymbol{p}^2 c^2 + m^2 c^4}$）に対して，それに対応する負のエネルギー解（$E = -\sqrt{\boldsymbol{p}^2 c^2 + m^2 c^4}$）がつきまとったのだ．これが意味するのは，あらゆる状態がエネルギーの低い状態に向かって進むことを考えると，電子は負の状態にどんどん逃げていき，その過程で無限大のエネルギーを放出することになってしまう．ディラックはその方程式を救うため，もっともらしさには欠けるが，うまい具合につくり上げた解決法を提案した．彼は，負のエネルギー状態は無限の電子からなる海に囲まれていると仮定した．この海はあらゆるところにつねに存在し，完璧に均一なので，何者にも実質的な力を与えず，それゆえわれわれは通常感知しない．その次にディラックは，観測される電子がなぜ負のエネルギー状態の中に閉じ込められているのかを「説明する」ために，パウリの排他原理（それによると，二つの電子は同じ状態を取ることができない）をもち出した．しかし，もしそれが本当なら，「海」の中にいる電子に，正のエネルギー状態に飛び上がるのに足るエネルギーを与えるとどうなるのか．海の中に「いるべき」電子がいないということは，その場所では正味プラスの電荷があることを意味してしまい，また，本来なら存在すべき負のエネ

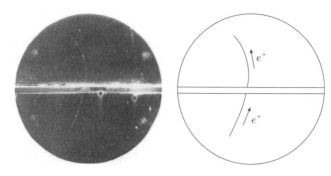

図 1.4　陽電子．宇宙線中の粒子が霧箱に残した飛跡の写真を 1932 年にアンダーソンが撮影した．霧箱は磁場中に置かれていたので（磁場の向きは紙面に入射する方向），粒子の飛跡は曲線を描く．しかし，それは下向きに飛ぶ負電荷の粒子なのか，それとも上向きに飛ぶ正電荷の粒子なのだろうか．それを区別するために，アンダーソンは霧箱の真ん中に鉛の板を置いた（写真中の濃い横線）．板を通過する粒子は減速するので，その後の曲率が小さくなる．その曲率を見ることで，その粒子が上向きに進んでいること，それゆえ，粒子の電荷は正であることがはっきりとわかる．アンダーソンは，その飛跡の曲率と点の粗さから粒子の質量が電子に近いことを示した

ギーがないということは，正味で正のエネルギーとして見えてしまう．それゆえ，「海の中のホール」は正のエネルギーと正の電荷をもつ普通の粒子の役割を果たしてしまう．ディラックは当初これらのホールが陽子であると期待したが，すぐにそれらは電子と同じ質量をもつことがあきらかになった．2000 倍も陽子よりも軽いのだ．当時そのような粒子の存在は知られておらず，ディラックの理論は間違っているように見えた．ところが，1930 年には致命的な欠陥に見えたことが 1931 年の終わり頃には，アンダーソンの陽電子による発見のおかげで華々しい成功へと変わった（図 1.4）．その陽電子は正の電荷をもつ電子の双子で，ディラックが要求した性質をきっちりともっていた [8]．

それでもなお，見えない電子によってつくられた無限の海にわれわれが満たされているという概念には多くの物理学者が満足しておらず，1940 年代になるとシュテュッケルベルグとファインマンが，負のエネルギー状態を説明するはるかに単純でより説得力のある解釈に成功した．ファインマンとシュテュッケルベルグの定式化では，負のエネルギー解は別の粒子（陽電子）の正のエネルギー状態だと再解釈される．電子と陽電子は対等な立場として取り扱われ，ディラックの「電子の海」や不可思議な「ホール」は必要ない．この現代的な解釈がどういうものかは 7 章で見ることとするが，一方で，ディラック方程式の二重性は，場の量子論において，深遠であり，かつ普遍的な特徴であることがわかっている．すべての種類の粒子には，対応する同じ質量と反対の電荷をもつ反粒子が存在するのだ．つまり，陽電子は反電子なのだ（実際のとこ

ろ，どちらを「粒子」と，もう一方を「反粒子」とよぶかは原理的にはまったくもって任意である．電子のことを反陽電子とよんでもまったく問題はない．しかし，身の回りには多くの電子が存在し，陽電子はそれほど存在しないので，われわれは電子を「物質」，陽電子を「反物質」と考えてしまう傾向がある）．（負の電荷をもつ）反陽子は 1955 年にカリフォルニア大学バークレー校のベバトロンで実験的に初めて観測され，翌年には同施設で（電気的に中性の）反中性子が発見された [9]．

　反粒子の標準的な表記は，粒子名の上に線をつける．たとえば，p は陽子を $\bar{p}$ は反陽子を，そして n は中性子を $\bar{n}$ は反中性子を表す．しかし，慣習としてたんに電荷を書くだけのこともある．なので，たいていの人は陽電子を e^+ と（$\bar{e}$ ではなく），そして反ミュー粒子を μ^+（$\bar{\mu}$ ではなく）と書く[*4]．いくつかの中性粒子の中には反粒子と自分自身が等しいものがある．たとえば，$\bar{\gamma} \equiv \gamma$ だ．実際，物理的に反中性子と中性子はどのように違うのか不思議に思うかもしれない．というのも，どちらも電気的に中性なので．その答えは，中性子は電荷以外に別の「量子数」（バリオン数）をもつということである（反粒子では量子数の符号が反対になる）．さらに，電荷も全体ではゼロであるが，中性子は電荷構造をもち（中心と表面が正で，その間が負），磁気双極子モーメントをもつ．これらも，$\bar{n}$ だと反対の符号になる．

　素粒子物理学には交差対称性とよばれる一般的な原理がある．

$$A + B \to C + D$$

という反応が起こることが知られていると仮定しよう．これらのどの粒子も「交差」して移項することができる．移項すると粒子は反粒子になり，その結果として得られる反応が許される．たとえばこうだ．

$$A \to \bar{B} + C + D$$
$$A + \bar{C} \to \bar{B} + D$$
$$\bar{C} + \bar{D} \to \bar{A} + \bar{B}$$

さらに，逆過程 $C + D \to A + B$ も存在するが，専門的にはこれは交差対称ではなく詳細平衡の原理から導き出される．これから見ていくように，確かに，これらのさまざまな反応を含む計算は実際問題としては同一である．根源的には同じ過程が違った形態として表れているとみなしてもほとんど問題ない．しかし，一つだけ重要な注意

[*4] しかし，表記を混同してはならない．$\bar{e}^+$ では二重否定のように不定になってしまう．つまり，読み手にとっては陽電子なのか，反陽電子（これでは電子になってしまう）なのかわからない．

がある．エネルギー保存により，存在してもよさそうな反応が禁止されることがある．たとえば，A の質量が B, C そして D の合計よりも軽いと，$A \to \bar{B} + C + D$ という崩壊は起きない．同様に，A と C が軽くて，B と D が重いときは，初期状態の運動エネルギーがある「しきい値」を超えないと $A + \bar{C} \to \bar{B} + D$ という反応は起きない．なのでたぶん，交差（あるいは逆）反応は力学的には許されるが，運動学的には許されるかどうかわからないというべきなのであろう．交差対称性の威力と美しさが誇張されすぎるということはない．たとえば，実験室ではコンプトン散乱と対消滅はまったく違った現象であるが，コンプトン散乱

$$\gamma + e^- \to \gamma + e^-$$

と，対消滅

$$e^- + e^+ \to \gamma + \gamma$$

が，「本当は」同じ過程であることを交差対称性は教えてくれる．

　特殊相対論と量子力学の統合が，素晴らしい粒子–反粒子対称性を導き出した．しかし，これは，なぜわれわれの世界は，反陽子，反中性子，陽電子の代わりに，陽子，中性子，電子で満たされているのかという悩ましい問題を提起した．粒子と反粒子は同時に長い時間存在することができない．もし粒子が反粒子に出合うと対消滅してしまう．ということは，われわれが住む宇宙の片隅ではたまたま反粒子よりも粒子が多くて，対消滅は全部終わってしまい，粒子という残留物が残っているという歴史的な偶発事象が起こっているだけなのかもしれない．しかしこれが本当なら，宇宙空間の別の領域には反粒子優勢の場所が存在しなければならない．不運なことに，天文学上の証拠によると，観測できる宇宙のすべてが粒子からなっていることが強く示唆されている．12 章で，「粒子–反粒子対称性」の現代的なアイデアのいくつかを見ていくことにする．

1.5　ニュートリノ（1930～1962 年）

　歴史上 3 番目の行き詰まりを議論するために，1930 年に話を戻す [10]．原子核のベータ崩壊の研究において，問題が生じていた．ベータ崩壊では，放射性原子核の A が電子の放出を伴って少しだけ軽い原子核 B に遷移する．

$$A \to B + e^- \tag{1.6}$$

1.5 ニュートリノ (1930〜1962年)

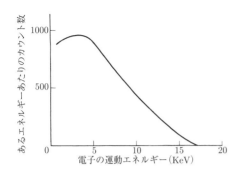

図 1.5 トリチウムのベータ崩壊 ($^3_1\text{H} \to {}^3_2\text{He}$) におけるエネルギー分布 (出典: Lewis, G. M.: Neutrinos (Wykeham, 1970) 30)

電荷の保存のために，B の電荷は A よりも素電荷一つ分だけ正でなければならない (現代に生きるわれわれは，この過程は A の中の中性子が B の中の陽子に変換していることを知っているが，1930年には中性子がまだ発見されていなかったことに留意してほしい)．よって，その「娘」核 (B) は，周期表中で1個だけ先に進んだところに位置する．ベータ崩壊には，カリウムのカルシウムへの変換 ($^{40}_{19}\text{K} \to {}^{40}_{20}\text{Ca}$)，銅の亜鉛への変換 ($^{64}_{29}\text{Cu} \to {}^{64}_{30}\text{Zn}$)，トリチウムのヘリウムへの変換 ($^3_1\text{H} \to {}^3_2\text{He}$) など，さまざまな例がある[*5]．

さて，重心系なら二体崩壊 ($A \to B + C$) 中の崩壊後の粒子のエネルギーを運動学的に決められるという特性がある．とくに，「親」原子核 (A) が静止しているときは，B と e は反対向きで大きさの等しい運動量をもって背中合わせに飛び出し，エネルギー保存により電子のエネルギーは以下となる (問題 3.19)．

$$E = \left(\frac{m_A^2 - m_B^2 - m_e^2}{2m_A} \right) c^2 \tag{1.7}$$

ここで重要なのは，三つの粒子の質量が決まると，E が一つの値に決まることである．ところが実験をやってみると，放出される電子のエネルギーの幅はかなり広く，式 (1.7) は，あるベータ崩壊における電子のエネルギーの最大値を与えているのみだった (図 1.5)．

これが最も厄介な問題であった．ニールス・ボーアは，エネルギー保存則を諦めようとした (それは一度目のことではなかった)[*6]．幸運にもパウリはもっと地味な視点

[*5] 上付きの数字は原子量 (中性子と陽子の数の合計) で，下付きの数字は原子番号 (陽子の数) である．
[*6] ボーアは，アインシュタインの光量子説への (1924年までは) 辛口の批評家であり，シュレーディンガー方程式がすぐに容赦のない非難をし，ディラックの相対論的電子の理論に関する研究に水を差し (クラインとゴルドンがすでに成功したと間違ったことを教えた)，パウリが中性子を導入したことに反対し，湯川の中間子に関する理論を馬鹿にして，ファインマンの量子電磁気学に対するアプローチを軽んじたことを思い出すのは興味深い．優れた科学者が，とくに他人の研究に関してはつねに正しい判断をするわけではないが，ボーアは空前の記録をもっている．

をもち，別の粒子が電子とともに放出され，その静かな共犯者が「失われた」エネルギーをもち逃げしているという説を提示した．その粒子は電荷保存のために電気的に中性でなければならなかった（同時に，飛跡を残さないことを説明するためにも）．パウリはその粒子を中性子とよぶことを提案した．このアイデア全体が信用されたわけではなかったが，1932年にはチャドウィックがその名前を先に使ってしまった．しかし，翌年にフェルミがパウリの提案した粒子を取り入れたベータ崩壊に関する理論を発表し，パウリの提示を真剣に受け取らねばならないと見事に説明した．式(1.7)で与えられるエネルギーにまで電子のエネルギーが到達しているという事実から，その新しい粒子が極度に軽いことがわかる．フェルミはそれをニュートリノ（「小さくて中性のもの」）とよんだ．この後すぐに見るが，われわれはいまではその粒子のことを反ニュートリノとよぶ．現代の用語では，ベータ崩壊の本質的な過程は

$$n \to p^+ + e^- + \bar{\nu} \tag{1.8}$$

である（中性子が陽子と電子と反ニュートリノになる）．

さて，読者は，パイ中間子崩壊のパウエルの写真（図1.3）について，何か不可解な点に気づくのではないだろうか．ミュー粒子が，パイ中間子の元々の方向に対して90°の方向に飛び出している（これは衝突の結果ではない．乳剤中の原子との衝突により飛跡はふらふらするが，衝突により突然左に大きく曲がることはない）．この折れ曲がりが意味するのは，乳剤中に足跡を残さない，つまり電気的に中性な，何か別の粒子がパイ中間子崩壊により生成されたということだ．自然（あるいは最も経済的）なのは，これもパウリのニュートリノだという仮定である．

$$\pi \to \mu + \nu \tag{1.9}$$

最初の論文の2, 3か月後に，パウエルたちは，パイ中間子崩壊に続くミュー粒子崩壊まで見えるというさらに驚くべき写真を公表した（図1.6）．その頃にはすでに長い間ミュー粒子崩壊の研究がされていて，電荷をもった二次粒子が電子であることはよくわかっていた．この図からは，中性の崩壊物が存在することもあきらかで，その粒子をニュートリノだと推論できるだろう．ただし，今度は本当に二つのニュートリノだ．

$$\mu \to e + 2\nu \tag{1.10}$$

なぜニュートリノが二つだとわかるのか．前と同じように，実験を何度もくり返し，のたびに電子のエネルギーを測定する．もしその値がいつも同じなら，終状態には二

1.5 ニュートリノ（1930〜1962年）

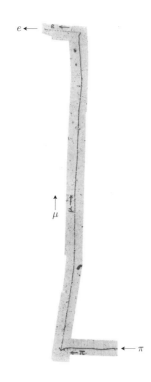

図 1.6 ここでは，パイ中間子がミュー粒子（とニュートリノ）に崩壊し，そのミュー粒子がさらに電子（と二つのニュートリノ）に崩壊している（出典：Powell, C. F., Fowler, P.H. and Perkins, D. H.: The Study of Elementary Particls by the Photographic Method Pergamon, New York (1959). 初めて掲載されたのは Nature, **163**, 82 (1949)）

つの粒子だけが存在するということがわかる．しかし，もし変化すれば，少なくとも三体だ[*7]．1949 年までには，ミュー粒子崩壊からの電子のエネルギーが一定ではないことがあきらかになり，二つのニュートリノが放出されているという説明も受け入れられるものとなっていた（一方で，パイ中間子崩壊におけるミュー粒子のエネルギーは，実験の不定性の範囲内で完全に一定であり，純粋に二体崩壊であることが確認されていた）．

そして，1950 年までには，理論的にニュートリノの存在を強いる確証があったが，相変わらず実験的な確認は得られていなかった．懐疑的な人たちは，ニュートリノはエネルギー保存を満たすためだけの純粋に仮想的な粒子以外の何者でもないという議論をしていた．ニュートリノは，飛跡を残さず，崩壊もしない．実際，誰もニュートリノが何かしたのを見たことがなかった．なぜなら，ニュートリノと物質との相互作

[*7] ここでも，そして元々のベータ崩壊の問題でも，角運動量保存により，エネルギー保存とはまったく独立に，3 番目の放出粒子の存在が要求される．しかし，当時はスピンの割り振りがそれほど明白ではなく，たいていの人々にとってエネルギー保存が議論の的だった．話を簡潔にするため，本書でも 4 章までは角運動量について取り上げない．

用が極度に弱く，適当なエネルギーのニュートリノは 1000 光年（！）分の鉛を通過してしまうからだ[*8]．ニュートリノを検出する機会を得るには，非常に強力なニュートリノ源が必要である．議論に終止符を打つ実験が，1950 年代半ばに，サウスカロライナのサバンナ・リバー原子炉で行われた．カワンとライネスは，巨大な水タンクを設置し，「逆」ベータ崩壊が起きるのを見守った．

$$\bar{\nu} + p^+ \to n + e^+ \tag{1.11}$$

彼らの検出器におけるニュートリノフラックスは，毎秒 1 平方センチあたり 5×10^{13} と計算されていたが，その素晴らしい強度をもってしても，毎時間 2, 3 事象しか期待できなかった．一方で，彼らは放出される陽電子を同定するための独創的な方法を開発していた．彼らの結果により，ニュートリノの存在は疑いなく確認された [11]．

先に言及したように，通常のベータ崩壊で生成されるのは，ニュートリノではなく反ニュートリノである．もちろん電気的に中性なので，ニュートリノと反ニュートリノに違いがあるのか読者は疑問に思うかもしれない．実際多くの人がそのような質問をしてきた．これから見ていくように，電気的に中性のパイ中間子は，反粒子との区別がない．また，光子にも区別がない．その一方で，反中性子は，はっきりと中性子とは異なる．それゆえ，われわれは少し困惑してしまうのだ．ニュートリノは反ニュートリノと同じなのだろうか，もし違いがあるなら，何が違うのだろうか．1950 年代後半，デービスとハマーは，この疑問を実験で解決しようとした [12]．コーワンとライネスの結果から，交差反応である

$$\nu + n \to p^+ + e^- \tag{1.12}$$

が，ほぼ同じ頻度で起こらなければならないことをわれわれは知っている．デービスは反ニュートリノを使って同様の反応を探した．

$$\bar{\nu} + n \to p^+ + e^- \tag{1.13}$$

彼はこの反応が起こらないことを突き止め，ニュートリノと反ニュートリノが別物で

[*8] 1 平方インチあたり 1000 億個のニュートリノが太陽からやって来て，昼も夜も（夜は地球を通り抜けてきたニュートリノが下からやって来る）われわれの体を通り抜けているということを知ったときの慰めになるだろう．

1.5 ニュートリノ（1930〜1962 年）

あるという結論に達した[*9].

デービスの結果は，想定外ではなかった．実際，1953 年には，コノピンスキーとマハムッドが，（式 (1.12) に示すように）どのような反応が起こり，（式 (1.13) に示すように）どういう反応が起こらないかを決める簡潔なルールを導入した．実効的には[*10]，彼らは，電子，ミュー粒子，そしてニュートリノにはレプトン数 $L = +1$ を，陽電子，正電荷のミュー粒子，反ニュートリノには $L = -1$ を割り振った（その他すべての粒子のレプトン数はゼロとした）．そして，彼らは（電荷の保存則との類推で）あらゆる物理過程で，反応前のレプトン数の合計が反応後のレプトン数と同じであるというレプトン数保存則を提案した．それゆえ，コーワン–ライネス反応 (1.11) は許されるが（反応の前も後も $L = -1$），デービス反応 (1.13) は禁止される（左辺は $L = -1$ で右辺は $L = +1$）．ベータ崩壊で出てくる粒子（式 (1.8)）を反ニュートリノとよんだのは，このルールによる予測であった．同様に，荷電パイ中間子の崩壊（式 (1.9)）は，本当は

$$\pi^- \to \mu^- + \bar{\nu}, \qquad \pi^+ \to \mu^+ + \nu \tag{1.14}$$

と書くべきだし，ミュー粒子崩壊（式 (1.10)）は実際には

$$\mu^- \to e^- + \nu + \bar{\nu}, \qquad \mu^+ \to e^+ + \nu + \bar{\nu} \tag{1.15}$$

である．

何がニュートリノと反ニュートリノを区別しているのか不思議に思うかもしれない．最も簡単な答えは，ニュートリノには +1，反ニュートリノには −1 が割り振られるレプトン数だ．これらの数は，電荷がそうであるように，調べたい粒子が他の粒子とどのように反応するかを見ることで，実験的に決めることができる（後にわかるが，ニュートリノと反ニュートリノはヘリシティも違う．ニュートリノは「左巻き」で反ニュートリノは「右巻き」だ．しかしこれは技術的な細かい話で，後に議論するのが適切だ）．

ニュートリノの話に関しては，そのすぐ後に，興味深い寄り道がある．実験的に，

[*9] 実際にはこの結論は，そのとき考えられたほど確固たるものではない．反応 (1.13) を禁止したのは，ν と $\bar{\nu}$ の違いではなく，$\bar{\nu}$ のスピン状態のせいかもしれない．実際，今日では，反粒子との違いのあるディラック・ニュートリノと，ν と $\bar{\nu}$ が同じ粒子であるとするマヨラナ・ニュートリノ，という有力な二つの模型が存在する．本書の大部分では，ディラック・ニュートリノを扱っていると仮定するが，この問題については 11 章でまた議論する．

[*10] コノピンスキーとマハムッドは，ここで使う用語を使わず，またミュー粒子に対する割り振り方を間違えていた [13]．だが，それは気にするようなことではなく，本質的なアイデアは彼らのものである．

ミュー粒子の電子と光子への崩壊は決して観測されない．

$$\mu^- \not\to e^- + \gamma \tag{1.16}$$

だが，この過程は，電荷保存則，レプトン数保存則をともに満たしている．今日の素粒子物理学の有名な経験則によると（一般的にはリチャード・ファインマンによる）明示的に禁止されていないことは何であれ生じるはずである．$\mu \to e + \gamma$ がないことは，「ミューらしさ」保存の法則を示唆するが，そうだとすると，観測されている $\mu \to e + \nu + \bar{\nu}$ 崩壊をどのように説明するのか．1950 年代後半から 1960 年代初頭にかけて，多くの人がその答えとなるものを提示した [14]．電子に付随するもの（ν_e）と，ミュー粒子に付随するもの（ν_μ）の 2 種類のニュートリノの存在を仮定しよう．ミュー粒子数 $L_\mu = +1$ を μ^- と ν_μ に，$L_\mu = -1$ を μ^+ と $\bar{\nu}_\mu$ に，そして同時に，電子数 $L_e = +1$ を e^- と ν_e に，$L_e = -1$ を e^+ と $\bar{\nu}_e$ に割り振り，レプトン数保存則を電子数保存とミュー粒子数保存という二つの別々の法則に仕立て直すと，すべての許容，および禁止過程をうまく説明することができる．中性子のベータ崩壊は

$$n \to p^+ + e^- + \bar{\nu}_e \tag{1.17}$$

になり，パイ中間子の崩壊は

$$\pi^- \to \mu^- + \bar{\nu}_\mu, \qquad \pi^+ \to \mu^+ + \nu_\mu \tag{1.18}$$

であり，ミュー粒子崩壊は以下のかたちになる．

$$\mu^- \to e^- + \bar{\nu}_e + \nu_\mu, \qquad \mu^+ \to e^+ + \nu_e + \bar{\nu}_\mu \tag{1.19}$$

先にパイ中間子崩壊のことを初めて説明したとき，放出される中性粒子がベータ崩壊のときと同じだと仮定するのは「自然」で「経済的」だといった．確かに，自然で，経済的ではあった．しかしながら，それは間違っていた．

　ニュートリノが二つだという仮説（と，電子数とミュー粒子数それぞれに対する独立した保存則）を試験するための最初の実験は，1962 年にブルックヘブンでなされた [15]．π^- 崩壊により生成される約 10^{14} 個の反ニュートリノを使い，レーダーマン，シュワルツ，スタインバーガー，そして共同研究者らは，予想される 29 個の

$$\bar{\nu}_\mu + p^+ \to \mu^+ + n \tag{1.20}$$

という事象を同定し，禁止される過程である

表 1.1 1962～1976 年のレプトンの仲間

	レプトン数	電子数	ミュー粒子数
レプトン			
e^-	1	1	0
ν_e	1	1	0
μ^-	1	0	1
ν_μ	1	0	1
反レプトン			
e^+	-1	-1	0
$\bar{\nu}_e$	-1	-1	0
μ^+	-1	0	-1
$\bar{\nu}_\mu$	-1	0	-1

$$\bar{\nu}_\mu + p^+ \to e^+ + n \tag{1.21}$$

は観測されなかった．ニュートリノが 1 種類だけなら，2 番目の反応も最初の反応と共通のはずである（ちなみに，この実験は真に大量の遮蔽物を要する記念碑的実験となった．間違いなくニュートリノだけが標的に入射するようにするために，分解した戦艦から取り出した鉄を 44 フィートの厚さに積み上げた）．

先に，ニュートリノは極度に軽いといった．実際，つい最近まで（特別な理由があるわけではないが）質量はゼロであると広く仮定されてきた．これによって多くの計算が簡略化されたが，いまやそれが厳密には正しくないことが知られている．ニュートリノは質量をもっているのだ．だが，電子と比べてさえも非常に軽いということをくり返していう以外，その質量がどれだけなのかはまだわかっていない．さらに，長距離飛行すると，ニュートリノは別のタイプのニュートリノに変換し（たとえば，電子ニュートリノがミューニュートリノに），さらにその後また元に戻ってしまう，ニュートリノ振動という現象が知られている．しかし，この話ははるかに後の話題であり，より詳しい取り扱いを必要とする．そこで，これについては 11 章まで取っておく．

そして 1962 年までには，レプトンの仲間は，電子，ミュー粒子，それぞれに付随するニュートリノ，そしてそれぞれの反粒子たち，と 8 種類にまで増えた（表 1.1）．レプトンの特性は，強い相互作用に寄与しないという事実で特徴づけられる．その後の 14 年間は，少なくともレプトンに関しては静かな時代だった．そこで，レプトンについてはここで休止して，中間子やバリオン，総称してハドロンとよばれる，強い相互作用をする粒子たちのことについて追いかけてみることにする．

1.6 ストレンジ粒子（1947〜1960年）

　1947年のわずかの間，素粒子物理学上の大きな問題は解決できたと信じられる時期があった．ミュー粒子を追求するという長い回り道の後で，湯川の中間子（π）をとうとう捕らえた．ディラックの予言する陽電子が見つかり，まだ見つかっていないものの（そして，これまで見てきたように，まだ問題点はあったが）パウリの予言するニュートリノも広く受け入れられるようになっていた．ミュー粒子の役割は謎で（「誰がそんなものを注文したんだ？」とラビ[*11]は尋ねた），全体の枠組みの中に必要とは思われなかった．しかし，素粒子物理学全体として見ると，1947年にはすべての研究が終わったかのようであった．

　だが，この快適な期間は長続きしなかった[16]．その年の12月，ロチェスターとバトラーは，図1.7に示される霧箱の写真を発表した[17]．宇宙線が左上方から入射し，鉛の板に当たり，中性粒子を生成している．中性粒子の崩壊物である二つの荷電粒子が右下に上下ひっくり返った「V」の飛跡を残していることから中性粒子の存在がわ

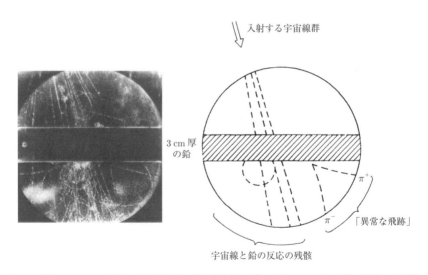

図1.7　最初のストレンジ粒子．宇宙線が鉛の板に当たり，K^0が生成され，そのK^0は荷電パイ中間子対に崩壊している（写真著作権：Prof. Rochester, G. D.: Nature, **160**, 855 (1947). 版権：Macmillan Journals）

[*11] 訳注：コロンビア大学のイジドール・イザーク・ラビ教授．原子核の磁気モーメント測定方法の考案によりノーベル物理学賞（1944年）を受賞．

1.6 ストレンジ粒子（1947〜1960年）

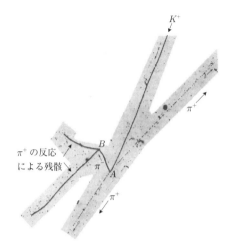

図 1.8 上から来た K^+ が A で $K^+ \to \pi^+ + \pi^+ + \pi^-$ に崩壊している（その後，この π^- は地点 B で崩壊している）（出典：Powell, C. F., Fowler, P.H. and Perkins, D.H.: The Study of Elementary Paritcles by the Photographic Method (Pergamon, 1959). 初めて掲載されたのは Nature, **163**, 82 (1949)）

かる．詳細な解析によると，これらの荷電粒子は π^+ と π^- であった．ということは，少なくともパイ中間子の2倍の質量をもつ新しい中性粒子が存在することになる．それを K^0（「K 中間子」）とよぶ．

$$K^0 \to \pi^+ + \pi^- \tag{1.22}$$

1949年，ブラウンと共同研究者らは，図 1.8 に掲載した荷電 K 中間子の崩壊を示す写真を公表した

$$K^+ \to \pi^+ + \pi^+ + \pi^- \tag{1.23}$$

（K^0 は初め V^0 として知られ，その後 θ^0 とよばれた．K^+ は当初 τ^+ とよばれた．それらが，基本的には電荷が異なるだけの同じ粒子であるということが認識されるのは1956年になるのを待たなければならなかった．しかし，それは，4章で説明するまた別の話である）．K 中間子は，いくつかの点において重いパイ中間子のように振る舞うので，中間子という家族は K 中間子を含むように拡張された．やがて，η, ϕ, ω, ρ など，多くの中間子が発見された．

その一方で1950年には，カルテックのアンダーソンらのグループにより別の「V」粒子が見つかっていた．写真はロチェスターらのもの（図 1.7）に似ているが，今度の崩壊生成物は p^+ と π^- であった．この粒子はあきらかに陽子よりも重く，Λ（ラムダ）とよばれた．

$$\Lambda \to p^+ + \pi^- \tag{1.24}$$

ラムダは，陽子や中性子とともにバリオンの仲間に属している．これを理解するためには，いったん 1938 年に戻らなければならない．その頃，「なぜ陽子は安定なのか」という疑問が生じていた．たとえば，陽電子と光子になぜ崩壊しないのか．

$$p^+ \to e^+ + \gamma \tag{1.25}$$

いうまでもなく，こんな反応が高い頻度で起こったらわれわれは困ってしまうが（すべての原子が崩壊してしまう），1938 年当時に知られていたいかなる法則も破ってはいなかった（レプトン数保存則は破っているが，1953 年になるまでそのような法則の存在は知られていなかった）．シュテュッケルベルグは，陽子の安定性を説明するために，すべてのバリオン（1938 年当時は陽子と中性子）に「バリオン数」$A = +1$ を，反バリオン（$\bar{p}$ と $\bar{n}$）に $A = -1$ を割り当て，反応の前後でバリオン数の総和が保存するはずだというバリオン数保存則を強く主張した [18]．それゆえ，中性子のベータ崩壊（$n \to p^+ + e^- + \bar{\nu}_e$）は許され（反応の前後で $A = 1$），また反陽子を初めて観測した反応も許される（以下の両辺ともに $A = 2$）．

$$p + p \to p + p + p + \bar{p} \tag{1.26}$$

しかし，陽子は最も軽いバリオンなので崩壊先がなく，バリオン数保存によりその絶対的な安定性が保証される[*12]．もし，反応 (1.24) にバリオン数保存を適用しようとすると，ラムダにもバリオン数を与えねばならない．その後の何年間かで，Σ, Ξ, Δ などさらにたくさんの重いバリオンが発見された．ところで，レプトンやバリオンと違って，中間子には保存則がない．パイ中間子崩壊（$\pi^- \to \mu^- + \bar{\nu}_\mu$）では中間子が消失し，ラムダの崩壊（$\Lambda \to p^+ + \pi^-$）では中間子が生成される．

これら新しく発見された重いバリオンと中間子すべてが「ストレンジ」粒子であったことは驚きに値する．最初の近代的な加速器（ブルックヘブンのコスモトロン）が 1952 年に稼働を開始すると，すぐに実験室でストレンジ粒子を生成することが可能になり（唯一それまでに生成可能だったのは宇宙線である），生成速度が増大した．ウィルス・ラムは，1955 年のノーベル賞受賞記念演説を以下の言葉で始めた [19]．

[*12] 大統一理論（GUT）では，わずかなバリオン数の破れは許されていて，陽子が絶対的に安定というわけではない (2.6 節と 12.2 節を参照)．2007 年現在，陽子崩壊は観測されておらず，その寿命は 10^{29} 年以上であることがわかっている．宇宙の年齢が約 10^{10} 年であることを考えると，10^{29} 年というのはとてつもなく安定である．

1901年にノーベル賞が初めて与えられたとき，今日では「素粒子」とよばれる二つの物体，すなわち，電子と陽子についてしか物理学者は知らなかった．1930年を過ぎると，中性子，ニュートリノ，ミュー中間子，パイ中間子，もっと重い中間子，そしてハイペロンという，さまざまな「素」粒子が洪水となって押し寄せた．「新たな素粒子を発見したらノーベル賞をもらえたものだが，いまやそのような発見は10,000ドルの罰金に値する」といわれているのを聞いた．

新たな粒子が予期されていなかっただけでなく，もっと専門的見地から，それらが「奇妙に」見える点があった．それらは瞬時に（約 10^{-23} 秒という時間スケールで）生成されるのに，崩壊は比較的ゆっくりだった（典型的には約 10^{-10} 秒）．この事実から，パイスや他の人たちは，生成に寄与する機構と崩壊を支配する機構はまったくの別物であると指摘した [20]．現代の言葉でいうと，ストレンジ粒子は強い相互作用（原子核を保持しているのと同じ力）で生成され，弱い相互作用（ベータ崩壊やすべてのニュートリノ反応を支配している力）で崩壊する．パイスの提案した枠組みでは，ストレンジ粒子は対で生成（いわゆる随伴生成）されなければならなかった．実験的にはまったくあきらかではなかったが，1953年にゲルマン [21] と西島 [22] は，発展させてみると，素晴らしくすっきりとして驚くほどうまくパイスの考えを取り入れた改善方法を見つけた．彼らはそれぞれの粒子に，強い相互作用では（電荷やレプトン数，バリオン数のように）保存するが，弱い相互作用では（それら以外が保存しないように）保存しないという，新しい特性（ゲルマンはそれを「ストレンジネス」とよんだ）を割り振った．たとえば，パイ中間子と陽子との衝突では，二つのストレンジ粒子を生成し得る．

$$\begin{aligned}\pi^- + p^+ &\to K^+ + \Sigma^- \\ &\to K^0 + \Sigma^0 \\ &\to K^0 + \Lambda\end{aligned} \quad (1.27)$$

ここで，K はストレンジネス $S = +1$ を，Σ と Λ は $S = -1$ をもち，π や p や n という「普通の」粒子は $S = 0$ をもつ．しかし，ストレンジ粒子を一つだけ生成することは決してない．

$$\pi^- + p^+ \nrightarrow \pi^+ + \Sigma^-$$
$$\nrightarrow \pi^0 + \Lambda \qquad (1.28)$$
$$\nrightarrow K^0 + n$$

一方で,これらの粒子が崩壊するときは,ストレンジネスは保存しない.

$$\Lambda \to p^+ + \pi^-$$
$$\Sigma^+ \to p^+ + \pi^0 \qquad (1.29)$$
$$\to n + \pi^+$$

これらはストレンジネスを保存しない弱い相互作用による過程なのだ.

　あきらかに,ストレンジ数の割り振り方には不定性がある.Σ と Λ に $S = +1$ を,K^+ と K^0 に $S = -1$ を割り振ることも可能である.実際のところ振り返ってみると,そのようにした方がよかったかもしれない(まったく同様の観点から,ベンジャミン・フランクリンの電荷の正負の定義は当時完全に任意だったが,振り返ってみると,電流に寄与する粒子である電子を負にしてしまったのは不運であった).ここで重要なのは,観測されている強い相互作用を説明し,かつ他の過程がなぜ存在しないのかを説明できる,すべてのハドロン(バリオンと中間子)に無矛盾なストレンジ数の割り振り方が存在するということである(レプトンと光子は強い相互作用をまったく受けないので,それらにはストレンジネスは適用しない).

　1947 年にはこざっぱりしていた庭が,1960 年にはジャングルになっており,ハドロン物理学は混沌としか形容できなかった.強い相互作用をするあまりにも多すぎる粒子たちは,バリオンと中間子との二つのグループに大別され,それぞれのグループの中の粒子は電荷,ストレンジネス,そして質量によって分別された.しかしそこには,韻も,韻を踏む理由もなかった.この苦境により,物理学者は 100 年前の周期表のない時代の化学を思い出していた.当時は,元素を特定しても,それらに共通のルールやシステムがまったくなかった.1960 年,素粒子たちは彼らの「周期表」を待っていた.

1.7　八道説(1961〜1964 年)

　素粒子物理学におけるメンデレーエフは,1961 年にいわゆる八道説を導入したマレー・ゲルマンであった(本質的にまったく同じ説がニーマンによって独立に提案された)[23].八道説は,電荷とストレンジネスに基づいて,バリオンと中間子を風変わ

りな幾何学的パターンに配置した．最も軽い 8 個のバリオンは，そのうちの二つを中心に配置して，六角形に押し込められた[*13]．このグループは，バリオン八重項として知られている．ここで注意すべきは，下に伸びる斜線上に同じ電荷をもつ粒子がそろうことである．陽子と Σ^+ が $Q = +1$（陽子の電荷を単位として），中性子，Λ，Σ^0，Ξ^0 が $Q = 0$，そして Σ^- と Ξ^- が $Q = -1$ である．水平な線は同じストレンジネスをもつ粒子たちをつないでいる．陽子と中性子が $S = 0$，真ん中の線が $S = -1$，そして二つの Ξ が $S = -2$ となる．

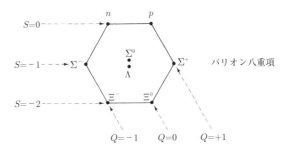

バリオン八重項

最も軽い 8 個の中間子も同様の六角形のパターンにはまり，（擬スカラー）中間子八重項を形づくる．

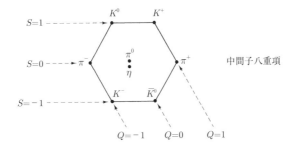

中間子八重項

くり返しになるが，斜線が電荷を，そして水平線がストレンジネスを決める．しかし，今度は，上の線は $S = 1$，真ん中が $S = 0$，そして下の線が $S = -1$ になる（この違いもまた歴史上のたんなる偶然である．ゲルマンは，陽子と中性子に $S = 1$ を，Σ と Λ に $S = 0$ を，Ξ に $S = -1$ を割り振ってもよかった．1953 年，彼にはそのような

[*13] 中心にいる粒子の位置関係は任意であるが，本書ではいつも三重項の中性メンバー（ここでは Σ^0）を一重項（ここでは Λ）の上に置くことにする．

選択をする特別の理由もなく，よく知っている粒子である陽子や中性子のストレンジネスをゼロにするのが自然に思えた．1961 年以降，ハイパー荷という新しい用語が導入された．それは，中間子に対しては S と等しく，バリオンに対しては $S+1$ となるようになっていた．しかし，後の発展で結局のところストレンジネスの方がよい量子数であることがわかり，いまでは「ハイパー荷」という言葉はまったく異なる目的のために使われている）．

六角形だけが八道説で許されている図形ではない．たとえば，より重い 10 個のバリオンからなるバリオン十重項を取り込むための三角形の配置もある[*14]．

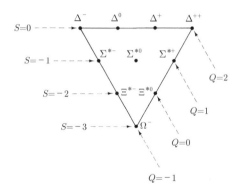

さて，ゲルマンがこれらの粒子を十重項に入れようとしたことで，確かに一つ素晴らしいことが起きた．当時それらの粒子のうち 9 個までは実験的に知られていたが，10 個目（三角形の最も下にいて，電荷 -1，ストレンジネス -3 をもつ）は欠けていた．研究施設でこれらの特性をもつ粒子は検出されていなかった [24]．ゲルマンはそのような粒子が見つかることを大胆にも予言し，実験家にどのように生成すればよいかを詳細に伝えた．さらに，彼はその質量（問題 1.6 で読者自身も計算することになる）と寿命（問題 1.8）を計算した．そして，案の定，ゲルマンが予言した通りに，1964 年に有名なオメガ・マイナス粒子が発見された [25]（図 1.9）[*15]．

[*14] 本書では簡単のために，十重項に入っている粒子を指定するのに Σ^* と Ξ^* を使う古い流儀の表記を使い続ける．現代の表記では $*$ を落として $\Sigma(1385)$ や $\Xi(1530)$ のように括弧内に質量を入れる．
[*15] 同様のことが周期表のときにも起こった．メンデレーエフの図表には三つの穴（欠けている元素）があり，その穴を埋めるべく新しい元素が発見されるはずだとメンデレーエフは予言した．ゲルマンが未発見の粒子を予言したのと同様，メンデレーエフは未知の三つの元素の性質を確信をもって記述し，そしてその後 20 年以内に，三つすべて（ガリウム，スカンジウム，ゲルマニウム）が発見された．

1.7 八道説 (1961〜1964年)　39

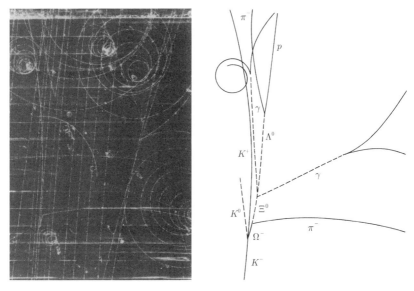

図1.9　Ω^- の発見．左は，実際の泡箱の写真．右は，関連のある粒子の飛跡を線で示した図（写真提供：ブルックヘブン国立研究所）

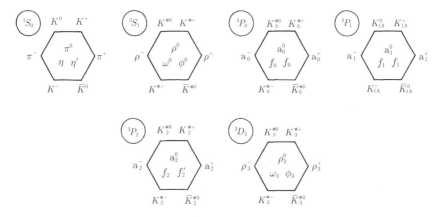

図1.10　質量分析で使われる表記を使った中間子九重項（5章を参照）．現在では，最低でも15個の確立された九重項がある（しかしながら，そのうちのいくつかではすべての粒子が発見されているわけではない）．バリオンの場合，（スピン1/2, 3/2, 5/2をもつ）粒子で満たされた完璧な八重項が三つあり，すべての粒子が見つかっていない八重項が10個ある．完璧な十重項は1個だけだが，そうでないものはさらに6個あり，すでに知られている一重項は3個ある．

負電荷をもつオメガ（Ω^-）の発見以来，八道説の正当性を真剣に疑うものはいなかった．その後の10年間，新たに発見されたすべてのハドロンは八道説の多重項として収まった．これらのうちのいくつかを図1.10に示す[*16]．バリオン八重項，十重項などに加えて，反対の電荷とストレンジネスをもつ反バリオンの八重項や十重項などももちろん存在する．しかし中間子の場合，反粒子は同じ多重項の中，つまり六角形の反対側の対応する場所に位置する．よって，正のパイ中間子の反粒子は負のパイ中間子で，負のKの反粒子は正のKなどになる（中性のパイ中間子とイータの反粒子はそれ自身である）．

分類は，いかなる科学でも発展の第一歩である．八道説はハドロンをたんに分類するだけでなく，その重要性は，分類するための構成にあった．八道説が素粒子物理学の近代の幕を開けたといっても過言ではないと思う．

1.8　クォーク模型（1964年）

しかし，大きな成功を収めた八道説には，なぜハドロンはそんな変なかたちに納まるのかという疑問があった．周期表は多くの年月をかけた後，量子力学とパウリの排他律によって説明されたが，八道説はすでに1964年に理解に近づいた．パウリとツヴァイクはそれぞれ独自に，すべてのハドロンは実際のところ，さらなる基本構成要素からなっているという説を唱え，ゲルマンはその構成要素のことをクォークとよんだ[26]．クォークには三つの種類（あるいは「フレーバー」）があり，八道説の三角形を形成する．

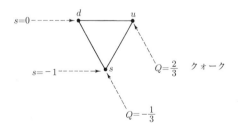

[*16] 確かに，ときどきは間違った実験結果もあった．ゲルマンの枠組みに入らないように見える粒子もあったが，それらすべては後に実験結果の間違いであるとわかった．素粒子物理学の道は現れたり，消えたりしていた．1963年当時にリストアップされていた26個の中間子のうち，19個は後に偽物であることがわかった！

1.8 クォーク模型（1964年）

（「アップ」を意味する）u クォークは電荷 $2/3$, $S = 0$ を，d（「ダウン」）クォークは，電荷 $-1/3$, $S = 0$ を，s（元々は「脇道(sideway)」であったが，いまは広く「ストレンジネス」とよばれている）クォークは電荷 $-1/3$, $S = -1$ をもつ．クォーク（q）それぞれに対応して，反対の電荷とストレンジネスをもつ反クォーク（$\bar{q}$）が存在する．

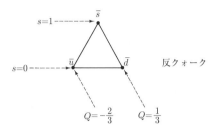

そして，バリオンをつくるには二つのルールがある．

(1) すべてのバリオンは三つのクォークからできている（すべての反バリオンは三つの反クォークからできている）．
(2) すべての中間子は，クォークと反クォークからできている．

これがあれば，簡単な算数でバリオン十重項と中間子八重項をつくることができる．三つのクォーク（あるいはクォーク–反クォーク対）の組み合わせを全部書き出し，電荷とストレンジネスを足し上げるだけでよい．

バリオン十重項

クォークの組み合わせ	電荷	ストレンジネス	バリオン
uuu	2	0	Δ^{++}
uud	1	0	Δ^{+}
udd	0	0	Δ^{0}
ddd	-1	0	Δ^{-}
uus	1	-1	Σ^{*+}
uds	0	-1	Σ^{*0}
dds	-1	-1	Σ^{*-}
uss	0	-2	Ξ^{*0}
dss	-1	-2	Ξ^{*-}
sss	-1	-3	Ω^{-}

注意すべきは三つのクォークから 10 の組み合わせができることだ．たとえば，三つの u だと，それぞれが電荷 $Q = 2/3$ なので全電荷は $+2$ に，そしてストレンジネスはゼロになる．これは Δ^{++} という粒子である．表を下に見ていくと，十重項のメンバー

中間子九重項

クォーク–反クォーク	電荷	ストレンジネス	中間子
$u\bar{u}$	0	0	π^0
$u\bar{d}$	1	0	π^+
$d\bar{u}$	-1	0	π^-
$d\bar{d}$	0	0	η
$u\bar{s}$	1	1	K^+
$d\bar{s}$	0	1	K^0
$s\bar{u}$	-1	-1	K^-
$s\bar{d}$	0	-1	$\bar{K}^0$
$s\bar{s}$	0	0	??

がすべて入っていて，最後が三つの s クォークからなっている Ω^- になる．

クォーク–反クォークの組み合わせを同じように列挙すれば，中間子の表ができ上がる．だが，少し立ち止まってみよう．ここには九つの組み合わせがあるが，中間子八重項には八つの粒子しかない．クォーク模型を信じると，$Q=0$, $S=0$ の（π^0 と η に加えて）3番目の中間子が必要になる．その後あきらかになるように，そのような粒子，η' はじつは実験的にすでに発見されていた．八道説では，η' はそれだけでもって一重項に分類されていた．クォーク模型によると，η' は，中間子九重項をつくるために他の八つの中間子の仲間に入っていた（実際のところ，$u\bar{u}$, $d\bar{d}$, $s\bar{s}$ すべてが $Q=0$ かつ $S=0$ なので，われわれがこれまでにやってきたことだけでは，どれが π^0 で，どれが η で，どれが η' か区別することは不可能である．でもそれは問題ではない．大事なのは，$Q=S=0$ をもつ中間子が三つ存在するということである）．ところで，反中間子は自動的に中間子と同じ多重項に入る．$u\bar{d}$ の反粒子は $d\bar{u}$ だし，その反対も真である．

読者は，私がバリオン八重項について話すのを避けていることに気づいているかもしれない．三つのクォークを組み合わせて 8 個のバリオンをつくるのはまったくもってあきらかではない．実際，非常にすっきりとした方法ではあるが，スピンを取り扱う必要があり，詳細は 5 章に回すことにする．ここでは，十重項を取り出して，三つの角（そこでは，uuu, ddd, sss のようにクォークが同じである）をなくすと（そこでは，uds のように三つのクォークが違う），バリオン八重項の 8 個の状態を正確に得られるという不思議な事実を示して，みなさんをじらすにとどめる．つまり，クォークの同じ組み合わせが八重項を説明しているのだ．いくつかの組み合わせはまったく現れず，そして一つの組み合わせが二度現れる．

本当のところ，八道説のすべての多重項がクォーク模型では自然に出てくる．正電

荷をもつ Δ^+ と陽子は両方とも二つの u と一つの d からできているし，正電荷をもつ π と正電荷をもつ ρ の両方が $u\bar{d}$ からできているなど，クォークの組み合わせが同じでも違った粒子になることが多くある．ちょうど水素原子（電子と陽子）がさまざまな違ったエネルギー準位をもつように，クォークの組み合わせが一つ与えられると，さまざまの異なった方法で束縛する．しかし，電子–陽子系のさまざまなエネルギー準位は相対的に非常に近いために（原子の静止質量はほぼ 10^9 eV のところ，エネルギー準位の間隔は典型的には数 eV しかない）エネルギー準位が違ってもそれらすべてを同じ「水素」と考えるのが自然であるが，その一方で，クォークの束縛状態では違うエネルギー準位間の間隔が非常に大きいので，われわれはそれらの違うエネルギー準位を別の粒子とみなす．それゆえ，原理的には，たった三つのクォークで無限個のハドロンをつくり上げることができる．だが，クォーク模型では絶対に否定されることがいくつかある．たとえば，$S = 1$ あるいは $Q = -2$ のバリオンだ．三つのクォークからではどうやってもそういった量子数を実現できない（反バリオンであれば可能だが）．他にも，電荷 +2（Δ^{++} バリオンのように）あるいはストレンジネス −3（Ω^- のように）をもつ中間子をつくることはできない．これらいわゆる「エキゾチックな」粒子を探す大がかりな実験が長い間なされてきた．その発見はクォーク模型を壊滅させることになるが，そのような証拠はいまだかつて見つかったことがない（問題 1.11）．

　だが，クォーク模型は一つ大きな問題を抱えていた．非常に真剣に探索が行われたにもかかわらず，誰も個々のクォークを見ることがなかった．もし陽子が本当に三つのクォークからできているのなら，十分強く陽子をたたけば，クォークが飛び出してくるはずだと考えるだろう．また，それらを識別するのは難しくないはずだ．というのも，それらは分数の電荷という間違いようのない指紋をもっているので，普通のミリカンの油滴実験で同定することができるだろう．さらに，クォークのうち少なくとも 1 種類は絶対に安定でなければならない．より軽い分数電荷をもった粒子は存在しないので，どんな崩壊もできないのだ．つまり，クォークを生成するのは簡単なはずだし，同定するのも簡単，保持するのも簡単であるにもかかわらず，誰もクォークを発見することができなかった．

　実験的に単一のクォークを生成できないことから，1960 年代後半から 1970 年代初頭にかけてクォーク模型に対する懐疑的な見方が広く巻き起こった．クォーク模型にしがみつく人たちは，たぶん，何らかのまだわかっていない理由でクォークはバリオンと中間子の中に完全に閉じ込められており，どんなに頑張ってもクォークを取り出すことができないという，「クォークの閉じ込め」という概念を導入して，クォークを

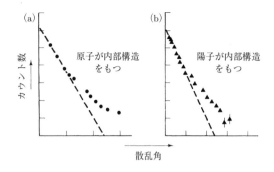

図 1.11 (a) ラザフォード散乱では，たくさんの数の粒子が大角度で散乱されることから，原子が内部構造（原子核）をもっていることを示している．(b) 深非弾性散乱では，たくさんの数の粒子が大角度で散乱されることから，陽子が内部構造（クォーク）をもっていることを示している．点線は，正電荷が，(a) 原子中に (b) 陽子中に，一様に分布しているときの予想を表している（出典：Halzen, F. and Martin, A. D.: Quarks and Leptons (John Wiley & Sons, 1984). John Wiley & Sons, Inc. の許可を得て再掲）

見つけられないという落胆を隠そうとした．もちろん，これは何にも説明しておらず，われわれのフラストレーションに名前をつけたにすぎない．そしてこれが，全然答えられていない，厳しい批判的な理論的問題の引き金となった．つまり，どんな仕組みによってクォークが閉じ込められているのかという問いだ [27]．

すべてのクォークがハドロンの中に張りついているとしても，だからといって，実験的な研究で手が届かないということを意味しているわけではない．何かを対象物に発射するという，ラザフォードが原子の中を調べたのと非常に似た手法で陽子の中を探査することができる．そのような実験が，1960 年代後半にスタンフォード線形加速器センター（SLAC）の高エネルギー電子を使って行われた．1970 年代初頭には CERN でニュートリノビームを使って同じ実験がくり返され，そしてその後，また陽子を使って行われた．

これらのいわゆる「深非弾性散乱」実験の結果は [28]，驚くほどラザフォードの結果を連想させた（図 1.11）．ほとんどの入射粒子は通り抜けてしまう一方で，わずかの数の粒子は鋭く跳ね返される．これが意味するのは，ラザフォードの結果が原子中の正の電荷が原子核に集中していることを示していたように，陽子の中の電荷が小さな塊に集中していることであった [29]．しかし，陽子の場合，一つではなく，三つの塊の存在を示唆していた．あきらかに，クォーク模型を支持する強い裏づけであったが，それでもまだ確定的ではなかった．

そしてもう一つ，クォーク模型に対する理論的な反論があった．クォーク模型は，パウリの排他律を破っているかのように見えた．パウリの元々の定式では，排他律によって二つの電子が同じ状態を占めることはできない．しかし後に，同じルールがスピン半整数をもつすべての粒子に当てはまることがわかった（この証明は，場の量子論の最も重要な成功の一つである）．これから見ていくが，この排他律は，スピン 1/2 をもつクォークにも当てはまらなければならない．たとえば，Δ^{++} は同じ状態にいる三つの同じ u クォークからなっていると考えられており，これは（加えて，Δ^- と Ω^- も）パウリの原理に矛盾しているように思われた．

1964 年に，O・W・グリーンベルグが，この矛盾を解決する方法を提案した [30]．彼は，クォークは三つのフレーバー（香り：u, d, s）からなっているだけでなく，それぞれに三つの「色（カラー）」（「赤：r」「緑：g」「青：b」）があるのだといい出した．排他律は同種の粒子に対してのみ適用されるので，問題は消し飛ぶ．

色という仮説は手品のように思えて，多くの人は当初クォーク模型の最後の悪あがきだと考えた．ところが後になってみると，色の導入はとてつもなく実り多かった [31]．あえていう必要はないが，ここでいう「色」という用語は，日常生活で使う言葉の意味との関係はまったくない．赤さ，青さ，緑さというのは，電荷とストレンジネスに加えてクォークがもつ 3 種類の新しい特性を示すためのラベルにすぎない．赤のクォークは，赤さを 1 個，青さを 0 個，緑さを 0 個もっている．そして，その反クォークは赤さ -1 個などをもっている．これらの量をたんに X っぽさ，Y っぽさ，Z っぽさといい換えてもよい．ところが，色という用語は一つ特別にうまい特徴をもっている．色によって，自然界に見出されるクォークの組み合わせについて単純で面白い性質を表現できた．

自然界に存在するすべての粒子は無色である．

「無色」という言葉が意味するのは，それぞれの色の量がゼロであるか，3 色すべてが同じ量で存在するかのどちらかである（後者は，光の 3 原色を組み合わせると白になるという事実を真似ている）．この賢いルールは，なぜ二つあるいは四つのクォークから粒子をつくれないのか，そして，自然界に個々のクォークが現れてこないのかという問題を「説明」している（それがここで使う正しい言葉だとしたら）．無色になるクォークの

組み合わせは，$q\bar{q}$（中間子），qqq（バリオン），そして$\bar{q}\bar{q}\bar{q}$（反バリオン）だけである[*17]．

1.9 11月革命とその余波（1974〜1983年，1995年）

1964年から1974年までの10年間は素粒子物理学にとって不毛の時代であった．当初うまくいくと期待されていたクォーク模型は，最終的には忘れ去られるという居心地の悪い状態に陥っていた．クォーク模型にはいくつかの特筆すべき成功があった．八道説をうまく説明したし，陽子が内部に塊をもつことも正しく予言した．しかし，二つの致命的な欠陥（クォークを実験的に観測していないこととパウリの排他律と矛盾していること）があった．クォーク模型の支持者たちは，クォークの閉じ込めと色仮説という，当時それなりに説得力をもった正当化で，二つの欠点を取り繕った．しかし，1974年まではほとんどの素粒子物理学者がクォーク模型を気持ち悪く感じていたといえるだろう．陽子内部の塊のことはパートンとよばれ，それらを明示的にクォークだと同定しようとはしなくなっていた．

興味深いことに，クォーク模型を救ったのは，自由クォークの発見でも，クォークの閉じ込めの説明でも，色仮説の検証でもなく，まったく別の，そして（ほとんど）まったく予期されていなかった，プサイ（ψ）の発見によってであった [34]．そのψは，1974年の夏に，ブルックヘブンのC・C・ティンのグループで最初に観測された．しかし，ティンは観測したことを公表する前に実験結果の確認をしたかったため，11月10日から11日の週末にSLACのバートン・リヒター率いるグループが独立に新粒子を発見するまで，ティンたちの結果は驚くほど秘密にされていた．その二つのチームは同時に論文を発表し [35]，ティンは新粒子をJとよび，リヒターはψと名づけた．発見されたJ/ψは電気的に中性で，とてつもなく重い中間子だった．陽子の3倍以上の重さであった（元々，中間子は「中くらいの重さ」，バリオンは「重量級」という使い方は長いこと続いていたが，やがて消え去った）．しかし，この粒子が普通でなかったのは，そのとてつもなく長い寿命であった．ψは崩壊するまでに10^{-20}秒も生

[*17] もちろん，これらをまとめて一塊にすることもできる．たとえば，重陽子は六つのクォーク（三つのuと三つのd）からなる状態である．2003年には，四つのクォークからなる「中間子」（実際には$qq\bar{q}\bar{q}$）と五つのクォークからなるバリオン（$qqqq\bar{q}$）の観測という突発的な興奮すべき出来事があった．いまでは後者は統計的なゆらぎであったとわかったが [32]，少なくとも一つの中間子（高エネルギー加速器研究機構（KEK）で発見された，いわゆる$X(3872)$）の場合については，四つのクォークでできているという解釈がいまでも正しいと考えられている．が，いまもなお，$D\bar{D}^*$分子と解釈すべきか，それ自体を中間子と解釈するのがよいのかはっきりしていない [33]．

1.9 11月革命とその余波（1974～1983年，1995年）

き続けた．いまでは，10^{-20} 秒と言っても驚くほど長い時間ではないかもしれないが，これくらいの質量のハドロンの典型的な寿命は 10^{-23} 秒のオーダーだということを理解しておかなければならない．つまり，ψ は他の同じような粒子に比べ，1000倍も長い寿命をもっているのだ．それはまるで，ペルーかコーカサスにある70000年前の生活を営んでいる村に誰かが来てしまったようなものだ．それはたんなる数理的な異常ではなく，根本的に新たな生物学の兆候を見ているようなものだ．ψ も同様で，その寿命の長さを理解している者にとっては，根源的に新しい物理学が表出していた．そういう正当な理由のために，ψ の発見によって突然巻き起こった出来事は11月革命として知られるようになった [36]．

それに続く数か月間は，ψ 中間子の本当の性質について活発な議論がなされたが，その説明に成功したのはクォーク模型であった．ψ は，新たな（4番目の）クォークである c（charm を意味する）とその反クォークの束縛状態 $\psi = (c\bar{c})$ である．実際のところ，4番目のフレーバーというアイデアに加え，その滑稽な名前は，かなり前にブヨルケンとグラショーによって導入されたものである [37]．レプトンとクォークとの間には興味深い並行性があった．

レプトン：$e,\ \nu_e,\ \mu,\ \nu_\mu$

クォーク：$d,\ u,\ s$

もしすべての中間子とバリオンがクォークからできているなら，これら二つのグループは真に根源的な粒子となる．しかし，なぜレプトンが4種類なのにクォークは3種類だけなのか．それぞれが4種類の方がよいのではないだろうか．後に，グラショー，イリオポロスとマイアニは，4番目のクォークが必要とされる，もっと説得力のある専門的な理由を示すが，クォークとレプトンとの間の並行性という単純なアイデアはこじつけ的憶測であったにもかかわらず，アイデアの主たちが想像した以上に深遠であるとわかることになる．

このように，ψ が発見されたときには，クォーク模型は説明を携えて準備万端であった．さらにいうと，示唆に富んだ説明ともいえた．なぜなら，4番目のクォークが存在すれば，さまざまな量のチャームをもつ新たなバリオンと中間子があるはずだからだ．これらのうちのいくつかを図1.12に示す．可能な組み合わせは読者自身で探せるはずだ（問題1.14と1.15）．ただし，ψ 自身は正味のチャーム価がゼロであることに注意せよ．つまり，c にはチャーム価 +1 が割り振られていて，$\bar{c}$ は -1 をもつだろうから，ψ のチャーム価は「消えて」しまう．チャーム価という仮説を確認するために

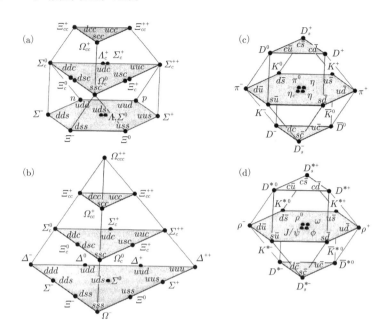

図 1.12 四つのクォークのフレーバーで構成された多重項：バリオン（a と b）と中間子（c と d）
（出典：Review of Particle Physics (2006)）

は，「服を着ていない」（あるいは「裸の」）チャーム価をもつ粒子を生成することが重要である [39]．チャーム価をもったバリオン（$\Lambda_c^+ = udc$ と $\Sigma_c^{++} = uuc$）の最初の証拠はすでに 1975 年に現れて（図 1.13）[40]，その後，$\Xi_c = usc$ と $\Omega_c = ssc$ が続いた（2002 年には，フェルミラボで初めて二つのチャーム価をもったバリオン発見の兆候があった）．チャーム価をもった最初の中間子（$D^0 = c\bar{u}$ と $D^+ = c\bar{d}$）は 1976 年に発見され [41]，それに続くこと 1977 年にチャームとストレンジからなる中間子（$D_s^+ = c\bar{s}$）が発見された [42]．これらの発見により，ψ を $c\bar{c}$ であるとする解釈が確立された．さらに重要なのは，クォーク模型がよみがえったことである．

しかし，話はそこで終わらず，1975 年には新しいレプトンが発見されて [43]，グラショーの対称性をぐらつかせた．この新しい粒子（タウ）は自身に対応するニュートリノをもち，レプトンは 6 種類まである一方で，クォークは 4 種類だけだった．しかし絶望することなかれ．2 年後には新たに重い中間子（ウプシロン）が発見され [44]，すぐに，5 番目の b クォーク（b は beauty あるいは bottom を意味する）をもつ $\Upsilon = b\bar{b}$ であることがわかった．その直後に，「服を着ていない beauty」あるいは「裸の bottom」

1.9 11月革命とその余波（1974～1983年，1995年）

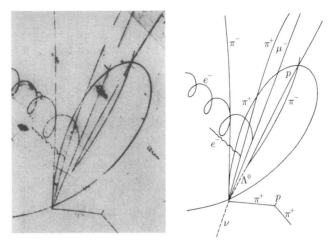

図 1.13 チャームをもったバリオン．この事象の最も可能性の高い解釈は $\nu_\mu + p \to \Lambda_c^+ + \mu^- + \pi^+ + \pi^+ + \pi^-$ である．チャームをもったバリオンの崩壊（$\Lambda_c^+ \to \Lambda + \pi^+$）は，飛跡を残すには寿命が短すぎるが，その後の Λ の崩壊ははっきりと見てとれる（写真提供：ブルックヘブン国立研究所の N. P. Samios）

（申し訳ないが，この用語を開発したのは私ではない．ある意味，この馬鹿げた名付け方は，当時の人々が真面目にクォーク模型について話をするときどれだけ慎重であったかの名残なのだ）をもつハドロンの探索が始まった．ボトム価をもつ最初のバリオン $\Lambda_b^0 = udb$ は 1980 年代に，2 番目（$\Sigma_b^+ = uub$）は 2006 年に，そして 3 世代すべてのクォークを含む最初のバリオン（$\Xi_b^- = dsb$）は 2007 年に観測された．ボトム価をもった最初の中間子（$\bar{B}^0 = b\bar{d}$ と $B^- = b\bar{u}$）は 1983 年に発見された [45]．$B^0/\bar{B}^0$ 系はとりわけ実り多い研究対象であることが示されていて，いわゆる「B ファクトリー」が現在 SLAC（「BaBar」）と KEK（「Belle」）で稼働している[*18]．Particle Physics Booklet には，$B_s^0 = s\bar{b}$ と $B_c^+ = c\bar{b}$ も載っている．

この時点では，天才でなくても 6 番目のクォーク（truth あるいは top を意味する t）がまもなく発見されることを予言でき，6 個のクォークと 6 個のレプトンというグラショーの対称性を回復することができた．しかしトップクォークは極度に重いことがわかり（$174\,\text{GeV}/c^2$ で，ボトムクォークの 40 倍の重さ），なかなか捕まえることができず人々はいらついた．当初のトップニウム（ψ と Υ のような $t\bar{t}$ 中間子）探索は失敗に終わった．電子–陽電子衝突型加速器では十分なエネルギーに到達できず，

[*18] 訳注：2019 年現在，BaBar も Belle も運転を終えているが，KEK ではルミノシティを増強した Belle2 が実験を開始した．また，CERN でも LHCb 実験が行われている．

トップクォークは束縛状態を形成するにはたんに短寿命すぎた．あきらかに，トップを含んだバリオンや中間子は存在しない．トップクォークの存在は 1995 年に決定的となった．テバトロンがようやくその前年に強い証拠となり得る十分なデータを取得したのだ（基本的な反応は $u+\bar{u}$（あるいは $d+\bar{d}$）$\to t+\bar{t}$ で，トップと反トップは生成直後に崩壊する．そして，崩壊粒子の解析により，トップクォークがはかなく生成されたことを推測することができる）[46]．LHC が稼働開始するまで，テバトロンが世界で唯一トップクォークを生成できる加速器である．

1.10 仲介役ベクトルボソン（1983 年）

　フェルミのベータ崩壊に関する元々の理論では（1933 年），反応を 1 点での接触型相互作用として取り扱っていたので，力を媒介するための粒子を必要としていなかった．（ベータ崩壊を引き起こしている）弱い力は，非常に短距離力なので，フェルミの構築した模型は真実からかけ離れておらず，低エネルギーでのとてもよい近似となる結果を生み出す．しかし，このやり方では高いエネルギーでの結果を再現できないことが広く知られており，だんだんと，相互作用とは何らかの粒子の交換によって誘起されるのだという理論に取って代わられていった．その仲介役は，「仲介役ベクトルボソン」というつまらない名前で知られることとなった．理論家にとっての挑戦は，その仲介役ベクトルボソンの性質を予言することであり，実験家にとっての挑戦は，それを実験室で生成することであった．読者は，湯川が強い力における同様の問題に直面したときに，力の到達距離は原子核の大きさとだいたい同じだとしてパイ中間子の質量を見積もったことを思い出すかもしれない．しかし，弱い力の到達距離を測る同じような指標がない．大きさがわかるような「弱い束縛状態」というものは存在しないのだ．弱い力は，弱すぎて粒子を一塊に集めておくことができないのだ．何年もの間，仲介役ベクトルボソンの質量の予言は，経験（粒子を検出するために徐々にエネルギーを上げていったが実験的に観測できないという「経験」）に基づく予想でしかなかった．1962 年までには，その質量は少なくとも陽子の半分以上であることが知られ，さらにその 10 年後には，実験による下限値は陽子質量の 2.5 倍にまでなっていた．

　しかし，グラショー–ワインバーグ–サラムによる電弱理論の出現によって，本当に確固たる質量の予言が可能になった．この理論では，実際には 3 種類の仲介役ベクトルボソンがあり，そのうちの二つが電荷をもち（$W^{\pm}$），一つが中性である（Z）．それらの質量は

$$M_W = 82 \pm 2 \,\text{GeV}/c^2, \qquad M_Z = 92 \pm 2 \,\text{GeV}/c^2 \qquad \text{(予言値)} \tag{1.30}$$

と計算された [47].

1970 年代後半，CERN は，これらの尋常ではなく重い粒子たちを生成するために特別に設計した陽子–反陽子衝突型加速器の建設を開始した（陽子の質量は $0.94\,\text{GeV}/c^2$ であり，いま話しているのはそのほぼ 100 倍もの重さだということを念頭に置いてほしい）．1983 年の 1 月に W の発見がカルロ・ルビアのグループによって報告され [48]，その 5 か月後には同じチームが Z の発見を公表した [49]．その質量は

$$M_W = 82.403 \pm 0.029\,\text{GeV}/c^2, \qquad M_Z = 91.188 \pm 0.002\,\text{GeV}/c^2 \qquad \text{(測定値)} \tag{1.31}$$

であった．

これらの実験は技術的な観点におけるとてつもない成功を収めると同時に [50]，当時の物理学界が強く情熱を注いでいた，標準模型の本質的な点を検証するという根源的重要性を担っていた（そのために，ノーベル賞がすでに与えられていた）．しかし，ストレンジ粒子や ψ と違って（しかしながら，10 年後のトップクォークのときとは似ている），仲介役ベクトルボソンは世界中から待ち望まれた存在だったので，一般的な反応は，動揺や驚きではなく，安堵であった．

1.11　標準模型（1978 年～？）

その後，現在の観点では，あらゆるものはレプトン，クォーク，力の媒介役という 3 種類の素粒子からできている．レプトンは 6 種類あり，それらの電荷（Q），電子数（L_e），ミュー粒子数（L_μ），そしてタウ数（L_τ）によって分類され，3 世代に分かれている．さらに，すべての符号をひっくり返した 6 種類の反レプトンも存在する．たとえば，陽電子は電荷 $+1$ と電子数 -1 をもつ．ということで，すべてをひっくるめると，本当は 12 種類のレプトンが存在することになる．

レプトンの分類

	レプトン	Q	L_e	L_μ	L_τ
第1世代	e	-1	1	0	0
	ν_e	0	1	0	0
第2世代	μ	-1	0	1	0
	ν_μ	0	0	1	0
第3世代	τ	-1	0	0	1
	ν_τ	0	0	0	1

同様に，クォークには，電荷，ストレンジネス (S)，チャーム (C)，ビューティ (B)，そしてトップ (T) によって分類される6個の「フレーバー」が存在する（首尾一貫性のためには，めったに使われることはないが，「アップ」の U と「ダウン」の D を加えておくべきだと思う．だけれども，それらは余分である．たとえば，$S = C = B = T = 0$ かつ $Q = 2/3$ をもつ唯一のクォークはアップクォークなので $U = 1$ かつ $D = 0$ と指定する必要はないのだ）．クォークも3世代に分かれている．そしてまた，反クォークの表ではすべての符号を反転させる．その一方で，クォークと反クォークのそれぞれは三つのカラーをもつので，合計で36種類のクォークが存在する．

クォークの分類

	クォーク	Q	D	U	S	C	B	T
第1世代	d	$-1/3$	-1	0	0	0	0	0
	u	$2/3$	0	1	0	0	0	0
第2世代	s	$-1/3$	0	0	-1	0	0	0
	c	$2/3$	0	0	0	1	0	0
第3世代	b	$-1/3$	0	0	0	0	-1	0
	t	$2/3$	0	0	0	0	0	1

そして最後に，あらゆる相互作用には仲介役がいる．電磁気力には光子，弱い力には二つの W と Z，そして重力には（おそらく）グラビトンだ．しかし，強い力についてはどうなっているのだろうか．湯川の元々の理論では，強い力の担い手はパイ中間子であったが，より重い中間子の発見によりこの単純な描像は成り立たなくなった．いまでは，陽子や中性子は，ρ や η や K や ϕ やその他すべての中間子を交換することになってしまう．クォーク模型はもっと説得力のある改訂版をもたらした．つまり，もし陽子，中性子あるいは中間子が複雑な構造体だとしたら，それらの間の相互作用が単純だと信じる理由がなくなる．根源的なレベルで強い力を研究するには，むしろ個々のクォーク間の相互作用を見るべきだ．そこで，疑問は，強い相互作用反応では，二つのクォーク間でどのような粒子が交換されるのか，ということになる．この媒介

1.11 標準模型（1978年～？） 53

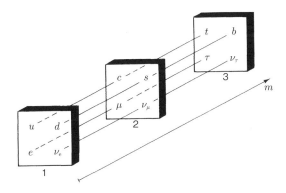

図 1.14 質量が増えるように並べられた，クォークとレプトンの 3 世代

役のことをグルーオンとよび，標準模型ではそれらが 8 種類存在する．これから見ていくが，グルーオンは（クォークのように）カラーをもつため，単独の粒子として存在できない．グルーオンを検出する可能性があるのは，ハドロンの内部か，無色となるグルーオンの組み合わせ（グルーボール）のみである．だがしかし，グルーオンの存在を示す間接的だが確固たる実験的確証がある．深非弾性散乱実験では，陽子の運動量の約半分を電気的に中性の構成物，おそらくはグルーオンが担っていることが示されている．高エネルギーでの非弾性散乱によるジェットの構造の性質はクォークとグルーオンの飛行中の崩壊だとして説明される [51]．そして，ひょっとするとグルーボールは発見されているのかもしれない [52]．

以上すべてを足し上げると，たぶん「素である」粒子の数はあきれるほど大きな数になってしまう．12 のレプトン，36 のクォーク，そして 12 の媒介粒子だ（標準模型には含まれていないので，グラビトンは数えない）．そして後で見るが，グラショー–ワインバーグ–サラム理論では最低一つのヒッグス粒子が必要になり，取り扱うべき粒子は最低でも 61 になる．最初は原子，そして後にはハドロンの経験から，多くの人はこれら 61 の粒子のうちの少なくとも何種類かはより素である粒子による複合物に違いないと提案している（問題 1.18）[53]．そのような憶測は標準模型の先であり，本書の狙いからは外れている．私個人としては，標準模型に莫大な数の「素」粒子が含まれていること自体を心配する必要はないと考えている．というのも，それらは互いに強い関連をもっているからだ．たとえば，8 種類のグルーオンは色を除けば同一だし，2 世代目と 3 世代目は第 1 世代のくり返しになっている（図 1.14）．

それでもなお，クォークとレプトンに世代が三つあるべきというのは奇妙に見える．

クォークとレプトンの質量（単位は MeV/c^2）

レプトン	質量	クォーク	質量
ν_e	$< 2 \times 10^{-6}$	u	2
ν_μ	< 0.2	d	5
ν_τ	< 18	s	100
e	0.511	c	1 200
μ	106	b	4 200
τ	1777	t	174 000

結局のところ，普通の物質は（陽子と中性子というかたちで）アップとダウンクォークとそして電子からできていて，すべてが第1世代から選ばれている．なぜ「余分な」世代が二つあるのか．誰がそれらを必要とするのか．創造主の目的や効率に思いを巡らせても理解することはできない．奇妙な謎であり，証拠の類いはほとんどない．しかし，どうしてもなぜかを考えたくなる．実際には驚くべき答えがあるのだ．反物質に比べて圧倒的に物質が多いことを標準模型でもっともらしく説明できるのだが，それは（最低でも）3世代存在するときに限る．

もちろんこれは逆の質問をもたらす．なぜ世代は三つしかないのか．本当に，まだ発見されていないだけで（おそらく非常に重すぎて現存する加速器では生成することができないという理由で）別の世代が存在することはないのだろうか．1988年近くになるまでは[54]，4世代目，あるいはもしかすると5世代目すらをも予測するに足る理由があった．だが1年のうちにその可能性はSLACとCERNの実験によって打ち消された[55]．Z^0 は，どんなクォーク–反クォーク対，あるいはレプトン–反レプトン対（$e^- + e^+$, $u + \bar{u}$, $\nu_\mu + \bar{\nu}_\mu$ など）にも崩壊できるという点から，（サダムがいうであろう）「すべての粒子の母」である．ただし，新たに生成される粒子は Z^0 質量の半分以下でなければならない（さもないと，粒子対をつくるためのエネルギーが足りない）．そこで，Z^0 の寿命を測定することによって，$45\,\mathrm{GeV}/c^2$ 以下の粒子の数を実際数えることができるのだ．多くの粒子がいれば，Z^0 の寿命は短くなる．ちょうど，多くの致命的な病気が存在すれば，われわれの寿命が短くなることが予想されるように．実験結果は，Z^0 の寿命が3世代のときの予想と正確に一致していることを示した．もちろん，仮想上の第4世代に属するクォーク（と，ことによっては荷電レプトンも）が重すぎて，Z^0 の寿命に影響を与えていないのかもしれない．だが，第4世代のニュートリノが突然 $45\,\mathrm{GeV}/c^2$ を超えることは想像しがたい．いずれにせよ，実験が明白に示したのは「軽い」ニュートリノの数が 2.99 ± 0.06 ということである．

標準模型は30年間無傷で生き残っているが，当然，それで話が終わるわけではな

い．いくつもの未解決の重要な問題がある．たとえば，標準模型ではクォークやレプトンの質量をどのように計算予言するのかわからない[*19]．標準模型にあるのは実験からの経験則に基づく数字だけだが，おそらく，完全にできあがった理論であれば，周期表上の原子のように，それらを説明できるはず[*20]．後で見ていくように，標準模型は，小林−益川行列における三つの角度と一つの位相，レプトンのための同様のパラメーター，そして電弱混合の度合いを表すワインバーグ角を経験則的な入力パラメーターとしている．他にもすべてを数え上げると，標準模型には 20 以上の任意のパラメーターがあり，どう考えても「最終」理論であるとは受け入れがたい [56]．

実験の方に目を向けると，ニュートリノ振動（11 章）と CP 対称性の破れ（12 章）には測定すべき量が多いが，中でも最も目立って欠落しているのはヒッグス粒子だ．標準模型ではヒッグス粒子によって W と Z（そしておそらくは他の粒子）の質量が説明される．トップクォークのように，新たな実験が発見に失敗し，時間が経つにつれてヒッグスの質量予測値は増加してきた．現段階では，SSC 計画が中止されたため，現存する加速器ではおそらく到達不可能で，この厄介な粒子を見つけるのは LHC が最も有望である[*21]．

一方で，理論的には標準模型を超えた憶測が数多くある（実験による直接的な確証はないが）．強い相互作用，電磁相互作用，そして弱い相互作用を結びつける大統一理論（GUT）がある（12 章）．これらは，少なくともあるかたちでは，実際上正統的であると広く受け入れられている．さらに理論家にとって非常に魅力的なのは「超対称性」（SUSY）というアイデアである．SUSY では，あらゆるフェルミオンをボソンに，またあらゆるボソンをフェルミオンと対応づけることで粒子の数を倍増させる．それゆえ，「スレプトン」（「selectron」「sneutrino」など）がレプトンに合流し，「スクォーク」がクォークに合流し，力の媒介粒子たちは双子を獲得する（「photino」「gluino」「wino」「zino」）．クォークを構成する粒子，あるいは超対称性粒子が発見されれば，素粒子物理学が次の時代にやるべきメニューをすべて塗り替えてしまうほどの重大なニュースだ．しかし，いくつかのじれったい間違った知らせを除いては [57]，どちらもいまのところまだ発見されていない．

そして，1984 年以来，あらゆる世代の素粒子物理学の理論家の心をわしづかみにし

[*19] 軽いクォーク質量には大きな不定性がある．ここでは，簡略化のために四捨五入している．
[*20] しかし，電子ニュートリノとトップクォークとの間の少なくとも 10^{11} も離れた範囲をカバーしなければならないということから，クォークとレプトンの質量の定式化が非常に奇妙であるということには留意せよ．
[*21] 訳注：2012 年に予想通り，あるいは期待通りに，LHC でヒッグス粒子が発見された．

ている超弦理論がある．超弦理論は，量子力学と一般相対性理論を統合し，場の量子論における発散という疫病を取り除くだけでなく，統一的な「万物の理論」をも与える．万物の理論では，(重力も含めて) あらゆる素粒子物理学が避けがたい結果として勝手に現れてくる．超弦理論は，確かに，光り輝き冒険に満ちた青年時代を楽しんだ．だが，それが贅沢な希望を満たしてくれるかどうかは未知数である．

参 考 書

[1] 素粒子物理学の歴史については多くのよい議論がある．私のお気に入りは C. N. Yang の楽しい小さな本, Elementary Particles (Princeton University Press, 1961). より新しいものでは, (a) J. S. Trefil's: From Atoms to Quarks (Scribners, 1980); (b) F. E. Close's: The Cosmic Onion (Heinemann Educational Books, 1983). 初期についてよく書かれているのは, (c) A. Keller's: The Infancy of Atomic Physics (Oxford University Press, 1983); (d) S. Weinberg's: Subatomic Particles (Scientific American Library, 1983). 魅力的で巧妙な説明については, (e) A. Pais: Inward Bound (Clarendon Press, 1986) を参照．包括的な参考文献は, (f) R. C. Hovis and H. Kragh: American Journal of Physics, **59**, 779 (1991).

[2] この物語は，アインシュタインの伝記で A. Pais によって美しく語られている．Subtle is the Lord (Clarendon Press, 1982).

[3] R. A. Millikan: Physical Review, **7**, 18 (1916). (a) A. Pais によるアインシュタインの伝記で引用されている．Subtle is the Lord (Clarendon Press, 1982).

[4] ハイゼンベルクは，水素分子イオン (H_2^+) の類推で，重水素は電子の交換によって互いに結びついていると，初めに提案していた．湯川は，電磁力やベータ崩壊の原因となる弱い力とは別の新しい力が関与することをあきらかに初めから理解していた．A. Pais: Inward Bound (Clarendon Press, 1986); (a) L. M. Brown and H. Rechenberg: American Journal of Physics, **56**, 982 (1988) を参照．

[5] M. Conversi, E. Pancini and O. Piccioni: Physical Review, **71**, 209 (1947).

[6] C. M. G. Lattes *et al.*: Nature, **159**, 694 (1947); Nature, **160**, 453, 486 (1947).

[7] R. E. Marshak and H. A. Bethe: Physical Review, **72**, 506 (1947). 実際，日本の物理学者も戦争中に同様の結論に至っていた．(a) A. Pais: Inward Bound (Clarendon Press, 1986) 453 を参照．

[8] この発見の非公式の歴史については，C. D. Anderson: American Journal of Physics, **29**, 825 (1961) を参照．

[9] O. Chamberlain *et al.*: Physical Review, **100**, 947 (1955); (a) B. Cork *et al.*: Physical Review, **104**, 1193 (1956). 以下の文献も参照せよ. (b) E. Segrè and C. E. Wiegand: Scientific American, 37 (June 1956). (c) G. Burbridge and F. Hoyle: 34 (April 1958). (d) H. Kragh: American Journal of Physics, **57**, 1034 (1989).

[10] ニュートリノの歴史は魅力的な話である．たとえば，J. Bernstein: The Elusive Neutrino (University Press of the Pacific, 2004); (a) L. M. Brown: Physics Today, 23 (September 1978); (b) P. Morrison: Scientific American, 58 (January 1956). ニュートリノに関する広範かつ有用な参考文献は, (c) L. M. Lederman: American Journal of Physics, **38**, 129 (1970).

[11] F. Reines and C. L. Cowan Jr.: Physical Review, **92**, 8301 (1953); (a) C. L. Cowan

Jr. *et al.*: Science, **124**, 103 (1956). レイネは 1995 年にこの仕事でついにノーベル賞を受賞した（コーワンはすでに亡くなっていた）.
[12] R. Davis and D. S. Harmer: Bulletin of the American Physiological Society, **4**, 217 (1959). 以下も参照. (a) C. L. Cowan Jr. and F. Reines: Physical Review, **106**, 825 (1957).
[13] E. J. Konopinski and H. M. Mahmoud: Physical Review, **92**, 1045 (1953).
[14] B. Pontecorvo: Soviet Physics JETP, **37**, 1236 (1960); 以下より英訳された. Soviet Physics JETP, **37**, 1751 (1959); (a) T. D. Lee: Rochester Conference, New York (1960) p. 567.
[15] G. Danby *et al.*: Physical Review Letters, **9**, 36 (1962). 以下も参照. (a) L. Lederman: Scientific American, 60 (March 1963).
[16] L. M. Brown, M. Dresden and L. Hoddeson: Physics Today, 56 (November 1988).
[17] G. D. Rochester and C. C. Butler: Nature, **160**, 855 (1947). 以下の G. D. Rochester の伝記も参照. (a) Y. Sekido and H. Elliot (eds): Early History of Cosmic Ray Studies (Reidel, 1985) 299.
[18] シュテュッケルベルグ自身は「バリオン」という言葉は使わず, A. Pais: Progress in Theoretical Physics, **10**, 457 (1953) で導入された.
[19] Les Prix Nobel 1955, The Nobel Foundation, Stockholm.
[20] A. Pais: Physical Review, **86**, 663 (1952). 同じこと（多くの生成, ゆっくりとした崩壊）は, パイ中間子（そして, 中性子）にもいえるかもしれない. しかし, それらの崩壊はニュートリノをつくり出し, 人々はニュートリノの相互作用が弱いという考えに慣れていた. 新しかったことは, ニュートリノを含む反応を特徴づける純粋なハドロン崩壊であった. 歴史の詳細は下記を参照. (a) A. Pais: Inward Bound (Clarendon Press, 1986) 517; (b) L. M. Brown, M. Dresden and L. Hoddeson: Physics Today, 60 (November 1988).
[21] M. Gell-Mann: Physical Review, **92**, 883 (1953); (a) Nuovo Cimento, **4** (Suppl. 2), 848 (1956).
[22] T. Nakano and K. Nishijima: Progress in Theoretical Physics, **10**, 581 (1953).
[23] 元の論文は, M. Gell-Mann and Y. Ne'eman: The Eightfold Way (Benjamin, 1964).
[24] 実際に, 1954 年に宇宙線実験で観測された可能性がある. Y. Eisenberg: Physical Review, **96**, 541 (1954). しかし, 識別はあいまいである.
[25] V. E. Barnes *et al.*: Physical Review Letters, **12**, 204 (1964); (a) M. Gell-Mann: Physical Review, **92**, 883 (1953). 以下も参照. (b) W. B. Fowler and N. P. Samios: Scientific American, 36 (October 1964).
[26] クォークモデルに関する豊富な参考文献, および有用な解説は, O. W. Greenberg: American Journal of Physics, **50**, 1074 (1982). （ツヴァイクの未発表のものを含む）古典的な論文の多くは, (a) D. B. Lichtenberg and S. P. Rosen (eds): Developments in the Quark Theory of Hadrons (Hadronic Press, 1980).
[27] Y. Nambu: Scientific American, 48 (November 1976); (a) K. Johnson: Scientific American, 112 (July 1979); (b) C. Rebbi: Scientific American, 54 (February 1983).
[28] H. W. Kendall and W. K. H. Panofsky: Scientific American, 61 (June 1971).
[29] M. Jacob and P. Landshoff: Scientific American, 66 (March 1980).
[30] O. W. Greenberg: Physical Review Letters, **13**, 598 (1964). グリーンベルグはこの言葉を使用しなかった. 用語を導入したのは (a) D. B. Lichtenberg: Unitary Symmetry and Elementary Particles (Academic Press, 1970). 以下も参照. (b) S. L. Glashow: Scientific American, 38 (October 1975).
[31] 以下を参照. A. Pais: Inward Bound (Clarendon Press, 1986) 562, 602.

[32] G. Trilling: Review of Particle Physics, 1019 (2006).
[33] 現在の状況報告については以下を参照．G. Bauer: International Journal of Modern Physics, A **21**, 959 (2006); (a) E. S. Swanson: Physics Reports, **429**, 243 (2006).
[34] 例外は J. Iliopoulos (1974) 1974 年夏にロンドンで開催された素粒子物理学国際会議で，イリオポロスは次のように語った：「私は，次の会議全体がチャーム粒子の発見によって占められることにすべてのワインを賭けてよい」．
[35] J. J. Aubert et al.: Physical Review Letters, **33**, 1404 (1974); (a) J.-E. Augustin et al.: Physical Review Letters, **33**, 1406 (1974).
[36] この資料の有用な参考文献，主要な記事の再版は以下で与えられている．J. Rosner (ed): *New Physics* (the American Association of Physics Teachers, 1981). 11 月革命の興奮は，SLAC の出版物に書かれている．(a) Beam Line, **7** (11) (1976). 以下も参照．(b) S. D. Drell: Scientific American, 50 (June 1975), (c) S. L. Glashow and G. Trilling: RPP 2006, 1019 (2006).
[37] B. J. Bjorken and S. L. Glashow: Physics Letters, **11**, 255 (1964). 1963 年と 1964 年には，可能な 4 番目のクォークに関する多くの推測がなされた（A. Pais: Inward Bound (Clarendon Press, 1986) 601 を参照）．
[38] S. L. Glashow, J. Iliopoulos and L. Maiani: Physical Review, D **2**, 1285 (1970).
[39] R. F. Schwitters: Scientific American, 56 (October 1977).
[40] E. G. Cazzoli et al.: Physical Review Letters, **34**, 1125 (1975).
[41] G. Goldhaber et al.: Physical Review Letters, **37**, 255 (1976); (a) I. Peruzzi: Physical Review Letters, **37**, 569 (1976).
[42] R. Brandelik et al.: Physics Letters, B **70**, 132 (1977).
[43] M. Perl et al.: Physical Review Letters, **35**, 1489 (1975). 以下も参照．(a) M. Perl and W. Kirk: Scientific American, 50 (March 1978); (b) M. Perl: Physics Today, 34 (October 1997). パールは τ の発見で 1995 年にノーベル賞を受賞している．
[44] S. W. Herb et al.: Physical Review Letters, **39**, 252 (1977). 以下も参照．(a) L. M. Lederman: Scientific American, 72 (October 1978). 5 番目のクォークの発見がいかに熱望されていたのかを示していて，ウプシロン発見のフライングにつながった．(b)（D. C. Hom et al.: Physical Review Letters, **36**, 1236 (1976) では，実験グループの責任者であるレオン・レーダーマンの名前にちなんで）「oops-Leon」としてよく知られる偽の粒子を発表してしまった．
[45] S. Behrends et al.: Physical Review Letters, **50**, 881 (1983).
[46] F. Abe et al.: Physical Review Letters, **74**, 2626 (1995); (a) S. Abachi et al.: Physical Review Letters, **74**, 2632 (1995). 以下も参照．(b) T. M. Liss and P. L. Tipton: Scientific American, 54 (September 1997).
[47] W と Z の質量の式は，初めに，S. Weinberg: Physical Review Letters, **19**, 1264 (1967) で与えられた．そのときには値がわからなかったパラメーター θ_W を含み，ワインバーグは $M_W \geq 37\,\text{GeV}/c^2$, $M_Z \geq 75\,\text{GeV}/c^2$ であると確信していた．それから 15 年で，θ_W はさまざまな実験で測定され，1982 年までに式 (1.30) に示すように精密になった．
[48] G. Arnison et al.: Physics Letters, B **122**, 103 (1983).
[49] G. Arnison et al.: Physics Letters, B **126**, 398 (1983).
[50] D. B. Cline and C. Rubbia: Physics Today, 44 (August 1980); (a) D. B. Cline, C. Rubbia and S. van der Meer: Scientific American, 48 (March 1982). 1984 年にルビアとファンデルメールはこの業績でノーベル賞を受賞した．以下も参照．(b) C. Sutton: The Particle Connection (Simon & Schuster, 1984); (c) P. Watkins: Story of the W and Z (Cambridge University Press, 1986).
[51] M. Jacob and P. Landshoff: Scientific American, 66 (March 1980).

[52] K. Ishikawa: Scientific American, 142 (November 1982); (a) J. Sexton, A. Vaccarino and D. Weingarten: Physical Review Letters, **75**, 4563 (1995).
[53] たとえば，以下のレビューを参照．H. Terezawa: XXII International Conference on High-Energy Physics, vol. **I**, Leipzig, 63 (1984); (a) H. Harari: Scientific American, 56 (April 1983).
[54] D. B. Cline: Scientific American, 60 (August 1988).
[55] G. S. Abrams *et al.*: Physical Review Letters, **63**, 2173 (1989). 以下も参照．(a) G. J. Feldman and J. Steinberger: Scientific American, 70 (February 1991).
[56] 楽しい議論のために参照すべきは R. N. Cahn: Reviews of Modern Physics, **68**, 951 (1996).
[57] サブクォークの検索については，以下を参照．F. Abe *et al.*: Physical Review Letters, **77**, 5336 (1996). ミュー粒子の異常磁気モーメントの測定で消えてしまった超対称性については，(a) B. Schwarzschild: Physics Today, 18 (February 2002).
[58] 明るいセミポピュラーな読み物については B. Greene: The Elegant Universe (W. W. Norton, 1999). 理論の入門書については，(a) B. Zwiebach: A First Course in String Theory (Cambridge University Press, 2004). 厳しい批判に対しては，(b) L. Smolin: The Trouble with Physics (Houghton Mifflin, 2006); (c) P. Woit: Not Even Wrong (Perseus, 2006).

問 題

1.1 交差する電場 **E** と磁場 **B** の中を，荷電粒子がまっすぐ通過する場合の速度を求めよ（なお，電場・磁場・速度はそれぞれ直交している）．また，電場をなくした場合に，粒子が半径 R の軌道を動くとき，電荷と質量の比を求めよ．

1.2 湯川中間子の質量は次のように類推することができる．原子核内の二つの陽子が中間子（質量 m）を交換するとき，一時的に mc^2（中間子の静止エネルギー）分だけエネルギー保存則を破る．ハイゼンベルクの不確定性原理 $\Delta E\, \Delta t = \hbar/2$ ($\hbar \equiv h/2\pi$) から，時間 Δt の間にエネルギー ΔE だけを借りることができる．この場合，中間子が一つの陽子からもう一つの陽子に到達できるだけの時間 $\Delta E = mc^2$ を借りる必要がある．その距離は核の大きさ r_0 であり，実質光の速さで交換されるとすると交換に必要な時間はだいたい $\Delta t = r_0/c$ となる．まとめると質量は

$$m = \frac{\hbar}{2r_0 c}$$

である．一般的な核の大きさ $r_0 = 10^{-13}$ cm を用いて湯川中間子の質量を計算せよ．この答えを MeV/c^2 を単位として示し，パイ中間子の質量と比較せよ．［コメント：もし，この議論を魅力的であると思ったら，あなたは少しだまされやすいといわざるを得ない．原子でこれを試した場合，光子の質量がおおよそ 7×10^{-13} g となるが，これはナンセンスだ．それにもかかわらず，これは大雑把な計算として有効な道具であり，パイ中間子にとてもよく当てはまる．残念ながら，多くの本でこれがあたかも厳密な導出であるかのように示されているが，それはあきらかに違う．不確定性原理は，エネルギー保存の破れを認可しているのではない（このような破れは，この過程では起こらない．これがどのように起こるかは後々見ていくことになる）．さらに，不等式 $\Delta E\, \Delta t \geq \hbar/2$ は，せいぜい m の下限を与えることしかできない．おおむね，力の到達範囲は，仲介粒子の質量に反比例するが，束縛状態の大きさは，必ずしもその到達範囲ではない（これが光子についての議論が失敗する理由である．つまり，電磁気力の範囲は無限だが，原子のサイズは無限大ではない）．一般に，物理学者が不確定性原理を引き合いに出す場合，だまされないように注意が必要だ．］

1.3 中性子発見以前は，多くの人が原子核は陽子と電子によって構成されていると考え，原子番号は過剰な陽子の数に等しいとされていた．ベータ崩壊は核の内部に，電子が存在していることをほのめかし，このアイデアを支持しているようだった．もしそうだとした場合，位置と運動量の不確定性関係 $\Delta x \, \Delta p \geq \hbar/2$ を用いて，核（半径 10^{-13} cm）の中に閉じ込められた電子の運動量の下限を推定せよ．相対論的なエネルギーと運動量の関係 $E^2 - \boldsymbol{p}^2 c^2 = m^2 c^4$ から対応するエネルギーを決定し，図 1.5 のトリチウムのベータ崩壊による電子放出と比較せよ（この結果によって，ベータ崩壊の電子は，核中にずっととどまるわけではなく，ベータ崩壊によってつくられることを確信できる）．

1.4 ゲルマン–大久保の質量公式は，バリオン八重項の質量の関係である（ただし p と n，Σ^+，Σ^0 と Σ^-，Ξ^0 と Ξ^- の小さい質量差を無視する）．式

$$2(m_N + m_\Xi) = 3 m_\Lambda + m_\Sigma$$

と既知の核子 N（N の質量は p と n の平均を用いる），Σ（同様に平均），Ξ（同様）の質量から Λ の質量を予言することができる．どれほど観測値と近いだろうか．

1.5 同じ式を中間子にも適応できる（$\Sigma \to \pi$，$\Lambda \to \eta$ など），しかしこの場合は，謎の理由のために，質量の 2 乗を用いることになる．ここから η の質量を予想せよ．また，これは，どれほど観測値と近いだろうか．

1.6 十重項の質量式はずっと簡単である．つまり，並びが等間隔になる．

$$m_\Delta - m_{\Sigma^*}^* = m_{\Sigma^*}^* - m_{\Xi^*}^* = m_{\Xi^*}^* - m_\Omega$$

ゲルマンがしたように，この公式を用いることで，Ω^- の質量を予言できる．（最初の二つの間隔の平均を用いて 3 番目を推定する）この予想は，どれだけ観測値に近いだろうか．

1.7 (a) バリオン十重項の粒子は，一般的に 10^{-23} 秒後に，より軽いバリオン（バリオン八重項の粒子）と中間子（擬スカラー中間子八重項）に崩壊する．たとえば $\Delta^{++} \to p^+ + \pi^+$ である．Δ^-，Σ^{*+}，Ξ^{*-} の崩壊モードを列挙せよ．ただし，電荷とストレンジネスが保存されることに気をつけること（それらは強い相互作用である）．

(b) いずれの崩壊も，崩壊生成物の質量に足るだけの十分な質量が崩壊元の粒子に存在しなければならない（余分な質量は生成粒子の運動エネルギーとして使われる）．(a) での各崩壊を確認して，どの崩壊モードがこの基準を満たしているか確認すること．他は運動学的に禁じられている．

1.8 (a) Ω^- の可能な崩壊モードについて，問題 1.7 の Δ，Σ^*，Ξ^* と同様に解析すること．ゲルマンはこの解析から Ω^- を準安定（他のバリオン十重項の粒子と比べてとても寿命が長い）と予想した（実際には Ω^- はストレンジネスを保存しないはるかにゆっくりとした弱い相互作用によって崩壊する）．

(b) 泡箱写真（図 1.9）から Ω^- の軌跡の長さを測り，Ω^- の寿命を推定せよ（もちろん，Ω^- の速度はわからないが，光の速度よりは遅いとすることはできる．ここでは仮に $0.1c$ とおく．また，複製がスケールを拡大または縮小しているのかどうかはわからないが気にしない．これは，2，5，10 倍の係数にこだわっているだけだ．重要な点は，十重項の他のすべてのメンバーを特徴づける 10^{-23} 秒の寿命よりも桁違いに長寿命なことである）．

1.9 コールマン–グラショーの関係式 [Phys. Rev. B **134**, 671 (1964)] を確認せよ

$$\Sigma^+ - \Sigma^- = p - n + \Xi^0 - \Xi^-$$

（粒子の名前はそれぞれの質量を示す）．

1.10 Modern Physics, **35**, 314 のレビュー，M. Roos (1963) の「既知の」中間子としてまとめられた表を見て，現在の Particle Physics Booklet と比較して，1963 年の中間子のどれが長年の

試験に耐えたのかを調べよ（一部の名前は変更されているため，質量，電荷，ストレンジネスなどの他の特徴から調べる必要がある）．

1.11 問題 1.10 で特定した偽の粒子の中で，エキゾチック（クォーク模型と一致しないもの）はどれか．また，生き残った中間子のうち何個がエキゾチックであるか．

1.12 1, 2, 3, 4, 5, 6 個の異なるクォークフレーバーを用いてどれだけの中間子の組をつくることができるだろうか．また，n 種類のフレーバーを使う一般的な場合どうなるか．

1.13 1, 2, 3, 4, 5, 6 個の異なるクォークフレーバーを用いてどれだけのバリオンの組をつくることができるだろうか．また，n フレーバーの一般的な場合はどうか．

1.14 四つのクォーク（アップ u，ダウン d，ストレンジ s，チャーム c）でつくられるバリオンの種類をすべて示せ．また，チャームが $+1$ の組み合わせ，$+2$，$+3$ の組み合わせはいくつ存在するだろうか．

1.15 問題 1.14 を今度は中間子の場合で考えること．

1.16 トップクォークが十分に寿命が短く，「本当の」中間子やバリオンとしての結合状態をつくらないと仮定する．15 の中間子の組み合わせ $q\bar{q}$（ただし，反粒子は数えない），そして，35 のバリオンの組み合わせ qqq を列挙せよ．また，Particle Physics Booklet や，その他の資料等を用いて，列挙した粒子のどれが実験的に発見されているか示せ．たとえば，一つのバリオンは

$$sss : \Omega^-, \quad 1672\,\text{MeV}/c^2, \quad 1964.$$

となる．すべてのハドロンはおそらく，列挙した 50 種のクォークの組み合わせのさまざまな励起状態から構成される．

1.17 A. De Rujula, H. Georgi, and S. L. Glashow [Physical Review, D **12**, 147 (1975)] は構成クォーク質量[*22]とよばれるものを推定した．$m_u = m_d = 336\,\text{MeV}/c^2$, $m_s = 540\,\text{MeV}/c^2$, $m_c = 1500\,\text{MeV}/c^2$（ボトムクォークはおよそ $4500\,\text{MeV}/c^2$）．もしこれが正しければバリオン八重項の平均的な結合エネルギーは $-62\,\text{MeV}$ である．仮にこれが正しかったとしたら，バリオン八重項の質量はどうなるか．実際の数値と比較し，相対誤差 (%) を求めよ．（しかし，これを他の多重項で試してはいけない．結合エネルギーが多重項に属するすべての粒子にとって同じであると仮定する根拠がない．ハドロン質量の問題は厄介な問題であり，5 章でそれを取り上げる）．

1.18 M. Shupe [Physics Letters, B **86**, 87 (1979)] は，すべてのクォークとレプトンはより根源的な二つの成分 c（電荷 $-1/3$）と n（電荷 0），そして，それらの反粒子 $\bar{c}$ と $\bar{n}$ でつくられていると提案した．（たとえば，ccn，$\bar{n}\bar{n}\bar{n}$ のように）三つの粒子，もしくは三つの反粒子を組み合わせてよい．このようにして，第 1 世代の八つのクォークとレプトンを組み立てよ（他の世代は励起状態であるとみなす）．また，クォークには三つの状態が許されることがわかる（たとえば，ccn, cnc, ncc の 3 通り）．これは三つの色に対応している．仲介する粒子は，三つの粒子と三つの反粒子から構成される．$W^\pm$，Z^0 と γ は三つの粒子と三つの反粒子を含む（たとえば，$W^- = ccc\bar{n}\bar{n}\bar{n}$）．$W^+$，$Z^0$，$\gamma$ についても，同様に組み立てよ．グルーオンは混じった状態（たとえば，$ccn\bar{c}\bar{c}\bar{n}$）である．全部で何種類の可能性があるだろうか．これをどのようにしたら 8 種類に減らすことができるだろうか．

1.19 あなたのルームメイトは化学を専攻している．彼女は，陽子，中性子，電子のすべてについて知っていて，毎日それらの振る舞いを研究室で見ている．しかし，陽電子，ミュー粒子，ニュートリノ，パイ中間子，クォーク，そして仲介役ベクトルボソンについて話をしたら，彼女は懐疑的だ．なぜこれらが化学では直接的な役割が一切ないのか説明せよ（たとえば，ミュー粒子の場合，合理的な答えは「不安定で 100 万分の 1 秒も経たずに崩壊するから」かもしれない）．

[*22] 当然のことながら，ハドロン内部に結合されたクォークの有効質量は，「自由な」クォークの「裸の」質量と同じではない．

2

素粒子の運動学

　本章では，素粒子が相互作用するための基本的な力と，その力を記述するのに使う「ファインマン則」を紹介する．ここでの取り扱いは完全に定性的で，そこにある概念を素早く読み取ることができるはずだ．定量的な詳細は6章から9章で議論する．

2.1　四つの力

　われわれが知り得る限り，自然界には基本的な力はたった四つしか存在しない．強い力，電磁気力，弱い力，重力である．以下の表に，それらを力の強い順にまとめる[*1]．これらの力それぞれに物理の理論がある．重力の古典理論は，もちろん，ニュートンの万有引力の法則である．それの相対論的一般化がアインシュタインの一般相対性理論である（「幾何力学」がもっとよい言葉であろう）．完全に満足のいく重力の量子化理論はまだできあがっていない．とりあえず現在は，たいていの人が，重力は素粒子物理に影響を与えるにはたんに弱すぎると仮定している．電磁気力を記述する物理の理論は電気力学とよばれている．それは100年以上前のマクスウェルの古典的定式化に由来している．マクスウェルの理論はすでに特殊相対論との整合性をもっている（実際には，マクスウェルの理論が特殊相対論というアイデアの源であった）．量子電気力学は，朝永，ファインマン，シュウィンガーによって1940年代に完成された．原子核のベータ崩壊（そしてまた，後に見ていくように，パイ中間子，ミュー粒子，そして

力	強さ	理論	媒介粒子
強い力	10	色力学	グルーオン
電磁気力	10^{-2}	電気力学	光子
弱い力	10^{-13}	フレーバー力学	W と Z
重力	10^{-42}	幾何力学	グラビトン

[*1] 力の「強さ」というのは本来あいまいな概念である．結局のところ，力の源の性質と，どれくらい離れているかに依存する．なので，この表の数字を文字通り受け取るべきではないし，（とくに弱い力の場合には）いろいろなところでまったく違った数字が引用されている．

多くのストレンジ粒子の崩壊）をつかさどる弱い力は，古典力学にとっては未知なるものだった．それらを理論的に記述するためには，当初から，相対論的量子論による定式化が必要であった．弱い力の最初の理論は，1933 年にフェルミによって発表された．それが，1950 年代に，リーとヤン，ファインマンとゲルマン，そしてさらに多くの人々によって洗練され，1960 年代に，グラショー，ワインバーグ，サラムによって現在のかたちにまとめられた．後にあきらかになる理由によって，弱い相互作用の理論はフレーバーの力学とよばれることがある [1]．本書では，たんにグラショー–ワインバーグ–サラム（GWS）理論とよぶことにする（GWS 模型は，弱い相互作用と電磁相互作用を一つの電弱力の違った現れ方として取り扱う．その意味では，四つの力が三つになった）．強い力については，1934 年の湯川による先駆的な仕事の先は，1970 年代に色力学が出現するまで，本当に何の理論もなかった．

　これらの力それぞれは，粒子の交換によって発生する．重力はグラビトンによって，電磁気力は光子によって，強い力はグルーオンによって，そして弱い力は力を媒介するベクトルボソンである W と Z によって，誘起される．これらの力を媒介する粒子たちは，クォークあるいはレプトンと別の粒子の間に働く力を伝達する．原理的には，野球のバットとボールの衝突による力は，一方のクォークとレプトンともう一方のクォークとレプトンとの相互作用の足し合わせに他ならない．より端的にいうと，たとえば，湯川が，本質的でそれ以上簡素化することができないと考えた，二つの陽子の間に働く強い力は，6 個のクォークの複雑な相互作用だとみなさなければならない．この描像ではまったくもって簡略化を目指していない．むしろ，真に素である粒子同士の力の解析から始めるべきだ．この章では，力が個々のクォークやレプトンにどのように作用するのかを定性的に示していく．後に続く章で，理論を定量化するために必要な道具立てをつくっていく．

2.2　量子電気力学（QED）

　量子電気力学（Quantum Electrodynamics, QED）は，最も古く，最も単純明快で，そして，最も成功した，力学に関する理論である．他の理論は，意識的に QED を真似てつくられた．そこで，まずは QED に関する記述から始める．あらゆる電磁気的現象は，究極的には次の基本過程に行き着く．

2.2 量子電気力学（QED） **65**

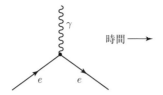

これから出てくるこのような図では，時間は水平方向に右に進む．そこで，この図は以下のように読む．荷電粒子 e がやってきて，光子を放出（あるいは吸収）して，そして出ていく．説明のために，荷電粒子は電子であると仮定するが，それはクォークでもよいし，ニュートリノでなければどんなレプトンでもよい（ニュートリノは中性であるから，当然，電磁気力を受けない）．

より複雑な過程を記述するためには，たんに，二つ以上のこの基本的なバーテックス*2 を組み合わせる．自由自在に組み合わせることのできる，プラスチックでできた，基本バーテックスという組み合わせブロックがいっぱいに詰まったバッグを持っていると想像してほしい．そして，光子と光子，あるいは電子と電子のように（ただし，後者の場合，電子の矢印の向きを保ったままにしなければならない），それらをぱちんとつなぎ合わせられる．たとえば，以下の図を考えてみよう．

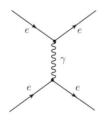

ここでは，二つの電子がやってきて，それらの間で光子を受け渡し（どちらが光子を放出し，どちらが光子を吸収しているのかをいう必要はない．というのは，この図はどちらの順番も表現しているので），そして電子二つが出ていく．つまり，この図は，二つの電子間の相互作用を表している．古典論では，それを同符号電荷の斥力とよぶ．QEDではこの過程をメラー散乱とよび，いま見たように，この相互作用は「光子の交換により誘起された」という．

このような「ファインマン図」をどのような配位にひねってもよい．たとえば，前

---

*2 訳注：ある粒子が力を媒介する粒子によって相互作用している様子を示す図，あるいは相互作用している時空上の点をバーテックスとよぶ．

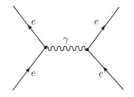

の図を横倒しにしてもよい.「時間を逆行する」向きに走っている粒子(左を向いている矢印)は,順行している粒子の反粒子だと解釈する(光子の反粒子は光子自身であるため光子の線には矢印が必要なかった).この過程では,電子と陽電子[*3]が対消滅して光子となり,その後,新しい電子–陽電子対を生成する.電子と陽電子がやってきて,電子と陽電子が出ていく(同じ粒子ではない.だが結局のところ電子を区別することはできないので,問題にはならない).これは,二つの異符号をもつ電荷の相互作用,つまりクーロン引力を表している.QED では,この過程はバーバー散乱とよばれている.実際には,バーバー散乱を記述するまったく異なる図もある.後にわかるが,どちらの図も計算に含めなければならない.

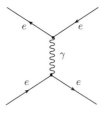

二つのバーテックスを使うだけで,以下のように,それぞれ対消滅 $e^- + e^+ \to \gamma + \gamma$,対生成 $\gamma + \gamma \to e^- + e^+$,コンプトン散乱 $e^- + \gamma \to e^- + \gamma$ を表す図を組み立てることができる.ここに示した三つの過程と同様に,バーバーとメラー散乱は,交差対

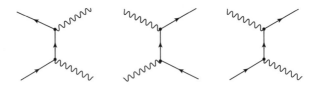

[*3] この図の左上と右下の線に,反粒子であることを喚起するために $\bar{e}$ と書く人もいる.それは危険な慣習だと思う.矢印がすでに反粒子であることを示していて,ルール通りに解釈すると,時間を逆行する反粒子,つまり,粒子であることを意味してしまう.すべての線に粒子のラベルを付けて,それが実際に反粒子であるかどうかは矢印の向きに任せるという方針にしたい.

2.2 量子電気力学（QED） 67

称性で関連づけられることを意識してほしい．ファインマン図の約束では，交差対称性は，図をひねるか回転することに対応している．たくさんのバーテックスがある場合（バッグの中からさらにいくつかの組み合わせブロックを引っ張り出すように），可能な組み合わせが急速に増える．たとえば，四つのバーテックスがあると，以下の図が可能になる．

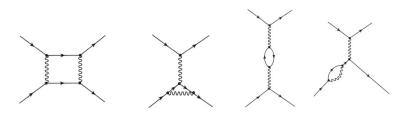

これらの図では，二つの電子が入ってきて，二つの電子が出ていく．それらも同符号電荷の斥力（メラー散乱）を表している．観測されたものを見ている限り，図の「内部」は無視してよい．内線（図の中で始まり終わっているもの）は，観測されない粒子を表現している．確かに，これらは，物理過程を完全に変えない限り観測されない．これらを仮想粒子とよぶ．外線（図に入って，そして出ていくもの）だけが，「実」（観測できる）粒子を表しているのだ．ということで，外線はどのような物理過程が発生したのかを表して，内線はそれに含まれているメカニズムを表している．

完全に定性的なレベルで，子供じみた単純なゲームではあるが，ルールをうっかり破ってしまう重大な危険が潜んでいる．たとえば，このような

あるいは，このような

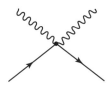

バーテックスを含むか,あるいは,光子の線を電子の線につなげてしまったバーテックス

$$\longrightarrow\!\!\bullet\!\!\text{mmm}$$

をファインマン図の中に見つけたとしたら,その図は間違っている.バッグの中にはそういう組み合わせブロックは入っていないし,光子を電子にくっつけようとしたときはつながらない.その図はもしかしたら何らかの相互作用を記述しているのかもしれないが,電気力学ではない.

ファインマン図は純粋に記号であり,(たとえば,泡箱の写真の中に見ることのできる) 粒子の飛跡を表しているわけではない.横軸は時間の次元だが,縦の間隔は物理的な距離に対応しているわけではない.たとえば,バーバー散乱では電子と陽電子は引き合っていて,(分岐している線が示しているように見えるかもしれない) 反発はしていない.図が示すのは「もし電子と陽電子がいると,それらは光子を交換し,そしてもう一度電子と陽電子になる」ということだけである.

定量的には,各ファインマン図がいわゆるファインマン則を使い計算されるある特定の数になっている(その方法については6章で学ぶ).何らかの物理過程(たとえばメラー散乱)を解析したいときは,まず最初に,適切な外線をもつすべての図(バーテックスを二つもつもの,四つもつものなど)を描き,そして次にファインマン則を使い,それぞれの図からの寄与を評価し,そして最後に足し上げる.ある外線が与えられたときのすべてのファインマン図を足し上げた和が実際の物理過程を表現している.ここには,もちろん,ちっぽけな問題がある.どのような粒子の反応過程にも無数のファインマン図が存在してしまうのだ! 幸運なことに,図中の各バーテックスで,微細構造定数 $\alpha = e^2/\hbar c = 1/137$ が掛かる.これは非常に小さいので,バーテックスの数が増えれば増えるほど,最終結果に対する寄与はより小さくなり,必要な精度によるが,無視してよくなる.実際のところ,QED の計算では,四つ以上のバーテックスをもつ図を含んだ計算をすることはまれである.答えは近似にすぎないが,その近似が6桁まで正しければ,よっぽど気難しい人以外は文句をいわないだろう.

ファインマン則は,それぞれのバーテックスでエネルギーと運動量の保存を強いる.よって,図全体でもエネルギーと運動量は保存する.これは,基本的な QED のバーテックスそれ自体は実現可能な物理過程を記述しないということを意味する.図を描くことはできるが,計算によると寄与がゼロになってしまう.これは純粋に運動学が理由である.$e^- \to e^- + \gamma$ はエネルギー保存則を破ってしまう(重心系で,初期状態

の電子は静止しているのでそのエネルギーは mc^2 である．この電子は，光子と反跳する電子に崩壊できない．というのも後者だけでも mc^2 より大きいエネルギーが必要になるからだ）．同様に，たとえば，$e^- + e^+ \to \gamma$ も図を描くのは容易だが，運動学的に不可能である．

重心系では，電子と陽電子は対称的に向きが反対で同じ速さをもっているので，衝突前における運動量の合計はあきらかにゼロである．しかし，光子はつねに光速で飛ぶので，終状態の運動量はゼロになり得ない．電子-陽電子対は対消滅して二つの光子をつくれるが，一つの光子はつくれない．けれども，もっと大きな図の中だったとしたら，これらの図も容認できる．というのは，それぞれのバーテックスでエネルギーと運動量は保存しなければならないが，仮想粒子は，それに対応する自由粒子の質量を必ずしももつわけではないからだ．実際，仮想粒子はいかなる質量をももち得る*4．専門用語を使うと，仮想粒子は質量殻に乗っていないという．対照的に，外線は実粒子を表しているので「正しい」質量を運んでいる*5．

いまここで問題にしている荷電粒子は電子だと仮定しているが*6，それはミュー粒子でもよいし，あるいは，クォークでもよい．次の図では何が起こっているだろうか．

---

*4 特殊相対論では，エネルギー E，運動量 $\boldsymbol{p}$，質量 m をもつ自由粒子は $E^2 - \boldsymbol{p}^2 c^2 = m^2 c^4$ の関係をもたなければならない．しかし，仮想粒子では，$E^2 - \boldsymbol{p}^2 c^2$ がいかなる値をもってもよい．多くの研究者が，これを仮想粒子はエネルギー保存則を破っていると解釈している（問題1.2）．個人的には，これは誤解を生むと思う．最低でも，エネルギーはつねに保存している．

*5 実際には，実粒子と仮想粒子の区別は，思ったほどははっきりしていない．もしケンタウルス座 α 星で光子が放出されて目で吸収されたとすると，厳密にはそれは仮想光子だと私は考える．ところが，一般に，質量殻から離れれば離れるほどその寿命は短くなるので，はるか彼方の星から飛んで来た光子は「正しい」質量にきわめて近い．それはほとんど「実」粒子なのだ．計算上の問題としては，その過程を二つの別々の事象（星で実光子が放出され，その実光子が目で吸収されたとする）として取り扱っても本質的に結果は変わらない．実粒子は，どのように生成されたのか，どのように吸収されたのかを気にすることがないくらい長生きした仮想粒子だと思えばよい．

*6 実際，「量子電気力学」という用語は，指定されない限り通常は，電子，陽電子，光子の相互作用を意味するのだと受け取られている．

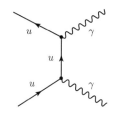

ここでは，uと$\bar{u}$クォーク対が消滅し，二つの光子を生成している（一つの光子は運動学的に許されないことを思い出そう）．クォークの閉じ込めのため，散乱実験によりこれを観測することはできないが，二つのクォークが中間子，たとえば，π^0として一緒になっていたとしたらどうだろう．この図はπ^0の$\pi^0 \to \gamma + \gamma$という「崩壊」を表現していることになる．ここではあえて「」を入れた．なぜなら，よく考えると，これは崩壊ではまったくない．たんにこれまで見てきた対消滅で，元々存在していた対がたまたま中間子として束縛状態だったのだ．そのため，π^0は電荷をもつ仲間（$\pi^\pm$）よりも9桁も短い寿命をもつ．π^0は電磁相互作用によって崩壊し，もう一方は，とてもゆっくりした過程である弱い相互作用が起きるのを待たなければならない．

非常に面白い寓話をいいたくてたまらないが，読者のみなさんはこれをあまり真剣に受け取ってはいけない．ファインマンは，彼の指導者（J・A・ホイーラー）が，あるとき，すべての電子の同一性を説明しようとしたことがあったといい出した．電子は，このような図の上に乗っているとする．

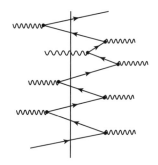

ある瞬間に（縦線），電子は粒子として4回存在し（この線の上で），反粒子としては3回存在する．しかし，それはすべて同じ電子だ．もちろん，これは宇宙に存在する陽電子の数が電子の数と同じ（プラスマイナス 1）であるべしということを意味している．この点を除けば，ある意味非常にうまい説明だ．

2.3 量子色力学（QCD）

色力学では，色が電荷の役割を果たし，基本的な過程は（$e \to e + \gamma$ との類推で）クォーク → クォーク + グルーオン（$q \to q + g$）である[*7]．

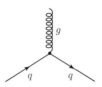

前と同様に，そのような「原始的なバーテックス」を二つ以上組み合わせることでより複雑な過程を表現する．たとえば，（第一義的にはクォークを束縛しハドロンをつくり，そして間接的には中性子と陽子を固めて原子核をつくる）二つのクォーク間の力は，最低次では以下になる．

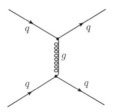

二つのクォーク間の力はグルーオンの交換により「媒介」される．

この時点では，色力学は電気力学と非常に似ている．しかし，重要な違いもある．最も大きな違いは，電荷は1種類しかない（念押しすると，電荷は正と負になり得るが，粒子の電荷量を特徴づける数は一つしかない）が，色には，3種類（赤，緑，青）あるという事実だ．

基本的な過程 $q \to q + g$ では，クォークの色は変わる（が，フレーバーは変わらない）．たとえば，青の u が赤の u クォークに変換する．（電荷のように）色荷はいつも保存しないといけないので，その差（この例だとプラス1の青荷，マイナス1の赤荷）をグルーオンがもち逃げしなければならない．

[*7] レプトンはカラーをもたないので強い相互作用には寄与しない．

ということは,グルーオンは,プラス1とマイナス1の2色をもっている.3色×3色で9通りの可能性があることがあきらかなので,グルーオンは9種類だと思うかもしれない.しかし,8章で見るように,計算上の理由から実際には8種類しかない.

グルーオン自身が色をもつことから(これは光子とは違う,光子は電気的に中性である),グルーオンは直接他のグルーオンと結合し,よって,基本的なクォーク–グルーオンバーテックスに加えて,元となるグルーオン–グルーオンバーテックスも存在する.実際には,三つのグルーオンが結合する場合と,四つのグルーオンが結合する場合の2種類がある.

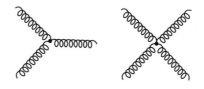

グルーオン同士が直接結合することが,色力学を電気力学よりもはるかに複雑なものとしている.しかし,より豊かな物理現象,たとえば,グルーボール(クォークなしに相互作用しているグルーオンが束縛されている状態)の可能性を与える.

色力学と電気力学のもう一つの違いは,結合定数の大きさだ.QEDではバーテックスごとに $\alpha = 1/137$ という因子が掛かり,これが小さいため,バーテックスの数の少ないファインマン図だけを考えればよい.実験的に,それに対応する強い力の結合定数 α_s は(たとえば二つの陽子の間の力から決められるのだが),1より大きく,その大きさが何十年もの間,素粒子物理学を悩ませてきた.複雑な図の寄与は,小さくなるのではなく,どんどん大きくなってしまい,QEDのとき非常にうまくいったファインマンのやり方ではあきらかに破綻してしまう.量子色力学(Quantum Chromodynamics, QCD)の最も輝かしい成功の一つは,この理論の中で結合「定数」の役割を果たす数が実際のところまったく一定ではなく,相互作用している粒子の間の距離に依存していることを発見したことだ(これを「走る」結合定数とよぶ).相対的に距離の大きい原子核物理ではその値は大きいが,(陽子の大きさよりも小さいくらいの)非常に短

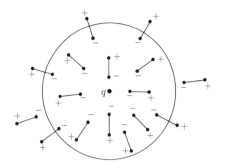

図2.1 誘電体中の電荷 q による遮蔽

い距離では，その値はきわめて小さくなる．この現象は漸近的自由として知られている [2]．つまり，たとえば陽子やパイ中間子の中では，クォークはあまり相互作用をせずにがらがら回っている．まさしくそういう振る舞いが深非弾性散乱で実験的に見つかった．理論的な見地からは，漸近的自由の発見により，ファインマンの計算方法が高エネルギー領域での QCD の計算手法の正統としての地位を確立した．

電気力学においてさえも，実効的な結合の強さは力の源からどれくらい離れているかによって変わる．これは，定性的には以下のように理解できる．まず，正の点電荷 q が誘電体の媒質に埋め込まれているもの（つまり，電場の存在により偏極した分子をもつ物質）を想像してみよう．図2.1のように，分子でできた双極子の負の端は q に引きつけられるし，正の端は反発する．その結果，粒子は，元々の電場を打ち消すような負電荷の「ハロー」を獲得する．ということで，誘電体の存在により，あらゆる粒子の実効的電荷が多少なりとも小さくなる

$$q_{\text{eff}} = q/\epsilon \tag{2.1}$$

（場がどれくらい弱められるかという因子 ϵ は物質中の誘電率とよばれ，物質を簡単に偏極させられるかどうかの指標となっている [3]）．もちろん，最も近い分子よりもさらに近づけば，そのような遮蔽効果はなくなり，全電荷である q を「見る」ことになる．よって，距離の関数として実効電荷の大きさを示すグラフを描くと図2.2のようになる．実効電荷は超短距離で増加する．

さて，量子電気力学では真空そのものが誘電体のように振る舞うことがある．これらのファインマン図に示されているように，陽電子–電子対を芽吹かせる．

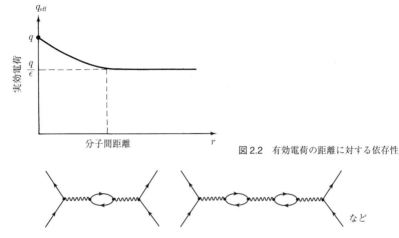

図 2.2 有効電荷の距離に対する依存性

「泡」のそれぞれの中の仮想電子は q に引き寄せられ，仮想陽電子は反発される．その結果，真空偏極は電荷を部分的に遮蔽し，場を弱める．しかし，くり返しになるが，q に近づきすぎると，遮蔽効果はなくなる．この場合に，分子間距離の役目を果たすのは電子のコンプトン波長 $\lambda_c = h/mc = 2.43 \times 10^{-10}$ cm である．これよりも短距離になると，ちょうど図に示したように，実効電荷量は増加する．「本当の」電荷とみなしたくなる遮蔽されていない（「クローズアップ」）電荷は，通常の実験でわれわれが測定しているものではないことに注意すべきだ．というのは，そのような短距離での実験をすることはほとんどないからだ[*8]．通常「電子の電荷」とよんでいるものは実際には完全に遮蔽された後の実効電荷である．

電気力学について多くを説明した．QCD についても同じことがいえるが，一つ付け加えなければならない重要なことがある．クォーク・クォーク・グルーオンバーテックス（これ自身もまた，短距離では結合の強さが増加する）があるだけでなく，グルーオン・グルーオンの直接の結合も存在することだ．QED の真空偏極に類推した図に加え，以下のようなグルーオンのループも含めなければならない．

[*8] 唯一の例外は，水素のスペクトルのわずかな摂動であるラムシフトだ．真空偏極の影響（というよりもむしろ，短距離では真空偏極がないこと）をはっきりと認識できる．

これらの図がどのような影響をもたらすのかは一見自明ではないが，それらの効果は反対向きだということがわかっている．クォークによる偏極（短距離でα_sを押し上げる）と，グルーオンによる偏極（α_sを小さくする）とのある種の競争が起こる．前者は理論中のクォークの数（つまり，フレーバーの数f）に，後者はグルーオンの数（つまり，色の数n）に依存するので，その競争の勝者を決めるのは，フレーバーと色の数の差である．その臨界点を決めるパラメーターは

$$a \equiv 2f - 11n \tag{2.2}$$

である．これが正ならば，QEDのように，短距離では実効的な結合は強くなる．負ならば，弱くなる．標準模型では，fは6，nは3なので，aは-21になり，QCDの結合定数は短距離では減少する．これが，漸近的自由の起源である．

　QEDとQCDとの最後の違いは，多くの粒子が電荷をもつ一方で，自然に存在する粒子は色荷をもたないことである．クォークは，二つ（の中間子）や三つ（のバリオン）の色のないパッケージの中に閉じ込められている．そのため，われわれが実験室で実際に観測する過程は，必ず間接的であり，また，色力学の結果の複雑な重ね合わせである．それは，中性の分子間に働くファンデルワールス力からのみ電気力学を垣間みられるのと似ている．たとえば，二つの陽子の間の（強い）力は，（他の多くも含めて）以下の図を含む．

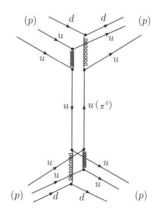

ここにパイ中間子を交換する湯川模型の名残を見ることはできるが，全体の描像は湯川がかつて想像したよりもはるかに複雑である．

　もしQCDが正しければ，クォークの閉じ込めの説明がなければならない．つまり，

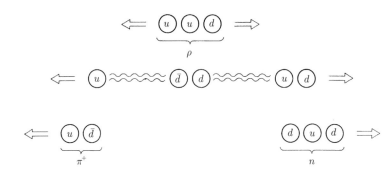

図 2.3 クォーク閉じ込めを説明し得る一つのシナリオ．u クォークを陽子から引き離すと，1 個の自由クォークの代わりに，クォーク対が生成され，結局パイ中間子と中性子になる

この理論の帰結として，複数のクォークが無色の組み合わせのときのみ存在できることを証明できなければならない．とりあえず，この証明は以下のようになるだろう．クォーク同士が離れれば離れるほどその間のポテンシャルエネルギーは無制限に大きくなるので，それらを完全に引き離すには無限大のエネルギーが必要になってしまう（図 2.3）（あるいは，新しいクォーク–反クォーク対をつくるのに足る十分なエネルギーを最低でも必要とする）．これまでのところ，QCD が閉じ込めを示唆するということをはっきりと説明した者はいない（けれども，1 章の参考文献 [27] は参照せよ）．その難しさは，閉じ込めがクォーク–クォーク相互作用の長距離での振る舞いを含むものであり，そこがまさにファインマンの計算方法がうまくいかない領域だということである[*9]．

2.4 弱い相互作用

電荷が電磁気力を，そして色荷が強い力を生み出すという意味で，それに対応する弱い力を生み出す「もの」に対する特別な名前はない．それを「弱電荷」とよぶ人もいる．いずれにせよ，どんな名前を使おうとも，すべてのクォークとすべてのレプトンはそれをもっている（レプトンは色をもっていないので，強い相互作用には寄与しない．ニュートリノは電荷をもっていないので，電磁気力を受けない．しかし，これらすべてが弱い相互作用に参加する）[6]．弱い相互作用には，（W により媒介される）

[*9] 原子核中の 3 倍あるいは 4 倍以上の極高密度下では「相転移」が起こり，閉じ込めを解放した，いわゆるクォーク・グルーオン・プラズマの状態になるという強い兆候がある．ゆえに，ビッグバン直後には自由クォークが存在した可能性があり，ブルックヘブンの Relativistic Heavy Ion Collider (RHIC) を使い，実験室中で同様の状態を（小さなスケールで）再現しようという試みがなされている [5]．

荷電と（Z により媒介される）中性の 2 種類が存在する．中性の弱い相互作用の方がはるかに単純なので，まずはそちらから始める[*10]．

2.4.1 中性相互作用

中性相互作用の基本的なバーテックスは以下である[*11]．

ここで，f はいかなるレプトンでもクォークでもよい．Z は，ニュートリノ–電子散乱 ($\nu_\mu + e^- \to \nu_\mu + e^-$) や，

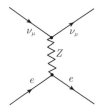

ニュートリノ–陽子散乱 ($\nu_\mu + p \to \nu_\mu + p$)

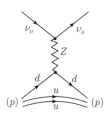

などを生み出す（後者では，二つの「傍観」クォークも一緒にいて，グルーオン交換

[*10] 荷電弱相互作用は，弱い相互作用の研究開始直後から知られていたが（ベータ崩壊は古典的な例だ），中性弱相互作用については 1958 年になるまで理論的重要性を認識されていなかった．GWS 模型は，中性弱相互作用を本質的な材料として取り込んでおり，その存在は，1973 年に CERN のニュートリノ散乱実験で初実証された [7]．

[*11] 光子については波線を，グルーオンについてはカールした線を使うのが慣習になっているが，弱い相互作用の媒介粒子については，本によってまちまちである．この本ではジグザグの線を使うが，あまり標準的ではない（本書ではスピン 1/2 の粒子に実線を使い，スピン 0 の粒子に点線を使う．前者は標準的だが後者は標準ではない）．

という強い力によって d に束縛されているが，簡単のため，ここではグルーオンは描いていない)[*12].

光子によって誘起される過程，たとえば，電子–電子散乱は，必ず Z によっても誘起されることに気づいてほしい.

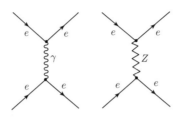

たぶん，クーロンの法則に対するわずかな補正が 2 番目の図からあるが，光子を交換する過程の方が圧倒的に寄与は大きい．（ハンブルクにある）DESY では，実験家が $e^- + e^+ \to \mu^- + \mu^+$ という反応を非常に高いエネルギーで研究し，Z からの寄与の紛れもない証拠を見つけた [8]．原子物理学では，弱い相互作用はパリティ（鏡面対称性）を破っているという特徴を利用して，電磁反応における中性弱相互作用の混入を取り出すことに成功している [9]．だが，純粋な中性弱相互作用を観測するには，邪魔になる電磁相互作用を含まないニュートリノ散乱を研究整理しなければならない．ニュートリノ実験は難しくて悪名高い．

2.4.2 荷電相互作用

強い相互作用，電磁相互作用，そして中性弱相互作用の一番基本的なバーテックスは，入ってきたのと同じクォークあるいはレプトンが，グルーオン，光子，あるいは Z を伴って出ていくという共通の特徴を分かち合っている．QCD では，クォークの色は変わるかもしれないが，クォークのフレーバーは決して変わらない．荷電弱相互作用はフレーバーを変える唯一の力で，この意味で「本当の」崩壊を引き起こすことができる（たんにクォークの組み合わせを変えるとか，見えない対生成，あるいは対消滅だったりするのとは一線を画している）．レプトンの荷電弱相互作用の説明から始める[*13].

[*12] もちろん，Z が u クォークと結合する図も存在する．
[*13] ニュートリノ振動の発見により，この描像の何らかの修正が必要になるが，われわれはまだそれがどのようなものか正確にはわかっていない（たぶん，クォークと同様の扱いをするような理論となる）．そこで，当面は（ニュートリノ振動以前の）簡明な話に沿って進む．

2.4.2.1 レプトン

最も基本的な荷電バーテックスはこのようなものだ.

負電荷のレプトン (e^-, μ^-, τ^-) が, 対応するニュートリノに変換し, W^- を放出する (あるいは W^+ を吸収する), つまり $l^- \to \nu_l + W^-$ だ[*14]. そしていつものように, 最も単純なバーテックスを組み合わせることでより複雑な反応を生成できる. たとえば, $\mu^- + \nu_e \to e^- + \nu_\mu$ という過程は以下の図で表現される.

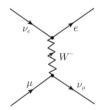

このようなニュートリノ–ミュー粒子散乱事象を実験室で準備するのは難しいが, わずかに図をひねることで, 本質的には同じ図がミュー粒子の崩壊 $\mu^- \to e^- + \nu_\mu + \bar{\nu}_e$ を記述する.

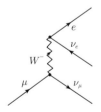

これが, あらゆる荷電弱相互作用の中で最もすっきりとしている. その詳細は 10 章で見ていく[*15].

[*14] これはもちろん交差反応である $l^+ \to \bar{\nu}_l + W^+$ が許されることを意味している.
[*15] 計算上, これはミュー粒子崩壊の最低次だが, 弱い相互作用の理論では, より高次の補正が必要になることはめったにない.

2.4.3 クォーク

レプトンが寄与する弱相互作用のバーテックスでは，いつも同じ世代のメンバーが結びついていることに注意してほしい．e^- が（W^- の放出を伴い）ν_e に変換したり，（Z を放出して）$\mu^- \to \mu^-$ はあるが，e^- は決して μ^- にならないし，μ^- は ν_e にはならない．このように，理論は，電子数，ミュー粒子数，タウ数の保存を強いる．同様のルールをクォークにも適用し，最も基本的な荷電バーテックスは以下のようなものであると仮定する誘惑にかられる．

電荷 $-1/3$ をもつクォーク（つまり，d や s や b）が，W^- を放出し，それぞれに対応する電荷 $2/3$ をもつクォーク（それぞれ，u, c, t）に変換する．外に出ていくクォークは，入ってきたものと同じ色をもつが，フレーバーは違う[*16]．

W の線の端は，レプトン（「セミレプトニック」過程）あるいは別のクォーク（純粋にハドロニックな過程）と結合する．最も重要なセミレプトニック過程は，$d + \nu_e \to u + e$ である．

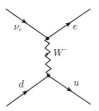

クォークの閉じ込めのため，この過程は自然の中でこのままの形態で起こることはない．しかし，縦と横を入れ替え，$\bar{u}$ と d を（強い力によって）束縛状態にすれば，この図はパイ中間子の可能な崩壊 $\pi^- \to e^- + \bar{\nu}_e$ を表す（ただし後に議論する理由により，実際のところ，もっとよくある崩壊は，同じ図で e を μ に置き換えた $\pi^- \to \mu^- + \bar{\nu}_\mu$ である）．

[*16] W^- が「失った」フレーバーをもち逃げしているのではない．W はフレーバーをもっておらず，荷電弱相互作用では単純にフレーバーが保存しない．

さらに，本質的には同じ図が中性子のベータ崩壊 ($n \to p^+ + e^- + \bar{\nu}_e$) を表現している．

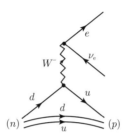

よって，（傍観クォークとして寄与する）強い相互作用の混入を除けば，中性子の崩壊は構造上ミュー粒子の崩壊と同一であり，かつパイ中間子の崩壊と深い関係がある．クォーク模型誕生以前は，これらは三つのまったく別の過程だと思われていた．

電子–ニュートリノバーテックスをクォークのバーテックスに置き換えると，完全にハドロニックな弱相互作用である $\Delta^0 \to p^+ + \pi^-$ を得る[*17]．

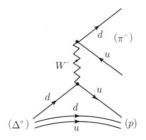

実際のところ，この特別な崩壊は強い相互作用によっても起きる．

[*17] Δ^0 は中性子と同じクォークからなっているが，中性子は陽子とパイ中間子をつくれるほど重くないために，この崩壊が許されない．

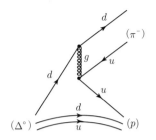

弱い相互作用による効果は観測できないほどわずかな寄与しかない．レプトニックではない弱相互作用のもっと現実的な例をこの後見ていく．

これまでのところすべてが単純だった．クォークはレプトンを真似る．唯一の違いは，強い力（これがレプトンにはないことを思い出そう）が傍観者を通して全体像を複雑化させているだけで，弱い相互作用の本質とは何ら関わりがない．悲しいことに，これはじつは単純すぎる．最も基本的なバーテックスがそれぞれの世代の中でのみ運用可能だとしたら，ストレンジネスを変える弱相互作用を決して取り扱えない．たとえば，ストレンジクォークをアップクォークに変化させる，ラムダの崩壊（$\Lambda \to p^+ + \pi^-$）やオメガの崩壊（$\Omega^- \to \Lambda + K^-$）はあり得ない．

この矛盾に対する解答は1963年にカビボによって提案され，1970年にグラショーとイリオポロスとマイアニ（GIM）によって完全なものになり，そして，1973年に小林と益川（KM）によって第3世代にまで拡張された[*18]．根本的なアイデアは，クォークの世代は弱い相互作用に対して「ゆがんでいる」ということである[*19]

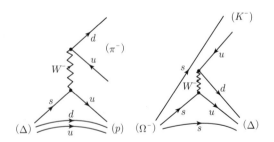

[*18] カビボ–GIM–KM機構については9章でさらに議論する．

[*19] 計算上，これは荷電だけでなく中性弱相互作用にも当てはまる．しかし，中性の場合は問題にならないので，この段階ではこの問題には触れずに話をなるべく簡明にしようとした．歴史的には，三つのクォークの存在しか知られていなかった時代には，（実験的に）ストレンジネスを変える中性弱相互作用がなぜないのか謎であった．GIM機構は，奇跡的なキャンセルを起こすために，（11月革命の4年前に）4番目のクォークと2×2の「KM行列」を導入した．その正味の効果は（中性の場合には）大雑把には，クォークが「ゆがんで」いなかったのと同じくらいだった．

$$\begin{pmatrix} u \\ d \end{pmatrix}, \quad \begin{pmatrix} c \\ s \end{pmatrix}, \quad \begin{pmatrix} t \\ b \end{pmatrix} \tag{2.3}$$

の代わりに，弱い相互作用は

$$\begin{pmatrix} u \\ d' \end{pmatrix}, \quad \begin{pmatrix} c \\ s' \end{pmatrix}, \quad \begin{pmatrix} t \\ b' \end{pmatrix} \tag{2.4}$$

という対で結合する．ただし，ここで，d', s', b' は，物理的な d, s, b の線形結合である．

$$\begin{pmatrix} d' \\ s' \\ b' \end{pmatrix} = \begin{pmatrix} V_{ud} & V_{us} & V_{ub} \\ V_{cd} & V_{cs} & V_{cb} \\ V_{td} & V_{ts} & V_{tb} \end{pmatrix} \begin{pmatrix} d \\ s \\ b \end{pmatrix} \tag{2.5}$$

もし，この 3×3 の小林–益川行列が単位行列だったとしたら，d', s', b' は物理的な d, s, b と同じで，「世代をまたぐ」変換は生じなかったであろう．「アップネスとダウンネス」は（ちょうど電子数のように）完全に保存しただろうし，「ストレンジネスとチャームネス」も（ミュー粒子数のように），そして「トップネスとボトムネス」も（タウ数のように）保存しただろう．しかし，それは（非常に近いとはいえ）単位行列ではなかった．実験的には，行列要素の大きさは

$$\begin{pmatrix} 0.974 & 0.227 & 0.004 \\ 0.227 & 0.973 & 0.042 \\ 0.008 & 0.042 & 0.999 \end{pmatrix} \tag{2.6}$$

となっている [10]．V_{ud} は u と d との結合の大きさ，V_{us} は u と s との結合の大きさなどの指標となっている．後者がゼロではないという事実により，ストレンジネスを変化させる過程，すなわち，Λ や Ω^- の崩壊などが可能になる[20]．

2.4.4 W と Z の電弱結合

GWS 模型では（ちょうど，QCD にグルーオン–グルーオンの直接結合があるように）W と Z の互いに対する直接結合が存在する．

---

[20] ニュートリノ振動はレプトンセクターの世代をまたぐ結合を含んでいる．よって，レプトンも「KM 行列」をもっているのかもしれない．11 章を参照．

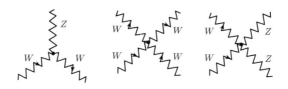

さらに，W は荷電なので，光子とも結合する．

これらの相互作用は理論内部の整合性としては重要であるが，現段階では実際的な面からの重要性は限られてくる（問題 2.6）．

2.5 崩壊と保存則

素粒子物理学における一般的な性質で最も衝撃的なのは，崩壊するという性質である．その性質は，何らかの保存則によって禁止されない限り，あらゆる粒子がより軽い粒子に崩壊するという共通の原理だと考えてもよいかもしれない．光子は（質量ゼロで，崩壊できるそれよりも軽い粒子が存在しないため）安定である．電子は安定である（最も軽い荷電粒子のため，電荷保存則が崩壊を禁止する）．陽子ももしかしたら安定である（最も軽いニュートリノの崩壊をレプトン数保存則が禁止するように，最も軽いバリオンのためバリオン数保存則が崩壊を禁止する）．同様に，陽電子，反陽子，そして最も軽い反ニュートリノも安定である．だが，これら以外のほとんどの粒子は勝手に壊れる．中性子ですら，多くの原子核中という守られた環境の中では安定になるが，それ以外では崩壊する．実際には，われわれの世界はほとんど陽子，中性子，電子，光子，そしてニュートリノで満ちている．よりエキゾチックな粒子はある瞬間（衝突によって）生成されるが，長生きしない．不安定な粒子はそれぞれ固有の平均寿命 τ をもつ[*21]．ミュー粒子は寿命 2.2×10^{-6} 秒で，π^+ は 2.6×10^{-8} 秒，π^0 は 8.3×10^{-17} 秒だ．そしてじつは，たいていの粒子は異なる崩壊様式をもつ．たとえば，すべての K^+ のうち 64% は $\mu^+ + \nu_\mu$ に崩壊するが，21% は $\pi^+ + \pi^0$ に，6% は

[*21] 寿命 τ は，半減期 $t_{1/2}$ と $t_{1/2} = (\ln 2)\tau = 0.693\tau$ の関係で結ばれている．半減期とは，大量の粒子が崩壊して半数になるまでの時間のことである（6.1 節を参照）．

$\pi^+ + \pi^+ + \pi^-$ に，5%は $(e^+ + \nu_e + \pi^0)$ などのように崩壊する．素粒子物理理論のゴールの一つは，これらの寿命や崩壊比を計算することである．

ある特定の崩壊は，三つの根源的な相互作用の一つによって支配されている．たとえば，$\Delta^{++} \to p^+ + \pi^+$ は強い相互作用に，$\pi^0 \to \gamma + \gamma$ は電磁相互作用に，そして $\Sigma^- \to n + e^- + \bar{\nu}_e$ は弱い相互作用によって引き起こされている．どのようにしてそれを見分けるのだろうか．もし光子が出てきたら，それは間違いなく電磁相互作用だし，もしニュートリノが現れたらそれは間違いなく弱い相互作用だ．しかし，光子とニュートリノのどちらも存在しなかったら，見分けるのは少し難しい．たとえば，$\Sigma^- \to n + \pi^-$ は弱い相互作用だが，$\Delta^- \to n + \pi^-$ は強い相互作用だ．この後すぐ，どうやって区別すればよいか示すが，まず最初に，強い相互作用，電磁相互作用，そして弱い相互作用の間の最も劇的な実験上の違いについて言及したい．強い相互作用による崩壊の典型的な寿命は 10^{-23} 秒程度，電磁相互作用による崩壊の典型的な寿命は約 10^{-16} 秒，そして，弱い相互作用による崩壊の典型的な寿命は 10^{-13} 秒（τ の寿命）から 15 分（中性子の寿命）の間である．同じ相互作用による崩壊では，坂が急なほどボールが速く転げ落ちるように，崩壊する前の粒子と崩壊物との質量差が大きければ大きいほど速く崩壊する[*22]．この運動学的効果によって，弱い相互作用での寿命は幅広い範囲に広がっている．とりわけ，陽子と電子を足すと中性子の寿命に非常に近いため，$n \to p^+ + e^- + \bar{\nu}_e$ はなかなか起きず，中性子の寿命は他のいかなる不安定粒子よりもはるかに長い．しかし，実験的には，強い相互作用と電磁相互作用とでは寿命にきわめて大きな差があり（約1000万倍），また電磁相互作用と弱い相互作用との間にも大きな差がある（少なくとも 1000 倍）．本当に，素粒子物理学者は 10^{-23} 秒を「通常の」時間の単位として考えるのにあまりに慣れてしまったために，便覧では 10^{-17} 秒程度よりも長い寿命をもつものを「安定」粒子と分類してしまっている！[*23]

[*22] 例外もある．たとえば，$\pi^+ \to \mu^+ + \nu_\mu$ は，$\pi^+ \to e^+ + \nu_e$ より 10^4 倍も寿命が短い．しかし，そのようなケースは何らかの特別な説明を必要とする．

[*23] 偶然にも，10^{-23} 秒というのは，光が陽子（直径約 10^{-15} m）を横切るのにかかる時間である．そんな粒子の時間をストップウォッチでは当然測れないし，（問題 1.8(b) で Ω^- に対して行ったような）飛跡の長さの測定でさえも無理．飛跡を残すほど動かないのだ．代わりに，質量測定のヒストグラムをつくり，不確定性原理 $\Delta E \, \Delta t \geq \hbar/2$ を発動する．ここで，$\Delta E = (\Delta m)c^2$ で，$\Delta t = \tau$ なので

$$\tau \geq \frac{\hbar}{2(\Delta m)c^2}$$

である．よって，質量の広がりはその粒子の寿命の指標になっている（細かいことをいうと，それは τ の下限にすぎないが，それくらい短寿命の粒子についての議論は，おそらく，不確定性原理の制限ぎりぎりのところにいる [11]）．

さて，ある特定の反応を許すあるいは禁止する保存則はどうなっているだろうか．まずは，(3 章で学ぶ) エネルギーと運動量の保存と，(4 章で解説する) 角運動量保存という純粋に運動学的な保存則がある．粒子が自身よりも重い粒子に自ら壊れることができないという事実は，実際にはエネルギー保存による帰結である（何の説明も必要としないくらい「あきらか」に見えるが）．運動学上の保存則は，強い力，電磁気力，弱い力のすべての相互作用に，そしてこの先出てくるあらゆる物に対して適用される．なぜなら，それらの保存則は特殊相対論そのものから導き出されるからだ．しかし，いまここでの問題は，基本的なバーテックスの構造から生じる動的な保存則である．

すべての物理過程が，これらをうまく組み合わせてくっつけることで得られるので，それぞれのバーテックスで保存する一切が反応全体でも保存しなければならない．では，何があるだろうか．

1. 電荷：三つの相互作用すべてで，当然，電荷は保存する．弱い相互作用の場合，入ってきたレプトン（あるいはクォーク）は，出ていくものと同じ電荷をもたないかもしれないが，その差は，W がもち逃げしている．

2. 色：電磁相互作用，および弱い相互作用は色に影響を与えない．強い相互作用のバーテックスでは，クォークの色は変わるが，その差はグルーオンがもち逃げしている（グルーオン–グルーオンの直接結合でも色は保存している）．しかしながら，自然に存在する粒子はいつも無色なので，観測する色保存の兆候ははっきりしている．色荷ゼロが入り，ゼロが出ていく．

3. バリオン数：すべての基本的なバーテックスで，もし一つのクォークが入ってくると，一つのクォークが出ていくので，存在するクォークの総数は一定である．この計算においては，反クォークは負と数えるので，たとえば，$q + \bar{q} \to g$ バーテックスでは，始状態も終状態もクォーク数はゼロである．もちろん，われわれは個々のクォークを観測できず，（クォーク数 3 の）バリオン，（クォーク数 -3 の）反バリオン，そして（クォーク数ゼロの）中間子だけを観測する．なので，実

際的には，バリオン数（バリオンは1，反バリオンは−1，それ以外は0）の保存について語る方が便利だ．バリオン数はたんにクォーク数の1/3である．類似の中間子数の保存がないことに注意せよ．中間子はクォーク数ゼロなので，エネルギー保存を満たしていれば，ある衝突や崩壊において，好きなだけ数多くの中間子をつくることができる．

4. レプトン数：強い力はレプトンにはまったく関係ない．電磁相互作用では，入ったのと同じ粒子が（光子を伴って）出てくる．そして弱い相互作用では，一つのレプトンが入ってくると，一つのレプトンが出てくる（このとき，これらは必ずしも同じものではない）．よって，レプトン数は絶対に保存する．最近になるまで，レプトンの間には世代をまたぐ混合が存在しないように見えた．よって，電子数，ミュー粒子数，そしてタウ数がそれぞれ独立に保存しているように思われた．これはたいていの場合正しいが，絶対ではないということをニュートリノ振動が示唆している[*24]．

5. フレーバー：クォークのフレーバーはどうだろうか．フレーバーは，強い相互作用，あるいは電磁相互作用のバーテックスでは保存しているが，弱い相互作用のバーテックスでは保存していない．そこでは，アップクォークがダウンあるいはストレンジクォークに変わり，失われたアップネスを拾うものも，「新たに生じた」ダウンネスやストレンジネスを供給するものもない．弱い力はあまりにも弱いので，種々のフレーバーは近似的には保存しているという．実際，まさにこの近似的な保存があるからこそ，ゲルマンが初めてストレンジネスという概念を導入したことを読者も思い出すだろう．彼は，たとえば

$$\pi^-(d\bar{u}) + p^+(uud) \to K^+(u\bar{s}) + \Sigma^-(dds) \tag{2.7}$$

のように，ストレンジ粒子はいつも対で生成されており，さもないと

$$\pi^-(d\bar{u}) + p^+(uud) \not\to \pi^+(u\bar{d}) + \Sigma^-(dds) \tag{2.8}$$

のように，ストレンジネス保存を破ってしまうと「説明」した（実際のところ，弱い相互作用でならストレンジネスを破ることは可能だが，ストレンジネスを保存

[*24] クォークの世代に関する同様の保存（アップネス+ダウンネス，ストレンジネス+チャーム，ビューティ+トゥルース）があってもよいが，世代間混合があることが，ここ何十年間も知られていた．それでもなお，KM行列の非対角成分が相対的には小さいので，世代をまたぐ崩壊は抑圧される傾向があり，そのような交差が二つ必要な過程は極度にまれになっている．それゆえ，$\Delta S = 2$ を「禁止する」古い法則がある．

する，圧倒的に寄与の大きい強い相互作用に打ち勝たなければならないので，実験室で観測することはない）．しかし，崩壊では，ストレンジネス非保存が非常に際立っている．というのも，打ち勝たなければならない強い力，あるいは電磁気力による過程が存在しないため，多くの粒子ではストレンジネスを破る崩壊過程しか存在しないからだ．たとえば，Λ は最も軽いストレンジバリオンで，もしそれが崩壊するとしたら，n（あるいは p）と何かに崩壊しなければならない．しかし，最も軽いストレンジ中間子は K で，n（あるいは p）と K を足すとその重さは Λ をはるかに超えてしまう．もし，Λ が崩壊するならば（それは，われわれが知っているように 64% が $\Lambda \to p^+ + \pi^-$ へ，36% が $\Lambda \to n + \pi^0$ に本当に崩壊する），ストレンジネスは保存できないので，その反応は弱い相互作用で引き起こされなければならない．対照的に，（ストレンジネスがゼロの）Δ^0 は，強い相互作用によって $p^+ + \pi^-$，あるいは $n + \pi^0$ に崩壊できる．それゆえ，その寿命ははるかに短い．

6. OZI 則：最後に，1 章以来の私の良心に基づいて，非常に奇妙なケースについて話さなければならない．私が考えているのは，ψ の崩壊だ．ψ は，チャームクォークとその反クォークの束縛状態 $c\bar{c}$ ということを思い出そう．ψ は驚くほど長い寿命をもつ（約 10^{-20} 秒）．問題はなぜかということだ．それはチャーム価の保存とは何の関係もない．ψ の正味のチャーム価はゼロだ．ψ の寿命は，強い相互作用によるものだとあきらかに認識できるくらい短い．しかし，なぜ強い相互作用による崩壊の時間スケールよりも 1000 倍もゆっくりで「なければならない」のか．その説明は，（そうよびたいのであれば）「OZI 則」として知られる大久保，ツヴァイク，飯塚による古い観測にさかのぼる．彼らは [12]，（ψ のストレンジ版である $s\bar{s}$ からなる）ϕ が，エネルギー的には二つの K よりも三つの π への方が崩壊しやすいのにもかかわらず（二つの K の質量和は $990\,\mathrm{MeV}/c^2$ で，三つ π の合計は $415\,\mathrm{MeV}/c^2$ しかない），三つの π よりも二つの K に崩壊しやすいという事実を疑問に思っていた（二つの π への崩壊は，4 章で見る理由により，禁止されている）．図 2.4 で，三つのパイ中間子の図は，グルーオンの線をぱちんと切るだけで二つに切り分けられるのがわかる．

OZI 則によると，そのような過程は「抑圧」される．ただし，必ずしも禁止されるわけではないことに注意してほしい．実際 $\phi \to 3\pi$ は起こる．しかし，抑圧されていない過程よりははるかに起きにくい．OZI 則は，以下の点で漸近的自由に関係している．OZI 則で抑圧されている過程では，グルーオンは「ハード」（高

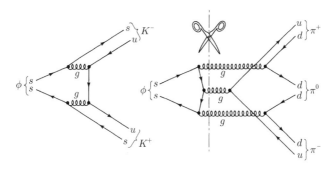

図 2.4 OZI 則：もし図が（いかなる外線も切らないで）グルーオンの線を切るだけで二つに分けられるときは，その過程は抑圧される

いエネルギー）でなければならない．というのも，そのグルーオンがクォーク–反クォーク対を放出，放出されたクォークや反クォークが束縛状態になりハドロンをつくるのに必要なエネルギーをもっていなければならないからだ．しかし，漸近的自由によると，高エネルギー（短距離）では結合が弱くなる．反対に，OZI則で許されている過程では，典型的にはグルーオンはソフト（低エネルギー）なので，この領域では結合が強い．少なくとも定性的にはこれが OZI 則の説明になっている（定量的な理解のためには，より完璧な QCD の理解を待たなければならない）．しかし，これと ψ に何の関係があるのだろう．たぶん，同じルールが適用され，$\psi \to 3\pi$ が抑圧され，二つのチャーム価をもった D 中間子への崩壊が（K との類推で，ストレンジクォークをチャームクォークに置き換える）より望ましい道筋となる．ただし，ψ のときに比べて新たにひとひねりある．D 対は ψ より重いのだ．よって，$\psi \to 3\pi$ が OZI 則で抑圧される一方で，$\psi \to D^+ + D^-$（あるいは $D^0 + \bar{D}^0$）崩壊は運動学的に禁止され，この幸せな組み合わせにより ψ は通常ではあり得ないほど長生きになっている．

2.6 統一の方法

その昔，電気と磁気は二つの別物であった．一方はピスボール[*25]や電池や照明を扱い，他方はロデオストーンや，棒磁石や，地磁気を扱った．しかし 1820 年にエルステッドは，電流がコンパスの針をそらすことに気づいた．そしてその 10 年後，ファラデーは磁石を動かすとその近くにある導線でできた環に電流が発生することを発見し

[*25] 訳注：静電気力を観察するために絶縁体でできた糸にぶら下げられている金属球のこと．

た．マクスウェルが理論全体を最終形態にまとめた頃には，電気と磁気は電磁気という一つの題材の二つの局面だと正しく認識されていた．

アインシュタインは，さらに一歩進んで，重力と電磁気力とを合わせて統一的に扱う理論を夢見ていた．この夢は，うまくはいかなかったものの，同様の発想によって，グラショー，ワインバーグ，サラムが弱い力と電磁気力を一つにした．彼らの理論は四つの質量のない媒介粒子から始まったが，発展すると，そのうちの三つは（いわゆるヒッグス機構によって）質量を獲得した．その結果，二つの W と Z は質量をもち，残りの一つ光子だけは質量ゼロのままになった．実験的には W，あるいは Z によって誘起された反応は γ による反応とまったく別物だが，どちらも同じ一つの電弱相互作用の結果である．弱い力が相対的に弱いのは，中間状態に現れるベクトルボソンの膨大な質量のせいだ．実際のところ，弱い力の本来の強さは，9章で見るように，電磁気力の本来の強さよりも強い．

1970年代の初め，当たり前のように多くの人が強い力（色力学）を電弱力と結合させるという次のステップを目指した．この大統一を実現するためのいくつかの困難が残っており，最終的な結論を出すのはまだ時期尚早だが，基本的な考え方は広く受け入れられている．強い力の結合定数 α_S は短距離では（つまり，非常に高エネルギーの衝突では）減少することを思い出すだろう．同じように，弱い相互作用の結合定数 α_W も減少するが，その変化の度合いはゆっくりだ．一方で，三つの結合定数の中でも最も小さい，電磁気力の結合定数 α_e は増加する．とてつもない高エネルギーでは，それらすべてがある共通の値に収束するのだろうか（図2.5）．それが，大統一理論（GUT）

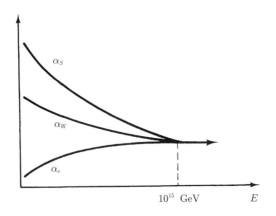

図2.5 三つの根本的な結合定数のエネルギー依存性

の予言だ．実際のところ，結合定数のくりこみ関数のかたちから，どのエネルギースケールで統一が起こるのか見積もることができ，10^{15} GeV となる．これはもちろん，現在到達可能なエネルギーに比べて天文学的に大きな値だ（Z の質量が $90\,\mathrm{GeV}/c^2$ だということを思い出そう）．しかしながら，これはわくわくするアイデアだ．というのは，これが意味するのは，三つの相互作用の強さの違いを観測しているのは，われわれが，力の統一が隠れてしまった低エネルギーで研究せざるを得ないという事情による「偶然」だということだ．もしも，強い力，電磁気力，弱い力の「本当の」電荷を真空偏極による遮蔽効果なしに見ることができたら，それらがすべて同じ値であると見出すのかもしれない．なんと素晴らしい！

GUT のもう一つの予言は，陽子は，半減期が驚くほど長いものの（少なくとも宇宙年齢の 10^{19} 倍），不安定であるというものである．ある意味，バリオン数やレプトン数の保存よりも，電荷や色の保存の方がより「本質的」だとしばしばいわれている．というのも，電荷は電磁気力の，そして色は色力学の「源」だからだ．もしこれらの物理量が保存しなかったら，QED や QCD を完全につくり直さなければならない．しかし，バリオン数やレプトン数は力の源の役割を果たしておらず，それらの保存が深遠な動的重要性をもっているわけでもない．大統一理論では，新しい相互作用が期待され，バリオン数もレプトン数も変化する，

$$p^+ \to e^+ + \pi^0 \quad \text{または} \quad p^+ \to \bar{\nu}_\mu + \pi^+ \tag{2.9}$$

というような崩壊が許されている．いくつかの大きな実験でこれらのまれな陽子崩壊を探索しているが，いまのところ結果は否定的だ [13]．

もし大統一があるとしたら，あらゆる素粒子物理学が一つの力による作用にまとめられる．そうなると，最後のステップは，重力を加えた究極の統一によってアインシュタインの夢をようやく実現することだ．これには超弦理論が最有力のアプローチだ[*26]．期待して待とう！

参 考 書

[1] 一貫性のある語源はギリシャ語の「フレーバー」からである．M. Gaillard: Physics Today, 74 (April 1981). ギラードは，弱いというギリシャ語から提案した．
[2] グロス，ポリッツァー，ウィルチェックは，漸近的自由の発見で 2004 年のノーベル賞を受賞した．この辺りのことは，D. J. Gross: Physics Today, 39 (January 1987) を参照．

[*26] 大統一については 12.2 節を，超対称性と超弦理論については 12.4 節を参照．

[3] たとえば，下記を参照. E. M. Purcell: Electricity and Magnetism, 2nd edn (McGraw-Hill, 1985) Sec. 10.1.
[4] C. Quigg: Scientific American, 84 (April 1985) は，グルーオン分極の効果の定性的解釈を与える.
[5] 現状報告は, S. Aronson and T. Ludlam: Hunting the Quark Gluon Plasma, BNL-73847 Brookhaven National Laboratory, Brookhaven (2005).
[6] 1960 年までの弱い相互作用理論に関する古典的論文は, P. K. Kabir (ed): The Development of Weak Interaction Theory (Gordon & Breach, 1963). 現代的なものは，(a) C. H. Lai (ed): Gauge Theory of Weak and Electromagnetic Interactions (World Scientific, 1981). 下記も参照. (b) E. D. Commins and P. H. Bucksbaum: Weak Interactions of Leptons and Quarks (Cambridge University Press, 1983).
[7] F. J. Hasert et al.: Physics Letters, B **46**, 138 (1973); Nuclear Physics, B **73**, 1. 以下も参照. (a) D. B. Cline, A. K. Mann, and C. Rubbia: Scientific American, 108 (December 1974).
[8] S. L. Wu: Physics Reports, **107**, 59), (1984) Section 5.6. 以下も参照. (a) M.-A. Bouchiat and L. Pottier: Scientific American, 100 (June 1984).
[9] B. G. Levi: Physics Today, 17 (April 1997).
[10] 数値は, Particle Physics Booklet, (2006) からである.
[11] このやり方の注意深い確認をしたければ, D. T. Gillespie: A Quantum Mechanics Primer (International Textbook Co., 1973) 78 を参照せよ.
[12] S. Okubo: Physics Letters, **5**, 165 (1963); (a) G. Zweig; CERN Preprints TH 401 and TH 412 (1964); (b) J. Iizuka: Progress in Physics Suppl., **37**, 21 (1966).
[13] S. Weinberg: Scientific American, 64 (June 1981); (a) J. M. LoSecco, F. Reines, and D. Sinclair: Scientific American, 54 (June 1985). スーパーカミオカンデによる現在の陽子寿命の制限は，(b) M. Shiozawa et al.: Physical Review Letters, **81**, 3319 (1998).

問題

2.1 二つの静止した電子にかかる，重力による引力と電気的な斥力の比を計算せよ（この計算に，どれだけ離れているかの情報は必要か）.
2.2 デルブルク散乱 $\gamma + \gamma \to \gamma + \gamma$ の，最低次のファインマン図を描け（この光と光の散乱過程は古典的な電気力学には相当するものがない）.
2.3 4 次（バーテックスが四つ）のコンプトン散乱のファインマン図を描け（途切れている図を数えなければ, 17 通り存在する）.
2.4 バーバー散乱における最低次の図の，それぞれの仮想光子の質量を決定せよ（陽電子と電子は静止していると仮定する）. また，その速さはいくらだろうか.
2.5 **(a)** どちらの崩壊がよく起こるだろうか.

$$\Xi^- \to \Lambda + \pi^-, \quad \Xi^- \to n + \pi^-$$

答えを説明して，実験データと比較することで確かめよ.
(b) $D^0(c\bar{u})$ 中間子の崩壊は，どれが一番起こりやすいだろうか.

$$D^0 \to K^- + \pi^+, \quad D^0 \to \pi^- + \pi^+, \quad D^0 \to K^+ + \pi^-$$

また，最も起こりにくいのはどれか. ファインマン図を描き，答えを説明して，実験データ

を確認せよ（カビボ–GIM–KM 模型による予言の成功例の一つは，チャームクォークを含む中間子が，エネルギー的には 2π への崩壊が好ましいのに，ストレンジクォークを含む中間子に優先的に崩壊するとしたことである）．

(c) b クォークを含む (B) 中間子はどうだろうか．D 中間子，K 中間子，パイ中間子のどれに崩壊するだろうか．

2.6 $e^+ + e^- \to W^+ + W^-$ に寄与する最低次のファインマン図をすべて描け（このうち一つは，Z と W の直接結合を含み，また，一つは，γ と W との結合を含む．そのため，LEP（CERN の電子–陽電子衝突型加速器）が 1996 年に，二つの W をつくるのに十分なエネルギーに達したとき，これらのエキゾチックな過程を実験的に研究することができた．B. Schwarzschild: Physics Today, 21 (September 1996) を参照のこと）．

2.7 標準模型（レプトン数とバリオン数の保存を破る可能性がある GUT は含まない）に従って，以下の過程のそれぞれが，可能か不可能かを述べよ．可能な場合は，強い相互作用，電磁気的相互作用，弱い相互作用のいずれが原因であるかを述べよ．不可能な場合は，それが起こるのを妨げる保存則を挙げよ（通常の慣例に従って，明白なときは電荷を書かない．たとえば，γ, Λ, n は電荷をもたない，p は正電荷をもつ，e は負電荷をもつ，など）[*27].

(a) $p + \bar{p} \to \pi^+ + \pi^0$ (b) $\eta \to \gamma + \gamma$
(c) $\Sigma^0 \to \Lambda + \pi^0$ (d) $\Sigma^- \to n + \pi^-$
(e) $e^+ + e^- \to \mu^+ + \mu^-$ (f) $\mu^- \to e^- + \bar{\nu}_e$
(g) $\Delta^+ \to p + \pi^0$ (h) $\bar{\nu}_e + p \to n + e^+$
(i) $e + p \to \nu_e + \pi^0$ (j) $p + p \to \Sigma^+ + n + K^0 + \pi^+ + \pi^0$
(k) $p \to e^+ + \gamma$ (l) $p + p \to p + p + p + \bar{p}$
(m) $n + \bar{n} \to \pi^+ + \pi^- + \pi^0$ (n) $\pi^+ + n \to \pi^- + p$
(o) $K^- \to \pi^- + \pi^0$ (p) $\Sigma^+ + n \to \Sigma^- + p$
(q) $\Sigma^0 \to \Lambda + \gamma$ (r) $\Xi^- \to \Lambda + \pi^-$
(s) $\Xi^0 \to p + \pi^-$ (t) $\pi^- + p \to \Lambda + K^0$
(u) $\pi^0 \to \gamma + \gamma$ (v) $\Sigma^- \to n + e + \bar{\nu}_e$

2.8 いくつかの崩壊には，二つ（または三つすべての）異なる力が含まれる．以下の過程の可能なファインマン図を描け．

(a) $\mu \to e + e + e^+ + \nu_\mu + \bar{\nu}_e$ (b) $\Sigma^+ \to p + \gamma$

どのような相互作用が含まれているだろうか（これらの崩壊はどちらも観測されている）．

2.9 $b\bar{b}$ である Υ 中間子は $c\bar{c}$ である ψ と似ていて，チャームクォークをボトムクォークに置き変えたものである．その質量は $9460\,\mathrm{MeV}/c^2$ であり，寿命は 1.5×10^{-20} 秒である．この情報から，$u\bar{b}$ という B 中間子の質量について何がいえるだろうか（観測されている質量は $5280\,\mathrm{MeV}/c^2$ である）．

2.10 ψ' 中間子の質量は $3686\,\mathrm{MeV}/c^2$ で ψ と同じクォークで構成されている（すなわち $c\bar{c}$）．このお

[*27] 注意：衝突は運動学的に禁じられてはいない．たとえば，もしあなたが，反応 (e) がエネルギー保存によって禁止される（なぜなら電子の質量はミュー粒子より軽いため）と主張するならば，それは少なくとも半分間違っている．電子が質量差を補える運動エネルギーをもっている限り，この反応は起こり得る（実際に起こる）．しかし，同じことを崩壊に当てはめてみてはいけない．どのような運動エネルギーであっても，ある一つの粒子は，より重い粒子に崩壊することはできない．これは崩壊する粒子の静止系での過程を調べることで簡単に理解できる．

もな崩壊モード $\psi' \to \psi + \pi^+ + \pi^-$ は強い相互作用だろうか．また，OZI 則によって抑制されるだろうか．ψ' の寿命はどれぐらいだと期待できるだろうか（実験的には 3×10^{-21} 秒である）．

2.11 図 1.9 は，水素泡箱内で初めて確認された Ω^- の生成を示している．入射 K^- はあきらかに静止粒子 X に当たって K_0，K^+，Ω^- を生成する．（**a**）X の電荷はいくらか．そのストレンジネスはいくらか．それは何の粒子だと期待できるか．（**b**）右側の図中の各線に沿って，すべての反応を挙げよ．また，（強い相互作用，電磁気相互作用，弱い相互作用）どの相互作用なのか特定せよ（図が不明瞭な場合，二つの光子は同じ点から来ると考えられる．$\gamma \to e^- + e^+$ は真空中では不可能だが（運動量が保存していない），核の近傍では起こる．核が「失われた」運動量を吸収するからだ．その反応は，実際には，$\gamma + p \to e^- + e^+ + p$ となるが，陽子は重いのでほんのわずかしか動かず，何の痕跡も残さない．電子と陽電子は光子のエネルギーをもち去り，陽子はたんに受動的な運動量の「受け皿」として働く．

2.12 W^- は，1983 年に陽子–反陽子散乱を用いて CERN で発見された．

$$p + \bar{p} \to W^- + X$$

ここで X は一つ以上の粒子を表している．この過程で最も可能性が高い X は何か．その反応のファインマン図を描き，なぜ，他のいろいろな可能性ではなくその X を選んだのか説明せよ．

3

相対論的運動学

　本章では，相対論的運動学の基本原理，表記，そして用語についてのまとめを行う．ここで扱う題材は，6章から10章を理解するために絶対に不可欠なものだ（しかし，4章と5章には必要ないので，先に4章と5章を読んでもよい）．ここでの説明は，これだけで十分理解可能であるが，読者が特殊相対論にすでに触れたことがあると強く仮定している．もしまだ触れたことがなければ，先に進む前にいったん休止して，どんな初級者向けの物理の教科書でもよいので，適切な章を読むべきだ．もしすでに相対論に馴染み深いとしたら，この章はやさしいまとめにすぎないが，とりあえず読んでほしい．というのは，表記のいくつかについては真新しいものかもしれないので．

3.1　ローレンツ変換

　特殊相対論によると [1]，一定速度で運動している系における物理法則は，静止系でのそれと同様に適用できる．これが意味しているのは，困ったことに（静止している系があったとしても）どの系が静止しているのか，誰もわからないということだ．つまり，他の系がどんな速度なのかを知る手だてがない．なので，たぶん，最初からやり直した方がよいのだ．

　特殊相対論によると [1]，物理法則はいかなる慣性系でも同じように適用可能である．慣性系とは，ニュートンの第一法則（慣性の法則）が適用される系で，物体は何らかの力を与えられない限り等速直線運動をする[*1]．いかなる二つの慣性系も互いに対して等速度運動していること，そして，逆に，ある慣性系に対して等速度で動いているいかなる系も慣性系であることは，容易にわかる．

　それでは，S' が S に対して一定速度 $\boldsymbol{v}$（その大きさ v）で動いている（ということは，S は S' に対して $-\boldsymbol{v}$ で動いている）二つの系 S と S' を想像してみよう．運動は，共通の座標系 x/x' 軸に沿っていて（図3.1），それぞれの系の時刻については，

[*1] 均一な重力場の元で自由落下している系が「慣性」系なのかどうかを考えてしまうとしたら，あなたは，いま必要な知識よりも多くのことを知りすぎている．いまは重力は考えないことにしよう．

96   3 相対論的運動学

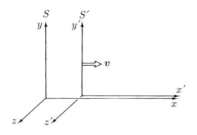

図 3.1 慣性系 S と S'

それぞれの座標原点二つが重なった瞬間をゼロとする（つまり，$x = x' = 0$ のとき，$t = t' = 0$）．そしていま，S における時刻 t，位置 (x, y, z) である事象が発生したとしよう．S' 系において，この同事象の時空座標 (x', y', z') と t' はどうなるだろうか．その答えはローレンツ変換によって与えられる．

$$\begin{array}{ll} \text{i.} \quad x' = \gamma(x - vt) & \text{ii.} \quad y' = y \\ \text{iii.} \quad z' = z & \text{iv.} \quad t' = \gamma\left(t - \dfrac{v}{c^2}x\right) \end{array} \quad (3.1)$$

ここで γ は

$$\gamma \equiv \frac{1}{\sqrt{1 - v^2/c^2}} \quad (3.2)$$

である．S' から S に戻るための逆変換は，たんに v の符号を変えるだけである（問題 3.1）．

$$\begin{array}{ll} \text{i}'. \quad x = \gamma(x' + vt') & \text{ii}'. \quad y = y' \\ \text{iii}'. \quad z = z' & \text{iv}'. \quad t = \gamma\left(t' + \dfrac{v}{c^2}x'\right) \end{array} \quad (3.3)$$

ローレンツ変換にはすぐにわかるいくつもの重要な帰結があり，そのうち最も重要なものについて簡単に触れよう．

1. 同時の相対性：S において同時刻に別々の場所で二つの事象が発生すると，それらは S' では同時ではない．具体的には，もし $t_A = t_B$ だと

$$t'_A = t'_B + \frac{\gamma v}{c^2}(x_B - x_A) \quad (3.4)$$

になる（問題 3.2）．一つの慣性系で同時の事象でも別の慣性系では同時ではない．

2. ローレンツ収縮：S' で x' 軸に沿って棒が静止して横たわっているとしよう．片方の端は座標原点で（$x' = 0$），もう一方の端は L' とする（なので，S' 系における

その棒の長さは L' である)．それを S 系で測るとどれくらいの長さだろうか．棒は S に対して動いているので，同時刻，たとえば $t=0$ で，棒の両端の位置を測るには慎重にならなければならない．その瞬間，左の端は $x=0$ で，右の端は式 (i) によると，$x = L'/\gamma$ である．ゆえに，その棒の S 系における長さは $L = L'/\gamma$ である．ここで，γ がいつも 1 以上であることに注意せよ．その事実から，動いている物体の長さは，静止している系での長さに比べて因子 γ だけ短くなる．ローレンツ収縮は動いている方向に沿ってのみ適用されることに注意しよう．垂直方向の長さは影響を受けない．

3. 時間の遅れ：S' 系の原点に位置する時計が時間間隔 T' で時を刻むことを考える．簡単のためにたとえば，$t'=0$ から $t'=T'$ まで動いたとしよう．この時間間隔を S で測るとどれくらいだろうか．その時計は $x'=0$ では，$t=0$ のときに動き始めて，$t'=T'$ で止まるので，(式 (iv')) によると) $t = \gamma T'$ となる．あきらかに，S 系での時間間隔 $T = \gamma T'$ は，同じ因子 γ だけ長くなっている．あるいは，裏返せば，動いている系に乗っている時計の進みが遅くなる．

素粒子物理学と間接的にのみ関連するローレンツ収縮と違って，時間の遅れは実験室でよく起こっている．というのは，ある意味，あらゆる不安定粒子は内蔵の時計をもっているのだ．それがどういうものであれ，その粒子に時間切れを教える．そして，これら内部時計は，粒子が動いているときは実際にゆっくりと動く．つまり，動いている粒子は止まっているときよりも（因子 γ だけ）長生きする（表に載っている寿命は，もちろん，粒子が静止しているときのものだ)[*2]．実際，大気上層で生成された宇宙線ミュー粒子は，時間の遅れがなければ地表まで届かないだろう（問題 3.4）．

4. 速度の足し算：粒子が，S' に対して速度 u' で x 方向に動いているとしよう．S に対するその速度 u はどれだけだろうか．その粒子は，時間 $\Delta t = \gamma[\Delta t' + (v/c^2)\Delta x']$ で距離 $\Delta x = \gamma(\Delta x' + v\Delta t')$ だけ進むので，

$$\frac{\Delta x}{\Delta t} = \frac{\Delta x' + v\Delta t'}{\Delta t' + (v/c^2)\Delta x'} = \frac{(\Delta x'/\Delta t') + v}{1 + (v/c^2)(\Delta x'/\Delta t')}$$

となる．しかし，$\Delta x/\Delta t = u$，かつ $\Delta x'/\Delta t' = u'$ なので，

[*2] 実際のところ，個々の粒子の崩壊はランダムな過程だ．われわれが「寿命」というときは，本当は，それぞれの粒子種の寿命の平均のことをいっている．正しくは，粒子の寿命が長くなったというのは，動いている粒子集団の寿命の平均が長くなったということである．

$$u = \frac{u' + v}{1 + (u'v/c^2)} \tag{3.5}$$

になる．もし $u' = c$ なら，$u = c$ でもあることに注意せよ．光速はあらゆる慣性系で等しい．

ある特定の状況では，どの数にプライムが付くのか，速度にはどっちの符号を付けるのか，ときどき混乱が生じる．そこで，私は個人的には三つのルールを思い出す．動いている棒は（因子 γ だけ）短い．動いている時計は（因子 γ だけ）ゆっくりだ．なので，方程式の両辺のどちらかに，これらの結果が得られるように γ（γ が 1 より大きいことを思い出そう）を付ける．そして，

$$v_{AC} = \frac{v_{AB} + v_{BC}}{1 + (v_{AB}v_{BC}/c^2)} \tag{3.6}$$

を得る．ここで（たとえば）v_{AB} は B に対する A の速度を意味する．上式の分子は古典論の結果だ（いわゆる「ガリレオの速度の加算則」）．分母は，アインシュタインの補正で，速度が c に近くない限り，非常に 1 に近い．

3.2　4元ベクトル

ここで，利便性のためにいくつかの単純化した表記法を紹介しておく．時空に関する4元ベクトル x^μ，ただし $\mu = 0, 1, 2, 3$，を以下のように定義する．

$$x^0 = ct, \quad x^1 = x, \quad x^2 = y, \quad x^3 = z \tag{3.7}$$

x^μ で表すと，ローレンツ変換がより対称的な形で見える．

$$\begin{aligned} x^{0'} &= \gamma(x^0 - \beta x^1) \\ x^{1'} &= \gamma(x^1 - \beta x^0) \\ x^{2'} &= x^2 \\ x^{3'} &= x^3 \end{aligned} \tag{3.8}$$

ただし，

$$\beta \equiv \frac{v}{c} \tag{3.9}$$

である．さらにコンパクトにすると，

$$x^{\mu'} = \sum_{\nu=0}^{3} \Lambda^\mu_\nu x^\nu \quad (\mu = 0, 1, 2, 3) \tag{3.10}$$

となる．ここでの係数 Λ^μ_ν は，以下の行列 Λ の行列要素と考えてもよい

$$\Lambda = \begin{bmatrix} \gamma & -\gamma\beta & 0 & 0 \\ -\gamma\beta & \gamma & 0 & 0 \\ 0 & 0 & 1 & 0 \\ 0 & 0 & 0 & 1 \end{bmatrix} \tag{3.11}$$

(つまり，$\Lambda^0_0 = \Lambda^1_1 = \gamma$, $\Lambda^1_0 = \Lambda^0_1 = -\gamma\beta$, $\Lambda^2_2 = \Lambda^3_3 = 1$, そして，それ以外はすべて0である)．たくさんの Σ を書くのを避けるために，アインシュタインの「和の表記法」に従う．それによると，ギリシャ文字でくり返された指標（一つが上付きで，もう一つが下付きのもの）については，0から3まで足し上げる．こうすると，式 (3.10) は，とうとう[*3]

$$x^{\mu'} = \Lambda^\mu_\nu x^\nu \tag{3.12}$$

と表される．この整然とした表記法には，x 方向に沿っていないローレンツ変換についても同じ形式で書けるという長所がある．実際，S と S' の座標軸は，平行でなくても構わない．自然と Λ 行列は複雑になるが，それでも式 (3.12) はそのまま使える（一方で，式 (3.11) を使っても一般性を失うことはない．というのは，平行な座標軸をどのように選ぶかについてはつねに自由度があり，$\boldsymbol{v}$ の方向に沿って x 軸を取ることができる)．

ある事象において個々の座標が変化したとしても，式 (3.12) に従って S 系から S' 系に動くとき，ある特定の組み合わせは不変に保たれる（問題 3.8）．

$$I \equiv (x^0)^2 - (x^1)^2 - (x^2)^2 - (x^3)^2 = (x^{0'})^2 - (x^{1'})^2 - (x^{2'})^2 - (x^{3'})^2 \tag{3.13}$$

そのような，どの慣性系でも同じ値をもつ物理量をローレンツ不変とよぶ（同様の意味合いで，物理量 $r^2 = x^2 + y^2 + z^2$ は回転のもとで不変である)．さて，この不変量

[*3] このような表現で，足し算に使われているギリシャ文字 ν は，もちろん，任意である．式の両辺で一致していなければならないが，「ぶら下がっている」指標 μ についても同じことがいえる．よって，式 (3.12) は，$x^{\kappa'} = \Lambda^\kappa_\lambda x^\lambda$ と書いてもよい．どちらの表現でも以下の四つの方程式を表している．

$$x^{0'} = \Lambda^0_0 x^0 + \Lambda^0_1 x^1 + \Lambda^0_2 x^2 + \Lambda^0_3 x^3, \quad x^{1'} = \Lambda^1_0 x^0 + \Lambda^1_1 x^1 + \Lambda^1_2 x^2 + \Lambda^1_3 x^3$$
$$x^{2'} = \Lambda^2_0 x^0 + \Lambda^2_1 x^1 + \Lambda^2_2 x^2 + \Lambda^2_3 x^3, \quad x^{3'} = \Lambda^3_0 x^0 + \Lambda^3_1 x^1 + \Lambda^3_2 x^2 + \Lambda^3_3 x^3$$

を $\sum_{\mu=0}^{3} x^\mu x^\mu$ という和のかたちで書きたいが,運悪く厄介なことに三つのマイナスの符号がある.これらを消し去らないよう,計量 $g_{\mu\nu}$ を導入する.その成分は以下の行列 $\boldsymbol{g}$ で表される(すなわち,$g_{00} = 1$,$g_{11} = g_{22} = g_{33} = -1$ で,残りすべてはゼロである)[*4].

$$\boldsymbol{g} = \begin{bmatrix} 1 & 0 & 0 & 0 \\ 0 & -1 & 0 & 0 \\ 0 & 0 & -1 & 0 \\ 0 & 0 & 0 & -1 \end{bmatrix} \tag{3.14}$$

$g_{\mu\nu}$ を使うと,ローレンツ不変な I は二重和として書ける.

$$I = \sum_{\mu=0}^{3} \sum_{\nu=0}^{3} g_{\mu\nu} x^\mu x^\nu = g_{\mu\nu} x^\mu x^\nu \tag{3.15}$$

さらに先に進んで,共変4元ベクトル x_μ(指標が下付き)を以下のように定義する

$$x_\mu \equiv g_{\mu\nu} x^\nu \tag{3.16}$$

(すなわち,$x_0 = x^0$ で,$x_1 = -x^1$,$x_2 = -x^2$,$x_3 = -x^3$).違いを強調するために,「元の」4元ベクトル x^μ(上付き)を反変4元ベクトルとよぶ.すると,ローレンツ不変量 I は最もすっきりとしたかたちで

$$I = x_\mu x^\mu \tag{3.17}$$

と書ける(あるいは,$x^\mu x_\mu$).三つの面倒なマイナスの符号を残すためだけにしては,これらすべては間違いなく複雑怪奇でやりすぎな表記に見えるが,いったん慣れてしまうと実際には非常に単純だ(さらに,非デカルト座標系と,一般相対論で表れてくる曲がった空間をうまく一般化する.どちらも,いまここでは関係ないが).

時空の位置を表す4元ベクトル x^μ は,すべての4元ベクトルの原型だ.一つの慣性系から別の慣性系に移るとき x^μ と同様の変換をする4元ベクトル a^μ を同じ係数 Λ^μ_ν を使って定義する.すなわち

$$a^{\mu'} = \Lambda^\mu_\nu a^\nu \tag{3.18}$$

[*4] ここで注意しなければならないのは,その計量を逆の符号 $(-1, 1, 1, 1)$ で定義する物理学者もいることだ.もし I がローレンツ不変なら $-I$ もローレンツ不変なので大きな問題ではないのだが,慣れていない符号には目を光らせなければならない.幸運なことに,今日ではほとんどの物理学者が式 (3.14) の表記を使っている.

である．そのような（反変）4元ベクトルそれぞれに対して，たんに空間成分の符号をひっくり返して得られる共変4元ベクトルを関係づける．より形式的に書くと

$$a_\mu = g_{\mu\nu} a^\nu \tag{3.19}$$

となる．もちろん，符号を逆にすることで共変から反変に戻れる．

$$a^\mu = g^{\mu\nu} a_\nu \tag{3.20}$$

ここで，$g^{\mu\nu}$ は，詳しくいうと行列 $\boldsymbol{g}^{-1}$ の成分である（しかし，われわれの計量は逆行列と同じなので，$g^{\mu\nu}$ と $g_{\mu\nu}$ は同じである）．二つのいかなる4元ベクトル a^μ と b^μ が与えられても，物理量

$$a^\mu b_\mu = a_\mu b^\mu = a^0 b^0 - a^1 b^1 - a^2 b^2 - a^3 b^3 \tag{3.21}$$

は，ローレンツ不変になる（いかなる慣性系でも同じ数になる）．これを今後，a と b とのスカラー積とよぶことにする．これは，二つの3元ベクトルの内積の4元ベクトル版のようなものである（4元ベクトルで外積に対応するものはない）[*5]．

もし指標を書くのに疲れてしまうなら，ドットによる表記法を使うのでも構わない．

$$a \cdot b \equiv a_\mu b^\mu \tag{3.22}$$

しかし，これだと，4元のスカラー量と，二つの3元ベクトルの普通の内積とを区別する必要に迫られるだろう．最良の方法は，すべての3元ベクトルの上には綿密に注意深く矢印をつけていくことだ（たぶん速度 $\boldsymbol{v}$ を除いて，というのは，速度は4元ベクトルの一部になっていないので，不定性の対象にならない）．この教科書では，3元ベクトルに対しては太字を使う．すなわち

$$a \cdot b = a^0 b^0 - \boldsymbol{a} \cdot \boldsymbol{b} \tag{3.23}$$

a^μ 自身のスカラー積に対しても a^2 という表記を使う[*6]．

[*5] 一番近いのは $a^\mu b^\nu - a^\nu b^\mu$ だが，これは4元ベクトルではなく2階のテンソルになってしまう（この先を参照）．

[*6] 一見，これは危険な不定性をもった表記だ．というのも，a^2 は a^μ の2番目の空間成分にもなり得るからだ．しかし実際のところ，個々の成分について取り扱うことはめったにないので，これで問題は起きない（もし本当に成分についていうときは，明示的にそのようにいった方がよい）．もっと深刻なのは，a^2 と a^μ の3元ベクトル部分の大きさの2乗との間の混乱だ．起こり得るあらゆる誤解を避けるために，個人的には $\boldsymbol{a}^2 \equiv \boldsymbol{a} \cdot \boldsymbol{a}$ のように後者には太字を使う．しかしながら，これは標準的な表記法ではなく，もし別のやり方を好むならそれでよい．だが，a^2 と $\boldsymbol{a}^2$ を区別する明確な方法を早く見つけることを強くすすめる．さもないと，大きなトラブルに見舞われるだろう．

$$a^2 \equiv a \cdot a = (a^0)^2 - \boldsymbol{a}^2 \tag{3.24}$$

しかし，a^2 が必ずしも正ではないことには注意が必要だ．実際，あらゆる 4 元ベクトルを a^2 の符号によって分類することができる．

$$\begin{aligned} &\text{もし } a^2 > 0 \text{ だと}, \quad a^\mu \text{ は時間的とよばれる} \\ &\text{もし } a^2 < 0 \text{ だと}, \quad a^\mu \text{ は空間的とよばれる} \\ &\text{もし } a^2 = 0 \text{ だと}, \quad a^\mu \text{ は光子的とよばれる} \end{aligned} \tag{3.25}$$

ベクトルからテンソルへは一足飛びに行ける．二つの指標をもつ 2 階のテンソル $s^{\mu\nu}$ は，$4^2 = 16$ 個の成分をもち，Λ の因子二つで以下のように変換し，

$$s^{\mu\nu\prime} = \Lambda^\mu_\kappa \Lambda^\nu_\sigma s^{\kappa\sigma} \tag{3.26}$$

3 階のテンソルである $t^{\mu\nu\lambda}$ は，$4^3 = 64$ 個の成分をもち，Λ の因子三つで変換し，

$$t^{\mu\nu\lambda\prime} = \Lambda^\mu_\kappa \Lambda^\nu_\sigma \Lambda^\lambda_\tau t^{\kappa\sigma\tau} \tag{3.27}$$

などと続く．この階層性においては，ベクトルは 1 階のテンソルで，（不変）スカラーは 0 階のテンソルとなる．共変で「混じり合った」テンソルを，添字を下げることでつくれる（それぞれの空間に対応する添字にマイナスを付けるという代償を払って）．たとえば，

$$s^\mu_\nu = g_{\nu\lambda} s^{\mu\lambda}; \quad s_{\mu\nu} = g_{\mu\kappa} g_{\nu\lambda} s^{\kappa\lambda} \tag{3.28}$$

などである．二つのテンソルの積自身もテンソルであることに注意せよ．$(a^\mu b^\nu)$ は 2 階のテンソルで，$(a^\mu t^{\nu\lambda\sigma})$ は 4 階のテンソルなどとなる．最後に，上付きと下付きの添字を足し上げることで，いかなる $n+2$ 階のテンソルからでも「縮約した」n 階のテンソルを得ることができる．よって，s^μ_μ はスカラーで，$t^{\mu\nu}_\nu$ はベクトルで，$a_\mu t^{\mu\nu\lambda}$ は 2 階のテンソルとなる．

3.3 エネルギーと運動量

あなたが高速道路をドライブしているとしよう．そして，議論のため，仮に光速に近い速さで走っているとしよう．すると，二つの別々の「時間」に注目したくなるかもしれない．もしサンフランシスコでの約束に間に合うかどうか心配しているとした

ら，道路脇に表示されている，それ自身が運動をしていない時計を見るべきだ．しかし，もし何か食べるための休憩時間をいつにするべきか気にしているなら，あなたの手首にある腕時計を見るのが適切だ．相対論によると，運動している時計（いまの場合，あなたの腕時計）が（地面に「じっとしている」時計に比べて相対的に）ゆっくりと動くのと同様，あなたの心拍，代謝，演説，思考など，あらゆるものがゆっくりと動く．具体的には，「地上の」時間が無限小時間 dt だけ進む間に，あなた自身の（固有の）時間はより少ない量 $d\tau$

$$d\tau = \frac{dt}{\gamma} \tag{3.29}$$

だけ進む．通常の速度ではもちろん γ があまりにも 1 に近いので，dt と $d\tau$ は，基本的に等しい．しかし，素粒子物理学では，実験室系での時間（壁にかかっている時計が示す時間）と粒子固有の時間（粒子の腕時計に表示される時間）との違いは決定的に重要だ．式 (3.29) を使うことで，一つの系から別の系に移ることはつねに可能だが，実際的には，つねに固有時間を使うのが最も便利だ．なぜなら，τ はローレンツ不変，つまり，あらゆる観測者が粒子の時計を読み取ることができ，複数の時計がばらばらの時を刻んでいるとしても，いかなる瞬間どの観測者から見てもその時計の表示は一致している．

われわれが粒子の（実験室に対する）「速度」について語るとき，それはもちろん（実験室系で測定した）飛行距離を（実験室系で測定した）飛行時間で割ったものである．

$$\boldsymbol{v} = \frac{d\boldsymbol{x}}{dt} \tag{3.30}$$

しかし，上でいま説明した観点から，（再び実験室系で測定した）飛行距離を固有時間で割った，固有速度 η を導入するのが便利だ[*7]．

$$\boldsymbol{\eta} \equiv \frac{d\boldsymbol{x}}{d\tau} \tag{3.31}$$

式 (3.29) によると，その二つの速度は因子 γ によって関係づけられる．

[*7] 距離が実験室系で測定されている一方で，時間が粒子系で測定されているという点において，固有速度はごちゃまぜな物理量だ．そういう意味で，形容詞として「固有の」という言葉を付けることに反対し，この言葉は，あらゆる物理量が粒子系において測定されたときに使われるべきだと主張する人々もいる．もちろん，粒子自身の系では，粒子はまったく動かない．その速度もゼロだ．もしここで使った用語がうっとうしいなら，η を「4 元速度」とよぼう．固有速度は計算するのがより楽な物理量だが，通常の速度も観測者が飛行している粒子を見ているという観点からはより自然な物理量だということを付け加えざるを得ない．

$$\boldsymbol{\eta} = \gamma \boldsymbol{v} \tag{3.32}$$

しかし，$\boldsymbol{\eta}$ を扱う方がはるかにやさしい．というのは，もし実験室系 S から動いている系 S' に移りたければ，式 (3.30) の分子と分母の両方をローレンツ変換しなければならない．つまり，扱いにくい式 (3.5) の速度の加算則にたどり着く．その一方で，すでに見たように，$d\tau$ はローレンツ不変なので，式 (3.31) では分子だけをローレンツ変換すればよい．事実，固有速度は 4 元ベクトル

$$\eta^\mu = \frac{dx^\mu}{d\tau} \tag{3.33}$$

の一部で，その第 0 成分は

$$\eta^0 = \frac{dx^0}{d\tau} = \frac{d(ct)}{(1/\gamma)dt} = \gamma c \tag{3.34}$$

である．よって，

$$\eta^\mu = \gamma(c, v_x, v_y, v_z) \tag{3.35}$$

となる．ちなみに，$\eta_\mu \eta^\mu$ はローレンツ不変になるべきで，

$$\eta_\mu \eta^\mu = \gamma^2(c^2 - v_x^2 - v_y^2 - v_z^2) = \gamma^2 c^2 (1 - v^2/c^2) = c^2 \tag{3.36}$$

となっている．これらは，これ以上にローレンツ不変になることはできない！

　古典的には，運動量は質量と速度の積だ．この関係を相対論でも引き継ぎたいが，疑問が生じる．通常の速度と固有速度のどちらの速度を使うべきなのだろうか．古典的な考え方ではヒントをつかむことはできない．なぜなら，非相対論的な極限ではその二つは等しいからだ．ある意味，たんなる定義の問題ではある．しかし，通常の速度は悪い選択である一方で，固有速度が良い選択になる，微妙だが説得力のある理由がある．ポイントは以下だ．もし運動量を $m\boldsymbol{v}$ と定義してしまうと，運動量保存則が相対性原理と矛盾してしまう（ある一つの慣性系で保存すると，別の系では保存しなくなる）．しかし，運動量を $m\boldsymbol{\eta}$ と定義すると，運動量保存則が相対性原理と矛盾しなくなる（もし一つの慣性系で運動量が保存すると，他のあらゆる慣性系で自動的に保存する）．この証明は問題 3.12 として読者にやってもらおう．ただし，これが運動量の保存を保証しているわけではないことに注意せよ．保存しているかどうかは，実験によって決めるべき問題だ．しかし，運動量保存を相対論的領域に拡張することを望むなら，運動量は $m\boldsymbol{v}$ ではなく，$m\boldsymbol{\eta}$ と定義するのが完全に望ましいといえる．

3.3 エネルギーと運動量

トリッキーな議論なので，もしついてこられなかったなら，前の段落をもう一度読んでみることをすすめる．結論としては，相対論では運動量は質量と固有速度の積で定義されるということだ．

$$\boldsymbol{p} \equiv m\boldsymbol{\eta} \tag{3.37}$$

固有速度は4元ベクトルの一部なので，運動量も4元ベクトルとなる．

$$p^\mu = m\eta^\mu \tag{3.38}$$

p^μ の空間成分が（相対論的な）3元運動量ベクトルになる．

$$\boldsymbol{p} = \gamma m\boldsymbol{v} = \frac{m\boldsymbol{v}}{\sqrt{1-v^2/c^2}} \tag{3.39}$$

その一方で，「時間的な」成分は

$$p^0 = \gamma mc \tag{3.40}$$

となる．この後すぐにあきらかになるが，相対論的なエネルギー E を

$$E \equiv \gamma mc^2 = \frac{mc^2}{\sqrt{1-v^2/c^2}} \tag{3.41}$$

と定義する．すると，p^μ の第0成分は E/c になる．よって，エネルギーと運動量が一緒になり一つの4元ベクトル，つまりエネルギー運動量4元ベクトル（あるいは，4元運動量）を構成する．

$$p^\mu = \left(\frac{E}{c}, p_x, p_y, p_z\right) \tag{3.42}$$

ちなみに，式 (3.36) と (3.38) から

$$p_\mu p^\mu = \frac{E^2}{c^2} - \boldsymbol{p}^2 = m^2 c^2 \tag{3.43}$$

もまたローレンツ不変になっている．

相対論的な運動量（式 (3.37)）は，非相対論的な領域（$v \ll c$）では，古典論での表式と一致する．しかし，同じことが相対論的エネルギーにもいえるわけではない（式 (3.41)）．この物理量がなぜ「エネルギー」とよばれるのか理解するために，その式をテイラー展開してみる．

$$E = mc^2\left(1 + \frac{1}{2}\frac{v^2}{c^2} + \frac{3}{8}\frac{v^4}{c^4} + \cdots\right) = mc^2 + \frac{1}{2}mv^2 + \frac{3}{8}m\frac{v^4}{c^2} + \cdots \tag{3.44}$$

第2項が古典論での運動エネルギーに対応する一方，第1項（mc^2）が定数であることに注意せよ．そうすると，古典力学ではエネルギーの変化だけが物理的な意味をもち，おとがめなしに定数を加えてもよいことを思い出すかもしれない．この意味においては，相対論的な定式も $v \ll c$ の極限である古典論に一致する．そこでは，展開された式の高次の項は無視できる．$v = 0$ でも残る定数項は静止エネルギーとよばれる．

$$R \equiv mc^2 \tag{3.45}$$

そして，粒子の運動によるものと解釈できる残りのエネルギーが相対論的な運動エネルギーである[*8]．

$$T \equiv mc^2(\gamma - 1) = \frac{1}{2}mv^2 + \frac{3}{8}m\frac{v^4}{c^2} + \cdots \tag{3.46}$$

古典力学では，質量のない粒子は存在しない．もし存在すると，運動量（mv）がゼロで，運動エネルギー（$(1/2)mv^2$）がゼロ，そして，$F = ma$ なので力も受けない．よって（ニュートンの第三法則によって）他のいかなる物にも力を与えない．それはまさに力学上の幽霊だ．一瞬同じことが相対論でもいえると思うかもしれないが，注意深く以下の式

$$\boldsymbol{p} = \frac{m\boldsymbol{v}}{\sqrt{1 - v^2/c^2}}, \qquad E = \frac{mc^2}{\sqrt{1 - v^2/c^2}} \tag{3.47}$$

を眺めると，抜け道があるのに気づく．$m = 0$ のとき分子はゼロだ．しかし，$v = c$ だと分母も消えて，これらの式は不定（$0/0$）になる．なので，粒子がつねに光速で飛行しているならば，$m = 0$ が許されることになる．この場合，式 (3.47) は E と $\boldsymbol{p}$ を定義する役目を失うが，式 (3.43) はそれでも成立する．

$$v = c, \quad E = |\boldsymbol{p}|c \quad \text{（質量のない粒子に対して）} \tag{3.48}$$

個人的にはこの「議論」は冗談だと思う．だが，質量のない粒子（光子）が自然界に存在していることがもし知られていなかったら，光子は光速で飛ぶし，そのエネルギーと運動量は式 (3.48) で関係づけられる．なので，その抜け道を真剣に受けとめなければならない．もし，式 (3.47) が $\boldsymbol{p}$ と E を定義しないのなら，質量のない粒子の運動量と

[*8]「相対論的質量」について，ずっと言及してこなかったことに注意してほしい．それは有用な働きのない余分な物理量だ．もし，それに出くわしたとしたら，その定義は $m_{\text{rel}} \equiv \gamma m$ である．だがこれは，まったくもって不要だ．というのは，E と係数 c^2 しか違わないからだ．m_{rel} についていわれていることは，E についていってるにすぎない．たとえば「相対論的質量の保存」は，係数 c^2 が割られてなくなっているだけでエネルギー保存と何ら変わりない．

エネルギーは何が決めるのか，と尋ねたくなるかもしれない．質量でもなく（仮定によりそれはゼロだ），スピードでもない（つねに c だ）．では，2 eV と 3 eV の光子では何が違うのか．相対論は答えを提供しないが，興味深いことに量子力学がプランクの式

$$E = h\nu \tag{3.49}$$

から答えを与えられる．振動数がエネルギーと運動量を決めるのだ．2 eV の光子は赤で，3 eV は紫だ！

3.4 衝突

これまでのところ，相対論的エネルギーと運動量は定義以外の何物でもなく，物理はこれらの物理量が保存しているという経験則のもとで成立している．相対論では，古典力学同様，最もすっきりとした保存則の応用は衝突に対してである．まずは，対象物 A が B に当たり（エアホッケーのテーブルの上のパックを想像するとよい） C と D を生成するという古典的な描像を想像してみよう（図 3.2）．もちろん C と D は A と B と同じものでもよいし，塗料（でも何でもよい）が A から剥がれ落ちて B にくっつき，結果として終状態の質量は初期状態と違ってもよい（しかし，ドラマの登場人物は A，B，C そして D だけだという強い仮定がある．もし何らかの残骸 W がその現場に残っていると，より複雑な過程 $A + B \to C + D + W$ について議論していることになってしまう）．衝突とは，非常に短時間に起こるという特徴をもち，重力や飛跡に沿った摩擦力などの外力の影響はないものとする．古典力学的には，そのような過程において質量と運動量はつねに保存するが，運動エネルギーは保存したりしなかったりする．

3.4.1 古典的衝突

1. 質量は保存する．$m_A + m_B = m_C + m_D$

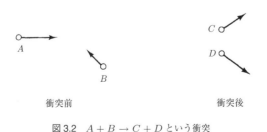

図 3.2　$A + B \to C + D$ という衝突

2. 運動量は保存する．$\boldsymbol{p}_A + \boldsymbol{p}_B = \boldsymbol{p}_C + \boldsymbol{p}_D$
3. 運動エネルギーは保存するかもしれないし，保存しないかもしれない．

衝突を，運動エネルギーが減少する「粘性」（典型的には運動エネルギーが熱に変換される）タイプ，運動エネルギーが増加する「爆発」（たとえば，A は車のフロントバンパーに押し縮められたばねをもっていて，衝突によって留め具が外された結果，スプリングに蓄えられていたエネルギーが運動エネルギーに変換されるのを想像しよう）タイプ，そして運動エネルギーが保存する「弾性」タイプ，という三つに分類しようと思う．

(a) 粘性（運動エネルギーは減少）：$T_A + T_B > T_C + T_D$
(b) 爆発（運動エネルギーは増加）：$T_A + T_B < T_C + T_D$
(c) 弾性（運動エネルギーは保存）：$T_A + T_B = T_C + T_D$

(a) の極端な場合，二つの粒子がくっついて $A + B \to C$ のように，終状態では本当に一つの物体になってしまう．(b) の極端な場合，一つの物体が $A \to C + D$ と二つに分裂する（素粒子物理学の言葉では，A が $C + D$ に崩壊する）．

3.4.2 相対論的衝突

相対論的な衝突においては，エネルギーと運動量はつねに保存する．いい換えると，エネルギー運動量 4 元ベクトルのすべての成分が保存する．古典的な場合と同様に，運動エネルギーは保存するかもしれないし，保存しないかもしれない．

1. エネルギーは保存する：$E_A + E_B = E_C + E_D$
2. 運動量は保存する：$\boldsymbol{p}_A + \boldsymbol{p}_B = \boldsymbol{p}_C + \boldsymbol{p}_D$
3. 運動エネルギーは保存するかもしれないし，保存しないかもしれない．

（最初の二つはまとめて一つに書ける：$p_A^\mu + p_B^\mu = p_C^\mu + p_D^\mu$）

そしてまた，運動エネルギーが減少するか，増加するか，同じかによって，衝突を粘性，爆発，弾性に分類できる．全エネルギー（= 静止エネルギー + 運動エネルギー）はつねに保存することから，静止エネルギーは（よって質量も），粘性衝突では増加し，爆発衝突では減少し，弾性衝突では変わらない．

(a) 粘性（運動エネルギーは減少）：静止エネルギーと質量が増加
(b) 爆発（運動エネルギーは増加）：静止エネルギーと質量が減少

(c) 弾性（運動エネルギーは保存）：静止エネルギーと質量は保存

弾性散乱以外では，質量は保存しないことに注意せよ[*9]．たとえば，$\pi^0 \to \gamma + \gamma$ 崩壊では，初期状態の質量は $135\,\mathrm{MeV}/c^2$ だが，終状態の質量はゼロだ．ここでは，静止エネルギーが運動エネルギーに変換されたのだ（大衆紙の不見識な言葉では「質量がエネルギーに変換された」となり，次元の整合性への無頓着さが多くの人を腹立たせる）．逆もまた真で，質量が保存しているならその衝突は弾性だ．素粒子物理学でこれが起こるのは，たとえば，電子–陽子散乱（$e + p \to e + p$）のように，同じ粒子が入って同じ粒子が出てくる場合に限られる[*10]．

古典論的解析と相対論的解析の間には構造的な類似はあるものの，非弾性散乱の解釈には際立った違いがある．古典論の場合，エネルギーは保存し，運動エネルギーから何らかの「内部的」なもの（熱エネルギーやばねのエネルギーなど）に変換するというし，その逆もまた真である．相対論的解析の場合は，エネルギーは運動エネルギーから静止エネルギーに変わった，あるいは，その逆だという．これらは，どうしたら論理的に無矛盾なのだろうか．結局のところ，相対論的力学は，$v \ll c$ の極限では古典力学になるはずである．つまり，「内部的」なかたちを取るエネルギーのすべては，物体の静止エネルギーに反映される，というのが答えだ．熱い芋は冷たい芋よりも重く，縮んだばねは伸びたばねよりも重いのだ．巨視的なスケールでは，静止エネルギーは内部エネルギーに比べて圧倒的に大きいので，これらの質量差は日常生活では完全に無視されるし，原子レベルでもきわめて小さい．原子核そして素粒子物理の世界だけは，典型的な内部エネルギーが典型的な静止エネルギーと同じくらいの大きさになる．それでも，原理的には，重さを測るときはいつでも，物体を構成しているものの静止エネルギー（質量）だけでなく，それらの運動エネルギーと相互作用によるエネルギーすべてを測っているのだ．

3.5 応用例

相対論的運動学の問題を解くことは，科学であると同時に芸術だ．そこに含まれている物理は必要最低限で，エネルギー保存と運動量保存だけなのだが，代数はなかな

[*9] 昔の用語では，相対論的質量は保存し，静止質量は保存しないといった．
[*10] 原理的には，もし 2 組の粒子の質量和が等しければ（A, B と C, D），反応 $A + B \to C + D$ を「弾性」だと考えてよいはずだが，実際には，そのような偶然の一致はないので，素粒子物理学者は，入って来たのと同じ粒子が出て行くときに「弾性」という言葉を使う．

か手強い．与えられた問題を解くのに2行で済むか，7ページかかってしまうかは，問題を解くための道具立てやトリックに対してどれだけ腕前があって慣れているかに大きく依存する．ここで，いくつかの例題に取り組むことを提案し，その取り組みの過程で，読者にも有用な手間を省くための工夫を紹介していく [2]．

例題 3.1 それぞれ質量 m をもった二つの粘土の塊が速さ $(3/5)c$ で正面衝突し（図3.3），くっついて一塊になる．最終的に形成された塊の質量 M はどれくらいか．

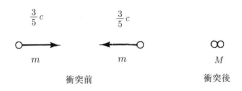

図 3.3 質量の等しい粒子の粘性散乱

答え：エネルギー保存から $E_1 + E_2 = E_M$ が成立する．また，運動量保存から $\bm{p}_1 + \bm{p}_2 = \bm{p}_M$ が成立する．この場合，運動量保存はあきらかで $\bm{p}_1 = -\bm{p}_2$ となるので，終状態の塊は静止している（初めからこれはあきらかであった）．初期状態のエネルギーは等しいので，エネルギー保存により下式が成り立つ．

$$Mc^2 = 2E_m = \frac{2mc^2}{\sqrt{1-(3/5)^2}} = \frac{5}{4}(2mc^2)$$

結論：$M = (5/2)m$ である．これは初期状態の質量和よりも大きいことに注意せよ．粘性散乱においては，運動エネルギーが静止エネルギーに変換されるので，質量は増加する．

例題 3.2 静止している質量 M の粒子が，それぞれ質量 m の二つの粒子に崩壊する（図3.4）．崩壊してできた粒子はどれだけの速さで離れていくか．

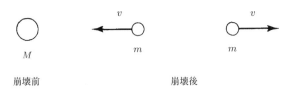

図 3.4 ある粒子が二つの質量の等しい粒子に崩壊する

答え：これはもちろん例題 3.1 の逆の過程だ．運動量保存により，二つの塊が同じ速さで反対向きに飛ぶことがわかる．エネルギー保存により

$$M = \frac{2m}{\sqrt{1-v^2/c^2}} \quad \text{よって} \quad v = c\sqrt{1-(2m/M)^2}$$

が要求される．この答えは，M が $2m$ を超えないと無意味だ．最低でも，終状態の静止エネルギーを補うだけの静止エネルギーが初期状態になければならない（余分はどれだけでもよい．それは運動エネルギーとして使われるので）．$M = 2m$ が $M \to 2m$ という過程のしきい値である，という．たとえば，重水素は陽子と中性子に崩壊するためのしきい値以下である（$m_d = 1875.6 \, \text{MeV}/c^2$ で，$m_p + m_n = 1877.9 \, \text{MeV}/c^2$）．それゆえ安定なのだ．初期状態と終状態のエネルギー差に相当するエネルギーを系に注入して初めて重水素を引き裂くことが可能になる（もし p と n の束縛状態がそれぞれの和よりも軽いのが気にかかるなら，すべての内部エネルギーと同様に，静止質量に反映されているはずの重水素の束縛エネルギーが負であることに注意しよう．実際，あらゆる束縛状態の束縛エネルギーは負でなければならない．もし複合粒子が構成粒子の質量和よりも重ければ，すぐに崩壊してしまう）．

例題 3.3 静止しているパイ中間子がミュー粒子とニュートリノに崩壊する（図 3.5）．ミュー粒子の速さはどれくらいか．

図 3.5 荷電パイ中間子の崩壊

答え：エネルギー保存が $E_\pi = E_\mu + E_\nu$ を要求する．運動量保存から $\boldsymbol{p}_\pi = \boldsymbol{p}_\mu + \boldsymbol{p}_\nu$ だが，$\boldsymbol{p}_\pi = 0$ なので，$\boldsymbol{p}_\mu = -\boldsymbol{p}_\nu$ になる．よって，ミュー粒子とニュートリノは反対向きに同じ大きさの運動量をもって飛ぶことになる．先に進むには，粒子のエネルギーを運動量に関係づける式が必要になる．式 (3.43) がこれにあたる[*11]．

[*11] 式 (3.39) を速度について解き，その結果を式 (3.41) に入れようと思うかもしれないが，それは非常にまずいやり方だ．一般的に，相対論的取り扱いでは速度は扱いづらい変数である．式 (3.43) を使えば，E と $\boldsymbol{p}$ の間を直接行ったり来たりできる．

提案 1 運動量がわかっているときに粒子のエネルギーを求めるには（あるいはその逆），

$$E^2 - \boldsymbol{p}^2 c^2 = m^2 c^4 \tag{3.50}$$

というローレンツ不変な関係を使う．

いまの問題では，

$$E_\pi = m_\pi c^2$$
$$E_\mu = c\sqrt{m_\mu^2 c^2 + \boldsymbol{p}_\mu^2}$$
$$E_\nu = |\boldsymbol{p}_\nu|c = |\boldsymbol{p}_\mu|c$$

となる．これらをエネルギー保存の式に代入すると，

$$m_\pi c^2 = c\sqrt{m_\mu^2 c^2 + \boldsymbol{p}_\mu^2} + |\boldsymbol{p}_\mu|c$$

つまり

$$(m_\pi c - |\boldsymbol{p}_\mu|)^2 = m_\mu^2 c^2 + \boldsymbol{p}_\mu^2$$

を得る．これを $|\boldsymbol{p}_\mu|$ について解くと，

$$|\boldsymbol{p}_\mu| = \frac{m_\pi^2 - m_\mu^2}{2m_\pi} c$$

となる．一方で，ミュー粒子のエネルギーは（式 (3.50) から）

$$E_\mu = \frac{m_\pi^2 + m_\mu^2}{2m_\pi} c^2$$

である．

いったん，粒子のエネルギーと運動量がわかってしまえば，その速度を求めるのはやさしい．もし $E = \gamma m c^2$，かつ $\boldsymbol{p} = \gamma m \boldsymbol{v}$ ならば，後者を前者で割ると

$$\boldsymbol{p}/E = \boldsymbol{v}/c^2$$

を得る．

提案 2 もし粒子のエネルギーと運動量がわかっていて速度を求めたいなら，以下の式を使う．

$$\boldsymbol{v} = \boldsymbol{p} c^2 / E \tag{3.51}$$

よって，われわれの問題の答えは

$$v_\mu = \frac{m_\pi^2 - m_\mu^2}{m_\pi^2 + m_\mu^2} c$$

となる．実際に質量の値を入れてみると，$v_\mu = 0.271c$ を得る．

　この計算におかしなところは一つもない．保存則を脇道にそれず系統立てて利用している．しかし，ここで 4 元ベクトルを使うと，ミュー粒子のエネルギーと運動量をずっと素早く求めることができるということを示したい（4 元ベクトルの上付きの添字に μ を使うべきだが，粒子としての μ と時空間の添字である μ を混同してほしくないので，ここでは，そして，この先でもしばしば，時空間の添字は省略し，スカラー積についてはドットを使う）．エネルギーと運動量の保存は

$$p_\pi = p_\mu + p_\nu \quad \text{あるいは} \quad p_\nu = p_\pi - p_\mu$$

を要求する．両辺それぞれで，自身とのスカラー積を取ると，

$$p_\nu^2 = p_\pi^2 + p_\mu^2 - 2 p_\pi \cdot p_\mu$$

を得る．しかし，

$$p_\nu^2 = 0; \quad p_\pi^2 = m_\pi^2 c^2, \quad p_\mu^2 = m_\mu^2 c^2 \quad \text{そして} \quad p_\pi \cdot p_\mu = \frac{E_\pi}{c}\frac{E_\mu}{c} = m_\pi E_\mu$$

なので

$$0 = m_\pi^2 c^2 + m_\mu^2 c^2 - 2 m_\pi E_\mu$$

となり，E_μ はすぐにわかる．

　同様に，

$$p_\mu = p_\pi - p_\nu$$

の両辺を 2 乗すると

$$m_\mu^2 c^2 = m_\pi^2 c^2 - 2 m_\pi E_\nu$$

を得る．しかし，$E_\nu = |\boldsymbol{p}_\nu| c = |\boldsymbol{p}_\mu| c$ なので，

$$2 m_\pi |\boldsymbol{p}_\mu| = (m_\pi^2 - m_\mu^2) c$$

であり，それにより $|\boldsymbol{p}_\mu|$ がわかる．いまの場合，問題が単純だったので 4 元ベクトル

を使うことで省略できた仕事量はわずかであったが，より複雑な問題に対してはその恩恵は莫大になり得る．

提案 3 4元ベクトルを使い，ローレンツ不変な内積を利用せよ．いかなる（実）粒子に対しても $p^2 = m^2c^2$（式 (3.43)）が成立することを思い出そう．

この種の問題に取り組むときにローレンツ不変量を使うことがそんなにも強力である理由の一つは，適用したいどんな慣性系でもその関係を使ってよい点だ．実験室系が最も単純な系ではないことはよくある．たとえば，典型的な散乱実験では，ビームは動かない標的に打ち込まれる．興味をひく反応は，たとえば，$p + p \to$ 何か，というものかもしれない．しかし，実験室系では物事が非対称となる．というのは，一つの陽子は動いていて，もう一方は止まっているからだ．二つの陽子がそれぞれ同じ速さで近づいてくる系で見た方が，運動学的にはずっと単純になる．このような系では（3元ベクトルの）運動量の総和がゼロになるので，この系のことを重心（CM）系とよぶ．

例題 3.4 カリフォルニア大学バークレー校のベバトロンは，$p + p \to p + p + p + \bar{p}$ 反応によって反陽子をつくろうというアイデアで建設された．つまり，高エネルギーの陽子を静止している陽子にぶつけて（元々存在していた粒子に加えて）陽子反陽子対をつくろうというものだ．この反応が起こるためのエネルギーのしきい値（入射陽子の最小エネルギー）はどれだけか．

質問：この反応は実験室系では図 3.6(a) のように，重心系では図 3.6(b) のように見える．さて，しきい値の条件は何だろうか．

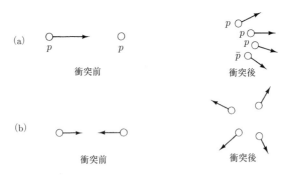

図 3.6 $p + p \to p + p + p + \bar{p}$ 反応．(a) 実験室系の場合，(b) 重心系の場合

答え：たんに，その二つの余分の粒子をつくるに足るエネルギーだ．実験室系では，この状況をどのように定式化すればよいのか理解するのは難しい．しかし重心系では簡単だ．運動エネルギーとして「無駄になる」エネルギーがないように，終状態の四つの粒子は静止していなければならない（もちろん，実験室系では，運動量保存により終状態に動きがなければならないので，この状況は達成し得ない）．

p_{tot}^μ を実験室でのエネルギー運動量 4 元ベクトルの総和だとしよう．これは保存するので，衝突前で評価しようが衝突後に評価しようが関係ない．衝突前だとすると，

$$p_{\text{tot}}^\mu = \left(\frac{E+mc^2}{c}, |\boldsymbol{p}|, 0, 0\right)$$

となる．ただしここで，E と $\boldsymbol{p}$ は入射陽子のエネルギーと運動量で，m は陽子の質量である．さらに $p_{\text{tot}}^\mu{'}$ を重心系におけるエネルギー運動量 4 元ベクトルの総和だとしよう．これも衝突前でも衝突後でも関係ない．今度は衝突後にする．（しきい値では）四つの粒子すべてが静止しているので，

$$p_{\text{tot}}^\mu{'} = (4mc, 0, 0, 0)$$

となる．あきらかに $p_{\text{tot}}^\mu \neq p_{\text{tot}}^\mu{'}$ であるが，ローレンツ不変量である $p_{\mu\text{tot}} p_{\text{tot}}^\mu$ と $p'_{\mu\text{tot}} p_{\text{tot}}^\mu{'}$ は等しいので，

$$\left(\frac{E}{c} + mc\right)^2 - \boldsymbol{p}^2 = (4mc)^2$$

となる．標準的なローレンツ不変の関係（式 (3.50)）を使って $\boldsymbol{p}^2$ を消去し，E について解くと

$$E = 7mc^2$$

を得る．あきらかに，この反応を起こすためには，入射する陽子は，最低，静止エネルギーの 6 倍の運動エネルギーをもたなければならない（そして実際，反陽子が初めて発見されたのは，加速器のエネルギーが約 6000 MeV に達したときであった）．

たぶん，ここが保存量と不変量との違いを強調するよいタイミングだ．エネルギーは保存する（衝突後の値は衝突前と同じだ）．しかし，不変ではない．質量は不変だ（いかなる慣性系でも同じだ）．しかし，保存はしない．不変であり保存する物理量もあるが（たとえば電荷），多くはそうではない（たとえば速さ）．例題 3.4 で示したように，保存量と不変量をうまく利用することで，面倒な代数の多くをやらなくて済む．

また，いくつかの問題では重心系で解析する方がはるかにやさしいということを証明したが，一方で，実験室系の方がより単純なときもある．

提案4 もし実験室系で問題が厄介だったら，重心系で考えてみよ．

二つの同一粒子の衝突よりも複雑なものを取り扱うときも，やはり，($\boldsymbol{p}_{\text{tot}} = 0$ である) 重心系は有用な系だ．というのも，この系では運動量保存があきらかで，事象の前後で運動量ゼロだ．しかし，つねに重心系が存在するのか読者は疑問に思うかもしれない．いい換えると，質量 m_1, m_2, m_3, $\cdots$, と速度 $\boldsymbol{v}_1$, $\boldsymbol{v}_2$, $\boldsymbol{v}_3$, $\cdots$, をもつ無数の粒子があったとき，それらの（3元ベクトル）運動量の総和がゼロになるような慣性系は必ず存在するのだろうか．答えはイエスだ．そのような系の速度を求め，その速度が c 未満であることにより，それを証明する．実験室系 (S) におけるエネルギーと運動量の総和は

$$E_{\text{tot}} = \sum_i \gamma_i m_i c^2, \qquad \boldsymbol{p}_{\text{tot}} = \sum_i \gamma m_i \boldsymbol{v}_i \tag{3.52}$$

である．p_{tot}^μ は4元ベクトルなので，速さ v で $\boldsymbol{p}_{\text{tot}}$ の方向に動いている系 S' での運動量を求めるために，ローレンツ変換を使うことができ，

$$|\boldsymbol{p}'_{\text{tot}}| = \gamma \left(\boldsymbol{p}_{\text{tot}} - \beta \frac{E_{\text{tot}}}{c} \right)$$

となる．とくに，v が

$$\frac{v}{c} = \frac{|\boldsymbol{p}_{\text{tot}}| c}{E_{\text{tot}}} = \frac{|\sum_i \gamma m_i \boldsymbol{v}_i|}{\sum_i \gamma m_i c}$$

となるように選ぶと，上記の運動量はゼロになる．さて，複数の3元ベクトルの和の大きさは，それぞれの大きさの和を越えることはできないので（この幾何学的にあきらかな事実は「三角不等式」として知られている），

$$\frac{v}{c} \leq \frac{\sum \gamma_i m_i (v_i/c)}{\sum \gamma_i m_i}$$

であり，$v_i < c$ なので，$v < c$ であることが確実である[*12]．よって，重心系はつねに存在し，その系の実験室系に対する相対速度は

[*12] 証明するための作戦として，粒子のうち少なくとも一つは質量をもつことを仮定している．もし粒子すべてに質量がないと，$v = c$ になってしまい，重心系が存在しない．たとえば，単独の光子に対しては重心系は存在しない．

図 3.7 実験の二つの配置. (a) 衝突型, (b) 固定標的

$$\boldsymbol{v}_{\mathrm{CM}} = \frac{\boldsymbol{p}_{\mathrm{tot}} c^2}{E_{\mathrm{tot}}} \tag{3.53}$$

で与えられる．

$p\bar{p}$ 対を生成するには陽子の静止エネルギーの 6 倍の入射運動エネルギーが必要だという，例題 3.4 の答えを振り返ると奇妙に感じるかもしれない．結局のところ，新たな静止エネルギーとして $2mc^2$ しか生成されていない．この例は，静止標的での散乱の非効率を如実に示している．運動量保存により，たくさんのエネルギーが終状態の運動エネルギーとして浪費されてしまうのだ．動いている二つの陽子を互いにぶつけて，実験室系を重心系にしてしまうことができたと考えてみよう．すると，それぞれの陽子には mc^2 の運動エネルギーがあれば十分で，固定標的実験で必要なエネルギーの 1/6 で済む．これを実現するために，1970 年代初頭に衝突型加速器（コライダー）が開発された（図 3.7）．今日では，高エネルギー物理用の新しい加速器のほぼすべてがコライダーである．

例題 3.5 それぞれ質量 m，運動エネルギー T の二つの同種粒子が正面衝突する場合を考えよう．それらの相対論的な運動エネルギー T'（すなわち，片方の粒子の静止系における，もう一方の粒子の運動エネルギー）はどれだけか．

答え：いろいろなやり方がある．簡単なのは，重心系と実験室系における 4 元ベクトルを書き下し，

$$p^\mu_{\mathrm{tot}} = \left(\frac{2E}{c}, \boldsymbol{0}\right), \qquad p^\mu_{\mathrm{tot}}{}' = \left(\frac{E' + mc^2}{c}, \boldsymbol{p}'\right)$$

$(p_{\mathrm{tot}})^2 = (p_{\mathrm{tot}}')^2$ と置くと

$$\left(\frac{2E}{c}\right)^2 = \left(\frac{E' + mc^2}{c}\right)^2 - \boldsymbol{p}'^2$$

を得る．式 (3.50) を使い $\boldsymbol{p}'$ を消去すると

$$2E^2 = mc^2(E' + mc^2)$$

となり，その答えを $T = E - mc^2$ と $T' = E' - mc^2$ で表すと

118　3　相対論的運動学

$$T' = 4T\left(1 + \frac{T}{2mc^2}\right) \tag{3.54}$$

を得る．古典的な解である $T' = 4T$ に，$T \ll mc^2$ の極限で一致する（古典的には，B の静止系では A は 2 倍の速度をもち，よって，重心系で見るよりも 4 倍多い運動エネルギーをもつ）．さて，係数 4 は確かに利益だが，（第 2 項から得る）相対論的な利益の方がはるかに大きい．実験室系での運動エネルギー 1 GeV の電子同士を衝突させると，相対論的な運動エネルギーは 4000 GeV にもなる！

参 考 書

[1] 特殊相対性理論には多くの優れた教科書がある．とくにすすめるのは，J. H. Smith: Introduction to Special Relativity (Dover, 1996). 魅力的な（しかし，非正統的な）アプローチであれば，(a) E. F. Taylor and J. A. Wheeler: Spacetime Physics, 2nd edn. (Freeman, 1992).
[2] もっと突き詰めるなら，標準的な参考文献は R. Hagedorn: Relativistic Kinematics (Benjamin, 1964).

問　題

3.1 式 (3.1) を x', y', z', t' を用いて x, y, z, t について解け．それが式 (3.3) になっていることを確認せよ．
3.2 (a) 式 (3.4) を導出せよ．
(b) 地上の時計（系 S）によると，街灯 A と B（4 km 離れている）は，正確に午後 8 時に点灯した．光速の 3/5 の速さで A から B に向かって移動する列車（系 S'）から見ると，どちらが先に点灯するだろうか．また，どれくらい後（秒単位）で，もう片方のライトが点灯しただろうか．[注意：相対性理論では，観測者が実際に見たもの（列車のどこにいたかに依存する）ではなく，光が観測者に届くまでの時間を補正した後，S' が何を観察したかについて考える．]
3.3 (a) 体積はどのように変換されるだろうか（静止系 S' で体積が V' の箱を考えると，速度 v で移動している系 S から見るときの体積はどうなるだろうか）．
(b) 密度 ρ はどのように変換されるだろうか（静止系 S' で単位体積あたり ρ' 個の分子があるとき，系 S から見たら，単位体積あたり何個の分子があるだろうか）．
3.4 宇宙線のミュー粒子は大気の高い場所（たとえば，8000 m）で生成される．そして光速に非常に近い速度（たとえば，$0.998\,c$）で移動する．
(a) ミュー粒子の寿命が $(2.2 \times 10^{-6}$ 秒）与えられているとき，相対性理論を考慮しない場合，ミュー粒子は崩壊する前にどのくらいの距離を動けるだろうか．ミュー粒子は地表まで届くだろうか．
(b) 相対性理論を考慮した場合，前問はどうなるだろうか（時間の遅れのために，ミュー粒子は長く生き，遠くまで到達する）．
(c) パイ中間子も大気の高いところで生成される．順序としては，（宇宙からの）陽子と（大気中の）陽子の衝突 → $p + p +$ パイオンとなる．パイ中間子はこのときミュー粒子に崩壊する．$\pi^- \to \mu^- + \bar{\nu}_\mu$; $\pi^+ \to \mu^+ + \nu_\mu$. しかし，パイ中間子の寿命は非常に短い（$2.6 \times 10^{-8}$

秒). パイ中間子の速度を同じ (0.998 c) だと仮定した場合, 地表に届くだろうか.
3.5 単一のビームエネルギーをもつミュー粒子の半分が最初の 600 m で崩壊する. どれくらいの速さだろうか.
3.6 無法者が $(3/4)c$ になる車で逃走し, 警官は速度 $(1/2)c$ にしかならない追跡車から弾丸を発射した. 弾丸の銃口速度 (銃に対する速度) は $(1/3)c$ であるとすると, 弾丸は目標に到達するだろうか.
  (a) 相対性理論を考慮しない場合ではどうか.
  (b) 相対性理論ではどうか.

3.7 式 (3.12) を反転する行列 $M : x^\mu = M^\mu_\nu x'^\nu$ を (式 (3.3) を用いて) 求めよ. M は Λ の逆行列であり, $\Lambda M = 1$ となることを示せ.
3.8 (式 (3.13) の) 量 I がローレンツ変換 (式 (3.8)) のもとで不変であることを示せ.
3.9 与えられた二つの 4 元ベクトル $a^\mu = (3, 4, 1, 2)$ と $b^\mu = (5, 0, 3, 4)$ を用いて a_μ, b_μ, $\boldsymbol{a}^2$, $\boldsymbol{b}^2$, $\boldsymbol{a} \cdot \boldsymbol{b}$, a^2, b^2, $a \cdot b$ を求めよ. また, a^μ と b^μ は時間的ベクトル, 空間的ベクトル, もしくは光子的ベクトルのどれだろうか.
3.10 添字を交換しても同じ ($s^{\nu\mu} = s^{\mu\nu}$) であった場合, この 2 階のテンソルは対称という. 交換すると符号が変わるもの ($a^{\nu\mu} = -a^{\mu\nu}$) を反対称という.
  (a) 対称なテンソルにはいくつの独立した成分が存在するだろうか ($s^{12} = s^{21}$ なので, これらは一つの独立成分として数える).
  (b) 反対称テンソルにはいくつの独立した成分が存在するだろうか.
  (c) 対称性はローレンツ変換のもとで保存されている. すなわち, $s^{\mu\nu}$ が対称ならば $s^{\mu\nu\prime}$ も対称であることを示せ. 反対称の場合はどうだろうか.
  (d) $s^{\mu\nu}$ が対称であれば $s_{\mu\nu}$ も対称であることを示せ. $a^{\mu\nu}$ が反対称の場合 $a_{\mu\nu}$ も反対称であることを示せ.
  (e) $s^{\mu\nu}$ が対称で, $a^{\mu\nu}$ が反対称性とした場合, $s^{\mu\nu} a_{\mu\nu} = 0$ が成り立つことを証明せよ.
  (f) 任意の 2 階のテンソル ($t^{\mu\nu}$) が反対称テンソル ($a^{\mu\nu}$) と対称テンソル ($s^{\mu\nu}$) の和で表すことができることを示せ. $t^{\mu\nu}$ を与えて, $s^{\mu\nu}$ と $a^{\mu\nu}$ を明示的に構成すること.
3.11 x 方向に速度 $(3/5)c$ で移動する粒子がある. 固有速度 η^μ を求めよ (4 成分すべて).
3.12 粒子 A (4 元運動量 p^μ_A) と粒子 B (4 元運動量 p^μ_B) が衝突し, 粒子 C (p^μ_C) と粒子 D (p^μ_D) が生成される場合を考える. (相対論的) エネルギーと運動量は, 系 S において保存されると仮定する ($p^\mu_A + p^\mu_B = p^\mu_C + p^\mu_D$). ローレンツ変換 (式 (3.12)) を用いた系 S' でも, エネルギーと運動量は保存されるか確かめよ.
3.13 質量 m をもつ (実) 粒子の p^μ は, 時間的ベクトル, 空間的ベクトル, 光子的ベクトルのどれか. また, 質量のない粒子, 仮想粒子ではどうか.
3.14 高温の芋は低温なものよりどれほど重いだろうか (kg で表せ).
3.15 速度 v のパイ中間子はミュー粒子とニュートリノに崩壊する ($\pi^- \to \mu^- + \bar{\nu}_\mu$). もしニュートリノが元々のパイ中間子の方向から $90°$ ずれた角度に出現したとすると, ミュー粒子はどの角度に放出されるだろうか. [答え: $\tan\theta = (1 - m^2_\mu/m^2_\pi)/(2\beta\gamma^2)$]
3.16 粒子 A (エネルギー E) を粒子 B (静止している) にぶつけると, 粒子 $C_1, C_2, \dots$ が生成される: $A + B \to C_1 + C_2 + \cdots + C_n$. 種々の粒子の質量を用いて, この反応のしきい値 (つまり, 最低エネルギー E) を求めよ.

$$\left[答え: \frac{M^2 - m_A^2 - m_B^2}{2m_B} c^2, \quad M \equiv m_1 + m_2 + \cdots + m_n \right]$$

3.17 問題 3.16 の結果を用いて，以下の反応のエネルギーしきい値を求めよ．ここで，標的の陽子は静止していると仮定する[*13]．

(a) $p + p \to p + p + \pi^0$
(b) $p + p \to p + p + \pi^+ + \pi^-$
(c) $\pi^- + p \to p + \bar{p} + n$
(d) $\pi^- + p \to K^0 + \Sigma^0$
(e) $p + p \to p + \Sigma^+ + K^0$

3.18 初めて人工的につくられた Ω^- （図 1.9）は固定された水素原子に高エネルギーの陽子を照射して $K^+ K^-$ 対を生成することによって得られた（$p + p \to p + p + K^+ + K^-$）．$K^-$ は次に別の静止陽子と $K^- + p \to \Omega^- + K^0 + K^+$ のように反応する．このような過程で Ω^- をつくるために必要な（入射陽子の）最小の運動エネルギーの値を求めよ（ゲルマンは，この実験が実現可能かどうか計算したに違いない）．

3.19 静止した粒子 A が粒子 B と C に崩壊したとする（$A \to B + C$）．
(a) 各々の粒子の質量を用いて放出する粒子のエネルギーを求めよ．

$$\left[答え: E_B = \frac{m_A^2 + m_B^2 - m_C^2}{2m_A} c^2 \right]$$

(b) 放出する粒子の運動量の大きさを求めよ．

$$\left[\begin{array}{l} 答え: |\boldsymbol{p}_B| = |\boldsymbol{p}_C| = \dfrac{\sqrt{\lambda(m_A^2, m_B^2, m_C^2)}}{2m_A c} \\ ここでは \lambda は，いわゆる三角形関数である \\ \lambda(x, y, z) \equiv x^2 + y^2 + z^2 - 2xy - 2xz - 2yz \end{array} \right]$$

(c) $\lambda(a^2, b^2, c^2) = (a + b + c)(a + b - c)(a - b + c)(a - b - c)$ という係数に注意せよ．$|\boldsymbol{p}_B|$ は $m_A = m_B + m_C$ のときゼロになり，$m_A < (m_B + m_C)$ のとき虚数になる．このことを説明せよ．

3.20 問題 3.19 の結果を用いて，以下の反応の各々の崩壊生成物の重心エネルギーを求めよ（脚注 *13 を参照）．

(a) $\pi^- \to \mu^- + \bar{\nu}_\mu$
(b) $\pi^0 \to \gamma + \gamma$
(c) $K^+ \to \pi^+ + \pi^0$
(d) $\Lambda \to p + \pi^-$
(e) $\Omega^- \to \Lambda + K^-$

3.21 静止したパイ中間子はミュー粒子とニュートリノに崩壊する（$\pi^- \to \mu^- + \bar{\nu}_\mu$）．平均して，ミュー粒子は崩壊するまでに（真空中で）どれだけ移動できるか．[答え：$d = [(m_\pi^2 - m_\mu^2)/(2m_\pi m_\mu)] c\tau = 186$ m]

3.22 静止した粒子 A は三つ以上の粒子に崩壊する．$A \to B + C + D + \cdots$．
(a) 各々の粒子の質量を用いて，このような崩壊で粒子 B がもてる最大エネルギーと最低エネルギーを決定せよ．

[*13] 注意：Particle Physics Booklet（その他のほとんどの情報源）の粒子の質量は MeV で示されている．たとえば，ミュー粒子の質量は 105.658 MeV である．これらが意味することは，もちろん，ミュー粒子の静止エネルギーは $m_\mu c^2 = 105.658$ MeV，または $m_\mu = 105.658$ MeV/c^2 である．どの値を入れる前にも質量を静止エネルギーに変換するのが安全だ．この場合では，たとえば，分母と分子に c^2 を掛けることで $E_{\min} = [(Mc^2)^2 - (m_A c^2)^2 - (m_B c^2)^2]/2(m_B c^2)$ が得られる．

(b) ミュー粒子の崩壊 $\mu^- \to e^- + \bar{\nu}_e + \nu_\mu$ により生成される電子の最大エネルギーと最小エネルギーを求めよ．

3.23 (a) 速度 u の粒子が静止している同じ粒子に近づいているとする．これを重心系で見た場合の各粒子の速度 (v) を求めよ（古典的であれば，当然，速度はたんに $u/2$ となる）．
［答え：$(c^2/u)(1 - \sqrt{1-u^2/c^2})$］

(b) $\gamma \equiv 1/\sqrt{1-v^2/c^2}$ を $\gamma' \equiv 1/\sqrt{1-u^2/c^2}$ を用いて表せ．［答え：$\sqrt{(\gamma'+1)/2}$］

(c) (b) の結果を用いて重心系の各粒子の運動エネルギーを求めよ．そして式 (3.54) を再導出せよ．

3.24 $A + B \to A + C_1 + C_2 + \cdots$ （粒子 A が粒子 B を散乱させて粒子 $C_1, C_2, \cdots$ を生成する）のようなタイプの反応は実験室系（B は静止）および重心系（$\boldsymbol{p}_{\mathrm{tot}} = 0$）に加えて有用な別の慣性系が存在する．それは「ブライト」系，あるいは「れんがの壁」系とよばれ，A がれんがの壁で跳ね返るように，その勢いが反転する（$\boldsymbol{p}_{\mathrm{after}} = -\boldsymbol{p}_{\mathrm{before}}$）系である．弾性散乱（$A+B \to A+B$）の場合を考える．重心系で粒子 A がエネルギー E を運び，角度 θ で散乱する場合，ブライト系でエネルギーはどのくらいか．また，重心系に対するブライト系の速度（大きさと方向）を求めよ．

3.25 二体散乱 $A + B \to C + D$ について，マンデルスタム変数を導入すると扱いやすくなる．

$$s \equiv (p_A + p_B)^2/c^2$$
$$t \equiv (p_A - p_C)^2/c^2$$
$$u \equiv (p_A - p_D)^2/c^2$$

(a) $s + t + u = m_A^2 + m_B^2 + m_C^2 + m_D^2$ を示せ．マンデルスタム変数の理論的美点は，それらがローレンツ不変量であり，任意の慣性系において同じ値であることだ．しかし実験的には，より扱いやすいパラメーターはエネルギーと散乱角である．

(b) A の重心エネルギーをマンデルスタム変数 s, t, u と質量を用いて計算せよ．［答え：$E_A^{\mathrm{CM}} = (s + m_A^2 - m_B^2)c^2/2\sqrt{s}$］

(c) A の実験室系のエネルギー（B は静止）を求めよ．［答え：$E_A^{\mathrm{lab}} = (s - m_A^2 - m_B^2)c^2/2m_B$］

(d) 全体の重心系エネルギーを求めよ．（$E_{\mathrm{tot}} = E_A + E_B = E_C + E_D$）［答え：$E_{\mathrm{tot}}^{\mathrm{CM}} = \sqrt{s}\,c^2$］

3.26 同じ粒子の弾性散乱（$A + A \to A + A$）のマンデルスタム変数（問題 3.25）は

$$s = 4(\boldsymbol{p}^2 + m^2 c^2)/c^2$$
$$t = -2\boldsymbol{p}^2(1 - \cos\theta)/c^2$$
$$u = -2\boldsymbol{p}^2(1 + \cos\theta)/c^2$$

となることを示せ．このとき $\boldsymbol{p}$ は重心系での入射粒子の運動量で θ は散乱角である．

3.27 コンプトン散乱の運動を計算する．波長 λ の光子が質量 m の荷電粒子と弾性的に衝突する．光子が角度 θ で散乱する場合，散乱された光子の波長 λ' を求めよ．［答え：$\lambda' = \lambda + (h/mc)(1 - \cos\theta)$］

4
対称性

　素粒子物理学では対称性が重要な役割を果たす．というのも，一つには保存則との関連から，そしてもう一つには，運動の理論がまだ完全になっていないときでも，対称性を利用することで何らかの知見を得られるからだ．この章の最初の節では，対称性の数学的描写（群論）に関する一般論と，対称性と保存則（ネーターの定理）を取り扱う．そして次に，回転対称性と角運動量およびスピンとの関連を取り上げる．これにより，アイソスピン，$SU(3)$，そしてフレーバー $SU(6)$ などの「内部」対称性へつながる．最後に，パリティ，荷電共役，そして時間反転などの，「離散」対称性について考える．後の章で多く使うようになるスピンの理論（4.2節）と，第9章の有用な背景であるパリティに関する4.1節の記述を除いては，読者の好みにより，この章は表面だけを軽く流してもよい（あるいは，深くやってもよい）．私のおすすめは，この段階ではさらっとやり，後で必要になったら特定の節に戻ってくるというものだ．行列理論は多少わかっているものとしている．量子力学に慣れている読者にとっては，角運動量の節はやさしい概念だろう（量子力学をやっていない人にとっては，まったくわからないかもしれない．そのときは，量子力学の初歩的な教科書の対応する章を勉強しよう）．群論については，あきれるほど大雑把に触れている（おもな目的は標準的な用語を紹介することである）ので，素粒子物理学を学ぼうとする真面目な学生は，この話題については，この後にはるかに詳しく勉強する計画を立てるべきだ．

4.1　対称性，群，保存則

　図 4.1 のグラフを見てほしい．$f(x)$ の関数形を教えるつもりはないが，これが，$f(-x) = -f(x)$ という奇関数であることはあきらかだ（もし信じられないならば，その曲線を写し取り，その写しとったものを 180° 回転し，それが元の線と完全に一致することを確かめよ）．これからわかるのは，たとえば，

124　4　対　称　性

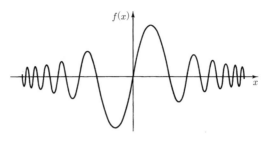

図 4.1　奇関数

$$|f(-x)|^6 = |f(x)|^6, \quad \int_{-3}^{3} f(x)dx = 0,$$
$$\left.\frac{df}{dx}\right|_{+2} = \left.\frac{df}{dx}\right|_{-2}, \quad \int_{-7}^{+7} [f(x)]^2 dx = 2\int_{0}^{+7} [f(x)]^2 dx \quad (4.1)$$

ということだったり，$f(x)$ のフーリエ展開にはコサインは現れないということだったり，その関数のテイラー展開は x の奇数べき乗項しかもたないことだったりする．実際，たとえその関数形を知らなくても，その関数がもっている特定の対称性（いまの場合，奇関数ということ）から，$f(x)$ について非常に多くのことを導き出すことができる．物理では，直観や普遍的な原理が，対称性を示唆することがあり，その対称性を体系的に使うことがきわめて強力な武器になる[*1]．

　物理における対称性で最もインパクトがあるのは，結晶だと思う．しかし，運動における動的な対称性と違い，形状における静的な対称性にはいまはそれほど興味がない．古代のギリシャ人は，自然の中に現れる対称性は物体の動きに直接反映されるはずだと信じていたらしい．星は円軌道を描かなければならない．なぜなら，円が最も対称的な軌道だからだ．もちろん，惑星は円軌道を描かず，人々を困惑させた（対称性に関する単純な直観が実測と一致しなかったのはこれが最後ではなかった）．ニュートンは，根源的な対称性は個々の物体の運動に現れるのではなく，可能な運動のすべての組み合わせに現れるということ，つまり，対称性は運動方程式に見出されるのであり，運動方程式の個々の解に見出されるのはないということを認識していた．たとえば，ニュートンの万有引力の法則は，球対称であるが（力はすべての方向で同じで

[*1] ある意味，対称性に訴えかけるということは，理論が不完全であることの特徴である．たとえば，もし $f(x)$ の関数形が，$f(x) = e^{-x^2}\sin(x^3)$ というように明示的にわかったとしたら，式 (4.1) の法則は輝きを失ってしまう．すべてを知っているときには，部分的な情報を気にする必要はない．しかし，たとえ成熟した理論であったとしても，対称性を考察することでより深い理解に到達したり，計算を簡略化することができる．たとえば，$f(x)$ を -3 から 3 まで積分せよといわれたら，たとえ $f(x)$ の関数形を知っていたとしても，$f(x)$ が奇関数だということに注目するはずだ．

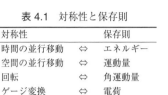

表 4.1　対称性と保存則

対称性		保存則
時間の並行移動	⇔	エネルギー
空間の並行移動	⇔	運動量
回転	⇔	角運動量
ゲージ変換	⇔	電荷

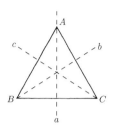

図 4.2　正三角形の対称性

ある），惑星軌道は楕円になってしまう．それゆえ，われわれは，その系に横たわっている対称性を間接的に認知できるだけである．実際，太陽の重力場が球対称で「なければならない」ということを知らなかったとしたら，観測されている惑星軌道がどのようなものかをどうやって発見すればよいのか悩む．

1917年になるまで，対称性が力学的に示唆している内容は完全には理解されていなかった．その年，エミー・ネーターが対称性と保存則とを結びつける有名な論文を発表した．

ネーターの定理：対称性 ⟺ 保存則

自然界のあらゆる対称性が保存則を生み出し，逆に，あらゆる保存則は背後にある対称性を反映している．たとえば，物理法則は時間の平行移動に関して対称的である（それらが昨日正しかったら，今日も同じく正しい）．ネーターの定理はこの不変性をエネルギー保存と関係づける．もし，ある系が空間における平行移動で不変であれば，運動量が保存している．もし，ある一点における回転のもとで対称であるなら，角運動量が保存している．同様に，ゲージ変換のもとで電気力学が不変なことから，電荷保存則が導かれる（時空間の対称性とは対照的に，これを内部対称性とよぶ）．ネーターの定理を証明することはしない．詳細はあまり啓発的ではないのだ [1]．重要なのは，対称性が保存則と関係づけられるという深遠，かつ美しいアイデアである（表 4.1）．

これまでは系統立てずになんとなく対称性について語ってきたし，いくつかの例も取り上げた．しかし，正確には対称性とは何であろうか．それは，ある系に対して（少なくとも概念的に）何らかの操作を行ってもその系が変化しないことである．つまり，何らかの操作の後，元の状況と区別できないことだ．図 4.1 の関数の場合，引数 x の符号を $-x$ と変え，かつ，全体に -1 を乗じる操作 $f(x) \to -f(-x)$ は対称な操作である．より内容の充実した例として，正三角形を考えてみよう（図 4.2）．この三角形

は，時計回りの 120° の回転（R_+）や反時計回りの 120° の回転（R_-），垂直な軸 a でひっくり返す操作（R_a），あるいは軸 b（R_b）や軸 c（R_c）でひっくり返す操作で，元のかたちに戻る．それで全部だろうか．何にもしないこと（I）もあきらかにかたちを変えないので，あまりにも当たり前とはいえ，これも対称操作である．そして，たとえば，240° 時計回りに回すように，これらの操作を組み合わせることができるかもしれない．しかしこれは反時計周りの 120° の回転と同じだ（すなわち $R_+^2 = R_-$）．後でわかるように，正三角形に対する識別可能なあらゆる対称操作をすでに同定している（問題 4.1）．

（ある特定の系における）あらゆる対称操作の一群は以下の特徴をもつ．

1. 閉じていること：もし R_i と R_j がその一群に含まれているなら，それらの積（最初に R_j を行い，その次に R_i を行うという操作[*2]）もまた群に含まれる．つまり，$R_i R_j = R_k$ となるような R_k が存在することになる．
2. 単位元の存在：あらゆる要素 R_i に対して，$I R_i = R_i I = R_i$ となるような元 I が存在する．
3. 逆元の存在：あらゆる要素 R_i に対して，$R_i R_i^{-1} = R_i^{-1} R_i = I$ となる逆元 R_i^{-1} が存在する．
4. 結合法則：$R_i(R_j R_k) = (R_i R_j) R_k$ が成り立つ．

これらは，数学の「群」を定義する特徴である．実際に，群論は対称性の系統だった研究とみなしてもよい．一般に，群の元は可換ではないこと，$R_i R_j \neq R_j R_i$ に注意しよう．もしすべての要素が可換なら，その群はアーベル群とよばれる．時空間の移動に関する操作はアーベル群を形成するが，（3 次元空間における）回転操作はアーベル群にならない [2]．群は，（たんに 6 個の要素をもつ三角形の群のように）有限か，（たとえば，整数全体が足し算による「加法」に対して群をつくるように）無限かのどちらかだ．われわれは，（平面上のあらゆる回転群のように）元が一つあるいは複数の連続的な変数[*3]（この場合，回転角）による連続群と，元が整数のみの識別子でラベルづけされるような不連続群（すべての有限群はもちろん不連続だ）とを見ていく．

後にわかるように，物理で興味のあるほとんどの群は行列の群として定式化できる．たとえば，ローレンツ群は，3 章で導入された，4 行 4 列の Λ 行列からなっている．素粒

[*2] 順番が逆になっていることに注意せよ．対称操作は系の右側から作用すると考えよう．つまり，$R_i R_j (\Delta) = R_i [R_j(\Delta)]$ となる．R_j が最初に作用し，次に，その結果に R_i が作用する．

[*3] この依存性が解析的な関数系に従う場合，リー群とよばれる．物理で出合う連続群のすべてはリー群である [3]．

表 4.2　重要な対称群

群の名前	次元	行列
$U(n)$	$n \times n$	ユニタリー（$U^T U = 1$）
$SU(n)$	$n \times n$	ユニタリー，かつ行列式 $= 1$
$O(n)$	$n \times n$	直交（$O^T O = 1$）
$SO(n)$	$n \times n$	直交，かつ行列式 $= 1$

子物理学では，最もよく使われる群は数学者が $U(n)$ とよぶものである．$U(n)$ とは，n 行 n 列のすべてのユニタリー行列の集合である（表 4.2），（ユニタリー行列とは，その逆行列が複素転置行列と等しいもの，すなわち $U^{-1} = U^T$ である）．もし，行列式が 1 のユニタリー行列に話を限ると，その群は $SU(n)$ とよばれる．（S は「特別（special）」の S であり，たんに「行列式 $= 1$」を意味する．）もし，実ユニタリー行列に話を限ると，その群は $O(n)$ となる．（O は「直交（orthogonal）」の O であり，直交行列とはその逆行列が転置行列と等しいもの，つまり，$O^{-1} = O^T$ である．）そして最後に，$n \times n$ の実直交行列で行列式が 1 に等しい群は $SO(n)$ である．$SO(n)$ は，n 次元空間におけるあらゆる回転を表現する群とみなしてもよい．ゆえに，$SO(3)$ は，われわれの住む世界の回転対称性を表現する．この対称性はネーターの定理によって角運動量保存と関係づけられる．実際，角運動量の量子理論全体は本当に群論に近い．たまたまではあるが，数学的な構造に関しては $SO(3)$ は，素粒子物理学上最も重要な内部対称性である $SU(2)$ とほぼ等しい．なので，次節以降でみるように，角運動量の理論は二つの役目を果たす．

　最後にもう一つ．あらゆる群 G は，行列群によって表現される．そしてそのすべての群の元 a に対して，対応する行列 M_a が存在する．その対応関係においては，$ab = c$ なら $M_a M_b = M_c$ という意味において，群の掛け算を保存しなければならない．群の表現は必ずしも「忠実」でなくてもよい．同じ行列によって表現される，別の群の多くの元が存在する（数学的には，行列群は G に対して準同形ではあるが，必ずしも同形である必要はない）．実際，1×1 の単位行列（つまり数字の 1 だ）によって表現されるという，あきらかなケースがある．もし G が，$SU(6)$ あるいは $O(18)$ のような行列の群のときは，これは（あきらかに）自身の表現になっている．これを基本表現とよぶ．しかし，一般には，さまざまな次元の行列による別の表現が存在するだろう．たとえば，$SU(2)$ には，次元 1（あきらかなもの），次元 2（行列自身），次元 3，4，5，そして実際にはあらゆる正の整数次元がある．群論における主要な問題は，与えられた群のすべての表現の分類である．

　もちろん，二つの表現を組み合わせることでいつも新しい表現を構築することがで

$$M_a = \begin{bmatrix} M_a^{(1)} & (\text{ゼロ}) \\ (\text{ゼロ}) & M_a^{(2)} \end{bmatrix}$$

も可能だ．しかし，これを数えたりはしない．というのは，群の表現をリストにして整理する場合，対角行列のブロックに分解できない，いわゆる既約表現だけについて考える．実際のところ，たぶん実感せずに，すでにいくつかの群の表現の例に出合ってきた．普通のスカラーは回転群の1次元の表現に属しているし，$SO(3)$ とベクトルは3次元表現に属している．4元ベクトルはローレンツ群の4次元の表現に属しているし，ゲルマンの八道説の幾何学的に興味深い配置は $SU(3)$ 群の既約表現に対応している．

4.2 角運動量

地球は，その運動において，2種類の角運動量をもっている．太陽の周りの公転に伴う rmv の大きさをもつ軌道角運動量と，地軸を中心とした自転に伴う $I\omega$ のスピン角運動量だ．同じことが水素原子中の電子にもいえて，軌道角運動量とスピン角運動量の両方をもつ．この二つの運動量の違いは，巨視的に見た場合はあまり重要ではない．結局のところ，地球のスピン角運動量は，地球をつくっている岩や土すべての地軸周りの軌道角運動量の総和にすぎない．電子の場合は，この解釈はあまりよろしくない．われわれの知る限り，電子は真に点状の粒子であり，スピン角運動量を地軸周りに回転している構成物のせいにすることができない．それはたんに粒子がもつ固有の性質なのだ（問題 4.8）．

古典的には，軌道角運動量ベクトル $\boldsymbol{L} = \boldsymbol{r} \times m\boldsymbol{v}$ の三つすべての成分を，いかなる精度で測定することも可能で，これらの値はどんな値をも取り得る．しかし，量子力学では，三つの成分を同時に測定することは原理的に不可能だ．たとえば，L_x の測定は必然的に L_y の値を予期せぬ量だけ変化させてしまう．われわれができる最善は，一つの成分（慣例として z 成分である L_z とする）とともに，$\boldsymbol{L}$ の大きさを測定することだ（あるいは，その2乗，$L^2 = \boldsymbol{L} \cdot \boldsymbol{L}$）．さらに，これらの測定で得られるのは「許容される」値にすぎない[*4]．具体的には，（ちゃんとした）L^2 の測定は，つねに，

[*4] 角運動量に対する量子化法則を証明するつもりはない．もしここでの内容に触れたことがないのであれば，量子力学の教科書を読む方がよい．ここでやろうと提案しているすべては，後に必要となる本質的な結果のまとめである．

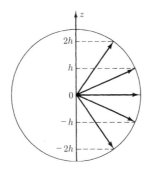

図 4.3　$l=2$ に対する，あり得る角運動量の方向

$$l(l+1)\hbar^2 \tag{4.2}$$

に従う数値になる．ここで，l は負ではない整数

$$l = 0, 1, 2, 3, \cdots \tag{4.3}$$

である．ある値 l に対して，L_z の測定はつねに

$$m_l \hbar \tag{4.4}$$

というかたちの値になる．ここで，m_l は $-l$ から $+l$ までの間の整数

$$m_l = -l, -l+1, \cdots, -1, 0, +1, \cdots, l-1, l \tag{4.5}$$

であり，$(2l+1)$ 通りの可能性がある．図 4.3 は，いまの状況を視覚化するのに役立つかもしれない．ここでは，$l=2$ なので $\boldsymbol{L}$ の大きさは $\sqrt{6}\hbar = 2.45$ になっている．L_z は，$2\hbar$，$\hbar$，0，$-\hbar$，$-2\hbar$ と仮定してよい．角運動量ベクトルは，完全には z の方向を向くことができないことに注意せよ．

同じことがスピン角運動量についてもいえる．$S^2 = \boldsymbol{S} \cdot \boldsymbol{S}$ の測定で得られる値は，

$$s(s+1)\hbar^2 \tag{4.6}$$

のかたちになっている．しかしスピンの場合は，量子数 s は，整数だけでなく半整数も取り得る．

$$s = 0, \frac{1}{2}, 1, \frac{3}{2}, 2, \frac{5}{2}, \cdots \tag{4.7}$$

ある値 s に対して，S_z の測定では

表 4.3 スピンによる粒子の分類

ボソン（スピン整数）		フェルミオン（スピン半整数）		
スピン 0	スピン 1	スピン 1/2	スピン 3/2	
−	力の媒介粒子	クォークとレプトン	−	← 素粒子
擬スカラー中間子	ベクトル中間子	バリオン八重項	バリオン十重項	← 複合粒子

$$m_s \hbar \tag{4.8}$$

というかたちの値を取る．ここで，m_s は（s が何であれ）$-s$ から s までの間の整数，あるいは半整数

$$m_s = -s, -s+1, \cdots, s-1, s \tag{4.9}$$

であり，$(2s+1)$ 通りの可能性がある．

さて，ある粒子に対してどのような軌道角運動量 l を割り振ることも可能だが，s はそれぞれの粒子の種類によって決まった値しかとれない．たとえば，あらゆるパイ中間子や K 中間子は $s = 0$ をもつし，あらゆる電子，陽子，中性子，そしてクォークは $s = 1/2$ をもつ．ρ や，ψ や，光子や，グルーオンは $s = 1$ だ．そして，Δ や Ω^- は $s = 3/2$ などとなる．s のことを「スピン」とよぶ．スピンが半整数の粒子はフェルミオンである．すべてのバリオン，レプトン，そしてクォークはフェルミオンだ．スピンが整数の粒子はボソンである．すべての中間子と力の媒介粒子はボソンだ（表 4.3）[*5]．

4.2.1 角運動量の足し算

角運動量の状態は，$|l \, m_l\rangle$ あるいは $|s \, m_s\rangle$ という「ケット」で表現される．よって，水素原子中の電子が，軌道 $|3 \, -1\rangle$，スピン $|1/2 \, 1/2\rangle$ の状態を占めている場合，$l = 3$，$m_l = -1$，$s = 1/2$（もちろんこれは必要はない．もし電子ならば s は $1/2$ でなければならない．），そして $m_s = 1/2$ という状態のことをいう．さて，スピンと軌道角運動量別々ではなく，合計の角運動量 $\boldsymbol{L} + \boldsymbol{S}$ の方に興味をもつ場合があるかもしれない（$\boldsymbol{L}$ と $\boldsymbol{S}$ の間に結合がある場合，地球と太陽の系では潮による結合，電子陽子系なら磁場による結合，保存するのは，$\boldsymbol{L}$ と $\boldsymbol{S}$ 個別ではなく，それらの和だ）．あるい

[*5]「フェルミオン」と「ボソン」という用語は，同一粒子の波動関数を合成する際のルールに基づいている．ボソンの波動関数は，いかなる 2 粒子の交換に対しても対称であり，フェルミオンの波動関数は反対称だ．この事実がフェルミオンがもつパウリの排他原理を説明し，それらの二つのタイプの粒子の統計力学における深遠な違いを引き起こす．「スピンと統計との接合」（すべてのフェルミオンが半整数のスピンをもち，すべてのボソンが整数のスピンをもつこと）は，場の量子論における意味深い定理である．

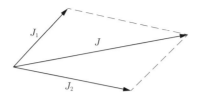

図 4.4　角運動量の合成

は，ψ 中間子を構成する二つのクォークについて考えるかもしれない．この場合，これから見ていくように，軌道角運動量はゼロだが，二つのクォークのスピンから ψ の合計のスピン $\boldsymbol{S} = \boldsymbol{S}_1 + \boldsymbol{S}_2$ を求めるという問題に直面する．しかしいずれの場合も，疑問が生じる．二つの角運動量をどのようにして足すのだろうか．*6

$$\boldsymbol{J} = \boldsymbol{J}_1 + \boldsymbol{J}_2 \tag{4.10}$$

古典的にはもちろん各成分をたんに足す．しかし量子力学では，3 成分すべてを扱うことができない．われわれに許されているのは，どれか 1 成分と大きさの扱いである．それゆえ，問題は以下になる．二つの状態 $|j_1 m_1\rangle$ と $|j_2 m_2\rangle$ を組み合わせると，どのような全角運動量状態 $|jm\rangle$ になるのだろうか．z 成分はこの場合も自然に足せるので

$$m = m_1 + m_2 \tag{4.11}$$

となるが，大きさはそうならない．大きさは，$\boldsymbol{J}_1$ と $\boldsymbol{J}_2$ の相対的な向きに依存する（図 4.4）．それが平行ならば大きさは足されるが，反平行だと引かれる．一般に，ベクトルの和の大きさは両極端の間の値を取る．つまり，$j_1 + j_2$ から $|j_1 - j_2|$ の整数間隔のすべての j になる [4]．

$$j = |j_1 - j_2|, |j_1 - j_2| + 1, \cdots, (j_1 + j_2) - 1, (j_1 + j_2) \tag{4.12}$$

たとえば，スピン 1 で軌道量子数 $l = 3$ の粒子は，全角運動量 $j = 4$（つまり，$J^2 = 20\hbar^2$），あるいは $j = 3$（$J^2 = 12\hbar^2$），あるいは $j = 2$（$J^2 = 6\hbar^2$）のどれかをもつ．

例題 4.1　クォークと反クォークは，軌道角運動量ゼロの束縛状態の中間子を形成することができる．この中間子が取り得る可能なスピンはいくつか．

---

*6 $\boldsymbol{J}$ という文字を，一般の角運動量を表すものとして使う．それは，軌道（$\boldsymbol{L}$）だったり，スピン（$\boldsymbol{S}$）だったり，あるいは何らかの合成量だったりする．

答え：クォークは（よって，反クォークも）スピン 1/2 をもつので，1/2 + 1/2 = 1 あるいは 1/2 − 1/2 = 0 となる．スピン 0 の組み合わせは「擬スカラー中間子」(π 三つ，K 四つ，η，η'）となる[*7]．「スカラー」はスピン 0 を意味し，「擬」の意味はこの後すぐに説明する．スピン 1 の組み合わせは「ベクトル」中間子（ρ 三つ，K^* 四つ，ϕ，ω）を形成する．「ベクトル」はスピン 1 を意味する．

角運動量三つを足すには，式 (4.12) を使ってまず最初の二つを合成し，その後もう一つを付け加える．ゆえに，例題 4.1 でクォークが軌道角運動量 $l > 0$ をもつことを許されると，スピン $l+1$, l, そして $l-1$ の中間子が存在できる．軌道量子数は整数でなければならないので，すべての中間子はスピンが整数となる（これらはボソンである）．同様に（クォーク三つからなる）バリオンすべては半整数のスピンをもたなければならない（これらはフェルミオンである）．

例題 4.2 三つのクォークを軌道角運動量ゼロの状態に組み上げることを想定しよう．結果として生まれるバリオンの可能なスピンはいくつか．

答え：それぞれスピン 1/2 のクォーク二つから，角運動量の合計は 1/2 + 1/2 = 1 あるいは 1/2 − 1/2 = 0 となる．これに三つ目のクォークを加えると，1 + 1/2 = 3/2 あるいは 1 − 1/2 = 1/2（最初の二つのクォークの足し算がスピン 1 になったとき）か，0 + 1/2 = 1/2（最初の二つのクォークの足し算がスピン 0 になったとき）になる．したがって，バリオンのスピンは 3/2 か 1/2 になる（後者は二つの違った方法で構成される）．実際には，$s = 3/2$ は十重項で，$s = 1/2$ は八重項で，あきらかに，クォーク模型だと $s = 1/2$ のもう一つ別の仲間が存在する（もしクォークが別のクォークの周りを回転することを許し，何らかの軌道角運動量をもったとすると，それに伴って可能な組み合わせの数は増える．しかし，角運動量のトータルはいつも半整数となるだろう）．

式 (4.12) を使えば，角運動量 j_1 と j_2 を組み合わせると，合計の角運動量 j がいくつになるかわかる．しかし，時として，$|j_1 m_1\rangle$ と $|j_2 m_2\rangle$ をある特定の合計角運動量 $|jm\rangle$ にあらわに分解することが必要になる．

$$|j_1 m_1\rangle |j_2 m_2\rangle = \sum_{j=|j_1-j_2|}^{(j_1+j_2)} C^{jj_1j_2}_{mm_1m_2} |jm\rangle, \qquad m = m_1 + m_2 \qquad (4.13)$$

$C^{jj_1j_2}_{mm_1m_2}$ の数値は，クレブシュ–ゴルダン係数として知られている．量子力学の上級者

[*7] 訳注：ここでは，u, d, s クォークのみを考えている．

		5/2									
2 × 1/2		+5/2	5/2	3/2							
+2	1/2	1	3/2	+3/2							
	+2	−1/2	1/5	4/5	5/2	3/2					
	+1	+1/2	4/5	−1/5	+1/2	+1/2					
			1	−1/2	2/5	3/5	5/2	3/2			
			0	+1/2	3/5	−2/5	−1/2	−1/2			
					0	−1/2	3/5	2/5	5/2	3/2	
					−1	+1/2	2/5	−3/5	−3/2	−3/2	
							−1	−1/2	4/5	1/5	5/2
							−2	+1/2	1/5	−4/5	−5/2
									−2	−1/2	1

図 4.5　$j_1 = 2$，$j_2 = 1/2$ に対するクレブシュ–ゴルダン係数（実際にはそれぞれの数の平方根）

向けの本にはこれらをどのように算出するかが説明してある．実際のところ，通常われわれはたんにその表の数を使う（Particle Physics Booklet に載っているし，$j_1 = 2$，$j_2 = 1/2$ の場合は図 4.5 に再掲してある）．二つの角運動量状態 $|j_1 m_1\rangle$ と $|j_2 m_2\rangle$ からなる系で J^2 を測定したときに，あらゆる特定の値 j に対して $j(j+1)\hbar^2$ を得る確率がクレブシュ–ゴルダン係数によってわかる．その確率は，対応するクレブシュ–ゴルダン係数の 2 乗である．

例題 4.3　水素原子中の電子は，軌道量子数 $|2\ {-1}\rangle$ とスピン量子数 $|1/2\ 1/2\rangle$ をもつ．もし J^2 を測定したとしたら，どのような値をもち得るか，またそれぞれの確率はどれだけか．

答え：可能な j の値は，$l + s = 2 + 1/2 = 5/2$ と $l - s = 2 - 1/2 = 3/2$ である．z 成分を足すと，$m = -1 + 1/2 = -1/2$ となる．$j_1 = 2$ と $j_2 = 1/2$ の合成を意味する $2 \times 1/2$ という表題のついているクレブシュ–ゴルダン係数（図 4.5）のところへ行き，$[-1\ 1/2]$ というラベルのある行を見る．これらが m_1 と m_2 の値である．書き込まれている二つを見ると $|2\ {-1}\rangle\,|1/2\ 1/2\rangle = \sqrt{2/5}\,|5/2\ {-1/2}\rangle - \sqrt{3/5}\,|3/2\ {-1/2}\rangle$ ということがわかる．よって，$j = 5/2$ となる確率は 2/5 で，$j = 3/2$ となる確率は 3/5 である．もちろん，そうなって当然であるが，それぞれの確率を足すと 1 になることに注意せよ．

例題 4.4 例題 4.1 から，二つのスピン 1/2 状態を合成すると，スピン 1 と 0 になることを知っている．これらの状態をクレブシュ–ゴルダンで分解せよ．

答え：$1/2 \times 1/2$ の表を参照すると，以下がわかる．

$$\begin{aligned}
\left|\frac{1}{2}\ \frac{1}{2}\right\rangle \left|\frac{1}{2}\ \frac{1}{2}\right\rangle &= |1\ 1\rangle \\
\left|\frac{1}{2}\ \frac{1}{2}\right\rangle \left|\frac{1}{2}\ -\frac{1}{2}\right\rangle &= \left(\frac{1}{\sqrt{2}}\right)|1\ 0\rangle + \left(\frac{1}{\sqrt{2}}\right)|0\ 0\rangle \\
\left|\frac{1}{2}\ -\frac{1}{2}\right\rangle \left|\frac{1}{2}\ \frac{1}{2}\right\rangle &= \left(\frac{1}{\sqrt{2}}\right)|1\ 0\rangle - \left(\frac{1}{\sqrt{2}}\right)|0\ 0\rangle \\
\left|\frac{1}{2}\ -\frac{1}{2}\right\rangle \left|\frac{1}{2}\ -\frac{1}{2}\right\rangle &= |1\ -1\rangle
\end{aligned} \quad (4.14)$$

ゆえに，三つのスピン 1 の状態は

$$\begin{aligned}
|1\ 1\rangle &= \left|\frac{1}{2}\ \frac{1}{2}\right\rangle \left|\frac{1}{2}\ \frac{1}{2}\right\rangle \\
|1\ 0\rangle &= \left(\frac{1}{\sqrt{2}}\right)\left[\left|\frac{1}{2}\ \frac{1}{2}\right\rangle \left|\frac{1}{2}\ -\frac{1}{2}\right\rangle + \left|\frac{1}{2}\ -\frac{1}{2}\right\rangle \left|\frac{1}{2}\ \frac{1}{2}\right\rangle\right] \\
|1\ -1\rangle &= \left|\frac{1}{2}\ -\frac{1}{2}\right\rangle \left|\frac{1}{2}\ -\frac{1}{2}\right\rangle
\end{aligned} \quad (4.15)$$

となり，一方，スピン 0 の状態は

$$|0\ 0\rangle = \left(\frac{1}{\sqrt{2}}\right)\left[\left|\frac{1}{2}\ \frac{1}{2}\right\rangle \left|\frac{1}{2}\ -\frac{1}{2}\right\rangle - \left|\frac{1}{2}\ -\frac{1}{2}\right\rangle \left|\frac{1}{2}\ \frac{1}{2}\right\rangle\right] \quad (4.16)$$

となる．ところで，式 (4.15) と (4.16) は，クレブシュ–ゴルダンの表から直接読み取ることもできる．係数はどちら向きでも成立する．

$$|jm\rangle = \sum_{j_1,j_2} C^{j j_1 j_2}_{m m_1 m_2} |j_1 m_1\rangle |j_2 m_2\rangle \quad (4.17)$$

今度は，行に沿ってではなく，列を下に読み取る．説明するまでもなく，スピン 1 の組み合わせは「三重項」とよばれ，スピン 0 の組み合わせは「一重項」とよばれる．後の参考としていうが，三重項は粒子の入れ替え $1 \leftrightarrow 2$ に対して対称である一方，一重項は反対称である（すなわち，符号を変える）ことに注意せよ．ちなみに，一重項ではスピンの向きが反対にそろっている（反平行）が，三重項では必ずしも平行というわけではない．$m = 1$ と $m = -1$ では平行だが，$m = 0$ では平行ではない．

4.2.2 スピン 1/2

スピンに関する系で最も重要なのは $s = 1/2$ だ.陽子,中性子,電子,すべてのクォーク,そしてすべてのレプトンがスピン 1/2 をもつ.さらに,いったん $s = 1/2$ での定式化を理解すれば,比較的簡単に他の場合も理解できる.そこで,ここで立ち止まってスピン 1/2 の理論を少し詳細に議論してみる.

スピン 1/2 の粒子は $m_s = 1/2$(「スピン・アップ」)か $m_s = -1/2$(「スピン・ダウン」)をもつ.簡単のために,これら二つの状態を↑と↓という矢印で表現する.しかし,よりよい表記法は,2 成分の列ベクトル,つまりスピノルによる表現だ.

$$\left|\frac{1}{2} \ \frac{1}{2}\right\rangle = \begin{pmatrix} 1 \\ 0 \end{pmatrix}, \quad \left|\frac{1}{2} \ -\frac{1}{2}\right\rangle = \begin{pmatrix} 0 \\ 1 \end{pmatrix} \tag{4.18}$$

スピン 1/2 の粒子は,アップかダウンという二つの状態のどちらかとしてしか存在できないとよくいわれるが,それは大きな間違いだ.スピン 1/2 の粒子の最も一般的な状態は,

$$\begin{pmatrix} \alpha \\ \beta \end{pmatrix} = \alpha \begin{pmatrix} 1 \\ 0 \end{pmatrix} + \beta \begin{pmatrix} 0 \\ 1 \end{pmatrix} \tag{4.19}$$

という線形結合である.ここで,α と β はそれぞれ複素数である.S_z の測定値が $+(1/2)\hbar$ か $-(1/2)\hbar$ にしかならないというのは真だが,たとえば,前者だからといって測定の前に状態が↑だったとは証明できない.一般的な場合(式 (4.19))を考えると,$|\alpha|^2$ は S_z の測定値が $+(1/2)\hbar$ になる確率で,$|\beta|^2$ は $-(1/2)\hbar$ になる確率である.これらのみが許される結果なので,

$$|\alpha|^2 + |\beta|^2 = 1 \tag{4.20}$$

ということである.この「規格化」条件を除いては,α と β に対して測定の前にいかなる制約もない.

さて,今度は式 (4.19) で与えられる一般的な状態にいる粒子の S_x あるいは S_y を測定することを考えてみよう.どのような結果を得て,それぞれはどれくらいの確率だろうか.対称性により,可能な値は $\pm(1/2)\hbar$ だ.結局のところ,最初に z の方向をどう選ぶかは完全に任意なのだ.しかし,確率を求めるのはそれほど単純ではない.**S** のそれぞれの成分に,2×2 の行列を対応させる[8].

---

[8] これらの行列の導き方は,どんな量子力学の教科書にも載っている.ここでの目的は,角運動量が素粒子物理学においてどのように扱われるかを示すことで,なぜこのようになるかではない.

$$\hat{S}_x = \frac{\hbar}{2}\begin{pmatrix} 0 & 1 \\ 1 & 0 \end{pmatrix}, \qquad \hat{S}_y = \frac{\hbar}{2}\begin{pmatrix} 0 & -i \\ i & 0 \end{pmatrix}, \qquad \hat{S}_z = \frac{\hbar}{2}\begin{pmatrix} 1 & 0 \\ 0 & -1 \end{pmatrix} \qquad (4.21)$$

$\hat{S}_x$ の固有値は $\pm\hbar/2$ で,それに対応する規格化された固有ベクトルは[*9]

$$\chi_\pm = \begin{pmatrix} 1/\sqrt{2} \\ \pm 1/\sqrt{2} \end{pmatrix} \qquad (4.22)$$

である(問題 4.15).任意のスピノル $\begin{pmatrix} \alpha \\ \beta \end{pmatrix}$ は,これらの固有ベクトルの線形結合として書くことができる.

$$\begin{pmatrix} \alpha \\ \beta \end{pmatrix} = a \begin{pmatrix} 1/\sqrt{2} \\ 1/\sqrt{2} \end{pmatrix} + b \begin{pmatrix} 1/\sqrt{2} \\ -1/\sqrt{2} \end{pmatrix} \qquad (4.23)$$

ここで,

$$a = (1/\sqrt{2})[\alpha + \beta]; \qquad b = (1/\sqrt{2})[\alpha - \beta] \qquad (4.24)$$

である.S_x の測定値が $(1/2)\hbar$ になる確率が $|a|^2$ で,$-(1/2)\hbar$ になる確率が $|b|^2$ である.あきらかに $|a|^2 + |b|^2 = 1$ となっている(問題 4.16).

ある特定の例を見てきたが,一般化した手順は以下である.

1. 問題となっている観測量 A を表す行列 $\hat{A}$ をつくる.
2. A の取り得る値は $\hat{A}$ の固有値である.
3. $\hat{A}$ の固有ベクトルの線形結合で,系の状態を書く.i 番目の固有ベクトルの係数の絶対値の 2 乗が,A の測定値が i 番目の固有値となる確率である.

[*9] $n \times n$ のある行列 M に対して,ある数値 λ(固有値)が

$$M\chi = \lambda\chi$$

を満たすとき,ゼロでない列ベクトル

$$\chi = \begin{pmatrix} a_1 \\ a_2 \\ \cdot \\ \cdot \\ \cdot \\ a_n \end{pmatrix}$$

を固有ベクトルとよぶ.χ を何倍しても同じ固有値に対する固有ベクトルのままであることに注意.

例題 4.5 状態 $\begin{pmatrix} \alpha \\ \beta \end{pmatrix}$ にいる粒子の $(S_x)^2$ を測定すると仮定しよう．どのような測定値になるか，また，それぞれになる確率はどれだけか．

答え： $(S_x)^2$ で表される行列は，S_x で表される行列の 2 乗

$$\hat{S}_x^2 = \frac{\hbar^2}{4}\begin{pmatrix} 1 & 0 \\ 0 & 1 \end{pmatrix} \tag{4.25}$$

である．

$$\frac{\hbar^2}{4}\begin{pmatrix} 1 & 0 \\ 0 & 1 \end{pmatrix}\begin{pmatrix} \alpha \\ \beta \end{pmatrix} = \frac{\hbar^2}{4}\begin{pmatrix} \alpha \\ \beta \end{pmatrix}$$

なので，すべてのスピノルが固有値 $\hbar^2/4$ をもち，$\hat{S}_x^2$ の固有ベクトルになっている．ゆえに，$\hbar^2/4$ が確実に測定値となる（確率は 1）．同じことが $\hat{S}_y^2$ と $\hat{S}_z^2$ にもいえて，すべてのスピノルは固有値 $3\hbar^2/4$ をもち，$\hat{S}^2 = \hat{S}_x^2 + \hat{S}_y^2 + \hat{S}_z^2$ の固有状態になっている．これは驚くには値しない．一般に，スピン s に対しては $S^2 = s(s+1)\hbar^2$ なのだ．

数学的な観点から，式 (4.21) における係数 $\hbar/2$ は美しくないので，慣例的に以下のパウリ・スピン行列を導入する．

$$\sigma_x = \begin{pmatrix} 0 & 1 \\ 1 & 0 \end{pmatrix}, \quad \sigma_y = \begin{pmatrix} 0 & -i \\ i & 0 \end{pmatrix}, \quad \sigma_z = \begin{pmatrix} 1 & 0 \\ 0 & -1 \end{pmatrix} \tag{4.26}$$

すると $\hat{S} = (\hbar/2)\sigma$ となる．パウリ行列はたくさんの面白い性質をもっていて，その中のいくつかについては問題 4.19 と 4.20 で調べてみる．本書を読み進めていくと，くり返しこれらの行列に出合う．

ある意味，（2 成分からなる）スピノルは，スカラー（1 成分）とベクトル（3 成分）の中間に位置する．さて，座標軸を回転させると，所定のルールに従って（問題 4.6）ベクトルの成分は変化するので，同じ状況のもとでスピノルの成分はどのように変換されるのか考えたくなる．答えは，以下のルールで与えられる [5]．

$$\begin{pmatrix} \alpha' \\ \beta' \end{pmatrix} = U(\boldsymbol{\theta})\begin{pmatrix} \alpha \\ \beta \end{pmatrix} \tag{4.27}$$

ただしここで $U(\boldsymbol{\theta})$ は 2×2 の行列で

$$U(\boldsymbol{\theta}) = e^{-i(\boldsymbol{\theta}\cdot\sigma)/2} \tag{4.28}$$

を満たす．ベクトル $\boldsymbol{\theta}$ は，回転軸に沿った向きをもち，その大きさは軸について右手系で回転した回転角の大きさである．ここでは指数そのものが行列であることに注意！この形式での表現は，以下のような級数展開の省略形だとみなす（問題 4.21）[*10].

$$e^A \equiv 1 + A + \frac{1}{2}A^2 + \frac{1}{3}A^3 + \cdots \tag{4.29}$$

自身で確認してもらうのがよいが（問題 4.22），$U(\theta)$ は行列式が 1 のユニタリー行列だ．実際のところ，そのような回転行列は $SU(2)$ 群を構成する．ゆえに，スピン 1/2 の粒子は，回転のもとでは $SU(2)$ の 2 次元表現に従い変換する．同様に，ベクトルで記述されるスピン 1 の粒子は $SU(2)$ の 3 次元表現に属し，4 成分によって記述されるスピン 3/2 の粒子は $SU(2)$ の 4 次元表現に基づき変換する，などとなる（これらの高次元表現の構築については問題 4.23 で調べる）．読者は，$SU(2)$ が回転とどんな関係があるのかと思うかもしれない．前に言及した通り，$SU(2)$ は本質的には[*11]，$SO(3)$ と同じグループで，3 次元の回転群である．ということは，違ったスピンをもつ粒子は，回転群の別の表現に属していることになる．

4.3 フレーバー対称性

中性子には非常に変わった性質がある．1932 年の中性子発見の直後にその性質をハイゼンベルクが観測した．電荷をもたないというあきらかな事実以外，中性子は陽子とほぼ違いがないのだ．とくに，その質量は驚くほど近く，$m_p = 938.28\,\text{MeV}/c^2$, $m_n = 939.57\,\text{MeV}/c^2$ だ．ハイゼンベルクは，陽子と中性子を核子という一つの粒子の二つの「状態」であるとみなすことを提案した [6]．質量におけるわずかな違いさえ，陽子は荷電であるという事実のせいにした．というのは，電場に蓄えられたエネルギーがアインシュタインの式 $E = mc^2$ に従って慣性質量に寄与するからだ（残念ながら，この議論によれば，この二つの粒子のうち重いのは陽子でなければならない．

[*10] 注意：行列においては一般的には $e^A e^B = e^{A+B}$ ではない．これを問題 4.21 の行列を使って確認してもよい．しかし，A と B が可換であれば（すなわち，もし $AB = BA$ なら），通常のルールを適用してよい．

[*11] 実際のところ，$SU(2)$ と $SO(3)$ には微妙な違いがある．問題 4.21 によると，角度 2π の回転に対応する行列 U は -1 である．スピノルはそのような回転のもとで符号を変える．だがしかし，幾何学的には，2π の回転はまったく回転しないのと同じだ．$SU(2)$ はある意味 $SO(3)$ の「2 倍」だ．そこでは，720° 回転しないと元の場所に戻って来ない．この意味においては，$SU(2)$ によるスピノルの表現は，回転群の「真の」表現ではない．そして，だからこそ古典物理には現れない．量子力学では，波動関数の 2 乗のみが物理的な意味をもち，2 乗することによってマイナスの符号が消える．

実際はそうなってはいないが，もしそうなら物質の安定性が悲惨なことになる．この後すぐに少し言及しよう）．もし，とにかくすべての電荷を「消し去る」ことができたならば，ハイゼンベルクによると陽子と中性子は見分けがつかなくなる．あるいは，もっとつまらない表現をすると，陽子と中性子が受ける強い力を区別できないのだ．

ハイゼンベルクのアイデアを実現するために，核子を 2 成分の列ベクトル

$$N = \begin{pmatrix} \alpha \\ \beta \end{pmatrix} \tag{4.30}$$

で書き表し，

$$p = \begin{pmatrix} 1 \\ 0 \end{pmatrix}, \quad n = \begin{pmatrix} 0 \\ 1 \end{pmatrix} \tag{4.31}$$

とする．これは，たんなる表記法にすぎないが，角運動量の理論において出合ったスピノルを思わず連想してしまう．スピン S の直接的な類似として，アイソスピン I を導入することにする[*12]．しかし，I は，座標軸 x, y, z をもつ通常の空間におけるベクトルではなく，むしろ「アイソスピン空間」という抽象空間中のベクトルで，その成分を I_1, I_2, I_3 とよぶ．この理解に立つと，この章の前半でやった角運動量に関する道具立てすべてを借りることができる．核子はアイソスピン 1/2 をもち，その第 3 成分 I_3 は固有値[*13] +1/2（陽子）と $-1/2$（中性子）をもつ．

$$p = \left| \frac{1}{2} \ \frac{1}{2} \right\rangle, \quad n = \left| \frac{1}{2} \ -\frac{1}{2} \right\rangle \tag{4.32}$$

陽子は「アイソスピン・アップ」，中性子は「アイソスピン・ダウン」だ．

ここまでは，まだたんに表記法だ．ハイゼンベルクの提案に物理が入ってくるのは，たとえば，電気の力は通常の配位をもつ空間中では回転しても不変なのと同様に，強い力はアイソスピン空間中での回転のもとで不変であるという点である．これを内部対称性とよぶ．なぜなら，時空と何の関係もなく，むしろ，異なる粒子間の関係についての対称性だからだ．アイソスピン空間中の軸番号 1 について 180° 回転させると，陽子が中性子になり，中性子は陽子になる．もし強い力がアイソスピン空間中の回転のもとで不変であるならば，ネーターの定理によって，アイソスピンはすべての強い相互作用で保存していることになる．通常の空間中で回転不変性があれば角運動量が

[*12] この言葉は，誤解を生じさせる古い用語である（1937 年にウィグナーによって導入された）「同位体スピン」に由来する．原子核物理学者は「同重体」スピンという（よりよい）言葉を使う．
[*13] ここでは係数 $\hbar$ がない．アイソスピンは無次元量だ．

保存しているのとちょうど同じだ[*14].

群論の言葉を使うと，ハイゼンベルクは，内部対称群 $SU(2)$ のもとで強い相互作用は不変で，核子は2次元表現（アイソスピン 1/2）に属していると主張したことになる．1932年当時，これは大胆な提案であった．今日では，ハドロンの「多重項」構造の中に最も顕著に，たくさんの証拠がある．1章の八道説を思い出してほしい．ハイゼンベルクの目にとまった核子についての特徴が，まさに横の行として表現されている．それらはちょうど同じような質量をもつが，電荷が違う．これらの多重項それぞれに特定のアイソスピン I を割り振り，多重項のメンバーそれぞれに特定の I_3 を割り振る．たとえばパイ中間子なら $I=1$ で，

$$\pi^+ = |1\ 1\rangle, \qquad \pi^0 = |1\ 0\rangle, \qquad \pi^- = |1\ -1\rangle \tag{4.33}$$

となり，Λ なら $I=0$ で

$$\Lambda^0 = |0\ 0\rangle \tag{4.34}$$

となり，Δ なら $I=3/2$ で

$$\Delta^{++} = \left|\frac{3}{2}\ \frac{3}{2}\right\rangle, \qquad \Delta^+ = \left|\frac{3}{2}\ \frac{1}{2}\right\rangle, \qquad \Delta^0 = \left|\frac{3}{2}\ -\frac{1}{2}\right\rangle, \qquad \Delta^- = \left|\frac{3}{2}\ -\frac{3}{2}\right\rangle \tag{4.35}$$

となる，などである．多重項のアイソスピンを決めるには，たんにその多重項に含まれている粒子数を数えればよい．I_3 は $-I$ から I まで整数間隔の値を取るので，多重項中の粒子の数は $2I+1$ となる．

$$多重度 = 2I+1 \tag{4.36}$$

アイソスピン第3成分の I_3 は，粒子の電荷 Q と関係がある．多重項の中で最も電荷の大きい粒子に $I_3 = I$ を割り振り，後は，電荷 Q が減る順番に割り振っていく．「1974年より前」のハドロンに対しては，u, d, s クォークからのみ構成されていたので，Q と I_3 との間の明示的な関係は，ゲルマン–西島の法則に従っている．

[*14] いわゆる，強い力の「電荷独立性」（陽子に対しても中性子に対しても同じという事実）について誇張したくなる誘惑にかられる．だが，個々の中性子を陽子に置き換えて同じ結果を得られるとはいっていない．すべての陽子と中性子を入れ換えたときにのみ成立する．（たとえば，陽子と中性子の束縛状態，すなわち，重陽子は存在するが，二つの陽子，あるいは二つの中性子の束縛状態は存在しない．）実際，陽子と中性子は同じ量子状態を占めることができるが，二つの中性子（あるいは二つの陽子）は同じ量子状態にいられないので，そのような主張はパウリの排他原理と矛盾してしまうだろう．

$$Q = I_3 + \frac{1}{2}(A+S) \tag{4.37}$$

ここで，A はバリオン数であり，S はストレンジネスである[*15]．元々は，この式は純粋に経験則であったが，クォーク模型という文脈においてはたんにクォークに対するアイソスピンの割り振りとなった．u と d は（陽子と中性子のように）「二重項」を形成し，

$$u = \left| \frac{1}{2}\ \frac{1}{2} \right\rangle, \qquad d = \left| \frac{1}{2}\ -\frac{1}{2} \right\rangle \tag{4.38}$$

となり，すべての他のフレーバーはアイソスピン 0 をもつ（問題 4.25 と 4.26）[*16]．

しかし，アイソスピンは分類にだけ役立つのではない．それにより，重要な動的な示唆も得られる．たとえば，二つの核子があったとしよう．角運動量の加法から，合成されたアイソスピンの値は 1 か 0 となる．具体的には（例題 4.4 を使って）

$$\begin{aligned}|1\ 1\rangle &= pp \\ |1\ 0\rangle &= \frac{1}{\sqrt{2}}(pn+np) \\ |1\ -1\rangle &= nn\end{aligned} \tag{4.39}$$

という対称的なアイソスピン三重項と

$$|0\ 0\rangle = \frac{1}{\sqrt{2}}(pn-np) \tag{4.40}$$

という反対称なアイソスピン一重項を得る．実験的には，中性子と陽子は，重水素（d）という一つの束縛状態を形成する．二つの陽子，あるいは二つの中性子の束縛状態は存在しない．ゆえに，重水素はアイソスピン一重項に違いない．もしそれが三重項だったとしたら，三つすべての状態が存在すべきだ．なぜなら，それらはアイソスピン空間中における回転の違いしかないからだ．あきらかに，強い引力が $I=0$ のチャンネルにはあり，$I=1$ のチャンネルにはない．おそらく，二つの核子間の相互作用を記述するポテンシャルには $\boldsymbol{I}^{(1)} \cdot \boldsymbol{I}^{(2)}$ というかたちの項を含んでいて，その値は三重項のときは 1/4 で一重項のときは $-3/4$ になるのだ（問題 4.27）．

[*15] Q，A，S ともに電磁力で保存するので，I_3 も保存することになる．しかし，他の二つの成分（I_1 と I_2）は保存しないので，I 自身も電磁力のもとで保存しない．たとえば，$\pi^0 \to \gamma + \gamma$ 崩壊では，I は 1 から 0 に変わる．弱い相互作用では S さえも保存しないので，I_3 も保存しない（たとえば，$\Lambda \to p + \pi^-$ では $I_3 = 0$ から $I_3 = -1/2$ になる）．

[*16] アイソスピンは強い力とだけ関係があるので，レプトンにとっては意味のない量だ．理論の整合性のために，すべてのレプトンと力の媒介粒子にはアイソスピン 0 が割り振られている．

アイソスピン不変性から核子-核子散乱に対する示唆も得られる.

$$
\begin{align}
&\text{(a)}\ p+p \to d+\pi^+ \\
&\text{(b)}\ p+n \to d+\pi^0 \\
&\text{(c)}\ n+n \to d+\pi^-
\end{align}
\tag{4.41}
$$

という過程を考えよう. 重水素は $I=0$ なので, 右辺はそれぞれ $|1\,1\rangle$, $|1\,0\rangle$, $|1\,-1\rangle$ である. 一方, 左辺は $pp=|1\,1\rangle$, $nn=|1\,-1\rangle$, $pn=(1/\sqrt{2})(|1\,0\rangle+|0\,0\rangle)$ である[*17]. $I=1$ の組み合わせだけが反応に寄与するので(それぞれの場合の終状態は純粋に $I=1$ で, アイソスピンは保存するので), 散乱振幅の比は

$$
\mathscr{M}_\mathrm{a} : \mathscr{M}_\mathrm{b} : \mathscr{M}_\mathrm{c} = 1 : \frac{1}{\sqrt{2}} : 1 \tag{4.42}
$$

となる. 後に見るように[*18], 断面積 σ は振幅の絶対値の2乗に比例する. ゆえに,

$$
\sigma_\mathrm{a} : \sigma_\mathrm{b} : \sigma_\mathrm{c} = 2 : 1 : 2 \tag{4.43}
$$

である. (c) の過程を実験で実現するのは難しいが, (a) と (b) は測定されていて, (電磁力による補正を加えると) 予言された比と一致することが確かめられている [7].

最後の例として, パイ中間子と核子の散乱 $\pi N \to \pi N$ を考察してみよう. 以下の六つの弾性散乱過程と,

$$
\begin{align}
&\text{(a)}\quad \pi^++p \to \pi^++p \qquad &&\text{(b)}\quad \pi^0+p \to \pi^0+p \\
&\text{(c)}\quad \pi^-+p \to \pi^-+p \qquad &&\text{(d)}\quad \pi^++n \to \pi^++n \\
&\text{(e)}\quad \pi^0+n \to \pi^0+n \qquad &&\text{(f)}\quad \pi^-+n \to \pi^-+n
\end{align}
\tag{4.44}
$$

四つの電荷交換過程が存在する.

$$
\begin{align}
&\text{(g)}\quad \pi^++n \to \pi^0+p \qquad &&\text{(h)}\quad \pi^0+p \to \pi^++n \\
&\text{(i)}\quad \pi^0+n \to \pi^-+p \qquad &&\text{(j)}\quad \pi^-+p \to \pi^0+n
\end{align}
\tag{4.45}
$$

パイ中間子は $I=1$ で核子は $I=1/2$ なので, アイソスピンの合計は $3/2$ か $1/2$ になる. ゆえに, 区別すべき振幅は二つだけになる. $I=3/2$ のときの $\mathscr{M}_3$ と $I=1/2$ の

[*17] 式 (4.39) と (4.40) を足せばよい.

[*18] 散乱振幅と断面積についての理論は6章で議論する. この段落と次の段落では, 後から出てくる結果を使ってしまう. しかし, 計算がどのように行われるかという文脈においては意味が通ることを願っている. もし望むなら, いまはこれら二つの段落を飛ばしてもよい.

ときの $\mathcal{M}_1$ だ．クレブシュ–ゴルダン係数の表から，以下のように分解できる．

$$
\begin{aligned}
\pi^+ + p: & \quad |1\,1\rangle \left|\tfrac{1}{2}\,\tfrac{1}{2}\right\rangle = \left|\tfrac{3}{2}\,\tfrac{3}{2}\right\rangle \\
\pi^0 + p: & \quad |1\,0\rangle \left|\tfrac{1}{2}\,\tfrac{1}{2}\right\rangle = \sqrt{\tfrac{2}{3}}\left|\tfrac{3}{2}\,\tfrac{1}{2}\right\rangle - \left(\tfrac{1}{\sqrt{3}}\right)\left|\tfrac{1}{2}\,\tfrac{1}{2}\right\rangle \\
\pi^- + p: & \quad |1\,{-1}\rangle \left|\tfrac{1}{2}\,\tfrac{1}{2}\right\rangle = \left(\tfrac{1}{\sqrt{3}}\right)\left|\tfrac{3}{2}\,{-}\tfrac{1}{2}\right\rangle - \sqrt{\tfrac{2}{3}}\left|\tfrac{1}{2}\,{-}\tfrac{1}{2}\right\rangle \\
\pi^+ + n: & \quad |1\,1\rangle \left|\tfrac{1}{2}\,{-}\tfrac{1}{2}\right\rangle = \left(\tfrac{1}{\sqrt{3}}\right)\left|\tfrac{3}{2}\,\tfrac{1}{2}\right\rangle + \sqrt{\tfrac{2}{3}}\left|\tfrac{1}{2}\,\tfrac{1}{2}\right\rangle \\
\pi^0 + n: & \quad |1\,0\rangle \left|\tfrac{1}{2}\,{-}\tfrac{1}{2}\right\rangle = \sqrt{\tfrac{2}{3}}\left|\tfrac{3}{2}\,{-}\tfrac{1}{2}\right\rangle + \left(\tfrac{1}{\sqrt{3}}\right)\left|\tfrac{1}{2}\,{-}\tfrac{1}{2}\right\rangle \\
\pi^- + n: & \quad |1\,{-1}\rangle \left|\tfrac{1}{2}\,{-}\tfrac{1}{2}\right\rangle = \left|\tfrac{3}{2}\,{-}\tfrac{3}{2}\right\rangle
\end{aligned}
\tag{4.46}
$$

反応 (a) と (f) は純粋な $I = 3/2$ の過程なので，

$$
\mathcal{M}_\mathrm{a} = \mathcal{M}_\mathrm{f} = \mathcal{M}_3 \tag{4.47}
$$

となる．他はすべて複数のアイソスピン状態の混ぜ合わせで，たとえば，

$$
\mathcal{M}_\mathrm{c} = \tfrac{1}{3}\mathcal{M}_3 + \tfrac{2}{3}\mathcal{M}_1, \qquad \mathcal{M}_\mathrm{j} = \left(\tfrac{\sqrt{2}}{3}\right)\mathcal{M}_3 - \tfrac{\sqrt{2}}{3}\mathcal{M}_1 \tag{4.48}
$$

である（残りは読者自身にやってもらおう．問題 4.28）．よって，断面積を比で表すと

$$
\sigma_\mathrm{a} : \sigma_\mathrm{c} : \sigma_\mathrm{j} = 9|\mathcal{M}_3|^2 : |\mathcal{M}_3 + 2\mathcal{M}_1|^2 : 2|\mathcal{M}_3 - \mathcal{M}_1|^2 \tag{4.49}
$$

である．重心系エネルギー 1232 MeV では，パイ中間子–核子散乱における有名でドラマチックな事象過多が発生する [8]．1951 年にフェルミらによって初めて発見されたもので，パイ中間子と核子が合体して短寿命の「共鳴」状態，すなわち Δ が生成されている．Δ が $I = 3/2$ であることを知っているので，このエネルギー領域では $\mathcal{M}_3 \gg \mathcal{M}_1$ と予想できる．すなわち，

$$
\sigma_\mathrm{a} : \sigma_\mathrm{c} : \sigma_\mathrm{j} = 9 : 1 : 2 \tag{4.50}
$$

が期待される．実験的には全断面積を測定するのが簡単なので，(c) と (j) を合計して

$$
\frac{\sigma_\mathrm{tot}(\pi^+ + p)}{\sigma_\mathrm{tot}(\pi^- + p)} = 3 \tag{4.51}
$$

となる．図 4.6 からわかるように，この予言は実データをよく再現している．

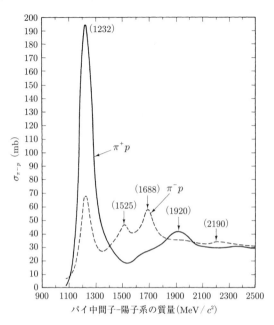

図 4.6 $\pi^+ p$ 散乱（実線）と $\pi^- p$ 散乱（点線）の全断面積（出典：Gasiorowicz, S.: Elementary Particle Physics (John Wiley & Sons, 1966) 294. John Wiley & Sons, Inc. の許可を得て掲載）

1950 年代の後半，歴史はくり返した．1932 年に陽子と中性子が対をなすかのように見えたのとちょうど同じように，今度は，核子，Λ，Σ，Ξ が一緒になってバリオンのグループを自然に形成しているのがあきらかになった．それらすべてがスピン 1/2 をもち，質量も同じくらいだ．質量に関しては，核子が $940\,\mathrm{MeV}/c^2$ で Ξ が $1320\,\mathrm{MeV}/c^2$ なので，ハイゼンベルクが陽子と中性子に対して提案したように，それらが一つの粒子の異なる状態だと議論するのは少し無理があるかもしれない．しかしながら，これら 8 個のバリオンを多重項とみなす誘惑にかられる．おそらくこれが意味するのは，アイソスピン $SU(2)$ を要素として含んでいるような，より大きな対称群の同じ表現にそれらのバリオンが含まれているということである．すると，重大な疑問が生じる．より大きな群は何だろう（「8 個のバリオン問題」とよばれたそれは，いつもこう解釈されたというわけではない．当時，たいていの物理学者は群論について驚くほど無知であった．ゲルマンは定式化するうえで必要だったもののほとんどを何もないところからつくり上げたが，後になってそれらは数学者によく知られていたということを知った）．八道説が 8 個のバリオン問題に対するゲルマンの答えであった．対称群は $SU(3)$ だ．

八重項は $SU(3)$ の 8 次元表現を構成し，十重項は 10 次元表現を構成する，などである．ハイゼンベルクの場合よりも今回の方が問題を難しくしているのは，$SU(2)$ では核子（後になっては K や Ξ など）が存在したが，$SU(3)$ では（3 次元）表現に当てはまる粒子が自然界に存在しないことであった．この役割はクォークに任された．u，d，そして s クォークが一緒になって $SU(3)$ の 3 次元表現を形成し，それらが，$SU(2)$ のもとではアイソスピン二重項の (u, d) とアイソスピン一重項の (s) とに分かれる．

　もちろん，チャームクォークが出現したときには，強い相互作用におけるフレーバーの対称群はもう一度拡張された．今度は $SU(4)$ だ（いくつかの $SU(4)$ 多重項は図 1.12 に示されている）．しかし，ボトムクォークが現れて $SU(5)$ に行くまでには少し時間がかかった．そして最終的にはトップクォークが $SU(6)$ に導いた．しかし，この素敵な階層性には一つの重要な注意がある．$SU(2)$ は「良い」対称性である．アイソスピン多重項のメンバーは，質量が最大でも 2 あるいは 3 ％ しか違わない．これは電磁補正によって期待される程度である[*19]．しかし，八道説である $SU(3)$ は「ひどく破れた」対称性である．バリオン八重項の中での質量の開きは 40％ もある．チャームを入れると対称性の破れはさらに悪くなる．同じ $SU(4)$ の多重項なのに $\Lambda_c^+(udc)$ は $\Lambda(uds)$ よりも 2 倍以上重い．ボトムを入れるとさらに悪くなるし，トップについては決定的にひどい．束縛状態をつくることすらないのだ．

　なぜアイソスピン対称性はそのように良い対称性で，八道説はまあまあで，フレーバーの $SU(6)$ はそれほどまでにうまくいかないのだろうか．標準模型では，それらすべてをクォークの質量のせいにしている．クォーク質量は実験的に直接測定できないという事実から，今日では，クォーク質量に関する理論は抜けの多いものとなっている．さまざまな議論によると，u クォークと d クォークは本来は非常に軽く電子質量の約 10 倍ほどしかない [9]．しかし，ハドロンの中に閉じ込められているとそれらの実効的な質量はもっと重い．実際，正確な値は文脈に依存する．中間子の中よりもバリオンの中の方が少し重い傾向がある（これについては 5 章でさらに議論する）．スプーンの実効的な慣性質量はお茶をかき混ぜているときよりも蜂蜜をかき混ぜているときの方が重く，また，どちらの場合もスプーンの真の質量よりも大きくなっているのと，ある意味似た状況である．一般的にいうと，ハドロン中のクォークの実効質量は

[*19] 実際，アイソスピンは強い相互作用に関する正確な対称性で，対称性の破れすべてが電磁力の混入によるものだと考えられていた．真実は，中性子–陽子間の質量の開きは，純粋な電磁気力によるものだとすると反対向きであり問題だ．今日では，$SU(2)$ は強い相互作用における近似的な対称性だと信じられている．

146   4 対　称　性

表 4.4　クォーク質量（MeV/c^2）

クォークの種類	裸の質量	実効質量
u	2	336
d	5	340
s	95	486
c	1 300	1 550
b	4 200	4 730
t	174 000	177 000

注意：これらの数字は多少の予想を含み，また模型に依存する [12]．

約 350 MeV/c^2 で，裸の質量よりも重い [10]（表 4.4）．これに比べると，アップとダウンクォーク質量の違いは実質的には無視できる．つまり，それらは同じ質量をもっているかのように振る舞う．しかし，s クォークはあきらかに重く，c，b，t は大きく分離している．クォーク質量を除いては，強い相互作用はすべてのフレーバーを平等に取り扱う．ゆえに，実効的な u と d の質量がほぼ等しいことから（つまり，より根本的なレベルでは，それらの裸の質量が非常に小さいから）アイソスピンは良い対称性なのだ．ストレンジクォークの有効質量が u と d からそれほど離れていないので八道説はそこそこ良い対称性なのだ．しかし，それより重いクォークは質量がかけ離れているためにフレーバーの対称性は激しく破れている．もちろん，この「説明」ではさらに二つの疑問が生じる．(i) なぜ，ハドロン中へのクォークの閉じ込めが，実効質量を約 350 MeV/c^2 増やすのだろうか．その答えはたぶん QCD にあるが，詳細が完全に理解されているわけではない [11]．(ii) なぜ裸のクォークはそれらに固有の質量をもつのか．何らかのパターンがあるのだろうか．この質問に対して標準模型は何の答えももたない．6 個のクォークの裸の質量と 6 個のレプトンの質量はいまのところ，たんなるインプットパラメーターにすぎない．それらがどうやって生じたのかを語るのは，標準模型を超える理論の役割だ．

4.4　離散対称性

4.4.1　パリティ

1956 年以前は，物理法則は左右両利きであることが当たり前だと，つまり，いかなる物理過程の鏡像もまた完全に起こり得る物理過程である [13] と思われていた．念のためにいうと，車は右側を走り（少なくともアメリカでは），われわれの心臓は左側にある．しかし，これらはあきらかに歴史的あるいは進化上の偶然の産物である．逆に

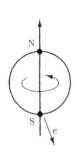
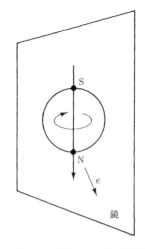

図 4.7 コバルト 60 のベータ崩壊では，たいていの電子が原子核のスピンとは反対方向に放出される

図 4.8 図 4.7 の鏡像．たいていの電子は原子核のスピンと同方向に放出される

なったかもしれなかった．実際，たいていの物理学者は，自然法則の鏡像対称性（あるいは「パリティ不変性」）は自明だと考えていた．しかし，1956 年にリーとヤンは [14]，（この章の最後に見る理由により）この仮定を検証した実験があったかどうかを疑うに至った．文献をあたり，驚くべきことに，強い相互作用と電磁相互作用にはパリティ不変のたくさんの証拠があったが，弱い相互作用についてはそのような確認がなされていないことを突き止めた．彼らは問題に決着をつけるための試験を提案し，その年の後半ウーによってその実験が行われた [15]．この有名な実験では，放射性物質のコバルト 60 が，そのスピンがたとえば z 軸向きにそろうように，注意深く配置された（図 4.7）．コバルト 60 はベータ崩壊をして（$^{60}\text{Co} \to {}^{60}\text{Ni} + e + \bar{\nu}_e$），ウーはそのとき放出された電子の方向を記録した．彼女が見つけたことは，たいていは南寄りに，つまり原子核のスピンの向きとは反対方向に飛び出していることだった．

観測したことは，それですべてであった．しかし，その単純な観測事実には驚くべき解釈があった．同じ過程の鏡像を検証することを考えよう（図 4.8）．原子核の鏡像は反対向きに回転し，そのスピンは下を向く．だが，（鏡の中の）電子はやはり下向きに飛び出す．ということは，鏡像では，電子は原子核のスピンと同じ方向に放出されやすいことになる．つまり，ここには，鏡に映すと発生しない物理過程が自然の中にあるということだ．あきらかに，パリティは弱い相互作用では不変ではない．もし不変であったなら，ウーの実験において電子は「北」と「南」それぞれに同じ数だけ飛

図4.9 ヘリシティ．(a) スピンと速度が平行な場合（ヘリシティ +1）．(b) それらが反平行な場合（ヘリシティ −1）

び出していたはずだ．しかし，そうはなっていない．

パリティが破壊されたことは物理に深遠な影響を与えた．ある者は打ちのめされ，別の者には爽快であった[16]．パリティの破れは小さな効果ではなく，9章で見るように，実際のところ「最大限」破れている．また，コバルトのベータ崩壊に限らず，探し始めてみると，パリティの破れは実際には弱い相互作用の証となっている．これは，ニュートリノの振る舞いに最も劇的に現れる．角運動量の理論によれば，量子化軸は普通は z 軸に取る．もちろん，その z 軸の方向は完全に任意であるが，もし実験室中を速度 v で飛んでいる粒子を扱うのであれば，自然な選択は，運動の方向を z 軸に取ることだ．この軸に対する m_s/s の値は，その粒子のヘリシティとよばれる．よって，スピン 1/2 粒子のヘリシティは +1 ($m_s = 1/2$) か −1 ($m_s = -1/2$) となる．前者を「右巻き」，後者を「左巻き」とよぶ[20]．しかし，それはローレンツ不変ではないので，その違いは非常に本質的なわけではない．いま，右巻き電子が右を向いて進んでいると仮定しよう（図4.9(a)），そして，別の誰かが v を超える速さで右に移動している慣性系からその電子を見ているとしよう．その人から見ると，電子は左に進んでいる（図4.9(b)）．しかし，スピンの方向は同じなので，この観測者はその電子を左巻きだという．いい換えると，参照している系を変えることによって，右巻き電子を左巻きに変換することができる．右巻きと左巻きの区別がローレンツ不変でないというのは，この観点からだ．

しかし，とりあえずニュートリノの質量はゼロだとして，つまり，光速で移動しているのでそれよりも速く動く観測者はいないとしたときに，同じ考え方をニュートリノに当てはめると何が起こるだろうか．より速く動いている参照系に乗ることで，（質量のない）ニュートリノの「動く向きを逆転させる」ことは不可能ゆえに，ニュート

---

[20] 9章で「巻き」とヘリシティの詳細な違いを紹介するが，いまのところ，これらの用語を区別なく使う．

図 4.10　静止している π^- の崩壊

リノ（あるいは，質量のない粒子）*21のヘリシティはローレンツ不変，つまり，観測者の参照系という人為的な効果ではなく，粒子に固有の本質的な性質なのである．あるニュートリノのヘリシティを決めることは，重要な実験事項となる．50 年代半ばになるまで，ちょうど光子のように，ニュートリノの半分が左巻きで，残り半分が右巻きだろうと誰もが仮定していた．だが，実際に発見されたことは以下であった．

> ニュートリノは左巻きで，
> 反ニュートリノは右巻きである．

もちろん，ニュートリノのヘリシティを直接測るのは難しい．そもそも，ニュートリノを検出することがまず難しい．しかし，パイ中間子の崩壊 $\pi^- \to \mu^- + \bar{\nu}_\mu$ を使う比較的簡単な間接的な方法がある．もしパイ中間子が静止していれば，ミュー粒子と反ニュートリノは互いが反対向きに飛び出す（図 4.10）．さらに，パイ中間子のスピンはゼロなので，ミュー粒子と反ニュートリノのスピンは反対向きでなければならない*22．よって，反ニュートリノが右巻きなら，ミュー粒子も右巻きでなければならない（パイ中間子の静止系で）．そして，これがまさに実験的に見出されたのである [17]．ということで，ミュー粒子のヘリシティの測定によって反ニュートリノのヘリシティを決めることができる．同様に，π^+ 崩壊では，反ミュー粒子はいつも左巻きなので，ニュートリノが左巻きであることを示唆している．対照的に，中性のパイ中間子の崩壊 $\pi^0 \to \gamma + \gamma$ を考えてみよう．くり返すが，どのような崩壊においても，二つの光子は同じヘリシティをもたなければならない．しかし，今度はパリティを保存する電磁気力による過程なので，平均すると，右巻き光子対と左巻き光子対の数が同じになる．ニュートリノには電磁気力は働かず，弱い相互作用しか働かないので，すべてが

---

*21 質量のない粒子に対しては，$|m_s|$ の最大値だけが取り得る値となる．たとえば，光子は $m_s = +1$ か $m_s = -1$ を取ることができるが $m_s = 0$ は取れない．なので，質量のない光子のヘリシティはいつも ± 1 である．光子の場合は，これらが左円偏光と右円偏光を表現している．$m_s = 0$ が存在しないことは，古典光学における縦偏光の不在に対応している．
*22 軌道角運動量は（あったとしても）速度に対して垂直になり，この議論には影響を与えない．

左巻きなのだ. ニュートリノの鏡像は存在しないのである[*23]. それが, 知られている限り最も著しい鏡像対称性の破れだ[*24].

弱い相互作用では破れていたものの, パリティの不変性は, 強い相互作用と電磁相互作用においては正しい対称性のままである. よって, 何らかの定式化や専門用語の開発には有用である. まず, ささいな技術上の問題点を指摘しておく. 任意に「鏡」の面を選ぶことを強いる反射の代わりに, われわれがこれから議論していくのは, あらゆる点を原点に対して直径方向に反対の位置に動かす空間反転についてである (図4.11). どちらの変換も右手を左手に変える. 実際, 空間反転は反射の後の回転 (図では y 軸について $180°$) にすぎない. ゆえに, (回転対称性も合わせてもっている) 対象に対しては, どちらを使っても違いがない. P を空間反転としよう. これを「パリティ演算子」とよぶ. もし, 問題にしている系が右手系なら, パリティ演算子により, 上下が逆さまの裏向きの左手系になる (図4.11(b)). ベクトル a に作用すると, P は反対向きのベクトルを生成し, $P(a) = -a$ となる. 二つのベクトルの外積 $c = a \times b$ についてはどうなるだろうか. もし P が a と b の符号を変えるなら, c 自身は符号を変えない. つまり $P(c) = c$ である. 非常に奇妙だ. あきらかにベクトルには, パリティ変換で符号を変える「普通の」ものと, 上記のように符号を変えない別のタイプの2種類が存在する. 外積は符号を変えない古典的な例である. それらを区別するときには, 前者を「極性」ベクトル, そして後者を「擬」(あるいは「軸性」) ベクトルとよぶ. 極性ベクトルと擬ベクトルとの外積は極性ベクトルとなることに注意せよ.

[*23] これはいいすぎだ. 右巻きニュートリノは身の周りに存在してもよいが, われわれの知り得るどのようなメカニズムをもってしても通常の物質と相互作用をしない. 実際, いまやニュートリノがわずかだがゼロではない質量をもっていることを知っているので, 右巻きニュートリノは存在しなければならない. しかし, これによって, π^- が崩壊するときに現れる μ^- が重心系では右向きで鏡像対称性をそれ自身で壊しているという事実が変わることはない. ところで, さかのぼること1929年, ディラック方程式が発表されたすぐ後で, ワイルがスピン1/2の質量のない粒子を記述する美しくすっきりとした理論を発表した. その理論には, 粒子は決まった「巻き」をもつという特徴があった. 当時, 質量のない粒子としてはスピン1の光子しか知られていなかったので, ワイルの理論への興味は限定的だった. 1931年にパウリがニュートリノを導入したとき, ほこりを払ってワイルの理論を引っ張り出してきて使ったと思うかもしれない. パウリはそうしなかった. パウリは, 鏡像対称性を破るという観点からワイルの理論を拒絶して手放した. この間違いを後悔できるほど彼は長生きして, 1957年に, ワイルの理論は華々しく立証された.

[*24] 当時の多くの物理学者が思ったことを読者も思うかもしれない. もしすべての粒子を同時に反粒子に変換したら, ある種の鏡像対称性は回復するだろう, と. (右巻きの反ニュートリノをもつ) $\pi^- \to \mu^- + \bar{\nu}_\mu$ の鏡像は, (左巻きのニュートリノをもつ) $\pi^+ \to \mu^+ + \nu_\mu$ であり, それはまったく問題がない. この認識は1964年まではわずかな心地よさをもたらしたが, 1964年にそれも破れていることが示された. これについては以下の節でさらに見ていく.

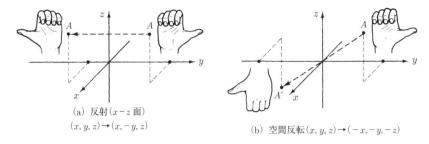

図 4.11　反射と空間反転

表 4.5　スカラーとベクトルのパリティ演算における変換性

スカラー	$P(s) = s$
擬スカラー	$P(p) = -p$
ベクトル（あるいは極性ベクトル）	$P(\boldsymbol{v}) = \boldsymbol{v}$
擬ベクトル（あるいは軸性ベクトル）	$P(\boldsymbol{a}) = \boldsymbol{a}$

たぶんこの用語を使っていないが，以前にも読者は擬ベクトルに出合っている．角運動量がそれで，磁場もまた擬ベクトルである．パリティ不変の理論においては，決して，ベクトルを擬ベクトルに足してはならない．たとえば，ローレンツ力 $\boldsymbol{F} = q[\boldsymbol{E} + (\boldsymbol{v} \times \boldsymbol{B})/c]$ を考えてみよう．$\boldsymbol{v}$ はベクトルで，$\boldsymbol{B}$ は擬ベクトルなので，$\boldsymbol{v} \times \boldsymbol{B}$ はベクトルであり，$\boldsymbol{E}$ に足すのはルールに則っている．だが，$\boldsymbol{B}$ 自身は決して $\boldsymbol{E}$ に足されない．これから見ていくように，それこそまさに，パリティの破れを引き起こす弱い相互作用の理論におけるベクトルと擬ベクトルとの足し算である．

最後に，二つの極性ベクトルの内積は P のもとで符号を変えないが，極性ベクトルと擬ベクトルの積（あるいは三つのベクトルの積 $\boldsymbol{a} \cdot (\boldsymbol{b} \times \boldsymbol{c})$）は符号を変える．なので，スカラーにも 2 種類ある．符号を変えない「普通の」ものと，符号を変える「擬スカラー」がある．これらすべてが表 4.5 にまとめられている[*25]．

もしパリティ演算子を 2 回作用させると，もちろん，最初いたところに戻って来る

$$P^2 = I \tag{4.52}$$

（つまり，パリティ群は，二つの要素 I と P からなっている）．これが意味するのは，P の固有値は ± 1 ということである（問題 4.34）．たとえば，スカラーと擬ベクトル

[*25] この用語は，特殊相対論にも単純に拡張される．$a^\mu = (a^0, \boldsymbol{a})$ は，空間成分が $P(\boldsymbol{a}) = \boldsymbol{a}$ という擬ベクトルで構成されていたら a^μ は擬ベクトルとよばれる．p が，空間反転のもとで $P(p) = -p$ のように自分自身のマイナスになる場合は，擬スカラーである．

表 4.6 いくつかの中間子九重項の量子数

軌道角運動量	スピン	J^{PC}	観測されている九重項			平均質量
			$I=1$	$I=1/2$	$I=0$	(MeV/c^2)
$l=0$	$s=0$	0^{-+}	π	K	η, η'	400
	$s=1$	1^{--}	ρ	K^*	ϕ, ω	900
$l=1$	$s=0$	1^{+-}	b_1	K_{1_B}	h_1, h_1	1200
	$s=1$	0^{++}	a_0	K_0^*	f_0, f_0	1100
	$s=1$	1^{++}	a_1	K_{1_A}	f_1, f_1	1300
	$s=1$	2^{++}	a_2	K_2^*	f_2', f_2	1400

は固有値 +1 をもち,一方,ベクトルと擬スカラーは固有値 −1 をもつ.ハドロンは P の固有状態であり,ちょうどスピンや電荷やアイソスピンやストレンジネスなどで分類されたように,P の固有値に従って分類することも可能である.場の量子論によると,フェルミオン(半整数のスピン)のパリティは,対応する反粒子の反対でなければならない.一方,ボソン(整数のスピン)のパリティはその反粒子と同じである.クォーク自身のパリティを正と定義するので,反クォークのパリティは負になる[*26].基底状態にある複合系のパリティは,それを構成しているもののパリティの掛け算である(「加算的」である電荷やストレンジネスなどと対照的に,パリティは「積算的」量子数であるという)[*27].ゆえに,バリオン八重項と十重項は $(+1)^3$ でパリティ正を,一方,擬スカラーとベクトル中間子九重項は $(-1)(+1)$ でパリティ負をもつ(「擬」という接頭語から粒子のパリティがわかる).(二つの粒子の)励起状態では,余分な係数 $(-1)^l$ がある.ここで l は軌道角運動量である [18].よって,一般的には,中間子は $(-1)^{l+1}$ のパリティをもつ(表4.6).一方で,光子はベクトル粒子で(それは,ベクトルポテンシャル A_μ で表現される),スピンは 1,内部パリティは −1 である.

強い相互作用と電磁気相互作用における鏡像対称性が意味するのは,そのような過程のすべてでパリティが保存しているということである.元々は,誰もがそれが弱い相互作用にも当てはまると確信していた.しかし,1950 年代初頭に「タウ・シータ・パズル」として知られている厄介な矛盾が出現した.当時 τ と θ とよばれた 2 種類の

[*26] この選択は完全に任意である.反対にしてもまったく問題ない.実際,原理的には,クォークのフレーバーのいくつかに対して正,残りのクォークに対して負を割り振ることもできた.これに従うとハドロンのパリティは別のセットになったが,パリティの保存はそれでも成立した.ここで採用しているルールはあきらかに最も単純で,かつ,よく使われている割り振り方である.

[*27] この違いは見た目より小さい.ある意味,表記法の違いによる結果だ.幾帳面に無矛盾性を追求すると,パリティ演算子は指数関数を使って $P = e^{i\pi K}$ と書く.ここで,演算子 K は,たとえば,スピンのような役割を果たす(式 (4.28)).K の固有値は,P の $+1$ と -1 に対応して 0 と 1 である.そして,パリティの掛け算は K の足し算に対応する.

ストレンジ中間子は，同じ質量，同じスピン（ゼロ），同じ電荷などをもち，あらゆる観点で同一のように思われた．しかし，片方が二つのパイ中間子に，もう一方が三つのパイ中間子に崩壊する，すなわち，反対のパリティ状態に崩壊するという点だけは違っていた．

$$\begin{aligned} \theta^+ &\to \pi^+ + \pi^0 \quad (P = (-1)^2 = +1) \\ \tau^+ &\to (\pi^+ + \pi^0 + \pi^0), (\pi^+ + \pi^+ + \pi^-) \quad (P = (-1)^3 = -1) \end{aligned} \quad (4.53)$$

同一の粒子が違ったパリティをもっているかのようで奇妙に見えた．別の案が1956年にリーとヤンによって提唱された．それによると，τ と θ は本当は同じ粒子で（現在では K^+ として知られている），一方の崩壊ではたんにパリティが保存されていないというのだ．この発想が元となり，弱い相互作用におけるパリティ不変性の証明を探したが，その証拠がないことに気づき，実験的な検証を提案することとなった．

4.4.2 荷電共役

古典電気力学は，あらゆる電荷の符号の変化に対して不変である．すなわち，ポテンシャルと場は符号を変えるが，それを補償する電荷係数がローレンツの法則中にあり，力は結局同じになる．素粒子物理学では，この「電荷の符号を変える」という概念を一般化する操作を導入する．それは荷電共役 C とよばれ，粒子を反粒子に変換する．

$$C|p\rangle = |\bar{p}\rangle \quad (4.54)$$

「荷電共役」という言葉は多少誤解を生じさせる．というのは，C は，中性子のような中性の粒子に適用でき（反中性子を生成する），電荷，バリオン数，レプトン数，ストレンジネス，チャーム，ビューティ，トゥルースなどあらゆる「内部」量子数の符号を変える一方で，質量，エネルギー，運動量，スピンを変化させない．

P と同様に，C を二度演算すると元の状態に戻り，

$$C^2 = I \quad (4.55)$$

それゆえ C の固有値は ± 1 である．しかし，P と違って，自然界に存在する粒子のほとんどはあきらかに C の固有状態ではない．というのは，$|p\rangle$ がもし C の固有状態ならば，

$$C|p\rangle = \pm|p\rangle = |\bar{p}\rangle \quad (4.56)$$

となり，$|p\rangle$ と $|\bar{p}\rangle$ は，違いがあったとしても符号の違いだけになり，同じ物理状態を表現していることになってしまう．ゆえに，粒子と反粒子の区別のない粒子のみが C の固有状態になり得る．このため，光子や八道説の図の真ん中に位置する π^0, η, η', ρ^0, ϕ, ω, ψ などが C の固有状態となる．光子は C の操作で符号を変える電磁場に付随する量子なので，光子の「荷電共役数」が -1 であることは理にかなっている．スピン 1/2 の粒子と反粒子で構成され，角運動量 l とスピンの合計が s である系は C の固有値が $(-1)^{l+s}$ となることを示せる [19]．クォーク模型によると，中間子はまさにこのようなかたちを取っている．擬スカラーは $l = 0$ で $s = 0$ なので $C = +1$ で，ベクトルは $l = 0$ で $s = 1$ なので $C = -1$ である（**表 4.6** のように，まるで C は多重項すべてに対して意味のある量子数であるかのようにたびたび列記されるが，実際のところ，八道説の図の真ん中に対してだけ正しい意味をもつ）．

荷電共役は積算的な量子数で，パリティ同様，強い相互作用と電磁気相互作用では保存する．ゆえに，たとえば，π^0 は二つの光子に崩壊するが

$$\pi^0 \to \gamma + \gamma \tag{4.57}$$

（n 個の光子に対しては $C = (-1)^n$ なので，この場合は崩壊の前後で $C = +1$ である），三つの光子には崩壊できない．同様に，ω は $\pi^0 + \gamma$ に崩壊するが，$\pi^0 + 2\gamma$ には決して崩壊しない．強い相互作用では，荷電共役不変性より，たとえば，

$$p + \bar{p} \to \pi^+ + \pi^- + \pi^0 \tag{4.58}$$

という反応で荷電パイ中間子のエネルギー分布は（平均すると）同じでなければならない [20]．一方，荷電共役は弱い相互作用では対称ではないので，ニュートリノに適用すると（左巻きであることを思い出そう）C 変換で左巻きの反ニュートリノになるはずであるが，そうはならない．よって，ニュートリノを含む過程では，いかなるときも C 変換した過程は物理的にあり得ない．そして，純粋にハドロンだけが寄与する弱い相互作用においても P 同様 C の破れを示す．

C の固有状態の粒子はあまり多くないので，素粒子物理学における直接の応用は限られている．強い相互作用だけに話を絞り，適当なアイソスピン変換と組み合わせると C 変換の威力は多少拡張され得る．アイソスピン空間における軸 2 に対して $180°$ の回転は，I_3 を $-I_3$ に変換する[*28]．たとえば，π^+ は π^- になる．ここでもし荷電共役操作を行うと π^+ に戻る．ゆえに，荷電パイ中間子は C だけの固有状態ではない

[*28] 軸 1 を使う人もいる．あきらかに 1–2 平面上のどちらの軸を取ってもよい．

が，この二つの操作の組み合わせに対しては固有状態となっている．あまり意味はないが，その変換の掛け合わせは「Gパリティ」とよばれている．

$$G = CR_2, \qquad R_2 = e^{i\pi I_2} \tag{4.59}$$

ストレンジネス（あるいは，チャーム，ビューティ，トゥルース）をもたないすべての中間子がG_iの固有状態で[*29]，アイソスピンIの多重項に対してその固有値は

$$G = (-1)^I C \tag{4.60}$$

で与えられる（問題 4.36）．ただし，ここでCは中性のメンバーの荷電共役数である．一つのパイ中間子では$G = -1$であり，n個のパイ中間子からなる系は

$$G = (-1)^n \tag{4.61}$$

となる．これは非常に便利な結果である．というのは，ある崩壊において何個のパイ中間子が放出され得るかわかる．たとえば，ρは$I = 1$と$C = -1$をもつので$G = +1$であることから二つのパイ中間子に崩壊できるが三つには崩壊できない．一方，ϕ, ω, そしてψ（すべてが$I = 0$）は，三つに崩壊できるが二つには崩壊できない．

4.4.3 CP

これまで見てきたように，弱い相互作用はパリティ変換Pのもとで不変ではない．最もあきらかな証拠はパイ中間子崩壊

$$\pi^+ \to \mu^+ + \nu_\mu \tag{4.62}$$

で放出される反ミュー粒子がいつも左巻きであるという事実である．そしてまたCに対しても弱い相互作用は不変ではない．というのは，この反応の荷電共役は

$$\pi^- \to \mu^- + \bar{\nu}_\mu \tag{4.63}$$

であり，左巻きミュー粒子を伴うはずであるが，実際にはミュー粒子はいつも右巻きである．しかし，二つの操作を組み合わせると，対称な世界に戻る．CPは左巻き反

[*29] たとえば，K^+はCの固有状態ではなく，R_2でK^0になり，その後Cで$\bar{K}^0$になる．R_2の代わりに適当な$SU(3)$変換を使うことで，アイデアをK中間子系に拡張することはできるが，$SU(3)$は強い相互作用において非常によい対称性というわけではないので，そうすることにわずかにためらいがある．

ミュー粒子を右巻きミュー粒子に変える．これはまさしくわれわれが自然の中で観測していることだ．パリティの破れに衝撃を受けた多くの人々はこの事実に慰められた．われわれが直感的に長いこと話していたのは，たぶん，その組み合わされた操作だったのだ．おそらく，右巻き電子の「鏡像」が意味するのは左巻きの陽電子だったに違いない[*30]．いまわれわれが CP とよんでいるものを最初からパリティと定義しておけば，パリティの破れによるトラウマを避けられたかもしれない（少なくとも先延ばしできた）．用語をいまから変えるのは遅すぎるが，左と右が対称であるべきだという生まれもった感覚を慰めることの手助けには少なくともなる．

4.4.3.1 中性 K 中間子

ゲルマンとパイスによる古い論文で初めて指摘されたように，CP 不変性は K 中間子系に対して奇妙な意味合いをもつ．図 4.12 の「箱型」ダイアグラムで現在のわれわれが表現する二次の弱い相互作用を通して，ストレンジネス $+1$ をもつ K^0 がストレンジネス -1 をもつ反粒子 $\bar{K}^0$ に変わり得ること

$$K^0 \rightleftharpoons \bar{K}^0 \tag{4.64}$$

に彼らは気づいた[*31]．その結果，われわれが実験室で通常観測している粒子は K^0 や $\bar{K}^0$ ではなく，むしろ，それら二つの線形結合である．とくに，次のように CP の固有状態を形成することができる．K は擬スカラーなので

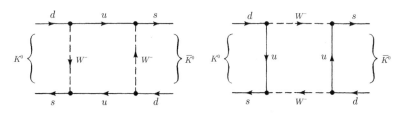

図 4.12 $K^0 \rightleftharpoons \bar{K}^0$ に寄与するファインマン図（一つあるいは両方の u クォークを，c あるいは t クォークで置き換えたものを含め，他のダイアグラムもある）

[*30] ちなみに，古典電気力学では電荷を完全に擬スカラーとみなせる．$\mathbf{E}$ は擬ベクトルに，$\mathbf{B}$ はベクトルになるが，結果は同じになる．プラスの電荷の鏡像を正にするか負にするかはまったくもって趣味の問題である．しかし，電荷は変わらないというのが最もすっきりしているように思えるし，普通の慣例である．

[*31] このような内部変換の可能性があるのは，ほぼ中性 K 中間子系に限られた．「安定な」ハドロンで他に可能性があるのは，$D^0/\bar{D}^0$，$B^0/\bar{B}^0$，$B_S^0/\bar{B}_S^0$ である（問題 4.38）．

$$P|K^0\rangle = -|K^0\rangle, \qquad P|\bar{K}^0\rangle = -|\bar{K}^0\rangle \tag{4.65}$$

となる.一方,式 (4.54) から

$$C|K^0\rangle = |\bar{K}^0\rangle, \qquad C|\bar{K}^0\rangle = |K^0\rangle \tag{4.66}$$

である.したがって,

$$CP|K^0\rangle = -|\bar{K}^0\rangle, \qquad CP|\bar{K}^0\rangle = -|K^0\rangle \tag{4.67}$$

となり,それゆえ(規格化された)CP の固有状態は

$$|K_1\rangle = \left(\frac{1}{\sqrt{2}}\right)(|K^0\rangle - |\bar{K}^0\rangle), \qquad |K_2\rangle = \left(\frac{1}{\sqrt{2}}\right)(|K^0\rangle + |\bar{K}^0\rangle) \tag{4.68}$$

である.ここで,

$$CP|K_1\rangle = |K_1\rangle, \qquad CP|K_2\rangle = -|K_2\rangle \tag{4.69}$$

である.

弱い相互作用で CP が保存していると仮定すると,K_1 は $CP = +1$ の状態にのみ崩壊できるし,一方,K_2 は $CP = -1$ の状態に行かなければならない.典型的には,中性 K 中間子は二つ,あるいは三つのパイ中間子に崩壊する.しかし,二つのパイ中間子からなる状態はパリティ $+1$ を,そして三つのパイ中間子からなる系は $P = -1$ であること,その両方が $C = +1$ であることをすでに見てきた.つまり,K_1 は二つのパイ中間子に,K_2 は三つのパイ中間子に崩壊する(決して二つには崩壊しない)[*32].

$$K_1 \to 2\pi, \qquad K_2 \to 3\pi \tag{4.70}$$

さて,2π への崩壊の方が解放されるエネルギーがずっと大きいので,崩壊の速度もずっと速い.よって,K^0 のビームからスタートすると

$$|K^0\rangle = \frac{1}{\sqrt{2}}(|K_1\rangle + |K_2\rangle) \tag{4.71}$$

K_1 成分が先に崩壊して消えてしまい,最終的には純粋な K_2 のビームになる.ビームの生成地点近傍ではたくさんの 2π 崩壊事象があるが,生成地点からはるか遠くに離れると,3π 崩壊事象だけが期待される.

[*32] 実際のところ,角運動量の組み合わせによっては $\pi^+\pi^-\pi^0$ 系で $CP = +1$ の状態をつくることが可能である.しかし,これにより K_1 は(まれに)3π に崩壊できるが,K_2 は 2π に崩壊できないという致命的な事実を変えることはない.

さて，われわれはあまりに多くのことを理解しなければならない．クローニンはそれを楽しい回想録にまとめた [22]．

> ここにいる紳士二人，ゲルマンとパイスが，短寿命の K 中間子に加えて長寿命の K 中間子が存在することを予言しました．その予言は，美しく，エレガントで，簡潔なものでした．世の中には純粋にその美しさのためだけに読むべき論文があります．彼らの論文は，1955 年に Physical Review で発表されました．なんと素晴らしいことでしょうか．とりわけ，その内容を理解したと思ったときには，背骨が上下に震えるでしょう．当時，最も著名な理論家の多くがこの予言は本当にでたらめだと思いました．

しかし，それはでたらめではなかったのだ．1956 年，レーダーマンと彼の共同研究者がブルックヘブンで K_2 を発見した [23]．実験的に，それらの寿命は

$$\tau_1 = 0.895 \times 10^{-10} \text{ 秒}, \qquad \tau_2 = 5.11 \times 10^{-8} \text{ 秒} \tag{4.72}$$

なので，K_1 はたいてい数 cm 飛んだ後に消えてしまうが，K_2 は何 m も飛ぶ．K_1 と K_2 はどちらかが一方の反粒子というわけではないことに注意しよう．それぞれが，それぞれの反粒子をもっている（K_1 は $C = -1$ で，K_2 は $C = +1$ だ）．それらは，質量についてもわずかに異なる．実験によると [24]

$$m_2 - m_1 = 3.48 \times 10^{-6} \text{ eV}/c^2 \tag{4.73}$$

である．

中性 K 中間子系は，「粒子とは何なのか」という古い問題に微妙な修正を加えた．K 中間子は，典型的には強い相互作用でストレンジネスの固有状態（K^0 と $\bar{K}^0$）として生成されるが，CP の固有状態（K_1 と K_2）として弱い相互作用で崩壊する．ではどちらが「真の」粒子なのであろうか．もし「粒子」は固有の寿命をもたなければならないという立場であれば，「真の」粒子は K_1 と K_2 である[*33]．しかし，そこまで原理主義的になる必要はない．実際には，あるときはどちらか一方を使うのが便利で，またあるときは別の一方を使うのが便利である．その状況は多くの点で偏光に似ている．直線偏光は，左円偏光と右円偏光の重ね合わせと考えることができる．右円偏光を選択的に吸収する媒質に直線偏光のビームを入射させることを想像すると，ちょうど K^0 ビームが K_2 ビームに変わっていくように，そのビームは物質中を進めば進むほどより左円偏光になっていくだろう．しかし，その過程を直線偏光の状態として解析するのか，円偏光の状態として解析するか，どちらを選ぶかはほぼ趣味の問題である．

[*33] これは，偶然にもゲルマンとパイスがとった立場である．

4.4.3.2 CP の破れ

中性 K 中間子は，CP 不変性の試験をするための完璧な実験室系を提供する．十分長いビームラインを使うことにより，純粋に長寿命成分だけのサンプルを意図してつくることができる．もしここで 2π 崩壊を観測すれば，CP が破れていることを知ることになる．このような実験についてクローニンとフィッチが 1964 年に報告した [25]．57 フィートの長さのビームラインの終わりの地点で，彼らは総数 22 700 の崩壊の中から 45 個の 2π 崩壊事象を見つけた．その割合はわずかだが（約 1/500），紛れもない CP の破れの証拠である．その事実が示すのは，長寿命の中性 K 中間子は結局のところ完璧な CP の固有状態ではなく，わずかに K_1 成分が混じっているということだ．

$$|K_L\rangle = \frac{1}{\sqrt{1+|\epsilon|^2}}(|K_2\rangle + \epsilon|K_1\rangle) \qquad (4.74)$$

係数 ϵ は，完璧な CP 不変から自然がどれだけずれているかを示す指標で[*34]，実験的にはその大きさはおよそ 2.24×10^{-3} である．

その効果は小さいが，CP の破れは，パリティの破れが引き起こしたよりもはるかに深遠な問題を含んでいる．パリティ非保存は，すぐに弱い相互作用の理論に組み込まれた（実際のところ，ニュートリノに対する「新しい」理論であるワイルの方程式は，その翼を羽ばたかせようと何年間も待っていた）．パリティの破れを取り扱うのはやさしかった．というのも，その効果が非常に大きかったからだ．すべてのニュートリノが左巻きで，50.01% ということがなかったからだ．そういう意味では，パリティは弱い相互作用において最大限破れている．対照的に，CP の破れはいかなる測定においても小さな効果だ．標準模型の範疇では，カビボ–小林–益川（CKM）行列中に経験則的な位相因子を含めることで CP の破れの効果を埋め込んでいる．その結果，（少なくとも）3 世代のクォークが必要となる．実際，それを実現するために，まだチャームさえ発見される以前に小林と益川はクォークの 3 世代目を提案した [27]．

フィッチとクローニンの実験が，自然界の完全なる鏡像対称性に対する最後の望みを完全に破壊した．そして，これに続く K_L のセミレプトニック崩壊の研究で，より劇的な CP の破れの証拠があきらかになった．すべての K_L のうち 32% が，これまでに議論した 3π に崩壊するが，41% は

[*34] これが，K_L が 2π に崩壊する唯一の道筋ではない．標準模型では，$K^0 \rightleftharpoons \bar{K}^0$ 混合を含まず，代わりにいわゆる「ペンギン」ダイアグラムに関連づけられる小さな「直接的」CP の破れもある（問題 4.40）．$K_L \to 2\pi$ における直接的 CP の破れは 1999 年に確かめられた [26]．

$$\text{(a)}\ \pi^+ + e^- + \bar{\nu}_e \quad \text{あるいは} \quad \text{(b)}\ \pi^- + e^+ + \nu_e \tag{4.75}$$

のように崩壊する.CP 変換により (a) が (b) になることに注意すると,もし CP が保存しており,かつ K_L が純粋な固有状態なら,(a) と (b) は同じ確率で起こるだろう.しかし,実験家が示したのは,K_L が 3.3×10^{-3} だけ電子よりも陽電子により多く崩壊するということであった.これは,物質と反物質を絶対的に区別する最初の過程であり,不定性のない,表記法によらない正の電荷の定義を与える:「長寿命の中性 K 中間子の崩壊でより多く生成されるレプトンの電荷が正だ」.CP の破れが粒子と反粒子を不平等に取り扱うことを許すという事実は,物質優勢宇宙であることの理由なのかもしれない [29].これについては,12 章でさらに調べてみる.

ほぼ 40 年間,実験室での CP の破れの観測は,K_L の崩壊でのみ行われてきた.1981 年に,カーターと三田は中性 B 中間子でも破れが起きているはずだということを指摘した [30].この可能性を調べるために,膨大な数の $B^0/\bar{B}^0$ 対を生成するよう特別に設計された「B ファクトリー」が SLAC と KEK に建設された [31].2001 年までに,それらの検出器(それぞれ「BaBar」と「Belle」)は,中性 B の崩壊で CP が破れているという,論争の余地のない証拠を記録した [32]*35.CP の破れが(式 (4.75) のように)比較的よくある崩壊中の小さな効果である K 中間子系と違って,B の場合,極度にまれな崩壊中の大きな効果となる傾向がある.たとえば,$B^0 \to K^+ + \pi^-$ の分岐比はわずか 1.82×10^{-5} であるが,この崩壊は CP の「鏡像」である $\bar{B}^0 \to K^- + \pi^+$ よりも 13% 多く発生する.これまでのところ,K 以外で CP の破れが検出された唯一の系である*36.

4.4.4 時間反転と CPT 定理

何らかの物理過程,たとえば二つのビリヤードボールの弾性散乱の映画をつくったとしよう.この映画を逆再生したら,それは起こり得る物理過程だろうか.それとも,それを視聴している人は自信をもって「いや,それは不可能だ.フィルムが逆向きに走っているに違いない」ということができるだろうか.古典的な弾性散乱の場合,「時間が逆向きな」過程は完全に可能である(きちんといっておくと,画像の中にたくさん

---

*35 中性 B の崩壊における「直接的」CP の破れは,どちらの研究所でも 2004 年に確認された [33].
*36 $B_s^0/\bar{B}_s^0$ 混合の証拠 [34] や,さらに最近では $D^0/\bar{D}^0$ 混合の証拠 [35] があるが,どちらの場合もまだ CP の破れの証拠はない.b クォークは s クォークのように世代の境界を越えないと崩壊できないので,B 中間子は K 中間子のように比較的長寿命(10^{-12} 秒)である.対照的に c クォークは同じ世代内の s に行けるため,D 中間子は短寿命(10^{-15} 秒)だ.D の方が生成するのは簡単だが,CP の破れを探すのにより適した場所が B 系となっている理由の一つである.

のビリヤードボールを置くと，逆再生バージョンはまずあり得ない．ボールが勝手に集まって完璧な三角形になり，1個の手玉が離れていくのを見たら驚くに違いなく，このフィルムは逆再生だと確信するだろう．しかし，それは，すべてのボールがまさに正しいスピードと角度で入ってくるという，必要な初期条件を設定することがとんでもなく難しいということでしかない．よって，初期条件によって「時間軸の向き」に対するヒントが与えられるかもしれないが，衝突自体を支配している法則は逆行であっても順行と同じように成立する）．ごく最近まで，すべての素粒子間の相互作用にはこの時間反転不変性があると信じられてきた．しかし，パリティが破れていたことによって，時間反転が本当に保証されているのかという疑問が生じるのは自然だった [36]．

あきらかになってきたのは，時間反転の検証をするのは P や C の検証よりもはるかに困難であるということだ．まず，多くの粒子が P の固有状態であり，いくつかが C の固有状態であるが，T（映画を逆向きに再生する「時間反転」演算）の固有状態である粒子はない[*37]．なので，P や C に対してやったように，たんに掛け算をすることで「T の保存」を確認することはできない．最も直接的な検証は，ある特定の反応（たとえば，$n+p \to d+\gamma$）に着目して，その逆（$d+\gamma \to n+p$）をやってみることだろう．適切な運動量，エネルギー，スピンであれば，反応の頻度はどちらでも同じであるべきだ（これは「詳細平衡の定理」とよばれ，時間反転不変性から直接導かれる）．そのような試験が強い相互作用と電磁相互作用に対して可能で，さまざまな過程が調べられた．その結果はいつも否定的（T の破れの証拠がない）であったが，それは驚くには値しない．P と C の経験に基づくと，もし時間反転の破れがあるとしたら弱い相互作用で見つかると予期される．不運なことに，逆反応の実験を弱い相互作用に対して行うことは難しい．たとえば，典型的な弱い相互作用による崩壊 $\Lambda \to p^+ + \pi^-$ を考えてみよう．その逆過程は $p^+ + \pi^- \to \Lambda$ だが，陽子とパイ中間子の強い相互作用が弱い相互作用を完全にかき消してしまうので，そのような過程が見られることは決してない．強い相互作用と電磁気力の混入を防ぐには，ニュートリノの過程にいけばよいのかもしれない．しかし，ニュートリノに対して確かな測定を行うのはきわめて難しいし，ここでわれわれが見ようとしているのは非常に小さい効果なのだ．それゆえ，実際問題，T 不変性の決定的な検証では，もし T が完璧な対称性であれば高い精度でゼロになるような量を注意深く測定することになる．古くからある例は，素粒

[*37] 粒子は鏡に映ったものと同一になり得る．そして，もし電気的に中性であれば，反粒子と同一になり得る．しかし，時間を逆行しているものと同一にはなり得ない（少なくとも，これまでにそういう例はない）．

子の静的な電気双極子モーメントだ[*38]. たぶん, 最も感度の高い実験的検証は中性子 [37] と電子 [38] の電気双極子モーメントの上限値で

$$d_n < (6 \times 10^{-26}\,\mathrm{cm})e, \qquad d_e < (1.6 \times 10^{-27}\,\mathrm{cm})e \qquad (4.76)$$

である. ここで, e は陽子の電荷である. T の破れを直接検証した実験はない.

しかしながら, この世界で時間反転が完璧ではあり得ないと信じるに足る説得力のある理由がある. それは, いわゆる CPT 定理とよばれるもので, 場の量子論で得られる最も深遠な結果の一つである [39]. ローレンツ不変性, 量子力学, そして相互作用は場によるものだとする考えなど, 最も一般的な仮定だけから, 時間反転, 荷電共役, そしてパリティの組み合わせ (掛け合わせる順番は問わない) は, いかなる相互作用においても正確に対称であるということがいえる. CPT という掛け算を保存することなしには, いかなる場の量子論も構築することができないのだ. もし, フィッチ–クローニンが実験で示したように CP が破れているのなら, それを吸収するための T の破れがあるに違いない. もちろん, あらゆる不可能性の主張と同様に, CPT 定理はたんにわれわれの想像力不足を示しているものかもしれないので, 実験により検証されなければならない. だからこそ, 他の結果に依存しない T の破れの証拠を探すことが非常に重要なのだ. しかし, CPT 定理には, 実験的に確認すべき他の示唆もある. もし定理が正しければ, あらゆる粒子は, 反粒子と完全に同じ質量と寿命をもたなければならない[*39]. 無数の粒子–反粒子対に対して測定が行われてきた. 今日まで最も感度の高い試験は, K^0 と $\bar{K}^0$ の質量差で, K^0 質量に対する割合として 10^{-18} 未満の精度までわかっている. ということで, CPT 定理は理論的にはとてつもなく確固とした土台があり, 実験的にも比較的安全である. 実際, ある著名な理論家が表現したように, もし CPT の破れが見つかったら「すべてがてんやわんやの大騒ぎ」だ.

[*38] 素粒子では, 双極子モーメント d は, スピン s の軸に沿った向きを向くはずである. 他を向くことはできない. しかし, d はベクトルであり, その一方で s は擬ベクトルである. よって, 双極子モーメントがゼロでなければ, P の破れを意味する. 同様に, s は時間反転で符号を変えるが, d は変えないので, d がゼロでないことも (さらに興味深いことに) T の破れを意味する. さらに詳しいことを知りたければ, ラムジーを見よ [32].

[*39] これは, C 不変性からも導かれる. しかし, 後者が破れていることを知っているので, 質量と寿命の等価性は (偶然にも符号は反対であるが, 磁気モーメントも), はるかに弱い仮定である CPT 対称性に基づいているということが重要になる.

参 考 書

[1] たとえば，F. Halzen and A. D. Martin: Quarks and Leptons (John Wiley & Sons, 1984) Section 14.2 より完全（だが少し古い）議論としては，(a) E. L. Hill: Reviews of Modern Physics, **23**, 253 (1951).

[2] このことに慣れていない場合は，以下を参照するとよいだろう．D. Halliday, R. Resnick and J. Walker: Fundamentals of Physics, 6th edn (John Wiley & Sons, 2001) Section 11.3.

[3] 群論の手頃な読みものとしては，M. Tinkham: Group Theory and Quantum Mechanics (Dover, 2003); (a) H. J. Lipkin: Lie Groups for Pedestrians (Dover, 2002).

[4] たとえば，E. Merzbacher: Group Theory and Quantum Mechanics, 3rd edn (John Wiley & Sons, 1998) Chapter 17, Section 5.

[5] 以下を参照．M. Tinkham: Group Theory and Quantum Mechanics (Dover, 2003); (a) H. J. Lipkin: Lie Groups for Pedestrians (Dover, 2002) 90, Chapter 16, Sections 3 and 4.

[6] W. Heisenberg: Zeitschrift Fur Physik, **77**, 1 (1932). この古典的な論文の英訳は (a) D. M. Brink: Nuclear Forces (Pergamon, 1965).

[7] V. B. Fliagin *et al.*: Soviet Physics, JETP, **35** (8), 592 (1959).

[8] H. L. Anderson, E. Fermi, E. A. Long and D. E. Nagle: Physical Review, **85**, 936 (1952).

[9] A. De Rujula, M. Georgi, and S. L. Glashow: Physical Review, D **12**, 147 (1975); (a) S. Weinberg: Transactions of the New York Academy Sciences, Series II, **38**, 185 (1977); (b) S. Gasiorowicz and J. L. Rosner: American Journal of Physics, **49**, 962 (1981); (c) J. Gasser and H. Leutwyler: Physics Report, **87**, 78 (1982).

[10] B. R. Holstein: American Journal of Physics, **63**, 14 (1995).

[11] 定性的にもっともらしいメカニズムは，「MIT バッグモデル」として提案された．半径 R の球状殻内に閉じ込められた質量 m の自由なクォークは，有効質量 $m_{\text{eff}} = \sqrt{m^2 + (\hbar x/Rc)^2}$ を有することが見出される．ここで，x は約 2.5 という無次元数である．陽子の半径（たとえば，1.5×10^{-13} cm）の場合，アップクォークとダウンクォークについて $m_{\text{eff}} = 330 \, \text{MeV}/c^2$ を得る．以下を参照．F. E. Close: An Introduction to Quarks and Partons (Academic, 1979) Section 18.1.

[12] 裸の質量の値は，Particle Physics Booklet (2006) より引用した．軽いクォークの有効質量は，中間子では幾分小さく，バリオンではより大きい．最適な値は粒子に依存する．表 5.3, 5.5, 5.6 を参照．

[13] パリティ導入のわかりやすい紹介は，R. P. Feynman, R. B. Leighton, and M. Sands: The Feynman Lectures on Physics, vol. **III** (Addison-Wesley, 1965) 17-22.

[14] T. D. Lee and C. N. Yang: Physical Review, **104**, 254 (1956).

[15] C. S. Wu *et al.*: Physical Review, **105**, 1413 (1957). わかりやすくするために，この実験に伴う厄介な技術的困難を無視している．コバルト核の向きをそろえるために，試料を 1°K 以下の温度で 10 分間保持しなければならなかった．それまでの実験で，パリティの破れの証拠が見つからなかったことは驚くべきことではない．

[16] たとえば，パウリがワイスコフに送った手紙を参照．W. Pauli: Collected Scientific Papers, vol. **I**, (eds R. Kronig and V. F. Weisskopf) (Wiley-Interscience, 1964) xii; (a) P. Morrison: Scientific American, 45 (April 1957).

[17] G. Backenstoss *et al.*: Physical Review Letters, **6**, 415 (1961); (a) M. Bardon *et al.*: Physical Review Letters, **7**, 23 (1961). それまでの実験はこの結果を予期した．(b) M.

Goldhaber, L. Grodzins, and A. W. Snyder: Physical Review, **109**, 1015 (1958).
[18] これは, 波動関数の空間成分の角度部分, $Y_l^m(\theta,\phi)$ である. たとえば, M. Tinkham: Group Theory and Quantum Mechanics (Dover, 2003); (a) H. J. Lipkin: Lie Groups for Pedestrians (Dover, 2002) 186 を参照 (または, 問題 5.3).
[19] D. H. Perkins: Introduction to High-Energy Physics, 2nd edn (Addison-Wesley, 1982) 99.
[20] C. Baltay *et al.*: Physical Review Letters, **15**, 591 (1965).
[21] M. Gell-Mann and A. Pais: Physical Review, **97**, 1387 (1955). この論文は, パリティの破れがわかる前に書かれたものだが, CP を彼らの C に代えれば本質的な考え方は変わらない. もちろん, 図 4.12 のようなクォーク・ダイアグラムは描かれていない. K^0 と $\bar{K}^0$ の両方が $\pi^+ + \pi^-$ に崩壊できる. つまり, $K^0 \Leftrightarrow \pi^+ + \pi^- \Leftrightarrow \bar{K}^0$ という事実に基づいて式 (4.64) を議論している.
[22] J. W. Cronin and M. S. Greenwood: Physics Today, 38 (July 1982). クローニンは符号反転の表記法を使用し, 式 (4.66) に -1 を入れるが, 物理は同じである.
[23] K. Lande *et al.*: Physical Review, **103**, 1901 (1956).
[24] そのような微小質量差の検出自体, 魅力的な話である. たとえば, 以下を参照. C. S. Wu *et al.*: Physical Review, **105**, 1413 (1957) Sect. 16.13.1.
[25] J. H. Christenson *et al.*: Physical Review Letters, **13**, 138 (1964).
[26] A. Alavi-Harati *et al.*: Physical Review Letters, **83**, 22 (1999); (a) V. Fanti *et al.*: Physics Letters, B **465**, 335 (1999). 初期の主張は (b) B. Schwarzschild: Physics Today, 17 (October 1988) を参照 (ただし, 早すぎたようだ).
[27] M. Kobayashi and T. Maskawa: Progress in Theoretical Physics, **49**, 652 (1973).
[28] S. Gjesdal *et al.*: Physics Letters, B **52**, 113 (1974); (a) S. Bennett *et al.*: Physical Review Letters, **19**, 993 (1967); (b) D. Dorfan *et al.*: Physical Review Letters, **19**, 987 (1967).
[29] F. Wilczek: Scientific American, 82 (December 1980).
[30] A. B. Carter and A. I. Sanda: Physical Review, D **23**, 1567 (1981). CP の破れの包括的な取り扱いについては以下. (a) I. I. Bigi and A. I. Sanda: CP Violation (Cambridge University Press, 2000).
[31] H. R. Quinn and M. S. Witherell: Scientific American, 76 (October 1998).
[32] A. Abashian *et al.*: Physical Review Letters, **86**, 2509 (2001); (a) B. Aubert *et al.*: Physical Review Letters, **86**, 2515 (2001).
[33] B. Aubert *et al.*: Physical Review Letters, **93**, 131801 (2004); (a) Y. Chao *et al.*: Physical Review, D **71**, 031502 (2005).
[34] O. Schneider: Review of Particle Physics, 836 (2006).
[35] B. Aubert *et al.*: Physical Review Letters, **98**, 211802 (2007).
[36] 時間反転の非公式だが優れた扱いは, O. E. Overseth: Scientific American, 88 (October 1969); (a) R. G. Sachs: Science, **176**, 587 (1972).
[37] P. G. Harris *et al.*: Physical Review Letters, **82**, 904 (1999); (a) N. F. Ramsey: Reports of Progress in Physics, **45**, 95 (1982).
[38] B. Regan *et al.*: Physical Review Letters, **88**, 071805 (2002).
[39] CPT 定理は, J・シュウィンガーと G・リューダースによって発見され, W. Pauli: Niels Bohr and the Development of Physics (ed W. Pauli) (McGraw-Hill, 1955) によって完成された. 当初, 誰も CPT 定理に注意を払っていなかった. なぜなら, 誰もが T, C, P はそれぞれすべてが完全な対称性だと思っていたからだ. パリティの破れ, そして, とくに CP の破れによって, この定理の重要性が強く認識された.

問題

4.1 I, R_+, R_-, R_a, R_b, R_c すべてが正三角形について対称であることを証明せよ．［ヒント：これを行う方法の一つは，図4.2のように三つの頂点にラベルを付けることである．対称操作は，元々 A, B, C のどれかにいたものを A にもっていく，もし $A \to A$ の場合，$B \to B$ と $C \to C$ だし，そうでなければ，$B \to C$ と $C \to B$ となるので，そこから考える．］

4.2 以下の表における三角形群の「乗算表」の空欄を埋めよ．

	I	R_+	R_-	R_a	R_b	R_c
I						
R_+						
R_-						
R_a						
R_b						
R_c						

行 i, 列 j には，$R_i R_j$ の積を入れる．これはアーベル群だろうか．どうすれば乗算表を見るだけでわかるだろうか．

4.3 (a) 三角形群の 3×3 表現を以下のようにつくる．$D(R)$ を演算子 R の行列表現とする．$D(R)$ が列行列 $\begin{pmatrix} A \\ B \\ C \end{pmatrix}$ に作用すると，新しい列行列 $\begin{pmatrix} A' \\ B' \\ C' \end{pmatrix} = D(R) \begin{pmatrix} A \\ B \\ C \end{pmatrix}$ になる．このとき A' は，元々 A がいた位置に移った頂点である．したがって，たとえば，

$$D(R_+) = \begin{pmatrix} 0 & 1 & 0 \\ 0 & 0 & 1 \\ 1 & 0 & 0 \end{pmatrix}$$

である．ここから，他の5個の行列を見つけること（行列の乗算が問題4.2で構築した表に合っているかどうかチェックした方がよいかもしれない）．

(b) 三角形群は，他のどの群とも同じように，自明な1次元表現をもっている．非自明な1次元表現もあるが，その要素はすべて1で表されるわけではない．この非自明な1次元表現について考えよう．各群の要素はどのような数（1×1 行列）で表されるか．この表現は信用できるだろうか．

4.4 正方形の対称性群を考えよう．それにはいくつの要素があるだろうか．乗算表を作成し，その群がアーベル群であるか否かを決定せよ．

4.5 (a) すべてのユニタリー $n \times n$ 行列の集合が群を構成することを示せ（たとえば，閉じていることを証明するためには，二つのユニタリー行列の積自身がユニタリーであることを示す必要がある）．

(b) 行列式1をもつ $n \times n$ のユニタリー行列の集合が群を構成することを示せ．

(c) $O(n)$ が群を構成することを示せ．

(d) $SO(n)$ が群を構成することを示せ．

4.6 2次元のベクトル $\boldsymbol{A}$ を考える．デカルト座標軸 x, y における成分を (a_x, a_y) とする．x, y を角度 θ だけ反時計回りに回転した系 x', y' におけるその成分 (a'_x, a'_y) はどうなるだろうか．答

えを 2×2 行列 $R(\theta)$ の形で表せ.

$$\begin{pmatrix} a'_x \\ a'_y \end{pmatrix} = R \begin{pmatrix} a_x \\ a_y \end{pmatrix}$$

R が直交行列であることを示せ. また, その行列式の値は何か. このような回転のセットはすべて群を構成するが, この群の名前は何か. 行列を掛けることによって, $R(\theta_1)R(\theta_2) = R(\theta_1 + \theta_2)$ となることを示せ. これはアーベル群か.

4.7 行列 $\begin{pmatrix} 1 & 0 \\ 0 & -1 \end{pmatrix}$ を考える. この群は $O(2)$ に含まれるか. $SO(2)$ には含まれるか. また, これを問題 4.6 のベクトル $\boldsymbol{A}$ に作用させるとどうなるだろうか. これは平面内で可能となる回転を記述しているだろうか.

4.8 電子を文字通り, 半径 r, 質量 m, 角運動量 $\hbar/2$ で回転する古典的な硬い球と仮定しよう. 「赤道」上の点の速度 v はどれくらいだろうか. また, 実験的に, r は 10^{-16} cm 未満であることが知られている. この半径に対応する赤道上の速さはどれくらいか. また, このことから何を結論づけるか.

4.9 式 (4.12) を使用して角運動量を追加するときは, 加算前後の状態数を数えて結果を確認すると便利だ. たとえば, 例題 4.1 では, 最初に二つのクォークがあり, それぞれが $m_s = +1/2$, または $m_s = -1/2$ をもつことができ, 全部で四つの可能性がある. スピンを加えた後, スピンが 1 となる組み合わせ (したがって $m_s = 1, 0, -1$) とスピン 0 ($m_s = 0$) の組み合わせで, 合計で四つの状態である.
  (a) 例題 4.2 に適用して確認せよ.
  (b) 角運動量 2, 1, 1/2 を足せ. 全角運動量の可能な値を列挙し, 状態を数えることによって答えを確認すること.

4.10 「昔の」ベータ崩壊反応 $n \to p + e$ が角運動量の保存を破ることを示せ (三つの粒子はすべてスピン 1/2 をもっている). もし, あなたがパウリだったなら, この反応が実際には $n \to p + e + \bar{\nu}_e$ であることを提案して, ニュートリノにどのようなスピンを割り当てるだろうか.

4.11 $\Delta^{++} \to p + \pi^+$ の崩壊について, 終状態における (重心系) 軌道角運動量量子数 l の可能な値は何か.

4.12 水素原子内の電子で, 軌道角運動量量子数 $l = 1$ の状態を考える. 角運動量量子数 j が $3/2$ で, 全角運動量の z 成分が $(1/2)\hbar$ ならば, $m_s = +1/2$ で電子を見つける確率はいくらだろうか.

4.13 スピン 2 の粒子が二つあり, それぞれ $S_z = 0$ の状態であると仮定する. もし, 系の角運動量の合計を測れたとすると, 軌道角運動量が 0 の場合, どのような値を取ることができるか, また, それぞれの確率はどのようになるか. また, 確率の合計が 1 となることを確かめること.

4.14 スピン 3/2 の粒子とスピン 2 の粒子がある. これらの軌道角運動量が 0, 複合系全体のスピンが 5/2, また, z 成分が $-1/2$ であることを既知とすると, スピン 2 の粒子の S_z の値はいくらか. また, それぞれの確率はいくらか. 確率の合計が 1 となることを確かめること.

4.15 式 (4.22) の $\chi_\pm$ が式 (4.21) の $\hat{S}_x$ の規格化された固有ベクトルであることを確認せよ. また, 対応する固有値を求めよ.

4.16 式 (4.20) 中のスピノルが規格化されているとき, $|a|^2 + |b|^2 = 1$ (式 (4.24)) を示せ.

4.17 (a) 式 (4.21) 中の $\hat{S}_y$ の固有値と規格化された固有スピノルを求めよ.
  (b) 状態 $\begin{pmatrix} \alpha \\ \beta \end{pmatrix}$ にいる電子の S_y を測定すると, どのような値になるか. また, その確率を答えよ.

4.18 電子の状態を $\begin{pmatrix} 1/\sqrt{5} \\ 2/\sqrt{5} \end{pmatrix}$ であるとする.
  (a) S_x を測定した場合, どのような値になるか. また, それぞれの確率を求めよ.
  (b) S_y を測定した場合, どのような値になるか. また, それぞれの確率を求めよ.
  (c) S_z を測定した場合, どのような値になるか. また, それぞれの確率を求めよ.

4.19 (a) $\sigma_x^2 = \sigma_y^2 = \sigma_z^2 = 1$ を示せ (ここでは「1」は実際には 2×2 単位行列を意味し, 行列が特

定されていない場合は単位行列とする).

(b) $\sigma_x\sigma_y = -\sigma_y\sigma_x = i\sigma_z$, $\sigma_y\sigma_z = -\sigma_z\sigma_y = i\sigma_x$, $\sigma_z\sigma_x = -\sigma_x\sigma_z = i\sigma_y$ を示せ. また, これらの結果は,

$$\sigma_i\sigma_j = \delta_{ij} + i\epsilon_{ijk}\sigma_k$$

とすっきりとまとめられる (k については和を取る). ここで δ_{ij} はクロネッカーのデルタであり,

$$\delta_{ij} = \begin{cases} 1, & i = j \\ 0, & それ以外 \end{cases}$$

そして, ϵ_{ijk} はレヴィ・チヴィタ記号で

$$\epsilon_{ijk} = \begin{cases} 1, & ijk = 123, 231, 312 \\ -1, & ijk = 132, 213, 321 \\ 0, & それ以外 \end{cases}$$

である.

4.20 問題 4.19 の結果を用いて以下のことを示せ.
  (a) 交換子 $[A, B] \equiv AB - BA$ を用いて, $[\sigma_i, \sigma_j] = 2i\epsilon_{ijk}\sigma_k$ を示せ.
  (b) 反交換子 $\{A, B\} \equiv AB + BA$ を用いて, $\{\sigma_i, \sigma_j\} = 2\delta_{ij}$ を示せ.
  (c) 二つの任意のベクトル $\boldsymbol{a}$ と $\boldsymbol{b}$ について, $(\boldsymbol{\sigma}\cdot\boldsymbol{a})(\boldsymbol{\sigma}\cdot\boldsymbol{b}) = \boldsymbol{a}\cdot\boldsymbol{b} + i\boldsymbol{\sigma}\cdot(\boldsymbol{a}\times\boldsymbol{b})$ を示せ.

4.21 (a) $e^{i\pi\sigma_z/2} = i\sigma_z$ を示せ.
  (b) y 軸の周りに $180°$ の回転を表す行列 U を見つけ, それが期待通り「上向きスピン」を「下向きスピン」に変換することを示せ.
  (c) より一般的に,

$$U(\boldsymbol{\theta}) = \cos\frac{\theta}{2} - i(\hat{\boldsymbol{\theta}}\cdot\boldsymbol{\sigma})\sin\frac{\theta}{2}$$

を示せ. $U(\boldsymbol{\theta})$ は式 (4.28) で与えられ, θ は $\boldsymbol{\theta}$ の大きさであり, $\hat{\boldsymbol{\theta}} \equiv \boldsymbol{\theta}/\theta$ である. [ヒント:問題 4.20 (c) を使用する.]

4.22 (a) 式 (4.28) の U がユニタリーであることを示せ.
  (b) $\det U = 1$ であることを示せ. [ヒント:直接示すこともできる (ただし, 脚注 *10 を参照). あるいは, 問題 4.21 の結果を使用する.]

4.23 4.2.2 項のすべてを高次元のスピンに拡大することは, 比較的簡単である. スピン 1 の場合, 三つの状態 ($m_s = +1, 0, -1$) があり, 列ベクトル

$$\begin{pmatrix} 1 \\ 0 \\ 0 \end{pmatrix}, \quad \begin{pmatrix} 0 \\ 1 \\ 0 \end{pmatrix}, \quad \begin{pmatrix} 0 \\ 0 \\ 1 \end{pmatrix}$$

でそれぞれ表すことができる. 唯一の問題は, 3×3 行列 $\hat{S}_x$, $\hat{S}_y$, $\hat{S}_z$ を構築することである. 後者は簡単である.
  (a) スピン 1 の $\hat{S}_z$ を構築せよ. $\hat{S}_x$, $\hat{S}_y$ を最も簡単に得るために昇降演算子 $S_\pm \equiv S_x \pm iS_y$ からスタートする. この状態は

$$S_\pm|sm\rangle = \hbar\sqrt{s(s+1) - m(m\pm 1)}|s(m\pm 1)\rangle \tag{4.77}$$

168　4　対　称　性

である.
- **(b)** スピン1の行列 $\hat{S}_+$ と $\hat{S}_-$ を構築せよ.
- **(c)** (b) の結果を用いてスピン1の $\hat{S}_x$ と $\hat{S}_y$ を求めよ.
- **(d)** 同様にスピン3/2の場合に $\hat{S}_x$, $\hat{S}_y$, $\hat{S}_z$ を求めよ.

4.24 以下の粒子：Ω^-, Σ^+, Ξ^0, ρ^+, η, $\bar{K}^0$ についてのアイソスピンの割り当て $|II_3\rangle$ を決定せよ（1章の八道説ダイアグラムを参照）.

4.25 **(a)** ゲルマン–西島公式が u, d, s クォークでどのように機能するか確認せよ.
- **(b)** アイソスピンの割り当て $|II_3\rangle$ は $\bar{u}$, $\bar{d}$, $\bar{s}$ 反クォークでどのようになるか. 割り当てがゲルマン–西島公式と合致することを確認せよ.［クォークを結合すると Q, I_3, A, S はすべて加算されるので, u, d, s, $\bar{u}$, $\bar{d}$, $\bar{s}$ からつくられたすべてのハドロンに対してゲルマン–西島の式が成り立つ.］

4.26 **(a)** ゲルマン–西島公式（式(4.37)）は50年代初めに提案された. これはチャーム, ビューティ, トゥルースの発見よりもはるか昔である. クォークの状態表（1.11節）を用いて, クォークのアイソスピンの割り当ての式(4.38)から, クォーク Q を表す一般公式を A, I_3, S, C, B, T を用いて表せ.
- **(b)** u と d が唯一ゼロではないアイソスピンをもっているクォークなので, U（アップネス）と D（ダウンネス）を用いて I_3 を表せる. その場合どのような式になるだろうか. 同様に, フレーバー数 U, D, S, C, B, T を用いて A を表せ.
- **(c)** すべてをまとめて, フレーバー数で Q の公式を求めよ（つまり, (a) の式から A と I_3 を取り除く）. 最終的には, 3世代クォーク模型におけるゲルマン–西島公式の最もきれいなものになる.

4.27 二つのアイソスピン $-1/2$ の粒子は三重項状態のとき $\mathbf{I}^{(1)} \cdot \mathbf{I}^{(2)} = 1/4$, 一重項状態のときは $-3/4$ であることを示せ.［ヒント：$\mathbf{I}_{\text{tot}} = \mathbf{I}^{(1)} + \mathbf{I}^{(2)}$; 両辺を2乗してみる.］

4.28 **(a)** 式(4.47) と(4.48) を参考にして, $\mathscr{M}_a$ から $\mathscr{M}_j$ までのすべての πN 散乱振幅を, $\mathscr{M}_1$ と $\mathscr{M}_3$ を用いて計算せよ.
- **(b)** 式(4.47) を一般化して, 10個の散乱断面積全体を含むようにせよ.
- **(c)** 同様に式(4.50) を一般化せよ.

4.29 $I = 3/2$ となるチャネルが支配的となる重心系エネルギーの場合, 以下の反応の散乱断面積の比を求めよ. (a) $\pi^- + p \to K^0 + \Sigma^0$; (b) $\pi^- + p \to K^+ + \Sigma^-$; (c) $\pi^+ + p \to K^+ + \Sigma^+$. また, $I = 1/2$ チャネルが支配的だった場合はどうだろうか.

4.30 以下の反応で可能となる合計アイソスピンはいくつか. (a) $K^- + p \to \Sigma^0 + \pi^0$; (b) $K^- + p \to \Sigma^+ + \pi^-$; (c) $\bar{K}^0 + p \to \Sigma^+ + \pi^0$; (d) $\bar{K}^0 + p \to \Sigma^0 + \pi^+$. 一つ, もしくは別のアイソスピンチャネルが支配的であると仮定して断面積の比を計算せよ.

4.31 図4.6のグラフから「共鳴」は（1232だけでなく）1525, 1688, 2190と読み取れる. 二つの曲線を比較して, それぞれの共鳴に対するアイソスピンを決定せよ. 命名は, $I = 1/2$ の任意の状態については N（質量）であり, $I = 2/3$ の状態については Δ である. したがって, 核子は N (939) であり, もとの Δ は Δ (1232) である. 他の共鳴に名前を付け, Particle Physics Booklet を見て答えを確認すること.

4.32 Σ^{*0} は $\Sigma^+ + \pi^-$, $\Sigma^0 + \pi^0$, $\Sigma^- + \pi^+$ に崩壊する（$\Lambda + \pi^0$ にも崩壊するがここでは見ない）. 100個の崩壊を観測したとすると, それぞれの崩壊はどれぐらい観測されるだろうか.

4.33 **(a)** アルファ粒子は二つの陽子と二つの中性子の束縛状態, すなわち ^{4}He 原子核だ. 水素には質量数4となる同位体（^{4}H）はなく, リチウムにも ^{4}Li はない. アルファ粒子のアイソスピンはいくつになるだろうか.
- **(b)** $d + d \to \alpha + \pi^0$ の反応は観測されない. なぜか.
- **(c)** ^{4}Be は存在するだろうか. また, 四つの中性子の束縛状態は存在するだろうか.

4.34 **(a)** 式(4.52) を用いて P の固有値が ± 1 であることを証明せよ.

(b) スカラー関数 $f(x, y, z)$ は固有値 $+1$ の固有関数 $f_+(x, y, z)$ と固有値 -1 の固有関数 $f_-(x, y, z)$ の合計によってつくられる. 関数 f_+ と関数 f_- を f を使ってつくれ. [ヒント: $Pf(x, y, z) = f(-x, -y, -z)$.]

4.35 (a) ニュートリノは P の固有状態か. もしそうなら固有パリティはどうなるか.
(b) いまや, τ^+ と θ^+ は実際には両方とも K^+ であることがわかっている. 式 (4.53) の崩壊のうち, どちらが実際にパリティ保存を破っているだろうか.

4.36 (a) 表 4.6 の情報を用いて: π, ρ, ω, η, η', ϕ, f_2 の G パリティを決定せよ.
(b) $R_2|I0\rangle = (-1)^I|I0\rangle$ を示し, この結果を用いて式 (4.60) を確かめよ.

4.37 η 中間子のおもな崩壊モードは

$$\eta \to 2\gamma\ (39\%), \qquad \eta \to 3\pi\ (55\%), \qquad \eta \to \pi\pi\gamma\ (5\%)$$

である. そして, これらは「安定な」粒子に分類される. なので, あきらかにこれらは純粋な強い相互作用ではない. 一見, これは $549\,\mathrm{MeV}/c^2$ であるため, 奇妙に思える. η は, 2π または 3π に崩壊できる十分な質量があるからだ.
(a) なぜ強い相互作用と電磁気相互作用による 2π モードが禁止されているのか説明せよ.
(b) なぜ 3π モードが, 強い相互作用では禁止されていて, 電磁気相互作用では可能なのか説明せよ.

4.38 二つのハドロンが $A \rightleftarrows B$ の相互変換をするためには, 同じ質量 (実際には互いの反粒子でなければならないことを意味する), 同じ電荷, 同じバリオン数が必要となる. 標準模型では, 通常の 3 世代で, A と B は中性の中間子でなければならないことを示せ. そして, それを構成する可能なクォークを特定せよ. このとき候補となる中間子は何か. また, なぜ中性子は, K^0 と $\bar{K}^0$ が混合して K_1 と K_2 をつくるように反中性子と混合しないのだろうか. なぜ中性のストレンジ・ベクトル中間子 K^{0*} と $\bar{K}^{0*}$ の混合が見えないのだろうか.

4.39 離れた銀河の人に, 自分の心臓が左にあることをに伝えたいとする. どうしたら実物 (螺旋ねじ, 円偏光ビーム, またはニュートリノなど) を「手渡す」ことなく, これをあいまいさなくに伝えることができるだろうか. 遠く離れた銀河は反物質でつくられているかもしれない. 返事を待つ余裕はないが, 言葉を使うことは許されているとする.

4.40 荷電弱相互作用は, d, s, b が u, c, t に結合するが, (たとえば) d は s または b に直接行くことができない. しかし, このような結合は, いわゆる「ペンギン」ダイアグラムを介して間接的に起こることがある[*40]. クォークは仮想 W を放出し, その後に再吸収し, グルーオンと相互作用する.

閉ループのないファインマン図をツリーダイアグラムとよぶ. $\bar{B}^0 \to \pi^+ + \pi^-$ を表すペンギンダイアグラムを作成し, 同じ過程 (後者はグルーオンがない) のツリーダイアグラムを作成せよ. どちらも, $\bar{d}$ を傍観者とせよ. [直接的 CP の破れは, これらの二つのダイアグラムの干渉からくる.]

[*40] ここで, 鳥のようなものを探さないこと. この名前はジョークである. この話は P. Woit: Not Even Wrong (Basic Books, 2006) の pp.54-55 によく書かれている.

5

束縛状態

　この章の冒頭部分では，水素（e^-p^+），ポジトロニウム（e^-e^+），チャーモニウム（$c\bar{c}$），ボトモニウム（$b\bar{b}$）などの二つの粒子からなる束縛状態の非相対論的な理論について見ていく．この内容は，後の章で使うわけではないので，さっとやってもよいし，後でやってもよいし，全部を飛ばしてもよい．多少の量子力学の素養は不可欠である．最後の二つの節（5.5 と 5.6）は，馴染み深い中間子やバリオンなどの軽いクォークからなる系の相対論的取り扱いだが，確定的なことは少ない．波動関数におけるスピン，フレーバー，色の構造について集中的に議論し，質量と磁気モーメントを見積もるための模型を構築していく．

5.1　シュレーディンガー方程式

　構成物が c よりもはるかに遅く移動しているときは，束縛状態の解析は最も単純となる．というのは，そういう場合は，非相対論的量子力学の道具立てを使うことができるからだ．そのようなケースは，水素や，重いクォーク（c と b）からなるハドロンに当てはまる．より馴染み深い軽いクォークからなる（u や d や s からできている）状態は，取り扱うのがはるかに難しい．なぜなら，それらは基本的に相対論的であり，場の量子論は（現在行われているようなやり方では）束縛状態の記述に適していない．利用可能な多くの方法では，初期状態で粒子は自由粒子であり，何らかの短時間の相互作用の後にまた自由粒子となるということを仮定している．一方で，束縛状態では，粒子はある期間中ずっと相互作用をしている．それゆえ，「チャーモニウム」（$c\bar{c}$ という ψ 中間子系）や，「ボトモニウム」（$b\bar{b}$ という Υ 系）には，非常にすぐれた理論があるが，それに比べて（たとえば）$u\bar{u}$ や $d\bar{d}$ の励起状態に関してはほとんど何の理論もない．

　ある与えられた状態が相対論的かどうかをどのように判断できるだろうか．最も単純な選択方法は以下だ．もし束縛エネルギーが構成物の静止エネルギーに比べて小さ

いときは，その系は非相対論的だ[*1]．たとえば，水素の束縛エネルギーは 13.6 eV だが，電子の静止エネルギーは 511 000 eV である．これはあきらかに非相対論的な系だ．一方，クォークとクォークとの間の束縛エネルギーは数百 MeV のオーダーで，それは u, d, あるいは s の実効的な静止エネルギーと同じくらいだが，c や b や t よりもはるかに小さい（表 4.4）．なので，軽いクォークからなるハドロンは相対論的であるが，重いクォークの系は相対論的にはならない．

非相対論的量子力学の最初の一歩はシュレーディンガー方程式だ [1]．

$$\left(-\frac{\hbar^2}{2m}\nabla^2 + V\right)\Psi = i\hbar\frac{\partial}{\partial t}\Psi \tag{5.1}$$

これは，波動関数 $\Psi(\boldsymbol{r},t)$ の時間発展を支配していて，与えられたポテンシャルエネルギー $V(\boldsymbol{r},t)$ のもとでの質量 m の粒子を記述する．とくに，$|\Psi(\boldsymbol{r},t)|^2 d^3\boldsymbol{r}$ が，時刻 t に，無限小の体積 $d^3\boldsymbol{r}$ 中に粒子を見出す確率になっている．粒子はどこかにいなければならないので，$|\Psi|^2$ を全空間で積分すると 1 になる．

$$\int |\Psi|^2 d^3\boldsymbol{r} = 1 \tag{5.2}$$

これを波動関数が「規格化された」という[*2]．

もし V があらわに t に依存していない場合は，シュレーディンガー方程式は変数を分離することで解ける．

$$\Psi(\boldsymbol{r},t) = \psi(\boldsymbol{r})e^{-iEt/\hbar} \tag{5.3}$$

ここで，ψ は時間に依存しないシュレーディンガー方程式

$$\left(-\frac{\hbar^2}{2m}\nabla^2 + V\right)\psi = E\psi \tag{5.4}$$

を満たして，分離された定数 E が粒子のエネルギーである．左辺の演算子は，ハミルトニアン

[*1] 一般的に，複合系のエネルギーの合計は，以下の三つの和だ．(i) 構成物の静止エネルギー，(ii) 構成物の運動エネルギー，そして (iii) その状態でのポテンシャルエネルギー．後ろの二つは，典型的には同じくらいの大きさだ（正確な関係はビリアル定理によって与えられる）．構成物の静止エネルギーよりも束縛エネルギーがはるかに小さいと，運動エネルギーも小さくなるので，その系は非相対論的になる．一方で，複合物の質量が個々の構成物の静止質量の合計よりもずっと大きいときは，運動エネルギーが大きく，その系は相対論的になる．

[*2] シュレーディンガー方程式の解に定数を掛けても解のままである．実際問題としては，式 (5.2) を満たすように定数を固定する．この操作は，波動関数を「規格化する」とよばれる．

表 5.1 $l = 0, 1, 2, 3$ に対する球面調和関数

$Y_0^0 = \dfrac{1}{\sqrt{4\pi}}$	$Y_1^0 = \sqrt{\dfrac{3}{4\pi}}\cos\theta$	$Y_2^0 = \sqrt{\dfrac{5}{16\pi}}(3\cos^2\theta - 1)$	$Y_3^0 = \sqrt{\dfrac{7}{16\pi}}(5\cos^3\theta - 3\cos\theta)$
	$Y_1^1 = -\sqrt{\dfrac{3}{8\pi}}\sin\theta e^{i\phi}$	$Y_2^1 = \sqrt{\dfrac{15}{8\pi}}\sin\theta\cos\theta e^{i\phi}$	$Y_3^1 = -\sqrt{\dfrac{21}{64\pi}}(5\cos^2\theta - 1)e^{i\phi}$
		$Y_2^2 = \sqrt{\dfrac{15}{32\pi}}\sin^2\theta e^{2i\phi}$	$Y_3^2 = \sqrt{\dfrac{105}{32\pi}}\sin^2\theta\cos\theta e^{i\phi}$
			$Y_3^3 = -\sqrt{\dfrac{35}{64\pi}}\sin^3\theta e^{3i\phi}$

$$H \equiv -\frac{\hbar^2}{2m}\nabla^2 + V \tag{5.5}$$

で,(時間に依存しない)シュレーディンガー方程式は,固有方程式のかたちを取る.

$$H\psi = E\psi \tag{5.6}$$

ψ は H の固有関数で,E は固有値である[*3].

球対称(あるいは「中心対称」)なポテンシャルの場合,V は原点からの距離だけの関数となり,(時間に依存しない)シュレーディンガー方程式は球座標系で

$$\psi(r, \theta, \phi) = \frac{u(r)}{r} Y_l^{m_l}(\theta, \phi) \tag{5.7}$$

となる.ここで,Y は球面調和関数である.これらの関数は(Particle Physics Booklet も含めて)いろいろな場所で表になっている.その中でとくによく使うものを表 5.1 にまとめた.定数 l と m_l は,4 章で導入した軌道角運動量に関する量子数に対応している.すると,$u(r)$ は,動径方向のシュレーディンガー方程式

$$-\frac{\hbar^2}{2m}\frac{d^2u}{dr^2} + \left[V(r) + \frac{\hbar^2}{2m}\frac{l(l+1)}{r^2}\right]u = Eu \tag{5.8}$$

を満たす.興味深いことに,この式は,ポテンシャルに $(\hbar^2/2m)l(l+1)/r^2$ という遠心力による障壁が付け加わっていることを除けば,1 次元の式 (5.4) とまったく同じかたちをしている.

一般論として押し進めることができるのはほぼここまでで,ここからは,手元にある問題を解くためには,ある特定のポテンシャル $V(r)$ を式に入れなければならない.まずは動径方向の方程式を $u(r)$ に対して解き,その結果を適切な球面調和関数と合体

[*3] $|\Psi|^2 = |\psi|^2$ であることに注意せよ.たいていの目的では波動関数の絶対値の 2 乗だけが意味をもち,これからはほぼ ψ だけを使って計算していく.偶然の一致で,ψ を「波動関数」とたびたびよぶが,実際の波動関数は自然対数的な時間依存性をもっていることを忘れてはならない.

させ，自然対数である係数 $\exp(-iEt/\hbar)$ を掛けるという戦略で，波動関数 Ψ 全体を求める．しかし，動径方向の方程式を解く段階で，ある特定の E の値のみが許容される結果となることがわかる．多くの E の値に対して，式 (5.8) は r が大きいところで大きな値となり，波動関数を規格化できなくなってしまう．そのような解は，可能な物理的状態を記述していない．技術的といってもよいようなこの詳細は，量子力学の最も印象深い重要な特徴となっている．つまり，束縛状態は，（古典論で取り得たように）あらゆるエネルギーをもつことができるわけではなく，その系の許容エネルギーというある特別な値しかとれない．実際問題としては，われわれが注意すべきは波動関数自体ではなく，許容エネルギーのスペクトルなのだ．

5.2 水 素

水素原子（電子と陽子）は，もちろん素粒子ではないが，非相対論的束縛状態の模型となる．陽子は（相対的に）非常に重いので，原点に居座る．つまり，問題となる波動関数は電子のものだ．原子核から電子への引力により，そのポテンシャルエネルギーは（ガウス単位で）

$$V(r) = -\frac{e^2}{r} \tag{5.9}$$

である．このポテンシャルを動径方向の方程式に代入すると，E が

$$E_n = -\frac{me^4}{2\hbar^2 n^2} = -\alpha^2 mc^2 \left(\frac{1}{2n}\right) = -13.6\,\mathrm{eV}/n^2 \tag{5.10}$$

という特別な値をもつときだけ，規格化された解が得られる．ここで，$n = 1, 2, 3, \cdots$ で，

$$\alpha \equiv \frac{e^2}{\hbar c} = \frac{1}{137.036} \tag{5.11}$$

は，微細構造定数である．それに対応する（規格化された）波動関数 $\Psi_{n,l,m_l}(r,\theta,\phi,t)$ は

$$\left\{\left(\frac{2}{na}\right)^3 \frac{(n-l-1)!}{2n[(n+l)!]^3}\right\}^{1/2} e^{-r/na} \left(\frac{2r}{na}\right)^l L_{n-l-1}^{2l+1}\left(\frac{2r}{na}\right) Y_l^{m_l}(\theta,\phi) e^{-iE_n t/\hbar} \tag{5.12}$$

となる．ただし，

$$a \equiv \frac{\hbar^2}{me^2} = 0.529 \times 10^{-8} \text{ cm} \tag{5.13}$$

は, ボーア半径で (大雑把にいうと, 原子の大きさ), L はラゲールの陪多項式である.

あきらかに, 波動関数は煩雑だが, それはまったく心配すべきことではない. 大事なのは, 許容エネルギーの公式である, 式 (5.10) だ. それは, 1913 年 (シュレーディンガー方程式が紹介される 10 年以上前) にボーアによって初めて導き出された. それは, 本来適用できないはずの古典的アイデアと原始的な量子論が混合した偶然の産物で, ラビがいったように, 「芸術的かつ傲慢な」ひらめきの混ぜ合わせから生まれた.

波動関数は, 三つの数字でラベルづけされていることに注意してほしい. 正の整数である n (主量子数) は状態のエネルギーを決める (式 (5.10)). 0 から $n-1$ までの整数である l は, 角運動量を特定する (式 (4.2)). そして, $-l$ から l までの整数である m_l が, 角運動量の z 成分を与える (式 (4.4)). あきらかに, それぞれの l に対して $2l+1$ 通りの m_l があり, それぞれの n に対して n 通りの l がある. ゆえに, 同じ主量子数 n (すなわち, 同じエネルギー) をもつ異なる状態の数は

$$\sum_{l=0}^{n-1}(2l+1) = n^2 \tag{5.14}$$

になる. これは, n 番目のエネルギー順位の縮退とよばれる. 水素は驚くべき縮退系だ. 球面対称性により, $\mathbf{L}$ の方向だけの違いから, それぞれ異なる軌道角運動量をもつ $2l+1$ 個の状態が縮退している. しかし, それらは 1, 3, 5, 7, … という縮退数になる一方で, 水素のエネルギー準位の縮退数はもっと多く 1, 4, 9, 16, … となっている. これは, 異なる l をもつ状態が同じ n を共有するからだ. クーロンポテンシャルの風変わりな特徴なのだ.

実際には, われわれはエネルギーそのものを測定することはなく, むしろ, 電子が上の準位から下に落ちたときに放出する光 (あるいは, 電子が逆向きに動いたときに吸収される光) の波長を測っている [2]. 初期状態と終状態では光子のもつエネルギーに違いがある. プランクの公式 (式 (1.1)) によると,

$$E_{\text{photon}} = h\nu = E_{\text{initial}} - E_{\text{final}} = -\frac{me^4}{2\hbar^2}\left(\frac{1}{n_i^2} - \frac{1}{n_f^2}\right) \tag{5.15}$$

である. それゆえ, 放出される波長は

$$\frac{1}{\lambda} = R\left(\frac{1}{n_f^2} - \frac{1}{n_i^2}\right) \tag{5.16}$$

176   5 束縛状態

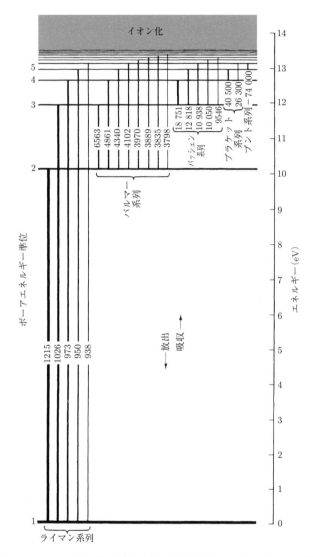

図5.1 水素のスペクトル．原子がある状態から別の状態に変わると，そのエネルギー差が放射の量子として現れる．光子のエネルギーは，放射の周波数に直接比例し，波長に反比例する．放射を吸収すると高いエネルギー状態に遷移するきっかけを与え，低いエネルギー状態に落ちると原子は放射を放出する．下のエネルギー準位を共有するような複数の線でスペクトルが整理されている．波長はオングストロームの単位で書いてある（訳注：1 Å = 0.1 nm = 10^{-10} m）．相対的な強度は線の太さで表現されている（出典：Hansch, T. W., Schawlow, A. L. and Series, G. W.: *The Spectrum of Atmic Hydrogen*, Scientific American, 94 (March 1979). 許可を得て掲載）

となる．ただし，

$$R \equiv \frac{me^4}{4\pi\hbar^3 c} = 1.09737 \times 10^5/\text{cm} \tag{5.17}$$

である．式 (5.16) は，水素のスペクトルに対する有名なリュードベリの公式である．それは，19 世紀の分光学で実験的に発見され，リュードベリにとっては R はたんなる経験則的定数であった．ボーアの理論の大成功は，リュードベリ定数の導出と R を根本的な定数である $m, e, c, \hbar$ で表現したことである（図 5.1）．

5.2.1 微細構造

分光法の実験精度が上がると，リュードベリの公式からの小さな乖離が検出された．スペクトルの線は，二重，三重，そして，もっとたくさんのわずかに離れたピークの重ね合わせになっていた．この微細構造は，実際には，二つの異なる仕組みによるものと解釈される．

1. 相対論的補正：ハミルトニアン（式 (5.5)）の第 1 項は，運動エネルギーの古典論的表現 $(p^2/2m)$ の量子置き換え $p \to -i\hbar\nabla$ からの帰結である．最低次の相対論的補正は $-p^4/8m^3c^2$ である（問題 5.4）．
2. スピン–軌道結合：スピンをもつ電子はきわめて小さい磁石をつくり出し，その双極子モーメントは[*4]

$$\boldsymbol{\mu}_e = -\frac{e}{mc}\boldsymbol{S} \tag{5.18}$$

である．電子から見ると「軌道を描いている」陽子が磁場 $\boldsymbol{B}$ を与え，スピン–軌道相互作用項がそれに付随する磁気エネルギー $-\boldsymbol{\mu}_e \cdot \boldsymbol{B}$ となる．

正味の結果は n 番目のエネルギー準位から [1]，

[*4] SI 単位系では磁気双極子モーメントは，電流掛ける面積 (Ia) と定義されるが，ガウス単位系では Ia/c である．磁気双極子モーメントと角運動量との間の比例係数は，磁気回転比として知られている．古典的には，（ガウス系で）$-e/2mc$ という値をもつはずで [3]，軌道角運動量に対しては正しい．しかし，磁気双極子を生成するという観点からは，スピンは「そうあるべきよりも 2 倍の効率がある」ことがわかった（ディラックの電子に関する理論の多大なる成功の一つがこの余分な 2 の説明であった）．しかしながら，後にわかるように，これさえも完全に正しいわけではない．量子電気力学（QED）による補正があり，1940 年代後半にシュウィンガーが初めて計算した．今日まで，電子の異常磁気モーメントの実験的および理論的な決定が素晴らしい精度で試みられ，それらは厳格な一致を見せている [4]．

178 5 束縛状態

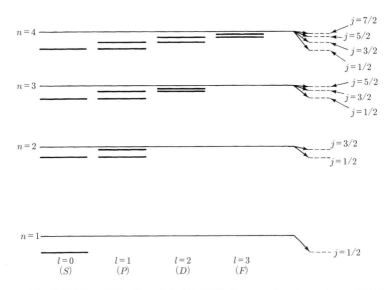

図 5.2 水素の微細構造. n 番目のボーア準位（細い実線）が，$j = 1/2, 3/2, \cdots, (n-1/2)$ によって特徴づけられる n 個の下層準位（点線）に分かれる．一番最後以外では，$l = j - 1/2$ と $l = j + 1/2$ という二つの異なる l がそれぞれの準位に寄与する．分光学者の命名に従うと，$l = 0$ は S，$l = 1$ は P，$l = 2$ は D，$l = 3$ は F とよばれる．図示されているように，すべての準位は下にずれている（しかし，図は現実のずれを表すようにスケールされてはいない）

$$\Delta E_{\text{fs}} = -\alpha^4 mc^2 \frac{1}{4n^4}\left[\frac{2n}{(j+1/2)} - \frac{3}{2}\right] \tag{5.19}$$

だけの摂動となる．ここで，$j = l \pm 1/2$ は電子の角運動量の総和（スピンと軌道角運動量の和）である（式 (4.12)）．ボーアエネルギーが $\alpha^2 mc^2$ という依存性をもっていること（式 (5.10)）を思い出すと，微細構造はさらに α の 2 乗をもっているので，約 10^{-4} だけ小さくなる．そう，われわれはちっぽけな補正について議論しているのだ[*5]．l は 0 から $n-1$ までのいかなる整数でもあり得て，j は $1/2$ から $n-1/2$ までのいかなる半整数でもあり得るので，n 番目のボーア準位 E_n はさらに n 個の下層準位に分かれる（図 5.2）．

[*5] 微細構造定数という名前は，それ（あるいは，むしろ α^2）が，水素原子中の微細構造の相対的なスケールを決めていることに由来している．しかし，α^2 がボーア準位自体のスケールを決めているともいえる．実際，微細構造定数の最大の特徴は，それが（$\hbar c$ を単位とすると）素電荷（の 2 乗）の大きさになっていることである．すなわち，$\alpha = e^2/\hbar c$ だ．

5.2.2 ラムシフト

微細構造の公式 (式 (5.19)) の驚くべき特徴は, j にのみ依存していて, l に依存せず, 一般に二つの異なった l が同じエネルギー準位を分かち合うことだ. たとえば, $2S_{1/2}$ ($n=2$, $l=0$, $j=1/2$) と $2P_{1/2}$ ($n=2$, $l=1$, $j=1/2$) 状態は完全に縮退したままだ. 1947 年にラムとラザフォードは, 古典的な実験を行い [5], 実際にはそうなっていないことを示した. S 状態の方が P 状態よりもわずかにエネルギーが高いのだ. そのラムシフトの説明は, ベーテ, ファインマン, 朝永らによってなされた. これは, 電磁場自身の量子化によるものだ. その他すべての解析においては, ボーア準位でも, 微細構造の公式でも, (次の節で出てくる) 超微細分離でさえも, 電磁場はすべて古典的に扱われている. それとは対照的に, ラムシフトは QED における放射補正の例で, 半古典的[*6]理論ではそれを説明することができない. ファインマンの公式の中では, 図 5.3 にあるように, ループの図から引き起こされる. それについては後で定量的な議論をする.

定性的には, 図 5.3 の最初のダイアグラムは核子のすぐそばでの電子陽電子対の自発的生成を意味していて (誤って真空偏極と名づけられた), 陽子の電荷の部分的な遮蔽を引き起こす (図 2.1). 2 番目のダイアグラムは, 電磁場の基底状態がゼロではないという事実を反映している [6]. 電子は場における「真空の変動」の中を動いているので, 軽く揺れてエネルギーがわずかに変わる. 3 番目のダイアグラムは電子の磁気双極子モーメントのわずかな変化を引き起こす (脚注 *4 を見よ). これらの効果についての計算をここではしないが, 結果は以下のようになる [7]. $l=0$ に対して

$$\Delta E_\text{lamb} = \alpha^5 mc^2 \frac{1}{4n^3} k(n, 0) \tag{5.20}$$

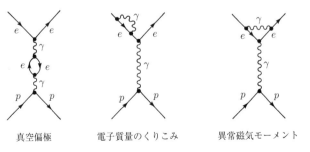

図 5.3 ラムシフトに寄与するいくつかの図

[*6] 電子は量子力学的に取り扱われているが, 電磁場は古典的に扱われているので, 半古典的とよぶ.

ただし，$k(n,0)$ は n に依存する数値的係数で，（$n=1$ に対する）12.7 から（$n\to\infty$ に対する）13.2 まで変わる．$l\neq 0$ のときは，

$$\Delta E_{\text{lamb}} = \alpha^5 mc^2 \frac{1}{4n^3}\left\{k(n,l)\pm\frac{1}{\pi(j+1/2)(l+1/2)}\right\}, \qquad j = l\pm\frac{1}{2} \quad (5.21)$$

ここで $k(n,l)$ は非常に小さい値で（0.05 未満）n と l が変わるとわずかに変わる．微細構造の大きさの約 10 分の 1 の大きさになる $l=0$ の状態を除いては，あきらかにラムシフトは極微である．しかし，l に依存するので，図 5.2 にあるように，共通の n と j をもつ対の縮退をもち上げて，とくに $2S_{1/2}$ と $2P_{1/2}$ の準位を分離させる（問題 5.6）．

5.2.3 超微細分離

微細構造とラムシフトは，ボーアのエネルギー準位のわずかな補正だが，話はそれだけでは終わらない．核子のスピンによる，さらに小さい（約 1000 分の 1）補正がある．陽子は，電子のように小さな磁石からできているが，電子よりもはるかに重いので，その双極子モーメントははるかに小さい

$$\boldsymbol{\mu}_p = \gamma_p\frac{e}{m_p c}\mathbf{S}_p \tag{5.22}$$

（陽子は複合物で，その磁気モーメントは，真に素であるスピン 1/2 の粒子がもつ $e\hbar/2m_p c$ にはならない．よって，因子 γ_p が必要でその実験値は 2.7928 である．後で，クォーク模型からこの値をどのように算出するかを見ていく）．原子核のスピンは，スピンと軌道の相互作用が微細構造に寄与したのと同様の仕組みで，電子の軌道運動と相互作用する．加えて，電子のスピンとも直接相互作用する．まとめると，原子核のスピンと電子の軌道との相互作用，そして，陽子と電子の間でのスピン結合が超微細分離を引き起こす [8]．

$$\Delta E_{hf} = \left(\frac{m}{m_p}\right)\alpha^4 mc^2\frac{\gamma_p}{2n^3}\frac{\pm 1}{(f+1/2)(l+1/2)}, \qquad f = j\pm\frac{1}{2} \quad (5.23)$$

ここで，f は角運動量の総和（軌道と両方のスピン）に対する量子数である．

微細構造の公式（式 (5.19)）と比べると，その大きさの違いは式の先頭にある質量比 (m/m_p) のせいであることに気づく．その因子があるため，水素の超微細効果は約 1000 倍小さいことになる．もし角運動量がゼロなら ($l=0$)，f は 2 通りの値を取り得る．（スピンが反対向きに整列したときの）一重項ではゼロで，（スピンが平行のときの）三重項では 1 だ．それゆえ，$l=0$ の準位それぞれは二つに分かれる．一重項は

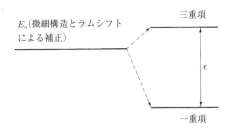

図 5.4 $l=0$ に対する超微細分離

下へ押し下げられ，三重項は上へもち上げられる（図 5.4）．$n=1$ の基底状態では，エネルギーギャップは

$$\epsilon = E_{\text{triplet}} - E_{\text{single}} = \frac{32\gamma_p E_1^2}{3m_p c^2} \tag{5.24}$$

であり [9]，それに対応する光子の波長は

$$\lambda = \frac{2\pi\hbar c}{\epsilon} = 21.1\,\text{cm} \tag{5.25}$$

となる．これが，マイクロ波天文学で有名な「21 cm 線」を引き起こす遷移である [10].

5.3 ポジトロニウム

水素の理論は，いくつかの修正を加えて，いわゆる「エキゾチック」原子に対する理論へと変わった．エキゾチック原子とは，陽子か電子を何らかの別の粒子に置き換えたものである．たとえば，ミュー粒子水素 ($p^+\mu^-$)，パイ中間子水素 ($p^+\pi^-$)，ポジトロニウム (e^+e^-)，ミューオニウム (μ^+e^-) などをつくれる．もちろんこれらのエキゾチック状態は不安定である．しかし，その多くは，はっきりとしたスペクトルを見せるのに十分な寿命をもっている．とりわけ，ポジトロニウムは QED に対する豊かな試験環境を提供している．1944 年にピレンネによって理論的に解析され，1951 年にドイチュによって実験室で初めて製造された [11]．素粒子物理学において，ポジトロニウムはクォーコニウムのモデルとして特別な重要性があると考えられている．

ポジトロニウムと水素との間の最も際立った違いは，電子の軌道の真ん中に位置する重くて基本的に動かない原子核をもはや取り扱わず，代わりに，共通の中心に対して軌道を描いている同じ質量の 2 粒子を扱うということである．古典力学での扱いのように，この二体問題は

$$m_{\text{red}} = \frac{m_1 m_2}{m_1 + m_2} \tag{5.26}$$

という換算質量をもつ一体問題に変換できる．ポジトロニウムの場合，$m_1 = m_2 = m$ なので，$m_{\text{red}} = m/2$ であり，ボーアの公式（式 (5.10)）でたんに $m \to m/2$ という置き換えを行うだけで非摂動的なエネルギー準位を得ることができる（式 (5.10)）[*7]．

$$E_n^{\text{pos}} = \frac{1}{2} E_n = -\alpha^2 mc^2 \frac{1}{4n^2} \quad (n = 1, 2, 3, \cdots) \tag{5.27}$$

たとえば，基底状態の束縛エネルギーは $13.6\,\text{eV}/2 = 6.8\,\text{eV}$ だ．波動関数は，$1/m$ に比例するボーア半径（式 (5.13)）を除けば水素と同じだ（式 (5.12)）．ポジトロニウムではボーア半径は 2 倍となり，

$$a^{\text{pos}} = 2a = 1.06 \times 10^{-8}\,\text{cm} \tag{5.28}$$

である．

　厄介な数値因子があることを除けば，以前と同様に摂動近似を使える．しかし，一つ劇的な違いがある．ポジトロニウムでは，超微細分離は微細構造（$\alpha^4 mc^2$）とほぼ同じ大きさだ．というのも，水素では陽子のスピン効果を抑圧している質量比 (m/m_p) が，ポジトロニウムでは 1 だからだ[*8]．一方で，「原子核」である e^+ がもはや静止していないので，電磁波が伝わるための有限時間に起因する新しい補正が加わる．その寄与の大きさもまた $\alpha^4 mc^2$ のオーダーである．これらすべてをひとまとめにすると，ポジトロニウムの微細構造の公式は [11]

$$E_{\text{fs}}^{\text{pos}} = \alpha^4 mc^2 \frac{1}{2n^3} \left[\frac{11}{32n} - \frac{(1 + \frac{1}{2}\epsilon)}{(2l+1)} \right] \tag{5.29}$$

と導き出される．ただし，ここで一重項のスピンの組み合わせに対しては $\epsilon = 0$ で，三重項に対しては[*9]

[*7] 水素の場合，換算質量は電子の質量からほんの少ししか変わっておらず，約 0.05% しか違わない．しかしながら，細かいことをいうと，ボーアの公式での m は換算質量であり，これにより水素と重水素のスペクトルに違いが現れる．

[*8] これが文献における用語上の混乱を招く．本書では，対消滅の項（以下を参照）を除いては，スピン-スピン，そして陽電子のスピン-軌道結合も含めて，$\alpha^4 mc^2$ のオーダーの摂動すべてに対して「微細構造」という用語を使うことにする．

[*9] 陽子のスピン (S_p) が超微細レベルにだけ寄与する水素では，電子のスピンと軌道角運動量の和に対して J を ($J = L + S_e$)，そして，角運動量の総和に対しては新しい記号 $F = L + S_e + S_p$ を使った．ポジトロニウムでは，二つのスピンが同じように寄与し，慣習ではそれら二つをまず合成し ($S = S_1 + S_2$)，総和に対して J を使う．すなわち，$J = L + S_1 + S_2$ である．

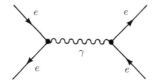

図 5.5 ポジトロニウムのスペクトルには影響を与えるが，水素では起こらない対消滅のダイアグラム

$$\epsilon = \begin{cases} \dfrac{-(3l+4)}{(l+1)(2l+3)}, & j = l+1 \\ \dfrac{1}{l(l+1)}, & j = l \\ \dfrac{3l-1}{l(2l-1)}, & j = l-1 \end{cases} \quad (5.30)$$

である．

これに加えて，オーダー $\alpha^5 mc^2$ のラムシフトが補正を与える．しかし，ポジトロニウムでは微細構造の段階で「偶然の」縮退がすでに破れてしまっているので，ラムシフトの補正にはそれほどの興味がない．だが，水素の場合にはない，e^+ と e^- が仮想光子をつくるために一時的に消滅できるという事実の帰結として，まったく新しい摂動が存在する．ファインマンの描像では，この過程は図 5.5 のダイアグラムで表現される．電子と陽電子の重なりが要求されるので，この摂動は $|\Psi(0)|^2$ に比例し，よって，$l = 0$ のときにのみ起こる（Ψ は原点近くでは r^l の依存性をもつ．式 (5.12) を参照）．さらに，光子はスピン 1 なので，対消滅は三重項の配位でのみ起こる．この過程は三重項 S のエネルギーを

$$\Delta E_{\text{ann}} = \alpha^4 mc^2 \frac{1}{4n^3} \quad (l=0,\ s=1) \quad (5.31)$$

だけ増やす．この大きさは微細構造と同じオーダーである．ポジトロニウムにおける $n = 1$ と $n = 2$ のボーアレベルの分離の様子全体は図 5.6 に示されている[*10]．

水素の場合と同様に，光子を放出あるいは吸収することによって，ポジトロニウムはある一つの状態から別の状態に遷移できる．その光子の波長は，二つの準位の間のエネルギー差によって決まる．水素と違い，ポジトロニウムは，陽電子と電子が消滅して二つあるいはそれ以上の数の光子に完璧に崩壊もできる．ポジトロニウムの荷電共役数は $(-1)^{l+s}$ で，一方，n 個の光子は $C = (-1)^n$ だ（4.4.2 項）．ゆえに，状態

[*10] ポジトロニウムの状態は，慣習では $n^{(2s+1)}l_j$ とラベルづけされる．l は分光学者の記法で（$l = 0$ に対して S，$l = 1$ に対して P，$l = 2$ に対して D など），s はスピンの合計である（一重項では 0，三重項では 1）．

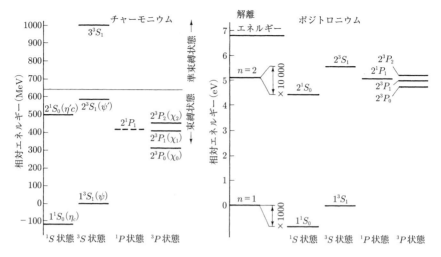

図5.6 チャーモニウムとポジトロニウムのエネルギー準位のスペクトル. チャーモニウムに対しては大きさが1億倍になっていることに注意せよ. ポジトロニウムでは, 角運動量のさまざまな組み合わせが (縦軸が引き伸ばされていることで見える) エネルギーの極微なシフトしか引き起こさないが, チャーモニウムでは, そのシフトははるかに大きい. すべてのエネルギーは 1^3S_1 状態を基準にして描かれている. 6.8 eV でポジトロニウムは解離してしまう. 633 MeV を超えると, ψ チャーモニウムは D^0 と $\bar{D}^0$ に崩壊できるので準束縛状態になる (出典: E. Bloom and G. Feldman: Quarkonium, Scientific American, 66 (May 1982). 許可を得て掲載)

l, s からのポジトロニウム崩壊においては,

$$(-1)^{l+s} = (-1)^n \tag{5.32}$$

という選択則が荷電共役保存から定められる. 陽電子と電子は $l=0$ のときのみ重なりがあるので, そのような崩壊は状態 S からのみ起こる[*11]. あきらかに, 一重項 ($s=0$) は偶数の光子に (典型的には二つ), 三重項 ($s=1$) では奇数の光子に (典型的には三つ) 崩壊する. 7章まで進むと

$$\tau = \frac{2\hbar}{\alpha^5 mc^2} = 1.25 \times 10^{-10} \text{ 秒} \tag{5.33}$$

という基底状態の寿命を計算することができる.

[*11] 実際のところ原理的には, ポジトロニウムは, 高次の過程によって $l>0$ の状態から直接崩壊することができるが, まず最初に S 状態に落ち込んだ後に崩壊する方が圧倒的に多い.

5.4　クォーコニウム

　クォーク模型ではすべての中間子は $q_1\bar{q}_2$ という二つの粒子の束縛状態であり、水素やポジトロニウムのために開発した手法を中間子にも同じように使えるのか、というのは自然な問いだ。軽いクォーク (u, d, s) の状態はそもそも相対論的なので、シュレーディンガー方程式に基づくいかなる解析も役に立たない。しかし、重いクォークからなる中間子 ($c\bar{c}$, $b\bar{c}$, $b\bar{b}$) はちょうどよい候補だ。しかし、それらでさえも、相互作用のエネルギー (E) は、全体に比べてかなりの部分を占めるので、さまざまなエネルギー準位が別々の粒子を表現しているとみなす立場を取る。ここで、質量は

$$M = m_1 + m_2 + E/c^2 \tag{5.34}$$

と与えられる。

　扱うべき力が完全に電磁気力だけで、エネルギー準位を非常に高い精度で計算できる水素やポジトロニウムと違って、クォークは強い力によって束縛されていて、クーロンの法則の代わりにどんなポテンシャルを使えばよいのかわからないし、スピン結合力を求めるための磁気に対応する強い力の類推が何なのかも知らない。原理的には、これらは量子色力学から導出されるものだが、いまだかつてその計算方法を誰も知らない。だが、経験に基づくいくらかの推測はできる。というのも、漸近的自由によって短距離では、おそらくあまり寄与のない非線形項を除いて、量子色力学の構造は電気力学に非常に似ているからだ。

　量子色力学（QCD）では、短距離での振る舞いは、ちょうどQEDで一つの光子の交換が支配的であるように、一つのグルーオン交換に完全に支配されている。グルーオンと光子はともに質量がなくスピンが1なので、いま議論している近似では、全体の結合の強さと、与えられた過程に寄与するグルーオンの数の違いに由来するさまざまな因子、いわゆる「カラー因子」を除けば、相互作用としては等価である。ゆえに、短距離では $V \sim 1/r$ というクーロン型のポテンシャルが期待でき、微細構造は定性的にはポジトロニウムのそれと近いことが予想される [12]。一方で長距離になると、クォークの閉じ込めを考えないといけない。すなわち、ポテンシャルが際限なく増え続ける。大きな r に対する $V(r)$ の正確な関数形は予想でしかなく、調和振動的な $V \sim r^2$ というポテンシャルだという者もいれば、対数的な依存性 $V \sim \ln(r)$ だという者もいるし、一定の力に対応する線形ポテンシャル $V \sim r$ だという者もいる。実際のところ、これらのどれもがデータをよく再現する。なぜなら、われわれが調査可能な距離のス

表 5.2 線形＋クーロン型のポテンシャル（式 (5.35)）に対する
さまざまな F_0 での「ボーアの」エネルギー準位

F_0 (MeV fm^{-1})	E_1 (MeV)	E_2 (MeV)	E_3 (MeV)	E_4 (MeV)
500	307	677	961	1210
1000	533	1100	1550	1940
1500	727	1480	2040	2550

S 状態 ($l=0$) で，$\alpha_S = 0.2$，$m = 1500\,\mathrm{MeV}/c^2$ を仮定している（換算質量は $750\,\mathrm{MeV}/c^2$）．

ケールは小さく，その範囲内ではどれも大きな違いがないからだ．

われわれがいま取り組んでいる問題では，ポテンシャルを

$$V(r) = -\frac{4}{3}\frac{\alpha_S \hbar c}{r} + F_0 r \tag{5.35}$$

としてよい．ここで，α_S は量子色力学の微細構造定数に対応するもので，4/3 は色に関する因子で，8 章でそれを計算する．不運なことに，線形＋クーロン型ポテンシャルをもつシュレーディンガー方程式の正確な解は見つかっておらず，「ボーア」エネルギー準位に対する単純な公式を与えることはできない．しかし，もちろん数値的には解くことができ（表 5.2），F_0 はデータに合うように選ぶ [13]（問題 5.11）．その結果は約 16 トン（！）だ．あるいは，気の利いた単位を使うと $900\,\mathrm{MeV\,fm}^{-1}$ だ．つまり，クォークと反クォークはどんなに遠くに離れていようとも，互いを 16 トンの力で引きつけあっているのだ[*12]．たぶんこれを考えると，中間子から束縛されていないクォークを引っ張り出すことがいまだできていないことを理解しやすい．

5.4.1 チャーモニウム

ψ の発見直前に，アップルキストとポリツァーは，もし重い「チャーム」クォークが存在すれば（グラショーらが提唱したように），それはポジトロニウムと同様のエネルギー準位のスペクトルをもつ非相対論的な束縛状態 $c\bar{c}$ を形成するはずだと提案した [14]．彼らはその系を「チャーモニウム」とよんだ（きれいな言葉を選んだというよりも，他の束縛状態との類似性を強調している）．1974 年に ψ が発見されたとき，チャーモニウムの 1^3S_1 状態だとすぐに同定された[*13]（SLAC での実験では ψ は e^+e^- の対消滅による仮想光子を介して，すなわち，$e^+e^- \to \gamma \to \psi$ と生成された．よって，ψ は γ と同じ量子数をもっており，とくに重要なのはスピン 1 をもっていることだ．ゆえに，それはチャーモニウムの基底状態にはなり得ないが，おそらく角運

[*12] 極端に短距離では，F_0 も α_S も小さくなり漸近的自由に近づくが，いまはそれらを定数として扱う．
[*13] 命名の仕方はポジトロニウムにそろえている．脚注 *10 を参照せよ．

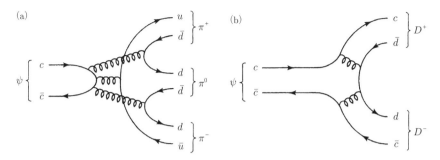

図 5.7 (a) $D\bar{D}$ しきい値より下の，OZI 則で抑圧されるチャーモニウム崩壊．(b) $D\bar{D}$ しきい値を超えて OZI 則で許されるチャーモニウム崩壊

動量 1 をもつものの中で最も低いエネルギー状態だ）．ポジトロニウムのエネルギー準位の図を眺めると（図 5.6），すぐに，最も質量が小さくてスピン 0 の状態と（1^1S_0）と 6 個の $n=2$ の状態に気づく．2 週間も経たずに，$\psi'(2^3S_1)$ が見つかった．それもまた光子と同じスピンとパリティをもつので，見つけるのは容易であった．たんにビームのエネルギーを少し上げるだけで，ψ と同様に生成された．

結局のところ，予言された質量約 $3500\,\mathrm{MeV}/c^2$ をもつ 2^1P_1 まで，すべての $n=1$ と $n=2$ の状態が発見され [15]，実験にかかわる特別な問題提起をした．命名法としては以下が採用された．一重項の S 状態（スピン 0）は η_c とよばれ，三重項の S 状態（スピン 1）は ψ，そして，三重項の P 状態（スピン 0 か 1 か 2）は，χ_{c0}, χ_{c1}, χ_{c2} と命名された．しばらくの間は，n の値はダッシュによって示されていたが，すぐに手に負えなくなり，現在の方法ではたんに括弧の中に質量を表示する．ゆえに，$n=1$ のときは $\psi = \psi(3097)$，$n=2$ のときは $\psi' = \psi(3686)$，$n=3$ のときは $\psi'' = \psi(4040)$，$n=4$ のときは $\psi''' = \psi(4160)$ などとなる[*14]．チャーモニウムの状態とポジトロニウムの状態との相関はほぼ完璧である（図 5.6）．二つの $n=1$ の準位間のギャップ（水素の場合，超微細分離とよばれるものだ）が，ポジトロニウムのときよりもチャーモニウムでは 10^{11} 倍も離れていることは我慢しよう．大きさ自体にはそのようなとてつもなく大きい違いがあるが，エネルギー準位の順番と，ある n に対する相対的な離散の仕方は驚くほど酷似している．

チャーモニウムの $n=1$ あるいは $n=2$ のすべての状態は相対的に長寿命である．なぜなら，OZI 則（2.5 節）により強い相互作用による崩壊が抑圧されているからだ．

[*14] 著者によっては，Particle Physics Booklet の場合も含めて，s, l, j のそれぞれの組み合わせに対して 1 から順番に番号を割り振る場合もある．その場合，私が $2P$ とよぶ状態（図 5.6）は $1P$ と表示される（申し訳ない）．偶然にも $\psi(3770)$ は 3^3D_1 状態と表示され，この階層には属さない．

188   5 束縛状態

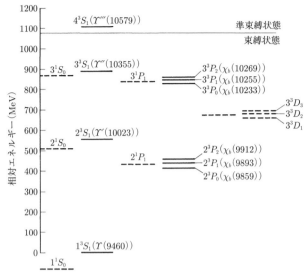

図5.8 ボトモニウム．チャーモニウムよりもはるかにたくさんの束縛状態があることに注意せよ．図5.6と比較せよ（出典：E. Bloom and G. Feldman: Quarkonium, Scientific American, 66 (May 1982). 許可を得て掲載．質量については Particle Physics Booklet (2006) の値に訂正）

$n \geq 3$ の場合，チャーモニウムの質量は（OZI則許容の）二つのチャーム D 中間子（D^0 と $\bar{D}^0$ の質量は $1865\,\mathrm{MeV}/c^2$ で，$D^{\pm}$ は $1869\,\mathrm{MeV}/c^2$）の生成しきい値を超えている．それゆえ，寿命はずっと短く，それらを「準束縛状態」とよぶ（図5.7）．準束縛状態のチャーモニウムは，少なくとも $n = 5$ まで観測されている．

5.4.2 ボトモニウム

11月革命の後，第3世代（b と t）の存在についての憶測が広まり，1976年にはアイテンとゴットフリートが，「ボトモニウム」（$b\bar{b}$）はチャーモニウムよりもさらに豊かな束縛状態の階層構造を示すだろうと予言した [16]（図5.8）．ボトムの場合の D 中間子（すなわち B）は，$n = 1$ と $n = 2$ だけでなく，$n = 3$ の準位も束縛されるに足る質量をもっていると見積もられた．1977年に，ウプシロン中間子が発見され，すぐに 1^3S_1 状態のボトモニウムであると解釈された．現在では，$^3S_1$ 状態は n が6まで，また $n = 2$ と $n = 3$ に対しては6個の ^3P 状態が見つかっている．チャームクォークよりもボトムクォークは3倍以上重いという事実にもかかわらず [17]，ψ と Υ 系の準位の離れ方は，驚くほど似ている（図5.9）．

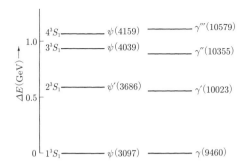

図 5.9　ψ と Υ 系の準位の離れ具合（出典：Particle Physics Booklet (2006)）

5.5　軽いクォークでできた中間子

さて今度は，全部が軽いクォーク (u, d, s) からできた中間子について考えてみよう．これらは相対論的な系なので，シュレーディンガー方程式を使えないことや，理論に制約が多いことを思い出そう [18]．とくに，重いクォークのときには励起状態のスペクトル（表 4.6）に注目したが，いまは，$l = 0$ の基底状態に話を限ることにする．クォークのスピンは反平行（一重項の $s = 0$）か，平行（三重項の $s = 1$）になる．前者の配位だと擬スカラー九重項に，後者だとベクトル九重項になる（図 5.10）．

まず初めに，1 章で解決していなかった問題をはっきりさせたい．たんにクォークと反クォークを，可能なあらゆる組み合わせで結合させることで 9 個の中間子を得たが（1.8 節），これによるとストレンジネス 0 の中性中間子が 3 個できて（$u\bar{u}$, $d\bar{d}$, $s\bar{s}$），これらのうちどれが π^0 で，どれが η で，どれが η' なのか（ベクトルの場合は，ρ^0，

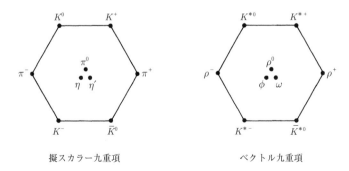

擬スカラー九重項　　　　　　　　　　ベクトル九重項

図 5.10　$l = 0$ の，軽いクォークからなる中間子

ω, ϕ) はっきりしない．いまならこの不定性を解くことができる．アップクォークとダウンクォークはアイソスピン二重項を形成する．

$$u = \left|\frac{1}{2}\ \frac{1}{2}\right\rangle, \qquad d = \left|\frac{1}{2}\ -\frac{1}{2}\right\rangle \tag{5.36}$$

同様に反クォークは以下になる

$$\bar{d} = -\left|\frac{1}{2}\ \frac{1}{2}\right\rangle, \qquad \bar{u} = \left|\frac{1}{2}\ -\frac{1}{2}\right\rangle \tag{5.37}$$

($\bar{d}$ は $I_3 = +1/2$ で，$\bar{u}$ は $I_3 = -1/2$ であることに注意せよ．一つの多重項の中では，より大きな電荷をもつ粒子に，より大きな I_3 の値が割り振られる．負の符号は計算上の問題で [19]，ここでの議論の本質には何の影響もない）．$I = 1/2$ をもつ二つの粒子を組み合わせると，

$$\begin{aligned}|11\rangle &= -u\bar{d} \\ |10\rangle &= (u\bar{u} - d\bar{d})\sqrt{2} \\ |1\ -1\rangle &= d\bar{u}\end{aligned} \tag{5.38}$$

というアイソ三重項（式 (4.15)）と，

$$|00\rangle = (u\bar{u} + d\bar{d})/\sqrt{2} \tag{5.39}$$

というアイソ一重項（式 (4.16)）を得る．擬スカラー中間子の場合，三重項はパイ中間子で，ベクトル中間子の場合は ρ だ．あきらかに，π^0（あるいは ρ^0）は，$u\bar{u}$ でも $d\bar{d}$ でもなく，むしろ線形結合の

$$\pi^0,\ \rho^0 = (u\bar{u} - d\bar{d})/\sqrt{2} \tag{5.40}$$

である．もし π^0 を引き離すことができたなら，半分の確率で u と $\bar{u}$ に，そして半分の確率で d と $\bar{d}$ になるだろう．

残りは二つの $I = 0$ 状態（アイソ一重項の組み合わせで，式 (5.39) と $s\bar{s}$）になり，それらが η と η'（あるいは ω と ϕ）になる．この状況はあまりすっきりしていない．というのは，これらの粒子は同一の量子数をもち，実際のところ「混じり合う」．擬スカラーの場合，物理的な状態は

$$\eta = (u\bar{u} + d\bar{d} - 2s\bar{s})/\sqrt{6} \tag{5.41}$$

$$\eta' = (u\bar{u} + d\bar{d} + s\bar{s})/\sqrt{3} \tag{5.42}$$

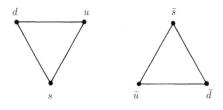

図 5.11　クォークと反クォーク

となる一方で，ベクトル中間子の場合は

$$\omega = (u\bar{u} + d\bar{d})/\sqrt{2} \tag{5.43}$$
$$\phi = s\bar{s} \tag{5.44}$$

となる．八道説がよい対称性だという文脈では，擬スカラーの組み合わせは，より「自然」だ．というのも，u, d, そして s を対称的に扱う η' は $SU(3)$ 変換で不変だ．つまり，π^0 が $SU(2)$（アイソスピン）のもとで一重項であるのとまさに同様の意味合いで，$SU(3)$ のもとでは「一重項」なのだ．一方，η は $SU(3)$「八重項」として変換し，その他のメンバーは三つのパイ中間子と四つの K だ（実際のところ，これが元々の擬スカラー八重項である）．対照的に，ϕ も ω も $SU(3)$ 一重項ではない．ストレンジクォークはその他の二つから分離されているので，それらは「最大限」混ざり合っている，といってよいかもしれない．ちなみに，他の中間子九重項は，$\phi - \omega$ の混合パターンに従っているように見える [20]．

一方，ストレンジ中間子は，s クォークを u あるいは d クォークと組み合わせることで構築される．

$$K^+ = u\bar{s}, \quad K^0 = d\bar{s}, \quad \bar{K}^0 = -s\bar{d}, \quad K^- = s\bar{u} \tag{5.45}$$

群論の言葉を使うと，三つの軽いクォークは $SU(3)$ の（3 と表される）基本表現に属する一方で，反クォークは（$\bar{3}$ と表される）荷電共役表現に属する（図 5.11）．われわれがここまでにやってきたことは，これらの表現を組み合わせることで，その結果として八重項と一重項を得た．

$$3 \otimes \bar{3} = 8 \oplus 1 \tag{5.46}$$

それは，4 章で，二つの 2 次元の（スピン 1/2 の）$SU(2)$ の表現を組み合わせて三重

項と一重項を得たのとちょうど同じだ[*15].

$$2 \otimes \bar{2} = 3 \oplus 1 \tag{5.47}$$

もし，$SU(3)$ が完璧な対称性ならば，ある一つの多重項に属するすべての粒子は同じ質量をもつことになる．しかし，あきらかにそうはなっていない．たとえば，K は π よりも 3 倍以上重い．4 章で示したように，フレーバー対称性が破れているのは，クォークによって質量が違うという事実に起因する．u と d クォークはほぼ同じ重さだが，s はそれらよりもはるかに重い．ざっくりいうと，K が π より重いのは，u や d の代わりに s を含んでいるからだ．しかしそれですべてを説明できるわけではない．というのは，もし説明できるとしたら，ρ は π と同じ重さでなければならない．結局のところ，それらは同じクォークでできていて，かつ両方とも空間的には基底状態である ($n = 1$, $l = 0$)．擬スカラーとベクトル中間子はクォークのスピンの相対的な向きが違うだけなので，それらの質量の違いは，基底状態における水素の超微細分離の QCD 版であるスピン–スピン相互作用によるものに違いない．この考えに基づくと，中間子の質量公式は以下になる[*16]．

$$M(\text{中間子}) = m_1 + m_2 + A\frac{\boldsymbol{S}_1 \cdot \boldsymbol{S}_2}{m_1 m_2} \tag{5.48}$$

ただしここで A は定数とする [21]．$\boldsymbol{S} = \boldsymbol{S}_1 + \boldsymbol{S}_2$ を両辺 2 乗することで，

$$\boldsymbol{S}_1 \cdot \boldsymbol{S}_2 = \frac{1}{2}(S^2 - S_1^2 - S_2^2) = \begin{cases} (1/4)\hbar^2, & s = 1 \text{（ベクトル中間子）} \\ -(3/4)\hbar^2, & s = 0 \text{（擬スカラー）} \end{cases} \tag{5.49}$$

を得る．構成質量 $m_u = m_d = 308\,\text{MeV}/c^2$, $m_s = 483\,\text{MeV}/c^2$ に対して，A の最適な値は $(2m_u/\hbar)^2 159\,\text{MeV}/c^2$ となり，表 5.3 の結果を得る．

[*15] （表記法の首尾一貫性という観点から）不運にも，$SU(3)$ の表現は，その次元によって慣習的にラベルづけされている一方で，$SU(2)$ の表現はそのスピンで同定されることの方が多い．なので，式 (5.47) は，$(1/2) \otimes (1/2) = 1 \oplus 0$ と通常書かれる．ところで，偶然にも $SU(2)$ の基本表現はその荷電共役表現と同じだ．つまり，スピン 1/2 は 1 種類しかないのだ．それゆえに，式 (5.37) 中の $\bar{u}$ と $\bar{d}$ を通常のアイソスピン 1/2 状態で表現することができる．$SU(3)$ の場合は，そうはならない．

[*16] $l = 0$ 状態では，超微細補正は磁気モーメントの内積 $\boldsymbol{\mu}_1 \cdot \boldsymbol{\mu}_2$ に比例し，双極子モーメントはスピン角運動量に比例し，質量に反比例する．それが，式 (5.48) 導出の背景となっている．もちろん，これは QED に対してのもので，QCD に対してではない．さらに悪いことに，それは波動関数の質量依存性を無視しており（「定数」A として入っている），非相対論的量子力学に基づいている．しかし，これよりも成功を収めているものはなく，式 (5.48) は驚くほどうまくいっている（しかし，η' が表に含まれていないことには注意しよう．問題 5.12 を参照）．

表 5.3 擬スカラーとベクトル中間子の質量 (MeV/c^2)

中間子	計算値	実測値
π	139	138
K	487	496
η	561	548
ρ	775	776
ω	775	783
K^*	892	894
ϕ	1031	1020

5.6 バリオン

おそらく，いつの日にか，非相対論的な重いクォークからなる ccc, ccb, cbb, bbb というバリオンをつくれるはずである．これらは，クォーコニウムの親戚で「クォーケリウム」とよんでもよいかもしれない．というのも，原子との類推で最も近いのはヘリウムだからだ．しかし，いまのところ，重いクォークが1個入ったバリオンをつくるのでさえ難しく，3個なんてとんでもない話であり，ここでは重いクォークをもつバリオンのスペクトルについて推論することはしない．一方で，観測されている軽いクォークからなるバリオンの集団は膨大である（表 5.4）．

表 5.4 軽いクォークからなるバリオン

$SU(3)$ 表現	J^P	$S=0$	$S=-1$ $I=0$	$S=-1$ $I=1$	$S=-2$	$S=-3$
8	$(1/2)^+$	$N(939)$	$\Lambda(1116)$	$\Sigma(1193)$	$\Xi(1318)$	
10	$(3/2)^+$	$\Delta(1232)$		$\Sigma(1385)$	$\Xi(1530)$	$\Omega(1672)$
1	$(1/2)^-$		$\Lambda(1405)$			
1	$(3/2)^-$		$\Lambda(1520)$			
8	$(1/2)^-$	$N(1535)$	$\Lambda(1670)$	$\Sigma(1620)$	?	
8	$(3/2)^-$	$N(1520)$	$\Lambda(1690)$	$\Sigma(1670)$	$\Xi(1820)$	
8	$(5/2)^-$	$N(1675)$	$\Lambda(1830)$	$\Sigma(1775)$	?	
10	$(1/2)^-$	$\Delta(1620)$		?	?	?
10	$(3/2)^-$	$\Delta(1700)$		?	?	?
8	$(3/2)^+$	$N(1720)$	$\Lambda(1890)$	?	?	
8	$(5/2)^+$	$N(1680)$	$\Lambda(1820)$	$\Sigma(1915)$	$\Xi(2030)$	
10	$(5/2)^+$	$\Delta(1905)$		?	?	?
10	$(7/2)^+$	$\Delta(1950)$		$\Sigma(2030)$	?	?
8	$(1/2)^+$	$N(1440)$	$\Lambda(1600)$	$\Sigma(1660)$	?	

$J=$ スピン，$P=$ パリティ，$S=$ ストレンジネス，$I=$ アイソスピン．これは完全なリストではない．最大でスピン $11/2$ をもつバリオンが観測されている．（出典：Review of Particle Physics (2006) Section 14.4）

5.6.1 バリオンの波動関数

いくつかの理由で，バリオンを解析するのは中間子より難しい．まず，バリオンは3体系だ．一つの軌道角運動量だけでなく，二つ考えねばならない（図5.12）．$l = l' = 0$ の基底状態に話を絞ろう．この場合，バリオンの角運動量は，三つのクォークのスピンの合計のみで決まる．クォークはスピン1/2をもつので，それぞれのクォークは「スピン上向き」(↑) か「スピン下向き」(↓) のどちらかの状態を取る．ゆえに，3個のクォークから可能なのは以下の8個の状態である．(↑↑↑)，(↑↑↓)，(↑↓↑)，(↑↓↓)，(↓↑↑)，(↓↑↓)，(↓↓↑)，(↓↓↓)．しかし，それらは角運動量の総和の固有状態ではないので，最も取り扱いやすい配位というわけではない．例題4.2で見たように，クォークのスピンは合計で3/2か1/2になり，後者は二つの違った組み合わせで達成できる．具体的には以下である．

スピン $\frac{3}{2}$ (Ψ_S)

$$\begin{aligned}
\left| \frac{3}{2}\ \frac{3}{2} \right\rangle &= (\uparrow\uparrow\uparrow) \\
\left| \frac{3}{2}\ \frac{1}{2} \right\rangle &= (\uparrow\uparrow\downarrow + \uparrow\downarrow\uparrow + \downarrow\uparrow\uparrow)/\sqrt{3} \\
\left| \frac{3}{2}\ -\frac{1}{2} \right\rangle &= (\downarrow\downarrow\uparrow + \downarrow\uparrow\downarrow + \uparrow\downarrow\downarrow)/\sqrt{3} \\
\left| \frac{3}{2}\ -\frac{3}{2} \right\rangle &= (\downarrow\downarrow\downarrow)
\end{aligned} \tag{5.50}$$

スピン $\frac{1}{2}$ (Ψ_{12})

$$\left| \frac{1}{2}\ \frac{1}{2} \right\rangle_{12} = (\uparrow\downarrow - \downarrow\uparrow)\uparrow/\sqrt{2}$$

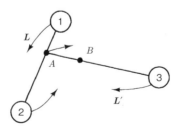

図5.12 三体系における角運動量．L は1と2の重心 (A) に対する1と2の角運動量．L' は3点の重心 (B) に対する A と3の角運動量

$$\left|\frac{1}{2} \; -\frac{1}{2}\right\rangle_{12} = (\uparrow\downarrow - \downarrow\uparrow)\downarrow/\sqrt{2} \tag{5.51}$$

スピン $\frac{1}{2}$ (Ψ_{23})

$$\left|\frac{1}{2} \; \frac{1}{2}\right\rangle_{23} = \uparrow(\uparrow\downarrow - \downarrow\uparrow)/\sqrt{2}$$
$$\left|\frac{1}{2} \; -\frac{1}{2}\right\rangle_{23} = \downarrow(\uparrow\downarrow - \downarrow\uparrow)/\sqrt{2} \tag{5.52}$$

いかなる二つの粒子を交換しても状態が変化しないという観点において,スピン 3/2 の組み合わせは完全に対称だ.スピン 1/2 の組み合わせは,部分的に反対称だ.二つの粒子の交換で符号が変わる.最初の組み合わせは,粒子 1 と 2 が反対称で,それを受けた下付き文字がついている.よって,2 番目は粒子 2 と 3 が反対称だ.もちろん,粒子 1 と 3 が反対称な組み合わせをつくろうと思えばつくれる.

スピン $\frac{1}{2}$ (Ψ_{13})

$$\left|\frac{1}{2} \; \frac{1}{2}\right\rangle_{13} = (\uparrow\uparrow\downarrow - \downarrow\uparrow\uparrow)/\sqrt{2}$$
$$\left|\frac{1}{2} \; -\frac{1}{2}\right\rangle_{13} = (\uparrow\downarrow\downarrow - \downarrow\downarrow\uparrow)/\sqrt{2} \tag{5.53}$$

しかしながら,これらは最初の二つと独立になっていない.読者が自分自身で確認できるように,

$$|\;\rangle_{13} = |\;\rangle_{12} + |\;\rangle_{23} \tag{5.54}$$

である.群論の言葉でいうと,三つの基本的な (2 次元の) $SU(2)$ 表現の直積は,4 次元表現と二つの 2 次元表現との直和に分解できる[*17].

$$2 \otimes 2 \otimes 2 = 4 \oplus 2 \oplus 2 \tag{5.55}$$

中間子よりもバリオンの方が取り扱いが複雑だという 2 点目は,パウリの排他原理に関係がある.元々の定式化では,パウリの原理によると二つの電子は同じ量子状態を占有することができない.原子中のすべての電子がなぜ単純に基底状態 ψ_{100} に落ち込まないのかを説明するのが本来の目的であった(もしそうなってしまうと,化学

[*17] もし表現が次元の代わりにスピンで表されているなら,式 (5.55) は $1/2 \otimes 1/2 \otimes 1/2 = 3/2 \oplus 1/2 \oplus 1/2$ と読む.ちなみに,粒子 1 と 2 に対して対称なスピン 1/2 の組み合わせを $|\;\rangle = |\;\rangle_{13} + |\;\rangle_{23}$ のようにつくることも可能だ.$|\;\rangle_{12}$ と $|\;\rangle_{23}$ の代わりに $|\;\rangle_{12}$ と $|\;\rangle_{13}$ を使うことを好む者もいる.

の余地はない）．そうならないのは，基底状態はスピン上向きと下向きの 2 個しか収容できないからだ．いったんそれらが占有されてしまうと，次の電子は最初の励起状態 $n = 2$，…などにたまっていく．このやり方だと，パウリの原理は少しその場しのぎに思えるが，実際にはより深遠なもののうえに立脚している．もし二つの粒子が完璧に同一だとしたら，波動関数はそれぞれを対等に扱わなければならない．もし誰かが内緒でそれを入れ替えても，物理的な状態は変わらないはずである．この点に基づいて，$\psi(1,2) = \psi(2,1)$ と結論づけるかもしれないが，それは少しやりすぎだ．物理量は波動関数の 2 乗で決まるので，われわれが確実にいえるのは $\psi(1,2) = \pm\psi(2,1)$ ということだ．二つの同一粒子の交換のもとで，波動関数は偶すなわち対称か，奇すなわち反対称のどちらかでなければならない[*18]．しかし，そのどちらなのだろうか．非相対論的量子力学では答えは得られず，波動関数が偶であるボソンと奇であるフェルミオンという 2 種類の粒子が存在するとしかいえない．経験則によると，スピン整数の粒子はすべてボソンで，一方，スピン半整数をもつ粒子はフェルミオンだ．場の量子論が成し遂げた重要な成果の一つが，この「スピンと統計」との関係の厄介な証明であった．

ボソン（スピン整数） $\Rightarrow$ 対称な波動関数：$\psi(1,2) = \psi(2,1)$
フェルミ粒子（スピン半整数） $\Rightarrow$ 反対称な波動関数：$\psi(1,2) = -\psi(2,1)$

それぞれ ψ_α と ψ_β の状態にいる二つの粒子があるとしよう．もしそれらの区別がつくとしたら（たとえば，ミュー粒子と電子），どちらが状態 ψ_α でどちらが状態 ψ_β であるかを問うことに意味がある．もし粒子 1 が ψ_α で 2 が ψ_β なら，その系の波動関数は

$$\psi(1,2) = \psi_\alpha(1)\psi_\beta(2)$$

であり，その逆なら

$$\psi(1,2) = \psi_\beta(1)\psi_\alpha(2)$$

である．しかし，その二つの粒子を区別できない場合は，どちらがどの状態かをいえない．二つの粒子が同一のボソンなら，波動関数は対称な組み合わせ

[*18] $|\psi(1,2)|^2 = |\psi(2,1)|^2$ からは，$\psi(1,2) = e^{i\phi}\psi(2,1)$ しか導けない．しかし，粒子の交換を 2 回行うと元の状態に戻ることから，$e^{2i\phi} = 1$ であり，ゆえに $e^{i\phi} = \pm 1$ である．

$$\psi(1,2) = (1/\sqrt{2})[\psi_\alpha(1)\psi_\beta(2) + \psi_\beta(1)\psi_\alpha(2)] \tag{5.56}$$

となり，同一のフェルミオンなら，波動関数は反対称な組み合わせ

$$\psi(1,2) = (1/\sqrt{2})[\psi_\alpha(1)\psi_\beta(2) - \psi_\beta(1)\psi_\alpha(2)] \tag{5.57}$$

となる．とくに，もし二つのフェルミオン（たとえば電子）を同じ状態（$\psi_\alpha = \psi_\beta$）に入れようとするとゼロになってしまう．つまり，そうできないのだ．これがパウリの排他原理の起源だ．もはやそれはその場しのぎの仮定ではなく，むしろ同一粒子の波動関数の構成による要請からの帰結だとわかる．ところで，パウリの原理はボソンには適用されないことに注意しよう．多数のパイ中間子を同じ状態に詰め込むことができる．また，区別可能な粒子に対してはいかなる対称性の要求もない．だからこそ，中間子の波動関数を構築したときに対称性についての心配をする必要がなかったのだ（なぜなら，構成粒子の一つがクォークで，もう一つが反クォークであり，それらはつねに区別可能だ）．しかし，バリオンの場合は，三つのクォークを一緒にまとめようとしていて，今度は反対称性の要請を考慮に入れねばならない．

さて，バリオンの波動関数はいくつかの部分からできている．3個のクォークの位置を記述する空間部分，それらのスピンを表現するスピン部分，u, d, s のどのような組み合わせが含まれているのかを示すフレーバー部分，そして，クォークのカラーを指定する項がある．

$$\psi = \psi(空間)\psi(スピン)\psi(フレーバー)\psi(カラー) \tag{5.58}$$

この波動関数がいかなる二つのクォークの交換のもとでも反対称になるようにすればよい[*19]．空間部分に対する基底状態の関数形をわれわれは知らないが，それは確実に対称である．$l = l' = 0$ なので，角度依存性は存在しないからだ．スピンの状態は完全な対称（$j = 3/2$）か，混合状態（$j = 1/2$）だ．フレーバーに関しては，uuu, uud, udu, udd, $\cdots$, sss など $3^3 = 27$ 通りの可能性があり，それらを対称，反対称，混合の組み合わせに振り分ける．それらは，スピンの組み合わせが $SU(2)$ 表現を形成するのとちょうど同様に，$SU(3)$ の既約表現を形成する．八道節のパターンで表現すると便利だ．

[*19]「同一粒子」という用語に対するかなりの拡張があることに注意してほしい．というのは，カラーやフレーバーさえも無視して，すべてのクォークを1種類の粒子の異なる状態として取り扱っているからだ．

198   5 束縛状態

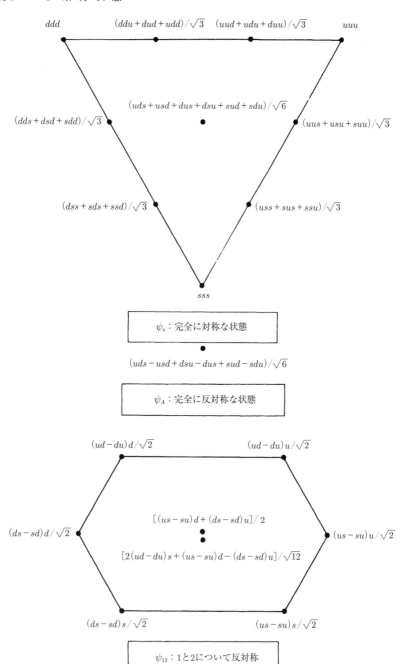

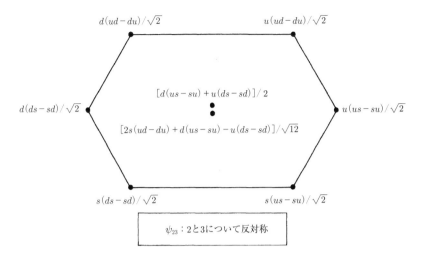

それゆえ、3個の軽いクォークの組み合わせは十重項と一重項と二つの八重項を生む[*20]．群論の言葉では，$SU(3)$ の基本表現三つの直積は，ルールに従うと

$$3 \otimes 3 \otimes 3 = 10 \oplus 8 \oplus 8 \oplus 1 \tag{5.59}$$

と分解される．ところで，1と3について反対称な八重項も構築できるが，これは独立ではない（$\psi_{13} = \psi_{12} + \psi_{23}$）．これで，四つの表現 10, 8, 8, 1 をつくるのに使える 27 個の状態をすべて使った．

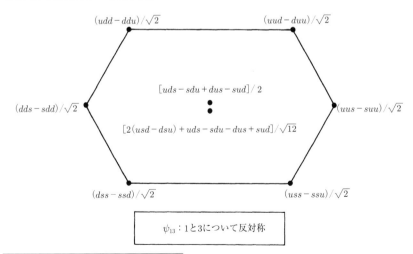

[*20] 八重項（と九重項）の図でいつもそうであるように，中心の上側にアイソ三重項（「Σ^0」）を下側にアイソ一重項（「Λ」）を置いている．

最後に，カラーに関する問題がある．1章では，自然界に存在するすべての粒子は無色であるという一般論を述べた．中間子が赤のクォークをもっていたら，その中間子は反赤クォークももたねばならず，すべてのバリオンがそれぞれのカラー一つずつを含まねばならない．実際のところ，これは，深遠な法則の単純な定式化だ．

自然界に存在するあらゆる粒子はカラーの一重項である．

三つの軽いクォークのフレーバーがフレーバーに関する $SU(3)$ を生成したのとちょうど同じように，三つのカラーはカラーについての $SU(3)$ 対称性を生成する（後者は完全に対称だ．異なるカラーのクォークは同じ重さだ．一方で，前者は近似的でしかない）．三つのカラーをひとまとめにすると，カラー十重項一つ，カラー八重項二つ，そしてカラー一重項一つを得る（たんに，先のダイアグラムで $u\to$ 赤，$d\to$ 緑，$s\to$ 青という，フレーバー→カラーの置き換えをすればよい）．しかし，自然は一重項を選ぶので，バリオンに対するカラーの状態はいつも

$$\psi(カラー) = (rgb - rbg + gbr - grb + brg - bgr)/\sqrt{6} \tag{5.60}$$

になる．

カラーの波動関数はすべてのバリオンで同じなため，通常は面倒なのでそれを含めない．しかし，ψ(カラー) が反対称であることを絶対に忘れてはならない．一方で，残りの波動関数は対称でなければならない．とりわけ，基底状態では，ψ(空間) が対称であるので，ψ(スピン) と ψ(フレーバー) の積は，完璧に対称でなければならない．対称なスピンの配位から始めるとしよう．するとフレーバーについて対称でなければならないので，以下のスピン $3/2$ のバリオン十重項を得る．

$$\psi(バリオン十重項) = \psi_s(スピン)\psi_s(フレーバー) \tag{5.61}$$

例題 5.1 スピン状態 $m_j = -(1/2)$ の Δ^+ の波動関数を書け（空間とカラー成分は気にしなくてよい）．

答え：

$$\left|\Delta^+ : \frac{3}{2}\ -\frac{1}{2}\right\rangle = \{(uud + udu + duu)/\sqrt{3}\}[(\downarrow\downarrow\uparrow + \downarrow\uparrow\downarrow + \uparrow\downarrow\downarrow)/\sqrt{3}]$$
$$= [u(\downarrow)u(\downarrow)d(\uparrow) + u(\downarrow)u(\uparrow)d(\downarrow) + u(\uparrow)u(\downarrow)d(\downarrow)$$
$$+ u(\downarrow)d(\downarrow)u(\uparrow) + u(\downarrow)d(\uparrow)u(\downarrow) + u(\uparrow)d(\downarrow)u(\downarrow)$$

$$+ d(\downarrow)u(\downarrow)u(\uparrow) + d(\downarrow)u(\uparrow)u(\downarrow) + d(\uparrow)u(\downarrow)u(\downarrow)]/3$$

たとえば，もし粒子をばらばらにすることができたら，最初のクォークがスピン上向きの d である確率が 1/9 で，スピン下向きの u クォークである確率が 4/9 だ.

バリオン八重項は少しトリッキーだ．というのは，完全に対称な組み合わせをつくるには，対称性が混じり合っている状態を集めなければならないからだ．まず気づかなければならないのは，二つの反対称な関数の積は対称だということだ．ゆえに，ψ_{12}(スピン) $\times \psi_{12}$(フレーバー) は 1 と 2 について対称だ．なぜなら，$1 \leftrightarrow 2$ で，二つのマイナスの符号を拾い出すからだ．同様に，ψ_{23}(スピン) $\times \psi_{23}$(フレーバー) は 2 と 3 について対称で ψ_{13}(スピン) $\times \psi_{13}$(フレーバー) は 1 と 3 について対称である．これらを足し上げると，その結果はすべての三つについてあきらかに対称である（規格化因子については問題 5.16 を見よ）．

$$\psi(\text{バリオン八重項}) = (\sqrt{2}/3)[\psi_{12}(\text{スピン})\psi_{12}(\text{フレーバー})$$
$$+ \psi_{23}(\text{スピン})\psi_{23}(\text{フレーバー})$$
$$+ \psi_{13}(\text{スピン})\psi_{13}(\text{フレーバー})] \quad (5.62)$$

例題 5.2 スピン上向きの陽子の波動関数のスピンとフレーバーに関する部分を書け．

答え：

$$\left| p : \frac{1}{2} \ \frac{1}{2} \right\rangle = \left\{ \frac{1}{2}(\uparrow\downarrow\uparrow - \downarrow\uparrow\uparrow)(udu - duu) \right.$$
$$+ \frac{1}{2}(\uparrow\uparrow\downarrow - \uparrow\downarrow\uparrow)(uud - udu)$$
$$\left. + \frac{1}{2}(\uparrow\uparrow\downarrow - \downarrow\uparrow\uparrow)(uud - duu) \right\} \frac{\sqrt{2}}{3}$$
$$= \{uud(2\uparrow\uparrow\downarrow - \uparrow\downarrow\uparrow - \downarrow\uparrow\uparrow)$$
$$+ udu(2\uparrow\downarrow\uparrow - \downarrow\uparrow\uparrow - \uparrow\uparrow\downarrow)$$
$$+ duu(2\downarrow\uparrow\uparrow - \uparrow\downarrow\uparrow - \uparrow\uparrow\downarrow)\}\frac{1}{3\sqrt{2}}$$
$$= \frac{2}{3\sqrt{2}}(u(\uparrow)u(\uparrow)d(\downarrow))$$
$$- \frac{1}{3\sqrt{2}}(u(\uparrow)u(\downarrow)d(\uparrow))$$
$$- \frac{1}{3\sqrt{2}}(u(\downarrow)u(\uparrow)d(\uparrow)) + \text{置換したもの}$$

この例題から，特別なことがなければ，クォーク模型におけるバリオンの波動関数

を構築するのは簡単ではない，ということを学んでほしい．波動関数の空間部分を除いても，スピンを三つ，フレーバーを三つ，そしてカラーを三つ取り扱わなければならず，それらすべてをパウリの排他律と矛盾がないように組み立てなければならないのだ．三つのクォークからどのようにバリオン八重項をつくるのかの説明が変わってしまったことを（1章では単純にクォークを数え上げることによって十重項をつくった），許してほしい．重要なのは，十重項の頂点には三つの同じクォーク（uuu, ddd, sss）が必要だということだ．それらは必ずフレーバーについて対称なので，スピンについて対称な状態（$j=3/2$）でなければならない．二つ同じクォークがあると（たとえば uud），3種類の配位（uud, udu, duu）が可能だ．この配位から対称な線形結合をつくるとそれらは十重項の中に入り，二つの対称の混ざり合った状態をつくると $SU(3)$ 八重項に属する．最後に，三つすべて異なる場合，つまり uds には6個の可能性がある．完全に対称な線形結合が十重項を完成させ，完全に反対称な組み合わせが $SU(3)$ 一重項をつくり，残りの四つが二つの八重項に入る．（隠れているとしても）これらすべてにおいて果たしているカラーの本質的な役割にもう一度注意してほしい．カラーがなかったとしたら，反対称なスピンあるいはフレーバーの波動関数を探すことになる．スピン 3/2（対称）は，フレーバーの一重項（反対称）と一緒にならなければならない．カラーがなくてもスピン 1/2 の八重項をつくることは可能だが（問題 5.18），十重項のところにスピン 3/2 のバリオンがたった一つしかないことになってしまう．カラーが導入された最初の理由は，パウリの排他原理をそのままにこの大問題を避けるためであった．

5.6.2 磁気モーメント

バリオンのスピンおよびフレーバーの波動関数の応用として，八重項に属する粒子の磁気双極子モーメントを計算してみる．軌道運動がないことから，バリオンの正味の磁気モーメントは，単純に三つの構成クォークの磁気モーメントのベクトル和

$$\boldsymbol{\mu} = \boldsymbol{\mu}_1 + \boldsymbol{\mu}_2 + \boldsymbol{\mu}_3 \tag{5.63}$$

となる．これは，クォークのフレーバーと（三つのフレーバーは異なる磁気モーメントをもっているので），スピンの配位に（それによって三つの極の相対的な向きが決まるから）依存する．わずかな放射補正を置いておくと，スピン 1/2，電荷 q，質量 m をもつ点状粒子の磁気モーメントは（式(5.18)），

$$\boldsymbol{\mu} = \frac{q}{mc}\boldsymbol{S} \tag{5.64}$$

で，その大きさは，

$$\mu = \frac{q\hbar}{2mc} \tag{5.65}$$

である．より正確には，これは，$S_z = \hbar/2$ をもつスピン上向き状態の μ_z の値である．慣習的に $\boldsymbol{\mu}$（太字）自身ではなく，μ が粒子の「磁気モーメント」とよばれている．クォークに対しては以下になる．

$$\mu_u = \frac{2}{3}\frac{e\hbar}{2m_u c}, \qquad \mu_d = -\frac{1}{3}\frac{e\hbar}{2m_d c}, \qquad \mu_s = -\frac{1}{3}\frac{e\hbar}{2m_s c} \tag{5.66}$$

すると，バリオン B の磁気モーメントは

$$\mu_B = \langle B\uparrow|(\mu_1+\mu_2+\mu_3)_z|B\uparrow\rangle = \frac{2}{\hbar}\sum_{i=1}^{3}\langle B\uparrow|(\mu_i S_{i_z})|B\uparrow\rangle \tag{5.67}$$

となる．

例題 5.3 陽子の磁気モーメントを計算せよ．

答え：波動関数は例題 5.2 で見出した．第 1 項は

$$\frac{2}{3\sqrt{2}}[u(\uparrow)u(\uparrow)d(\downarrow)]$$

である．ここで

$$(\mu_1 S_{1z} + \mu_2 S_{2z} + \mu_3 S_{3z})|u(\uparrow)u(\uparrow)d(\downarrow)\rangle$$
$$= \left[\mu_u\frac{\hbar}{2} + \mu_u\frac{\hbar}{2} + \mu_d\left(-\frac{\hbar}{2}\right)\right]|u(\uparrow)u(\uparrow)d(\downarrow)\rangle$$

なので，この項の寄与は

$$\left(\frac{2}{3\sqrt{2}}\right)^2 \frac{\hbar}{2}\Sigma\langle u(\uparrow)u(\uparrow)d(\downarrow)|(\mu_i S_{i_z})|u(\uparrow)u(\uparrow)d(\downarrow)\rangle = \frac{2}{9}(2\mu_u - \mu_d)$$

になる．同様に，第 2 項 $(u(\uparrow)u(\downarrow)d(\uparrow))$ は $(1/18)\mu_d$ を与え，第 3 項もまた同じ寄与を与える[*21]．すべての 9 個の項について同様のやり方を続けていけばよいが，残りは単純に置換して，d が位置 2 あるいは 1 を占有する．すると，その結果は，

[*21] すべてが規格化されていること，たとえば，$\langle u(\uparrow)u(\uparrow)\rangle = 1$ になるように規格化されていること，そして，状態は互いに直交していること $\langle u(\uparrow)u(\downarrow)\rangle = 0$ に注意せよ．

表 5.5　バリオン八重項に属するバリオンの磁気双極子モーメント

バリオン	モーメント	予測値	実測値
p	$\left(\frac{4}{3}\right)\mu_u - \left(\frac{1}{3}\right)\mu_d$	2.79	2.793
n	$\left(\frac{4}{3}\right)\mu_d - \left(\frac{1}{3}\right)\mu_u$	-1.86	-1.913
Λ	μ_s	-0.58	-0.613
Σ^+	$\left(\frac{4}{3}\right)\mu_u - \left(\frac{1}{3}\right)\mu_s$	2.68	2.458
Σ^0	$\left(\frac{2}{3}\right)(\mu_u + \mu_d) - \left(\frac{1}{3}\right)\mu_s$	0.82	?
Σ^-	$\left(\frac{4}{3}\right)\mu_d - \left(\frac{1}{3}\right)\mu_s$	-1.05	-1.160
Ξ^0	$\left(\frac{4}{3}\right)\mu_s - \left(\frac{1}{3}\right)\mu_u$	-1.40	-1.250
Ξ^-	$\left(\frac{4}{3}\right)\mu_s - \left(\frac{1}{3}\right)\mu_d$	-0.47	-0.651

数値は，原子核の磁気モーメント $e\hbar/2m_p c$ の何倍かを表す．（出典：Particle Physics Booklet (2006)）

$$\mu_p = 3\left[\frac{2}{9}(2\mu_u - \mu_d) + \frac{1}{18}\mu_d + \frac{1}{18}\mu_d\right] = \frac{1}{3}(4\mu_u - \mu_d)$$

となる．

このようにして，すべての八重項の磁気モーメントを μ_u, μ_d, μ_s を使って計算し，表すことができる（問題 5.19）．結果は，表 5.5 の第 2 列にリストアップされている．実際の数値を求めるには，クォークの磁気モーメントを知る必要がある（式 (5.66)）．構成クォークの質量として $m_u = m_d = 336\,\mathrm{MeV}/c^2$ と $m_s = 538\,\mathrm{MeV}/c^2$ を使うと，表 5.5 の第 3 列の値を得る．クォーク質量の不確定性を勘案すると，実験との比較はそれなりによい．比を取ると，何がしかのよりよい予言値を得ることができる．とりわけ，$m_u = m_d$ という制約のもとでは

$$\frac{\mu_n}{\mu_p} = -\frac{2}{3} \tag{5.68}$$

を得る．これは実測値 $-0.684\,979\,45 \pm 0.000\,005\,8$ とよい一致をしている．

5.6.3　質　量

　最後はバリオンの質量の問題だ．状況は中間子のときと同じである．もしフレーバー $SU(3)$ が完全な対称性であれば，八重項に属するすべてのバリオンは同じ質量をもつだろう．しかし，そうはなっていない．まず s クォークが u や d よりもはるかに重いという事実のせいにしようとするが，それだけの話ではない．さもなければ，Λ は Σ

と同じ重さになってしまうし，Δ も陽子と同じ重さになってしまう．あきらかに，(「超微細」) スピン-スピン相互作用による大きな寄与があり，それは以前と同じく，スピンの内積に比例し，質量の積に反比例する．唯一の違いは，今度は，考えるべきスピン対が三つあることである．

$$M\,(\text{バリオン}) = m_1 + m_2 + m_3 + A'\left[\frac{\bm{S}_1\cdot\bm{S}_2}{m_1 m_2} + \frac{\bm{S}_1\cdot\bm{S}_3}{m_1 m_3} + \frac{\bm{S}_2\cdot\bm{S}_3}{m_2 m_3}\right] \quad (5.69)$$

ここで，A' は (式 (5.48) の A と同様に)，データとの一致が最適化になるように調整するための定数である．

三つのクォークの質量が等しいときは，スピンの積は最も簡単で

$$J^2 = (\bm{S}_1 + \bm{S}_2 + \bm{S}_3)^2 = S_1^2 + S_2^2 + S_3^2 + 2(\bm{S}_1\cdot\bm{S}_2 + \bm{S}_1\cdot\bm{S}_3 + \bm{S}_2\cdot\bm{S}_3) \tag{5.70}$$

なので，

$$\begin{aligned}
\bm{S}_1\cdot\bm{S}_2 + \bm{S}_1\cdot\bm{S}_3 + \bm{S}_2\cdot\bm{S}_3 &= \frac{\hbar^2}{2}\left[j(j+1) - \frac{9}{4}\right] \\
&= \begin{cases} 3/4\,\hbar^2, & j = 3/2\ (\text{十重項}) \\ -3/4\,\hbar^2, & j = 1/2\ (\text{八重項}) \end{cases}
\end{aligned} \tag{5.71}$$

となる．よって，核子 (中性子か陽子) の質量は

$$M_N = 3m_u - \frac{3}{4}\frac{\hbar^2}{m_u^2}A' \tag{5.72}$$

であり，Δ は

$$M_\Delta = 3m_u + \frac{3}{4}\frac{\hbar^2}{m_u^2}A' \tag{5.73}$$

であり，Ω^- は

$$M_\Omega = 3m_s + \frac{3}{4}\frac{\hbar^2}{m_s^2}A' \tag{5.74}$$

となる．十重項の場合，スピンはすべて「平行」(すべての対がスピン 1 になるように組み合わされる) なので，

$$(\bm{S}_1 + \bm{S}_2)^2 = S_1^2 + S_2^2 + 2\bm{S}_1\cdot\bm{S}_2 = 2\hbar^2 \tag{5.75}$$

となる (1 と 3, 2 と 3 についても同様)．ゆえに十重項に対しては，

$$\boldsymbol{S}_1 \cdot \boldsymbol{S}_2 = \boldsymbol{S}_1 \cdot \boldsymbol{S}_3 = \boldsymbol{S}_2 \cdot \boldsymbol{S}_3 = \frac{\hbar^2}{4} \tag{5.76}$$

であり（式 (5.71) と整合性のあることに注意せよ），よって，

$$M_{\Sigma^*} = 2m_u + m_s + \frac{\hbar^2}{4}A'\left(\frac{1}{m_u^2} + \frac{2}{m_u m_s}\right) \tag{5.77}$$

となる一方，

$$M_{\Xi^*} = m_u + 2m_s + \frac{\hbar^2}{4}A'\left(\frac{2}{m_u m_s} + \frac{1}{m_s^2}\right) \tag{5.78}$$

である．

 Σ と Λ については，それぞれのアイソスピンが 1 と 0 になるようにアップとダウンクォークを組み合わせればよい．u と d の入れ替えに対してスピンあるいはフレーバーの波動関数が対称になるためには，それぞれのスピンの合計が 1 と 0 になるように組み合わせればよい．すると Σ に対しては，

$$(\boldsymbol{S}_u + \boldsymbol{S}_d)^2 = S_u^2 + S_d^2 + 2\boldsymbol{S}_u \cdot \boldsymbol{S}_d = 2\hbar^2$$
$$\text{よって} \quad \boldsymbol{S}_u \cdot \boldsymbol{S}_d = \frac{\hbar^2}{4} \tag{5.79}$$

となり，一方 Λ に対しては

$$(\boldsymbol{S}_u + \boldsymbol{S}_d)^2 = 0 \quad \text{よって} \quad \boldsymbol{S}_u \cdot \boldsymbol{S}_d = -\frac{3}{4}\hbar^2 \tag{5.80}$$

となる．これらの結果を式 (5.71) と一緒に使うと，

$$M_{\Sigma} = 2m_u + m_s + A'\left[\frac{\boldsymbol{S}_u \cdot \boldsymbol{S}_d}{m_u m_d} + \frac{\boldsymbol{S}_1 \cdot \boldsymbol{S}_2 + \boldsymbol{S}_1 \cdot \boldsymbol{S}_3 + \boldsymbol{S}_2 \cdot \boldsymbol{S}_3 - \boldsymbol{S}_u \cdot \boldsymbol{S}_d}{m_u m_s}\right]$$
$$= 2m_u + m_s + \frac{\hbar^2}{4}A'\left(\frac{1}{m_u^2} - \frac{4}{m_u m_s}\right) \tag{5.81}$$

そして，

$$M_{\Lambda} = 2m_u + m_s - \frac{3}{4}\frac{\hbar^2}{m_u^2}A' \tag{5.82}$$

となることがわかる．Ξ の質量については読者に算出してもらいたい（問題 5.22）．

$$M_{\Xi} = 2m_s + m_u + \frac{\hbar^2}{4}A'\left(\frac{1}{m_s^2} - \frac{4}{m_u m_s}\right) \tag{5.83}$$

構成クォークの質量として，$m_u = m_d = 363\,\text{MeV}/c^2$，$m_s = 538\,\text{MeV}/c^2$，そして，$A' = (2m_u/\hbar)^2\, 50\,\text{MeV}/c^2$ を使うと，実験値との素晴らしい一致を得る（**表 5.6**）[22]．

---

[22] しかしながら，表 4.4 の脚注で注意を与えたように，表 5.3, 5.5, 5.6 それぞれでわずかに異なるクォーク質量値を使わなければならないことに留意しよう．

表 5.6 バリオン八重項と十重項の質量（MeV/c^2）

バリオン	計算値	実測値
N	939	939
Λ	1114	1116
Σ	1179	1193
Ξ	1327	1318
Δ	1239	1232
Σ*	1381	1385
Ξ*	1529	1533
Ω	1682	1672

参 考 書

[1] 量子力学に精通していない読者は，適切な教科書で背景を学び，ここで示された計算の詳細について補習する必要がある．たとえば，D. Park: Introduction to the Quantum Theory, 3rd edn (McGraw-Hill, 1992); (a) J. S. Townsend: A Modern Approach to Quantum Mechanics (University Science Books, 2000); (b) D. J. Griffiths: Introduction to Quantum Mechanics, 2nd edn (Prentice Hall, 2005).

[2] 19 世紀半ばから現在までの水素スペクトルの実験的研究の魅力的な説明は，T. W. Hänsch, A. L. Schawlow, and G. W. Series: Scientific American, 94 (March 1979).

[3] たとえば，D. J. Griffiths: Introduction to Electrodynamics, 3rd edn (Prentice Hall, 1999) Problem 5.56.

[4] 計算は，T. Kinoshita and M. Nio: Physical Review, D **73**, 013003 (2006); 測定は，(a) B. Odom et al.: Physical Review Letters, **97**, 030801 (2006).

[5] W. E. Lamb Jr. and R. C. Retherford: Physical Review, **72**, 241 (1947).

[6] 電磁場の普通のモードは振動子であるが，量子力学において，調和振動子の基底状態のエネルギーはゼロではなく，$(1/2)\hbar\omega$ である．J. D. Bjorken and S. D. Drell: Relativistic Quantum Mechanics (McGraw-Hill, 1964) 58.

[7] 詳細は，H. A. Bethe and E. E. Salpeter: Quantum Mechanics of One- and Two-Electron Atoms (Plenum, 1977) Sect. 21.

[8] H. A. Bethe and E. E. Salpeter: Quantum Mechanics of One- and Two-Electron Atoms (Plenum, 1977) 110.

[9] 水素の基底状態での超微細分離のわかりやすい記述については，D. J. Griffiths: American Journal of Physics, **50**, 698 (1982).

[10] H. I. Ewen and E. M. Purcell: Nature, **168**, 356 (1951).

[11] ポジトロニウムのスペクトルが議論されているのは，H. A. Bethe and E. E. Salpeter: Quantum Mechanics of One- and Two-Electron Atoms (Plenum, 1977) Sect. 21, 23. 以下も参照．(a) S. Berko and H. N. Pendleton: Annual Review of Nuclear and Particle Science, **30**, 543 (1980); (b) A. Rich: Reviews of Modern Physics, **53**, 127 (1981).

[12] 微細構造の詳細は，ポジトロニウムのようなクォーコニウムとまったく同じではない．E. Eichten and F. Feinberg: Physical Review Letters, **43**, 1205 (1979); Physical Review, D **23**, 2724 (1981).

[13] F_0 を推定する他の方法もあるが，おおよそ同じ答えが得られる．D. H. Perkins: Introduction to High Energy Physics, 4th edn (Cambridge University Press, 2000) Section 6.3.

[14] T. Appelquist and H. D. Politzer: Physical Review Letters, **34**, 43 (1975); Physical Review, D **12**, 1404 (1975).
[15] これらの発見の興味深い説明については，以下の記事を参照．E. D. Bloom and G. J. Feldman: Quarkonium, Scientific American, 66 (May 1982).
[16] E. Eichten and K. Gottfried: Physics Letters, B **66**, 286 (1977).
[17] ボトモニウムのスペクトルに対する真空分極の効果に関してわかりやすい説明は，J. Conway et al.: European Journal of Physiology, **22**, 533 (2001).
[18] 「MIT バッグモデル」は，相対論的な軽いクォークの系に適用可能であるが，ダイナミクスの大幅な単純化という代償を払っている．クォークは，特別な外圧によって安定化される球状の「バッグ」内に閉じ込められた自由粒子として扱われる．バッグモデルを用いて多くの興味深い計算が行われているが，それがハドロン構造の現実的なものであるとは誰も思っていない．以下を参照．F. E. Close: An Introduction to Quarks and Partons (Academic, 1979) Chapter 18.
[19] たとえば，F. Halzen and A. D. Martin: Quarks and Leptons (John Wiley & Sons, 1984) 42.
[20] Review of Particle Physics (2006) Section 14.2.
[21] S. Gasiorowicz and J. L. Rosner: American Journal of Physics, **49**, 954 (1981); クォークモデルについての有用でわかりやすい情報が豊富に含まれている．
[22] A. Pais: *Inward Bound* (Oxford University Press, 1986) 425; 発展に関しては，(a) B. Cassen and E. U. Condon: Physical Review, **50**, 846 (1936).

問 題

5.1 **(a)** 重陽子の質量は $1875.6\,\mathrm{MeV}/c^2$ である．この粒子の結合エネルギーはいくらか．これは相対論的な系か．
 (b) もしアップクォークとダウンクォークの質量が表 4.4 で与えられているものだとしたら，パイ中間子の結合エネルギーはいくらか．これは相対論的な系か．

5.2 式 (5.12) を用いて基底状態の波動関数 ψ_{100} を求めよ．これが適切なエネルギーをもったシュレーディンガー方程式（式 (5.1)）を満たすか確認せよ．そして，規格化されていることを確認せよ．[答え：$\psi_{100} = (1/\sqrt{\pi a^3}) e^{-r/a} e^{-iE_1 t/\hbar}$]

5.3 式 (5.12) を使用して，$n=2$ の水素の波動関数をすべて計算せよ（いくつあるか）．

5.4 式 (3.43) の運動エネルギー ($T = E - mc^2$) を p（と m）で表すと，$T = p^2/2m$ に対する最低次の相対論的補正は，$-p^4/8m^3c^2$ となることを示せ．

5.5 $n=2$ における $j=3/2$ と $j=1/2$ の間のエネルギー差（図5.2）を電子ボルトで求めよ．$n=2$ と $n=1$ のボーアエネルギーの間隔と比較してどうか．

5.6 式 (5.20), (5.21) を用いて水素原子の $2S_{1/2}$ と $2P_{1/2}$ のラムシフトによるエネルギー差を見積もれ．また，この遷移で放出される光子の周波数はどれくらいだろうか（実験値は 1057 MHz である）．

5.7 微細構造，ラムシフト，超微細分離を含めると，水素原子の $n=2$ のエネルギー準位は全部でいくつあるだろうか．$2S_{1/2}$ レベルと $2P_{1/2}$ レベルの間の超微細な分離を見つけ，ラムシフト（問題5.6）と比較せよ．

5.8 ポジトロニウムの $n=3$ ボーアレベルの分離を分析する．そこにはいくつの準位があり，その相対的なエネルギーはいくらだろうか．図5.6のような準位図を作成せよ．

5.9 $\phi(s\bar{s})$ 中間子の結合，または準結合を考えられるだろうか．

5.10 次元解析から，線形のポテンシャル $V(r) = F_0 r$ のエネルギー準位は，

$$E_n = \left(\frac{(F_0\hbar)^2}{m}\right)^{1/3} a_n$$

となることを示せ．a_n は無次元数である．

5.11 表 5.2 の数値結果を使用して，四つの最も軽い ψ および Υ の質量を「予測」して，実験結果 (図 5.9) と比較せよ．F_0 の値をどうとれば，質量間隔に最も適すだろうか．計算された質量が実験とあまりよく一致しないのはなぜだろうか．

5.12 式 (5.48) を用いて，テキストの m_u, m_d, m_s, A の値から表 5.3 の中間子の質量を計算せよ．[ヒント：η については，純粋な $u\bar{u}$，純粋な $d\bar{d}$，純粋な $s\bar{s}$ の質量を最初に見つけて，η は $(1/6)u\bar{u}$, $(1/6)d\bar{d}$, $(2/3)s\bar{s}$ を用いよ．] そして，公式を η' に適用し，ひどい結果になることを見よ．[η' 質量問題の解説については，C. Quigg: Gauge Theories of the Strong, Weak, and Electromagnetic Interactions (Benjamin, 1997) 252 を見よ．]

5.13 本文中では，式 (5.48) を使用して，軽いクォークの擬スカラー中間子とベクトル中間子の質量を計算した．しかし，チャームクォークとビューティクォークを含む重クォーク系にも同じ公式を適用できる．
  (a) 擬スカラー中間子 $\eta_c(c\bar{c})$, $D^0(c\bar{u})$, $D_s^+(c\bar{s})$ の質量と対応するベクトル中間子 $\psi(c\bar{c})$, $D^{*0}(c\bar{u})$, $D^{*+}(c\bar{s})$ の質量を計算せよ．そして，Particle Physics Booklet の実験値と比較せよ．
  (b) 「ボトム」中間子 $u\bar{b}$, $s\bar{b}$, $c\bar{b}$, $b\bar{b}$ についても同様な計算を行え．現時点では擬スカラー粒子 $B^+(u\bar{b})$, $B_s^0(s\bar{b})$, $B_c^+(c\bar{b})$ とベクトル粒子の $\Upsilon(b\bar{b})$ だけが実験的に見つかっている．

5.14 5.6.1 項の ψ_{12} の八つの状態を構築せよ．[ヒント：六つの外側のものは簡単で，クォークの中身が Q と S で決まっており，1 と 2 をすべて反対称化するだけでよい．中央の二つの状態を得るには，Σ^0 の位置にあるものが Σ^+ と Σ^- とアイソ三重項を形成することを忘れないこと．また，Λ は，Σ^0 と ψ_A に対して直交化することで構築できる．]

5.15 式 (5.60) の類推で中間子の (一重項) カラーの波動関数を構築せよ．

5.16 バリオン八重項のスピン-フレーバー波動関数 (式 (5.60)) が正しく規格化されていることを確認せよ．ψ_{13} が，ψ_{12} と ψ_{23} とは独立でないことを忘れないこと．

5.17 例題 5.2 のように Σ^+ のアップスピンと Λ のダウンスピンのスピン-フレーバー波動関数を構築せよ．

5.18 完全反対称のスピン-フレーバー・バリオン八重項を構築せよ (ここでは波動関数を反対称にするため，色の情報はいらない．しかしながら，反対称の十重項を構築することができない．Halzen and Martin [19] 問題 2.18 を参照)．

5.19 (a) 表 5.5 の 2 列目を導出せよ．
  (b) これらの結果から，表 5.5 の 3 列目の値を本文中のクォーク質量を用いて計算せよ．

5.20 問題 5.18 で見つけた配位で μ_n/μ_p 比を計算せよ．ここで μ_p が負になることに注目．これは実験と一致しているだろうか (これは，色がなかった場合のクォーク模型に対する二つ目の問題である．最初の問題は，十重項を説明できないことである)．

5.21 $\mu_{\rho^+} = -\mu_{\rho^-} = \mu_p$ を示せ (Halzen and Martin [19] 問題 2.19 を参照)．私の知る限りではベクトル中間子の磁気双極子はまだ測定されていない．

5.22 式 (5.69) を用いて Ξ の質量を決定せよ．

5.23 式 (5.12), (5.13), (5.28) を用いて，ポジトロニウムの基底状態 $|\psi_{100}(0)|^2$ における陽電子の位置での電子密度を計算せよ．

6
ファインマン則

　この章では，素粒子の力学を定量的に記述することを試みる．実際問題としては，崩壊頻度（Γ）と散乱断面積（σ）の計算になる．その手順は，以下の二つの大きく異なる部分からなっている．(1) 問題となっている過程の「振幅」（$\mathscr{M}$）を決定するために対応するファインマン図の評価をすること，そして (2) 場合に応じて，Γ あるいは σ を計算するために，$\mathscr{M}$ をフェルミの「黄金律」に代入すること．面倒で複雑な代数を避けるために，ここでは単純化したモデルを導入する．QED，QCD，そして GWS のような現実的な理論は，後の章で議論する．好みに応じて 6 章は 3 章の直後に読んでも構わない．この章は細心の注意を払って学習してほしい．さもないと，その後が無意味なものとなってしまう．

6.1　崩壊と散乱

　序論で言及したように，素粒子の相互作用には実験的に三つの調べ方がある．束縛状態，崩壊，そして散乱だ．（シュレーディンガー方程式による）非相対論的量子力学は，とりわけ束縛状態を扱うのに向いている．それゆえ，5 章ではできるだけそれを使った．対照的に，（ファインマンの定式の中では）相対論的な理論は，崩壊や散乱を記述するのにとりわけよく適している．本章では，ファインマンの「計算方法」についての基本的なアイデアと戦略を紹介する．その後の章では，これを使い，強い相互作用，電磁気相互作用，弱い相互作用の理論を展開する．

6.1.1　崩壊の頻度

　まず最初に，どんな物理量を計算したいのかを決めなければならない．崩壊の場合，最も興味があるのは，対象としている粒子の寿命だ．たとえばミュー粒子の寿命といったとき，正確には何を意味しているのだろうか．ここでは，もちろん，静止しているミュー粒子を考えている．動いているミュー粒子は，（われわれの見込みでは）時間の延びのために長生きする．しかし，静止しているミュー粒子さえも，すべてが同じ時

間だけ生き続けるわけではない．というのは，崩壊過程は本質的にランダム性があるからだ．ある特定のミュー粒子の寿命を計算することは無理である．結局わかるのは，多数のサンプル中のミュー粒子の平均的な（あるいは「平均」）寿命τである．

さて，素粒子には記憶がないので，ある与えられた瞬間から次の1マイクロ秒の間にミュー粒子が崩壊する確率は，そのミュー粒子がどれだけ昔に生成されたかとは無関係である（生物とはまったく異なる点である．80歳の人間は，20歳の人間よりも次の年に死にやすく，その人の体は80年間生き続けて弱っている．しかし，すべてのミュー粒子は，いつ生成されたかによらず，同一である．実際的な面からは，すべて同等である）．そこで，重要になる変数が，あるミュー粒子が単位時間あたりに崩壊する確率，すなわち崩壊の頻度Γである．たとえば，もし，ある時刻tに$N(t)$個という大量のミュー粒子があったとしたら，$N\Gamma dt$個のミュー粒子が次の微小時間dtの間に崩壊する．これにより，もちろん，残っている数は減っていく．

$$dN = -\Gamma N dt \tag{6.1}$$

これから次の式が得られる．

$$N(t) = N(0)e^{-\Gamma t} \tag{6.2}$$

残っている粒子数が時間とともに指数関数的に減っているのはあきらかだ．読者自身も確認できるように（問題6.1），平均の寿命はたんに崩壊頻度の逆数となる．

$$\tau = \frac{1}{\Gamma} \tag{6.3}$$

実際のところ，たいていの粒子はいくつかの異なる経路で崩壊できる．たとえば，π^+は，普通$\mu^+ + \nu_\mu$に崩壊するが，ときには$e^+ + \nu_e$に行くこともあるし，たまにはπ^+が$\mu^+ + \nu_\mu + \gamma$に崩壊するし，$e^+ + \nu_e + \pi^0$に行くことさえ知られている．そのような状況では，全崩壊頻度は個々の崩壊頻度の和

$$\Gamma_{\text{tot}} = \sum_{i=1}^{n} \Gamma_i \tag{6.4}$$

となり，粒子の寿命はΓ_{tot}の逆数になる．

$$\tau = \frac{1}{\Gamma_{\text{tot}}} \tag{6.5}$$

τに加えて，さまざまな崩壊比，すなわち，ある種類の粒子が個々のモードに崩壊す

る割合を計算したくなる．崩壊比は，崩壊頻度によって決まる．

$$i \text{ 番目の崩壊モードの分岐比} = \Gamma_i/\Gamma_{\text{tot}} \tag{6.6}$$

ということは，崩壊に関して本質的な問題は個々のモードに対する崩壊頻度 Γ_i を計算することである．そこから寿命や崩壊比を導き出すのは簡単な話だ．

6.1.2 断面積

　散乱についてはどうだろう．どのような物理量を実験家は測定し，理論家は計算すべきだろうか．もし「雄牛の目」を狙うアーチェリーについて話をしているのであれば，興味のあるパラメーターは，標的の大きさ，あるいはより正確にいうと，飛んでくる矢の流れに立ちはだかる断面積だろう．大雑把な感覚では，同じことが素粒子の散乱にもいえる．もし電子の流れを水素のタンク（本質的には陽子の集まり）に発射すれば，興味あるパラメーターは陽子の大きさ，つまり，入射してくるビームに立ちはだかる断面積 σ だ．しかしながら，いくつかの理由で，アーチェリーの場合よりも話は複雑だ．まず最初に，標的は「軟らかい」．「当たりか外れ」という単純な話ではなく，むしろ「近ければ近いほどより大きく曲がる」．それでも，「実効的な」断面積を定義することは可能だ．どうすればよいかはこの後すぐに示す．2 番目に，断面積は「標的」の構造だけでなく「矢」の性質にも依存する．電子はニュートリノよりも鋭く水素と散乱するし，パイ中間子ほどは散乱しない．というのも，異なる相互作用が含まれているからだ．断面積は，反応で生成される粒子によっても変わる．もしエネルギーが十分に高ければ，弾性散乱（$e+p \to e+p$）だけでなく，$e+p \to e+p+\gamma$ や $e+p+\pi^0$ あるいは原理的には $\nu_e + \Lambda$ というようなさまざまな非弾性散乱過程も起こる．これらのそれぞれが，それぞれ自身の過程 i に対する（「排他的」）散乱断面積 σ_i をもっている．しかし，実験によっては，終状態の粒子は見ないで，全（「内包的」）断面積にのみ興味のあるときがある．

$$\sigma_{\text{tot}} = \sum_{i=1}^{n} \sigma_i \tag{6.7}$$

　最後に，それぞれの断面積は，典型的には入射粒子の速度に依存する．最も単純に考えると，断面積は入射粒子が標的近傍にいる時間に比例すると考えてよい．つまり，σ は v に反比例すべきだ．しかし，この振る舞いは「共鳴」の近くで劇的に変わる．共鳴というのは，関与した粒子が相互作用するのを「好む」特別なエネルギーのことで，

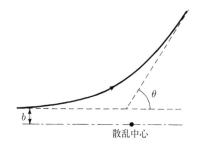

図 6.1 固定したポテンシャルからの散乱. θ は散乱角, b はインパクトパラメーター

ばらばらになる前に短寿命の準束縛状態を形成する. v に対する σ (あるいは, より一般的に表示されるように, E に対する σ) のグラフにある, そのような「でっぱり」は, 実際, 短寿命な粒子を発見する主要な手段である (図 4.6). というわけで, アーチェリーの標的と違い, 素粒子の断面積にははるかに多くの物理が含まれている.

さて, 標的が軟らかいときの「断面積」が何を意味するのかという問題に戻ろう. ある粒子 (電子かもしれない) がやって来て, ある種のポテンシャル (静止した陽子がつくるクーロンポテンシャルかもしれない) に出合い, 角度 θ で散乱するとしよう. この散乱角は, インパクトパラメーター b の関数である. インパクトパラメーターとは, 入射粒子が元の飛跡のまま進んでいたときに, 散乱中心からどれだけ離れていたかの距離のことである (図 6.1). 通常, インパクトパラメーターが小さければ小さいほど, 曲がり方が大きい. しかし, 実際の $\theta(b)$ の関数形は, 反応に寄与するポテンシャルのかたちに依存する.

例題 6.1 **剛体球面での散乱** 粒子が半径 R の球で弾性的に散乱することを考えよう. 図 6.2 から

$$b = R\sin\alpha, \quad 2\alpha + \theta = \pi$$

であることがわかる. ゆえに,

$$\sin\alpha = \sin(\pi/2 - \theta/2) = \cos(\theta/2)$$

であり, よって,

$$b = R\cos(\theta/2) \quad \text{あるいは} \quad \theta = 2\cos^{-1}(b/R)$$

となる. これが, 古典的な剛体球との散乱における θ と b との間の関係である.

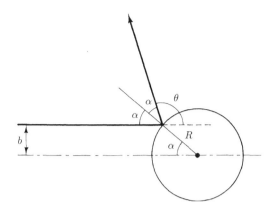

図 6.2　剛体球面での散乱

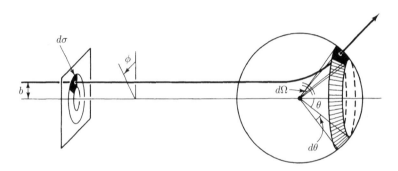

図 6.3　面積 $d\sigma$ に入った粒子は、立体角 $d\Omega$ に散乱して入る

　もし粒子がインパクトパラメーター b と $b+db$ の間にやってくると，それは散乱角 θ と $\theta+d\theta$ の間に現れる．より一般的には，粒子が無限小の面積 $d\sigma$ を通過すると，それに対応する立体角 $d\Omega$ に散乱して入る（図 6.3）．当然のことながら，$d\sigma$ が大きくなれば，$d\Omega$ も大きくなる．その比例係数は微分（散乱）断面積 D とよばれる[*1]．

$$d\sigma = D(\theta)d\Omega \tag{6.8}$$

この命名はひどい．数学的には，微分にも導関数にさえもなっていない．その言葉は，$d\sigma/d\Omega$ ではなく，$d\sigma$ に使われるのが自然であった……．しかし，だからといって立

[*1] 原理的には，D は方位角 ϕ に依存してもよい．しかし，たいていのポテンシャルは球面対称で，その場合，微分断面積は θ だけ（あるいは b にだけ）依存する．ところで，表記 D は私が独自に使用したものだ．多くの人はたんに $d\sigma/d\Omega$ と書くが，本書ではこの後も D を使う．

ち止まるのはやめよう.

さて，図 6.3 から

$$d\sigma = |b\,db\,d\phi|, \qquad d\Omega = |\sin\theta\,d\theta\,d\phi| \tag{6.9}$$

であることがわかる（面積と立体角は，正であることから，絶対値になっている）．したがって，

$$D(\theta) = \frac{d\sigma}{d\Omega} = \left|\frac{b}{\sin\theta}\left(\frac{db}{d\theta}\right)\right| \tag{6.10}$$

である.

例題 6.2 例題 6.1 の剛体球での散乱の場合,

$$\frac{db}{d\theta} = -\frac{R}{2}\sin\left(\frac{\theta}{2}\right)$$

となるので,

$$D(\theta) = \frac{Rb\sin(\theta/2)}{2\sin\theta} = \frac{R^2}{2}\frac{\cos(\theta/2)\sin(\theta/2)}{\sin\theta} = \frac{R^2}{4}$$

である.

最後に，全断面積は $d\sigma$ をすべての立体角で積分したものである.

$$\sigma = \int d\sigma = \int \mathrm{D}(\theta)d\Omega \tag{6.11}$$

例題 6.3 剛体球散乱では

$$\sigma = \int \frac{R^2}{4}d\Omega = \pi R^2$$

である．つまり，当然であるが，それは入射ビームに対する球の全断面積になっている．この領域内のいかなる粒子も散乱するし，その外側にいるいかなる粒子も影響を受けずに通り過ぎる.

例題 6.3 が示すように，ここで展開してきた定式化は，「硬い」標的の場合の「断面積」という用語に対するわれわれの単純な直感と一致している．この定式化のよい点は，明確な端のない「軟らかい」標的にも適用できることだ.

例題 6.4 ラザフォード散乱 電荷 q_1 をもつ粒子が，電荷 q_2 をもつ動かない粒子と散乱する．古典力学では，インパクトパラメーターと散乱角を関係づける公式は

$$b = \frac{q_1 q_2}{2E}\cot(\theta/2)$$

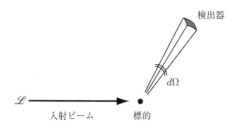

図 6.4 ルミノシティ $\mathscr{L}$ のビームの散乱

である [1]. ただしここで E は, 入射電荷の初期状態での運動エネルギーである. よって, 微分断面積は

$$D(\theta) = \left[\frac{q_1 q_2}{4E \sin^2(\theta/2)}\right]^2$$

となる. このとき, じつは全断面積は無限大になってしまう[*2].

$$\sigma = 2\pi \left(\frac{q_1 q_2}{4E}\right)^2 \int_0^\pi \frac{1}{\sin^4(\theta/2)} \sin\theta\, d\theta = \infty$$

均一なルミノシティ $\mathscr{L}$ ($\mathscr{L}$ は, 単位面積, 単位時間あたりに通過する粒子数) をもつ入射粒子のビームを考えてみよう. すると, $dN = \mathscr{L} d\sigma$ は, 面積 $d\sigma$ を単位時間あたりに通過する粒子数になり, よって, 立体角 $d\Omega$ の中に単位時間あたりに散乱される粒子の数もまた

$$dN = \mathscr{L} d\sigma = \mathscr{L} D(\theta) d\Omega \tag{6.12}$$

となる. 衝突地点に対して立体角 $d\Omega$ を覆うように検出器を準備したとしよう (図 6.4). 単位時間あたりにこの検出器に到達する粒子数 (dN) を数える. それは, 実験家が事象頻度とよぶものだ. 式 (6.12) によると, 事象頻度は, ルミノシティと微分断面積と立体角の積に等しい. 加速器を操作している誰かがルミノシティをコントロールして, 検出器を準備した誰かが立体角を決める. これらのパラメーターがわかれば, 検出器に入ってくる粒子数をたんに数えるだけで微分断面積を測定できる.

$$\frac{d\sigma}{d\Omega} = \frac{dN}{\mathscr{L} d\Omega} \tag{6.13}$$

[*2] これは, クーロンポテンシャルは無限遠まで届くという事実と関係している (1.3 節の脚注 *2 を参照).

もし検出器が完全に標的を覆っていれば，$N = \sigma \mathscr{L}$ になる．実験家がよくいうように「事象頻度は断面積掛けるルミノシティ」なのだ[*3]．

6.2 黄金律

6.1節で，計算する必要のある物理量，すなわち，崩壊頻度と断面積を導入した．どちらの場合も，レシピに二つ材料がある．すなわち，(i) その過程に対する振幅（$\mathscr{M}$）と，(ii) 利用可能な位相空間である[*4]．振幅は，すべての動的な情報を含んでいる．問題となっている過程の相互作用に対する適切なファインマン則を使い，ファインマン図を評価することで振幅を計算する．位相空間因子は，純粋に運動学である．これは，反応に寄与する粒子の質量，エネルギー，そして運動量に依存し，より多くの「動ける余地」のある終状態に行く過程が起こりやすいという事実を反映している．たとえば，重い粒子が軽い二次粒子へ崩壊する場合，大きな位相空間因子を含んでいる．というのは，利用可能なエネルギーを分配するための多くの道筋があるからだ．対照的に，中性子の崩壊 ($n \to p + e + \bar{\nu}_e$) では使うことのできる余分な質量がほとんどないために強く制限され，位相空間因子は非常に小さい[*5]．

相互作用の頻度を計算する際の約束事は，エンリコ・フェルミによって黄金律としてまとめられた．フェルミの黄金律の本質は，遷移頻度は，位相空間と振幅の（絶対値）2乗との積で与えられるということである．時間依存性のある摂動論 [2] の文脈で，非相対論版には出合ったことがあるかもしれない．われわれがいま必要なのは，場の量子論から導き出される相対論版である [3]．それをここで導出することはせず，黄金律について述べ，それを利用したい．実際のところ，まずは崩壊に適切な形式で，そしてもう一度散乱に適した形式で，2回黄金律を取り上げる．

6.2.1 崩壊の黄金律

（静止している）[*6]粒子1がいくつかの別の粒子2, 3, 4, $\cdots$, n に崩壊することを考

[*3] この議論では，標的は動かず，入射粒子は散乱のポテンシャルに飛び込むとたんに反射されると仮定してきた．ここでの目的は，なるべく単純な文脈で本質的な考え方を導入することだった．しかし，6.2節での定式化は非常に一般的だ．それは，標的の反跳を含み，散乱過程に寄与する粒子種の変化も許容する（たとえば，反応 $\pi^- + p^+ \to K^+ + \Sigma^-$ では，$d\Omega$ は K^+ が散乱して入る立体角を表すことになる）．
[*4] 振幅は行列要素，位相空間は終状態密度とよばれることもある．
[*5] より極端な例として，（運動学的に禁止される）$\Omega^- \to \Xi^- + \bar{K}^0$ を考えてみよう．終状態の粒子が Ω より重いので，利用可能な位相空間は皆無で，崩壊頻度はゼロとなる．
[*6] 粒子1が静止していると仮定することで一般性を失うことはない．これはたんに見ている座標系を選択するにすぎない．

えよう．

$$1 \to 2+3+4+\cdots+n \tag{6.14}$$

その崩壊頻度は，

$$\Gamma = \frac{S}{2\hbar m_1} \int |\mathscr{M}|^2 (2\pi)^4 \delta^4(p_1 - p_2 - p_3 - \cdots - p_n)$$
$$\times \prod_{j=2}^{n} 2\pi \delta(p_j^2 - m_j^2 c^2) \theta(p_j^0) \frac{d^4 p_j}{(2\pi)^4} \tag{6.15}$$

という式によって与えられる．ただし，ここで，m_i は i 番目の粒子の質量，p_i は4元運動量である．S は終状態に同種粒子が存在する場合の数えすぎを補正する統計因子で，s 個の粒子群それぞれに対して，$(1/s!)$ という因子をもつ．たとえば，$a \to b+b+c+c+c$ ならば，$S = (1/2!)(1/3!) = 1/12$ である．終状態に同種粒子がなければ（最も一般的な状況）$S = 1$ になる．

覚えておくべきこと：ある過程の力学は振幅 $\mathscr{M}(p_1, p_2, \cdots, p_n)$ に含まれており，さまざまな運動量の関数になっている．適切なファインマン図を評価することで（後で）それを計算する．残りは位相空間だ．すべての外に出て行く粒子の4元運動量で積分することで得られ，以下の三つの運動学的制約がある．

1. 外に出て行く粒子はそれぞれ質量殻上にある．つまり，$p_j^2 = m_j^2 c^2$ ($E_j^2 - \boldsymbol{p}_j^2 = m_j^2 c^4$) である．これは，デルタ関数 $\delta(p_j^2 - m_j^2 c^2)$ により保証される．デルタ関数は引数が消えなければゼロになる[*7]．

2. 外に出て行く粒子それぞれのエネルギーは正である（$p_j^0 = E_j/c > 0$）．よって，それが θ 関数となる[*8]．

3. エネルギーと運動量は保存しなければならない，つまり，$p_1 = p_2 + p_3 + \cdots + p_n$ である．これは，係数 $\delta^4(p_1 - p_2 - p_3 \cdots - p_n)$ で保証される．

黄金律（式 (6.15)）はとっつきにくいかもしれないが，実際，述べていることは単純で，上の三つの当たり前の運動学的制約と矛盾がなければ，すべての結果が同じ確率で起こり得る．念のため補足すると，($\mathscr{M}$ に含まれている) 力学によってある特定の組み合わせが他に比べて選ばれやすいかもしれないが，それらを含めてすべての可能性を足し上げている．いくつかの 2π という係数はどこから来るのであろうか．次

[*7] もしディラックのデルタ関数に不慣れな場合，先に進む前に付録Aを注意深く勉強するように．
[*8] $\theta(x)$ は（ヘヴィサイドの）階段関数で，$x < 0$ なら 0，$x > 0$ なら 1 である（付録Aを参照）．

の法則を綿密につなぎ合わせれば，これらを追いかけることは簡単だ[*9]．

$$\text{すべての } \delta \text{ で } (2\pi) \text{ を得て，すべての } d \text{ で } (1/2\pi) \text{ を得る．} \tag{6.16}$$

4次元の「体積」要素は，空間部分と時間部分に分けられる

$$d^4p = dp^0 d^3\boldsymbol{p} \tag{6.17}$$

（簡略化のため，これから下付きの添字 j を落とす．この議論を，外に出て行く運動量それぞれに適用する）．p^0 積分[*10]はデルタ関数

$$\delta(p^2 - m^2c^2) = \delta[(p^0)^2 - \boldsymbol{p}^2 - m^2c^2] \tag{6.18}$$

を利用することですぐに実行可能だ．さて

$$\delta(x^2 - a^2) = \frac{1}{2a}[\delta(x-a) + \delta(x+a)] \quad (a > 0) \tag{6.19}$$

なので（問題 A.7 を参照），

$$\theta(p^0)\delta[(p^0)^2 - \boldsymbol{p}^2 - m^2c^2] = \frac{1}{2\sqrt{\boldsymbol{p}^2 + m^2c^2}}\delta(p^0 - \sqrt{\boldsymbol{p}^2 + m^2c^2}) \tag{6.20}$$

である（θ 関数が $p^0 = -\sqrt{\boldsymbol{p}^2 + m^2c^2}$ でのスパイクを消し，$p^0 = \sqrt{\boldsymbol{p}^2 + m^2c^2}$ で1となる）．よって，式 (6.15) は

$$\Gamma = \frac{S}{2\hbar m_1} \int |\mathscr{M}|^2 (2\pi)^4 \delta^4(p_1 - p_2 - p_3 - \cdots - p_n) \times \prod_{j=2}^{n} \frac{1}{2\sqrt{\boldsymbol{p}_j^2 + m_j^2 c^2}} \frac{d^3\boldsymbol{p}_j}{(2\pi)^3} \tag{6.21}$$

となる．ただしここで（$\mathscr{M}$ と残りのデルタ関数の中で）

$$p_j^0 \to \sqrt{\boldsymbol{p}_j^2 + m_j^2 c^2} \tag{6.22}$$

とつねに置き換える．これは物理的な意味を不明瞭にしてしまうが，黄金律のより便

[*9] これらの因子のいくつかは結局打ち消し合ってしまうのだから，もっと効率的な手立てがないのかと思うかもしれない．だが，そうではない．ファインマンだったら，（「そういうつまらないことを気にかけない」大学院生に対して）憤慨して叫ぶだろう．「2π を正しく数えることができないなら，君は何もわかっていない！」と．

[*10] 式 (6.15) の積分記号は，実際には $4(n-1)$ 階の積分を意味している．$n-1$ 個の外に出て行く運動量のそれぞれの成分の積分なのだ．

利な表現である[*11].

6.2.1.1　2粒子への崩壊

とくに，終状態に2個の粒子しかない場合は

$$\Gamma = \frac{S}{32\pi^2 \hbar m_1} \int |\mathscr{M}|^2 \frac{\delta^4(p_1 - p_2 - p_3)}{\sqrt{\boldsymbol{p}_2^2 + m_2^2 c^2}\sqrt{\boldsymbol{p}_3^2 + m_3^2 c^2}} d^3\boldsymbol{p}_2 d^3\boldsymbol{p}_3 \qquad (6.23)$$

となる．4次元のデルタ関数は時間成分と空間成分の積である．

$$\delta^4(p_1 - p_2 - p_3) = \delta(p_1^0 - p_2^0 - p_3^0)\delta^3(\boldsymbol{p}_1 - \boldsymbol{p}_2 - \boldsymbol{p}_3) \qquad (6.24)$$

しかし，粒子1は静止しているので $\boldsymbol{p}_1 = \boldsymbol{0}$ で，$p_1^0 = m_1 c$ である．一方，p_2^0 と p_3^0 は置き換えられる（式 (6.22)）ので[*12]

$$\Gamma = \frac{S}{32\pi^2 \hbar m_1} \int |\mathscr{M}|^2 \frac{\delta(m_1 c - \sqrt{\boldsymbol{p}_2^2 + m_2^2 c^2} - \sqrt{\boldsymbol{p}_3^2 + m_3^2 c^2})}{\sqrt{\boldsymbol{p}_2^2 + m_2^2 c^2}\sqrt{\boldsymbol{p}_3^2 + m_3^2 c^2}}$$
$$\times \delta^3(\boldsymbol{p}_2 + \boldsymbol{p}_3) d^3\boldsymbol{p}_2 d^3\boldsymbol{p}_3 \qquad (6.25)$$

となる．$\boldsymbol{p}_3$ に関する積分はいまや取るに足らない．最後のデルタ関数から見れば，たんに

$$\boldsymbol{p}_3 \to -\boldsymbol{p}_2 \qquad (6.26)$$

という置き換えをするだけで，

$$\Gamma = \frac{S}{32\pi^2 \hbar m_1} \int |\mathscr{M}|^2 \frac{\delta(m_1 c - \sqrt{\boldsymbol{p}_2^2 + m_2^2 c^2} - \sqrt{\boldsymbol{p}_2^2 + m_3^2 c^2})}{\sqrt{\boldsymbol{p}_2^2 + m_2^2 c^2}\sqrt{\boldsymbol{p}_2^2 + m_3^2 c^2}} d^3\boldsymbol{p}_2 \qquad (6.27)$$

を得る．

残りの積分に関しては，$\boldsymbol{p}_2 \to (r, \theta, \phi)$，$d^3\boldsymbol{p}_2 \to r^2 \sin\theta\, dr\, d\theta\, d\phi$ という球座標系（これはもちろん運動量空間で，$r = |\boldsymbol{p}_2|$ である）を採用する．

$$\Gamma = \frac{S}{32\pi^2 \hbar m_1} \int |\mathscr{M}|^2 \frac{\delta(m_1 c - \sqrt{r^2 + m_2^2 c^2} - \sqrt{r^2 + m_3^2 c^2})}{\sqrt{r^2 + m_2^2 c^2}\sqrt{r^2 + m_3^2 c^2}} \times r^2 \sin\theta\, dr\, d\theta\, d\phi \qquad (6.28)$$

[*11] $\sqrt{\boldsymbol{p}_j^2 + m_j^2 c^2}$ が E_j/c であることに気づくかもしれないし，多くの本ではそのように表記されている．だがそれは危険な表記だ．$\boldsymbol{p}_j$ は積分変数なので，E_j は積分の外に出せる何らかの定数ではない．もしそうしたいなら省略化したものを使えばよいが，E_j は $\boldsymbol{p}_j$ の関数で独立な変数ではないことを忘れてはならない．

[*12] $\delta(-x) = \delta(x)$ なので最後のデルタ関数のマイナスの符号を落としてもよい．

こうして、$\mathscr{M}$ はもともと 4 元ベクトル p_1, p_2, p_3 の関数であったが、$p_1 = (m_1 c, \mathbf{0})$ が定数で（少なくとも積分に関する限りは）、すでに行われた積分で $p_2^0 \to \sqrt{\mathbf{p}_2^2 + m_2^2 c^2}$、$p_3^0 \to \sqrt{\mathbf{p}_3^2 + m_3^2 c^2}$、$\mathbf{p}_3 \to -\mathbf{p}_2$ という置き換えをしたので、いまや $\mathscr{M}$ は $\mathbf{p}_2$ にだけ依存するようになった。しかし、これから見ていくように、振幅はスカラーでなければならず、ベクトルからつくることのできる唯一のスカラー量は自分自身との内積[*13]、すなわち $\mathbf{p}_2 \cdot \mathbf{p}_2 = r^2$ である。すると、この段階では、$\mathscr{M}$ は r だけ（θ にも ϕ にも依存していない）の関数である。そうだとすると、角度に関する積分ができて

$$\int_0^\pi \sin\theta d\theta = 2, \qquad \int_0^{2\pi} d\phi = 2\pi \qquad (6.29)$$

であるから、残っているのは r に関する積分だけである。

$$\Gamma = \frac{S}{8\pi \hbar m_1} \int_0^\infty |\mathscr{M}(r)|^2 \frac{\delta(m_1 c - \sqrt{r^2 + m_2^2 c^2} - \sqrt{r^2 + m_3^2 c^2})}{\sqrt{r^2 + m_2^2 c^2}\sqrt{r^2 + m_3^2 c^2}} r^2 dr \qquad (6.30)$$

デルタ関数の引数を簡単にするために、

$$u \equiv \sqrt{r^2 + m_2^2 c^2} + \sqrt{r^2 + m_3^2 c^2} \qquad (6.31)$$

とおくと、

$$\frac{du}{dr} = \frac{ur}{\sqrt{r^2 + m_2^2 c^2}\sqrt{r^2 + m_3^2 c^2}} \qquad (6.32)$$

となる。よって、

$$\Gamma = \frac{S}{8\pi \hbar m_1} \int_{(m_2+m_3)c}^\infty |\mathscr{M}(r)|^2 \delta(m_1 c - u) \frac{r}{u} du \qquad (6.33)$$

である。最後の積分で u は $m_1 c$ になり[*14]、よって r は

$$r_0 = \frac{c}{2m_1} \sqrt{m_1^4 + m_2^4 + m_3^4 - 2m_1^2 m_2^2 - 2m_1^2 m_3^2 - 2m_2^2 m_3^2} \qquad (6.34)$$

になる（問題 6.5）。r は変数 $|\mathbf{p}_2|$ を簡略化したもので、r_0 はエネルギー保存を満たす $|\mathbf{p}_2|$ の特別な値であり、式 (6.25) は 3 章で得た結果（問題 3.19）をたんに再現してい

[*13] もし粒子がスピンをもっていれば、$\mathscr{M}$ は $(\mathbf{p}_i \cdot \mathbf{S}_j)$ と $(\mathbf{S}_i \cdot \mathbf{S}_j)$ に依存してもよい。しかし、実験でスピンの方向を測定することはめったにないので、ほとんどの場合、スピンについて平均した振幅を扱うことになる。その場合と、それからもちろんスピン 0 の場合は、現れる唯一のベクトルは $\mathbf{p}_2$ で、唯一のスカラー量が $(\mathbf{p}_2)^2$ である。

[*14] これは $m_1 > (m_2 + m_3)$ を仮定している。そうでないと、デルタ関数のスパイクが積分領域の外に出て $\Gamma = 0$ になる。これは、粒子はより重い二次粒子に崩壊できないという事実を反映している。

るだけだということを忘れてはならない．さらにすっきりさせた表記では

$$\Gamma = \frac{S|\boldsymbol{p}|}{8\pi\hbar m_1^2 c}|\mathcal{M}|^2 \tag{6.35}$$

となる．ここで，$|\boldsymbol{p}|$ は，式 (6.34) に出てくる三つの質量を単位とした，外に出ていく粒子どちらかの運動量の大きさであり，$\mathcal{M}$ は保存則によって決められた運動量を使って計算される．さまざまな置換（式 (6.22), (6.26), (6.34)）は系統的にこれらの保存則を強制しているが黄金律に組み込まれているので驚きではない．

二体崩壊の公式（式 (6.35)）は驚くほど単純だ．$\mathcal{M}$ の関数型を知ることなしにすべての積分を実行できた．数学的には，すべての変数をカバーするだけのデルタ関数があったにすぎない．物理的には，二体崩壊は運動学的に決まってしまう．二つの粒子はそれぞれ反対向きの3元運動量をもって飛び出す．その軸の方向は決まっていないが，初期状態が対称なので気にする必要はない．これから式 (6.35) を高い頻度で使っていく．不運にも，終状態に3個以上の粒子がある場合は，$\mathcal{M}$ の関数型がわからないと積分できない．そのような場合（これから出合うことはほとんどないが）は，黄金律に戻って初めからやり直さなければならない．

6.2.2 散乱の黄金律

粒子1と2が衝突して，3，4，$\cdots$，n を生成することを考えよう．

$$1 + 2 \to 3 + 4 + \cdots + n \tag{6.36}$$

散乱断面積は，以下の式で与えられる．

$$\sigma = \frac{S\hbar^2}{4\sqrt{(p_1 \cdot p_2)^2 - (m_1 m_2 c^2)^2}} \int |\mathcal{M}|^2 (2\pi)^4 \delta^4(p_1 + p_2 - p_3 \cdots - p_n)$$
$$\times \prod_{j=3}^n 2\pi \delta(p_j^2 - m_j^2 c^2) \theta(p_j^0) \frac{d^4 p_j}{(2\pi)^4} \tag{6.37}$$

ただしここで p_i は，粒子 i（質量 m_i）の4元運動量で，統計因子 S は以前と同じである（式 (6.15)）．位相空間は本質的には以前と同じで，外に出て行くすべての粒子の運動量で積分し，三つの運動学的制約（外に出ていくすべての粒子は質量殻上にあり，また出ていく粒子すべてのエネルギーは正で，エネルギーと運動量は保存する）は，デルタ関数と θ 関数で保証される．ここでもまた，p_j^0 積分を行うことで簡略化でき，

$$\sigma = \frac{S\hbar^2}{4\sqrt{(p_1 \cdot p_2)^2 - (m_1 m_2 c^2)^2}} \int |\mathscr{M}|^2 (2\pi)^4 \delta^4(p_1 + p_2 - p_3 \cdots - p_n)$$
$$\times \prod_{j=3}^{n} \frac{1}{2\sqrt{\boldsymbol{p}_j^2 + m_j^2 c^2}} \frac{d^3 \boldsymbol{p}_j}{(2\pi)^3} \tag{6.38}$$

となる．ただし，$\mathscr{M}$ やデルタ関数の中にあるときはいつでも

$$p_j^0 = \sqrt{\boldsymbol{p}_j^2 + m_j^2 c^2} \tag{6.39}$$

である．

6.2.2.1 重心系での二体散乱

$$1 + 2 \to 3 + 4 \tag{6.40}$$

という過程を重心系，すなわち $\boldsymbol{p}_2 = -\boldsymbol{p}_1$（図 6.5）で考えてみよう．ここで，

$$\sqrt{(p_1 \cdot p_2)^2 - (m_2 m_2 c^2)^2} = (E_1 + E_2)|\boldsymbol{p}_1|/c \tag{6.41}$$

である（問題 6.7）．この場合，式 (6.38) は

$$\sigma = \frac{S\hbar^2 c}{64\pi^2 (E_1 + E_2)|\boldsymbol{p}_1|} \int |\mathscr{M}|^2 \frac{\delta^4(p_1 + p_2 - p_3 - p_4)}{\sqrt{\boldsymbol{p}_3^2 + m_3^2 c^2}\sqrt{\boldsymbol{p}_4^2 + m_4^2 c^2}} d^3 \boldsymbol{p}_3 d^3 \boldsymbol{p}_4 \tag{6.42}$$

になる．以前と同様に，デルタ関数を書き直すことから始める[*15]．

$$\delta^4(p_1 + p_2 - p_3 - p_4) = \delta\left(\frac{E_1 + E_2}{c} - p_3^0 - p_4^0\right) \delta^3(\boldsymbol{p}_3 + \boldsymbol{p}_4) \tag{6.43}$$

次に，式 (6.39) を代入し $\boldsymbol{p}_4$ 積分（それにより $\boldsymbol{p}_4$ を $-\boldsymbol{p}_3$ にもっていく）を行う．

図 6.5 重心系での二体散乱

[*15] $\boldsymbol{p}_1$ と $\boldsymbol{p}_2$ は（われわれが選んだ参照系 $\boldsymbol{p}_2 = -\boldsymbol{p}_1$ では）固定されたベクトルであるが，この段階では $\boldsymbol{p}_3$ と $\boldsymbol{p}_4$ は積分変数であることに注意しよう．$\boldsymbol{p}_4$ の積分の後で初めてそれらは $\boldsymbol{p}_4 = -\boldsymbol{p}_3$ に制限され，$|\boldsymbol{p}_3|$ 積分の後で初めて散乱角 θ によってその値が決まる．

$$\sigma = \left(\frac{\hbar}{8\pi}\right)^2 \frac{Sc}{(E_1+E_2)|\bm{p}_1|} \int |\mathscr{M}|^2$$
$$\times \frac{\delta\left[(E_1+E_2)/c - \sqrt{\bm{p}_3^2+m_3^2c^2} - \sqrt{\bm{p}_4^2+m_4^2c^2}\right]}{\sqrt{\bm{p}_3^2+m_3^2c^2}\sqrt{\bm{p}_4^2+m_4^2c^2}} d^3\bm{p}_3 \quad (6.44)$$

しかし今度は $|\mathscr{M}|^2$ が $\bm{p}_3$ の方向と大きさに依存しているので[*16]，角度に関する積分を行えない．だがそれは問題ない．われわれは本当のところ σ を出したかったのではなく，$d\sigma/d\Omega$ を求めたかったのだ．球座標系を用いると，以前のように

$$d^3\bm{p}_3 = r^2 dr d\Omega \quad (6.45)$$

であり（r は $|\bm{p}_3|$ の省略形で，$d\Omega = \sin\theta\, d\theta\, d\phi$ である），

$$\frac{d\sigma}{d\Omega} = \left(\frac{\hbar}{8\pi}\right)^2 \frac{Sc}{(E_1+E_2)|\bm{p}_1|} \int_0^\infty |\mathscr{M}|^2$$
$$\times \frac{\delta\left[(E_1+E_2)/c - \sqrt{r^2+m_3^2c^2} - \sqrt{r^2+m_4^2c^2}\right]}{\sqrt{r^2+m_3^2c^2}\sqrt{r^2+m_4^2c^2}} r^2 dr \quad (6.46)$$

を得る．r に関する積分は，式 (6.30) において $m_2 \to m_4$, $m_1 \to (E_1+E_2)/c^2$ と置き換えるのと同じだ．前の結果（式 (6.35)）を引用すると，その結果は

$$\frac{d\sigma}{d\Omega} = \left(\frac{\hbar c}{8\pi}\right)^2 \frac{S|\mathscr{M}|^2}{(E_1+E_2)^2} \frac{|\bm{p}_f|}{|\bm{p}_i|} \quad (6.47)$$

となる．ただしここで，$|\bm{p}_f|$ は外に出ていく運動量のどちらかで，$|\bm{p}_i|$ は入ってくる運動量のどちらかだ．

崩壊のときと同様，$\mathscr{M}$ の関数形を明示的に知らなくても計算を最後までやれるという意味において，二体の終状態はやけに単純だ．後の章で式 (6.47) を頻繁に使うことになる．

ところで，寿命はあきらかに時間（秒）の次元をもつので，崩壊頻度（$\Gamma = 1/\tau$）は秒の逆数で測定される．断面積は面積，すなわち cm^2 の次元をもつ．あるいはより便利な単位は「barn」だ．

[*16] 一般的には，$|\mathscr{M}|^2$ はすべての4元ベクトルに依存している．しかしこの場合は，$\bm{p}_2 = -\bm{p}_1$ かつ $\bm{p}_4 = -\bm{p}_3$ なので，$\bm{p}_1$ と $\bm{p}_3$ だけの関数になっている（ここでもまたスピンはないと仮定している）．これらのベクトルから，$\bm{p}_1\cdot\bm{p}_1 = |\bm{p}_1|^2$, $\bm{p}_3\cdot\bm{p}_3 = |\bm{p}_3|^2$, $\bm{p}_1\cdot\bm{p}_3 = |\bm{p}_1||\bm{p}_3|\cos\theta$ という三つのスカラー量をつくれる．しかし，$\bm{p}_1$ は固定されているので，$|\mathscr{M}|^2$ が依存することのできる積分変数は $|\bm{p}_3|$ と θ だけになる．

$$1\,\mathrm{b} = 10^{-24}\,\mathrm{cm}^2 \tag{6.48}$$

微分断面積 $d\sigma/d\Omega$ はステラジアンあたりのバーン，あるいはたんにバーンで与えられる（ステラジアンはラジアンと同様無次元だ）．振幅 $\mathscr{M}$ は，反応に寄与する粒子数に依存する単位をもつ．もし n 個の外線（入ってくるのと出ていくものの和）があると，$\mathscr{M}$ の次元は運動量の単位の $(4-n)$ 乗になる．

$$\mathscr{M} \text{ の次元} = (mc)^{4-n} \tag{6.49}$$

たとえば，三体の過程（$A \to B+C$）では $\mathscr{M}$ の単位は運動量だ．四体の過程（$A \to B+C+D$ あるいは $A+B \to C+D$）では $\mathscr{M}$ は無次元になる．二つの黄金律によって Γ と σ の正しい単位が得られることは読者自身で確認できるだろう．

6.3 トイモデルに対するファインマン則

6.2 節では，問題となっている過程に対する振幅を $\mathscr{M}$ として，崩壊頻度や散乱断面積の計算の仕方を学んだ．今度は，その問題に対応するダイアグラムを評価するための「ファインマン則」を使って $\mathscr{M}$ そのものを決定する方法を示す．電子と光子が基本的なバーテックスによって相互作用する量子電気力学のような「現実世界」の系に飛び込んでもよい．それが，ファインマンによる元来の方法であり，最も重要，かつ最もよく理解された応用である．だが不運にも，それは，ファインマンの方法そのものとは何の関係もないさまざまな複雑な問題（電子はスピン 1/2 で，光子は質量がなくスピン 1 である）をはらんでいる．7 章で，スピンをもつ粒子の取り扱い方を説明するが，とりあえず，論点をぼやかしたくないので，トイモデルを導入する．その理論は実世界を再現しようとするのではなく，余分な荷物を最小限にし，計算方法の説明に役立つ [4]．

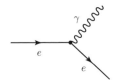

3 種類の粒子だけが存在する世界を想像してみよう．それらを A, B, C とよび，質量が m_A, m_B, m_C だとする．それらはすべてスピン 0 で，反粒子と同一である（よって，ダイアグラムに矢印は必要ない）．基本的なバーテックスが一つ存在し，そ

のバーテックスで3個の粒子が相互作用する．

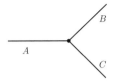

A がその三つの中で一番重くて，実際のところ，B と C の合計よりも重いと仮定する．よって，それは $B+C$ に崩壊できる．この崩壊を記述する最低次のダイアグラムは，その基本的なバーテックス自身だ．これに加えて，（小さな）3次のオーダーの補正が存在する．

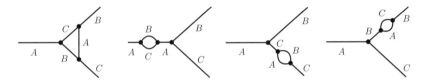

そして，さらに小さな効果をもたらす，より高次の補正もある．われわれの最初の目標は，最低次において，A の寿命を計算することである．その後，$A+A \to B+B$,

あるいは $A+B \to A+B$

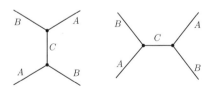

などのさまざまな散乱過程を見ていく．

われわれの課題は，与えられたファインマン図に対応する振幅 $\mathscr{M}$ を見つけることだ．その奥義は以下だ [5]．

228   6 ファインマン則

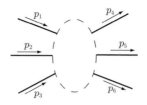

図 6.6 外線に名前が付けられた一般的なファインマン図
（内線は記していない）

1. 表記法：入ってくるものと出ていく 4 元ベクトルに $p_1, p_2, \cdots, p_n$ のように名前を付ける（図 6.6）．外に出ない運動量は $q_1, q_2, \cdots$ のように名前を付ける．「正の」方向（外線については時間の進む向きで，内線については任意）がわかるように，それぞれの線に矢印を付ける．

2. バーテックス因子：それぞれのバーテックスで因子

$$-ig$$

を付ける．g は結合定数とよばれ，A, B, C の間の相互作用の強さを指定する．今回のトイモデルでは，g は運動量の次元をもつ．後に出合う「現実世界」の理論では，結合定数はつねに無次元だ．

3. 伝播関数：それぞれの内線に因子

$$\frac{i}{q_j^2 - m_j^2 c^2}$$

を付ける．ここで，q_j はその線の 4 元運動量で，m_j はその線が表している粒子の質量である（仮想粒子は質量殻上にないので，$q_j^2 \neq m_j^2 c^2$ であることに注意せよ）．

4. エネルギーと運動量の保存：それぞれのバーテックスにデルタ関数を

$$(2\pi)^4 \delta^4(k_1 + k_2 + k_3)$$

という形式で書く．ここで，k はバーテックスに入ってくる 4 元運動量である（矢印が外向きなら k はその線の運動量にマイナス符号を付けたものとなる）．入ってくる運動量の和と出ていく運動量の和が等しくないとデルタ関数がゼロになるので，この因子によってエネルギーと運動量の保存が保証される．

5. 内線の運動量についての積分：内線それぞれに対して，因子[*17]

[*17] すべての δ が因子 (2π) を拾い，すべての d が因子 $1/(2\pi)$ を拾うことに（もう一度）注意しよう．

$$\frac{1}{(2\pi)^4} d^4 q_j$$

を書いて，内線すべてについて積分する．

6. デルタ関数の打ち消し合い：全体のエネルギーと運動量の保存を反映して，結果はデルタ関数

$$(2\pi)^4 \delta^4(p_1 + p_2 + \cdots - p_n)$$

を含む．この因子を消して[*18]，i を掛ける．その結果が $\mathscr{M}$ だ．

6.3.1 A の寿命

$A \to B + C$ への最低次の寄与を表現する最も単純なダイアグラムは，いかなる内線も含まない（図 6.7）．バーテックスが一つあり，そこに因子 $-ig$（ルール 2）とデルタ関数（ルール 4）

$$(2\pi)^4 \delta^4(p_1 - p_2 - p_3)$$

が掛かるが，それはすぐに捨て去られる（ルール 6）．i を掛けて，

$$\mathscr{M} = g \tag{6.50}$$

を得る．これが（最低次に対する）振幅である．$\mathscr{M}$ を式 (6.35) に代入することで崩壊頻度が得られる．

$$\Gamma = \frac{g^2 |\boldsymbol{p}|}{8\pi \hbar m_A^2 c} \tag{6.51}$$

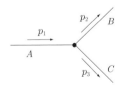

図 6.7　$A \to B + C$ に対する最低次の寄与

[*18] もちろん，黄金律がこの因子を式 (6.15) と (6.37) に入れてしまう．読者はなぜ $\mathscr{M}$ の中に残しておかないのかと思うかもしれない．問題は，$\mathscr{M}$ ではなく $|\mathscr{M}|^2$ が黄金律に入っていることで，デルタ関数の 2 乗を定義できない．そこで，次の段階でまた入れるにもかかわらず，その因子をここでいったん取り除かなければならない．

ただしここで $|\boldsymbol{p}|$ (外に出ていく運動量のいずれかの大きさ) は

$$|\boldsymbol{p}| = \frac{c}{2m_A}\sqrt{m_A^4 + m_B^4 + m_C^4 - 2m_A^2 m_B^2 - 2m_A^2 m_C^2 - 2m_B^2 m_C^2} \quad (6.52)$$

である. すると, A の寿命は

$$\tau = \frac{1}{\Gamma} = \frac{8\pi\hbar m_A^2 c}{g^2 |\boldsymbol{p}|} \quad (6.53)$$

となる. τ の単位が正しいことを自身で確認せよ.

6.3.2 $A + A \to B + B$ 散乱

$A + A \to B + B$ 過程に対する最低次の寄与は図 6.8 で示される. この場合, 二つのバーテックス (よって $-ig$ という因子が二つ) と,

$$\frac{i}{q^2 - m_C^2 c^2}$$

という伝播関数をもつ内線と,

$$(2\pi)^4 \delta^4(p_1 - p_3 - q), \qquad (2\pi)^4 \delta^4(p_2 + q - p_4)$$

という二つのデルタ関数と, 一つの積分

$$\frac{1}{(2\pi)^4} d^4 q$$

がある. すると, ルール1から5により

$$-i(2\pi)^4 g^2 \int \frac{1}{q^2 - m_C^2 c^2} \delta^4(p_1 - p_3 - q) \delta^4(p_2 + q - p_4) d^4 q$$

を得る. 積分をすると 2 番目のデルタ関数が q を $p_4 - p_2$ へもっていくことから

$$-ig^2 \frac{1}{(p_4 - p_2)^2 - m_C^2 c^2} (2\pi)^4 \delta^4(p_1 + p_2 - p_3 - p_4)$$

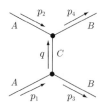

図 6.8 $A + A \to B + B$ に対する最低次の寄与

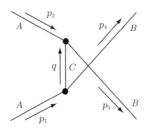

図 6.9 $A + A \to B + B$ に最低次の寄与を与える 2 番目のダイアグラム

図 6.10 重心系での $A + A \to B + B$

になる．前に述べたように，デルタ関数が一つ残り，全体のエネルギーと運動量保存を反映している．それを消して i を掛けることで（ルール 6），

$$\mathscr{M} = \frac{g^2}{(p_4 - p_2)^2 - m_C^2 c^2} \tag{6.54}$$

が残る．

しかし，これで話が終わるわけではない．というのも，B の線を「ねじる」ことで得られる g^2 のオーダーのダイアグラムが他にもあるからだ（図 6.9）[*19]．図 6.8 との違いは p_3 と p_4 の入れ替えだけなので，最初からすべての計算をやり直す必要はない．式 (6.54) を参考にして，$A + A \to B + B$ という過程に対する（オーダー g^2 の）すべての振幅はすぐに

$$\mathscr{M} = \frac{g^2}{(p_4 - p_2)^2 - m_C^2 c^2} + \frac{g^2}{(p_3 - p_2)^2 - m_C^2 c^2} \tag{6.55}$$

と書ける．ちなみに，$\mathscr{M}$ がローレンツ不変（スカラー）になっていることに注意してほしい．ファインマン則にそれが組み込まれているので，いつもそうなる．

この過程の重心系における微分断面積に興味があるとしよう（図 6.10）．話を簡単にするために，たとえば，$m_A = m_B = m$ で，$m_C = 0$ だとしよう．すると，

[*19] A をねじることによってさらにもう一つの新しいダイアグラムを得ることはない．ここでの唯一の選択は，p_3 を p_1 につなげるか，p_2 につなげるかだ．

$$(p_4 - p_2)^2 - m_C^2 c^2 = p_4^2 + p_2^2 - 2p_2 \cdot p_4 = -2\boldsymbol{p}^2(1 - \cos\theta) \tag{6.56}$$

$$(p_3 - p_2)^2 - m_C^2 c^2 = p_3^2 + p_2^2 - 2p_3 \cdot p_2 = -2\boldsymbol{p}^2(1 + \cos\theta) \tag{6.57}$$

(ここで $\boldsymbol{p}$ は粒子 1 の入射運動量である) となり，それゆえ

$$\mathscr{M} = -\frac{g^2}{\boldsymbol{p}^2 \sin^2\theta} \tag{6.58}$$

となる．さらに式 (6.47) に従うと，

$$\frac{d\sigma}{d\Omega} = \frac{1}{2}\left(\frac{\hbar c g^2}{16\pi E \boldsymbol{p}^2 \sin^2\theta}\right)^2 \tag{6.59}$$

となる（終状態に二つの同一種粒子が存在するので $S = 1/2$ になる）．ラザフォード散乱のときのように（例題 6.4），全断面積は無限大になる．

6.3.3 高次のダイアグラム

これまでは，最低次（「ツリーレベル」）のファインマン図だけを見てきた．たとえば，$A + A \to B + B$ の場合，以下のダイアグラムだけを考えた．

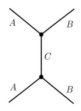

このダイアグラムにはバーテックスが二つあるので，$\mathscr{M}$ は g^2 に比例する．しかし，四つのバーテックスをもつダイアグラムは 8 個ある（そして，外線の B を「ねじった」ものがさらに 8 個ある）．

- 5 個の「自己エネルギー」ダイアグラム．これらは，どれか一つの線にループが発生している．
- 2 個の「バーテックス補正」．これらは，バーテックスが三角形になっている．
- そして 1 個の「箱型」ダイアグラム．

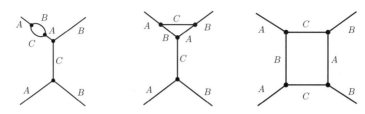

(下の左図のようにつながっていないものは数えない.)

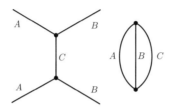

これらすべての「1ループ」ダイアグラムを計算することは決してしないが（あるいは2ループダイアグラムに関しては考えることさえしない），そのうちの一つ，仮想のC線に一つの泡をもった図については詳しく見てみたい．

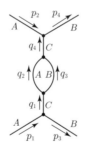

ファインマン則の1から5を適用すると，

$$g^2 \int \frac{\delta^4(p_1 - q_1 - p_3)\delta^4(q_1 - q_2 - q_3)\delta^4(q_2 + q_3 - q_4)\delta^4(q_4 + p_2 - p_4)}{(q_1^2 - m_C^2 c^2)(q_2^2 - m_A^2 c^2)(q_3^2 - m_B^2 c^2)(q_4^2 - m_C^2 c^2)}$$
$$\times d^4 q_1 d^4 q_2 d^4 q_3 d^4 q_4 \qquad (6.60)$$

を得る．q_1 で積分し，最初のデルタ関数を使い q_1 を $(p_1 - p_3)$ に置き換える．q_4 で積分し，最後のデルタ関数を使い q_4 を $(p_4 - p_2)$ に置き換える．

$$\frac{g^4}{[(p_1 - p_3)^2 - m_C^2 c^2][(p_4 - p_2)^2 - m_C^2 c^2]}$$
$$\times \int \frac{\delta^4(p_1 - p_3 - q_2 - q_3)\delta^4(q_2 + q_3 - p_4 + p_2)}{(q_2^2 - m_A^2 c^2)(q_3^2 - m_B^2 c^2)} d^4 q_2 d^4 q_3 \quad (6.61)$$

ここで，最初のデルタ関数により $q_2 \to p_1 - p_3 - q_3$ となり，2番目のデルタ関数は

$$\delta^4(p_1 + p_2 - p_3 - p_4)$$

になる．ルール6によりこれを消すと，残るのは

$$\mathscr{M} = i\left(\frac{g}{2\pi}\right)^4 \frac{1}{[(p_1 - p_3)^2 - m_C^2 c^2]^2} \int \frac{1}{[(p_1 - p_3 - q)^2 - m_A^2 c^2](q^2 - m_B^2 c^2)} d^4 q \tag{6.62}$$

である（ここでは，q_3 の下付き添字を省略した）．

 もし元気があるなら，この積分の計算を試してみるのもよい．しかし，思わぬ障壁に出合ってしまうということをいまのうちにいっておく．4次元の体積要素は，ちょうど2次元の極座標系で面積要素を $r\,dr\,d\theta$ と書いたように，そして3次元の球座標系で空間要素を $r^2 dr \sin\theta\,d\theta\,d\phi$ と書いたように，$d^4 q = q^3 dq\,d\Omega'$（ただしここで $d\Omega'$ は角度部分を意味する）と書いてもよいだろう．q の大きなところでは，積分は基本的にはたんに $1/q^4$ となるので，q の積分は

$$\int^\infty \frac{1}{q^4} q^3 dq = \ln q|^\infty = \infty \tag{6.63}$$

というかたちになる．大きな q で積分が対数発散してしまうのだ．どういうかたちであれ，この災難が生じてしまうことから，ディラック，パウリ，クラマース，ワイスコップ，ベーテに始まり，朝永，シュウィンガー，ファインマンに至る多くの偉大な物理学者が力を合わせて，20年に近い年月をかけて量子電気力学を発展させなければならなかった．その結果，「じゅうたんの下に無限大を隠してしまう」系統だった方法を開発した．その第一歩は，(ローレンツ不変のような) 望ましい特徴を損なうことなく有限にするための適切なカットオフの手順に従い，積分を正則化することである．式 (6.62) の場合だと，

$$\frac{-M^2 c^2}{(q^2 - M^2 c^2)} \tag{6.64}$$

という因子を積分の中に導入すればよい．カットオフ質量 M は非常に重いと仮定し，計算の最後に無限大にもっていく（その「ごまかした因子」である式 (6.64) は $M \to \infty$

で 1 になる)[*20]．そうすると積分を計算できて [6]，M によらず有限な項と，(いまの場合) $M \to \infty$ のように膨れ上がる M の対数を含む項の二つに分解できる．

この時点で奇跡が起きる．すべての発散，すなわち M に依存する項は，最終的な結果では質量や結合定数への足し算というかたちで現れる．これを真面目に受け取ると，物理的な質量や結合定数は，元々のファインマン則に現れている質量や結合定数とは違い，むしろ，以下のような余分な項をもつ「くりこまれた」ものだということを意味している．

$$m_{\text{physical}} = m + \delta m, \qquad g_{\text{physical}} = g + \delta g \qquad (6.65)$$

δm や δg が ($M \to \infty$ という極限で) 無限大だという事実はうっとうしいが，大惨事というわけではない．というのも，いずれにせよわれわれはそれらを決して測定しないからだ．実験室でこれまで見てきたものすべては，物理的な値であり，それらは (あきらかに) 有限だ (測定できない「裸の」質量 m や結合定数 g は，あきらかに，δ_m や δ_g の発散を打ち消すための無限大を含んでいる)[*21]．実際問題として，ファインマン則では m と g の物理的な値を使って無限大を考慮に入れている．そして，高次のダイアグラムからの発散の寄与は系統的に無視する．

一方で，ループ図からの有限な (M に依存しない) 寄与は依然存在する．それらによっても m や g は変更されるが (この場合は，完全に計算できるものである)，それらはループが挿入された線 (いまの例では $p_1 - p_3$) の 4 元運動量の関数になってい

[*20] 誰もがこの手順は恣意的だと思うだろう．だが，式 (6.64) を入れることは，場の量子論における，高エネルギー (短距離) での振る舞いに対する無知をたんにさらけ出しているにすぎないともいえる．たぶん，この領域ではファインマンの伝播関数は完全には正しくはなく，M はやり方のわからない修正を勘案するための荒っぽい方法なのだ (たとえば，「粒子」が下層構造をもつのかどうか，というようなきわめて短距離での議論が，そのケースに当てはまる)．ディラックは，くりこみについて以下のように語った．

『それは，たんに一時しのぎの手法だ．われわれのアイデアに何らかの本質的な変化があるに違いない．おそらく，ちょうどボーアの軌道理論が量子力学に向かった道筋のように，本質的な変化があるはずだ．有限であるべき数が無限大になるとしたら，方程式に何か間違いがあることを認めるべきだし，その数字をたんに手当てするだけでよい理論を獲得できると期待すべきではない．』

P. Buckley and F. D. Peat: A Question of Physics (University of Toronto Press, 1979) 39 より．

[*21] 多少気分をよくしたいなら，本質的には同じことが古典電気力学にも起こっていたことを思い出そう．点電荷の静電エネルギーは無限大で，粒子の質量に ($E = mc^2$ の関係を通して) 無限大の寄与を与える．これが意味するのは，おそらく，古典電気力学には真の点電荷が存在しないということだ．たぶん，場の量子論においても同じことを意味しているのだ．しかし，どちらの場合も，理論的なつくり物としての点粒子をどう回避すればよいのかをわれわれは知らない．

る．これが意味するのは，実効質量と実効結合定数は寄与する粒子のエネルギーに実際依存するということである．それを「走る」質量，「走る」結合定数とよぶ．その依存性は，低エネルギーでは典型的には小さくて，通常は無視できる．しかし，(QEDにおける) ラムシフトや，(QCDにおける) 漸近的自由というかたちで観測にかかる帰結を導く[*22]．

上の三つの段落で書いた手順はくりこみとよばれる [7]．高次のダイアグラムからの寄与で現れるすべての発散をこの方法で処理できる場合，理論がくりこみ可能だという．ABC 理論と量子電気力学はくりこみ可能だ．1970年代初頭，トフーフトは，量子色力学やグラショー，ワインバーグ，サラムによる電弱理論を含むすべてのゲージ理論がくりこみ可能であることを証明した．これは，きわめて重要な発見であった．なぜなら，最低次以上の計算では，くりこみ不可能な理論が出す答えはカットオフに依存したものになってしまい，本当のところ意味がないということになってしまうからだ．

参　考　書

[1] たとえば，J. R.Taylor: *Classical Mechanics* (University Science Books, 2005) Sect.14.6; (a) H. Goldstein, C. Poole, and J. Safko: Classical Mechanics, 3rd edn (Addison-Wesley, 2002) Sect. 3-10.
[2] たとえば，D. Park: *Introduction to the Quantum Theory*, 3rd edn (McGraw-Hill, 1992)

[*22] QED と QCD における走る (running) 結合定数の物理的な解釈については，2章の2.3節で提案した．質量に関するくりこみのうまい説明は American Scientist, **73**, 66 (1985) の中で P. Nelson によってなされている．

『くりこみの理論によると，さまざまな相互作用の強さだけでなく，相互作用に与している粒子の質量も，長さのスケールによって変化する．この一見して矛盾しているかのような言い回しに対するイメージをつかむために，水中で大砲を撃つことを想像してみよう．摩擦を無視したとしても，その飛跡は地上とはずいぶん違ったものになるだろう．というのも，大砲の弾はかなりの量の水を引っ張ることになり，その結果見かけ上の，あるいは「実効的な」質量を変化させるからだ．実験的には頻度 ω で大砲の弾をゆり動かして $F = ma$ から質量を計算することで，大砲の弾の実効質量を測定できる（この方法で，宇宙飛行士は宇宙空間で自身の「重さ」を測る）．実効質量を見つけることにより，水中での弾道学という難しい問題を単純な近似に置き換えることができる．つまり水の存在をすっかり無視して，ニュートンの方程式において弾丸の質量をたんに実効質量に置き換えればよいのだ．媒質との相互作用という複雑な詳細が，一つの実効パラメーターの決定へと簡略化されたのだ．このアプローチの鍵は，実効質量の計算が ω に依存していることだ．たとえば，ω がゼロに近づけば水の影響がなくなる．つまり，媒質の存在により，スケールに依存する実効質量というものが現れる．このことを，実効質量が媒質によって「くりこまれた」という．量子力学では，あらゆる粒子は理論に存在するすべての粒子の量子ゆらぎからなる「媒質」の中を動いている．ここでもまた媒質の存在を無視するが，パラメーターをスケールに依存する「実効的な」値に変えることで，量子ゆらぎを考慮に入れているのだ．』

Sect. 7.9; (a) J. S. Townsend: A Modern Approach to Quantum Mechanics (University Science Books, 2000) Sect. 14.7; (b) D. J. Griffiths: Introduction to Quantum Mechanics, 2nd edn (Prentice Hall, 2005) Sect. 9.2.3.

[3] 説得力があり入手可能な科学的記述を見つけるのはじつは難しい．R. P. Feynman: Theory of Fundamental Processes (Benjamin, 1961) の 15, 16 章から読み始めるのはよい．他に以下も参照．(a) J. M. Jauch and F. Rohrlich: Theory of Photons and Electrons, 2nd edn (Springer-Verlag, 1976) Sect. 8.6; (b) R. Hagedorn: Relativistic Kinematics (Benjamin, 1963) Chap. 7; (c) L. H. Ryder: Quantum Field Theory (Cambridge University Press, 1985) Sect. 6.10; (d) M. E. Peskin, and D. V. Schroeder: An Introduction to Quantum Field Theory (Perseus, 1995) Chap. 4; (e) S. Weinberg: The Quantum Theory of Fields, vol. **I** (Cambridge University Press, 1995) Sect. 3.4.

[4] このモデルはマックス・ドレスデンに教えてもらった．より洗練された扱いについては，I. J. R. Aitchison, and A. J. G. Hey: Gauge Theories in Particle Physics, 3rd edn, vol. **I** (Institute of Physics, 2003) Section 6.3.

[5] 読者はこれらのルールがどこから来たのか聞きたいかもしれない．ファインマンが最初に QED のルールを公表した 1949 年に，彼自身が完全に満足のいく答えを出せたかどうかは怪しい．R. P. Feynman: Physical Review, **76**, 749-769 (1949)．後を継いだフリーマン・ダイソンはファインマン則が場の量子論からどのように得られるかを示した．(a) F. J. Dyson: Physical Review **75**, 486, 1376 (1949); **82**, 428 (1951)．これら魅力的な個人の出来事については，Dyson: Disturbing The Universe (Harper & Row, 1979) Chap 5, 6 を参照．ファインマン則がどのように導き出されたかという問題については 11 章で再び議論する．いまはたんに公理として扱う．

[6] この方法について説明されているのは，J. J. Sakurai: Advanced Quantum Mechanics (Addison-Wesley, 1967) とくに Appendix E の有用な式を参照．

[7] ABC 理論のくりこみについては，D. J. Griffiths and P. Kraus: American Journal of Physical, **60**, 1013 (1992).

問題

6.1 式 (6.3) を導出せよ．[ヒント：t と $t+dt$ の間で元のサンプルはどれだけ崩壊するか．そして，t と $t+dt$ の間で粒子が崩壊する（初期の）確率 $p(t)dt$ はいくらか．平均寿命は $\displaystyle\int_0^\infty tp(t)\,dt$ である．]

6.2 原子核物理では伝統的に平均寿命 (τ) の代わりに「半減期」($t_{1/2}$) を使う．$t_{1/2}$ は多数の原子核が崩壊により半数になる時間のことである．指数関数的崩壊（式 (6.2)）について，半減期 $t_{1/2}$ の式を (τ の倍数として) 導出せよ．

6.3 **(a)** (静止している) ミュー粒子が 100 万個存在したとする．約 2.2×10^{-5} 秒後には何個になっているだろうか．

(b) π^- が 1 秒以上生存する確率はいくつだろうか (10 のべき乗で答えよ)．

6.4 質量 m で (運動) エネルギー E の非相対論的粒子が，固定された斥力ポテンシャル $V(r) = k/r^2$ で散乱した場合を考える．k はここでは定数である．

(a) インパクトパラメーターを b の関数として，散乱角度 θ を求めよ．

(b) 微分断面積 $d\sigma/d\Omega$ を θ の関数として求めよ．

(c) 全断面積を求めよ．[参照：H. Goldstein, C. Poole, and J. Safko: Classical Mechanics, 3rd edn (Addison-Wesley, 2002) Sect. 3-10, 式 (3-97); R. A. Becker: Introduction to Theoretical Mechanics (McGraw-Hill, 1954) Example 10-3.]

6.5 式 (6.31) で $u = m_1 c$ から式 (6.34) を導出せよ．

6.6 黄金律を適用して $\pi^0 \to \gamma + \gamma$ の崩壊を考える．もちろん π^0 は複合物で厳密には式 (6.35) を

適用することはできない．しかし，素粒子とみなしてどれほど近い値になるか確かめよ．残念ながら振幅 $\mathscr{M}$ はわからないが，質量×速度の次元をもつ必要があり（式 (6.49)），使用可能な質量と速度が一つだけある．また，7章で述べるように光子の放出ごとに $\mathscr{M}$ には係数 $\sqrt{\alpha}$（微細構造定数）が掛かる．よって振幅は α に比例する．これをもとに，π^0 の寿命を概算せよ．また，実験値と比較せよ．[あきらかに，π^0 の崩壊は，この粗模型が示唆するよりはるかに複雑な過程である．C. Quigg: Gauge Theories of the Strong, Weak, and Electromagnetic Interactions (Benjamin, 1997) 252 を参照すること．ただし，f_π が f_π^2 であるべき間違いには気をつけよ．

6.7 **(a)** 重心系の粒子1と粒子2の散乱から式 (6.41) を導出せよ．
   (b) 実験室系（粒子2を静止状態とする）での場合を求めよ．[答え：$m_2|\boldsymbol{p}_1|c$]

6.8 実験室系で $a+b \to a+b$ の弾性散乱を考える（b は始状態で静止）．標的は非常に重く（$m_b c^2 \gg E_a$）反跳を無視できるとする．微分断面積を求めよ．[ヒント：この極限では実験室系と重心系を同じものとみなせ．][答え：$(d\sigma/d\Omega) = (\hbar/8\pi m_b c)^2 |\mathscr{M}|^2$]

6.9 実験室系で $1+2 \to 3+4$ の衝突を考える（2は静止），粒子3と4は質量がない．ここから微分断面積を求めよ．
$$\left[\text{答え}: \frac{d\sigma}{d\Omega} = \left(\frac{\hbar}{8\pi}\right)^2 \frac{S|\mathscr{M}|^2 |\boldsymbol{p}_3|}{m_2|\boldsymbol{p}_1|(E_1+m_2c^2-|\boldsymbol{p}_1|c\cos\theta)}\right]$$

6.10 **(a)** 実験室系で弾性散乱について考える（ここで $m_3 = m_1$, $m_4 = m_2$）．粒子2は静止している．微分断面積を求めよ．
$$\left[\text{答え}: \frac{d\sigma}{d\Omega} = \left(\frac{\hbar}{8\pi}\right)^2 \frac{\boldsymbol{p}_3^2 S|\mathscr{M}|^2}{m_2|\boldsymbol{p}_1|(E_1+m_2c^2)|\boldsymbol{p}_3|-|\boldsymbol{p}_1|E_3\cos\theta}\right]$$
   (b) もし入射粒子の質量がない（$m_1 = 0$）とすると，(a) の結果が以下のように簡単になることを確かめよ．
$$\left(\frac{d\sigma}{d\Omega}\right) = S\left(\frac{\hbar E_3}{8\pi m_2 c E_1}\right)^2 |\mathscr{M}|^2$$

6.11 **(a)** $A \to B+B$ の反応は ABC 理論から可能だろうか．
   (b) ダイアグラムに n_A 個の A の外線，n_B 個の B の外線，および n_C 個の C の外線があるとする．それが許される反応であるかどうかを判断するための簡単な基準をつくれ．
   (c) A が十分重いと仮定した場合，$A \to B+C$ の次に起こりやすい崩壊モードは何だろうか．それぞれの崩壊についてファインマン図を描け．

6.12 **(a)** 最低次の $A+A \to A+A$ のダイアグラムを描け（6通り存在する）．
   (b) この過程の振幅を，$m_B = m_C = 0$ と仮定して，最低次で求めよ．一つ残る4元運動量 q に対する積分のかたちで答えること．

6.13 $A+A \to B+B$ についての $d\sigma/d\Omega$ を重心系で求めよ．ただし，$m_B = m_C = 0$ と仮定する．また，全断面積 σ を求めよ．

6.14 $A+A \to B+B$ についての $d\sigma/d\Omega$ と σ を実験室系で求めよ（E を入射 A のエネルギー，$\boldsymbol{p}$ を運動量として，$m_B = m_C = 0$ と仮定する）．得られた式の非相対論的および超相対論的限界を決定せよ．

6.15 **(a)** 最低次の $A+B \to A+B$ の振幅を求めよ（2通りのダイアグラムが存在する）．
   (b) この過程の重心系での微分断面積を求めよ．このとき，$m_A = m_B = m$, $m_C = 0$ と仮定する．答えは，（A の）入射エネルギー E,（粒子 A に対する）散乱角 θ を用いて表せ．
   (c) この過程の $d\sigma/d\Omega$ を実験室系で求める．B は A より非常に重く，固定されていると仮定せよ．A はエネルギー E で入射する．[ヒント：問題 6.8 を見よ．$m_B \gg m_A, m_C, E/c^2$ と仮定する．]
   (d) (c) の全断面積 σ を求めよ．

7
量子電気力学

　この章では，ディラック方程式を導入し，量子電気力学に対するファインマン則について述べ，計算のための有用な道具立てを開発し，QED のいくつかの典型的な結果を導き出す．その取り扱い方法は，4章におけるスピン 1/2 の定式化だけでなく，2章，3章，6章の内容に頼るところが多い．そして今度は，この 7 章が以降の章すべてのための不可欠な基盤となる（しかし，例題 7.8 と 7.9 節は，それらに関連する 8 章と 9 章の一部とともに飛ばしてもよい）．

7.1 ディラック方程式

　6 章の「ABC」模型は完全に理にかなった場の量子論になっているが，実世界を記述していない．というのも，粒子 A, B, C はスピン 0 であるのに対して，クォークやレプトンはスピン 1/2 だし，力の媒介粒子はスピン 1 だ．スピンを考慮に入れるのは，代数的に厄介だ．だからこそ，そのような厄介事のないトイモデルという文脈でファインマンの計算方法を紹介した．

　非相対論的量子力学では，粒子はシュレーディンガー方程式によって記述される．相対論的量子力学では，スピン 0 の粒子はクライン–ゴルドン方程式により，スピン 1/2 の粒子はディラック方程式により，スピン 1 の粒子はプロカ方程式により，記述される．しかし，いったんファインマン則が確立されると，そこにある場の方程式は背後に隠れてしまう．だからこそ，クライン–ゴルドン方程式に言及することなく 6 章をやり通した．しかし，スピン 1/2 に対するファインマン則の表記は，ディラック方程式をそれなりに知っていることをあらかじめ前提としている．そこで，次の三つの節では，紛れもなく，ディラック理論を学習する．

　シュレーディンガー方程式を「導出する」一つの方法は，古典的エネルギー・運動量保存の関係から始めることだ．

$$\frac{\boldsymbol{p}^2}{2m} + V = E \tag{7.1}$$

量子化の処方箋

$$\boldsymbol{p} \to -i\hbar\nabla, \qquad E \to i\hbar\frac{\partial}{\partial t} \tag{7.2}$$

を適用し，その結果得られる演算子を「波動関数」Ψ に作用させる．

$$-\frac{\hbar^2}{2m}\nabla^2\Psi + V\Psi = i\hbar\frac{\partial\Psi}{\partial t} \qquad (シュレーディンガー方程式) \tag{7.3}$$

クライン–ゴルドン方程式はまったく同じ方法で求められる．相対論的エネルギー・運動量の関係 $E^2 - \boldsymbol{p}^2 c^2 = m^2 c^4$，あるいは（よりよいかたちをしている）

$$p^\mu p_\mu - m^2 c^2 = 0 \tag{7.4}$$

から始める（ここからは，ポテンシャルエネルギーを落とす．つまり，自由粒子に話を限る）．驚くべきことに，量子置き換え（式 (7.2)）は相対論による修正を必要としない．つまり，4元ベクトルの表記法を使って，

$$p_\mu \to i\hbar\,\partial_\mu \tag{7.5}$$

と読み替える．ここで*1

$$\partial_\mu \equiv \frac{\partial}{\partial x^\mu} \tag{7.6}$$

と定義する．これは以下を意味する．

$$\partial_0 = \frac{1}{c}\frac{\partial}{\partial t}, \qquad \partial_1 = \frac{\partial}{\partial x}, \qquad \partial_2 = \frac{\partial}{\partial y}, \qquad \partial_3 = \frac{\partial}{\partial z} \tag{7.7}$$

式 (7.5) を (7.4) に代入し微分を波動関数 ψ に作用させると*2

$$-\hbar^2 \partial^\mu \partial_\mu \psi - m^2 c^2 \psi = 0 \tag{7.8}$$

あるいは

$$-\frac{1}{c^2}\frac{\partial^2\psi}{\partial t^2} + \nabla^2\psi = \left(\frac{mc}{\hbar}\right)^2 \psi \qquad (クライン–ゴルドン方程式) \tag{7.9}$$

を得る．

[*1] 空間と時間の x^μ という反変4元ベクトルに対する勾配は，それ自身が共変4元ベクトルとなっている．ゆえに，添字が存在する．すべてを書き出すと，式 (7.5) は $(E/c, -\boldsymbol{p}) \to i\hbar(\frac{1}{c}\frac{\partial}{\partial t}, \nabla)$ となる．もちろん，$\partial^\mu \equiv \partial/\partial x_\mu$ である．問題 7.1 を見よ．

[*2] 非相対論的量子力学では，波動関数には大文字（Ψ）を用い，ψ は空間成分のために残しておくのが慣習だ（式 (5.3)）．相対論的理論では，より一般的に波動関数自身に ψ を使う．

7.1 ディラック方程式

　実際のところ，シュレーディンガーは，彼の名を冠した非相対論版の前にこの方程式を発見していた．ところが，（クーロンポテンシャルを入れて）水素のボーア準位を再現できなかったときにそれを捨ててしまっていた．問題は，電子はスピン 1/2 をもつが，クライン–ゴルドン方程式はスピン 0 の粒子に適用されるものだということである．さらに，クライン–ゴルドン方程式は，$|\psi(\boldsymbol{r})|^2$ が位置 $\boldsymbol{r}$ に粒子を見出す確率であるというボルンの統計的解釈に適応していない．この困難の原因は，クライン–ゴルドン方程式が t に関して 2 階微分[*3]になっているということである．そこで，ディラックは，相対論的エネルギーと運動量の関係式に無矛盾で，かつ，時間に関する 1 階微分の方程式を探し出すことを目指した．皮肉にも 1934 年にパウリとワイスコプは，相対論的な理論[*4]では統計の解釈をやり直し，クライン–ゴルドン方程式を正しく再解釈しなければならないことを，そして一方でディラック方程式がスピン 1/2 の粒子に対するものであることを示した．

　ディラックの戦略はエネルギーと運動量の関係（式 (7.4)）を「因数分解」することであった．これは，もし p^0 だけだったら（すなわち，$\boldsymbol{p}$ がゼロであれば）簡単だ．

$$(p^0)^2 - m^2c^2 = (p^0 + mc)(p^0 - mc) = 0 \tag{7.10}$$

これにより，二つの 1 階微分の式を得る．

$$(p^0 - mc) = 0 \quad \text{あるいは} \quad (p^0 + mc) = 0 \tag{7.11}$$

どちらかが，$p^\mu p_\mu - m^2c^2 = 0$ を保証する．しかし，空間成分が入ってくると話は別だ．その場合，以下のようなかたちをしたものを探すことになる．

$$(p^\mu p_\mu - m^2c^2) = (\beta^\kappa p_\kappa + mc)(\gamma^\lambda p_\lambda - mc) \tag{7.12}$$

ここで，β^κ と γ^λ はこれから決定されるべき 8 個の係数である[*5]．右辺を乗じると

$$\beta^\kappa \gamma^\lambda p_\kappa p_\lambda - mc(\beta^\kappa - \gamma^\kappa)p_\kappa - m^2c^2$$

を得る．p_κ に線形な項は望ましくないので，$\beta^\kappa = \gamma^\kappa$ を選ばなければならない．目的

[*3] シュレーディンガー方程式は t に関する 1 階微分だということに注意せよ．
[*4] 相対論的な理論は対生成や対消滅を扱わなければならないので，粒子数は保存量ではない．
[*5] もし表記法で混乱するとしたら，式 (7.12) を「長々と」書いておこう．

$$(p^0)^2 - (p^1)^2 - (p^2)^2 - (p^3)^2 - m^2c^2 = (\beta^0 p^0 - \beta^1 p^1 - \beta^2 p^2 - \beta^3 p^3 + mc)$$
$$\times (\gamma^0 p^0 - \gamma^1 p^1 - \gamma^2 p^2 - \gamma^3 p^3 - mc)$$

を達成するためには,

$$p^\mu p_\mu = \gamma^\kappa \gamma^\lambda p_\kappa p^\lambda$$

となるような,すなわち,

$$\begin{aligned}(p^0)^2 - (p^1)^2 - (p^2)^2 - (p^3)^2 &= (\gamma^0)^2(p^0)^2 + (\gamma^1)^2(p^1)^2 + (\gamma^2)^2(p^2)^2 \\ &+ (\gamma^3)^2(p^3)^2 + (\gamma^0\gamma^1 + \gamma^1\gamma^0)p_0p_1 \\ &+ (\gamma^0\gamma^2 + \gamma^2\gamma^0)p_0p_2 + (\gamma^0\gamma^3 + \gamma^3\gamma^0)p_0p_3 \\ &+ (\gamma^1\gamma^2 + \gamma^2\gamma^1)p_1p_2 + (\gamma^1\gamma^3 + \gamma^3\gamma^1)p_1p_3 \\ &+ (\gamma^2\gamma^3 + \gamma^3\gamma^2)p_2p_3 \end{aligned} \quad (7.13)$$

を満たす係数 γ^κ を見つけなければならない.何が問題かわかるだろう.$\gamma^0 = 1$,$\gamma^1 = \gamma^2 = \gamma^3 = i$ を選んでもよいが,交差している項を乗り除く方法があるようには見えない.

ここでディラックは素晴らしいひらめきを得た.γ が数字ではなく行列だったらどうなるだろうか.行列は非可換なので,

$$\begin{aligned}(\gamma^0)^2 &= 1, \quad (\gamma^1)^2 = (\gamma^2)^2 = (\gamma^3)^2 = -1 \\ \gamma^\mu\gamma^\nu &+ \gamma^\nu\gamma^\mu = 0, \quad \mu \neq \nu\end{aligned} \quad (7.14)$$

となる組み合わせを見つけることができるかもしれない.あるいは,より簡潔に書くと

$$\{\gamma^\mu, \gamma^\nu\} = 2g^{\mu\nu} \quad (7.15)$$

である.ここで,$g^{\mu\nu}$ はミンコフスキーの計量(式 (3.13))で,中括弧は反交換関係を意味する.

$$\{A, B\} \equiv AB + BA \quad (7.16)$$

読者自身がこの問題を解いてもよい.ただし,解けることには解けるが,そのための最小の行列は 4×4 ということがあきらかになる.本質的には同じ「ガンマ行列」の組み合わせがいろいろある.ここでは,「ブヨルケンとドレル」による標準的な表記を使う [1].

$$\gamma^0 = \begin{pmatrix} 1 & 0 \\ 0 & -1 \end{pmatrix}, \quad \gamma^i = \begin{pmatrix} 0 & \sigma^i \\ -\sigma^i & 0 \end{pmatrix} \quad (7.17)$$

ここで，σ^i ($i = 1, 2, 3$) はパウリ行列（式 (4.26)）で，1 は 2×2 の単位行列を，0 は 2×2 のゼロ行列を意味する[*6]．

4×4 の行列方程式とみなすと，相対論的なエネルギー・運動量の関係は因数分解できる．

$$(p^\mu p_\mu - m^2 c^2) = (\gamma^\kappa p_\kappa + mc)(\gamma^\lambda p_\lambda - mc) = 0 \tag{7.18}$$

どちらか一つの項を落とすことで（どちらを選ぶかは重要ではなく，いまここで使うのは慣習によるものだ．問題 7.10 を参照）ようやく，ディラック方程式を得る．

$$\gamma^\mu p_\mu - mc = 0 \tag{7.19}$$

最後に量子置き換え $p_\mu \to i\hbar \partial_\mu$ を行い（式 (7.5)），その結果を ψ に作用させると

$$i\hbar \gamma^\mu \partial_\mu \psi - mc\psi = 0 \quad \text{（ディラック方程式）} \tag{7.20}$$

となる．ψ がいまここでは四つの要素をもつ列行列になっていることに注意せよ．

$$\psi = \begin{pmatrix} \psi_1 \\ \psi_2 \\ \psi_3 \\ \psi_4 \end{pmatrix} \tag{7.21}$$

これを「バイスピノル」あるいは「ディラックスピノル」とよぶ（四つの成分をもつが，これは 4 元ベクトルではない．7.3 節で，慣性系を変えるとどのように変換するかを示す．それは，通常のローレンツ変換ではない）．

7.2 ディラック方程式の解

ψ が位置に依存しないとしよう．

$$\frac{\partial \psi}{\partial x} = \frac{\partial \psi}{\partial y} = \frac{\partial \psi}{\partial z} = 0 \tag{7.22}$$

式 (7.5) から，これは運動量ゼロ（$\boldsymbol{p} = 0$）の状態を記述している，つまり，粒子が静止している．すると，ディラック方程式（式 (7.20)）は以下になる．

[*6] 文脈から不定性がない場合は，1 と 0 をこのように 2×2 あるいは 4×4 行列に使う．また，式 (7.15) の右辺のように，必要なときは単位行列は適当な次元になっている．偶然にも，$\boldsymbol{\sigma}$ は 4 元ベクトルの空間成分ではないので，上付きと下付きの添字を区別しない．つまり，$\sigma^i \equiv \sigma_i$ だ．

$$\frac{i\hbar}{c}\gamma^0\frac{\partial\psi}{\partial t} - mc\psi = 0 \tag{7.23}$$

あるいは

$$\begin{pmatrix} 1 & 0 \\ 0 & -1 \end{pmatrix} \begin{pmatrix} \partial\psi_A/\partial t \\ \partial\psi_B/\partial t \end{pmatrix} = -i\frac{mc^2}{\hbar}\begin{pmatrix} \psi_A \\ \psi_B \end{pmatrix} \tag{7.24}$$

ここで,

$$\psi_A = \begin{pmatrix} \psi_1 \\ \psi_2 \end{pmatrix} \tag{7.25}$$

は, 列行列 ψ の上の 2 成分からなり,

$$\psi_B = \begin{pmatrix} \psi_3 \\ \psi_4 \end{pmatrix} \tag{7.26}$$

は, 下の 2 成分からなっている. よって,

$$\frac{\partial\psi_A}{\partial t} = -i\left(\frac{mc^2}{\hbar}\right)\psi_A, \qquad -\frac{\partial\psi_B}{\partial t} = -i\left(\frac{mc^2}{\hbar}\right)\psi_B \tag{7.27}$$

となり, その解は

$$\psi_A(t) = e^{-i(mc^2/\hbar)t}\psi_A(0), \qquad \psi_B(t) = e^{+i(mc^2/\hbar)t}\psi_B(0) \tag{7.28}$$

である.

式 (5.3) を参照すると,

$$e^{-iEt/\hbar} \tag{7.29}$$

という因子が, エネルギー E の量子状態の時間依存性を特徴づけるものだということがわかる. 静止している粒子では $E = mc^2$ なので, まさしく ψ_A が $\boldsymbol{p} = 0$ のときに期待すべきものとなっている. しかし, ψ_B はどうだろうか. 一見, 負のエネルギー状態 ($E = -mc^2$) を表現している. これが, 1 章で述べた有名な難題だ. ディラックは当初, 不要な状態すべてで満たされている, 見えない負のエネルギーの「海」を仮定することでその問題を回避しようとした[*7]. その代わりにいまわれわれは, 「異常

[*7] たんに, $\psi_B = 0$ にして「負のエネルギー」解は「物理的に不可能」だと要求し, それらを忘れてしまえばよいのに, と思うかもしれない. しかし運悪く, そうはできない. 量子系では完全系が必要で, 正のエネルギー状態だけでは完全ではないのだ.

な」時間依存性をもつ解を，正のエネルギーをもつ反粒子だとみなす[*8]．よって，（たとえば）ψ_A が電子を記述する一方で，ψ_B は陽電子を記述する．それぞれが2成分のスピノルであり，まさしくスピン $1/2$ の系になっている．

結論：$\boldsymbol{p} = 0$ のディラック方程式は，四つの独立な解をもつ（とりあえずいまは規格化因子は無視しておく）．

$$\psi^{(1)} = e^{-i(mc^2/\hbar)t} \begin{pmatrix} 1 \\ 0 \\ 0 \\ 0 \end{pmatrix}, \quad \psi^{(2)} = e^{-i(mc^2/\hbar)t} \begin{pmatrix} 0 \\ 1 \\ 0 \\ 0 \end{pmatrix}$$

$$\psi^{(3)} = e^{+i(mc^2/\hbar)t} \begin{pmatrix} 0 \\ 0 \\ 1 \\ 0 \end{pmatrix}, \quad \psi^{(4)} = e^{+i(mc^2/\hbar)t} \begin{pmatrix} 0 \\ 0 \\ 0 \\ 1 \end{pmatrix} \tag{7.30}$$

これらはそれぞれスピン上向き電子，下向き電子，スピン下向き陽電子[*9]，上向き陽電子を表す．

次に平面波解を見ていく[*10]．

$$\psi(x) = a e^{-ik \cdot x} u(k) \tag{7.31}$$

$\psi(x)$ がディラック方程式を満たすような4元ベクトル k^μ とそれに付随するバイスピノル $u(k)$ を見つけたい（a は規格化因子で，現在のわれわれの目的には重要ではないが，後で単位を正しく保つために必要だ）．x の依存性は指数の中に押し込められているので，

$$\partial_\mu \psi = -ik_\mu \psi \tag{7.32}$$

[*8] シュレーディンガー方程式において，i の符号は純粋に慣習である．シュレーディンガーが反対の選択をしていたら，$e^{iEt/\hbar}$ がエネルギー E をもつ静止状態の「普通の」時間依存性になっていた．相対論的理論ではどちらの符号も表れて，適切な解釈を行うと，反粒子の存在を意味することになる．

[*9] 反粒子のスピンの向きが「逆」であることに注意せよ．（覚えておくのに手頃な）ディラックの解釈によると，$\psi^{(3)}$ はスピン上向きで負のエネルギーをもつ電子になり，その空いた場所（「海」の「穴」）がスピン下向きで正のエネルギーをもつ陽電子のように振る舞う．

[*10] ここでは，$k \cdot x = k_\mu x^\mu = k^0 ct - \boldsymbol{k} \cdot \boldsymbol{r}$ なので，指数関数の実数部分が $\cos(k^0 ct - \boldsymbol{k} \cdot \boldsymbol{r})$ となり，向き $\boldsymbol{k}$ で伝播する（角）周波数 $\omega = ck^0$，波長 $\lambda = 2\pi/|\boldsymbol{k}|$ の正弦平面波を表す．

となる*11. これをディラック方程式 (7.20) に代入すると

$$\hbar\gamma^\mu k_\mu e^{-ik\cdot x}u - mce^{-ik\cdot x}u = 0$$

あるいは

$$(\hbar\gamma^\mu k_\mu - mc)u = 0 \tag{7.33}$$

を得る．この方程式は純粋に代数であり，微分がないことに注意せよ．u が式 (7.33) を満たせば，ψ（式 (7.31)）がディラック方程式を満たす．さて，

$$\gamma^\mu k_\mu = \gamma^0 k^0 - \boldsymbol{\gamma}\cdot\boldsymbol{k} = k^0\begin{pmatrix} 1 & 0 \\ 0 & -1 \end{pmatrix} - \boldsymbol{k}\cdot\begin{pmatrix} 0 & \boldsymbol{\sigma} \\ -\boldsymbol{\sigma} & 0 \end{pmatrix} = \begin{pmatrix} k^0 & -\boldsymbol{k}\cdot\boldsymbol{\sigma} \\ \boldsymbol{k}\cdot\boldsymbol{\sigma} & -k^0 \end{pmatrix} \tag{7.34}$$

なので，

$$(\hbar\gamma^\mu k_\mu - mc)u = \begin{pmatrix} (\hbar k^0 - mc) & -\hbar\boldsymbol{k}\cdot\boldsymbol{\sigma} \\ \hbar\boldsymbol{k}\cdot\boldsymbol{\sigma} & (-\hbar k^0 - mc) \end{pmatrix}\begin{pmatrix} u_A \\ u_B \end{pmatrix}$$

$$= \begin{pmatrix} (\hbar k^0 - mc)u_A - \hbar\boldsymbol{k}\cdot\boldsymbol{\sigma}u_B \\ \hbar\boldsymbol{k}\cdot\boldsymbol{\sigma}u_A - (\hbar k^0 + mc)u_B \end{pmatrix}$$

となる．ここでは，以前と同様に下付き添字 A は上の 2 成分を表し，B が下の 2 成分を表す．すると，式 (7.33) を満たすには，

$$u_A = \frac{1}{k^0 - mc/\hbar}(\boldsymbol{k}\cdot\boldsymbol{\sigma})u_B, \qquad u_B = \frac{1}{k^0 + mc/\hbar}(\boldsymbol{k}\cdot\boldsymbol{\sigma})u_A \tag{7.35}$$

でなければならない．2 番目の式を 1 番目に代入すると

$$u_A = \frac{1}{(k^0)^2 - (mc/\hbar)^2}(\boldsymbol{k}\cdot\boldsymbol{\sigma})^2 u_A \tag{7.36}$$

となる．しかし，

[*11] これは正しそうに見えるが，もし気になるなら簡単に確かめられる．

$$\partial_0 e^{-k\cdot x} = (1/c)\frac{\partial}{\partial t}e^{-k^0 ct + i\boldsymbol{k}\cdot\boldsymbol{r}} = -ik^0 e^{-k\cdot x}$$

である（$k^0 = k_0$）．同様に

$$\partial_1 e^{-ik\cdot x} = ik^1 e^{-ik\cdot x}$$

となる（$k^1 = -k_1$）．

7.2 ディラック方程式の解

$$\boldsymbol{k}\cdot\boldsymbol{\sigma} = k_x \begin{pmatrix} 0 & 1 \\ 1 & 0 \end{pmatrix} + k_y \begin{pmatrix} 0 & -i \\ i & 0 \end{pmatrix} + k_z \begin{pmatrix} 1 & 0 \\ 0 & -1 \end{pmatrix}$$
$$= \begin{pmatrix} k_z & (k_x - ik_y) \\ (k_x + ik_y) & -k_z \end{pmatrix} \tag{7.37}$$

なので

$$(\boldsymbol{k}\cdot\boldsymbol{\sigma})^2 = \begin{pmatrix} k_z^2 + (k_x - ik_y)(k_x + ik_y) & k_z(k_x - ik_y) - k_z(k_x - ik_y) \\ k_z(k_x + ik_y) - k_z(k_x + ik_y) & (k_x + ik_y)(k_x - ik_y) + k_z^2 \end{pmatrix} = \boldsymbol{k}^2 \mathbf{1} \tag{7.38}$$

である.ここで,$\mathbf{1}$ は 2×2 の単位行列である(この 1 回だけ明示的に書いておく).ゆえに,

$$u_A = \frac{\boldsymbol{k}^2}{(k^0)^2 - (mc/\hbar)^2} u_A \tag{7.39}$$

であるので[*12],

$$(k^0)^2 - (mc/\hbar)^2 = \boldsymbol{k}^2, \quad もしくは \quad k^2 = k^\mu k_\mu = (mc/\hbar)^2 \tag{7.40}$$

となる.すると,$\psi = \exp(-ik\cdot x)u(k)$ がディラック方程式を満たすには,$\hbar k^\mu$ は粒子に付随する 4 元ベクトルでその「2 乗」は m^2c^2 にならなければならない.もちろんわれわれはそのような物理量を知っている.エネルギー運動量の 4 元ベクトルだ.あきらかに

$$k^\mu = \pm p^\mu/\hbar \tag{7.41}$$

である.正の符号($e^{-iEt/\hbar}$ の時間発展)が粒子の状態に,負の符号($e^{+iEt/\hbar}$ の時間発展)が反粒子の状態を表す.

式 (7.35) に戻ると(そして式 (7.37) を使うと),ディラック方程式の四つの独立な解を組み上げるのは単純なことだ.

(1) $u_A = \begin{pmatrix} 1 \\ 0 \end{pmatrix}$ を選ぶと $\quad u_B = \dfrac{\boldsymbol{p}\cdot\boldsymbol{\sigma}}{p^0 + mc}\begin{pmatrix} 1 \\ 0 \end{pmatrix} = \dfrac{c}{E+mc^2}\begin{pmatrix} p_z \\ p_x + ip_y \end{pmatrix}$

[*12] 式 (7.39) からは,$u_A = 0$ も解となる.しかし,前と同様に式 (7.35) から始めて今度は 1 番目を 2 番目に代入すると,u_A が u_B に置き換わった式 (7.39) を得ることになる.よって,u_A と u_B の両方がゼロにならない限り(そのときは,解は一つもない),式 (7.40) が成立しなければならない.

$$
\begin{aligned}
&(2) \quad u_A = \begin{pmatrix} 0 \\ 1 \end{pmatrix} \text{を選ぶと} \quad u_B = \frac{\boldsymbol{p} \cdot \boldsymbol{\sigma}}{p^0 + mc} \begin{pmatrix} 0 \\ 1 \end{pmatrix} = \frac{c}{E + mc^2} \begin{pmatrix} p_x - ip_y \\ -p_z \end{pmatrix} \\
&(3) \quad u_B = \begin{pmatrix} 1 \\ 0 \end{pmatrix} \text{を選ぶと} \quad u_A = \frac{\boldsymbol{p} \cdot \boldsymbol{\sigma}}{p^0 + mc} \begin{pmatrix} 1 \\ 0 \end{pmatrix} = \frac{c}{E + mc^2} \begin{pmatrix} p_z \\ p_x + ip_y \end{pmatrix} \\
&(4) \quad u_B = \begin{pmatrix} 0 \\ 1 \end{pmatrix} \text{を選ぶと} \quad u_A = \frac{\boldsymbol{p} \cdot \boldsymbol{\sigma}}{p^0 + mc} \begin{pmatrix} 0 \\ 1 \end{pmatrix} = \frac{c}{E + mc^2} \begin{pmatrix} p_x - ip_y \\ -p_z \end{pmatrix}
\end{aligned}
$$
(7.42)

(1) と (2) に対しては式 (7.41) の正の符号を使う必要がある.さもないと,$\boldsymbol{p} \to 0$(静止系)で u_B(反粒子成分)が大きくなり発散してしまう.これらは粒子に対する解だ.(3) と (4) に対しては式 (7.41) の負の符号を使わなければならない.これらは反粒子に対する解だ.

これらのスピノルに対する便利な規格化は[*13]

$$u^\dagger u = 2E/c \tag{7.43}$$

である.ここで,ダガーは転置共役(あるいはエルミート共役)を意味する.

$$u = \begin{pmatrix} \alpha \\ \beta \\ \gamma \\ \delta \end{pmatrix} \Rightarrow u^\dagger = (\alpha^* \ \beta^* \ \gamma^* \ \delta^*)$$

なので,

$$u^\dagger u = |\alpha|^2 + |\beta|^2 + |\gamma|^2 + |\delta|^2 \tag{7.44}$$

となる.その結果として得られる規格化因子(問題 7.3)

$$N \equiv \sqrt{(E + mc^2)/c} \tag{7.45}$$

を使うと,四つの基準解は

[*13] u を何倍してもそれもまた式 (7.33) の解であることに注意せよ.規格化はたんに全体の係数を決めるだけである.実際のところ,さまざまな文献で少なくとも三つの規格化が使われている.$u^\dagger u = 2E/c$(ハルツェンとマーチン),$u^\dagger u = E/mc^2$(ブヨルケンとドレル),$u^\dagger u = 1$(ボゴリューボフとシャーコフ).この例の中では,私はブヨルケンとドレルのものは避ける.$m \to 0$ のときに見せかけの困難を引き起こしてしまうので.

$$u^{(1)} = N \begin{pmatrix} 1 \\ 0 \\ \dfrac{c(p_z)}{E+mc^2} \\ \dfrac{c(p_x+ip_y)}{E+mc^2} \end{pmatrix}, \quad u^{(2)} = N \begin{pmatrix} 0 \\ 1 \\ \dfrac{c(p_x-ip_y)}{E+mc^2} \\ \dfrac{c(-p_z)}{E+mc^2} \end{pmatrix} \tag{7.46}$$

$$v^{(1)} = N \begin{pmatrix} \dfrac{c(p_x-ip_y)}{E+mc^2} \\ \dfrac{c(-p_z)}{E+mc^2} \\ 0 \\ 1 \end{pmatrix}, \quad v^{(2)} = -N \begin{pmatrix} \dfrac{c(p_z)}{E+mc^2} \\ \dfrac{c(p_x+ip_y)}{E+mc^2} \\ 1 \\ 0 \end{pmatrix} \tag{7.47}$$

$$\psi = ae^{-ip\cdot x/\hbar}u \quad (\text{粒子}), \quad \psi = ae^{ip\cdot x/\hbar}v \quad (\text{反粒子}) \tag{7.48}$$

となる.見るとわかるように,ここから反粒子に対して v という文字を使うのは(そして,$v^{(2)}$ に負の符号を入れるのは)慣例である.粒子の状態が運動量空間のディラック方程式(式 (7.33) を参照)を

$$(\gamma^\mu p_\mu - mc)u = 0 \tag{7.49}$$

という形式で満たす一方,反粒子(v)は

$$(\gamma^\mu p_\mu + mc)v = 0 \tag{7.50}$$

を満たすことに注意せよ.$u^{(1)}$ がスピン上向きの電子を,$u^{(2)}$ がスピン下向きの電子を,$v^{(1)}$ がスピン上向きの陽電子を,$v^{(2)}$ がスピン下向きの陽電子を記述すると思うかもしれないが[*14],それは正しくない.ディラック粒子に対して,スピン行列は(式 (4.21) を一般化すると)

$$\boldsymbol{S} = \dfrac{\hbar}{2}\boldsymbol{\Sigma} \quad \text{ただし} \quad \boldsymbol{\Sigma} \equiv \begin{pmatrix} \boldsymbol{\sigma} & 0 \\ 0 & \boldsymbol{\sigma} \end{pmatrix} \tag{7.51}$$

となり,たとえば,$u^{(1)}$ が Σ_z の固有状態になっていないことを簡単に確認できる.しかし,もし z の方向を運動の向きにそろえると(その場合 $p_x = p_y = 0$ となる),$u^{(1)}$,$u^{(2)}$,$v^{(1)}$,そして $v^{(2)}$ は S_z の固有スピノルとなり,$u^{(1)}$ と $v^{(1)}$ がスピン上向きに,

---

[*14] 陽電子のスピンの向きについては,脚注 *9 を参照せよ.

$u^{(2)}$ と $v^{(2)}$ がスピン下向きになる*15（問題 7.6）.

ちなみに，平面波はもちろんディラック方程式に対する特別な解である．しかし，それらはわれわれにとって興味深いものだ．なぜなら，それらは，あるエネルギーと運動量をもった粒子を記述し，多くの実験でコントロールし測定し得るパラメーターだからである．

7.3 双一次共変形

ディラック方程式のスピノル成分は，ある慣性系から別の系に移るときに4元ベクトルとして変換しないということを7.1節で述べた．ではどのように変換するのだろうか．ここではそれを導出はせずに（問題 7.11 でやることになる），たんにその結果を引用する．x 方向に速さ v で移動する系に移るには，

$$\psi \to \psi' = S\psi \tag{7.52}$$

とすればよい．ただし，S は以下の 4×4 の行列で

$$S = a_+ + a_-\gamma^0\gamma^1 = \begin{pmatrix} a_+ & a_-\sigma_1 \\ a_-\sigma_1 & a_+ \end{pmatrix} = \begin{pmatrix} a_+ & 0 & 0 & a_- \\ 0 & a_+ & a_- & 0 \\ 0 & a_- & a_+ & 0 \\ a_- & 0 & 0 & a_+ \end{pmatrix} \tag{7.53}$$

$a_\pm$ は

$$a_\pm = \pm\sqrt{\frac{1}{2}(\gamma \pm 1)} \tag{7.54}$$

であり，通常のように $\gamma = 1/\sqrt{1 - v^2/c^2}$ である．

スピノル ψ からスカラー量を導出することを考えよう．以下の式を考えてみるのは意味があるだろう．

---

*15 実際のところ，ディラック方程式に対する平面波解と S_z の固有状態を同時につくることは不可能だ（$\boldsymbol{p} = p_z\hat{z}$ という特別な場合を除いて）．その理由は S 自身が保存量ではないことにある．全角運動量 $\boldsymbol{L} + \boldsymbol{S}$ だけがここでは保存する（問題 7.8）．ヘリシティ $\boldsymbol{\Sigma} \cdot \hat{p}$（運動の向きについての軌道角運動量は存在しない）の固有状態をつくることは可能だ．しかし，これらはどちらかというと面倒で（問題 7.7），実際的には，物理的解釈がそんなにすっきりはしないが，式 (7.46) と (7.47) のスピノルを使う方がより簡単である．ここで大事なのは，すべての解（完全系）を得ることである．

$$\psi^\dagger \psi = (\psi_1^* \ \psi_2^* \ \psi_3^* \ \psi_4^*) \begin{pmatrix} \psi_1 \\ \psi_2 \\ \psi_3 \\ \psi_4 \end{pmatrix} = |\psi_1|^2 + |\psi_2|^2 + |\psi_3|^2 + |\psi_4|^2 \tag{7.55}$$

だが不運にも，以下の変換をしてみればわかるが，これは不変ではない[*16]．

$$(\psi^\dagger \psi)' = (\psi')^\dagger \psi' = \psi^\dagger S^\dagger S \psi \neq (\psi^\dagger \psi) \tag{7.56}$$

実際（問題7.13），

$$S^\dagger S = S^2 = \gamma \begin{pmatrix} 1 & -(v/c)\sigma_1 \\ -(v/c)\sigma_1 & 1 \end{pmatrix} \neq 1 \tag{7.57}$$

である．もちろん，4元ベクトルの成分の2乗和も不変ではない．空間成分に負の符号が必要なのだ（式(3.12)）．少し試行錯誤をしてみればわかるが，スピノルの場合，3番目と4番目の成分に負の符号が必要となる．3章で負の符号を正しく付けるために共変4元ベクトルを導入したように，今度は随伴スピノルを導入する．

$$\bar\psi \equiv \psi^\dagger \gamma^0 = (\psi_1^* \ \psi_2^* \ -\psi_3^* \ -\psi_4^*) \tag{7.58}$$

すると

$$\bar\psi \psi = \psi^\dagger \gamma^0 \psi = |\psi_1|^2 + |\psi_2|^2 - |\psi_3|^2 - |\psi_4|^2 \tag{7.59}$$

という物理量が相対論的に不変である．よって，$S^\dagger \gamma^0 S = \gamma^0$ に対しては（問題7.13）

$$(\bar\psi \psi)' = (\psi')^\dagger \gamma^0 \psi' = \psi^\dagger S^\dagger \gamma^0 S \psi = \psi^\dagger \gamma^0 \psi = \bar\psi \psi \tag{7.60}$$

である．

[*16] 積の転置は，転置の掛け算の順序が逆になることに注意しよう．

$$(AB)^T_{ij} = (AB)_{ji} = \sum_k A_{jk} B_{ki}$$
$$= \sum_k B^T_{ik} A^T_{kj} = (B^T A^T)_{ij}$$

エルミート共役についても同じことがいえて

$$(AB)^\dagger = B^\dagger A^\dagger$$

である．

4章で，パリティ変換 $P(x,y,z) \to (-x,-y,-z)$ のもとでの振る舞いの違いをもとに，スカラーと擬スカラーを見分ける方法を学んだ．擬スカラーは符号を変えるがスカラーの符号は変わらない．$\bar{\psi}\psi$ が前者なのか後者なのかを知りたくなるのは当然だ．まず P に対してディラックスピノルがどのように変換するかを知る必要がある．ここでもそれを導出することはせずに，たんに結果を引用する（問題 7.12）[17]．

$$\psi \to \psi' = \gamma^0 \psi \tag{7.61}$$

これから

$$(\bar{\psi}\psi)' = (\psi')^\dagger \gamma^0 \psi' = \psi^\dagger (\gamma^0)^\dagger \gamma^0 \gamma^0 \psi = \psi^\dagger \gamma^0 \psi = \bar{\psi}\psi \tag{7.62}$$

となることがわかり，よって，$(\bar{\psi}\psi)$ は P のもとで不変である．すなわち「真の」スカラーだ．しかし，ψ から擬スカラーをつくることもできる．

$$\bar{\psi}\gamma^5 \psi \tag{7.63}$$

ここで

$$\gamma^5 \equiv i\gamma^0 \gamma^1 \gamma^2 \gamma^3 = \begin{pmatrix} 0 & 1 \\ 1 & 0 \end{pmatrix} \tag{7.64}$$

である．ローレンツ不変になっているかのチェックは読者に任せる（問題 7.14）．パリティ変換のもとでの振る舞いから

$$(\bar{\psi}\gamma^5 \psi)' = (\psi')^\dagger \gamma^0 \gamma^5 \psi' = \psi^\dagger \gamma^0 \gamma^0 \gamma^5 \gamma^0 \psi = \psi^\dagger \gamma^5 \gamma^0 \psi \tag{7.65}$$

となる（最後の等号のところでは，$(\gamma^0)^2 = 1$ という事実を使った）．ここでは，γ^0 は γ^5 の「間違った側」にいる．しかし，それが γ^1, γ^2, γ^3 と反交換関係にあること（式 (7.15)），そして（当然だが）自身と交換する（$\gamma^3 \gamma^0 = -\gamma^0 \gamma^3$, $\gamma^2 \gamma^0 = -\gamma^0 \gamma^2$, $\gamma^1 \gamma^0 = -\gamma^0 \gamma^1$, $\gamma^0 \gamma^0 = \gamma^0 \gamma^0$）ことに気をつけると，$\gamma^5$ を「通り抜けさせられる」ことがわかり，よって

$$\gamma^5 \gamma^0 = i\gamma^0 \gamma^1 \gamma^2 \gamma^3 \gamma^0 = (-1)^3 \gamma^0 (i\gamma^0 \gamma^1 \gamma^2 \gamma^3) = -\gamma^0 \gamma^5$$

となる．同様に，γ^5 は他のすべての γ 行列と反交換だ．

$$\{\gamma^\mu, \gamma^5\} = 0 \tag{7.66}$$

---

[17] 式 (7.61) の符号は純粋に定義の問題だ．$-\gamma^0 \psi$ でもまったく構わない．

よって，

$$(\bar{\psi}\gamma^5\psi)' = -\psi^\dagger\gamma^0\gamma^5\psi = -(\bar{\psi}\gamma^5\psi) \tag{7.67}$$

なので，擬スカラーだ．

全部で，i と j は 1 から 4 までの数なので，$\psi_i^*\psi_j$ のかたちの（ψ^* から一つの成分を，ψ からもう一つの成分を取り出す）16 個の積が存在する．これら 16 個の積をさまざまに線形結合させて物理量を構築することができ，変換したときの振る舞いの違いから以下のように分類できる．

$$\begin{aligned}
&(1) \quad \bar{\psi}\psi = \text{スカラー} &&\text{(1 成分)} \\
&(2) \quad \bar{\psi}\gamma^5\psi = \text{擬スカラー} &&\text{(1 成分)} \\
&(3) \quad \bar{\psi}\gamma^\mu\psi = \text{ベクトル} &&\text{(4 成分)} \\
&(4) \quad \bar{\psi}\gamma^\mu\gamma^5\psi = \text{擬ベクトル} &&\text{(4 成分)} \\
&(5) \quad \bar{\psi}\sigma^{\mu\nu}\psi = \text{反対称テンソル} &&\text{(6 成分)}
\end{aligned} \tag{7.68}$$

ここで，

$$\sigma^{\mu\nu} \equiv \frac{i}{2}(\gamma^\mu\gamma^\nu - \gamma^\nu\gamma^\mu) \tag{7.69}$$

である．これにより 16 個の項が得られ，これらがつくることのできるすべてである．たとえば，ψ^* と ψ で対称な双一次テンソルを構築することはできないし，ベクトルをつくろうとすると $\bar{\psi}\gamma^\mu\psi$ が唯一の候補となる[*18]．（別の考え方はこうだ．1，γ^5，γ^μ，$\gamma^\mu\gamma^5$ がすべての 4×4 行列の「基底」を構成し，いかなる 4×4 行列もこれら 16 個の線形結合で表される．とくに，たとえば 5 個の γ 行列の掛け算に出合ったとしたら，それは 2 個以内の積で書き直せると思ってよい）．

少し立ち止まって式 (7.68) の巧妙な表記法を味わってみよう．双共変形のテンソルの性質に加えて，パリティに対する変換性さえも一目でわかってしまう．$\bar{\psi}\gamma^\mu\psi$ は 4 元ベクトルのように見えて，確かに 4 元ベクトルになっている．しかし，γ^μ そのものはあきらかに 4 元ベクトルではなく，四つの特定の行列の集まりだ（式 (7.17)）．それらは別の慣性系でも変わらない．変わるのは ψ で，ちょうど，テンソルの特徴をもつ

[*18] $\bar{\psi}\gamma^0\psi = \psi^\dagger\gamma^0\gamma^0\psi = \psi^\dagger\psi$ なので $\psi^\dagger\psi$ は実際のところ 4 元ベクトルの第 0 成分となっていることに注意せよ．それこそが，最初は奇妙に見えた規格化の慣例（式 (7.43)）が実際には非常に賢いものだったという理由なのである．$u^\dagger u$ を 4 元ベクトル γ^μ の第 0 成分に規格化することで，相対論的には「自然な」慣習を選んでいたのだ（問題 7.16）．

たジャムが挟まれた「サンドイッチ」のようになっているのだ．

7.4 光 子

古典電気力学では，電荷密度 ρ，電流密度 J によって生成される電場と磁場（E と B）は，マクスウェル方程式によって決定される[*19]．

$$\begin{array}{ll} \text{(i)} \quad \nabla \cdot E = 4\pi\rho & \text{(ii)} \quad \nabla \times E + \dfrac{1}{c}\dfrac{\partial B}{\partial t} = 0 \\ \text{(iii)} \quad \nabla \cdot B = 0 & \text{(iv)} \quad \nabla \times B - \dfrac{1}{c}\dfrac{\partial E}{\partial t} = \dfrac{4\pi}{c}J \end{array} \tag{7.70}$$

相対論的な表記では，E と B が一緒になって反対称の 2 階のテンソルを形成し，「場の強さを表すテンソル」$F^{\mu\nu}$ は

$$F^{\mu\nu} = \begin{pmatrix} 0 & -E_x & -E_y & -E_z \\ E_x & 0 & -B_z & B_y \\ E_y & B_z & 0 & -B_x \\ E_z & -B_y & B_x & 0 \end{pmatrix} \tag{7.71}$$

である（つまり $F^{01} = -E_x$, $F^{12} = -B_z$ などだ）．一方，ρ と J は 4 元ベクトル

$$J^\mu = (c\rho, J) \tag{7.72}$$

を構成する．マクスウェル方程式の非斉次な部分，すなわち式 (7.70) 中の (i) と (iv) は，テンソルの表記を使うと，よりすっきりと書き直すことができる（問題 7.20）．

$$\partial_\mu F^{\mu\nu} = \frac{4\pi}{c} J^\nu \tag{7.73}$$

$F^{\mu\nu}$ の反対称性（$F^{\nu\mu} = -F^{\mu\nu}$）から，J^μ は発散がゼロだということがわかる（問題 7.20）．

$$\partial_\mu J^\mu = 0 \tag{7.74}$$

あるいは，3 元ベクトルの表記法だと，$\nabla \cdot J = -\partial\rho/\partial t$ となる．これは「連続の式」であり，局所電荷保存を表現している（問題 7.21）．

[*19] この節では，古典力学にある程度慣れ親しんでいることを仮定している．つまり，量子電気力学での光子の描写がよりもっともらしくなるように書かれている．いつものように，ガウスの CGS 単位系を使う．

マクスウェル方程式の斉次な部分，すなわち式 (7.70) の (iii) は，B はあるベクトルポテンシャル A の回転で書けることを意味する．

$$B = \nabla \times A \tag{7.75}$$

これを使うと，(ii) は

$$\nabla \times \left(E + \frac{1}{c}\frac{\partial A}{\partial t}\right) = 0 \tag{7.76}$$

となり，$E + (1/c)(\partial A/\partial t)$ はスカラーポテンシャル V の傾きとして書ける．

$$E = -\nabla V - \frac{1}{c}\frac{\partial A}{\partial t} \tag{7.77}$$

相対論的な表記では，式 (7.75) と (7.77) は

$$F^{\mu\nu} = \partial^\mu A^\nu - \partial^\nu A^\mu \tag{7.78}$$

となる．ただしここで

$$A^\mu = (V, A) \tag{7.79}$$

である．この4元ベクトルで書いたポテンシャルを使うと，マクスウェル方程式 (7.73) の非斉次の部分は

$$\partial_\mu \partial^\mu A^\nu - \partial^\nu (\partial_\mu A^\mu) = \frac{4\pi}{c} J^\nu \tag{7.80}$$

と読める．

古典電気力学では，場は物理的実体である．ポテンシャルはたんに便利な数学的な構成物だ．ポテンシャルを使った定式化のご利益は，マクスウェル方程式の斉次の部分を自動的に面倒みてくれることだ．式 (7.75) と (7.77) を与えると，V と A が何であれ，すぐに式 (7.70) の (ii) と (iii) が導き出される．これにより，われわれは非斉次な方程式 (7.80) だけを気にすればよいことになる．ポテンシャルを使った定式化の短所は，V と A を一意的に決定できないことだ．実際，式 (7.78) から，新たなポテンシャル

$$A'_\mu = A_\mu + \partial_\mu \lambda \tag{7.81}$$

でも同じ結果になることがわかる（ここで λ は場所と時間に依存するどんな関数でもよい）．というのも，$\partial^\mu A^{\nu\prime} - \partial^\nu A^{\mu\prime} = \partial^\mu A^\nu - \partial^\nu A^\mu$ だからだ．そのような場に影

響を与えないポテンシャルの変化は「ゲージ変換」とよばれる．このゲージの自由度を利用して，さらにポテンシャルへ余分の制約を課すことができる [3]．

$$\partial_\mu A^\mu = 0 \tag{7.82}$$

これはローレンツ条件とよばれる．これを使いマクスウェル方程式 (7.80) をさらに単純化させることができ，

$$\Box A^\mu = \frac{4\pi}{c} J^\mu \tag{7.83}$$

となる．ここで，

$$\Box \equiv \partial^\mu \partial_\mu = \frac{1}{c}\frac{\partial^2}{\partial t^2} - \nabla^2 \tag{7.84}$$

は，ラプラシアン（∇^2）の相対論的拡張で「ダランベルシアン」とよばれる．

しかし，ローレンツ条件を課してもまだ A^μ を一意的に決めることができない．ゲージ関数 λ が波動方程式

$$\Box \lambda = 0 \tag{7.85}$$

を満たすなら，式 (7.82) の関係を乱すことなく，別のゲージ変換が可能であるからだ．運悪く，A^μ に残っている不定性をすっかり取り除く方法はなく，不定であることを受け入れる，すなわち，見せかけの自由度を許容するか，理論がローレンツ共変であることをわかりづらくする追加の制約を課すか，どちらかを選ばなければならない．QED の定式化の際には両方のアプローチが使われた．われわれは後者に従う．$J^\mu = 0$ という何もない空間で

$$A^0 = 0 \tag{7.86}$$

を採用する（問題 7.22）．ローレンツ条件は

$$\nabla \cdot \boldsymbol{A} = 0 \tag{7.87}$$

となる．この選択（クーロンゲージ）は単純で魅力的だが，一つの成分（A^0）を特別に扱うことで，われわれをある特定の慣性系に縛りつけてしまう（というか，むしろ，あらゆるローレンツ変換とあわせて，クーロンゲージ条件が回復するようにゲージ変換をしなければならない）．実際には，めったに問題にしないが，審美眼的には魅力的ではない．

QED では，A^μ は光子の波動関数になる．自由光子は $J^\mu = 0$ で式 (7.83) を満たす．

$$\Box A^\mu = 0 \tag{7.88}$$

は，いまの文脈では，質量のない粒子に対するクライン–ゴルドン方程式 (7.9) とみなす．ディラック方程式のときと同様に，4 元運動量 $p = (E/c, \boldsymbol{p})$ をもつ平面波解を探す．

$$A^\mu(x) = a e^{-(i/\hbar) p \cdot x} \epsilon^\mu(p) \tag{7.89}$$

ここで，ϵ^μ は偏極ベクトルで光子のスピンを記述し，a は規格化因子だ．式 (7.89) を式 (7.88) に代入すると，p^μ に対する制約

$$p^\mu p_\mu = 0 \quad \text{あるいは} \quad E = |\boldsymbol{p}| c \tag{7.90}$$

を得る．これは，そうであるべきように，質量のない粒子に対するものである．

一方，ϵ^μ は 4 個の成分をもつが，それらがすべて独立というわけではない．ローレンツ条件（式 (7.82)）により，

$$p^\mu \epsilon_\mu = 0 \tag{7.91}$$

が要求される．さらに，クーロンゲージだと

$$\epsilon^0 = 0 \quad \text{なので} \quad \boldsymbol{\epsilon} \cdot \boldsymbol{p} = 0 \tag{7.92}$$

となり，偏極の 3 元ベクトル（$\boldsymbol{\epsilon}$）は伝播する方向に対して垂直になっていることを意味している．われわれは自由光子のことを「横偏極している」という[20]．さて，いま存在するのは，$\boldsymbol{p}$ に垂直な，線形的に独立な二つの 3 元ベクトルである．たとえば，$\boldsymbol{p}$ が z の方向を向いているとしたら，

$$\boldsymbol{\epsilon}^{(1)} = (1, 0, 0), \quad \boldsymbol{\epsilon}^{(2)} = (0, 1, 0) \tag{7.93}$$

を選んでよい．ある与えられた運動量に対して四つの独立な解（スピン 1 の粒子に対して多すぎる）をもつ代わりに，たった二つだけが残ったのだ．それは少なすぎるように感じる．光子は三つのスピン状態をもつべきではないのか．答えは否だ．スピン s をもち，かつ有限質量をもつ粒子は $2s + 1$ 個の異なるスピンの方向をもつが，質量ゼロの粒子はスピンによらず二つの状態しかない（ただし $s = 0$ を除く．それは 1 個

---

[20] これは，電磁場は横波であるという事実に対応している．

しかない).運動の方向に沿って，ヘリシティ $m_S = +1$ か $m_S = -1$ しかもたないのだ．いい換えると，それは $+s$ か $-s$ しかもてないのだ[*21].

7.5 QEDに対するファインマン則

7.2節で，運動量 $p = (E/c, \boldsymbol{p})$，エネルギー $E = \sqrt{m^2c^4 + \boldsymbol{p}^2c^2}$ をもつ自由電子と陽電子は以下の波動関数で記述されることを見出した[*22]．

電子 　　　　　　　　　　陽電子
$$\psi(x) = ae^{-(i/\hbar)p\cdot x}u^{(s)}(p) \qquad \psi(x) = ae^{(i/\hbar)p\cdot x}v^{(s)}(p) \tag{7.94}$$

ここで，$s = 1, 2$ はスピンの状態に対応する．スピノル $u^{(s)}$ と $v^{(s)}$ は運動量空間のディラック方程式を満たす．

$$(\gamma^\mu p_\mu - mc)u = 0 \qquad (\gamma^\mu p_\mu + mc)v = 0 \tag{7.95}$$

これらの随伴である $\bar{u} = u^\dagger \gamma^0$，$\bar{v} = v^\dagger \gamma^0$ は

$$\bar{u}(\gamma^\mu p_\mu - mc) = 0 \qquad \bar{v}(\gamma^\mu p_\mu + mc) = 0 \tag{7.96}$$

を満たす．それらは

$$\bar{u}^{(1)}u^{(2)} = 0 \qquad \bar{v}^{(1)}v^{(2)} = 0 \tag{7.97}$$

のように直交しており，

$$\bar{u}u = 2mc \qquad \bar{v}v = -2mc \tag{7.98}$$

のように規格化され，

$$\sum_{s=1,2} u^{(s)}\bar{u}^{(s)} = (\gamma^\mu p_\mu + mc) \qquad \sum_{s=1,2} v^{(s)}\bar{v}^{(s)} = (\gamma^\mu p_\mu - mc) \tag{7.99}$$

[*21] $m_S = \pm 1$ の光子の状態は右巻きと左巻きの円偏光に対応している．それぞれの偏極ベクトルは $\boldsymbol{\epsilon}_\pm = \mp(\boldsymbol{\epsilon}^{(1)} \pm i\boldsymbol{\epsilon}^{(2)})/\sqrt{2}$ である．ある特定のゲージを指定することで非物理的な ($m_S = 0$) 解が取り除かれていることに注意せよ．もし，クーロンのゲージ条件を課さない「共変的な」方法に従ったとしたら，縦偏極した自由光子が理論に存在することになるだろう．しかし，これらの「幽霊」は他のあらゆるものから分離され，最終的な結果には影響を与えない．

[*22] 参考として，これまでの節で出てきた重要な結果のまとめから始める．「電子」「陽電子」といっているが，それらは μ^- や μ^+ でもよく，τ^- や τ^+ でもよいし，(適切な電荷をもった) クォークや反クォークでもよい．要するに，スピン 1/2 の点電荷であればよい．

というかたちで完全系をなす（問題 7.24）．よく用いられるわかりやすい表記 $\{u^{(1)}, u^{(2)}, v^{(1)}, v^{(2)}\}$ は式 (7.46) と (7.47) で与えられる．通常，われわれは電子と陽電子のスピンを平均化してしまう．その場合，これらが純粋なスピン上向きや下向きとなっていないことを気にしなくてよい．必要なのは完全性なのだ．スピンが指定されている特定の問題においては，もちろん，そのときの状況に応じて適切なスピノルを使わなければならない．

一方，運動量 $p = (E/c, \boldsymbol{p})$，エネルギー $E = |\boldsymbol{p}|c$ をもつ自由光子の波動関数は

光子
$$A_\mu(x) = a e^{-(i/\hbar)p\cdot x} \epsilon_\mu^{(s)} \tag{7.100}$$

で記述される．ここで，$s = 1, 2$ は二つのスピンの状態（偏極）のためのものだ．偏極ベクトル $\epsilon_\mu^{(s)}$ は運動量空間でローレンツ条件を満たす．

$$p^\mu \epsilon_\mu = 0 \tag{7.101}$$

これらは，

$$\epsilon_\mu^{(1)*} \epsilon^{(2)\mu} = 0 \tag{7.102}$$

であることから直交していて，

$$\epsilon^{\mu*} \epsilon_\mu = -1 \tag{7.103}$$

のように規格化される．クーロンゲージでは，

$$\epsilon^0 = 0, \quad \boldsymbol{\epsilon} \cdot \boldsymbol{p} = 0 \tag{7.104}$$

となり，かつ，偏極の3元ベクトルは完全性の関係（問題7.25）に従う．

$$\sum_{s=1,2} \epsilon_i^{(s)} \epsilon_j^{(s)*} = \delta_{ij} - \hat{p}_i \hat{p}_j \tag{7.105}$$

便利でよく使われるわかりやすい表記 $(\epsilon^{(1)}, \epsilon^{(2)})$ は式 (7.93) で与えられる．

ある特定のファインマン図に対応する振幅 $\mathscr{M}$ を計算するためには，以下の手順を踏む．

ファインマン則

1. 表記法：それぞれの外線に対しては，運動量 $p_1, p_2, \cdots, p_n$ を割り当て，線の横

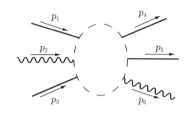

図7.1 外線付きの QED の一般的なダイアグラム（内線は示していない）

に矢印を付けて正の方向（時間の順行）*23を示す．それぞれの内線に対しては，運動量 $q_1, q_2, \ldots$ を割り当て，ここでもまた線の横に矢印を描き正の向き（任意に決める）を示す．図7.1を参照せよ．

2. 外線：外線の寄与は以下に示す．

$$
\begin{aligned}
&電\ 子: \begin{cases} 入射\ (\longrightarrow\!\bullet): u \\ 放出\ (\bullet\!\longrightarrow): \bar{u} \end{cases} \\
&陽電子: \begin{cases} 入射\ (\longleftarrow\!\bullet): \bar{v} \\ 放出\ (\bullet\!\longleftarrow): v \end{cases} \\
&光\ 子: \begin{cases} 入射\ (\sim\!\!\sim\!\!\bullet): \varepsilon_\mu \\ 放出\ (\bullet\!\sim\!\!\sim): \varepsilon_\mu{}^* \end{cases}
\end{aligned}
$$

3. バーテックス因子：それぞれのバーテックスで因子

$$ig_e \gamma^\mu$$

が掛かる．無次元の結合定数 g_e は電子の電荷と $g_e = e\sqrt{4\pi/\hbar c} = \sqrt{4\pi\alpha}$ のように関係づけられる*24．

4. 伝播関数：それぞれの内線に以下の因子が掛かる．

---

*23 もちろん，フェルミオンの場合にはすでに線の上に矢印があって，それが電子なのか陽電子なのかがわかるようになっている．二つの矢印には互いに何の関係もなく，同じ向きかもしれないし，反対向きかもしれない．

*24 $\hbar$ と c を1とするローレンツ–ヘヴィサイド単位系では，g_e は陽電子の電荷であるので，たいていの教科書では「c」が書かれている．ガウス単位系を使う本書では，$\hbar$ と c の因子を残す．単位系に関する混乱を避ける最も簡単な方法は，すべての結果を無次元数 α で表すことである．QED のファインマン則を書く際には，電子と陽電子を扱っていると仮定する．一般的には QED の結合定数は $-q\sqrt{4\pi/\hbar c}$ である．ただし，q は粒子の電荷とする（反粒子の場合は反対）．電子だと $q = -e$ だが，たとえば「アップ」クォークだと $q = (2/3)e$ になる．

電子と陽電子： $\dfrac{i(\gamma^\mu q_\mu + mc)}{q^2 - m^2 c^2}$

光　子： $\dfrac{-ig_{\mu\nu}}{q^2}$

5. エネルギーと運動量の保存：それぞれのバーテックスで，以下のかたちのデルタ関数を書く．

$$(2\pi)^4 \delta^4(k_1 + k_2 + k_3)$$

ここで，k はバーテックスに入ってくる三つの 4 元運動量である（矢印が外を向いていたら，k はその線の 4 元運動量のマイナスだ）．

6. 内線の運動量についての積分：それぞれの内線の運動量 q に対して，

$$\frac{d^4 q}{(2\pi)^4}$$

という因子を掛けて積分する．

7. デルタ関数の打ち消し：結果は

$$(2\pi)^4 \delta^4(p_1 + p_2 + \cdots - p_n)$$

という因子を含む．これは，全体のエネルギー・運動量保存に対応している．この因子を消して，i を掛け，その残りが $\mathscr{M}$ だ．

それぞれが正しい順序で組み合わせられていることが決定的に重要だ．さもないと，行列要素の掛け算がちんぷんかんぷんになってしまう．最も安全な手順は，それぞれのフェルミオンの線を図中で逆向きにたどってみることだ．（たとえば）外に出ている電子の線から始めて，（線上にある）矢印が現れるまで，入ってくる電子か出て行く陽電子として，逆向きに進み，さまざまな線に掛かる因子やバーテックスや伝播関数に掛かる因子を，それらに出合うたびに左から右に並べていく．それぞれのフェルミオンの線が随伴スピノル，4×4 行列，スピノルというかたち（行ベクトル・行列・列ベクトル = 数）の「サンドイッチ」をつくる．一方で，それぞれのバーテックスは反変ベクトルの因子（$\mu, \nu, \lambda, \cdots$）をもっていて，随伴する光子の線，あるいは伝播関数の共変の因子と縮約される（心配することはない．いくつかの例題をやってみれば，これらすべてがもっとよくわかる．だが，将来参考にするために，段取りを定めておきたかった）．

以前と同様に，概念を大雑把にいうと，問題となっている過程に寄与するすべての

ダイアグラムを（望む次数で）すべて描き，それぞれに対する振幅（$\mathcal{M}$）を計算し，全振幅を得るためにそれらを足し合わせ，それを黄金律に入れることで，場合に応じて崩壊頻度や散乱断面積が得られる．ときどき現れる新たな追加が一つある．フェルミオンの波動関数の反対称性により，二つの同一のフェルミオン外線を入れ替えるだけの違いの振幅を足すときは，負の符号を入れる．どちらのダイアグラムに負の符号をつけるかを気にする必要はない．というのも，いずれにせよ全振幅は結局2乗されてしまうからだ．しかし，それらの間の相対的な符号は負でなければならない．

8. 反対称性化：入ってくる二つの電子（もしくは出て行く陽電子）を交換するだけ，あるいは，入ってくる電子と出て行く陽電子を交換するだけ（あるいはその逆）のダイアグラムには負の符号をつける．

7.6 例

ここまで来ると，量子電気力学の典型的な計算の多くを再現できるようになっている．詳細で迷子にならないように，最も重要な過程のカタログ（**表7.1**）を与えることから始める．最も簡単なのは電子とミュー粒子の散乱だ．というのも，ここでは2次のダイアグラム一つだけが寄与している[*25]．

例題 7.1　電子-ミュー粒子散乱　それぞれのフェルミオンの線に沿って「後ろに」進み（**図 7.2**），これまでのようにファインマン則を適用すると

$$(2\pi)^4 \int [\bar{u}^{(s_3)}(p_3)(ig_e\gamma^\mu)u^{(s_1)}(p_1)] \frac{-ig_{\mu\nu}}{q^2} [\bar{u}^{(s_4)}(p_4)(ig_e\gamma^\nu)u^{(s_2)}(p_2)]$$
$$\times \delta^4(p_1 - p_3 - q)\delta^4(p_2 + q - p_4)d^4q$$

を得る．光子の伝播関数の時空の添字が，光子の線の両端でバーテックス因子と交わっているところでどのように縮約されているかに注意せよ．（自明な）qでの積分を実行

[*25] もちろん，必ずしもeやμである必要はない．正しい質量と電荷さえ入れれば，いかなるスピン1/2の粒子でも構わない（たとえば，eとτ，μとτ，あるいは電子とクォークなど）．実際のところ，多くの本では電子–陽子散乱を標準的な例として使っている．しかし，それはむしろあまり適切ではない．なぜなら，陽子は構造物であり点状粒子ではないからだ．それでも，陽子の内部構造を無視できるという範囲内では，悪い近似ではない（太陽系の理論において太陽を点質量として取り扱うのと同じように）．もし「ミュー粒子」が「電子」よりもはるかに重い場合にはモット散乱がある．さらに，「電子」が非相対論的な場合はラザフォード散乱がある．それら古典的な公式をQEDが高い精度で再現する（例題6.4）．

表7.1 基本的な量子電気力学過程のカタログ

2次の過程
弾性散乱

電子–ミュー粒子散乱 $(e + \mu \to e + \mu)$
(モット散乱 $(M \gg m)$
　　$\Rightarrow$ ラザフォード散乱 $(v \ll c)$)

電子–電子散乱 $(e^- + e^- \to e^- + e^-)$
(メラー散乱)

電子–陽電子散乱 $(e^- + e^+ \to e^- + e^+)$
(バーバー散乱)

コンプトン散乱 $(\gamma + e^- \to \gamma + e^-)$

非弾性散乱

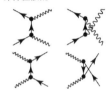

対消滅 $(e^- + e^+ \to \gamma + \gamma)$

対生成 $(\gamma + \gamma \to e^- + e^+)$

最も重要な3次の過程

$\Rightarrow$ 電子の異常磁気モーメント

し,全体のデルタ関数を落とすと

$$\mathscr{M} = -\frac{g_e^2}{(p_1 - p_3)^2} \left[\bar{u}^{(s_3)}(p_3)\gamma^\mu u^{(s_1)}(p_1)\right]\left[\bar{u}^{(s_4)}(p_4)\gamma_\mu u^{(s_2)}(p_2)\right] \quad (7.106)$$

という関係を見出す.四つのスピノルに8個の γ 行列をもつという複雑な見かけにかかわらず,これはたんなる数で,いったんスピンが指定されるとすぐに計算できる(問題7.26).

例題7.2 電子–電子散乱 この場合は,運動量 p_3,スピン s_3 をもつ電子が p_1, s_1 の電子の代わりに p_2, s_2 の電子から現れるという2次のダイアグラムが存在する(図7.3).たんに,式(7.106)で $p_3, s_3 \leftrightarrow p_4, s_4$ という置き換えをするだけで,この振幅が得られる.ルール8に従い,その二つの引き算を行うと,全振幅は

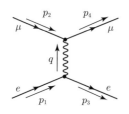
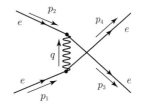

図 7.2　電子–ミュー粒子散乱　　　　図 7.3　電子–電子散乱の「交差」

$$\mathcal{M} = -\frac{g_e^2}{(p_1 - p_3)^2}\left[\bar{u}(3)\gamma^\mu u(1)\right]\left[\bar{u}(4)\gamma_\mu u(2)\right]$$
$$+ \frac{g_e^2}{(p_1 - p_4)^2}\left[\bar{u}(4)\gamma^\mu u(1)\right]\left[\bar{u}(3)\gamma_\mu u(2)\right] \quad (7.107)$$

となる（スピノルをラベル付けするために採用した，あきらかな省略に注意せよ）．

例題 7.3　電子–陽電子散乱　これにも二つのダイアグラムがある[*26]．1番目は電子–ミュー粒子散乱のものと似ている（図 7.4）．

$$(2\pi)^4 \int \left[\bar{u}(3)(ig_e\gamma^\mu)u(1)\right]\frac{-ig_{\mu\nu}}{q^2}\left[\bar{v}(2)(ig_e\gamma^\nu)v(4)\right]$$
$$\times \delta^4(p_1 - p_3 - q)\delta^4(p_2 + q - p_4)\,d^4q$$

反粒子の線に沿って「逆に進む」というのは，時間を順行しているということに注意せよ．順番はいつも，随伴スピノル・行列・スピノルだ．よって，このダイアグラムの振幅は

$$\mathcal{M}_1 = -\frac{g_e^2}{(p_1 - p_3)^2}\left[\bar{u}(3)\gamma^\mu u(1)\right]\left[\bar{v}(2)\gamma_\mu v(4)\right] \quad (7.108)$$

である．もう一つのダイアグラムは，電子と陽電子の仮想対消滅の後の対生成を表している（図 7.5）．

[*26] 電子–電子散乱および電子–陽電子散乱には二つのダイアグラムがあるのに電子–ミュー粒子散乱には一つしかないという事実は，一見，古典的極限と矛盾しているように見える．結局のところ，クーロンの法則によると，二つの粒子の間の力が引力になるか斥力になるかは，二つの粒子の電荷にのみ依存し，それらが粒子の状態を変えない（あるいは粒子–反粒子の制約がある）かどうかには依存しない．それならば，非相対論的極限では，電子–ミュー粒子散乱の式を使っても電子–電子散乱の式を使っても同じ結果を得るはずである．しかし，振幅が同じではないのは確かで，断面積の公式（式 (6.34)）には因子 S がついている．電子–電子散乱では $1/2$ で，電子–ミュー粒子散乱では 1 だ．電子–陽電子散乱では $S = 1$ だが，2番目の振幅（式 (7.109)）は因子 $(v/c)^2$ によって 1 番目（式 (7.108)）より因子 $(v/c)^2$ だけ小さいので，非相対論的極限では $\mathcal{M}_1$ だけが寄与する．

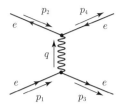

図7.4 電子–陽電子散乱

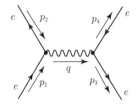

図7.5 電子–陽電子散乱に寄与する2番目の図

$$(2\pi)^4 \int \left[\bar{u}(3)(ig_e\gamma^\mu)v(4)\right] \frac{-ig_{\mu\nu}}{q^2} \left[\bar{v}(2)(ig_e\gamma^\nu)u(1)\right]$$
$$\times \delta^4(q - p_3 - p_4)\delta^4(p_1 + p_2 - q)\,d^4q$$

よって，このダイアグラムの振幅は

$$\mathscr{M}_2 = -\frac{g_e^2}{(p_1+p_2)^2}\left[\bar{u}(3)\gamma^\mu v(4)\right]\left[\bar{v}(2)\gamma_\mu u(1)\right] \tag{7.109}$$

である．さて，これらの振幅を足すべきなのか，それとも引くべきなのだろうか．2番目のダイアグラム（図7.5）において，入ってくる陽電子と出ていく電子を入れ替え，さらに見慣れたかたちに描きなおすと最初のダイアグラム（図7.4）に戻る．ということは，ルール8により，負の符号が必要になる．

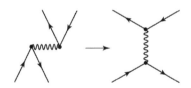

$$\mathscr{M} = -\frac{g_e^2}{(p_1-p_3)^2}\left[\bar{u}(3)\gamma^\mu u(1)\right]\left[\bar{v}(2)\gamma_\mu v(4)\right]$$
$$+ \frac{g_e^2}{(p_1+p_2)^2}\left[\bar{u}(3)\gamma^\mu v(4)\right]\left[\bar{v}(2)\gamma_\mu u(1)\right] \tag{7.110}$$

例題 7.4 コンプトン散乱 電子の伝播関数と光子の偏極を含む例題として，コンプトン散乱 $\gamma + e \to \gamma + e$ を考えよう．ここでも二つのダイアグラムがあるが，それらはフェルミオンの入れ替えの違いではないので，二つの振幅を足す．最初のダイアグラム（図7.6）から

$$(2\pi)^4 \int \epsilon_\mu(2)\left[\bar{u}(4)(ig_e\gamma^\mu)\frac{i(\not{q}+mc)}{(q^2-m^2c^2)}(ig_e\gamma^\nu)u(1)\right]\epsilon_\nu(3)^*$$

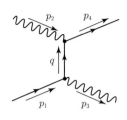

図 7.6 コンプトン散乱

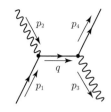

図 7.7 コンプトン散乱に寄与する 2 番目の図

$$\times \delta^4(p_1 - p_3 - q)\delta^4(p_2 + q - p_4)\, d^4 q$$

を得る．それぞれの光子の偏極ベクトルの時空の添字が，光子が生成あるいは吸収されたバーテックスでの γ 行列の添字と縮約されていることに注意せよ．また，電子の伝播関数が，電子の線を後ろにたどるというわれわれのやり方においてどのように入ってくるかにも注意せよ．ここで，非常に便利な「スラッシュ」という表記を導入した．

$$\not{a} \equiv a^\mu \gamma_\mu \tag{7.111}$$

図 7.6 に付随する振幅が

$$\mathscr{M}_1 = \frac{g_e^2}{(p_1 - p_3)^2 - m^2 c^2}\left[\bar{u}(4)\not{\epsilon}(2)(\not{p}_1 - \not{p}_3 + mc)\not{\epsilon}(3)^* u(1)\right] \tag{7.112}$$

となるのはあきらかだ[*27]．一方，2 番目のダイアグラム（図 7.7）から

$$\mathscr{M}_2 = \frac{g_e^2}{(p_1 + p_2)^2 - m^2 c^2}\left[\bar{u}(4)\not{\epsilon}(3)^*(\not{p}_1 + \not{p}_2 + mc)\not{\epsilon}(2)u(1)\right] \tag{7.113}$$

を得て，振幅の総和は $\mathscr{M} = \mathscr{M}_1 + \mathscr{M}_2$ である．

7.7 カシミール・トリック

実験によっては，入ってくる電子と出て行く電子（あるいは陽電子）のスピンが指定され，光子の偏極が与えられる場合がある．その場合，次にすべきことは，$\mathscr{M}$ の式中に適切なスピノルと偏極ベクトルを入れて，断面積や寿命を決定するために実際に必要となる量である $|\mathscr{M}|^2$ を計算することである．しかしながら，たいてい，われわれはスピンには興味がない．典型的な実験は方向のランダムな粒子のビームから始まり，ある方向に散乱される粒子数をたんに数える．この場合，関連する断面積は，初

[*27] ここから先，$\not{\epsilon}^*$ は $\gamma^\mu(\epsilon_\mu^*)$ を意味する．γ 行列は共役を取っていない．

期状態のスピンの配位 s_i を平均化し,終状態のスピンの配位 s_f をすべて足しあげたものになっている.原理的には,あらゆる可能な組み合わせについて $|\mathscr{M}(s_i \to s_f)|^2$ を計算し,その後,それらの和と平均を取ることも可能である.

$\langle |\mathscr{M}|^2 \rangle \equiv |\mathscr{M}(s_i \to s_f)|^2$ の初期状態のスピンを平均し,終状態のスピンの和をとったもの (7.114)

実際には,個々の振幅を評価することを一切せずに,$\langle |\mathscr{M}|^2 \rangle$ を直接計算する方がはるかにやさしい.

例として,電子–ミュー粒子散乱の振幅(式 (7.106))を考えてみよう.両辺を 2 乗して

$$|\mathscr{M}|^2 = \frac{g_e^4}{(p_1-p_3)^4}\left[\bar{u}(3)\gamma^\mu u(1)\right]\left[\bar{u}(4)\gamma_\mu u(2)\right]\left[\bar{u}(3)\gamma^\nu u(1)\right]^*\left[\bar{u}(4)\gamma_\nu u(2)\right]^* \quad (7.115)$$

を得る(μ は先に使われてしまっているので,2 番目の縮約に対しては ν を使う).1 番目と 3 番目の(あるいは 2 番目と 4 番目の)「サンドイッチ」を一瞥すると,

$$G \equiv \left[\bar{u}(a)\Gamma_1 u(b)\right]\left[\bar{u}(a)\Gamma_2 u(b)\right]^* \quad (7.116)$$

という一般的なかたちの量を扱わなければならないことがわかる.ただしここで,a と b は適切なスピンと運動量を,Γ_1 と Γ_2 は 4×4 の行列である.7.6 節で記述した他のすべての過程,すなわち,メラー散乱,バーバー散乱,コンプトン散乱,対生成,対消滅において,同様の構造をもつ表現が出てくる.まず初めに,複素共役を求める(エルミート共役と同じだ.なぜなら,大括弧の中の量は 1×1 の「行列」なので).

$$\left[\bar{u}(a)\Gamma_2 u(b)\right]^* = \left[u(a)^\dagger \gamma^0 \Gamma_2 u(b)\right]^\dagger = u(b)^\dagger \Gamma_2^\dagger \gamma^{0\dagger} u(a) \quad (7.117)$$

また,$\gamma^{0\dagger} = \gamma^0$ そして $(\gamma^0)^2 = 1$ であることから

$$u(b)^\dagger \Gamma_2^\dagger \gamma^{0\dagger} u(a) = u(b)^\dagger \gamma^0 \gamma^0 \Gamma_2^\dagger \gamma^0 u(a) = \bar{u}(b)\bar{\Gamma}_2 u(a) \quad (7.118)$$

となる.ここで[*28]

$$\bar{\Gamma}_2 \equiv \gamma^0 \Gamma_2^\dagger \gamma^0 \quad (7.119)$$

とした.ゆえに

[*28] 文字の上に付いている線がいまや二つの役目を担うことを認識せよ.スピノルではそれは随伴 $\bar{\psi} \equiv \psi^\dagger \gamma^0$(式 (7.58))であり,$4 \times 4$ 行列ではそれは新しい行列 $\bar{\gamma} \equiv \gamma^0 \Gamma^\dagger \gamma^0$ を定義する.

である.

$$G = [\bar{u}(a)\Gamma_1 u(b)][\bar{u}(b)\bar{\Gamma}_2 u(a)] \tag{7.120}$$

である.

粒子 b のスピンの方向に対する和を取る準備がようやくできた. 完全性（式 (7.99)）を使い,

$$\sum_{b \text{ spins}} G = \bar{u}(a)\Gamma_1 \left\{ \sum_{s_b=1,2} u^{(s_b)}(p_b)\bar{u}^{(s_b)}(p_b) \right\} \bar{\Gamma}_2 u(a)$$
$$= \bar{u}(a)\Gamma_1(\not{p}_b + m_b c)\bar{\Gamma}_2 u(a) = \bar{u}(a)Q u(a) \tag{7.121}$$

を得る. ただし, Q は一時的に導入した, 4×4 行列の短縮形で

$$Q \equiv \Gamma_1(\not{p}_b + m_b c)\bar{\Gamma}_2 \tag{7.122}$$

である. 次に粒子 a に対しても同じことを行う.

$$\sum_{a \text{ spins}} \sum_{b \text{ spins}} G = \sum_{s_a=1,2} \bar{u}^{(s_a)}(p_a) Q u^{(s_a)}(p_a)$$

あるいは, 行列の掛け算をあらわに書き表すと[*29]

$$\sum_{s_a=1,2} \sum_{i,j=1}^{4} \bar{u}^{(s_a)}(p_a)_i Q_{ij} u^{(s_a)}(p_a)_j = \sum_{i,j=1}^{4} Q_{ij} \left\{ \sum_{s_a=1,2} u^{(s_a)}(p_a)\bar{u}^{(s_a)}(p_a) \right\}_{ji}$$
$$= \sum_{i,j=1}^{4} Q_{ij}(\not{p}_a + m_a c)_{ji}$$
$$= \sum_{i=1}^{4} [Q(\not{p}_a + m_a c)]_{ii}$$
$$= \text{Tr}[Q(\not{p}_a + m_a c)] \tag{7.123}$$

である. ただしここで,「Tr」は行列のトレース（対角成分の和）を意味する.

$$\text{Tr}(A) \equiv \sum_i A_{ii} \tag{7.124}$$

結論:

$$\sum_{\text{all spins}} [\bar{u}(a)\Gamma_1 u(b)][\bar{u}(a)\Gamma_2 u(b)]^* = \text{Tr}[\Gamma_1(\not{p}_b + m_b c)\bar{\Gamma}_2(\not{p}_a + m_a c)] \tag{7.125}$$

[*29] これはちょっと変わったうまいやり方なので，注視しよう．二つのスピノルの順番を変えてはならないが，それらの成分はたんなる数字なので，$\bar{u}_i u_j = u_j \bar{u}_i$ のどちらで書いてもよい．次のステップでは，この掛け算を行列 $u\bar{u}$ の成分 ji として認識する（ここでの，通常とは異なる行列の掛け算，すなわち，行列が 4×1 掛ける 1×4 は 4×4 であることに注意せよ）．

これは，簡略化したように全然見えないかもしれない．実際，膨大だ．だが，スピノルが残されていないことに注意しよう．スピンに対する和を取ると，残っているのは行列の掛け算とそのトレースを取ることだけだ．これは「カシミール・トリック」とよばれることがある．というのも，それをはっきりと初めて使ったのがカシミールだからだ[4]．ちなみに，（式 (7.125) 中の）どちらかの u を v に置き換えると，右辺中のそれに対応する質量の符号が変わる（問題 7.28）．

例題 7.5 <u>電子–ミュー粒子散乱の場合</u>　（式 (7.115)），$\gamma_2 = \gamma^\nu$，よって $\bar{\gamma}_2 = \gamma^0 \gamma^{\nu\dagger} \gamma^0 = \gamma^\nu$ である（問題 7.29）．カシミール・トリックを 2 回使うと，

$$\langle |\mathcal{M}|^2 \rangle = \frac{g_e^4}{4(p_1 - p_3)^4} \text{Tr}\left[\gamma^\mu (\not{p}_1 + mc) \gamma^\nu (\not{p}_3 + mc)\right] \\ \times \text{Tr}\left[\gamma_\mu (\not{p}_2 + Mc) \gamma_\nu (\not{p}_4 + Mc)\right] \tag{7.126}$$

であることがわかる．ここで，m は電子の質量で，M はミュー粒子の質量である．因子 $1/4$ は，初期状態のスピンを平均化したいから付いている．つまり，二つの粒子があり，それぞれに二つの可能な方向があるので，平均は合計の 4 分の 1 となる．

カシミール・トリックを使うと，いくつかの複雑な γ 行列の掛け算のトレースを計算するという問題に落ち着く．この代数は，多くの定理を使うことで容易になる．その定理をこれからリストアップする（証明は読者にお任せする．問題 7.31 から 7.34 を参照）．まず最初に，トレースに関する三つの一般的な事実について言及しなければならない．A と B が二つの行列，そして α が数だとすると，

1. $\text{Tr}(A + B) = \text{Tr}(A) + \text{Tr}(B)$
2. $\text{Tr}(\alpha A) = \alpha \text{Tr}(A)$
3. $\text{Tr}(AB) = \text{Tr}(BA)$

3 番の定理から，$\text{Tr}(ABC) = \text{Tr}(CAB) = \text{Tr}(BCA)$ であるが，これは一般的には，別の順序の行列の掛け算のトレース，$\text{Tr}(ACB) = \text{Tr}(BAC) = \text{Tr}(CBA)$ とは等しくない．掛け算の一番後ろを「剥ぎ取って」一番前に移動させてもよいが，順序は変えてはならない．

4. $g_{\mu\nu} g^{\mu\nu} = 4$

に留意することと，γ 行列の根本的な反交換関係（と一緒にそれに付随する「スラッシュ」の掛け算のルール）を思い出すことは有用だ．

5. $\gamma^\mu\gamma^\nu + \gamma^\nu\gamma^\mu = 2g^{\mu\nu}$ 5′. $\not{a}\not{b} + \not{b}\not{a} = 2a\cdot b$

これらから，「縮約の定理」

6. $\gamma_\mu\gamma^\mu = 4$
7. $\gamma_\mu\gamma^\nu\gamma^\mu = -2\gamma^\nu$ 7′. $\gamma_\mu\not{a}\gamma^\mu = -2\not{a}$
8. $\gamma_\mu\gamma^\nu\gamma^\lambda\gamma^\mu = 4g^{\nu\lambda}$ 8′. $\gamma_\mu\not{a}\not{b}\gamma^\mu = 4(a\cdot b)$
9. $\gamma_\mu\gamma^\nu\gamma^\lambda\gamma^\sigma\gamma^\mu = -2\gamma^\sigma\gamma^\lambda\gamma^\nu$ 9′. $\gamma_\mu\not{a}\not{b}\not{c}\gamma^\mu = -2\not{c}\not{b}\not{a}$

と次の「トレース定理」が導かれる．

10. ガンマ行列奇数個の積のトレースはゼロである．
11. $\mathrm{Tr}(1) = 4$
12. $\mathrm{Tr}(\gamma^\mu\gamma^\nu) = 4g^{\mu\nu}$ 12′. $\mathrm{Tr}(\not{a}\not{b}) = 4(a\cdot b)$
13. $\mathrm{Tr}(\gamma^\mu\gamma^\nu\gamma^\lambda\gamma^\sigma) = 4(g^{\mu\nu}g^{\lambda\sigma} - g^{\mu\lambda}g^{\nu\sigma} + g^{\mu\sigma}g^{\nu\lambda})$
13′. $\mathrm{Tr}(\not{a}\not{b}\not{c}\not{d}) = 4(a\cdot b\, c\cdot d - a\cdot c\, b\cdot d + a\cdot d\, b\cdot c)$

最後に，$\gamma^5 = i\gamma^0\gamma^1\gamma^2\gamma^3$ は γ 行列偶数個の積なので，ルール10から，$\mathrm{Tr}(\gamma^5\gamma^\mu) = \mathrm{Tr}(\gamma^5\gamma^\mu\gamma^\nu\gamma^\lambda) = 0$ が導かれる．γ^5 が偶数個の γ と掛け合わされたとき，

14. $\mathrm{Tr}(\gamma^5) = 0$
15. $\mathrm{Tr}(\gamma^5\gamma^\mu\gamma^\nu) = 0$ 15′. $\mathrm{Tr}(\gamma^5\not{a}\not{b}) = 0$
16. $\mathrm{Tr}(\gamma^5\gamma^\mu\gamma^\nu\gamma^\lambda\gamma^\sigma) = 4i\epsilon^{\mu\nu\lambda\sigma}$ 16′. $\mathrm{Tr}(\gamma^5\not{a}\not{b}\not{c}\not{d}) = 4i\epsilon^{\mu\nu\lambda\sigma}a_\mu b_\nu c_\lambda d_\sigma$

を見出す．ただし[*30]

$$\epsilon^{\mu\nu\lambda\sigma} \equiv \begin{cases} -1 & (\mu\nu\lambda\sigma \text{ が } 0123 \text{ の偶の順列}) \\ +1 & (\mu\nu\lambda\sigma \text{ が奇の順列}) \\ 0 & (\text{どれか二つの添字が等しい場合}) \end{cases} \tag{7.127}$$

である．

[*30]「偶の順列」といったときは，二つの添字の偶数回の入れ替えを意味する．つまり，$\epsilon^{\mu\nu\lambda\sigma} = -\epsilon^{\nu\mu\lambda\sigma} = \epsilon^{\nu\lambda\mu\sigma} = -\epsilon^{\nu\lambda\sigma\mu}$ などとなる．いい換えると，$\epsilon^{\mu\nu\lambda\sigma}$ は，上付き添字のいかなる対の交換に対しても反対称である．ϵ^{0123} が -1 なのは奇妙に見えるかもしれない．なぜプラス1にしないのか．それはもちろん純粋に慣習である．あきらかに ϵ_{0123} をプラス1に定義したかったので，添字を $g_{\mu\nu}$ を用いて下げることで $\epsilon^{0123} = \epsilon_{0123}(1)(-1)^3 = -1$ になったのだ．ところで，3次元のレヴィ・チヴィタの表記 ϵ_{ijk}（問題4.19）に慣れている場合，三つの添字の偶の順列は順番の保存（$\epsilon_{ijk} = \epsilon_{jki} = \epsilon_{kij}$）に対応しているが，四つの添字の場合はそうなっていないこと，すなわち，$\epsilon^{\mu\nu\lambda\sigma} = -\epsilon^{\nu\mu\lambda\sigma} = \epsilon^{\nu\lambda\mu\sigma} = -\epsilon^{\nu\lambda\sigma\mu}$ であることに注意する必要がある．

例題 7.6 電子 – ミュー粒子散乱　式 (7.126) におけるトレースを計算せよ．

$$\mathrm{Tr}[\gamma^\mu(\not{p}_1 + mc)\gamma^\nu(\not{p}_3 + mc)]$$
$$= \mathrm{Tr}(\gamma^\mu \not{p}_1 \gamma^\nu \not{p}_3) + mc[\mathrm{Tr}(\gamma^\mu \not{p}_1 \gamma^\nu) + \mathrm{Tr}(\gamma^\mu \gamma^\nu \not{p}_3)] + (mc)^2 \mathrm{Tr}(\gamma^\mu \gamma^\nu)$$

答え：ルール 10 により，大括弧の項はゼロである．最後の項はルール 12 によって，最初の項はルール 13 によって評価できる．

$$\begin{aligned}
\mathrm{Tr}(\gamma^\mu \not{p}_1 \gamma^\nu \not{p}_3) &= (p_1)_\lambda (p_3)_\sigma \mathrm{Tr}(\gamma^\mu \gamma^\lambda \gamma^\nu \gamma^\sigma) \\
&= (p_1)_\lambda (p_3)_\sigma 4(g^{\mu\lambda} g^{\nu\sigma} - g^{\mu\nu} g^{\lambda\sigma} + g^{\mu\sigma} g^{\lambda\nu}) \\
&= 4[p_1^\mu p_3^\nu - g^{\mu\nu}(p_1 \cdot p_3) + p_3^\mu p_1^\nu]
\end{aligned}$$

ゆえに，

$$\begin{aligned}
\mathrm{Tr}&[\gamma^\mu(\not{p}_1 + mc)\gamma^\nu(\not{p}_3 + mc)] \\
&= 4\{p_1^\mu p_3^\nu + p_3^\mu p_1^\nu + g^{\mu\nu}[(mc)^2 - (p_1 \cdot p_3)]\}
\end{aligned} \tag{7.128}$$

である．式 (7.126) の 2 番目のトレースは，$m \to M$，$1 \to 2$，$3 \to 4$，そして，ギリシャ文字の添字を下付きにしたのと同じだ．よって，

$$\begin{aligned}
\langle |\mathscr{M}|^2 \rangle &= \frac{4 g_e^4}{(p_1 - p_3)^4} \{p_1^\mu p_3^\nu + p_3^\mu p_1^\nu + g^{\mu\nu}[(mc)^2 - (p_1 \cdot p_3)]\} \\
&\quad \times \{p_{2\mu} p_{4\nu} + p_{4\mu} p_{2\nu} + g_{\mu\nu}[(Mc)^2 - (p_2 \cdot p_4)]\} \\
&= \frac{8 g_e^4}{(p_1 - p_3)^4} \big[(p_1 \cdot p_2)(p_3 \cdot p_4) + (p_1 \cdot p_4)(p_2 \cdot p_3) \\
&\quad - (p_1 \cdot p_3)(Mc)^2 - (p_2 \cdot p_4)(mc)^2 + 2(mMc^2)^2\big]
\end{aligned} \tag{7.129}$$

となる．

7.8　断面積と寿命

さて，慣れ親しんだ場所に戻って来た．$|\mathscr{M}|^2$（あるいは適切な場所では $\langle |\mathscr{M}|^2 \rangle$）を計算すれば，それを 6 章の断面積の公式にたんに代入すればよい．一般的な場合は式 (6.38)，重心系における二体散乱に対しては式 (6.47)，あるいは実験室系では問題 6.8，6.9，6.10 の中の式のどれかに代入する．

図 7.8 重い標的に散乱される電子

例題 7.7 モット散乱とラザフォード散乱 電子 (質量 m) がもっとずっと重い「ミュー粒子」(質量 $M \gg m$) に散乱される. M の反跳を無視できると仮定し, 実験室系における (M が静止している) 微分散乱断面積を求めよ.

答え: 問題 6.8 によると, 断面積は

$$\frac{d\sigma}{d\Omega} = \left(\frac{\hbar}{8\pi Mc}\right)^2 \langle |\mathscr{M}|^2\rangle$$

で与えられる. 標的は静止しているので (図 7.8),

$$p_1 = (E/c, \boldsymbol{p}_1), \qquad p_2 = (Mc, \boldsymbol{0}), \qquad p_3 = (E/c, \boldsymbol{p}_3), \qquad p_4 = (Mc, \boldsymbol{0})$$

を得る. ここで, E は入射する (そして散乱される) 電子のエネルギーで, $\boldsymbol{p}_1$ は入射運動量, そして $\boldsymbol{p}_3$ は散乱運動量である (それらの大きさは等しい, すなわち, $|\boldsymbol{p}_1| = |\boldsymbol{p}_3| \equiv |\boldsymbol{p}|$ で, それらの間の角度を θ とすると $\boldsymbol{p}_1 \cdot \boldsymbol{p}_3 = \boldsymbol{p}^2 \cos\theta$). ゆえに

$$\begin{aligned}(p_1 - p_3)^2 &= -(\boldsymbol{p}_1 - \boldsymbol{p}_3)^2 = -\boldsymbol{p}_1^2 - \boldsymbol{p}_3^2 + 2\boldsymbol{p}_1 \cdot \boldsymbol{p}_3 \\ &= -2\boldsymbol{p}^2(1-\cos\theta) = -4\boldsymbol{p}^2\sin^2(\theta/2) \\ (p_1 \cdot p_3) &= (E/c)^2 - \boldsymbol{p}_1 \cdot \boldsymbol{p}_3 = \boldsymbol{p}^2 + m^2c^2 - \boldsymbol{p}^2\cos\theta = m^2c^2 + 2\boldsymbol{p}^2\sin^2(\theta/2) \\ (p_1 \cdot p_2)(p_3 \cdot p_4) &= (p_1 \cdot p_4)(p_2 \cdot p_3) = (ME)^2 \\ (p_2 \cdot p_4) &= (Mc)^2\end{aligned}$$

である. これを式 (7.129) に入れて

$$\langle |\mathscr{M}|^2\rangle = \left(\frac{g_e^2 Mc}{\boldsymbol{p}^2 \sin^2(\theta/2)}\right)^2 [(mc)^2 + \boldsymbol{p}^2\cos^2(\theta/2)] \tag{7.130}$$

を得る. それゆえ ($g_e = \sqrt{4\pi\alpha}$ を思い出して)

$$\frac{d\sigma}{d\Omega} = \left(\frac{\alpha\hbar}{2\boldsymbol{p}^2\sin^2(\theta/2)}\right)^2 [(mc)^2 + \boldsymbol{p}^2\cos^2(\theta/2)] \tag{7.131}$$

である．これはモットの公式だ．それはよい近似で，電子–陽子散乱の微分断面積を与える．もし入射電子が非相対論的，つまり $\boldsymbol{p}^2 \ll (mc)^2$ だと，式 (7.131) はラザフォードの公式になる（例題 6.4 と比べよ）．

$$\frac{d\sigma}{d\Omega} = \left(\frac{e^2}{2mv^2 \sin^2(\theta/2)}\right)^2 \tag{7.132}$$

崩壊についてはどうなっているのだろうか．実際のところ，純粋な QED にはそのようなものはない．フェルミオンが入ってくると，その同じフェルミオンがいずれは出て行く．フェルミオンの線はダイアグラムの中で終わってしまうことはできないし，QED には一つのフェルミオン（たとえばミュー粒子）を別のもの（たとえば電子）に変換するメカニズムはない．念のためにいっておくと，複合粒子の電磁崩壊は存在する．たとえば，$\pi^0 \to \gamma + \gamma$ だ．しかし，この過程における電磁相互作用の効果はクォーク–反クォークの対消滅 $q + \bar{q} \to \gamma + \gamma$ に他ならない．それはまさしく散乱事象で，二つの衝突粒子がたまたま束縛状態になるものだ．

そのような過程の最もすっきりとした例は，ポジトロニウムの崩壊（$e^+ + e^- \to \gamma + \gamma$）で，それを以下の例題で考える．ポジトロニウムの静止系で解析を行う（つまり，電子–陽電子対の重心系だ）．電子と陽電子はかなりゆっくりと動いている．本当にゆっくりなので，振幅を計算する目的においてはそれらは静止していると仮定してしまう．一方で，これは初期状態のスピンを平均化できない場合の一つだ．なぜなら，複合系はスピンが反平行の一重項か，スピン平行の三重項のどちらかで，断面積（そして寿命）の公式はその二つの場合でまったく異なるからだ[*31]．

例題 7.8　対消滅[*32]　電子と陽電子が静止していて，かつ，スピン一重項の配位だと仮定して，$e^+ + e^- \to \gamma + \gamma$ の振幅 $\mathscr{M}$ を計算せよ．

答え：二つのダイアグラムが寄与する（図 7.9）．それぞれの振幅は（簡素化のために，ϵ の複素共役の印を省く）

$$\mathscr{M}_1 = \frac{g_e^2}{(p_1 - p_3)^2 - m^2 c^2} \bar{v}(2) \not{\epsilon}_4 (\not{p}_1 - \not{p}_3 + mc) \not{\epsilon}_3 u(1) \tag{7.133}$$

[*31] 実際のところは，一重項は光子偶数個（おもには 2 個）にしか崩壊できず，三重項は奇数個（たいていは 3 個）にしか崩壊できないという，かなり特殊な環境なので，この問題をカシミール・トリックで計算してしまうこともできる．スピンの和を取るときに三重項が入っていても，$e^+ + e^- \to \gamma + \gamma$ の行列要素を計算するときに一重項の配位だけを自動的に選び出している．問題 7.40 を参照．

[*32] 注意：各ステップはほどほどに明確だが，これは簡単な計算ではない．読み流してもよい（あるいはすべて飛ばしても構わない）．最終結果は後で 1 回か 2 回使われるが，この段階で詳細をマスターする必要はない（しかし，ファインマン則の素晴らしい応用だと強く考えている）．

274   7 量子電気力学

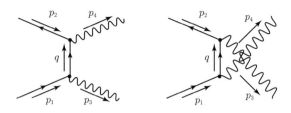

図 7.9 対消滅に寄与する二つのダイアグラム

$$\mathcal{M}_2 = \frac{g_e^2}{(p_1 - p_4)^2 - m^2 c^2} \, \bar{v}(2) \slashed{\epsilon}_3 (\slashed{p}_1 - \slashed{p}_4 + mc) \slashed{\epsilon}_4 u(1) \tag{7.134}$$

であり,それらを足す.

$$\mathcal{M} = \mathcal{M}_1 + \mathcal{M}_2 \tag{7.135}$$

初期状態の粒子は静止しているので,二つの光子はそれぞれが反対向きに出てきて,一つ目の光子の方向を z 軸に取っても構わない.すると,

$$\begin{aligned} p_1 &= mc(1,0,0,0), & p_2 &= mc(1,0,0,0), \\ p_3 &= mc(1,0,0,1), & p_4 &= mc(1,0,0,-1) \end{aligned} \tag{7.136}$$

が得られ,よって,

$$(p_1 - p_3)^2 - m^2 c^2 = (p_1 - p_4)^2 - m^2 c^2 = -2(mc)^2 \tag{7.137}$$

となる.7.7 節のルール 5 を利用すると,振幅はいくらか簡素化される.

$$\slashed{p}_1 \slashed{\epsilon}_3 = -\slashed{\epsilon}_3 \slashed{p}_1 + 2(p_1 \cdot \epsilon_3)$$

しかし,ϵ_3 は(クーロンゲージでは)空間成分しかもたない.一方で,p_1 は純粋に時間的であるので,$p_1 \cdot \epsilon = 0$ となり,それゆえ

$$\slashed{p}_1 \slashed{\epsilon}_3 = -\slashed{\epsilon}_3 \slashed{p}_1 \tag{7.138}$$

である.同様に,

$$\slashed{p}_3 \slashed{\epsilon}_3 = -\slashed{\epsilon}_3 \slashed{p}_3 + 2(p_3 \cdot \epsilon_3)$$

であるが,ローレンツ条件(式 (7.91))のおかげで $(p_3 \cdot \epsilon_3) = 0$ になり,よって,

$$\slashed{p}_3 \slashed{\epsilon}_3 = -\slashed{\epsilon}_3 \slashed{p}_3 \tag{7.139}$$

となる．ゆえに，
$$(\not{p}_1 - \not{p}_3 + mc)\not{\epsilon}_3 = \not{\epsilon}_3(-\not{p}_1 + \not{p}_3 + mc)$$
である．しかし，$(\not{p}_1 - mc)u(1) = 0$（式 (7.33)）なので
$$(\not{p}_1 - \not{p}_3 + mc)\not{\epsilon}_3 u(1) = \not{\epsilon}_3 \not{p}_3 u(1) \tag{7.140}$$
である．同様に，
$$(\not{p}_1 - \not{p}_4 + mc)\not{\epsilon}_4 u(1) = \not{\epsilon}_4 \not{p}_4 u(1) \tag{7.141}$$
となる．これらをすべてつなぎ合わせると
$$\mathscr{M} = -\frac{g_e^2}{2(mc)^2}\bar{v}(2)\bigl[\not{\epsilon}_4 \not{\epsilon}_3 \not{p}_3 + \not{\epsilon}_3 \not{\epsilon}_4 \not{p}_4\bigr] u(1) \tag{7.142}$$
を得る．さて，
$$\not{p}_3 = mc(\gamma^0 - \gamma^3), \qquad \not{p}_4 = mc(\gamma^0 + \gamma^3)$$
であるから，大括弧（式 (7.142)）の中身は
$$mc\bigl[(\not{\epsilon}_4 \not{\epsilon}_3 + \not{\epsilon}_3 \not{\epsilon}_4)\gamma^0 - (\not{\epsilon}_4 \not{\epsilon}_3 - \not{\epsilon}_3 \not{\epsilon}_4)\gamma^3\bigr] \tag{7.143}$$
と書き表せる．しかし，
$$\not{\epsilon} = -\boldsymbol{\epsilon} \cdot \boldsymbol{\gamma} = -\begin{pmatrix} 0 & \boldsymbol{\sigma} \cdot \boldsymbol{\epsilon} \\ -\boldsymbol{\sigma} \cdot \boldsymbol{\epsilon} & 0 \end{pmatrix} \tag{7.144}$$
なので，
$$\begin{aligned}\not{\epsilon}_3 \not{\epsilon}_4 &= \begin{pmatrix} 0 & \boldsymbol{\sigma} \cdot \boldsymbol{\epsilon}_3 \\ -\boldsymbol{\sigma} \cdot \boldsymbol{\epsilon}_3 & 0 \end{pmatrix}\begin{pmatrix} 0 & \boldsymbol{\sigma} \cdot \boldsymbol{\epsilon}_4 \\ -\boldsymbol{\sigma} \cdot \boldsymbol{\epsilon}_4 & 0 \end{pmatrix} \\ &= -\begin{pmatrix} (\boldsymbol{\sigma} \cdot \boldsymbol{\epsilon}_3)(\boldsymbol{\sigma} \cdot \boldsymbol{\epsilon}_4) & 0 \\ 0 & (\boldsymbol{\sigma} \cdot \boldsymbol{\epsilon}_3)(\boldsymbol{\sigma} \cdot \boldsymbol{\epsilon}_4) \end{pmatrix}\end{aligned} \tag{7.145}$$
である．4 章（問題 4.20）で，有用な定理に出合った．
$$(\boldsymbol{\sigma} \cdot \boldsymbol{a})(\boldsymbol{\sigma} \cdot \boldsymbol{b}) = \boldsymbol{a} \cdot \boldsymbol{b} + i\boldsymbol{\sigma} \cdot (\boldsymbol{a} \times \boldsymbol{b}) \tag{7.146}$$
それに従うと
$$(\not{\epsilon}_4 \not{\epsilon}_3 + \not{\epsilon}_3 \not{\epsilon}_4) = -2\boldsymbol{\epsilon}_3 \cdot \boldsymbol{\epsilon}_4 \tag{7.147}$$

となり(それはルール5′から導出することもできる),

$$(\not{\epsilon}_4\not{\epsilon}_3 - \not{\epsilon}_3\not{\epsilon}_4) = 2i(\boldsymbol{\epsilon}_3 \times \boldsymbol{\epsilon}_4) \cdot \boldsymbol{\Sigma} \tag{7.148}$$

である.ここで $\boldsymbol{\Sigma} = \begin{pmatrix} \boldsymbol{\sigma} & 0 \\ 0 & \boldsymbol{\sigma} \end{pmatrix}$ なのは以前の通りである.それゆえに,

$$\mathscr{M} = \frac{g_e^2}{mc}\bar{v}(2)\big[(\boldsymbol{\epsilon}_3 \cdot \boldsymbol{\epsilon}_4)\gamma^0 + i(\boldsymbol{\epsilon}_3 \times \boldsymbol{\epsilon}_4) \cdot \boldsymbol{\Sigma}\gamma^3\big]u(1) \tag{7.149}$$

である.

これまで,電子と陽電子のスピンについては触れてこなかった.われわれは一重項状態に興味があることを思い出そう.

$$(\uparrow\downarrow - \downarrow\uparrow)/\sqrt{2}$$

象徴的に書くと

$$\mathscr{M}_{\text{singlet}} = (\mathscr{M}_{\uparrow\downarrow} - \mathscr{M}_{\uparrow\downarrow})/\sqrt{2} \tag{7.150}$$

であり,$\mathscr{M}_{\uparrow\downarrow}$ は,「スピン上向き」の電子(式 (7.46) における $u^{(1)}$)

$$u(1) = \sqrt{2mc}\begin{pmatrix} 1 \\ 0 \\ 0 \\ 0 \end{pmatrix} \tag{7.151}$$

と,「スピン下向き」の陽電子(式 (7.47) における $v^{(2)}$)

$$\bar{v}(2) = \sqrt{2mc}(0\ 0\ 1\ 0) \tag{7.152}$$

を使い,式 (7.149) から求められる.これらのスピノルを使うと,

$$\bar{v}(2)\gamma^0 u(1) = 0 \tag{7.153}$$

$$\bar{v}(2)\boldsymbol{\Sigma}\gamma^3 u(1) = -2mc\hat{z} \tag{7.154}$$

が得られる.よって,

$$\mathscr{M}_{\uparrow\downarrow} = -2ig_e^2(\boldsymbol{\epsilon}_3 \times \boldsymbol{\epsilon}_4)_z \tag{7.155}$$

である.一方で,$\mathscr{M}_{\downarrow\uparrow}$ に対しては,

$$u(1) = \sqrt{2mc} \begin{pmatrix} 0 \\ 1 \\ 0 \\ 0 \end{pmatrix}, \qquad \bar{v}(2) = -\sqrt{2mc}(0\ 0\ 0\ 1) \tag{7.156}$$

であるから,

$$\mathscr{M}_{\downarrow\uparrow} = 2ig_e^2(\boldsymbol{\epsilon}_3 \times \boldsymbol{\epsilon}_4)_z = -\mathscr{M}_{\uparrow\downarrow} \tag{7.157}$$

が導き出される. ゆえに, 静止している e^+e^- 対の消滅で二つの光子が $\pm\hat{z}$ の方向に放出される振幅は

$$\mathscr{M}_{\text{singlet}} = -2\sqrt{2}\ ig_e^2(\boldsymbol{\epsilon}_3 \times \boldsymbol{\epsilon}_4)_z \tag{7.158}$$

である ($\mathscr{M}_{\downarrow\uparrow} = -\mathscr{M}_{\uparrow\downarrow}$ なので, 三重項の配位 $(\uparrow\downarrow + \downarrow\uparrow)/\sqrt{2}$ がゼロになること, つまり, その場合は二つの光子への崩壊が禁止されるという昔の議論を確認した, ということに注意せよ).

最後に, 適切な光子の偏極ベクトルを入れなければならない.「スピン上向き」($m_s = +1$) の場合

$$\boldsymbol{\epsilon}_+ = -(1/\sqrt{2})(1, i, 0) \tag{7.159}$$

であり, 一方「スピン下向き」($m_s = -1$) の場合

$$\boldsymbol{\epsilon}_- = (1/\sqrt{2})(1, -i, 0) \tag{7.160}$$

であることを (脚注 *21 を参照) 思い出そう. もし光子が $+z$ 軸方向に飛んでいるなら, これらはそれぞれ右円偏極と左円偏極だ. 全角運動量の z 成分はゼロでなければならないので, 光子のスピンは反対向きにそろっていなければならない. つまり, ↑↓ あるいは ↓↑ だ. 最初の場合は,

$$\boldsymbol{\epsilon}_3 = -(1/\sqrt{2})(1, i, 0), \qquad \boldsymbol{\epsilon}_4 = (1/\sqrt{2})(1, -i, 0),$$

であるから,

$$\boldsymbol{\epsilon}_3 \times \boldsymbol{\epsilon}_4 = i\hat{k} \tag{7.161}$$

である. 2番目の場合, 3と4が入れ替わっている.

$$\boldsymbol{\epsilon}_3 \times \boldsymbol{\epsilon}_4 = -i\hat{k} \tag{7.162}$$

われわれが必要としているのはあきらかに反対称の組み合わせ $(\uparrow\downarrow - \downarrow\uparrow)/\sqrt{2}$ であり，そこに驚きはまったくない．これは，スピン 1/2 の二つの粒子を組み合わせたときのように，合計のスピンがゼロに相当する．振幅はまたも $(\mathcal{M}_{\uparrow\downarrow} - \mathcal{M}_{\downarrow\uparrow})/\sqrt{2}$ であるが，今回だけは，矢印は光子の偏極を意味している．そしてようやく

$$\mathcal{M}_{\text{singlet}} = -4g_e^2 \tag{7.163}$$

を得る（いままで落としていた，偏極ベクトルの複素共役を復活させた．これは，たんに式 (7.161) と (7.162) 中の符号をひっくり返しただけだ）．

仰々しくない答えにしては，計算が非常に多かった[*33]．では，それで何ができるのだろうか．まず，電子–陽電子消滅の全断面積を計算できる．重心系での微分断面積は（式 (6.47)）

$$\frac{d\sigma}{d\Omega} = \left(\frac{\hbar c}{8\pi(E_1 + E_2)}\right)^2 \frac{|\boldsymbol{p}_f|}{|\boldsymbol{p}_i|} |\mathcal{M}|^2 \tag{7.164}$$

となる．ここで，

$$E_1 = E_2 = mc^2, \qquad |\boldsymbol{p}_f| = mc \tag{7.165}$$

であり，衝突は非相対論的なので

$$|\boldsymbol{p}_i| = mv \tag{7.166}$$

である．ただし，v は入射電子（あるいは陽電子）の速さである[*34]．これをすべて入れると，

$$\frac{d\sigma}{d\Omega} = \frac{1}{cv}\left(\frac{\hbar\alpha}{m}\right)^2 \tag{7.167}$$

を得る．角度依存性がないので，全断面積は 4π を掛けて [6]

$$\sigma = \frac{4\pi}{cv}\left(\frac{\hbar\alpha}{m}\right)^2 \tag{7.168}$$

[*33] いったん慣れてしまうと，ファインマン図の評価は退屈で機械的な過程で，多くの計算をしてくれるコンピュータープログラムが数多く存在する．とりわけ，Mathematica と Maple は両方とも有用なパッケージをサポートしている [5]．

[*34] 前は $\mathcal{M}$ を計算するにあたり $v=0$ としたが，ここではあきらかにそうできない．これには矛盾があるのだろうか．そうではない．以下のように考えてみよう．$\mathcal{M}$（そしてまた E_1, E_2, $|\boldsymbol{p}_f|$, $|\boldsymbol{p}_i|$ も）は v/c のべき乗に展開可能だ．われわれが行ったのは，それぞれの展開の第 1 項の計算だったのだ．

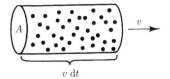

図 7.10 円筒の中の粒子数は $\rho Avdt$ であり,よってルミノシティ(単位時間あたりに単位面積を通過する粒子数)は ρv となる

となる.断面積が入射速度に反比例することは理にかなっているだろうか.答えはイエスだ.電子と陽電子がそれぞれよりゆっくり接近すれば,相互作用する時間がより長くなり,消滅する確率はより大きくなる.

ようやく,一重項状態のポジトロニウムの寿命を計算することができる.これはあきらかに対消滅の断面積に関連している(式(7.168))が,どうやって精密に結びつけることができるだろうか.式(6.13)に戻ると,

$$\frac{d\sigma}{d\Omega} = \frac{1}{\mathscr{L}} \frac{dN}{d\Omega}$$

であり,単位時間あたりの散乱事象数の総和は,ルミノシティと全断面積の積であることがわかる.

$$N = \mathscr{L}\sigma \tag{7.169}$$

ρ を単位体積あたりの入射粒子数とすると,そして,それらが速さ v で飛んでいるとすると,ルミノシティ(図7.10)は

$$\mathscr{L} = \rho v \tag{7.170}$$

となる.一つの「原子」に対しては,電子の密度は $|\psi(0)|^2$ であり,N は単位時間あたりの崩壊の確率を表す.つまり,崩壊頻度だ.ゆえに,

$$\Gamma = v\sigma|\psi(0)|^2 = \frac{4\pi}{c}\left(\frac{\hbar\alpha}{m}\right)^2|\psi(0)|^2 \tag{7.171}$$

である.さて,基底状態では

$$|\psi(0)|^2 = \frac{1}{\pi}\left(\frac{\alpha mc}{2\hbar}\right)^3 \tag{7.172}$$

であるので(問題5.23),ポジトロニウムの寿命は

$$\tau = \frac{1}{\Gamma} = \frac{2\hbar}{\alpha^5 mc^2} = 1.25 \times 10^{-10}\,\text{s} \tag{7.173}$$

であり,さかのぼること5章で(式(5.33))それを引用した.

7.9 くりこみ

7.6節では,「電子–ミュー粒子」散乱について考察した. それは, 最低次では以下のダイアグラムで記述され,

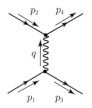

対応する振幅は,

$$\mathscr{M} = -g_e^2 [\bar{u}(p_3)\gamma^\mu u(p_1)] \frac{g_{\mu\nu}}{q^2} [\bar{u}(p_4)\gamma^\nu u(p_2)] \tag{7.174}$$

である. ここで,

$$q = p_1 - p_3 \tag{7.175}$$

である. たくさんの 4 次の補正があり, 中でも最も興味深いのは「真空偏極」だ.

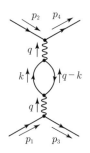

ここでは, 仮想光子が一瞬だけ電子–陽電子対に分かれて,（2章で定性的に見たように）電子の有効電荷を変化させる. いまここでの目的は, これを定量的にどう扱うかを示すことだ.

このダイアグラムの振幅は（問題 7.42）

$$\mathscr{M} = \frac{-ig_e^4}{q^4} [\bar{u}(p_3)\gamma^\mu u(p_1)]$$

$$\times \left\{ \int \frac{d^4k}{(2\pi)^4} \frac{\text{Tr}\bigl[\gamma_\mu(\not{k}+mc)\gamma_\nu(\not{k}-\not{q}+mc)\bigr]}{(k^2-m^2c^2)[(k-q)^2-m^2c^2]} \right\} \bigl[\bar{u}(p_4)\gamma^\nu u(p_2)\bigr] \tag{7.176}$$

で与えられる．これによって，光子の伝播関数に加えられる修正は（式 (7.174) と (7.176) を比較して）

$$\frac{g_{\mu\nu}}{q^2} \to \frac{g_{\mu\nu}}{q^2} - \frac{i}{q^4} I_{\mu\nu} \tag{7.177}$$

であり，

$$I_{\mu\nu} = -g_e^2 \int \frac{d^4k}{(2\pi)^4} \frac{\text{Tr}\bigl[\gamma_\mu(\not{k}+mc)\gamma_\nu(\not{k}-\not{q}+mc)\bigr]}{(k^2-m^2c^2)[(k-q)^2-m^2c^2]} \tag{7.178}$$

である．運悪く，これは発散する．単純には，それは $|k| \to \infty$ で

$$\int |k|^3 d|k| \frac{|k|^2}{|k|^4} = \int |k|\, dk = |k|^2 \tag{7.179}$$

のようになるはずだ（つまり，「二次発散」するはずだ）．実際には，代数上の打ち消しにより，$\ln|k|$ になる（「対数発散」である）．しかし，気にする必要はない．いずれにせよ，大きく膨らんでしまうのだ．似た問題に 6 章で遭遇した．それは，ファインマン則における閉じたループのダイアグラムの特徴のように見える．ここでも，戦略は，無限大を「くりこまれた」質量と結合定数に吸収させることになるだろう．

式 (7.178) の積分は二つの時空に関する添字をもっている．いったん k について積分したら，残っている 4 元ベクトルは q^μ だけなので，$I_{\mu\nu}$ は $g_{\mu\nu}(\ ) + q_\mu q_\nu (\ )$ という一般的なかたちをとらなければならない．ここで，括弧には q^2 の関数が入る．ゆえに，それを

$$I_{\mu\nu} = -ig_{\mu\nu}q^2 I(q^2) + q_\mu q_\nu J(q^2) \tag{7.180}$$

と書く [7]．q_μ は式 (7.176) において γ^μ と縮約されるので，第 2 項は $\mathscr{M}$ に何の寄与もなく，

$$\bigl[\bar{u}(p_3)\not{q}u(p_1)\bigr] = \bar{u}(p_3)(\not{p}_1 - \not{p}_3)u(p_1)$$

となる一方で，式 (7.95) と (7.96) から

$$\not{p}_1 u(p_1) = mc\,u(p_1), \qquad \bar{u}(p_3)\not{p}_3 = \bar{u}(p_3)mc$$

であり，よって，

$$[\bar{u}(p_3)\not{q}u(p_1)] = 0 \tag{7.181}$$

となる．ゆえに，式 (7.180) の第 2 項を忘れてよい．第 1 項については，積分 (7.174) を適切に計算整理することにより，

$$I(q^2) = \frac{g_e^2}{12\pi^2}\left\{\int_{m^2}^{\infty}\frac{dz}{z} - 6\int_0^1 z(1-z)\ln\left[1 - \frac{q^2}{m^2c^2}z(1-z)\right]dz\right\} \tag{7.182}$$

というかたちにできる（問題 7.43）．

最初の積分は対数発散をはっきりと切り離している．それを取り扱うには，一時的にカットオフ M（ミュー粒子の質量と混乱しないように）を課し，計算の最後にそれを無限大へ飛ばす．

$$\int_{m^2}^{\infty}\frac{dz}{z} \rightarrow \int_{m^2}^{M^2}\frac{dz}{z} = \ln\frac{M^2}{m^2} \tag{7.183}$$

2 番目の積分

$$\begin{aligned}f(x) &\equiv 6\int_0^1 z(1-z)\ln[1+xz(1-z)]\,dz \\ &= -\frac{5}{3} + \frac{4}{x} + \frac{2(x-2)}{x}\sqrt{\frac{x+4}{x}}\tanh^{-1}\sqrt{\frac{x}{x+4}}\end{aligned} \tag{7.184}$$

は，面倒ではあるが完全に有限だ（図 7.11）．大きな x と小さな x の極限で，

$$f(x) \cong \begin{cases} x/5 & (x \ll 1) \\ \ln x & (x \gg 1) \end{cases} \tag{7.185}$$

である．ゆえに，

$$I(q^2) = \frac{g_e^2}{12\pi^2}\left\{\ln\left(\frac{M^2}{m^2}\right) - f\left(\frac{-q^2}{m^2c^2}\right)\right\} \tag{7.186}$$

を得る．ここで，q^2 が負であることに注意せよ．入射電子の重心系での 3 元運動量が $\boldsymbol{p}$ で，散乱角が θ だとすると（問題 7.44），

$$q^2 = -4\boldsymbol{p}^2\sin^2\frac{\theta}{2} \tag{7.187}$$

となる．ゆえに，$-q^2/m^2c^2 \sim v^2/c^2$ であり，式 (7.185) 中の極限の場合は，それぞれ非相対論的，そして相対論的散乱に対応している．

以上から，真空偏極を含んだ，電子–ミュー粒子散乱の振幅は

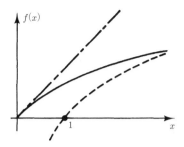

図 7.11　$f(x)$ のグラフ（式 (7.184)）．実線は数値計算の結果で，その下の点線は $\ln x$（それは，大きな x で $f(x)$ を近似する）で，その上の直線は $x/5$（小さな x で $f(x)$ を近似する）である

$$\mathscr{M} = -g_e^2 [\bar{u}(p_3)\gamma^\mu u(p_1)] \frac{g_{\mu\nu}}{q^2} \left\{ 1 - \frac{g_e^2}{12\pi^2} \left[\ln\left(\frac{M^2}{m^2}\right) - f\left(\frac{-q^2}{m^2 c^2}\right) \right] \right\}$$
$$\times [\bar{u}(p_4)\gamma^\nu u(p_2)] \tag{7.188}$$

になる．ようやく「くりこまれた」結合定数

$$g_R \equiv g_e \sqrt{1 - \frac{g_e^2}{12\pi^2} \ln\left(\frac{M^2}{m^2}\right)} \tag{7.189}$$

を導入することで一瞬（カットオフ M に含まれた）無限大を吸収するという，重要な局面にやって来た．式 (7.188) を g_R を使って書き直すと，

$$\mathscr{M} = -g_R^2 [\bar{u}(p_3)\gamma^\mu u(p_1)] \frac{g_{\mu\nu}}{q^2} \left\{ 1 + \frac{g_R^2}{12\pi^2} f\left(\frac{-q^2}{m^2 c^2}\right) \right\} [\bar{u}(p_4)\gamma^\nu u(p_2)] \tag{7.190}$$

を得る（式 (7.188) は，とにかく g_e^4 のオーダーまで有効だ．よって，中括弧の中で g_e を使うか g_R を使うかは問題ではない）．

この結果について留意すべき重要な点が二つある．

1. 無限大は消え去った．式 (7.190) 中に M はない．カットオフと関わるものすべては結合定数に吸収された．念のためにいうと，いまやすべてが g_e の代わりに g_R で書かれている．しかし，それはよいことだらけだ．g_e ではなく g_R がわれわれが実験室で実際に測定するものなのだ（ローレンツ–ヘヴィサイド単位系では，それは電子，あるいはミュー粒子の電荷であり，そのような 2 粒子間の引力あるいは斥力の係数としてそれを実験的に決定する）．もし，理論的な解析において，「ツリーレベル」（最低次）のダイアグラムだけを見たとしたら，物理的な電荷は「裸の」結合定数 g_e と同じだと考える．しかし，より高次の効果を入れた途端に，測定した電荷に対応するのは本当に g_R であり，g_e ではないことがわかる．これは，以前の結果がすべて間違いだったことを意味するのだろうか．違う．それが

意味するのは，g_e を単純に物理的な電荷と解釈すると，高次のダイアグラムの発散部分を無意識のうちに取り扱っていたということなのだ．

2. 有限な補正項も残っていて，ここで注意を喚起するに値する重要なことは，それが q^2 に依存しているということだ．これも結合定数の中に吸収させることができるが，「定数」がいまや q^2 の関数になっている．それを「走る」結合定数とよぶ．

$$g_R(q^2) = g_R(0)\sqrt{1 + \frac{g_R(0)^2}{12\pi^2} f\left(\frac{-q^2}{m^2c^2}\right)} \tag{7.191}$$

あるいは，微細構造「定数」($g_e = \sqrt{4\pi\alpha}$) を使うと

$$\alpha(q^2) = \alpha(0)\left\{1 + \frac{\alpha(0)}{3\pi} f\left(\frac{-q^2}{m^2c^2}\right)\right\} \tag{7.192}$$

である．すると，電子（そしてミュー粒子）の有効電荷は，衝突の運動量遷移に依存する．大きな運動量遷移が意味するのはより近くまでの接近なので，別のいい方をすると，個々の粒子の有効電荷はそれぞれがどれくらい離れているかに依存するのだ．これは，互いの電荷を「遮蔽する」真空偏極による帰結だ．いまわれわれは，2章では純粋に定性的であった描像に対して，明確な公式を手に入れた．どうして，ミリカン，ラザフォード，あるいはクーロンでさえもこの効果にまったく気づかなかったのだろうか．電荷が定数でないならば，なぜエレクトロニクスから化学に至るすべてを台無しにしないのだろうか．その答えは，非相対論的な状況では，そのずれが極度にわずかだからだ．$(1/10)c$ での正面衝突でさえ，式 (7.192) における補正項はわずか 6×10^{-6} でしかない（問題 7.45）．それゆえ，ほとんどの目的において，$\alpha(0) = 1/137$ で問題ないのだ．しかしながら，式 (7.192) の 2 番目の項は，ラムシフトに観測可能な寄与を与え [8]，非弾性 e^+e^- 散乱において直接測定された [9]．さらに，量子色力学で同じ問題に遭遇するだろう．そこでは（クォークの閉じ込めにより），短距離の相対論的領域が興味の対象なのだ．

一つの特別な 4 次のオーダーの過程（真空偏極）に集中してきたが，もちろん，いくつも他のものが存在する．たとえば，「はしごダイアグラム」がある．

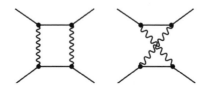

これらは有限であり、いま、特別な問題はない。しかし、他にも三つの発散する図がある（そしてもちろん、余分な仮想光子がミュー粒子と結合する、さらに三つの図が存在する）。

最初の二つが電子の質量をくりこみ、3番目が磁気モーメントを変化させる。加えて、別々に考察した三つすべてが、電荷のくりこみに寄与する。

幸運なことに、最後の寄与は互いに打ち消し合うので、式 (7.189) は有効のままでいられる（私が「幸運」だというのは、これらの補正は仮想光子の線がつながる粒子の質量に依存し、もしそれらが打ち消し合わなければ、ミュー粒子に対してと、電子に対してでは別々のくりこみをしなければならなくなってしまうからだ。ウォードの恒等式（この打ち消し合いの正式名称）により、電荷のもち主の質量がどんなものであっても、くりこみによって電荷の値が変わらないことを保証してくれている）[*35]。

そして、以下のような、さらに高次のダイアグラムさえ存在する。

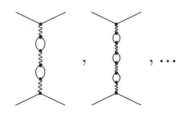

これらは、式 (7.192) にさらにオーダー α^2, α^3 などの項を加えることになるが、ここではそれを追求することはしない。本質的なアイデアはすべて出そろった。

[*35] もちろん、式 (7.176) において電子でやったように、ミュー粒子の泡を光子の線に入れることは可能だ。しかし、これは電子とミュー粒子の（そして同様に、タウとクォークの）電荷を同じ量だけ変化させるだろう。たんに電子が一番軽い荷電粒子であるという理由で、電子の挿入が支配的な補正なのだ。

参 考 書

[1] J. D. Bjorken and S. D. Drell: Relativistic Quantum Mechanics and Relativistic Quantum Fields (McGraw-Hill, 1964).
[2] さらなる議論については, J. D. Bjorken and S. D. Drell: Relativistic Quantum Mechanics and Relativistic Quantum Fields (McGraw-Hill, 1964) Chap. 5; A. Seiden: Particle Physics: A Comprehensive Introduction (Addison Wesley, 2005) Sect. 2.14.2.
[3] J. D. Jackson: Classical Electrodynamics, 3rd edn (John Wiley & Sons, 1999) Sect. 6.3.
[4] A. Pais: Inward Bound (Oxford, 1986) 375.
[5] ファインマン図の自動計算に関するレビューは, R. Harlander and M. Steinhauser: Progress in Particle and Nuclear Physics, **43**, 167 (1999).
[6] 式 (7.168) のもっとエレガントな導出については J. M. Jauch and F. Rohrlich: The Theory of Photons and Electrons, 2nd edn (Springer-Verlag, 1975) Sect. 12-6; (a) J. J. Sakurai: Advanced Quantum Mechanics (Addison-Wesley, 1967) 216 ff.
[7] この表記法は, 以下に従っている. F. Halzen and A. D. Martin: Quarks and Leptons (John Wiley & Sons, 1984) Chap. 7; J. D. Bjorken and S. D. Drell: Relativistic Quantum Mechanics and Relativistic Quantum Fields (McGraw-Hill, 1964) Chap. 8. これらのテキストまたは, さらなる議論については以下を参照. J. J. Sakurai: Advanced Quantum Mechanics (Addison-Wesley, 1967) 216 ff.
[8] たとえば, F. Halzen and A. D. Martin: Quarks and Leptons (John Wiley & Sons, 1984) Sect. 7.3.
[9] I. Levine *et al.*: Physical Review Letters, **78**, 424 (1997).

問 題

7.1 $\partial\phi/\partial x^\mu$ は共変4元ベクトル (ϕ は x, y, z, t のスカラー関数) であることを示せ. [ヒント:初めに (式 (3.8) から) 共変4元ベクトルがどのように変換するかを決める. そして, $\partial\phi/\partial x^{\mu'} = (\partial\phi/\partial x^\nu)(\partial x^\nu/\partial x^{\mu'})$ を使って, $\partial\phi/\partial x^\mu$ がどう変換するか見つける.]

7.2 式 (7.17) が式 (7.15) を満たすことを示せ.

7.3 式 (7.43), (7.46), (7.47) を用いて式 (7.45) を導出せよ.

7.4 $u^{(1)}$ と $u^{(2)}$ (式 (7.46)) が直交であること ($u^{(1)\dagger}u^{(2)} = 0$) を示せ. 同様に $v^{(1)}$ と $v^{(2)}$ が直交であることを示せ. また, $u^{(1)}$ と $v^{(2)}$ は直交しているだろうか.

7.5 $u^{(1)}$ と $u^{(2)}$ (式 (7.46)) については, 非相対論的な制限では, 下の成分 (u_B) が上の成分 (u_A) よりも, 係数 v/c だけ小さいことを示せ. [非相対論的近似では, これにより問題が単純になる. u_A を「大きな」成分として, そして u_B を「小さな」成分として考える ($v^{(1)}$ と $v^{(2)}$ については役割が逆になる). 対照的に, 相対論的極限では, u_A と u_B は同じぐらいの大きさになる.]

7.6 もし, z 軸方向に運動しているとすると $u^{(1)}$ (式 (7.46)) は

$$u^{(1)} = \begin{pmatrix} \sqrt{(E+mc^2)/c} \\ 0 \\ \sqrt{(E-mc^2)/c} \\ 0 \end{pmatrix}$$

となることを示せ. そして, $u^{(2)}$, $v^{(1)}$, $v^{(2)}$ を求めよ. それらが S_z の固有スピンであること

を確認して，固有値を求めよ．
7.7 ヘリシティ ± 1，運動量 $\bm{p}$ の電子の規格化されたスピノル表現 $u^{(+)}$，$u^{(-)}$ を構築せよ．つまり，式 (7.49) を満たし，ヘリシティ演算子 $(\hat{p} \cdot \bm{\Sigma})$ の固有値 ± 1 をもつ固有スピノル u を求めよ．

$$\left[\begin{array}{l}\text{答え}: u^{(\pm)} = A\begin{pmatrix} u \\ \dfrac{\pm c|\bm{p}|}{(E+mc^2)}u \end{pmatrix} \\ \text{このとき } u = \begin{pmatrix} p_z \pm |\bm{p}| \\ p_x + ip_y \end{pmatrix}, \quad A^2 = \dfrac{(E+mc^2)}{2|\bm{p}|c(|\bm{p}| \pm p_z)}\end{array}\right]$$

7.8 この問題の目的は，ディラック方程式で記述された粒子が，その軌道角運動量 ($\bm{L}$) に加えて，内在的な角運動量 ($\bm{S}$) をもつことを実証することである．それぞれ単独では保存しないが，足したものは保存する．量子力学にほどよく精通している人のみやってみること．
   (a) ディラック方程式のハミルトニアン H を構築せよ．[ヒント：式 (7.19) を $p^0 c$ について解く．] 答え：$H = c\gamma^0(\bm{\gamma} \cdot \bm{p} + mc)$，このとき $\bm{p} \equiv (\hbar/i)\nabla$ は運動量演算子である．]
   (b) 軌道角運動量 $\bm{L} \equiv \bm{r} \times \bm{p}$ とハミルトニアン H の交換関係を求めよ．[答え：$[H, \bm{L}] = -i\hbar c\gamma^0(\bm{\gamma} \times \bm{p})$] $[H, \bm{L}]$ はゼロではないので，$\bm{L}$ 自体は保存されない．よってここには他の形態の角運動量が潜んでいると考えられる．ここで，式 (7.51) で定義される「スピン角運動量」$\bm{S}$ を導入する．
   (c) スピン角運動量 $\bm{S} \equiv (\hbar/2)\bm{\Sigma}$ とハミルトニアン H との交換関係を求めよ．[答え：$[H, \bm{S}] = i\hbar c\gamma^0(\bm{\gamma} \times \bm{p})$] これによって全角運動量 $\bm{J} = \bm{L} + \bm{S}$ は保存される．
   (d) すべてのバイスピノルは $\bm{S}^2$ の固有状態であることと，その固有値が $\hbar^2 s(s+1)$ であることを示し，s を求めよ．また，このときディラック方程式が記述する粒子のスピンはいくつだろうか．
7.9 荷電共役演算子 (C) はディラックスピノル ψ を「荷電共役」スピノル ψ_c

$$\psi_c = i\gamma^2 \psi^*$$

にする．ここで γ^2 はディラックのガンマ行列の3番目である．[Halzen and Martin [7] 5.4 節参照．] $u^{(1)}$，$u^{(2)}$ の荷電共役を求め，$v^{(1)}$，$v^{(2)}$ と比較せよ．
7.10 式 (7.18) から (7.19) に進むとき，(任意に) マイナス記号を含む因子を選んだ．式 (7.19) を $\gamma^\mu p_\mu + mc = 0$ で置き換えると，7.2 節はどのように変更されるだろうか．
7.11 スピノルの変換規則 (式 (7.52)，(7.53)，(7.54)) を確認せよ．[ヒント：元の座標系のディラック方程式の解は，変換された座標系の解に保ちたい．

$$i\hbar\gamma^\mu \partial_\mu \psi - mc\psi = 0 \leftrightarrow i\hbar\gamma^\mu \partial'_\mu \psi' - mc\psi' = 0$$

このとき $\psi' = S\psi$ であり，

$$\partial'_\mu = \frac{\partial}{\partial x'^\mu} = \frac{\partial x^\nu}{\partial x'^\mu}\frac{\partial}{\partial x^\nu} = \frac{\partial x^\nu}{\partial x'^\mu}\partial_\nu$$

これにより

$$(S^{-1}\gamma^\mu S)\frac{\partial x^\nu}{\partial x'^\mu} = \gamma^\nu$$

となる．(逆) ローレンツ変換は $\partial x^\nu / \partial x'^\mu$ である．そこから示せ．]
7.12 問題 7.11 の手法を用いてパリティ変換則，式 (7.61) を導出せよ．
7.13 (a) 式 (7.53) から $S^\dagger S$ を計算し，式 (7.57) を確認せよ．
   (b) $S^\dagger \gamma^0 S = \gamma^0$ を示せ．

7.14 $\bar{\psi}\gamma^5\psi$ が変換 (7.52) のもとで不変であることを示せ.

7.15 随伴スピノル $\bar{u}^{(1,2)}$ と $\bar{v}^{(1,2)}$ は, 方程式

$$\bar{u}(\gamma^\mu p_\mu - mc) = 0, \qquad \bar{v}(\gamma^\mu p_\mu + mc) = 0$$

を満たすことを示せ.［ヒント：式 (7.49) と (7.50) のエルミート共役を取る. そして, 右から γ^0 を掛け, $(\gamma^\mu)^\dagger \gamma^0 = \gamma^0 \gamma^\mu$ を示す.］

7.16 規格化条件（式 (7.43)）を随伴スピノルを使って表現すると

$$\bar{u}u = -\bar{v}v = 2mc$$

となることを示せ.

7.17 各成分がローレンツ変換（式 (3.8)）に従うことを確認することで, $\bar{\psi}\gamma_\mu\psi$ が 4 元ベクトルであることを示せ. それがパリティのもとで（極性の）ベクトルとして変換されることを確認せよ（つまり,「時間」成分は不変だが,「空間」成分は符号を変える).

7.18 静止した電子を表すスピノル（式 (7.30)）がパリティ演算子 P の固有状態であることを示せ. その内部パリティは何か. 陽電子はどうだろうか. 式 (7.61) の慣習的な符号を変えたらどうなるか. スピン 1/2 粒子のパリティの符号はある意味任意に決めてよいが, 粒子と反粒子が反対のパリティをもつという事実は恣意的ではないことに注意せよ.

7.19 (a) $\gamma^\mu\gamma^\nu$ を 1, γ^5, γ^μ, $\gamma^\mu\gamma^5$, $\sigma^{\mu\nu}$ の線形結合で表せ.
(b) 行列 σ^{12}, σ^{13}, σ^{23} （式 (7.69)）を求めよ. また Σ^1, Σ^2, Σ^3 （式 (7.51)）との関係を示せ.

7.20 (a) 式 (7.73) から式 (7.70)（i と iv）を導出せよ.
(b) 式 (7.73) から式 (7.74) を証明せよ.

7.21 連続の方程式（式 (7.74)）が電荷の保存を要請することを示せ.［もしどうしてよいかわからないのであれば電磁気学のテキストを見よ.］

7.22 自由な空間ではいつも $A^0 = 0$ にすることができることを示せ. この条件を満たさない A^μ について, 式 (7.85) の条件を満たすゲージ関数 λ を見つけて, A_0'（式 (7.81)）がゼロになることを示せばよい.

7.23 平面波ポテンシャル（式 (7.89)）にゲージ変換（式 (7.81)）することを考える. ゲージ関数を

$$\lambda = i\hbar\kappa a e^{-(i/\hbar)p\cdot x}$$

とする. ここで, κ は任意定数, p は光子の 4 元ベクトルである.
(a) λ が式 (7.85) を満たすことを示せ.
(b) このゲージ変換は, ϵ^μ を $\epsilon^\mu \to \epsilon^\mu + \kappa p^\mu$ のように変化させる効果があることを示せ（とくに, もし $\kappa = -\epsilon^0/p^0$ を選択すると, クーロンゲージ偏光ベクトルが得られる（式 (7.92)). これは, QED の結果がゲージ不変であることを示す簡単で美しいテストになる. すなわち, ϵ^μ を $\epsilon^\mu + \kappa p^\mu$ に置き換えても答えは変わらないのだ.

7.24 $u^{(1)}$, $u^{(2)}$ （式 (7.46)) と $v^{(1)}$, $v^{(2)}$ （式 (7.47)）を用いて, スピノルの完全性関係（式 (7.99)）を証明せよ.［注意：$u\bar{u}$ は 4×4 の行列で $(u\bar{u})_{ij} \equiv u_i \bar{u}_j$ と定義されている.］

7.25 $\epsilon^{(1)}$ と $\epsilon^{(2)}$ （式 (7.93)）を用いて光子の完全関係（式 (7.105)）を確認せよ.

7.26 重心系の電子-ミュー粒子散乱（式 (7.106)）の振幅を評価せよ. この散乱は e と μ が z 軸に沿って近づいて, 反発し, z 軸に沿って離れていくとする. 始状態と終状態の粒子はすべてヘリシティ $+1$ とする.［答え：$\mathscr{M} = -2g_e^2$］

7.27 対消滅 $e^+ + e^- \to \gamma + \gamma$ の振幅（式 (7.133), (7.134)）を導出せよ.

7.28 反粒子に対してカシミール・トリック（式 (7.125)）と同様の関係を導き出せ.

$$\sum_{\text{all spins}} \left[\bar{v}(a)\Gamma_1 v(b)\right]\left[\bar{v}(a)\Gamma_2 v(b)\right]^*$$

混合している場合はどうか.

$$\sum_{\text{all spins}} \left[\bar{u}(a)\Gamma_1 v(b)\right]\left[\bar{u}(a)\Gamma_2 v(b)\right]^*, \quad \sum_{\text{all spins}} \left[\bar{v}(a)\Gamma_1 u(b)\right]\left[\bar{v}(a)\Gamma_2 u(b)\right]^*$$

7.29 **(a)** $\gamma^0 \gamma^{\nu\dagger} \gamma^0 = \gamma^\nu$ を示せ. このとき, $\nu = 0, 1, 2, 3$ である.

(b) もし, Γ が γ 行列の積 ($\Gamma = \gamma_a \gamma_b \cdots \gamma_c$) だとすると $\bar{\Gamma}$ (式 (7.119)) は順番を逆にした積 $\bar{\Gamma} = \gamma_c \cdots \gamma_b \gamma_a$ になることを示せ.

7.30 カシミール・トリックを用いて, コンプトン散乱の式 (7.126) に類似した式を求めよ. 項が四つあることに注意せよ.

$$|\mathcal{M}|^2 = |\mathcal{M}_1|^2 + |\mathcal{M}_2|^2 + \mathcal{M}_1 \mathcal{M}_2^* + \mathcal{M}_1^* \mathcal{M}_2$$

7.31 **(a)** 7.7 節のトレースの定理 1, 2, 3 を証明せよ.

(b) 式 4 を証明せよ.

(c) 反交換関係 5 を用いて $5'$ を証明せよ.

7.32 **(a)** 反交換関係 5 を用いて, 縮約定理 6, 7, 8, 9 を証明せよ.

(b) 7 から $7'$, 8 から $8'$, 9 から $9'$ をそれぞれ証明せよ.

7.33 **(a)** トレース定理 10, 11, 12, 13 を確認せよ.

(b) 12 から $12'$, 13 から $13'$ を証明せよ.

7.34 **(a)** トレース定理 14, 15, 16 を証明せよ.

(b) 15 から $15'$, また 16 から $16'$ を証明せよ.

7.35 **(a)** $\epsilon^{\mu\nu\lambda\sigma}\epsilon_{\mu\nu\lambda\tau} = -6\delta^\sigma_\tau$ (μ, ν, λ についての和を取る) を示せ.

(b) $\epsilon^{\mu\nu\lambda\sigma}\epsilon_{\mu\nu\theta\tau} = -2(\delta^\lambda_\theta \delta^\sigma_\tau - \delta^\lambda_\tau \delta^\sigma_\theta)$ を示せ.

(c) $\epsilon^{\mu\nu\lambda\sigma}\epsilon_{\mu\phi\theta\tau}$ の類似式を求めよ.

(d) $\epsilon^{\mu\nu\lambda\sigma}\epsilon_{\omega\phi\theta\tau}$ の類似式を求めよ.

[ここで, δ^μ_ν はクロネッカーのデルタ. $\mu = \nu$ のとき 1, それ以外では 0 となる. これは, 混合 (共/反変) 計量テンソルを使っても書ける. $\delta^\mu_\nu = g^\mu{}_\nu = g_\nu{}^\mu$]

7.36 以下のトレースを計算せよ.

(a) $\text{Tr}[\gamma^\mu \gamma^\nu (1-\gamma^5) \gamma^\lambda (1+\gamma^5) \gamma_\lambda]$

(b) $\text{Tr}[(\not{p}+mc)(\not{q}+Mc)(\not{p}+mc)(\not{q}+Mc)]$. ここで, p は質量 m の (実) 粒子の 4 元運動量とし, q は質量 M の (実) 粒子の 4 元運動量とする. 答えを $m, M, c, (p \cdot q)$ で表せ.

7.37 式 (7.107) から (式 (7.129) と同様に) 電子–電子弾性散乱のスピン平均化振幅を求めよ. このとき, 電子の質量を無視できる (すなわち, $m = 0$) 高エネルギー実験であるとする. [ヒント: 式 (7.129) から $\langle|\mathcal{M}_1|^2\rangle$ と $\langle|\mathcal{M}_2|^2\rangle$ を読み取る. $\langle \mathcal{M}_1 \mathcal{M}_2^* \rangle$ についてはカシミール・トリックと同じ方法を用いて

$$\langle \mathcal{M}_1 \mathcal{M}_2^* \rangle = \frac{-g_e^4}{4(p_1-p_3)^2(p_1-p_4)^2} \text{Tr}(\gamma^\mu \not{p}_1 \gamma^\nu \not{p}_4 \gamma_\mu \not{p}_2 \gamma_\nu \not{p}_3)$$

を得る. このときトレースを求めるために定理を使う. 質量ゼロの粒子について, 運動量の保存 $(p_1 + p_2 = p_3 + p_4)$ は $p_1 \cdot p_2 = p_3 \cdot p_4$, $p_1 \cdot p_3 = p_2 \cdot p_4$, $p_1 \cdot p_4 = p_2 \cdot p_3$ を意味することに注目.]

$$\left[\text{答え}: \langle|\mathcal{M}|^2\rangle = \frac{2g_e^4}{(p_1 \cdot p_3)^2(p_1 \cdot p_4)^2}\left[(p_1 \cdot p_2)^4 + (p_1 \cdot p_3)^4 + (p_1 \cdot p_4)^4\right]\right]$$

7.38 **(a)** 式 (7.129) から，高エネルギー ($m, M \to 0$) 極限における重心系での電子–ミュー粒子散乱のスピン平均化振幅を求めよ．

(b) 高エネルギーの電子–ミュー粒子散乱の重心系での微分断面積を求めよ．E を電子のエネルギー，θ を散乱角とする．
$$\left[\text{答え}: \frac{d\sigma}{d\Omega} = \left(\frac{\hbar c}{8\pi}\right)^2 \frac{g_e^4}{2E^2} \left(\frac{1 + \cos^4 \theta/2}{\sin^4 \theta/2} \right)^2 \right]$$

7.39 **(a)** 問題 7.37 の結果を用いて，高エネルギー領域 ($m \to 0$) での重心系の電子–電子散乱のスピン平均化振幅を求めよ．

(b) 高エネルギーでの電子–電子散乱の重心系での微分断面積を求めよ．
$$\left[\text{答え}: \frac{d\sigma}{d\Omega} = \left(\frac{\hbar c}{8\pi}\right)^2 \frac{g_e^4}{2E^2} \left(1 - \frac{4}{\sin^2 \theta} \right)^2 \right]$$
答えを問題 7.38 と比較せよ（脚注 *26 を参照）．

7.40 式 (7.158) から始めて式 (7.105) を用いて光子の偏光を合計し，$|\mathscr{M}|^2$ を計算せよ．答えが式 (7.163) と合うことと，なぜこの方法で正しい答えが導かれるのかを説明せよ（実際には光子は一重項になっていなければならないのに，すべての光子の偏光を足していることに注意すること）．

7.41 式 (7.149) から $e^+ + e^- \to \gamma + \gamma$ の $\langle |\mathscr{M}|^2 \rangle$ を計算せよ．またこれを用いて対消滅の微分断面積を求めよ．式 (7.167) と比較せよ（脚注 *31 を参照）．

7.42 式 (7.176) を導出せよ．この導出には最後のファインマン則が必要である．つまり，閉じたフェルミオンループは -1 を掛けてトレースを取る．

7.43 式 (7.182) を導出せよ．[ヒント：Sakurai [6] の Appendix E から積分定理を用いよ．]

7.44 式 (7.187) を導出せよ．

7.45 重心系での正面衝突の式 (7.192) の補正項を計算せよ．ただし，電子が $(1/10)c$ で移動していると仮定する．実験 [9] では，ビームエネルギーは $57.8\,\text{GeV}$ であった．測定された微細構造「定数」はどのようなものか．実際の結果を見て，予測と比較すること．

7.46 なぜ光子は $\gamma \to \gamma + \gamma$（図 7.12）のように「崩壊」しないのだろうか．このダイアグラムの振幅を計算せよ．[これは，奇数個の頂点の閉じた電子ループを含む任意のダイアグラムの振幅がゼロである，というファリーの定理の一例である．]

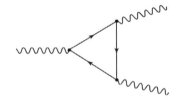

図 7.12 光子の崩壊 $\gamma \to 2\gamma$ はファリーの法則から禁止される（問題 7.46）

7.47 問題 7.30 の答えから，（標的が静止している系における）コンプトン散乱のクライン–仁科公式
$$\frac{d\sigma}{d\Omega} = \frac{\pi \alpha^2}{m^2} \left(\frac{\omega'}{\omega}\right)^2 \left[\frac{\omega'}{\omega} + \frac{\omega}{\omega'} - \sin^2 \theta \right]$$
を導出せよ．ここで，ω, ω' は入射光子の振動数，散乱光子の振動数である（問題 3.27）．

以下の問題 48～50 は以下の模型を考える．光子が質量のないベクトル（スピン 1）粒子ではなく，質量をもつスカラー（スピン 0）であるとする．とくに，QED バーテックス因子が $ig_e 1$（1 は 4×4 の単位行列）であり，「光子」の伝播関数は

$$\frac{-i}{q^2 - (m_\gamma c)^2}$$

とする．いま，光子偏極ベクトルは存在しない．したがって，外部光子線に対する因子も存在しない．これ以外には，QED のファインマン則の変更はない．

7.48 崩壊することのできる十分重い「光子」を仮定する．
  (a) $\gamma \to e^+ + e^-$ の崩壊率を計算せよ．
  (b) もし $m_\gamma = 300\,\mathrm{MeV}/c^2$ とすると光子の寿命は何秒か．

7.49 (a) この理論における電子–ミュー粒子散乱の振幅 $\mathscr{M}$ を求めよ．
  (b) スピン平均化振幅 $\langle|\mathscr{M}|^2\rangle$ を計算せよ．
  (c) 重心系での電子–ミュー粒子散乱の微分断面積を求めよ．十分高エネルギーとして電子とミュー粒子の質量を無視する $(m_e, m_\mu \to 0)$．答えを入射電子のエネルギー E と散乱角 θ を用いて表せ．
  (d) (c) の結果から全断面積を計算せよ．ここで，光子は非常に重いとする $(m_\gamma c^2 \gg E)$．
  (e) (b) に戻って，今度は「ミュー粒子」が非常に重い $(|\boldsymbol{p}_e|/c \ll m_e \ll m_\gamma \ll m_\mu)$ 低エネルギーの散乱を考える．ミュー粒子が反跳しないと仮定して実験室系（ミュー粒子が静止）の微分断面積を求めよ．ラザフォードの公式（例題 7.7）と比較し全断面積を求めること．[実際，$m_\gamma \to 0$ で $|\boldsymbol{p}| \ll mc$ とすると，正しいラザフォード公式が得られる．]

7.50 (a) この理論で，対消滅 $(e^+ + e^- \to \gamma + \gamma)$ の振幅 $\mathscr{M}$ を求めよ．
  (b) 電子と「光子」の質量を無視できる $(m_e, m_\gamma \to 0)$ 高エネルギーを仮定して，$\langle|\mathscr{M}|^2\rangle$ を求めよ．
  (c) (b) を重心系で計算せよ．このとき，入射電子のエネルギー E と散乱角 θ を用いて表せ．
  (d) ここでも，$m_e = m_\mu = 0$ と仮定して重心系での対消滅の微分断面積を求めよ．また全散乱断面積は有限だろうか．

7.51 スピン 1/2 の粒子で電気的に中性の場合，ひょっとするとそれ自身が反粒子であるかもしれない（もしそうなら，これらは「マヨラナ」フェルミオンとよばれる．標準模型では唯一可能な候補はニュートリノである）．
  (a) 問題 7.9 によると荷電共役スピノルは $\psi_c = i\gamma^2\psi^*$ である．すると，もし粒子と反粒子が同じものであれば $\psi = \psi_c$ となる．この条件がローレンツ不変であることを示せ（一つの慣性系で等式が成り立てば，任意の慣性系でも成り立つ）．[ヒント：式 (7.52), (7.53) を用いる．]
  (b) $\psi = \psi_c$ であれば ψ の「下の」2 成分は $\psi_B = -i\sigma_y\psi_A^*$ のように上の二つの要素と関係がつく．したがって，マヨラナ粒子は 2 成分スピノルの要素のみを必要とする $(\chi \equiv \psi_A)$．ディラックスピノルでは 4 成分だが，マヨラナスピノルの場合では二つの成分が不要となる．2 成分で書かれるマヨラナ粒子のディラック方程式を示すと

$$i\hbar[\partial_0\chi + i(\sigma \cdot \nabla)\sigma_y\chi^*] - mc\chi = 0$$

となる．「下の」成分のディラック方程式がこの式と無矛盾であることを確かめよ．
  (c) スピノル χ のマヨラナ状態の平面波解を求めよ．[ヒント：一般的な線形結合は $\psi = a_1\psi^{(1)} + a_2\psi^{(2)} + a_3\psi^{(3)} + a_4\psi^{(4)}$（式 (7.46), (7.47) で），(b) の制限を課し，a_3, a_4 を $(a_1$ と a_2 を用いて）解く．そして（たとえば）$\chi^{(1)}$ は $a_1 = 1, a_2 = 0$ を，$\chi^{(2)}$ は $a_1 = 0, a_2 = 1$ を選ぶ．]

8
クォークの電気力学と色力学

　電磁相互作用はよく理解されているので，電子はハドロンの構造を調べるためのプローブとして役立つ．7 章でレプトンに述べたことすべてはクォークにもそのまま当てはまる（もちろん，$(2/3)e$ あるいは $-(1/3)e$ という適切な電荷を使う必要はある）．しかし，クォーク自身は決して日の目を見ないという事実が実験をややこしくしていて，中間子やバリオンの振る舞いの観測からそれらが何でできているのかを推測しなければならない．この章では，二つの重要な例を見ていく．電子–陽電子衝突におけるハドロン生成（8.1 節）と電子–陽子弾性散乱（8.2 節）だ．その後量子色力学に移る．ファインマン則（8.3 節），色荷（8.4 節），QCD における対消滅（8.5 節），そして漸近的自由（8.6 節）を見ていく．

8.1　e^+e^- 衝突におけるハドロン生成

　電子と陽電子が衝突すると，$e^+ + e^- \to e^+ + e^-$（バーバー散乱）のように（もちろん）弾性的に散乱することができるし，$e^+ + e^- \to \gamma + \gamma$（対消滅）のように二つの光子を生成することもできるし，あるいはエネルギーが十分高ければ，$e^+ + e^- \to \mu^+ + \mu^-$ のようにミュー粒子（あるいは，タウ）対をつくることができる．また，$e^+ + e^- \to q + \bar{q}$ のようにクォーク対を生成することもでき，この過程をこの後考察したい．最低次の QED ダイアグラムは以下である．

　生成されたクォーク同士は短時間だけ自由粒子のように離れていくが，クォーク間の距離が 10^{-15} m（ハドロンの直径）に達すると，クォーク同士に働く（強い）相互作用があまりにも強いため，今度はおもにグルーオンから新たなクォーク–反クォーク

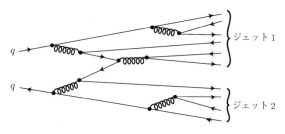

図 8.1　ハドロン化とジェットの形成

対が生成される（図 8.1）．これらの（現代の典型的な実験では文字通り膨大な数の）クォークと反クォークは，無数の組み合わせで一緒になり，検出器で実際に記録される中間子やバリオンをつくる．この過程は「ハドロン化」として知られている．つまり，われわれが実験室で観測するのは $e^+ + e^- \to$ ハドロンなのだ．

すべての反応の終状態中には，元々のクォーク–反クォーク対の疑うことなき痕跡が残っていることがほとんどだ．ハドロンは二つの背中合わせの「ジェット」として現れる．一つは元々のクォークの方向に沿って[*1]，もう一つは反クォークの方向に沿って飛び出す（図 8.2）．ときには，3 ジェット事象もある（図 8.3）．それは，元々あった $q\bar{q}$ 生成

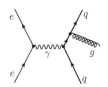

に伴って，全エネルギーのかなりの部分を担ったグルーオンが放出されたことを示している．実際，一般的には 3 ジェット事象の観測がグルーオンの存在に対する最も直接的な証拠だとみなされている．

さて，この過程（$e^+ + e^- \to \gamma \to q + \bar{q}$）における最初のステップは通常の QED だ．その計算は $e^+ + e^- \to \mu^+ + \mu^-$ のそれとまったく同じだ．

[*1] （たとえば）クォークはジェットを無色にするために，「後ろに届き」別の枝から反クォークを拾い出さなければならないが，エネルギー遷移が比較的小さければジェットの構造を壊さないことに注意．

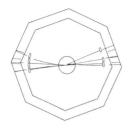

図 8.2 典型的な 2 ジェット事象
(出典:Dorfan, SLAC)

図 8.3 3 ジェット事象
(出典:Dorfan, SLAC)

振幅は

$$\mathscr{M} = \frac{Qg_e^2}{(p_1+p_2)^2}\left[\bar{v}(p_2)\gamma^\mu u(p_1)\right]\left[\bar{u}(p_3)\gamma_\mu v(p_4)\right] \tag{8.1}$$

である.Q は e を単位とした(u, c, t に対しては $2/3$,d, s, b に対しては $-1/3$)クォークの電荷である.カシミール・トリックを使うと

$$\langle|\mathscr{M}|^2\rangle = \frac{1}{4}\left[\frac{Qg_e^2}{(p_1+p_2)^2}\right]^2 \text{Tr}\left[\gamma^\mu(\not{p}_1+mc)\gamma^\nu(\not{p}_2-mc)\right] \\ \times \text{Tr}\left[\gamma_\mu(\not{p}_4-Mc)\gamma_\nu(\not{p}_3+Mc)\right] \tag{8.2}$$

を得る.ここで,m は電子の質量,M はクォークの質量である(問題 8.1).7 章のトレース定理を思い出すと,以下のようになる.

$$\langle|\mathscr{M}|^2\rangle = 8\left[\frac{Qg_e^2}{(p_1+p_2)^2}\right]^2\left[(p_1\cdot p_3)(p_2\cdot p_4)+(p_1\cdot p_4)(p_2\cdot p_3)\right. \\ \left. +(mc)^2(p_3\cdot p_4)+(Mc)^2(p_1\cdot p_2)+2(mc)^2(Mc)^2\right] \tag{8.3}$$

あるいは,(重心系での)入射電子のエネルギー E と,入射電子と出て行くクォークとの間の角度 θ で表すと

$$\langle|\mathscr{M}|^2\rangle = Q^2 g_e^4 \Bigg\{1+\left(\frac{mc^2}{E}\right)^2+\left(\frac{Mc^2}{E}\right)^2 \\ +\left[1-\left(\frac{mc^2}{E}\right)^2\right]\left[1-\left(\frac{Mc^2}{E}\right)^2\right]\cos^2\theta\Bigg\} \tag{8.4}$$

となる.微分散乱断面積は式 (6.47) で与えられているので,θ と ϕ について積分すると

$$\sigma = \frac{\pi Q^2}{3}\left(\frac{\hbar c\alpha}{E}\right)^2 \sqrt{\frac{1-(Mc^2/E)^2}{1-(mc^2/E)^2}}\left[1+\frac{1}{2}\left(\frac{Mc^2}{E}\right)^2\right]\left[1+\frac{1}{2}\left(\frac{mc^2}{E}\right)^2\right] \quad (8.5)$$

を得る（問題8.2）.

$E = Mc^2$ というしきい値に注意しよう．このエネルギー以下では平方根が虚数になってしまう．これが意味するのは，$q\bar{q}$ 対を生成するに足るエネルギーがないとその過程は運動学的に許されないということだ．しきい値よりもはるかにエネルギーが大きくなると（$E > Mc^2 \gg mc^2$），式 (8.5) はずっとすっきりとする[*2]．

$$\sigma = \frac{\pi}{3}\left(\frac{\hbar Qc\alpha}{E}\right)^2 \quad (8.6)$$

ビームエネルギーを上げていくと，以下のしきい値が次々と現れる．まずミュー粒子と軽いクォーク，その後（約 1300 MeV で）チャームクォーク，(1777 MeV で) タウ，(4500 MeV で) ボトムクォーク，そして最後にはトップクォークのしきい値が現れる．この構造をきれいに見せる方法がある．ハドロン生成頻度とミュー粒子生成頻度の比を考えてみよう．

$$R \equiv \frac{\sigma(e^+e^- \to \text{ハドロン})}{\sigma(e^+e^- \to \mu^+\mu^-)} \quad (8.7)$$

分子はすべてのクォーク-反クォーク事象を含んでいるので[*3]，式 (8.6) から

$$R(E) = 3\sum Q_i^2 \quad (8.8)$$

が得られる．ここで，和はしきい値 E より下で生成されるすべてのクォーク種に対して取る．先頭の 3 に注意しよう．それぞれのクォークのフレーバーに 3 種類の色があるという事実を反映している．そして，$R(E)$ は「階段」状のグラフになると予想できる．新たなクォーク生成のしきい値を超えると階段を一つ上がり，その高さはクォークの電荷によって決まる．u, d, s クォークだけが寄与する低エネルギーでは，

$$R = 3\left[\left(\frac{2}{3}\right)^2 + \left(-\frac{1}{3}\right)^2 + \left(-\frac{1}{3}\right)^2\right] = 2 \quad (8.9)$$

[*2] 運よく代数で打ち消し合うので，この近似は実際のところ見た目よりもよい．平方根を展開すると，$\sqrt{1-(Mc^2/E)^2}[1+(1/2)(Mc^2/E)^2] = 1-(3/8)(Mc^2/E)^4\cdots$ となり，誤差は $(Mc^2/E)^2$ ではなく $(Mc^2/E)^4$ だ．電子の質量項は，2 次のオーダーの補正はあるものの，これらは元々かなり小さい．そして，これらの項は R の計算において完全に打ち消される（式 (8.7)）．

[*3] τ レプトンは多くの場合ハドロンに崩壊するので，1777 MeV 以上ではその効果が R に少し加わる．そのために，図 8.4 では「$u+d+s+c$」の線よりも実験値がわずかに大きくなっている．

が期待される．c のしきい値と b のしきい値との間では

$$R = 2 + 3\left(\frac{2}{3}\right)^2 = \frac{10}{3} = 3.33 \tag{8.10}$$

となるはずで，b のしきい値では少しだけ増えて

$$R = \frac{10}{3} + 3\left(-\frac{1}{3}\right)^2 = \frac{11}{3} = 3.67 \tag{8.11}$$

となり，トップクォークまでいくと $R = 5$ に跳ね上がるはずだ．

　実験結果は図 8.4 に示されている．理論と実験との一致はとてもよい．とりわけ高いエネルギーでは素晴らしい．しかし，それがなぜ完璧ではないのかと問いたくなるかもしれない．式 (8.5) から (8.6) へ行くときの近似（これがそれぞれのしきい値での角を人工的に鋭くする）と τ を無視したことを除いても，$e^+e^- \to q\bar{q}$（QED）と $q\bar{q} \to$ ハドロン（QCD）が二つの独立した過程だとした仮定に単純化がありすぎた．実際のところ，最初のステップで生成されたクォークはディラック方程式に従う自由粒子ではなく，むしろ，それらは 2 番目の過程へ向かう途中の仮想粒子なのだ．これは，とりわけエネルギーが束縛状態（$\phi = s\bar{s}$, $\psi = c\bar{c}$, $\Upsilon = b\bar{b}$）の生成エネルギーに近いときに致命的になる．そのような「共鳴」の近くでは，二つのクォーク間の相互作用をとても無視できない．それゆえ，グラフ上の鋭いピークが存在する．典型的に，それぞれのしきい値のすぐ下にできる．そして，とうとう 50 GeV を超えると，グラフは 91 GeV の Z^0 ピークを目指して増加を始めてしまう．

　しかし，これらすべては本当にこじつけだ．というのも，図 8.4 の重要性はわずかな不一致にあるのではなく，全体の一致が雄弁に物語っている．式 (8.8) には因子 3 があるということを．それがなければ，理論は大きくずれてしまっている（図 8.4 の破線を参照）．しかも，そのずれはたんに分離された共鳴のところだけではなく，全体にわたっている．その 3 が色の数だということを忘れてはならない．そこで，これが，色に関する仮説の確固たる実験的証拠となったのだ．元々は深遠な理論的理由により導入された仮説だったが，現在では，強い相互作用に対するレシピに必要不可欠な材料となっている．

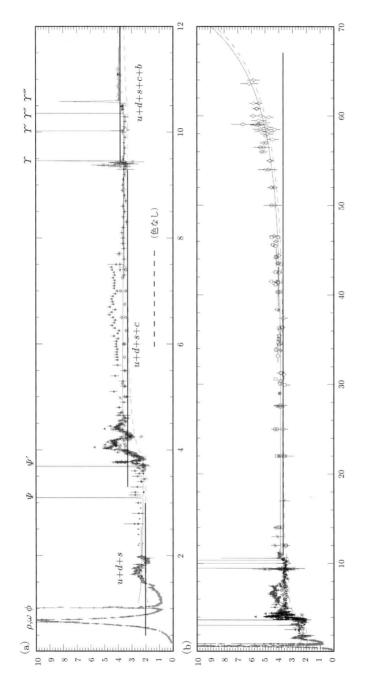

図 8.4 データに基づいた R のグラフ．横軸は GeV 単位の全エネルギー $(2E)$（提供は COMPAS (IHEP, ロシア) と HEPDATA (Durham 大, 英国) で P. Janot (CERN) と M. Schmitt (ノースウエスタン大) による修正を加えてある）

8.2 弾性電子–陽子散乱

さて今度は，陽子の内部構造に対する最もよいプローブである電子–陽子散乱を見ていこう．もし陽子がディラック方程式に従う単純な点電荷だったとしたら，電子–ミュー粒子散乱の解析での M を陽子の質量に置き換えるだけでよい．最低次のファインマン図は以下になり，

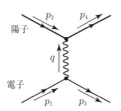

（スピンについて平均をとった）振幅は，

$$\langle |\mathscr{M}|^2 \rangle = \frac{g_e^4}{q^4} L^{\mu\nu}_{\text{electron}} L_{\mu\nu\ \text{proton}} \tag{8.12}$$

となるだろう（式 (7.126)）．ここで $q = p_1 - p_3$ で，そして（式 (7.128)）

$$L^{\mu\nu}_{\text{electron}} = 2\{p_1^\mu p_3^\nu + p_1^\nu p_3^\mu + g^{\mu\nu}[(mc)^2 - (p_1 \cdot p_3)]\} \tag{8.13}$$

である（$L^{\mu\nu}_{\text{proton}}$ についても同様で，$m \to M$ と $1, 3 \to 2, 4$ の置き換えを行う）．モット散乱とラザフォード散乱の公式を導き出すための例題 7.7 でこれらの結果を使った．

しかし，陽子は単純な点電荷ではなく，それゆえクォークモデルの降臨よりもずっと以前から，電子–陽子散乱を記述するためのより柔軟な定式化が導入されていた．QED の最低次の過程をこのようなダイアグラムで表現する．

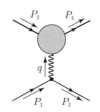

ここで，ぼんやりとした塊は，(仮想) 光子が陽子とどのように相互作用するかは本当はわからないのだということを忘れないようにする役目を担っている（しかし，$e + p \to e + p$

のように散乱は弾性であることを強く仮定している．$e+p \to e+X$ という非弾性電子–陽子散乱ははるかに複雑になってしまい，本書ではそのような過程を取り扱わない）．いまここで本質的な点は，電子のバーテックスと光子の伝播関数は変わっていないということだ．それゆえ，式 (8.12) のように，$\langle|\mathscr{M}|^2\rangle$ をうまく因数分解できて

$$\langle|\mathscr{M}|^2\rangle = \frac{g_e^4}{q^4} L^{\mu\nu}_{\text{electron}} K_{\mu\nu\,\text{proton}} \tag{8.14}$$

となる．ここで $K_{\mu\nu}$ は光子–陽子バーテックスを記述する未知の量だ．

だがしかし……一切がわからないわけではない．これだけはいえる．それは，間違いなく 2 階のテンソルで，依存性をもち得る変数は，p_2, p_4, そして q だ．$q=p_2-p_4$ なので，これら三つは独立ではなく，どれか二つを任意に選んで使ってよい．慣習的に選ばれているのは q と p_2 だ（ここから下付きの添字を省略する．$p \equiv p_2$ は陽子の初期運動量である）．さて，二つの 4 元ベクトルから構築することのできるテンソルはそれほど多くない．最も一般的で可能なかたちは

$$K^{\mu\nu} = -K_1 g^{\mu\nu} + \frac{K_2}{(Mc)^2} p^\mu p^\nu + \frac{K_4}{(Mc)^2} q^\mu q^\nu + \frac{K_5}{(Mc)^2}(p^\mu q^\nu + p^\nu q^\mu) \tag{8.15}$$

である．ここで，K_i は，いま扱っている問題で唯一のスカラー量，すなわち q^2 の（未知の）関数である[*4]．すべての K が同じ次元をもつように，K_2, K_4, K_5 を定義する際に因子 $(Mc)^{-2}$ を引っ張り出した[*5]．原理的には反対称の組み合わせ $(p^\mu q^\nu - p^\nu q^\mu)$ を加えてもよいのだが，$L^{\mu\nu}$ が対称なので（式 (8.13)），そのような項は $\langle|\mathscr{M}|^2\rangle$ に対して何の寄与もない．さて，これら四つの関数は独立ではない．

$$q_\mu K^{\mu\nu} = 0 \tag{8.16}$$

であることから（問題 8.4），

$$K_4 = \frac{(Mc)^2}{q^2} K_1 + \frac{1}{4} K_2, \qquad K_5 = \frac{1}{2} K_2 \tag{8.17}$$

となる（問題 8.5）．よって，$K^{\mu\nu}$ はたった二つの（未知の）関数 $K_1(q^2)$ と $K_2(q^2)$ によって

$$K^{\mu\nu} = K_1\left(-g^{\mu\nu} + \frac{q^\mu q^\nu}{q^2}\right) + \frac{K_2}{(Mc)^2}\left(p^\mu + \frac{1}{2}q^\mu\right)\left(p^\nu + \frac{1}{2}q^\nu\right) \tag{8.18}$$

[*4] $p^2=(Mc)^2$ は定数で，$p_4^2=(q+p)^2=q^2+2q\cdot p+p^2=(Mc)^2 \Rightarrow q\cdot p=-q^2/2$ であることに注意せよ．

[*5] 下付き添字の 3 は，ニュートリノ–陽子散乱の同様の解析をする際に出てくる項のために伝統的に使わずに取ってある．しかし，ここではそれをやらない．

と表される．

「形状因子」K_1 と K_2 は電子–陽子弾性散乱断面積に直接関係している．式 (8.13) と (8.18) によると（問題 8.7），

$$\langle |\mathscr{M}|^2 \rangle = \left(\frac{2g_e^2}{q^2}\right)^2 \left\{ K_1[(p_1 \cdot p_3) - 2(mc)^2] + K_2 \left[\frac{(p_1 \cdot p)(p_3 \cdot p)}{(Mc)^2} + \frac{q^2}{4}\right] \right\} \tag{8.19}$$

を得る．標的陽子が静止している $p = (Mc, 0, 0, 0)$ の実験室系を考える．入射エネルギー E の電子が角度 θ だけ散乱され，エネルギーが E' になって出てきたとする．適度に高エネルギーの散乱 $(E, E') \gg mc^2$ を仮定しよう．そうすると，電子の質量を安全に無視することができる（$m = 0$ とする）[*6]．すると，$\hat{\boldsymbol{p}}_i \cdot \hat{\boldsymbol{p}}_f = \cos\theta$ として，$p_1 = (E/c)(1, \hat{\boldsymbol{p}}_i)$, $p_3 = (E'/c)(1, \hat{\boldsymbol{p}}_f)$ となり，

$$\langle |\mathscr{M}|^2 \rangle = \frac{g_e^4 c^2}{4EE' \sin^4(\theta/2)} \left(2K_1 \sin^2\frac{\theta}{2} + K_2 \cos^2\frac{\theta}{2} \right) \tag{8.20}$$

を見出す（問題 8.8）．外に出て行く電子のエネルギー E' は独立な変数ではなく，運動学的に E と θ によって決まる（問題 8.9）．

$$E' = \frac{E}{1 + (2E/Mc^2)\sin^2(\theta/2)} \tag{8.21}$$

入射粒子の質量がゼロの場合は

$$\frac{d\sigma}{d\Omega} = \left(\frac{\hbar E'}{8\pi McE}\right)^2 \langle |\mathscr{M}|^2 \rangle \tag{8.22}$$

を得る（問題 6.10）．よって，弾性電子–陽子散乱に対しては

$$\frac{d\sigma}{d\Omega} = \left(\frac{\alpha \hbar}{4ME \sin^2(\theta/2)}\right)^2 \frac{E'}{E} [2K_1 \sin^2(\theta/2) + K_2 \cos^2(\theta/2)] \tag{8.23}$$

となる．ここで，E' は式 (8.21) によって与えられる．これはローゼン–ブルースの式として知られ，1950 年に初めて導き出された [1]．ある一定の入射エネルギー幅のときに，与えられた角度に散乱される電子の数を数えることで $K_1(q^2)$ と $K_2(q^2)$ を実験的に決めることができる．実際のところは，それらの代わりに「電気的」そして「磁

[*6] モットの公式（式 (7.131)）は陽子の構造と反跳を無視している．それは $E \ll Mc^2$ の領域だが，$E \gg mc^2$ という仮定はしていない．今度ここでは $E \gg mc^2$ の領域を考えているが，陽子の構造と反跳を無視はしていない（すなわち，$E \ll Mc^2$ という仮定をしていない）．中間エネルギー領域 $mc^2 \ll E \ll Mc^2$ では，その二つの結果は同じになる（問題 8.10）．

気的」形状因子 $G_E(q^2)$ と $G_M(q^2)$ を使うのが伝統的だ．

$$K_1 = -q^2 G_M^2, \qquad K_2 = (2Mc)^2 \frac{G_E^2 - [q^2/(2Mc)^2] G_M^2}{1 - [q^2/(2Mc)^2]} \tag{8.24}$$

$G_E(q^2)$ と $G_M(q^2)$ は，それぞれ電気と磁気モーメントの分布に関連している [2]．

ここまでには貴重な物理はほとんどない．われわれがやったのは，陽子の模型に対する議題を設定しただけだ．成功した理論なら形状因子を計算できなければならないが，この段階では完全に任意だ．最も単純な模型なら陽子を単純な点電荷として扱う．この場合は（問題 8.6），

$$K_1 = -q^2, \quad K_2 = (2Mc)^2 \quad \Rightarrow \quad G_E = G_M = 1 \tag{8.25}$$

となる．低エネルギーでは悪い近似ではない．そこでは，電子は陽子の中を「見る」のに十分なところまで近づけない．しかし，高エネルギーではひどく不適当になる（図 8.5）．あきらかに陽子は多彩な内部構造をもつ．クォーク模型の観点からはそこに驚きはない．しかし，まだ陽子が真に素粒子だと考えていた人々にとっては衝撃だったはずだ．

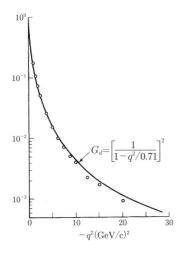

図 8.5 陽子の弾性形状因子．全体に掛かる定数を除いては，電気と磁気モーメント G_E と G_M は実際上同じである．少なくとも約 $10\,(\mathrm{GeV}/c)^2$ までは，現象論的な「双極」関数 G_d でうまくフィットできる（実線）．丸印は $G_M(1+K)$ ($\approx G_E$) の実験値（出典：H. Frauenfelder and E.M. Henley: *Subatomic Physics*, 2nd edn (Prentice-Hall, 1991) 141; P. N. Kirk *et al.*: Phys. Rev., D **8**, 63 (1973) のデータに基づく）

8.3 色力学のファインマン則

量子電気力学（QED）は荷電粒子の相互作用を記述する．量子色力学（QCD）は色をもつ粒子の相互作用を記述する．電磁気力は光子によって媒介され，色による力はグルーオンによって媒介される．電磁気力の強さは結合定数

$$g_e = \sqrt{4\pi\alpha} \tag{8.26}$$

によって決まる．適切な単位系では，g_e は素電荷になる（陽電子の電荷）．色力学の強さは「強い力」の結合定数で決まる．

$$g_s = \sqrt{4\pi\alpha_s} \tag{8.27}$$

これを色の力の根本的な単位とみなしてよいのかもしれない．クォークには「赤」(r)「青」(b)「緑」(g) という3種類の色がある[*7]．ゆえに，QCDにおいてクォークの状態を指定するには，運動量とスピンを与えるディラックスピノル $u^{(s)}(p)$ だけでなく，色を与える3成分の列ベクトル c

$$c = \begin{pmatrix} 1 \\ 0 \\ 0 \end{pmatrix} 赤, \quad \begin{pmatrix} 0 \\ 1 \\ 0 \end{pmatrix} 青, \quad \begin{pmatrix} 0 \\ 0 \\ 1 \end{pmatrix} 緑 \tag{8.28}$$

が必要となる．たとえば c_i というように，アルファベットの真ん中辺りの文字の下付き添字で c の要素をラベルづけする．すると，i, j, k, …はクォークの色について1から3までを取り得る[*8]．

典型的には，クォーク–グルーオンのバーテックスでクォークの色は変わり，その変化はグルーオンによってもって行かれる．たとえば次のように．

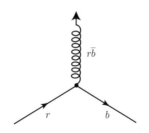

[*7] クォークにはもちろん違ったフレーバーもある．しかし，異なるフレーバーのクォークは異なる質量をもつという点を除いては，QCDには無関係である．QEDが粒子の電荷しか見ないように，QCDはその色にしか関心をもたない．

[*8] たいていの教科書では，クォークの色の状態を明示的に指定していないことに注意すべきだ．色は「暗示されて」いたり，「$u(p)$ に含まれていると理解される」べきだったりする．表記が多少面倒になるという対価を支払っても，いまの時点では明示的に書く方が賢い．

このダイアグラムでは，赤のクォークが青のクォークに変わり，赤・反青のグルーオンを放出している．それぞれのグルーオンは，色を一つと反色を一つ運んでいる．ということは，グルーオンには，赤反赤 ($r\bar{r}$)，赤反青 ($r\bar{b}$)，赤反緑 ($r\bar{g}$)，青反赤 ($b\bar{r}$)，青反青 ($b\bar{b}$)，青反緑 ($b\bar{g}$)，緑反赤 ($g\bar{r}$)，緑反青 ($g\bar{b}$)，緑反緑 ($g\bar{g}$) という 9 種類が存在するはずだ．そのような 9 種類のグルーオンが存在する理論は原理的には完璧に可能だ．しかし，その世界はいまのわれわれの世界とは非常に違ったものになってしまう．色に関する $SU(3)$ 対称性（これから見ていくように，QCD はその上に立脚している）によると，これらの九つの状態は「色の八重項」

$$
\begin{array}{ll}
|1\rangle = (r\bar{b} + b\bar{r})/\sqrt{2} & |2\rangle = -i(r\bar{b} - b\bar{r})/\sqrt{2} \\
|3\rangle = (r\bar{r} - b\bar{b})/\sqrt{2} & |4\rangle = (r\bar{g} + g\bar{r})/\sqrt{2} \\
|5\rangle = -i(r\bar{g} - g\bar{r})/\sqrt{2} & |6\rangle = (b\bar{g} + g\bar{b})/\sqrt{2} \\
|7\rangle = -i(b\bar{g} - g\bar{b})/\sqrt{2} & |8\rangle = (r\bar{r} + b\bar{b} - 2g\bar{g})/\sqrt{6}
\end{array}
\tag{8.29}
$$

と，「色の一重項」

$$
|9\rangle = (r\bar{r} + b\bar{b} + g\bar{g})/\sqrt{3} \tag{8.30}
$$

を構成する（5.5 節を参照．そこでは色ではなくフレーバーについて議論したが，数学的には同一だ．たんに $u, d, s \to r, b, g$ の置き換えをすればよい．われわれはここでは同位体のスピンを扱っているわけではなく，八重項に属する状態の別の線形結合を使った．これにより後々表記がすっきりする）．もしグルーオンの一重項が存在したとすればそれは見かけ上光子と共通であるとみなされてしまうだろう[*9]．閉じ込めによって自然界に存在するすべての粒子は色の一重項になり，なぜ八重項のグルーオンが自由粒子として自然界に現れないかを「説明」できる[*10]．しかし，$|9\rangle$ は色一重項で

[*9] たぶん「9 番目のグルーオン」が光子なのだ！ それによって強い相互作用と電磁相互作用の美しい統一がなされる．もちろん，結合定数はまったく正しくないが，それはあらゆる統一方法に共通の問題で，おそらく乗り越えることができるだろう．このアイデアには，それよりももっと深刻な問題がある．それが何であるかを突き止めることは読者に委ねる（問題 8.10）．

[*10] 「色一重項」と「無色」との違いに注意しよう．グルーオンの $|3\rangle$ と $|8\rangle$ は，それぞれの色の正味の量はゼロという観点では無色だが，色の一重項ではない．この状況にはスピンの理論との類推がある．$S_z = 0$ の状態があっても，これがスピン 0 であるとは証明できない（スピン 0 なら確かに $S_z = 0$ だといえるし，同様に色一重項なら必ず無色であるが）．多くの研究者が「無色」という言葉を「カラー一重項」の意味として使うが，これは誤解を招く（さかのぼって 1 章と 2 章では，私はいい加減だった．というのも，その時点では色一重項という概念を説明することが不可能だったから）．（「色一重項」の代わりに）「色不変」という言葉を，あるいは「色スカラー」という言葉を好んで使ってもよいかもしれない．本質的なのは，そのような状態は色の $SU(3)$ 変換で不変だということだ（問題 8.12）．

あり，もしそれが媒介粒子として存在したとしたら，それもまた自由粒子であるべきだ．さらに，二つの色一重項（たとえば，陽子と中性子のような）の間で交換されてもよいので，それにより強結合による長距離力を発生させてもよい[*11]．一方，実際には，強い力は非常に短距離までしか到達しないことを知っている．ということは，あきらかに，われわれの世界には8種類のグルーオンしか存在しないのだ[*12]．

光子と同様，グルーオンはスピン1で質量ゼロの粒子である．これらは，グルーオン運動量 p に直交する偏極ベクトル ϵ^μ で表現される．

$$\epsilon^\mu p_\mu = 0 \quad （ローレンツ条件） \tag{8.31}$$

以前と同様に，クーロンゲージを採用する[*13]．

$$\epsilon^0 = 0 \quad それゆえ \quad \boldsymbol{\epsilon} \cdot \boldsymbol{p} = 0 \tag{8.32}$$

これではローレンツ不変性の明白さを弱めてしまうが，それは避けようがない（7.4節）．グルーオンの色の状態を記述するためには，さらに，a という8成分の列ベクトルが必要である．

$$|1\rangle に対して a = \begin{pmatrix} 1 \\ 0 \\ 0 \\ 0 \\ 0 \\ 0 \\ 0 \\ 0 \end{pmatrix}, \quad |7\rangle に対して \begin{pmatrix} 0 \\ 0 \\ 0 \\ 0 \\ 0 \\ 0 \\ 1 \\ 0 \end{pmatrix} \quad など \tag{8.33}$$

a の要素は，(a^α) のように，ギリシャ文字の先頭の方の文字でラベル付けされる．

[*11] グルーオンは質量をもたないので，（電気力学と同じように）無限遠に到達する力を媒介する．この点では，二つのクォーク間の力は長距離力だ．しかし，閉じ込めが起こると，一重項グルーオンが存在しないことにより，長距離力が隠れてしまう．（陽子のような）一重項状態は，（パイ中間子のような）一重項だけを放出・吸収することができるので，個々のグルーオンが陽子と中性子の間で交換されることはない．だからこそ，われわれが観測する力は短距離力なのだ．もし一重項の光子が存在したら，一重項同士の間で交換され，強い力にも長距離力の成分があったであろう．

[*12] 群論の用語では，ここでの問題は QCD を規定する対称性が（9個のグルーオンが必要になる）$U(3)$ なのか（8個で済む）$SU(3)$ なのかということだ．実験結果は，決定的に後者を支持している．

[*13] ここには微妙な問題がある．色力学におけるゲージ変換は式 (7.81) よりもはるかに複雑だし，実際，首尾一貫してクーロンゲージ条件を課すことができない．しかしながら，式 (7.81) に対する補正は因子 g_s を含んでいるので，ファインマン則の計算方法によれば，クーロンゲージを導入することで生じた「誤差」は，高次の（ループ）ダイアグラムを計算する方法を適切に変更すれば補償することができる．

$\alpha, \beta, \gamma, \cdots$ はグルーオンの色の状態に対応して 1 から 8 までの値を取る．（電荷に関して中性の光子とは対照的に）グルーオン自身が色をもつので，それぞれのグルーオン同士が直接結合する．実際，グルーオンの 3 点バーテックスと 4 点バーテックスが存在する．

QCD のファインマン則を陳述する前に，表記法に関して 2 点紹介する．最初はゲルマンの「λ 行列」だ．$SU(2)$ におけるパウリ行列の $SU(3)$ 版である．

$$\lambda^1 = \begin{pmatrix} 0 & 1 & 0 \\ 1 & 0 & 0 \\ 0 & 0 & 0 \end{pmatrix} \qquad \lambda^2 = \begin{pmatrix} 0 & -i & 0 \\ i & 0 & 0 \\ 0 & 0 & 0 \end{pmatrix} \qquad \lambda^3 = \begin{pmatrix} 1 & 0 & 0 \\ 0 & -1 & 0 \\ 0 & 0 & 0 \end{pmatrix}$$

$$\lambda^4 = \begin{pmatrix} 0 & 0 & 1 \\ 0 & 0 & 0 \\ 1 & 0 & 0 \end{pmatrix} \qquad \lambda^5 = \begin{pmatrix} 0 & 0 & -i \\ 0 & 0 & 0 \\ i & 0 & 0 \end{pmatrix} \qquad \lambda^6 = \begin{pmatrix} 0 & 0 & 0 \\ 0 & 0 & 1 \\ 0 & 1 & 0 \end{pmatrix}$$

$$\lambda^7 = \begin{pmatrix} 0 & 0 & 0 \\ 0 & 0 & -i \\ 0 & i & 0 \end{pmatrix} \qquad \lambda^8 = \frac{1}{\sqrt{3}} \begin{pmatrix} 1 & 0 & 0 \\ 0 & 1 & 0 \\ 0 & 0 & -2 \end{pmatrix} \tag{8.34}$$

次に，λ 行列の交換関係が $SU(3)$ 群の「構造関数」$(f^{\alpha\beta\gamma})$ を定義する

$$[\lambda^\alpha, \lambda^\beta] = 2i f^{\alpha\beta\gamma} \lambda^\gamma \tag{8.35}$$

（ここで，添字がくり返されているときは，1 から 8 までの和を取ることを意味している）．構造関数は完璧に反対称で $f^{\beta\alpha\gamma} = f^{\alpha\gamma\beta} = -f^{\alpha\beta\gamma}$ となっている．これを読者自身で確認してほしい（問題 8.15）．それぞれの添字の値は 1 から 8 までなので，合計で $8 \times 8 \times 8 = 512$ 個の構造関数が存在するが，ほとんどの場合ゼロで，残りは反対称性を使うことで，以下から導出できる．

$$\begin{aligned} &f^{123} = 1, \qquad f^{147} = f^{246} = f^{257} = f^{345} = f^{516} = f^{637} = \frac{1}{2}, \\ &f^{458} = f^{678} = \sqrt{3}/2 \end{aligned} \tag{8.36}$$

ここから，QCD におけるツリーレベルダイアグラムを計算するためのファインマン則について述べる．

1. <u>外線</u>　運動量 p，スピン s，色 c で外線のクォークは以下となる

8.3 色力学のファインマン則

$$\text{クォーク}: \begin{cases} \text{入射} (\rightarrow\bullet) : u^{(s)}(p)c \\ \text{放出} (\bullet\rightarrow) : \bar{u}^{(s)}(p)c^\dagger \end{cases} \tag{8.37}$$

($c^\dagger = c^{T*}$ は行列の行であることに注意せよ). 外線の反クォークについては以下だ.

$$\text{反クォーク}: \begin{cases} \text{入射} (\rightarrow\bullet) : \bar{v}^{(s)}(p)c^\dagger \\ \text{放出} (\bullet\rightarrow) : v^{(s)}(p)c \end{cases} \tag{8.38}$$

ここで, c は対応するクォークの色を表現している. 運動量 p, 偏極 ϵ, 色 c で外線のグルーオンに対しては以下の因子を加える

$$\text{グルーオン}: \begin{cases} \text{入射} (\overset{\alpha,\mu}{\rightarrow\text{OOOO}}) : \epsilon_\mu(p)a^\alpha \\ \text{放出} (\overset{\alpha,\mu}{\text{OOOO}\leftarrow}) : \epsilon_\mu^*(p)a^{\alpha*} \end{cases} \tag{8.39}$$

(混乱を避けるために, 使っているグルーオンそれぞれに対して時空と色の指標をそれぞれのダイアグラム上に書いておくと便利だ).

2. <u>伝播関数</u>　それぞれの内線が以下の因子分の寄与を与える.

$$\text{クォークと反クォーク}: (\bullet\xrightarrow{q}\bullet) : \frac{i(\not{q}+mc)}{q^2 - m^2c^2} \tag{8.40}$$

$$\text{グルーオン}: (\underset{\alpha,\mu}{\bullet}\overset{q}{\text{OOOO}}\underset{\beta,\nu}{\bullet}) : \frac{-ig_{\mu\nu}\delta^{\alpha\beta}}{q^2} \tag{8.41}$$

3. <u>バーテックス</u>　それぞれのバーテックスで以下の因子が加わる.

$$\text{クォーク-グルーオン}: (\overset{\alpha,\mu}{\diagup\diagdown}) : \frac{-ig_s}{2}\lambda^\alpha \gamma^\mu \tag{8.42}$$

$$\text{三つのグルーオン}: (\alpha,\mu\overset{k_3 \downarrow \gamma,\lambda}{\underset{k_1 \ k_2}{\diagdown\diagup}}\beta,\nu) :$$

$$-g_s f^{\alpha\beta\gamma}\left[g_{\mu\nu}(k_1-k_2)_\lambda + g_{\nu\lambda}(k_2-k_3)_\mu + g_{\lambda\mu}(k_3-k_1)_\nu\right] \tag{8.43}$$

ここでは, グルーオンの運動量 (k_1, k_2, k_3) はバーテックスに向かっているとする. ダイアグラム中に逆を向いているものがあったら, それらの符号を変えよ.

$$\text{四つのグルーオン}: (\overset{\gamma,\lambda}{\underset{\alpha,\mu}{\diagdown\diagup}}\overset{\delta,\rho}{\underset{\beta,\nu}{\diagup\diagdown}}) :$$

$$-ig_s^2[f^{\alpha\beta\eta}f^{\gamma\delta\eta}(g_{\mu\lambda}g_{\nu\rho}-g_{\mu\rho}g_{\nu\lambda})+f^{\alpha\delta\eta}f^{\beta\gamma\eta}(g_{\mu\nu}g_{\lambda\rho}-g_{\mu\lambda}g_{\nu\rho})$$
$$+f^{\alpha\gamma\eta}f^{\delta\beta\eta}(g_{\mu\rho}g_{\nu\lambda}-g_{\mu\nu}g_{\lambda\rho})] \tag{8.44}$$

(ηについての和を取るとする.)

その他については QED と同様である[*14]. まず内部の 4 元運動量を決めるために, それぞれのバーテックスでのエネルギーと運動量保存を課す. 次に, 矢印に沿って「後ろ向き」にそれぞれのフェルミオンの線をたどり, 全体のデルタ関数を消し, i を掛けることで $\mathcal{M}$ を得る. 次の二つの節で, それがどのようになるかを示すためのいくつかの例題をやってみる.

8.4 カラー因子

この節では, 最低次の QCD における二つのクォーク間 (と, クォーク–反クォーク間) の相互作用を考察する. もちろん, われわれは実験室でクォーク–クォーク散乱を直接観測することはできない (ハドロン–ハドロン散乱は間接的な証拠ではあるが) ので, ここでは断面積を調べていくことはしない. その代わりに, クォーク間の有効ポテンシャルを集中して見ていく. 電気力学におけるクーロンポテンシャルの QCD 版だ. 5 章でクォーコニウムの解析をしたときに, 後に導出を行うという約束をしたうえでそのような有効ポテンシャルを使った. これは摂動理論の計算であることを肝に銘じてほしい. つまり, 結合定数 α_s が十分小さいときに限り有効だ. この方法でポテンシャル中の閉じ込めの項を扱う希望を抱いてはならない. われわれは暗に漸近的自由に頼っていて, 見出すことができるのは短距離での振る舞いだけだ. それでも, 次の非常に含蓄のある結果を得るであろう. それは, クォークはカラー一重項の配位のときに, 最も強く互いを引きつけ合うということだ. (実際, 他の配位では斥力になる.) そうすると, 非常に短距離ではカラー一重項が「最大の引力チャンネル」になる. それは, おそらく少なくともカラー一重項には束縛力が働いていることを示している[*15].

[*14] QCDにおけるループのダイアグラムは, いわゆる「ファディエーフ–ポポフの幽霊」の導入を含む特別なルールを必要とする. これらは上級者向けなので, ここでは挑戦しない [3]. 訳注：ファインマン則にかかる計算は, 場の量子論の経路積分での計算に対応する. 幽霊 (ゴースト) は, 非可換ゲージ場を正しく量子化するために, 計算のときだけ必要な仮想的な場で, スカラーであるにもかかわらずフェルミ統計に従い, また, ループの中にしか登場しない (外線には登場しない) 実在しない場である.

[*15] これは非常に喜ばしい結論だが, カラー一重項で束縛が発生していることの証明にはならず, 他の配位で発生しないことの証明にもなっていない. これを証明するためには, ポテンシャルの長距離での振る舞いを知る必要があるが, 現在のところ推測しかできない.

8.4.1 クォークと反クォーク

まず最初に，QCDにおけるクォークと反クォークとの相互作用について考察しよう．それらのクォークは異なるフレーバーだと仮定する．すると，（最低次で）可能なダイアグラムは，たとえば，$u + \bar{d} \to u + \bar{d}$を表現する図8.6中のものだけだ[*16]．その振幅は

$$\mathcal{M} = i\left[\bar{u}(3)c_3^\dagger\right]\left[-i\frac{g_s}{2}\lambda^\alpha\gamma^\mu\right][u(1)c_1]\left[\frac{-ig_{\mu\nu}\delta^{\alpha\beta}}{q^2}\right]$$
$$\times \left[\bar{v}(2)c_2^\dagger\right]\left[-i\frac{g_s}{2}\lambda^\beta\gamma^\nu\right][v(4)c_4] \tag{8.45}$$

と得られる．ゆえに，

$$\mathcal{M} = -\frac{g_s^2}{4q^2}\left[\bar{u}(3)\gamma^\mu u(1)\right]\left[\bar{v}(2)\gamma_\mu v(4)\right](c_3^\dagger\lambda^\alpha c_1)(c_2^\dagger\lambda^\alpha c_4) \tag{8.46}$$

である（αに関しては和を取る）．これは，（もちろん）g_eをg_sに置き換えることと，それに加えて「カラー因子」，

$$f = \frac{1}{4}(c_3^\dagger\lambda^\alpha c_1)(c_2^\dagger\lambda^\alpha c_4) \tag{8.47}$$

があることを除けば，電子–陽電子散乱に対するもの（式(7.108)）とまったく同じだ．よって，$q\bar{q}$相互作用を記述するポテンシャルは，αを$f\alpha_s$に置き換えれば，二つの逆符号の電荷間に働く電気力学のポテンシャル（すなわち，クーロンポテンシャル）と同じだ．

$$V_{q\bar{q}}(r) = -f\frac{\alpha_s \hbar c}{r} \tag{8.48}$$

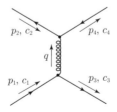

図8.6 クォーク–反クォークの相互作用

[*16] 原理的には，同じフレーバーだと（たとえば$u + \bar{u} \to u + \bar{u}$）電子–陽電子散乱のように（図7.5），2番目のダイアグラムも入れるべきだ．しかし，ここでの議論の対象の非相対論的極限では，その2番目のダイアグラムはいずれにせよ寄与がないので（7章の脚注 *26を参照），実際問題としていま行おうとしていることは，クォークのフレーバーによらず適用可能だ（問題8.17も見よ）．

さて，カラー因子は相互作用をするクォークの状態に依存している．1対のクォークと反クォークから式 (8.30) のカラー一重項と式 (8.29) のカラー八重項をつくれる（すべてのメンバーに同じ f が生じる）．まず最初に，カラー八重項のカラー因子を計算してみる．というのも，それが少しだけ他よりも簡単だからだ [4]．

例題 8.1 <u>八重項のカラー因子</u>　典型的な八重項状態（式 (8.29)）は，$r\bar{b}$ である（他のどの組み合わせでも同様である．問題 8.16 を参照）．ここでは，入ってくるクォークは赤で，反クォークは反青とする．カラーは保存するので[*17]，外に出て行くクォークも赤のままで，反クォークは反青のままでなければならない．ゆえに，

$$c_1 = c_3 = \begin{pmatrix} 1 \\ 0 \\ 0 \end{pmatrix}, \quad c_2 = c_4 = \begin{pmatrix} 0 \\ 1 \\ 0 \end{pmatrix}$$

であるから，

$$f = \frac{1}{4}\left[(1\ 0\ 0)\lambda^\alpha \begin{pmatrix} 1 \\ 0 \\ 0 \end{pmatrix}\right]\left[(0\ 1\ 0)\lambda^\alpha \begin{pmatrix} 0 \\ 1 \\ 0 \end{pmatrix}\right] = \frac{1}{4}\lambda^\alpha_{11}\lambda^\alpha_{22}$$

となる．λ 行列を見ると，11 と 22 の位置に入るものが λ^3 と λ^8 だけだということがわかる．よって

$$f = \frac{1}{4}(\lambda^3_{11}\lambda^3_{22} + \lambda^8_{11}\lambda^8_{22}) = \frac{1}{4}[(1)(-1) + (1/\sqrt{3})(1/\sqrt{3})] = -\frac{1}{6} \quad (8.49)$$

である．

例題 8.2 <u>一重項の配位に対するカラー因子</u>　カラー一重項状態（式 (8.30)）は

$$(1/\sqrt{3})(r\bar{r} + b\bar{b} + g\bar{g})$$

である．もし入ってくるクォークと反クォークが（たとえば中間子のように）一重項状態ならば，カラー因子は三つの項の和である．

$$f = \frac{1}{4}\frac{1}{\sqrt{3}}\left\{\left[c_3^\dagger \lambda^\alpha \begin{pmatrix} 1 \\ 0 \\ 0 \end{pmatrix}\right][(1\ 0\ 0)\lambda^\alpha c_4] + \left[c_3^\dagger \lambda^\alpha \begin{pmatrix} 0 \\ 1 \\ 0 \end{pmatrix}\right][(0\ 1\ 0)\lambda^\alpha c_4]\right.$$

[*17] そう，クォークのカラーは QCD のバーテックスで変わってもよいが，この場合，外に出て行く反クォークが赤をもち出せないので，外に出て行くクォークが赤を持ち出さなければならない．

$$+ \left[c_3^\dagger \lambda^\alpha \begin{pmatrix} 0 \\ 0 \\ 1 \end{pmatrix} \right] [(0\ 0\ 1) \lambda^\alpha c_4] \bigg\}$$

外に出て行くクォークと反クォークも一重項状態でなければならず,合計で九つの項をもち,以下のようにコンパクトに書ける (i と j に関する和は 1 から 3 までで,2 番目の表現ではその添字を省略している).

$$f = \frac{1}{4} \frac{1}{\sqrt{3}} \frac{1}{\sqrt{3}} (\lambda_{ij}^\alpha \lambda_{ji}^\alpha) = \frac{1}{12} \text{Tr}(\lambda^\alpha \lambda^\alpha) \tag{8.50}$$

すると,

$$\text{Tr}(\lambda^\alpha \lambda^\beta) = 2\delta^{\alpha\beta} \tag{8.51}$$

となるので(問題 8.13),α に関する(1 から 8 までの)和を取ると

$$\text{Tr}(\lambda^\alpha \lambda^\alpha) = 16 \tag{8.52}$$

となる.ということは,カラー一重項に対してはあきらかに

$$f = 4/3 \tag{8.53}$$

である.

式 (8.49) と (8.53) を式 (8.48) に代入すると,クォーク–反クォーク間のポテンシャルは

$$V_{q\bar{q}}(r) = -\frac{4}{3} \frac{\alpha_s \hbar c}{r} \quad \text{(カラー一重項)} \tag{8.54}$$

$$V_{q\bar{q}}(r) = \frac{1}{6} \frac{\alpha_s \hbar c}{r} \quad \text{(カラー八重項)} \tag{8.55}$$

であると結論づけられる.符号からあきらかなのは,カラー一重項は引力だが,カラー八重項は斥力だということだ.これにより,クォーク–反クォークの束縛(中間子の形成)が一重項の配位では起きるが,(カラー)八重項(これがあれば色をもつ中間子が生成されるだろう)には束縛がないことを説明できる.

8.4.2　クォークとクォーク

今度は二つのクォークの相互作用についてやってみる.ここでもまた,それらは異なるフレーバーをもっているので,(最低次の)唯一のダイアグラムは図 8.7 に示され

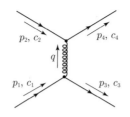

図 8.7 クォーク–クォーク相互作用

るような，たとえば，$u + d \to u + d$ を表現するものだと仮定する[*18]．その振幅は

$$\mathscr{M} = \frac{-g_s^2}{4}\frac{1}{q^2}\left[\bar{u}(3)\gamma^\mu u(1)\right]\left[\bar{u}(4)\gamma_\mu u(2)\right](c_3^\dagger \lambda^\alpha c_1)(c_4^\dagger \lambda^\alpha c_2) \tag{8.56}$$

である．これは，g_e が g_s に置き換わっている点とカラー因子，

$$f = \frac{1}{4}(c_3^\dagger \lambda^\alpha c_1)(c_4^\dagger \lambda^\alpha c_2) \tag{8.57}$$

がある点を除けば，電子–ミュー粒子散乱（式 (7.106)）と同じだ．それゆえ，ポテンシャルは，電気力学での同符号電荷に対するポテンシャルと同じかたちになる．

$$V_{qq}(r) = f\frac{\alpha_s \hbar c}{r} \tag{8.58}$$

そして再び，カラー因子はクォークの配位に依存する．しかし，二つのクォークからは（$q\bar{q}$ のような）一重項や八重項をつくることはできず，三重項（反対称の組み合わせ），

$$\begin{cases} (rb - br)/\sqrt{2} \\ (bg - gb)/\sqrt{2} \\ (gr - rg)/\sqrt{2} \end{cases} \quad \text{（三重項）} \tag{8.59}$$

と，六重項（対称の組み合わせ）[*19]，

$$\begin{cases} rr,\ bb,\ gg, \\ (rb + br)/\sqrt{2},\ (bg + gb)/\sqrt{2},\ (gr + rg)/\sqrt{2} \end{cases} \quad \text{（六重項）} \tag{8.60}$$

を得る．

例題 8.3 六重項の配位に対するカラー因子　典型的な六重項状態は rr だ（お好みで他のどれを使ってもよい．f について同じ結果を得るだろう）．この場合，

[*18] 同一のクォークには「交差」ダイアグラムが存在する．しかし，断面積の公式に統計因子の S を加えてこのダイアグラムを含めると，非相対論的極限は同じになる（7 章の脚注 *26 を参照）ので，実際のところ，われわれのポテンシャルは同じフレーバーのクォークに対しても正しい．

[*19] 群論の言葉では，$3 \otimes \bar{3} = 1 \oplus 8$ だが，$3 \otimes 3 = \bar{3} \oplus 6$ である．

$$c_1 = c_2 = c_3 = c_4 = \begin{pmatrix} 1 \\ 0 \\ 0 \end{pmatrix}$$

で，ゆえに，

$$f = \frac{1}{4}\left[(1\ 0\ 0)\lambda^\alpha \begin{pmatrix} 1 \\ 0 \\ 0 \end{pmatrix}\right]\left[(1\ 0\ 0)\lambda^\alpha \begin{pmatrix} 1 \\ 0 \\ 0 \end{pmatrix}\right] = \frac{1}{4}(\lambda^\alpha_{11}\lambda^\alpha_{11})$$

$$= \frac{1}{4}(\lambda^3_{11}\lambda^3_{11} + \lambda^8_{11}\lambda^8_{11}) = \frac{1}{4}\left[(1)(1) + (1/\sqrt{3})(1/\sqrt{3})\right] = \frac{1}{3} \quad (8.61)$$

である．

例題 8.4 <u>三重項の配位に対するカラー因子</u>　典型的な三重項状態は $(rb - br)/\sqrt{2}$ なので[*20]，

$$\begin{aligned}
f = \frac{1}{4}\frac{1}{\sqrt{2}}\frac{1}{\sqrt{2}}&\left\{\left[(1\ 0\ 0)\lambda^\alpha \begin{pmatrix} 1 \\ 0 \\ 0 \end{pmatrix}\right]\left[(0\ 1\ 0)\lambda^\alpha \begin{pmatrix} 0 \\ 1 \\ 0 \end{pmatrix}\right]\right. \\
&- \left[(0\ 1\ 0)\lambda^\alpha \begin{pmatrix} 1 \\ 0 \\ 0 \end{pmatrix}\right]\left[(1\ 0\ 0)\lambda^\alpha \begin{pmatrix} 0 \\ 1 \\ 0 \end{pmatrix}\right] \\
&- \left[(1\ 0\ 0)\lambda^\alpha \begin{pmatrix} 0 \\ 1 \\ 0 \end{pmatrix}\right]\left[(0\ 1\ 0)\lambda^\alpha \begin{pmatrix} 1 \\ 0 \\ 0 \end{pmatrix}\right] \\
&+ \left.\left[(0\ 1\ 0)\lambda^\alpha \begin{pmatrix} 0 \\ 1 \\ 0 \end{pmatrix}\right]\left[(1\ 0\ 0)\lambda^\alpha \begin{pmatrix} 1 \\ 0 \\ 0 \end{pmatrix}\right]\right\} \\
&= \frac{1}{8}(\lambda^\alpha_{11}\lambda^\alpha_{22} - \lambda^\alpha_{21}\lambda^\alpha_{12} - \lambda^\alpha_{12}\lambda^\alpha_{21} + \lambda^\alpha_{22}\lambda^\alpha_{11}) \\
&= \frac{1}{4}(\lambda^\alpha_{11}\lambda^\alpha_{22} - \lambda^\alpha_{12}\lambda^\alpha_{21}) \\
&= \frac{1}{4}(\lambda^3_{11}\lambda^3_{22} + \lambda^8_{11}\lambda^8_{22} - \lambda^1_{12}\lambda^1_{21} - \lambda^2_{12}\lambda^2_{21}) \\
&= \frac{1}{4}\left(-1 + \frac{1}{3} - 1 - 1\right) = -\frac{2}{3} \quad (8.62)
\end{aligned}$$

である．

式 (8.61) と (8.62) を式 (8.58) に代入すると，クォーク–クォークのポテンシャルは

[*20] ここで，$(rb - br) \to (rb - br)$ なので，四つの項がある．模式的に書くと，$rb \to rb$, $rb \to -br$, $-br \to rb$, $-br \to -br$ だ（最後の項では因子 -1 は打ち消される）．

$$V_{qq}(r) = -\frac{2}{3}\frac{\alpha_s \hbar c}{r} \quad (\text{カラー三重項}) \tag{8.63}$$

$$V_{qq}(r) = \frac{1}{3}\frac{\alpha_s \hbar c}{r} \quad (\text{カラー六重項}) \tag{8.64}$$

であると結論づけられる．その符号を見ると，三重項では力が引力で，六重項では斥力であることがわかる．もちろん，自然界にはそのような組み合わせは起こらないので，そのような意味づけはあまり役に立たない[*21]．けれども，それには三つのクォークの束縛に対する興味深い示唆がある．今度は，5.6.1 項で見出したように，一つの（完全に反対称な）一重項と，一つの（完全に対称な）十重項と，二つの（対称性の混じり合った）八重項をつくることができる[*22]．一重項は完璧に反対称なので，すべてのクォーク対が（反対称な）三重項状態になる．すなわち，引力を及ぼすチャンネルだ．十重項では，すべての対が（対称）八重項状態で，それらは反発し合う．二つの八重項に関しては，三重項の対もあれば，八重項の対もあることから，引力のときもあれば斥力のときもあると予想する．しかし，一重項状態のときのみ三つのクォーク同士それぞれが完璧に引きつけ合う．これもまた満足な結果だ．中間子の場合と同様に，クォークがカラー一重項の配位のときにポテンシャルは最も束縛力になりやすい．

8.5 QCD における対消滅

この節では，クォークと反クォークが二つのグルーオンになるという，対消滅の QCD 版を取り扱う．計算は，例題 7.8 に非常によく似ている．しかし，QCD には，寄与するダイアグラムが最低次で 3 個ある．

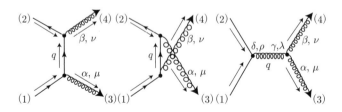

[*21] もし 8.4 節の脚注 *14 にある注意に耳を傾けなかったら，三重項中の二つのクォークがそれぞれを引きつけ合うということを見出して気になったかもしれない．一重項 $q\bar{q}$ の結合が 2 倍の強さだという観測事実により少しは気が楽になるが，それでも，この話だけからだと，三重項の qq の束縛が起こって自由「ダイクォーク」状態ができることを期待してしまう．実際，原子核中にダイクォークが存在する可能性についてのいくつかの推察があった [5]．

[*22] 5 章では，色ではなく，フレーバーを取り扱ったが，数学は一緒だ．群論的には，$3 \otimes 3 \otimes 3 = 1 \oplus 8 \oplus 8 \oplus 10$ である．

8.5 QCDにおける対消滅

最初のダイアグラムの振幅は

$$\mathscr{M}_1 = i\bar{v}(2)c_2^\dagger \left[-i\frac{g_s}{2}\lambda^\beta \gamma^\nu\right]\left[\epsilon_{4\nu}^* a_4^{\beta*}\right]\left[\frac{i(\slashed{q}+mc)}{q^2-m^2c^2}\right]$$
$$\times \left[-i\frac{g_s}{2}\lambda^\alpha \gamma^\mu\right]\left[\epsilon_{3\mu}^* a_3^{\alpha*}\right]u(1)c_1 \qquad (8.65)$$

である(すでに重荷となっている表記をすっきりさせるために,グルーオンの偏極ベクトルと色の状態からアスタリスクを最後まで落としてしまう).ここで,$q = p_1 - p_3$なので,

$$q^2 - m^2c^2 = p_1^2 - 2p_1 \cdot p_3 + p_3^2 - m^2c^2 = -2p_1 \cdot p_3 \qquad (8.66)$$

となり,ゆえに,

$$\mathscr{M}_1 = \frac{-g_s^2}{8}\frac{1}{p_1 \cdot p_3}\{\bar{v}(2)[\slashed{\epsilon}_4(\slashed{p}_1 - \slashed{p}_3 + mc)\slashed{\epsilon}_3]u(1)\}a_3^\alpha a_4^\beta (c_2^\dagger \lambda^\beta \lambda^\alpha c_1) \qquad (8.67)$$

である.同様に,2番目のダイアグラムに対しては

$$\mathscr{M}_2 = \frac{-g_s^2}{8}\frac{1}{p_1 \cdot p_4}\{\bar{v}(2)[\slashed{\epsilon}_3(\slashed{p}_1 - \slashed{p}_4 + mc)\slashed{\epsilon}_4]u(1)\}a_3^\alpha a_4^\beta (c_2^\dagger \lambda^\alpha \lambda^\beta c_1) \qquad (8.68)$$

となる.λが今度は逆の順番で表れていることに注意しよう.最後に,3番目のダイアグラムに対しては

$$\mathscr{M}_3 = i\bar{v}(2)c_2^\dagger\left[-i\frac{g_s}{2}\lambda^\delta \gamma_\sigma\right]u(1)c_1\left[-i\frac{g^{\sigma\lambda}\delta^{\delta\gamma}}{q^2}\right]\{-g_s f^{\alpha\beta\gamma}[g_{\mu\nu}(-p_3+p_4)_\lambda$$
$$+ g_{\nu\lambda}(-p_4-q)_\mu + g_{\lambda\mu}(q+p_3)_\nu]\}\left[\epsilon_3^\mu a_3^\alpha\right]\left[\epsilon_4^\nu a_4^\beta\right] \qquad (8.69)$$

を得る.今度は,$q = p_3 + p_4$なので,$q^2 = 2p_3 \cdot p_4$である.整理すると(かつ,$\epsilon_3 \cdot p_3 = \epsilon_4 \cdot p_4 = 0$を使い),

$$\mathscr{M}_3 = i\frac{g_s^2}{4}\frac{1}{p_3 \cdot p_4}\bar{v}(2)\big[(\epsilon_3 \cdot \epsilon_4)(\slashed{p}_4 - \slashed{p}_3) + 2(p_3 \cdot \epsilon_4)\slashed{\epsilon}_3 - 2(p_4 \cdot \epsilon_3)\slashed{\epsilon}_4\big]u(1)$$
$$\times f^{\alpha\beta\gamma}a_3^\alpha a_4^\beta (c_2^\dagger \lambda^\gamma c_1) \qquad (8.70)$$

を見出す(問題8.20).

いままでのところ,これらすべては完全に一般的である(そして,かなり乱雑である).もう少しすっきりさせるために,(e^+e^-対消滅の計算でもそうしたように)初期状態の粒子は静止していると仮定しよう.

$$p_1 = p_2 = (mc, \boldsymbol{0}), \qquad p_3 = (mc, \boldsymbol{p}), \qquad p_4 = (mc, -\boldsymbol{p}) \qquad (8.71)$$

すると,

$$p_1 \cdot p_3 = p_1 \cdot p_4 = (mc)^2, \qquad p_3 \cdot p_4 = 2(mc)^2 \tag{8.72}$$

となる. 一方, クーロンゲージでは (式 (8.32)),

$$p_3 \cdot \epsilon_4 = -\boldsymbol{p} \cdot \boldsymbol{\epsilon}_4 = -p_4 \cdot \epsilon_4 = 0 \tag{8.73}$$

である (同様に, $p_4 \cdot \epsilon_3 = 0$). よって, $\mathscr{M}_3$ 中の二つの項は消える. $\mathscr{M}_1$ と $\mathscr{M}_2$ を整理するために式 (7.140) と (7.141) を使うと, 全振幅 ($\mathscr{M} = \mathscr{M}_1 + \mathscr{M}_2 + \mathscr{M}_3$) は

$$\begin{aligned}\mathscr{M} = -\frac{g_s^2}{8(mc)^2} a_3^\alpha a_4^\beta \bar{v}(2) c_2^\dagger &\big[\slashed{\epsilon}_3 \slashed{\epsilon}_4 \slashed{p}_4 \lambda^\alpha \lambda^\beta + \slashed{\epsilon}_4 \slashed{\epsilon}_3 \slashed{p}_3 \lambda^\beta \lambda^\alpha \\ &- i(\epsilon_3 \cdot \epsilon_4)(\slashed{p}_4 - \slashed{p}_3) f^{\alpha\beta\gamma} \lambda^\gamma \big] c_1 u(1)\end{aligned} \tag{8.74}$$

となることがわかる. z 軸が $\boldsymbol{p}$ の方向を向くように座標系を取ってもよい. すると,

$$\slashed{p}_3 = mc(\gamma^0 - \gamma^3), \qquad \slashed{p}_4 = mc(\gamma^0 + \gamma^3), \qquad \slashed{p}_4 - \slashed{p}_3 = 2mc\gamma^3 \tag{8.75}$$

となる. 式 (7.145) と (7.146) から,

$$\slashed{\epsilon}_3 \slashed{\epsilon}_4 = -(\boldsymbol{\epsilon}_3 \cdot \boldsymbol{\epsilon}_4) - i(\boldsymbol{\epsilon}_3 \times \boldsymbol{\epsilon}_4) \cdot \boldsymbol{\Sigma}, \quad \slashed{\epsilon}_4 \slashed{\epsilon}_3 = -(\boldsymbol{\epsilon}_3 \cdot \boldsymbol{\epsilon}_4) + i(\boldsymbol{\epsilon}_3 \times \boldsymbol{\epsilon}_4) \cdot \boldsymbol{\Sigma} \tag{8.76}$$

を得る. これを式 (8.74) に代入し, λ の交換関係 (式 (8.35)) を利用すると,

$$\begin{aligned}\mathscr{M} = \frac{g_s^2}{8mc} a_3^\alpha a_4^\beta \bar{v}(2) c_2^\dagger &\big[(\boldsymbol{\epsilon}_3 \cdot \boldsymbol{\epsilon}_4)\{\lambda^\alpha, \lambda^\beta\}\gamma^0 \\ &+ i(\boldsymbol{\epsilon}_3 \times \boldsymbol{\epsilon}_4) \cdot \boldsymbol{\Sigma}([\lambda^\alpha, \lambda^\beta]\gamma^0 + \{\lambda^\alpha, \lambda^\beta\}\gamma^3) \big] c_1 u(1)\end{aligned} \tag{8.77}$$

を得る. ここで, 中括弧は反交換関係 $\{A, B\} \equiv AB + BA$ を表す. この結果を対応する QED における式 (7.146) と比較してもよい. そうするには, すべての λ を 1 にして, 色の状態 a と c を落とし, $g_s/2 \to g_e$ とする.

ここで, 二つのクォークをスピン 0 (一重項) 状態だとしよう (三重項状態はいずれにせよ二つのグルーオンには行けない. 最低 3 個必要だ).

$$\mathscr{M} = (\mathscr{M}_{\uparrow\downarrow} - \mathscr{M}_{\downarrow\uparrow})/\sqrt{2} \tag{8.78}$$

$\mathscr{M}_{\uparrow\downarrow}$ に対して, それぞれ

$$\bar{v}(2)\gamma^0 u(1) = \bar{v}(2)\boldsymbol{\Sigma}\gamma^0 u(1) = 0, \qquad \bar{v}(2)\boldsymbol{\Sigma}\gamma^3 u(1) = -2mc\hat{z} \tag{8.79}$$

8.5 QCD における対消滅

となる (式 (7.153) と (7.154)). 以前と同様に, $\mathscr{M}_{\downarrow\uparrow} = -\mathscr{M}_{\uparrow\downarrow}$ なので,

$$\mathscr{M} = -i\sqrt{2}\frac{g_s^2}{4}(\epsilon_3 \times \epsilon_4)_z a_3^\alpha a_4^\beta (c_2^\dagger \{\lambda^\alpha, \lambda^\beta\} c_1) \quad \text{(スピン一重項)} \tag{8.80}$$

が残る*23. $g_e \to g_s$ とカラー因子があることを除くと, もう一度, QED での式 (7.158) と同じ式を得る.

$$f = \frac{1}{8} a_3^\alpha a_4^\beta (c_2^\dagger \{\lambda^\alpha, \lambda^\beta\} c_1) \tag{8.81}$$

とくに, 二つのクォークがもしカラー一重項状態 $(1/\sqrt{3})(r\bar{r} + b\bar{b} + g\bar{g})$ であるなら,

$$f = \frac{1}{8} a_3^\alpha a_4^\beta \frac{1}{\sqrt{3}} \left\{ (1\ 0\ 0)\{\lambda^\alpha, \lambda^\beta\} \begin{pmatrix} 1 \\ 0 \\ 0 \end{pmatrix} + (0\ 1\ 0)\{\lambda^\alpha, \lambda^\beta\} \begin{pmatrix} 0 \\ 1 \\ 0 \end{pmatrix} \right.$$
$$\left. + (0\ 0\ 1)\{\lambda^\alpha, \lambda^\beta\} \begin{pmatrix} 0 \\ 0 \\ 1 \end{pmatrix} \right\} = \frac{1}{8\sqrt{3}} a_3^\alpha a_4^\beta \operatorname{Tr}\{\lambda^\alpha, \lambda^\beta\}$$

となる. しかし,

$$\operatorname{Tr}\{\lambda^\alpha, \lambda^\beta\} = 2\operatorname{Tr}(\lambda^\alpha \lambda^\beta) = 4\delta^{\alpha\beta} \tag{8.82}$$

なので (問題 8.13),

$$f = \frac{1}{2\sqrt{3}} a_3^\alpha a_4^\alpha \quad \text{(カラー一重項)} \tag{8.83}$$

である. そして, 二つのグルーオンの一重項状態は,

$$|\text{一重項}\rangle = \frac{1}{\sqrt{8}} \sum_{n=1}^{8} |n\rangle_1 |n\rangle_2 \tag{8.84}$$

である (問題 8.22). あきらかに,

$$a_3^\alpha a_4^\alpha = \frac{1}{\sqrt{8}}(8) = 2\sqrt{2} \tag{8.85}$$

なので,

$$f = \sqrt{2/3} \tag{8.86}$$

---

*23 この段階で, すべての $\epsilon_3 \cdot \epsilon_4$ の項が落ちる. $\mathscr{M}$ が $\epsilon_3 \cdot \epsilon_4$ に比例するという事実 (式 (8.74)) が意味するのは, 二つのクォークがスピン一重項状態で静止しているときは, グルーオンの3点バーテックスを含むダイアグラムは寄与しないということである. たいていの本ではその寄与を最初から無視しているが, 原理的には無視すべきではない (問題 8.21).

である．

結論：二つのクォークが静止した，スピン一重項，かつカラー一重項の配位での $q + \bar{q} \to g + g$ では，その振幅は，

$$\mathscr{M} = -4\sqrt{2/3}\, g_s^2 \tag{8.87}$$

であり（式 (7.163) と比較せよ），断面積は，

$$\sigma = \frac{2}{3}\frac{4\pi}{cv}\left(\frac{\hbar\alpha_s}{m}\right)^2 \tag{8.88}$$

である（式 (7.168)）．$e^+ + e^- \to \gamma + \gamma$ の断面積がポジトロニウムの崩壊幅，

$$\Gamma = \sigma v |\psi(0)|^2 \tag{8.89}$$

を決める（式 (7.171)）のと同様に，われわれは η_c のような（ψ や Υ は自分自身がスピン 1 なので，三つのグルーオンに行く）スピン 0 のクォーコニウム状態の崩壊の式を導き出すことができる．

$$\Gamma(\eta_c \to 2g) = \frac{8\pi}{3c}\left(\frac{\hbar\alpha_s}{m}\right)^2 |\psi(0)|^2 \tag{8.90}$$

この式が示すように，これはきわめて便利というわけではない．われわれは $\psi(0)$ を知らないからだ．しかし，電磁崩壊である $\eta_c \to 2\gamma$ は同じ因子をもち，崩壊比のすっきりとした式を導き出すことができる（問題 8.23）．

8.6 漸近的自由

7 章の最後の節で，QED では次のループダイアグラム

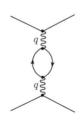

によって電子の有効電荷が運動量遷移 q の関数になることを見た[*24].

$$\alpha(|q^2|) = \alpha(0)\left\{1 + \frac{\alpha(0)}{3\pi}\ln(|q^2|/(mc)^2)\right\} \qquad (|q^2| = -q^2 \gg (mc)^2) \quad (8.91)$$

結合定数は電荷同士が近づくと（$|q^2|$ が大きくなると），物理的に「真空偏極」のせいだと解釈できる事実により，増大する．真空がある種の誘電体のような働きをして，電荷を部分的に遮蔽するのだ．より近づくと，遮蔽が不完全になり，有効電荷が大きくなる．もちろん，式 (8.91) は $\alpha(0)^2$ のオーダーでのみ成立する．より高次な補正が存在し，その中で支配的なのは泡のチェーンをもつものだ．

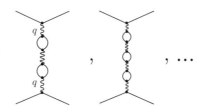

それが起こると，これらは実際に足しあげることができ，その結果は

$$\alpha(|q^2|) = \frac{\alpha(0)}{1 - [\alpha(0)/3\pi]\ln[|q^2|/(mc)^2]} \qquad (|q^2| \gg (mc)^2) \quad (8.92)$$

となる[*25]．表向きは，結合定数は $\ln[|q^2|/(mc)^2] = 3\pi/\alpha(0)$ で発散する[*26]．しかし，これはあまり真剣に受け取らなくてよい．これは約 10^{280} MeV で起こり，（控えめにいっても）到達可能な領域ではないからだ（問題 8.24）．

まったく同じことが QCD でも起こる．クォーク–反クォークによる泡が，クォークのカラーを遮蔽する．

[*24] 「くりこみ」により吸収する発散項も表れる（式 (7.189)）．しかし，それはまったく別の問題だ．それは（原理的には厄介であることがわかるが）観測結果を生まず，いったん適切な呪文を唱えれば，さらなる重要性をもたない．α の q^2 に対する完全に有限な依存性は重大事実である．なぜなら，それによって直接的かつ測定可能な影響があるからだ．

[*25] これはそれほど驚くべきことではない．実際にあるのは，幾何学的な展開だ．

$$1 + x + x^2 + x^3 + \cdots = \frac{1}{1-x}$$

ここで，x は泡が一つのときで，x^2 は泡が二つのとき，などである．式 (8.92) は $\alpha(0)$ のすべてのオーダーで正しいが，正確ではない．われわれは右図のようなダイアグラムを無視しているからだ．これらは $|q^2| \ll (mc)^2$ の極限ではずっと小さい寄与であることを示せる．式 (8.92) は「対数第一」近似として知られている．

[*26] 訳注：ランダウ・ポールとよばれる．

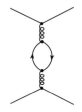

この遮蔽（適切なカラー因子を使えば）は式 (8.91) と同様の効果を与える．しかし，話はここでは終わらない．QCD には仮想グルーオンの泡や，

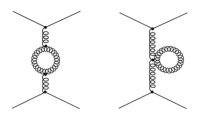

以下のようなかたちのダイアグラムも存在するからだ．

グルーオンによる寄与の向きは逆で，「反遮蔽」あるいは「カムフラージュ」の効果を生み出すことがわかっている [6]．私はこの効果に関して説得力のある定性的な説明を知らない [7]．QCD における走る結合定数の公式（式 (8.92) の類似）は

$$\alpha_s(|q^2|) = \frac{\alpha_s(\mu^2)}{1 + [\alpha_s(\mu^2)/12\pi](11n - 2f)\ln(|q^2|/\mu^2)} \quad (|q^2| \gg \mu^2) \quad (8.93)$$

となる，ということをいうにとどめておこう．ここで，n は色の数（標準模型では 3）で，f はフレーバーの数（標準模型では 6）である．$11n > 2f$ であるいかなる理論でも，反遮蔽が支配的で，$|q^2|$ が増加するに従い結合定数は小さくなる．短距離では，「強い」力が比較の弱くなるのだ．これが漸近的自由の源で，ハドロンについて定量的にいえることの多くがこれによって予言される．漸近的自由こそが，クォーク間に働

くポテンシャルを計算するために QCD のファインマン則を適用できる条件なのだ．また，クォーコニウムの理論に対する基本的な材料であり，おそらく OZI 則を決めているものなのだ．もし漸近的自由がよいタイミングで発見されていなかったら，量子色力学は存在しなかったであろう [8]．

式 (8.93) に新しいパラメーター μ が現れていることに気づくだろう．量子電気力学では，「電荷」を長距離での（完全に遮蔽されている）値で定義することが自然だ．それこそ，クーロンとミリカンが測定したものであり，エンジニアや化学者や原子物理学者さえもが（ラムシフトを測定しようとするのでなければ）取り扱うものだ．ゆえに，$\alpha(0)$ が「古きよき」微細構造定数 1/137 であり，摂動展開で重要となってくるパラメーターだ．しかしながら，必ずしもそのように定義しなくてもよい．別のどんな q^2 での値を使っても構わない（$\alpha(|q^2|)$ が，1 よりも大きくなって摂動の理論が破綻してしまうような，つまり，式 (8.92) 中の特異点よりも十分低いところにいる限りは）．しかし，QCD では，$q^2 = 0$ では α_s が大きくて基準にできない．摂動展開が保証されるように α_s が小さくなるエネルギー値を基準として使わなければならない．そのために，式 (8.93) は $\alpha_s(0)$ の代わりに $\alpha_s(\mu^2)$ の関数となっている．$\alpha_s(\mu^2) < 1$ となるように μ を十分大きくとれば，μ としてどんな値を使っても構わない（問題 8.25）．実際，

$$\ln \Lambda^2 = \ln \mu^2 - 12\pi/[(11n - 2f)\alpha_s(\mu^2)] \tag{8.94}$$

と定義される新たな変数 Λ を導入すると，走る結合定数は一つのパラメーターの関数として表現できる（問題 8.26）．

$$\alpha_s(|q^2|) = \frac{12\pi}{(11n - 2f)\ln(|q^2|/\Lambda^2)} \quad (|q^2| \gg \Lambda^2) \tag{8.95}$$

このコンパクトな結果は，定数 Λ の関数として，あらゆる $|q^2|$ における，強い相互作用の結合定数の値を明示的に示している．残念なことに，実験データから Λ を精度よく決めることは難しいが，Λ_c はどうやら

$$100\,\mathrm{MeV} < \Lambda c < 500\,\mathrm{MeV} \tag{8.96}$$

という領域にあるらしい．QED の結合定数は到達可能なエネルギー領域内でゆっくりとしか変化しない（問題 8.24）一方で，QCD の結合定数の変動はかなり大きい（問題 8.27）ことに注意せよ．

参　考　書

[1] M. N. Rosenbluth: Physical Review, **79**, 615 (1950).
[2] たとえば，H. Frauenfelder and E. M. Henley: Subatomic Physics, 2nd edn (Prentice-Hall, 1991) Chapter 6. 本文献では，この話題は表記の悪夢であると警告せざるを得ない．この問題には，入射電子エネルギー (E) と散乱角 (θ) の二つの変数しかないが，E, E', θ, q^2, $Q^2 \equiv -q^2$, $\tau \equiv q^2/4M^2c^2$, $\nu \equiv p \cdot q/Mc$, $\omega \equiv -2p \cdot q/q^2$, $W \equiv \sqrt{(q+p)^2}$, $x \equiv -q^2/2p \cdot q$, $y \equiv p \cdot q/p \cdot p_1$ を混ぜこぜに使うことが多い．さらに，独立した形状因子は二つしかないにもかかわらず，表現する方法はいろいろある．$K_1 = -q^2(F_1 + KF_2)^2$, $K_2 = (2Mc)^2 F_1^2 - K^2 q^2 F_2^2$ ($K = 1.7928$ は陽子の磁気モーメント) と書いたときの F_1 と F_2 を好む者もいれば，$G_E = F_1 - K\tau F_2$, $G_M = F_1 + KF_2$ を好む者もいる (後者は，電荷および磁気モーメントの分布のフーリエ変換に関連する．以下を参照．(a) F. Halzen and A. D. Martin: Quarks and Leptons (John Wiley & Sons, 1984) Sect. 8.2.)．誰でもこの種のゲームをやれる．K_1, K_2 を私は使う．
[3] 興味のある読者は，古典的論文を読むことをすすめる．E. S. Abers and B. W. Lee: Physics Reports, C **9**, 1 (1973).
[4] 自分の指でカラー因子を計算できる人もいるようだ．誰もが自分のやり方をもっている．以下を参照．D. H. Perkins: Introduction to High-Energy Physics, 2nd edn (Addison-Wesley, 1982) Appendix G (3版 (1987) では Appendix J, と4版 (Cambridge University Press, 2000) では削除された)；(a) F. Halzen and A. D. Martin: Quarks and Leptons (John Wiley & Sons, 1984) 211, Section 2.15; (b) C. Quigg: Gauge Theories of the Strong, Weak, and Electromagnetic Interactions (Addison Wesley, 1997) 198-199. 私はここに示されているような着実な方法で計算することを好む．これは以下のアプローチの精神に近い．(c) G. L. Kane: Color Symmetry and Quark Confinement, Proceedings of the 12th Rencontre de Moriond, vol. **III**, ed. J. Tran Thanh Van (Frontières, 1977) 9.
[5] F. Close: Demon Nuclei, Nature, **296**, 305 (1982).
[6] C. Quigg: Gauge Theories of the Strong, Weak, and Electromagnetic Interactions, (Addison Wesley, 1997) 198-199. Sect. 8.3.
[7] 以下も参照．C. Quigg: Gauge Theories of the Strong, Weak, and Electromagnetic Interactions (Addison Wesley, 1997) 223; Scientific American, 84 (April 1985).
[8] H. D. Politzer: Physical Review Letters, **30**, 1346 (1973); Physics Reports, C **14**, 130 (1974); (a) D. J. Gross and F. Wilczek: Physical Review Letters, **30**, 1343 (1973).

問　題

8.1 **(a)** QED のファインマン則から式 (8.1) を導出せよ．
　　(b) 式 (8.1) から (8.2) を導出せよ．
　　(c) 式 (8.2) から (8.3) を導出せよ．
　　(d) 式 (8.3) から (8.4) を導出せよ．
8.2 式 (8.4) から (8.5) を導出せよ．
8.3 R (式 (8.7)) の定義で分母に $\sigma(e^+e^- \to e^+e^-)$ を使わないのはなぜだろうか．
8.4 式 (8.16) を証明せよ．[ヒント：まず $q_\mu L^{\mu\nu} = 0$ を示す．すると，$q_\mu K^{\mu\nu} = 0$ に従わない $K^{\mu\nu}$ は $L^{\mu\nu} K_{\mu\nu}$ に寄与しないので $K^{\mu\nu}$ は $q_\mu K^{\mu\nu} = 0$ としてよい．]

コメント：式 (8.16) は実際には陽子バーテックスでの電荷保存から，より簡単に，そして，より一般的に導かれるが，ここではこの議論をするための公式を導出しない（Halzen and Martin [2] Sect. 8.2, 8.3 を参照）．[もう一つの方法として，$q^\mu = (0,0,0,q)$ だから，

$$q_\mu L^{\mu\nu} = 0 \Rightarrow L^{\mu\nu} = \begin{pmatrix} & & & 0 \\ & & & 0 \\ & & & 0 \\ 0 & 0 & 0 & 0 \end{pmatrix}$$

したがって $L^{\mu\nu} K_{\mu\nu} = \begin{pmatrix} & & & 0 \\ & & & 0 \\ & & & 0 \\ 0 & 0 & 0 & 0 \end{pmatrix} \begin{pmatrix} & & & x \\ & & & x \\ & & & x \\ x & x & x & x \end{pmatrix}$

ここで x は任意なので 0 としてもよい．]

8.5 式 (8.16) から (8.17) を証明せよ．[ヒント：まず $K^{\mu\nu}$ を q_μ で縮約を取り，次に，p_ν で縮約を取る．]
8.6 「ディラック」陽子（式 (8.25)）について，K_1 と K_2，さらに G_E と G_M を見つけよ．
8.7 式 (8.19) を導け．
8.8 式 (8.20) を導け．
8.9 式 (8.21) を導け．
8.10 ローゼンブルース公式 (8.23) が，中間エネルギー領域 ($mc^2 \ll E \ll Mc^2$) で，モット公式 (7.131) と合致することを確認せよ．「ディラック」陽子（問題 8.6）の K_1, K_2 を用いること．
8.11 なぜ 9 番目のグルーオンは光子ではないのだろうか．[答え：グルーオンは，同じ強さですべてのバリオンに結合する．一方，光子は電荷に比例した強さで結合する．質量とバリオン数は物質の量におおよそ比例するので，その力は重力による余分な寄与によく似ている．1986 年の初期にこの可能性に一時関心が高まった．[E. Fischbach *et al.*: Phys. Rev. Lett., **56**, 3 (1986)．ただし，Phys. Rev. Lett., **56**, 2423 (1986) のコメントも参照．]
8.12 カラー $SU(3)$ は変換則に従って「赤」，「青」，「緑」のラベルを付ける．

$$c \to c' = Uc$$

このとき U は任意のユニタリー ($UU^\dagger = 1$) 3×3 行列で行列式は 1，c は 3 成分のカラーベクトルである．例として，

$$\begin{pmatrix} 0 & 1 & 0 \\ 0 & 0 & 1 \\ 1 & 0 & 0 \end{pmatrix}$$

は $r \to g$, $g \to b$, $b \to r$ と変換する．9 番目のグルーオン ($|9\rangle$) はあきらかに，U のもとで不変で，一方，8 個のグルーオンはそうではない．$|3\rangle$ と $|8\rangle$ が変換後に，互いに線形結合になることを示せ．

$$|3'\rangle = \alpha|3\rangle + \beta|8\rangle, \qquad |8'\rangle = \gamma|3\rangle + \delta|8\rangle$$

α, β, γ, δ の値を求めよ．
8.13 以下を示せ（λ 行列がすべてトレースレスであることに注目）．

$$\mathrm{Tr}(\lambda^\alpha \lambda^\beta) = 2\delta^{\alpha\beta}$$

8.14 $SU(2)$ の構造定数はいくらだろうか．つまり，
$$[\sigma^i, \sigma^j] = 2if^{ijk}\sigma^k$$
において，f^{ijk} の値はいくつか．

8.15 **(a)** $f^{\alpha\beta\gamma}$ は完全反対称である（すなわち $f^{112}=0$ は自動的に成り立ち，f^{123} を計算すれば，f^{213}, f^{231} 等にわずらわされる必要がない）．いくつの異なる非自明な定数が残るだろうか．$\left[\text{答え}: \dfrac{8 \cdot 7 \cdot 6}{3 \cdot 2 \cdot 1} = 56\right]$
（式 (8.36) にリストアップされているように）これらのうち 9 個のみ 0 でない値を取り，たった 3 種類の異なる値がある．

(b) $[\lambda^1, \lambda^2]$ を計算して，γ が 3 以外のすべてで $f^{12\gamma}=0$ になり，$f^{123}=1$ であることを確認せよ．

(c) 同様に $[\lambda^1, \lambda^3]$ と $[\lambda^4, \lambda^5]$ を計算し，構造定数を決定せよ．

8.16 以下の状態を利用して，八重項 $q\bar{q}$ カラー因子を計算せよ．
  (a) $b\bar{g}$
  (b) $(r\bar{r} - b\bar{b})/\sqrt{2}$
  (c) $(r\bar{r} + b\bar{b} - 2g\bar{g})/\sqrt{6}$

8.17 図のダイアグラムの振幅 $\mathscr{M}$ を求めよ．

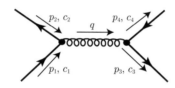

式 (8.47) を参考に，この場合カラー因子は何だろうか．また f をカラー一重項の配位で計算せよ．この結果を説明できるか．[答え：ゼロだ．一重項では八重項（グルーオン）に結合できないからだ．]

8.18 状態 $(rb + br)/\sqrt{2}$ を用いて，qq カラー因子六重項を計算せよ．

8.19 カラー因子はいつも $\lambda^\alpha_{ij}\lambda^\alpha_{kl}$（$\alpha$ について和を取る）という表示を含む．この量には簡単な公式があり，簡略化されて，
$$\lambda^\alpha_{ij}\lambda^\alpha_{kl} = 2\delta_{il}\delta jk - \frac{2}{3}\delta_{ij}\delta_{kl}$$
となる (Kane [4] を参照)．この公式を以下の場合について確かめよ．
  (a) $i=j=k=l=1$　　（式 (8.61) を参照）
  (b) $i=j=1,\quad k=l=2$　　（式 (8.49) を参照）
  (c) $i=l=1,\quad j=k=2$　　（式 (8.62) を参照）
  (d) これを用いて式 (8.52) を確認せよ．

8.20 式 (8.69) から (8.70) を導出せよ．

8.21 QCD（もしくは QED）の振幅（$\mathscr{M}$）のゲージ不変性を確認する簡単なテストがある．グルーオン（もしくは光子）の偏極ベクトルを運動量に置き換える（たとえば，$\epsilon_3 \to p_3$）と，(問題 7.23 より) 必ずゼロになる．この基準を用いて，$\mathscr{M}_1 + \mathscr{M}_2$ だけだと不変ではなく，$\mathscr{M} = \mathscr{M}_1 + \mathscr{M}_2 + \mathscr{M}_3$ でゲージ不変になることを示せ．[したがって，ゲージ不変性を保つために，QCD では 3 グルーオンのバーテックスが不可欠である．対照的に，$\mathscr{M}_1 + \mathscr{M}_2$ だけで QED ではゲージ不変であることに注目（例題 7.8）．λ 行列が交換しないという事実が，その違いをもたらす．]

8.22 二つのグルーオンのカラー一重項の組み合わせを構築せよ（式 (8.84)）．一つの方法を示す．

$$c = \begin{pmatrix} r \\ b \\ g \end{pmatrix}$$

として，$SU(3)$ のもとで $c \to c' = Uc$ と変換する．このとき，U は行列式 1 のユニタリー行列である．同様に，$d^\dagger = (\bar{r}, \bar{b}, \bar{g})$ とすると，変換則は $d^\dagger \to d'^\dagger = d^\dagger U^\dagger$ である．行列のかたちでは

$$M \equiv cd^\dagger = \begin{pmatrix} r\bar{r} & r\bar{b} & r\bar{g} \\ b\bar{r} & b\bar{b} & b\bar{g} \\ g\bar{r} & g\bar{b} & g\bar{g} \end{pmatrix}$$

である．このとき，$M' = c'd'^\dagger = UMU^\dagger$ である．トレース部分を取り除くと，

$$N \equiv M - \frac{1}{3}[\text{Tr}(M)], \quad \text{したがって，} \text{Tr}(N) = 0$$

である．$[\text{Tr}(M') = \text{Tr}(M) = (r\bar{r} + b\bar{b} + g\bar{g})$，この組み合わせは $SU(3)$ 不変で，$3 \otimes \bar{3} = 1 \oplus 8$ の一重項である．そして，N は八重項である．$]$

$$N' = M' - \frac{1}{3}[\text{Tr}(M')] = UMU^\dagger - \frac{1}{3}[\text{Tr}(M)]UU^\dagger = UNU^\dagger$$

に注目すること．これは，グルーオン自体（これらは八重項の表現である）が $SU(3)$ のもとでどのように変換されるかを教えてくれる．問題は二つの八重項からどうやって一重項をつくるかである．つまり，U のもとで不変な N_1, N_2 の双一次共変形をどうやってつくるかである．解は

$$s \equiv \text{Tr}(N_1 N_2)$$

で，ここで，

$$s' = \text{Tr}(N'_1 N'_2) = \text{Tr}(UN_1 U^\dagger UN_2 U^\dagger) = \text{Tr}(U^\dagger UN_1 N_2) = \text{Tr}(N_1 N_2) = s$$

のように不変である．M_1, M_2 の成分としての s がどのようなものか把握する必要がある

$$\begin{aligned}
Tr(N_1 N_2) &= \text{Tr}\left(M_1 - \frac{1}{3}[\text{Tr}(M_1)]\right)\left(M_2 - \frac{1}{3}[\text{Tr}(M_2)]\right) \\
&= \text{Tr}(M_1 M_2) - \frac{1}{3}[\text{Tr}(M_1)][\text{Tr}(M_2)] \\
&= \frac{2}{3}\left[(r\bar{r})_1(r\bar{r})_2 + (b\bar{b})_1(b\bar{b})_2 + (g\bar{g})_1(g\bar{g})_2\right] \\
&\quad - \frac{1}{3}\left[(r\bar{r})_1(b\bar{b})_2 + (r\bar{r})_1(g\bar{g})_2 + (b\bar{b})_1(r\bar{r})_2 + (b\bar{b})_1(g\bar{g})_2 \right.\\
&\quad \left. + (g\bar{g})_1(r\bar{r})_2 + (g\bar{g})_1(b\bar{b})_2\right] + \left[(r\bar{b})_1(b\bar{r})_2 + (r\bar{g})_1(g\bar{r})_2 \right.\\
&\quad \left. + (b\bar{r})_1(r\bar{b})_2 + (b\bar{g})_1(g\bar{b})_2 + (g\bar{r})_1(r\bar{g})_2 + (g\bar{b})_1(b\bar{g})_2\right] \\
&= |1\rangle_1 |1\rangle_2 + |2\rangle_1 |2\rangle_2 + |3\rangle_1 |3\rangle_2 + |4\rangle_1 |4\rangle_2 \\
&\quad + |5\rangle_1 |5\rangle_2 + |6\rangle_1 |6\rangle_2 + |7\rangle_1 |7\rangle_2 + |8\rangle_1 |8\rangle_2 = \sum_{n=1}^{8} |n\rangle_1 |n\rangle_2
\end{aligned}$$

（規格化するには，$\sqrt{8}$ で割る必要がある）．この二つの八重項の不変積は，$SU(2)$ の二つの 3 ベクトルの内積に対応する $SU(3)$ 版である．

8.23 $\Gamma(\eta_c \to 2g)/\Gamma(\eta_c \to 2\gamma)$ の分岐比を決定せよ．[ヒント：分子に式 (8.90) を用い，分母に式 (7.168) と (7.171) を適切に修正したものを使う．ここには二つの修正がある．つまり (i) クォークの電荷は Qe，(ii) カラー因子は3が一重項を構成するクォークに掛かる（式 (8.30)）．答え：$(9/8)(\alpha_s/\alpha)^2$]

8.24 **(a)** QED の結合定数が発散するエネルギー（$\sqrt{|q^2|c^2}$）を計算せよ（式 (8.92)）（微細構造定数 $\alpha(0) = 1/137$ を忘れないこと）．
  (b) どれくらいのエネルギーで，$\alpha(0)$ とのずれが1%になるだろうか．このエネルギーは到達可能だろうか．

8.25 式 (8.93) の μ の値が任意であることを証明せよ．[物理学者 A が値 μ_a を使用し，物理学者 B が異なる値 μ_b を使用するとしよう．A のバージョンの式 (8.92) が正しいと仮定すると，B も正しいことを証明する．]

8.26 式 (8.93), (8.94) から式 (8.95) を証明せよ．

8.27 $\Lambda c = 0.3\,\mathrm{GeV}$ の場合，$10\,\mathrm{GeV}$ と $100\,\mathrm{GeV}$ での α_s の値を計算せよ．$\Lambda c = 1\,\mathrm{GeV}$ とするとどうか．$\Lambda c = 0.1\,\mathrm{GeV}$ はどうか．

8.28 （グルーオン–グルーオン散乱）
  (a) 二つのグルーオンの最低次の相互作用のダイアグラム（四つ存在する）を描け．
  (b) 対応する振幅を書き下せ．
  (c) 入ってくるグルーオンをカラー一重項状態にする．また，出ていくグルーオンも同様にする．この場合の振幅を計算せよ．
  (d) 重心系で各グルーオンのエネルギーを E とする．すべての運動学的な因子を E と散乱角 θ で表せ．振幅を足して全振幅 $\mathscr{M}$ を求めよ．
  (e) 微分散乱断面積を求めよ．
  (f) この力が引力か斥力か答えよ（前者の場合，これはおそらくグルーボールの配位である可能性がある）．

9

弱い相互作用

　この章では，弱い相互作用の理論を眺めてみる．7章の内容を多く使うが，8章は使わない．4.4.1項は有用な背景情報となるだろう．まず初めに，レプトンと$W^{\pm}$の結合に関するファインマン則を説明し，その後，ミュー粒子，中性子，荷電パイ中間子のベータ崩壊という，古くからの三つの問題を少し詳しく取り扱う．次に，クォークと$W^{\pm}$との結合を考察する．それにより，カビボ角，GIM機構，小林–益川行列が出てくる．9.6節では，クォークやレプトンとZ^0との結合に関するファインマン則を説明し，最後の節で，グラショー–ワインバーグ–サラムの電弱理論を描写する．この章を通して，ニュートリノは質量ゼロとして扱う．（わずかな）ニュートリノ質量を入れたとしても，結果として測定できるほどの違いは現れない．

9.1　荷電レプトン弱相互作用

　弱い相互作用の媒介粒子は（QEDにおける光子や，QCDにおけるグルーオンとの類推で）W（W^+とW^-）とZ^0だ．質量をもたない光子やグルーオンと違って，これら「中間状態におけるベクトルボソン」はきわめて重く，実験的には

$$M_W = 80.40 \pm .03\,\mathrm{GeV}/c^2, \quad M_Z = 91.188 \pm .002\,\mathrm{GeV}/c^2 \quad (9.1)$$

である．質量をもつスピン1の粒子は三つの偏極状態（$m_s = 1, 0, -1$）が許される一方で，質量をもたない自由粒子は二つの偏極状態しかもたない（zを運動の方向とすると，「縦」偏極，すなわち$m_s = 0$は起こらない）．ゆえに，光子とグルーオンに対してはローレンツ条件，

$$\epsilon^\mu p_\mu = 0 \quad (9.2)$$

を課して（ϵ^μの独立成分を4から3に減らす），さらにクーロンゲージ（$\epsilon^0 = 0$，つまり，$\boldsymbol{\epsilon} \cdot \boldsymbol{p} = 0$により独立成分の数をさらに3から2に減らす）を使った．WとZに対しては，後者の制約を課すことができない．その結果，完全性関係はまったく違

うものとなり（問題9.1），伝播関数はもはや単純な $-ig_{\mu\nu}/q^2$ ではなく，

$$\frac{-i(g_{\mu\nu} - q_\mu q_\nu/M^2c^2)}{q^2 - M^2c^2} \qquad (W と Z の伝播関数) \tag{9.3}$$

となる[*1]．ここで M は，場合に応じて M_W か M_Z である．実際のところ，q^2 は通常，$(Mc)^2$ よりもずっと小さいので

$$\frac{ig_{\mu\nu}}{(Mc)^2} \qquad (q^2 \ll (Mc)^2 のときの伝播関数) \tag{9.4}$$

を使っても安全だ．しかしながら，注目する過程が Mc^2 と同じくらいの大きさのエネルギーを含むときは，もちろん，正確な表式に戻さなければならない．

（W によって媒介される）「荷電」弱相互作用は，（Z によって媒介される）「中性」のものよりも単純なので，しばらくの間，前者にのみ集中する．この節では，W のレプトンへの結合を考察する．その次の節では，クォークとハドロンへの結合を議論する．基本的なレプトンのバーテックスは以下である．

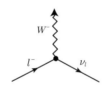

ここで，電子，ミュー粒子，タウは，W^- を放出して（あるいは W^+ を吸収して），それぞれに対応するニュートリノに変換される．逆の過程（$\nu_l \to l^- + W^+$）もまたもちろん可能だし，反レプトンを含む「交差した」反応も可能だ．ファインマン則はQEDのものと同様（すでに述べたように，質量をもつ媒介粒子を組み入れるための修正を除いて）だが，バーテックス因子だけは次のようになる．

$$\frac{-ig_w}{2\sqrt{2}}\gamma^\mu(1-\gamma^5) \qquad (弱相互作用のバーテックス因子) \tag{9.5}$$

いろいろなところにある 2 は純粋に慣習で，$g_w = \sqrt{4\pi\alpha_W}$ は（QEDにおける g_e やQCDにおける g_s との類推で）「弱結合定数」だ．しかし，$(1-\gamma^5)$ の項は深遠な重要

[*1] $M \to 0$ の極限で光子の伝播関数と一致しないことをうっとうしいと思うかもしれない．スピン 1 の（あるいはそれよりも大きなスピンをもつ）粒子に対しては，一つの重要な観点なのだが，連続的な操作でないことから，悪名高いことに質量ゼロの極限が思うようなかたちにならない．自由度の数（つまり，許されるスピンの向きの数）は，突然 $2s+1$（$M \neq 0$ の場合）から 2（$M=0$ の場合）になってしまう．$M=0$ への滑らかな遷移を許す理論を定式化するいくつかの方法はあるが，擬似的な物理的ではない状態を導入するという対価を支払うことになる．

性をもつ. γ^μ だけだと（QED や QCD のように）ベクトル結合を表す一方で, $\gamma^\mu\gamma^5$ は軸性ベクトルだ（式 (7.68)）. ベクトルに軸性ベクトルを加えた理論はパリティの保存を破るようになり, これこそがまさに弱い相互作用で起きていることである[*2].

例題 9.1　<u>逆ミュー粒子崩壊</u>

$$\nu_\mu + e^- \to \mu^- + \nu_e$$

という過程は（最低次では）以下の図で表される.

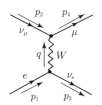

この過程について考察しよう. ここで, $q = p_1 - p_3$ であり, $q^2 \ll M_W^2 c^2$ と仮定しよう. すると簡略化された伝播関数（式 (9.4)）を安全に使えて, 振幅は

$$\mathscr{M} = \frac{g_w^2}{8(M_W c)^2}[\bar{u}(3)\gamma^\mu(1-\gamma^5)u(1)][\bar{u}(4)\gamma_\mu(1-\gamma^5)u(2)] \tag{9.6}$$

となる. カシミール・トリック（式 (7.125)）を使い, さらにニュートリノの質量を無視するという近似により,

$$\sum_{\text{spins}}|\mathscr{M}|^2 = \left(\frac{g_w^2}{8(M_W c)^2}\right)^2 \text{Tr}[\gamma^\mu(1-\gamma^5)(\not{p}_1+m_e c)\gamma^\nu(1-\gamma^5)\not{p}_3]$$
$$\times \text{Tr}[\gamma_\mu(1-\gamma^5)\not{p}_2\gamma_\nu(1-\gamma^5)(\not{p}_4+m_\mu c)] \tag{9.7}$$

となることがわかる. 7.7 節の定理により, 最初のトレースは

$$8[p_1^\mu p_3^\nu + p_1^\nu p_3^\mu - g^{\mu\nu}(p_1 \cdot p_3) - i\epsilon^{\mu\nu\lambda\sigma}p_{1\lambda}p_{3\sigma}] \tag{9.8}$$

となり, 2 番目は

[*2] 実際のところ, 二つの項が同じくらいの大きさであるという観点から, その破れは「最大」だ. パリティの破れが初めて観測されたとき, $(1+\epsilon\gamma^5)$ というかたちの因子が使われたが, 実験家がすぐに $\epsilon = -1$ であることを見出した（問題 9.3）. それを「$V-A$」（ベクトル引く軸性ベクトル）結合とよぶ. フェルミの元々の理論ではベータ崩壊は純粋にベクトル理論であったし（QED のように）, スカラー, 擬スカラー, テンソル, あるいは純粋な軸性結合を提案する者もいたが, 1956 年になるまで異なるパリティをもつ項を混ぜ合わせることを誰も真剣に試みなかった.

$$8[p_{2\mu}p_{4\nu} + p_{2\nu}p_{4\mu} - g_{\mu\nu}(p_2 \cdot p_4) - i\epsilon_{\mu\nu\kappa\tau}p_2^\kappa p_4^\tau] \tag{9.9}$$

となる．よって

$$\sum_{\text{spins}} |\mathscr{M}|^2 = 4\left(\frac{g_w}{M_W c}\right)^4 (p_1 \cdot p_2)(p_3 \cdot p_4) \tag{9.10}$$

を得る[*3]．

　実際には，終状態のスピンについては和を取って，始状態についてはスピンの平均を取りたい．電子は二つのスピンの状態をもつが，（質量のない）ニュートリノは（4.4節で学んだように）一つの状態しかもたない（お望みならば，ニュートリノはいつも「左巻き」なので，入射ニュートリノはいつも偏極していると考えてよい）．よって，

$$\langle |\mathscr{M}|^2 \rangle = 2\left(\frac{g_w}{M_W c}\right)^4 (p_1 \cdot p_2)(p_3 \cdot p_4) \tag{9.11}$$

である．重心系に行き，電子の質量を無視すると

$$\langle |\mathscr{M}|^2 \rangle = 8\left(\frac{g_w E}{M_W c^2}\right)^4 \left\{1 - \left(\frac{m_\mu c^2}{2E}\right)^2\right\} \tag{9.12}$$

となる．ここで，E は入射電子（またはニュートリノ）のエネルギーである．微分断面積（式 (6.47)）は等方的で（あらゆる散乱角が同様の頻度で選ばれる），

$$\frac{d\sigma}{d\Omega} = \frac{1}{2}\left[\frac{\hbar c g_w^2 E}{4\pi (M_W c^2)^2}\right]^2 \left\{1 - \left(\frac{m_\mu c^2}{2E}\right)^2\right\}^2 \tag{9.13}$$

となり，全断面積は

$$\sigma = \frac{1}{8\pi}\left[\left(\frac{g_w}{M_W c^2}\right)^2 \hbar c E\right]^2 \left\{1 - \left(\frac{m_\mu c^2}{2E}\right)^2\right\}^2 \tag{9.14}$$

である．

9.2 ミュー粒子崩壊

　電子-ニュートリノ散乱を実験的に研究するのはこの世で最も簡単というわけではない．しかし，密接な関連をもつミュー粒子の崩壊（$\mu \to e + \nu_\mu + \bar{\nu}_e$）は，理論的に

[*3] $\epsilon^{\mu\nu\lambda\sigma}\epsilon_{\mu\nu\kappa\tau} = -2(\delta^\lambda_\kappa \delta^\sigma_\tau - \delta^\lambda_\tau \delta^\sigma_\kappa)$ であることに注意せよ（問題 7.35）．式 (9.7) 中のトレースは，この章でくり返し現れることになる特別な構造をもつ例だ．ここで一休みして，一般的な結果（問題 9.2）をやってみるのはよい考えかもしれない．

も実験的にも弱い相互作用の中で最もきれいな過程である．ファインマン図

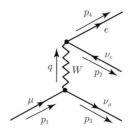

から，振幅

$$\mathscr{M} = \frac{g_w^2}{8(M_W c)^2}[\bar{u}(3)\gamma^\mu(1-\gamma^5)u(1)][\bar{u}(4)\gamma_\mu(1-\gamma^5)v(2)] \tag{9.15}$$

が得られ，それによって，以前と同じように

$$\langle|\mathscr{M}|^2\rangle = 2\left(\frac{g_w}{M_W c}\right)^4 (p_1 \cdot p_2)(p_3 \cdot p_4) \tag{9.16}$$

を得る．ミュー粒子の静止系 $p_1 = (m_\mu c, \mathbf{0})$ においては，

$$p_1 \cdot p_2 = m_\mu E_2 \tag{9.17}$$

であり，$p_1 = p_2 + p_3 + p_4$ なので

$$\begin{aligned}(p_3+p_4)^2 &= p_3^2 + p_4^2 + 2p_3 \cdot p_4 = m_e^2 c^2 + 2p_3 \cdot p_4 \\ &= (p_1 - p_2)^2 = p_1^2 + p_2^2 - 2p_1 \cdot p_2 = m_\mu^2 c^2 - 2p_1 \cdot p_2\end{aligned} \tag{9.18}$$

となり，

$$p_3 \cdot p_4 = \frac{(m_\mu^2 - m_e^2)c^2}{2} - m_\mu E_2 \tag{9.19}$$

であることが導かれる．$m_e = 0$ とおけば，正確さを失うことなしに後の計算を簡略化できて，

$$\langle|\mathscr{M}|^2\rangle = \left(\frac{g_w}{M_W c}\right)^4 m_\mu^2 E_2(m_\mu c^2 - 2E_2) = \left(\frac{g_w^2 m_\mu}{M_W^2 c}\right)^2 |\mathbf{p}_2|(m_\mu c - 2|\mathbf{p}_2|) \tag{9.20}$$

となる．

崩壊幅は式 (6.21) で与えられる[*4]．

[*4] これは三体崩壊なので，黄金律にまで戻らねばならないことに注意せよ．

$$dΓ = \frac{\langle|\mathscr{M}|^2\rangle}{2\hbar m_\mu}\left(\frac{d^3\boldsymbol{p}_2}{(2\pi)^3 2|\boldsymbol{p}_2|}\right)\left(\frac{d^3\boldsymbol{p}_3}{(2\pi)^3 2|\boldsymbol{p}_3|}\right)\left(\frac{d^3\boldsymbol{p}_4}{(2\pi)^3 2|\boldsymbol{p}_4|}\right)$$
$$\times (2\pi)^4 \delta^4(p_1 - p_2 - p_3 - p_4) \tag{9.21}$$

まず最初に，デルタ関数を取り出す．

$$\delta^4(p_1 - p_2 - p_3 - p_4) = \delta(m_\mu c - |\boldsymbol{p}_2| - |\boldsymbol{p}_3| - |\boldsymbol{p}_4|)\delta^3(\boldsymbol{p}_2 + \boldsymbol{p}_3 + \boldsymbol{p}_4) \tag{9.22}$$

そして，$\boldsymbol{p}_3$ について積分する．

$$dΓ = \frac{\langle|\mathscr{M}|^2\rangle}{16(2\pi)^5 \hbar m_\mu}\frac{(d^3\boldsymbol{p}_2)(d^3\boldsymbol{p}_4)}{|\boldsymbol{p}_2||\boldsymbol{p}_2+\boldsymbol{p}_4||\boldsymbol{p}_4|}\delta(m_\mu c - |\boldsymbol{p}_2| - |\boldsymbol{p}_2+\boldsymbol{p}_4| - |\boldsymbol{p}_4|) \tag{9.23}$$

次に $\boldsymbol{p}_2$ に関する積分を行う．$\boldsymbol{p}_4$ の方向に沿って極座標の軸を取ると（$\boldsymbol{p}_2$ の積分を行うため固定する），

$$d^3\boldsymbol{p}_2 = |\boldsymbol{p}_2|^2 d|\boldsymbol{p}_2| \sin\theta\, d\theta\, d\phi \tag{9.24}$$

と，

$$|\boldsymbol{p}_2 + \boldsymbol{p}_4|^2 = |\boldsymbol{p}_2|^2 + |\boldsymbol{p}_4|^2 + 2|\boldsymbol{p}_2||\boldsymbol{p}_4|\cos\theta \equiv u^2 \tag{9.25}$$

を得る．ϕ に関する積分は自明だ（$\int d\phi = 2\pi$）．θ での積分を行うために，変数変換 $(\theta \to u)$ をする．

$$2u\, du = -2|\boldsymbol{p}_2||\boldsymbol{p}_4|\sin\theta\, d\theta \tag{9.26}$$

から，

$$dΓ = \frac{\langle|\mathscr{M}|^2\rangle}{16(2\pi)^4 \hbar m_\mu}\frac{d^3\boldsymbol{p}_4}{|\boldsymbol{p}_4|^2}d|\boldsymbol{p}_2|\int_{u_-}^{u_+}\delta(m_\mu c - |\boldsymbol{p}_2| - |\boldsymbol{p}_4| - u)\, du \tag{9.27}$$

となる．ここで，

$$u_\pm \equiv \sqrt{|\boldsymbol{p}_2|^2 + |\boldsymbol{p}_4|^2 \pm 2|\boldsymbol{p}_2||\boldsymbol{p}_4|} = \Big||\boldsymbol{p}_2| \pm |\boldsymbol{p}_4|\Big| \tag{9.28}$$

である．u の積分は，もし

$$u_- < m_\mu c - |\boldsymbol{p}_2| - |\boldsymbol{p}_4| < u_+ \tag{9.29}$$

なら 1 だ（さもなければ 0 である）．いい換えると（問題 9.4），

$$\begin{cases} |\boldsymbol{p}_2| < \frac{1}{2}m_\mu c \\ |\boldsymbol{p}_4| < \frac{1}{2}m_\mu c \\ (|\boldsymbol{p}_2| + |\boldsymbol{p}_4|) > \frac{1}{2}m_\mu c \end{cases} \quad (9.30)$$

ということである．これらの制約は，運動学的に理にかなっている．たとえば，粒子 2 は，粒子 3 と 4 が正反対方向に飛び出したときに，最大の運動量をもつ．

このとき，粒子 2 は利用できるエネルギーの半分 $((1/2)m_\mu c^2)$ をもらい，一方，粒子 3 と 4 は残りを分け合う．もし，粒子 3 と 4 の間の角度がゼロでなければ，2 がもらうエネルギーは少なくなり，それに応じて 3 と 4 のエネルギーがより大きくなる．ゆえに，$(1/2)m_\mu c$ は，外向きの個々の粒子がもち得る最大の運動量であり，かつ，対がもち得る合計運動量の最小値である．

θ と ϕ に関する積分を行うと

$$d\Gamma = \frac{\langle|\mathscr{M}|^2\rangle}{(4\pi)^4 \hbar m_\mu} d|\boldsymbol{p}_2| \frac{d^3\boldsymbol{p}_4}{|\boldsymbol{p}_4|^2} \quad (9.31)$$

となる．式 (9.30) の不等式は，$|\boldsymbol{p}_2|$ と $|\boldsymbol{p}_4|$ の積分範囲を指定する．$|\boldsymbol{p}_2|$ の積分範囲は $(1/2)m_\mu c - |\boldsymbol{p}_4|$ から $(1/2)m_\mu c$ までで，$|\boldsymbol{p}_4|$ は 0 から $(1/2)m_\mu c$ までだ．式 (9.20)[*5]を代入し，$|\boldsymbol{p}_2|$ の積分を行うと

$$\begin{aligned} d\Gamma &= \left(\frac{g_w}{4\pi M_W}\right)^4 \frac{m_\mu}{\hbar c^2} \frac{d^3\boldsymbol{p}_4}{|\boldsymbol{p}_4|^2} \int_{(1/2)m_\mu c - |\boldsymbol{p}_4|}^{(1/2)m_\mu c} |\boldsymbol{p}_2|(m_\mu c - 2|\boldsymbol{p}_2|) \, d|\boldsymbol{p}_2| \\ &= \left(\frac{g_w}{4\pi M_W}\right)^4 \frac{m_\mu}{\hbar c^2} \left(\frac{m_\mu c}{2} - \frac{2}{3}|\boldsymbol{p}_4|\right) d^3\boldsymbol{p}_4 \end{aligned} \quad (9.32)$$

を得る．最後に，

$$d^3\boldsymbol{p}_4 = 4\pi |\boldsymbol{p}_4|^2 \, d|\boldsymbol{p}_4|$$

を使い，解を電子のエネルギー $E = |\boldsymbol{p}_4|c$ で表すと，

$$\frac{d\Gamma}{dE} = \left(\frac{g_w}{M_W c}\right)^4 \frac{m_\mu^2 E^2}{2\hbar (4\pi)^3} \left(1 - \frac{4E}{3m_\mu c^2}\right) \quad (9.33)$$

[*5] $\langle|\mathscr{M}|^2\rangle$ は $\boldsymbol{p}_2$ の大きさのみに依存し，方向にはよらないことに注意せよ．だから θ と ϕ を積分する際に方向を気にしなくてよい．

334 9 弱い相互作用

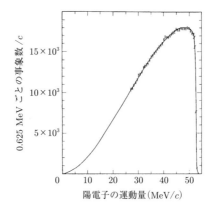

図 9.1 $\mu^+ \to e^+ + \nu_e + \bar{\nu}_\mu$ における陽電子スペクトルの測定. 実線は式 (9.33) に基づく理論的予言で, 電磁効果を補正してある（出典: M. Bardon *et al.*: Phys. Rev. Lett., **14**, 44 (1965). ミュー粒子崩壊の最新の高精度データについては, TWIST 実験グループのウェブサイト（TRIUMF, Vancouver, BC）を参照.）

が答えとなる[*6]. この式により, ミュー粒子崩壊で放出される電子のエネルギー分布がわかり, 実験で測定したスペクトル（図 9.1）とよく一致する. 全崩壊幅は

$$\Gamma = \left(\frac{g_w}{M_W c}\right)^4 \frac{m_\mu^2}{2\hbar(4\pi)^3} \int_0^{(1/2)m_\mu c^2} E^2 \left(1 - \frac{4E}{3m_\mu c^2}\right) dE$$
$$= \left(\frac{m_\mu g_w}{M_W}\right)^4 \frac{m_\mu c^2}{12\hbar(8\pi)^3} \tag{9.34}$$

なので, ミュー粒子の寿命は

$$\tau = \frac{1}{\Gamma} = \left(\frac{M_W}{m_\mu g_w}\right)^4 \frac{12\hbar(8\pi)^3}{m_\mu c^2} \tag{9.35}$$

である.

ミュー粒子の寿命の式にも, 電子–ニュートリノ散乱断面積の式にも, g_W と M_W が別々に現れておらず, 比としてのみ現れていることに注意しよう. 実際のところ, 弱い相互作用の式では「フェルミ結合定数」

$$G_F \equiv \frac{\sqrt{2}}{8}\left(\frac{g_w}{M_W c^2}\right)^2 (\hbar c)^3 \tag{9.36}$$

を使うのが慣習だ. これを使うと, ミュー粒子の寿命は

[*6] 式 (9.33) は $E = (1/2)m_\mu c^2$ で突然ゼロになり（その変化は粒子の質量と放射補正により, 少し緩やかにはなる）, そのエネルギーまでしか適用できないことに注意せよ（式 (9.30)）.

$$\tau = \frac{192\pi^3 \hbar^7}{G_F^2 m_\mu^5 c^4} \tag{9.37}$$

と書ける．フェルミの元々のベータ崩壊の理論（1933 年）には，W はなかった．その相互作用は，ファインマンの言葉を使うと，以下のかたちをしたダイアグラムで表現される直接の 4 点結合だと思われていた．

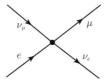

現代の観点からは，次のダイアグラムで表されるように，フェルミの理論は二つのバーテックスと W の伝播関数を組み合わせて実効的に 4 点結合定数 G_F をつくっている．

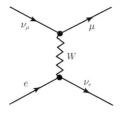

これがうまくいくのは，W が非常に重いために式 (9.4) が真の伝播関数（式 (9.3)）のよい近似になっている[*7]からで，実際，1950 年代にはすでにフェルミの理論は高いエネルギーでは適用できないであろうということが認識されていた．弱い相互作用における媒介粒子（光子の類推）というアイデアは，さかのぼること 1938 年にクラインによって提案された．

ミュー粒子の寿命と質量の測定値を代入すると，

$$G_F/(\hbar c)^3 = \frac{\sqrt{2}}{8}\left(\frac{g_w}{M_W c^2}\right)^2 = 1.166 \times 10^{-5}/\text{GeV}^2 \tag{9.38}$$

であることを見出す．それに対する g_w の値は

$$g_w = 0.653 \tag{9.39}$$

[*7] フェルミもまた，以前言及したように，結合は純粋なベクトルだと思っていた．これらの欠点にもかかわらず（そのためにフェルミを非難することはできない．結局のところ，ニュートリノは野心的な推測であり，ディラック方程式がぴかぴかの新品の時代に，彼は理論をつくったのだから），フェルミの理論には驚くべき先見の明があって，その後の発展は比較的軽微な調整であった．

であり，よって，「弱い相互作用における微細構造定数」は

$$\alpha_w = \frac{g_w^2}{4\pi} = \frac{1}{29.5} \tag{9.40}$$

となる．この数字は驚くべきものだった．電磁相互作用における微細構造定数（$\alpha = 1/137$）より 5 倍近くも大きいのだ！　弱い相互作用が弱いのは，元々の結合が弱いからではなく（実際のところ弱くない），媒介粒子があまりにも重いからなのだ．あるいは，より正確には，われわれがこれまで問題にしてきたエネルギーは概して W の質量よりもずっと小さく，伝播関数の分母 $|q^2 - M_W^2 c^2|$ があまりにも大きいのだ．

9.3　中性子の崩壊

ミュー粒子崩壊の公式をうまく得られたことで（式 (9.33)），それと同じ方法を中性子の崩壊 $n \to p + e + \bar{\nu}_e$ に適用してみたくなる．もちろん，中性子と陽子は複合粒子だが，ちょうどモットとラザフォードの断面積（それらは陽子を素粒子の「ディラック」粒子であるかのように取り扱う）が低エネルギーでの電子–陽子散乱をうまく記述したように，このダイアグラム（$\mu \to \nu_\mu + W^-$ を $n \to p + W^-$ に置き換える以外はミュー粒子崩壊と同じ）が中性子のベータ崩壊のよい近似を与えることを期待できるかもしれない．

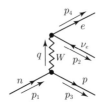

計算の観点からの唯一新たな特徴は，粒子 3 が今度は質量をもっていることだ（ニュートリノの代わりに陽子になっている）．そうだとしても（問題 9.8），これによって振幅は変わらない．

$$\langle |\mathscr{M}|^2 \rangle = 2 \left(\frac{g_w}{M_W c} \right)^4 (p_1 \cdot p_2)(p_3 \cdot p_4) \tag{9.41}$$

式 (9.16) と同じだ．中性子の静止系では，

$$\langle |\mathscr{M}|^2 \rangle = \frac{m_n}{c} \left(\frac{g_w}{M_W} \right)^4 |\boldsymbol{p}_2| \left(m_n^2 - m_p^2 - m_e^2 - \frac{2m_n |\boldsymbol{p}_2|}{c} \right) \tag{9.42}$$

となることがわかる．しかし，電子の静止エネルギーは放出される全エネルギー $(m_n - m_p - m_e)c^2$ に比べて相当な大きさなので，今回は，電子の質量を無視することはできない．

崩壊幅の計算は前と同じように進める（今度は質量を含めて）．

$$dΓ = \frac{\langle |\mathscr{M}|^2 \rangle}{2\hbar m_n} \left(\frac{d^3\boldsymbol{p}_2}{(2\pi)^3 2|\boldsymbol{p}_2|} \right) \left(\frac{d^3\boldsymbol{p}_3}{(2\pi)^3 2\sqrt{\boldsymbol{p}_3^2 + m_p^2 c^2}} \right) \left(\frac{d^3\boldsymbol{p}_4}{(2\pi)^3 2\sqrt{\boldsymbol{p}_4^2 + m_e^2 c^2}} \right)$$
$$\times (2\pi)^4 \delta^4(p_1 - p_2 - p_3 - p_4) \tag{9.43}$$

$\boldsymbol{p}_3$ に関する積分を行うと

$$dΓ = \frac{\langle |\mathscr{M}|^2 \rangle}{16(2\pi)^5 \hbar m_n} \frac{d^3\boldsymbol{p}_2 \, d^3\boldsymbol{p}_4}{|\boldsymbol{p}_2| u \sqrt{\boldsymbol{p}_4^2 + m_e^2 c^2}} \delta\left(m_n c - |\boldsymbol{p}_2| - u - \sqrt{\boldsymbol{p}_4^2 + m_e^2 c^2} \right) \tag{9.44}$$

を得る．ここで，

$$u \equiv \sqrt{(\boldsymbol{p}_2 + \boldsymbol{p}_4)^2 + m_p^2 c^2} \tag{9.45}$$

である．$\boldsymbol{p}_2$ に関する積分を実行するために，再び

$$d^3\boldsymbol{p}_2 = |\boldsymbol{p}_2|^2 d|\boldsymbol{p}_2| \sin\theta \, d\theta \, d\phi \tag{9.46}$$

と置き，z 軸方向を $\boldsymbol{p}_4$ の向きに取る（$\boldsymbol{p}_2$ 積分のために固定する）．すると，

$$u^2 = |\boldsymbol{p}_2|^2 + |\boldsymbol{p}_4|^2 + 2|\boldsymbol{p}_2||\boldsymbol{p}_4|\cos\theta + m_p^2 c^2 \tag{9.47}$$

であり，

$$u \, du = -|\mathbf{p}_2||\mathbf{p}_4|\sin\theta \, d\theta \tag{9.48}$$

である．ϕ と θ（というかむしろ u）について積分すると

$$dΓ = \frac{\langle |\mathscr{M}|^2 \rangle}{(4\pi)^4 \hbar m_n} \frac{d^3\boldsymbol{p}_4}{|\boldsymbol{p}_4|\sqrt{\boldsymbol{p}_4^2 + m_e^2 c^2}} \, d|\boldsymbol{p}_2| \, I \tag{9.49}$$

となる．ここで

$$I \equiv \int_{u_-}^{u_+} \delta\left(m_n c - |\bm{p}_2| - \sqrt{|\bm{p}_4|^2 + m_e^2 c^2} - u\right) du$$

$$= \begin{cases} 1 & \left(u_- < \left(m_n c - |\bm{p}_2| - \sqrt{|\bm{p}_4|^2 + m_e^2 c^2}\right) < u_+\right) \\ 0 & (\text{それ以外}) \end{cases} \quad (9.50)$$

であり，上限と下限は

$$u_\pm = \sqrt{(|\bm{p}_2| \pm |\bm{p}_4|)^2 + m_p^2 c^2} \quad (9.51)$$

である．以前と同様に，式 (9.50) が $|\bm{p}_2|$ 積分の範囲を決める．計算は読者に任せる (問題 9.9)．

$$p_\pm = \frac{(1/2)(m_n^2 - m_p^2 + m_e^2)c^2 - m_n\sqrt{|\bm{p}_4|^2 + m_e^2 c^2}}{m_n c - \sqrt{|\bm{p}_4|^2 + m_e^2 c^2} \mp |\bm{p}_4|} \quad (9.52)$$

式 (9.42) の $\langle |\mathscr{M}|^2 \rangle$ を使うと，$|\bm{p}_2|$ 積分は

$$\int_{p_-}^{p_+} |\bm{p}_2| \left(m_n^2 - m_p^2 - m_e^2 - \frac{2m_n|\bm{p}_2|}{c}\right) d|\bm{p}_2| \equiv J \quad (9.53)$$

となり，

$$d^3\bm{p}_4 = 4\pi|\bm{p}_4|^2 d|\bm{p}_4| \quad (9.54)$$

なので，

$$\frac{d\Gamma}{dE} = \frac{1}{\hbar c^2 (4\pi)^3} \left(\frac{g_w}{M_W c}\right)^4 J(E) \quad (9.55)$$

が結論だ．ただし，$E = c\sqrt{|\bm{p}_4|^2 + m_e^2 c^2}$ は電子のエネルギーである．

式 (9.55) は正確だが (式 (9.33) をもう一度導出したければ，$m_n \to m_\mu$ と $m_p, m_e \to 0$ の置き換えを行えばよい)，$J(E)$ は少し複雑な関数だ．

$$J(E) = (1/2)(m_n^2 - m_p^2 - m_e^2)c^4(p_+^2 - p_-^2) - \frac{2m_n c^3}{3}(p_+^3 - p_-^3) \quad (9.56)$$

概算だが，この段階で四つの小さな数があることに気づく．

$$\begin{aligned} \epsilon &\equiv \frac{m_n - m_p}{m_n} = 0.0014, & \delta &\equiv \frac{m_e}{m_n} = 0.0005 \\ \eta &\equiv \frac{E}{m_n c^2} \quad (\delta < \eta < \epsilon), & \phi &\equiv \frac{|\bm{p}_4|}{m_n c} \quad (0 < \phi < \eta) \end{aligned} \quad (9.57)$$

(これらはもちろん独立ではなく，$\phi^2 = \eta^2 - \delta^2$ である．) 最低次で展開すると (問題 9.9)，

9.3 中性子の崩壊

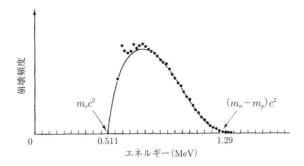

図 9.2　中性子のベータ崩壊で放出される電子のエネルギー分布（実線が理論計算による曲線で，点が実験データ）（出典：C. J. Christensen *et al.*: *Phys. Rev.*, D **5**, 1628 (1972). Fig (9.4)）

$$J \cong 4m_n^4 c^6 \eta\phi(\epsilon - \eta)^2 = \frac{4}{c^2} E\sqrt{E^2 - m_e^2 c^4}\,[(m_n - m_p)c^2 - E]^2 \tag{9.58}$$

を得る．よって，電子のエネルギー分布は

$$\frac{d\Gamma}{dE} = \frac{1}{\pi^3 \hbar}\left(\frac{g_w}{2M_W c^2}\right)^4 E\sqrt{E^2 - m_e^2 c^4}\,[(m_n - m_p)c^2 - E]^2 \tag{9.59}$$

で与えられる．実験の結果は図 9.2 に示す．電子のエネルギーの範囲は $m_e c^2$ からおよそ $(m_n - m_p)c^2$ までだ（問題 9.10）．E について積分し，全崩壊幅を得る（問題 9.11）．

$$\begin{aligned}\Gamma = &\frac{1}{4\pi^3 \hbar}\left(\frac{g_w}{2M_W c^2}\right)^4 (m_e c^2)^5 \\ &\times \left[\frac{1}{15}(2a^4 - 9a^2 - 8)\sqrt{a^2 - 1} + a\ln(a + \sqrt{a^2 - 1})\right]\end{aligned} \tag{9.60}$$

ここで，

$$a \equiv \frac{m_n - m_p}{m_e} \tag{9.61}$$

である．数値を代入すると（問題 9.12），

$$\tau = \frac{1}{\Gamma} = 1318 \text{ 秒} \tag{9.62}$$

を見出す．これは，世間でいわれているように，まあまあの結果だ．中性子の寿命[*8]の

[*8] この数値は 2006 年版の Particle Physics Booklet (PPB) のものだ．自由中性子の取り扱いは難しく，何年かの間に「公式な」中性子寿命は大きく変わった（最初の PPB では 1010 ± 130 秒とリストされていた）．また，原子核物理学者は半減期（$t_{1/2} = \tau \ln 2$）を使う傾向があり，ベータ崩壊の専門家はいわゆる「ft 値」とよばれる「比較用半減期」をしばしば引用することにも注意しよう．比較用半減期とは，ある運動学的な寄与とクーロン力の寄与を差し引いたものである（中性子ではその補正係数は約 1.7 である）．ここで注意したいことは，中性子の「寿命」に対する文献値はさまざまな定義のものがあり，慎重に微妙な違いを読み取り，日付を確認する必要があるということだ．

実測値は 885.7 ± 0.8 秒で，弱い相互作用による崩壊では寿命が 15 分から 10^{-13} 秒と幅広いことを考慮すると，たぶん，正しいオーダーを得られたことに満足すべきだ．しかし，なぜもっとよく一致しないのだろうか．

主要な問題は，陽子と中性子を単純な点粒子としてレプトンとまったく同様に W と相互作用するかのように取り扱ったことにある．この点に関して誠実になると，一番最初までさかのぼって，W が複合物とどのように結合するかを知らないことを認め，ファインマン図に（われわれの無知を象徴させるために）滴を書き，振幅をさまざまな未知の「形状因子」を用いて記述しなければならない．形状因子は 8 章で陽子–光子バーテックスについてやったのとちょうど同じように，ローレンツ共変によってのみ制限される．QCD が成熟して核子の詳細な構造を説明できるようになって初めて中性子寿命の完璧な計算を行えるようになるのだ．

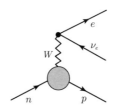

しかし，モットの公式は低エネルギーの電子–陽子散乱をうまく記述する．なぜ根本的に同じやり方で電気力学では正しい答えを得られるのに，弱い相互作用では得られないのだろうか．どちらの場合も，「探り針」（場合に応じて γ や W）の波長は「標的」（p か n）の直径よりもずっと長い（問題 9.13）．核子の内部構造は「見え」なくて，それは点粒子であるかのように振る舞う．だが，重大な問題は，この対象物の正味の結合定数がどうなるか，ということである．もちろん，陽子の正味の電荷は e だ．内部でどんなに複雑な過程があったとしても，価クォークが仮想グルーオンを放出し，グルーオンがクォーク–反クォーク対をつくり，「海」クォークが再結合するなどしていても，この狂乱した動きすべてで電荷は保存される．長波長の光子から見たら，それは点であり，複合物である核子の正味の電荷は価クォークの電荷の合計にすぎない．しかし，同じことが弱い相互作用の結合に当てはまるかどうかは自明ではない．グルーオンがクォーク–反クォーク対に分離したとき，この対の弱結合への正味の寄与がゼロではないかもしれない．どうしたらわかるのか．これを計算するために，$n \to p + W$ のバーテックス因子を以下のように置き換える．

$$(1-\gamma^5) \to (c_V - c_A \gamma^5) \tag{9.63}$$

ここで c_V はベクトルの「弱電荷」への補正であり，c_A は軸性ベクトルの「弱電荷」への補正である．幸運なことに，$n \to p + e + \bar{\nu}_e$ という同じ基本的な過程が自由中性子だけでなく，放射性原子核でも起こるので，原理的には c_V と c_A を独立に測定する多くの機会に恵まれている[*9]．実験の結果は以下だ．

$$c_V = 1.000, \quad c_A = 1.270 \pm 0.003 \tag{9.64}$$

驚くべきことに，ベクトル弱結合は核子中の強い相互作用でも変化を受けない．たぶん，電荷と同様に，それは保存則によって「守られて」いるのだろう．これを「保存ベクトル流」（CVC）仮説とよぶ[*10]．軸性の項も大きくは変化しておらず，あきらかにそれは「ほぼ」保存している．これを「部分的保存軸性流」（PCAC）仮説とよぶ．

もし読者にスタミナがあるなら，中性子の寿命に対するこの置き換え（式 (9.63)）の効果は自身で計算するに価するものだ．よい近似で崩壊幅は因子

$$(1/4)(c_V^2 + 3c_A^2) = 1.46 \tag{9.65}$$

だけ増加し，寿命は同じ割合で減少する．

$$\tau = \frac{1316 \text{ 秒}}{1.46} = 901 \text{ 秒} \tag{9.66}$$

これは実験値に驚くほど近い．だが，運の悪いことに，その一致はまやかしだ．というのは，さらに別の補正が必要だからだ．ここでのクォークレベルでの過程は $d \to u + W$（と 2 個の傍観クォーク）で，

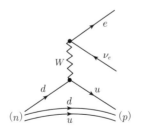

[*9] とりわけ好ましいのが，（始状態と終状態のスピンとパリティの観測から）ベクトル結合だけを含んでいることが知られている $^{14}\text{O} \to {}^{14}\text{N}$ だ．

[*10] CVC は標準模型に組み込まれていて，現在，c_V は正確に 1 にされている．実験結果はカビボ角（この直後を参照），あるいはより正確には V_{ud} の測定と解釈される．

このクォークのバーテックスは $\cos\theta_C$ という因子を含んでいる．ここで $\theta_C = 13.15°$ は「カビボ角」である．これについては，9.5節でさらに説明するが，ここで本質的なのは，軸性電荷の非保存に対する補正とカビボ角による変更を受けた後の中性子の寿命の理論値は

$$\tau = \frac{901\,\text{s}}{\cos^2\theta_C} = 950\,\text{秒} \tag{9.67}$$

であるということである．2歩進んで，1歩戻った！*11

9.4 パイ中間子の崩壊

クォーク模型によると，荷電パイ中間子の崩壊（$\pi^- \to l^- + \bar{\nu}_l$，ここで l はミュー粒子か電子である）は，入射するクォークがたまたま互いに束縛されているが，本当に散乱事象だ．

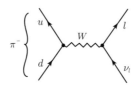

この観点では，電磁気力によるポジトロニウムの崩壊（$e^+ + e^- \to \gamma + \gamma$），あるいは強い相互作用による η_c 崩壊（$c + \bar{c} \to g + g$）の弱い相互作用版である．例題7.8と8.5節の方法（問題9.14）に従って解析できるかもしれないが，最終的には，$|\psi(0)|^2$ という因子で先に進めなくなってしまい，この段階ではパイ中間子中のクォークの波動関数（ψ）がどのようなかたちをしているのかわからない．そのような計算では，未決定の乗数因子がいずれにせよ存在することを考えると，以下のように進める方がよりすっきりとしている．

π^- と W^- の結合を表現するのに滴を用いてファインマン図を描き直す．

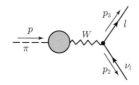

---

*11 これで話が終わるわけではない．たとえば，（終状態の電子と陽子の間の引力による）クーロン力の小さな補正がある．しかし，実験結果と7％の精度で一致している．いまは先に進むべきときだ．

W がどのようにパイ中間子に結合するかはわからないかもしれないが，どのようにレプトンに結合するかはよく知っているので，振幅は

$$\mathscr{M} = \frac{g_w^2}{8(M_W c)^2}[\bar{u}(3)\gamma_\mu(1-\gamma^5)v(2)]F^\mu \tag{9.68}$$

という一般的なかたちにならなければならない．ここで，F^μ は $\pi \to W$ の滴を記述する「形状因子」である．これは，レプトンの項の中の γ_μ と縮約するために4元ベクトルでなければならない．しかし，パイ中間子はスピンゼロだ．パイ中間子に付随する中で唯一ベクトルであり，F^μ として構成し得るのは，運動量 p^μ だけだ（パイ中間子の運動量に下付き添字を付けて繁雑にしたくなかったので，$p \equiv p_1$ と定義した)[*12]．よって，F^μ は何らかのスカラー量と p^μ の積になっているはずだ[*13]．

$$F^\mu = f_\pi p^\mu \tag{9.69}$$

原理的には f_π は唯一のスカラー量である p^2 の関数だが，パイ中間子は質量殻上 $(p^2 = m_\pi^2 c^2)$ にいるので，われわれの目的に対しては，固定した数字，すなわち「パイ中間子の崩壊定数」となる[*14]．

外へ出て行く粒子のスピンを足し合わせると

$$\begin{aligned}\langle |\mathscr{M}|^2 \rangle &= \left[\frac{f_\pi}{8}\left(\frac{g_w}{M_W c}\right)^2\right]^2 p_\mu p_\nu \,\mathrm{Tr}[\gamma^\mu(1-\gamma^5)\not{p}_2 \gamma^\nu(1-\gamma^5)(\not{p}_3 + m_l c)] \\ &= \frac{1}{8}\left[f_\pi\left(\frac{g_w}{M_W c}\right)^2\right]^2 [2(p\cdot p_2)(p\cdot p_3) - p^2(p_2 \cdot p_3)] \end{aligned} \tag{9.70}$$

を得る（トレースは式(9.8)ですでに計算されている）．しかし，$p = p_2 + p_3$ なので

$$p\cdot p_2 = p_2 \cdot p_3, \qquad p\cdot p_3 = m_l^2 c^2 + p_2 \cdot p_3 \tag{9.71}$$

[*12] $\mathscr{M}$ の段階で（弱い相互作用の）パイ中間子の形状因子を導入した一方で，（電磁気力の）陽子の形状因子については $\langle |\mathscr{M}|^2 \rangle$ まで待ったことに注意しよう．その理由は，陽子はスピンをもっており，利用できるベクトルの表にそれを含める必要があったからだ．これができるのは，スピンの平均を取り，表のリストが二つまで減って，問題を扱えるようになった後である．しかし，パイ中間子にはスピンがないので $\mathscr{M}$ に直接形状因子を導入することができる．ただし，ベクトル量についてだけで，テンソル量ではできない．

[*13] 次節で理由はあきらかになるが，今日では，適切なカビボ–小林–益川（CKM）行列の要素を抜き出して中間子の崩壊定数を定義するのが慣習で，$f_\pi \to V_{ud} f_\pi$ と書く．繁雑な表記を避けるために，ここでは古い慣習を使う．

[*14] 他の擬スカラー中間子に対応する因子は，異なる p^2 の値と，異なるCKM行列要素を含む（脚注*13を参照）．

かつ,

$$p^2 = p_2^2 + p_3^2 + 2p_2 \cdot p_3, \qquad \text{よって} \qquad 2p_2 \cdot p_3 = (m_\pi^2 - m_l^2)c^2 \tag{9.72}$$

となる. ゆえに,

$$\langle|\mathscr{M}|^2\rangle = \left(\frac{g_w}{2M_W}\right)^4 f_\pi^2 m_l^2 (m_\pi^2 - m_l^2) \tag{9.73}$$

である (定数).

崩壊幅は標準の式で与えられて (式 (9.35))

$$\Gamma = \frac{|\boldsymbol{p}_2|}{8\pi\hbar m_\pi^2 c}\langle|\mathscr{M}|^2\rangle \tag{9.74}$$

であり, 外に出て行く運動量は (式 (9.34) あるいは問題 3.19 を参照)

$$|\boldsymbol{p}_2| = \frac{c}{2m_\pi}(m_\pi^2 - m_l^2) \tag{9.75}$$

となる. よって

$$\Gamma = \frac{f_\pi^2}{\pi\hbar m_\pi^3}\left(\frac{g_w}{4M_W}\right)^4 m_l^2 (m_\pi^2 - m_l^2)^2 \tag{9.76}$$

である.

もちろん, 崩壊定数 f_π を知らずには, パイ中間子の寿命を計算できない[*15]. しかし, 電子とミュー粒子の崩壊幅の比なら計算できる.

$$\frac{\Gamma(\pi^- \to e^- + \bar{\nu}_e)}{\Gamma(\pi^- \to \mu^- + \bar{\nu}_\mu)} = \frac{m_e^2(m_\pi^2 - m_e^2)^2}{m_\mu^2(m_\pi^2 - m_\mu^2)^2} = 1.283 \times 10^{-4} \tag{9.77}$$

(実験値は $1.230 \pm 0.004 \times 10^{-4}$.) 一目, これは非常に驚くべき結果だ. というのも, 電子の方がはるかに軽いにもかかわらず, それはパイ中間子がミュー粒子への崩壊の方を好むと (正しく) 予言しているからだ. 位相空間を考えると, 質量の減少が大きいほど崩壊しやすくなる. そして, 何らかの保存則が介入しない限り, 通常最も軽い終状態へ一番多く崩壊することを知っている. パイ中間子の崩壊は悪名高い例外で, それを説明する何か特別な力学が必要である. ヒントは式 (9.76) に示されている. もし電子が質量をもたなかったら, $\pi^- \to e^- + \bar{\nu}_e$ も一緒に禁止されることに注目しよう. この極限について理解できるだろうか. 答えはイエスだ. パイ中間子はスピン 0 なの

[*15] もし $f_\pi = m_\pi c$ (さらに近づけるには $m_\pi c \cos\theta_C$) を代入すると, $\pi^- \to \mu^- + \bar{\nu}_\mu$ の寿命に非常に近い値を得られることは驚くべき事実だ. しかし, この取り扱いには説得力のある理論的正当性がなく, そして, より重い中間子ではうまくいかない.

で，電子と反ニュートリノは反対のスピンをもたなければならず，結果として同じヘリシティでなければならない．反ニュートリノはつねに右巻きなので，電子も同様に右

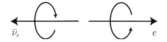

巻きでなければならない．しかし，もし電子が本当に質量をもたないと，（ニュートリノのように）左巻き粒子としてしか存在できない．より正確には，弱バーテックス因子中の $1-\gamma^5$ は左巻きのニュートリノにしか結合しないように（問題9.15），左巻き電子にしか結合しない．それが，もし電子が質量をもたなかったとしたら，$\pi^- \to e^- \bar{\nu}_e$ がまったく起こらない理由であり，その崩壊が強く抑圧されている理由である（物理的な電子は非常に質量ゼロに近い）．

9.5　クォークの荷電弱相互作用

レプトンの場合，$W^\pm$ への結合は，厳密に特定の世代の中でのみ起きる．

$$\begin{pmatrix} \nu_e \\ e \end{pmatrix}, \quad \begin{pmatrix} \nu_\mu \\ \mu \end{pmatrix}, \quad \begin{pmatrix} \nu_\tau \\ \tau \end{pmatrix} \qquad \text{(レプトンの世代)}$$

つまり，$e^- \to \nu_e + W^-$ や $\mu^- \to \nu_\mu + W^-$ や $\tau^- \to \nu_\tau + W^-$ はあるが，たとえば，$e^- \to \nu_\mu + W^-$ のようなかたちの世代を交差する結合はない．W のクォークへの結合は全然単純ではない．世代の構造は似ているのだが，

$$\begin{pmatrix} u \\ d \end{pmatrix}, \quad \begin{pmatrix} c \\ s \end{pmatrix}, \quad \begin{pmatrix} t \\ b \end{pmatrix} \qquad \text{(クォークの世代)}$$

弱い相互作用は，世代の独立を厳密には保たない．確かに，$d \to u + W^-$ のかたちの相互作用が存在するが（$n \to p + e + \bar{\nu}_e$ という中性子の崩壊の裏で起きている過程），$s \to u + W^-$（たとえば，$\Lambda \to p + e + \bar{\nu}_e$ の崩壊中に見られる）のような世代をまたぐ結合もまた存在するのだ．実際，もしそうでなかったら，三つのレプトン数保存則との類推で，「アップとダウン」「チャームとストレンジ」「トップとボトム」という三つの完全な「フレーバー保存」則が存在したはずだ．最も軽いストレンジ粒子（K^-）は完璧に安定だし，B 中間子もまた安定だ（最も軽いボトム粒子）．われわれの世界はまったく違ったものとなっていたはずだ．

1963年に（当時は u, d, s クォークしか知られていなかった）カビボは $d \to u + W^-$ バーテックスには因子 $\cos\theta_C$ が掛かる一方, $s \to u + W^-$ には $\sin\theta_C$ が掛かることを提案した [1].

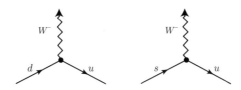

それ以外は，レプトンの結合と同じだとした（式 (9.5)）．

$$\frac{-ig_w}{2\sqrt{2}}\gamma^\mu(1-\gamma^5)\cos\theta_C, \qquad \frac{-ig_w}{2\sqrt{2}}\gamma^\mu(1-\gamma^5)\sin\theta_C \qquad (9.78)$$

ストレンジネスを変える過程（$s \to u + W^-$）は，ストレンジネスを保存する過程（$d \to u + W^-$）より際立って弱いので，あきらかに「カビボ角」θ_C は小さい．実験的には

$$\theta_C = 13.15° \qquad (9.79)$$

弱い相互作用はクォークの世代をだいたい尊重するが，完璧に，ではない．

例題9.2 <u>レプトニック崩壊</u> 崩壊 $K^- \to l^- + \bar{\nu}_l$ を考えてみよう．ここで l は電子かミュー粒子とする．これは π^- 崩壊（9.4 節）の類似だが，今度は，クォークバーテックスは $d + \bar{u} \to W^-$ の代わりに $s + \bar{u} \to W^-$ である．式 (9.76) から

$$\Gamma = \frac{f_K^2}{\pi\hbar m_K^3}\left(\frac{g_w}{4M_w}\right)^4 m_l^2(m_K^2 - m_l^2)^2$$

を得る．f_π は因子 $\cos\theta_C$ を，f_K は因子 $\sin\theta_C$ をもっていることを除けば，たぶん結合の強さはほぼ同じだ．それに応じて

$$\frac{\Gamma(K^- \to l^- + \bar{\nu}_l)}{\Gamma(\pi^- \to l^- + \bar{\nu}_l)} = \tan^2\theta_C \left(\frac{m_\pi}{m_K}\right)^3 \left(\frac{m_K^2 - m_l^2}{m_\pi^2 - m_l^2}\right)^2 \qquad (9.80)$$

となる．数値を代入すると，ミュー粒子モード（$l = \mu$）では 0.96，電子モード（$l = e$）では 0.19 を得る．測定値はそれぞれ 1.34 と 0.26 である．これらの崩壊は純粋に軸性ベクトルであり，以前発見したように（9.3 節），完璧な一致は期待できない．

例題 9.2 で考察したような種類の過程をレプトニック崩壊とよぶ．$\pi^- \to \pi^0 + e^- + \bar{\nu}_e$ や $\bar{K}^0 \to \pi^+ + \mu^- + \bar{\nu}_\mu$（図 9.3(a)），あるいは中性子のベータ崩壊 $n \to p + e^- + \bar{\nu}_e$

9.5 クォークの荷電弱相互作用　347

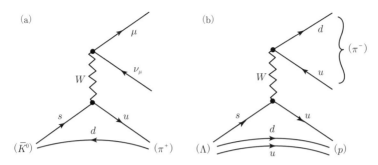

図9.3 (a) 典型的なセミレプトニック崩壊 ($\bar{K}^0 \to \pi^+ + \mu^- + \bar{\nu}_\mu$). (b) 典型的な非レプトニック崩壊 ($\Lambda \to p^+ + \pi^-$)

のようなセミレプトニック崩壊もまた存在する．最後に，$K^- \to \pi^0 + \pi^-$ や $\Lambda \to p^+ + \pi^-$（図9.3(b)）のような非レプトニック弱相互作用も存在する．一般的には，W の線の両端に強い相互作用が混入しているので，後者は解析が難しい [2]．

例題 9.3　セミレプトニック崩壊　中性子の崩壊（$n \to p + e + \bar{\nu}_e$）の場合には，素過程は $d \to u + W^-$（と2個の傍観者）だ．しかし，中性子には2個の d クォークがあり，それらのうちのどちらかが W と結合するので，正味の振幅はその和になる．数値を得るための最も単純な方法は5.6.1項でやったクォークの波動関数を使うことだ．たとえば，フレーバー状態 ψ_{12} が $n = (ud - du)d/\sqrt{2}$ を与えると，そこから（$d \to u$ の置き換えで）$[(uu - uu)d + (ud - du)u]/\sqrt{2} = (ud - du)u/\sqrt{2} = p$ を得る．全体に掛かる係数は単純に $\cos\theta_C$ となる（9.3節の終わりで主張したように）．対照的に，$\Sigma^0 \to \Sigma^+ + e + \bar{\nu}_e$ 崩壊では，クォークレベルの過程はやはり $d \to u$ だが，ここでは $\Sigma^0 = [(us - su)d + (ds - sd)u]/\sqrt{2} \to [(us - su)u + (us - su)u]/\sqrt{2} = (us - su)u = \sqrt{2}\Sigma^+$ となり，よって，振幅は $\sqrt{2}\cos\theta_C$ の因子をもつ[*16]．崩壊幅は式 (9.60) で与えられ，それは ($a \gg 1$ のときには)

$$\Gamma = \frac{1}{30\pi^3 \hbar} \left(\frac{g_w}{2M_W c^2}\right)^4 (\Delta mc^2)^5 X^2$$

というかたちになる．ここで，Δm はバリオン質量の減少量で，X はカビボ係数（中性子の崩壊に対しては $\cos\theta_C$，$\Sigma^0 \to \Sigma^+ + e + \bar{\nu}_e$ に対しては $\sqrt{2}\cos\theta_C$ など）であ

[*16] 実際，ここにはわずかな違いがある．反応に寄与するクォークはスピン一重項にある傍観者と束縛状態にある．幸運にもこれは寿命に影響を与えない．

る．数値計算は読者に委ねる（問題 9.17）*17．

カビボの理論は数多くの崩壊幅を算出する点で大きな成功を収めたが，うっとうしい問題が残っていた．この描像だと K^0 が $\mu^+\mu^-$ 対に崩壊してしまうのだ（図 9.4）．振幅は $\sin\theta_C \cos\theta_C$ に比例するが，その計算値は実験での制限をはるかに上回ってしまう．このジレンマに対する解は 1970 年にグラショー，イリオポロス，マイアニ（GIM）によって提案された [3]．彼らは，s と d との結合にそれぞれ $\cos\theta_C$ と $-\sin\theta_C$ の因子をもつ 4 番目のクォーク c を導入したのだ（これは，チャームを初めて実験的に直接観測した「11 月革命」の 4 年前であることに注意せよ）．

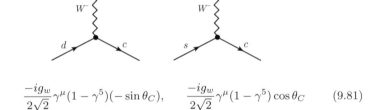

$$\frac{-ig_w}{2\sqrt{2}}\gamma^\mu(1-\gamma^5)(-\sin\theta_C), \qquad \frac{-ig_w}{2\sqrt{2}}\gamma^\mu(1-\gamma^5)\cos\theta_C \qquad (9.81)$$

その「GIM 機構」では，図 9.4 のダイアグラムが，u を c に置き換えたダイアグラム（図 9.5）で打ち消される．今度はその振幅は $-\sin\theta_C \cos\theta_C$ に比例する*18．

カビボと GIM の方法は単純かつ美しい解釈をもたらした．物理的なクォーク d と s の代わりに，弱い相互作用で使うべき「正しい」状態は以下で与えられる d' と s' なのだ．

$$d' = d\cos\theta_C + s\sin\theta_C, \qquad s' = -d\sin\theta_C + s\cos\theta_C \qquad (9.82)$$

あるいは行列形式では

---

*17 この手続きは価クォークのみに適用されるゆえに，軸性結合の非保存との関係がない．式 (9.65) で見たように，PCAC により 50％近い補正を生じるので，寿命計算に高い精度を期待できない．カビボの理論には軸性結合の計算方法が含まれているが，ここではこれ以上はやらない．

*18 c の質量は u の質量と同じではないので，完全には打ち消されない．しかし，これらの仮想粒子は質量殻からずれていて，両方の伝播関数は基本的にはたんに $i\rlap{/}{q}/q^2$ だ（$\mathcal{M}$ を計算するには，保存則によって固定されずに残っている内線の運動量について積分を行う．これは，本質的には「ループに沿って回っている」運動量だ．二つの W の伝播関数のために，おもな寄与は W の質量付近に入ってくる．それは，c や u の質量よりもはるかに重いので，後者はよい近似で無視することができる．実際に，その崩壊は起こるが，きわめてゆっくりだ．もし u/c の質量差の効果を含めると，計算値は観測した崩壊幅と一致する）．

$$\begin{pmatrix} d' \\ s' \end{pmatrix} = \begin{pmatrix} \cos\theta_C & \sin\theta_C \\ -\sin\theta_C & \cos\theta_C \end{pmatrix} \begin{pmatrix} d \\ s \end{pmatrix} \tag{9.83}$$

W は，レプトン対 $\begin{pmatrix} \nu_e \\ e \end{pmatrix}$ や $\begin{pmatrix} \nu_\mu \\ \mu \end{pmatrix}$ と結合したのとまったく同様に，「カビボ回転された」状態

$$\begin{pmatrix} u \\ d' \end{pmatrix}, \begin{pmatrix} c \\ s' \end{pmatrix}$$

と結合する．物理的な粒子（あるフレーバーの状態）との結合は

$$\begin{pmatrix} u \\ d' \end{pmatrix} = \begin{pmatrix} u \\ d\cos\theta_C + s\sin\theta_C \end{pmatrix}, \quad \begin{pmatrix} c \\ s' \end{pmatrix} = \begin{pmatrix} c \\ -d\sin\theta_C + s\cos\theta_C \end{pmatrix} \tag{9.84}$$

で与えられる．つまり，$d \to u + W^-$ は因子 $\cos\theta_C$ を，$s \to u + W^-$ は因子 $\sin\theta_C$ などをもつ[*19]．

当時，GIM 機構，すなわち，広く立証されていない理論における難解なわずかな欠陥を直すためにだけ新しいクォークを導入するのは，少し贅沢に思えた．しかし，その懐疑は 1974 年の $\psi(c\bar{c})$ の発見により消え去った．一方，小林と益川は，3 世代の

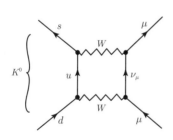

図 9.4　$K^0 \to \mu^+ + \mu^-$ 崩壊

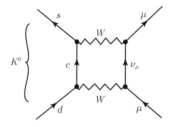

図 9.5　GIM 機構．このダイアグラムが図 9.4 をキャンセルする．仮想 c クォークが u と置き換わることに着目せよ

[*19] u と c ではなく d と s を「回転」させたのは純粋に慣習である．$u' = u\cos\theta_C - c\sin\theta_C$ と $c' = u\sin\theta_C + c\cos\theta_C$ を導入しても同じ目的を達成することは可能だ．ちなみに，レプトンセクターにも同様の回転が起こるのかどうか気になるかもしれない．もしすべてのニュートリノが質量ゼロなら，それらのいかなる線形結合もまた質量ゼロで「回転していない」状態を同定するための「タグ」がなくなってしまう．しかし，ニュートリノが質量をもてば（そうであることをいまや知っている），「質量の固有状態」が弱い相互作用の状態と同じだと仮定する理由はなく，同様の回転があってもおかしくない．というのも，「慣れ親しんだ」ニュートリノは弱い相互作用においては荷電レプトンと対をなし，「物理的な」状態を得るためには逆に回転させる必要がある（11 章）．

クォークを取り扱うためにカビボ–GIM 機構を一般化した [4]*20.「弱い相互作用の世代」

$$\begin{pmatrix} u \\ d' \end{pmatrix}, \quad \begin{pmatrix} c \\ s' \end{pmatrix}, \quad \begin{pmatrix} t \\ b' \end{pmatrix} \tag{9.85}$$

は,CKM 行列によって物理的なクォークの状態と関連づけられる.

$$\begin{pmatrix} d' \\ s' \\ b' \end{pmatrix} = \begin{pmatrix} V_{ud} & V_{us} & V_{ub} \\ V_{cd} & V_{cs} & V_{cb} \\ V_{td} & V_{ts} & V_{tb} \end{pmatrix} \begin{pmatrix} d \\ s \\ b \end{pmatrix} \tag{9.86}$$

ここで,たとえば,V_{ud} は u と d との結合($d \to u + W^-$)を決める.

CKM 行列には 9 個の(複素)行列要素があるが,それらすべてが独立というわけではない(問題 9.18).それらは,3 個だけの「一般化されたカビボ角」($\theta_{12}, \theta_{23}, \theta_{13}$)と一つの位相因子($\delta$)だけをもつ「正準形式の」一種にまとめることができる [5].

$$V = \begin{pmatrix} c_{12}c_{13} & s_{12}c_{13} & s_{13}e^{-i\delta} \\ -s_{12}c_{23} - c_{12}s_{23}s_{13}e^{i\delta} & c_{12}c_{23} - s_{12}s_{23}s_{13}e^{i\delta} & s_{23}c_{13} \\ s_{12}s_{23} - c_{12}c_{23}s_{13}e^{i\delta} & -c_{12}s_{23} - s_{12}c_{23}s_{13}e^{i\delta} & c_{23}c_{13} \end{pmatrix} \tag{9.87}$$

ここで,c_{ij} は $\cos\theta_{ij}$ を,s_{ij} は $\sin\theta_{ij}$ を意味する.もし $\theta_{23} = \theta_{13} = 0$ だと,第 3 世代は他の 2 世代と混ざらず,$\theta_{12} = \theta_C$ とすることでカビボ–GIM の描像を回復する.しかし,3 世代混合に対する抗しがたい証拠がいくつか存在する(つまり,$B^-(b\bar{u})$ 中間子の崩壊の観測だ).ただし,カビボ–GIM 手法の成功を考慮に入れると,その効果はきわめて小さくなければならない.標準模型は CKM 行列についていかなる洞察も与えない(実際,これは最もおもだった欠点の一つだ).とりあえず,実験で得られた行列要素の値をたんに使う.その大きさは以下だ [6].

$$|V_{ij}| = \begin{pmatrix} 0.9738 & 0.2272 & 0.0040 \\ 0.2271 & 0.9730 & 0.0422 \\ 0.0081 & 0.0416 & 0.9991 \end{pmatrix} \tag{9.88}$$

---

*20 第 2 世代が完成するよりも前に,さらに第 3 世代に対する実験的な確証が得られるはるか前に,小林と益川が第 3 世代のクォークを提案したことは興味深い.彼らは,カビボ–GIM の手法の枠内で CP 非保存を説明するという動機に駆られていた.そのためには,「回転」行列(式 (9.83))の中に複素数が必要であることがわかったが,そのような項は,3×3 行列に行かない限り,クォークの位相の再定義により消えてしまうのだった.それゆえ 3 世代なのだ(問題 9.18).

9.6 中性弱相互作用

1958年にブラドマンが，W のパートナーである電荷をもたない Z^0 によって誘起される中性弱相互作用が存在するかもしれないと提唱した [7]．

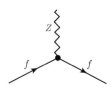

ここで，f は任意のレプトン，クォークである．(QED や QCD とちょうど同じように) 入ったのと同じフェルミオンが出て行くことに着目せよ．たとえば，$\mu^- \to e^- + Z^0$ のようなかたちの結合は許されないし（これは，ミュー粒子と電子数の保存を破ってしまう），$s \to d + Z^0$ というかたちも許されない（そのようなストレンジネスを変化させる中性過程は $K^0 \to \mu^+ + \mu^-$ をもたらしてしまうが，すでに言及したように，それは強く抑圧されている）[*21]．1961年にグラショーは弱い相互作用と電磁気相互作用の統一に関する最初の論文を発表した [8]．彼の理論では中性弱相互過程の存在が必要で，その構造を特定していた (9.7節)．1967年にはワインバーグとサラムがグラショーの模型を「自発的にゲージ対称性が破れる」ものとして定式化して [9]，1971年にはトフーフトがグラショー–ワインバーグ–サラム (GWS) の枠組みがくりこみ可能であることを示した [10]．よって，自然界に中性弱相互作用が起こることを考えてしかるべき，説得力のある理論的な理由は続々と増えていた．しかし，この望みを支持する実験的データは長い間存在しなかった．1973年になってようやく CERN における泡箱の写真（図 9.6）により [11]，反応

[*21] 中性過程の場合，物理的な状態 (u, s, b) を使っても，「回転された」状態 (d', s', b') を使っても違いはない．模式的には議論は以下のようになる．

$Z \cdots d' \cdots d'$ は $\mathcal{M} \sim \bar{d}'d' = \bar{d}d\cos^2\theta_C + \bar{s}s\sin^2\theta_C + (\bar{d}s + \bar{s}d)\sin\theta_C\cos\theta_C$ を与える．

$Z \cdots s' \cdots s'$ は $\mathcal{M} \sim \bar{s}'s' = \bar{d}d\sin^2\theta_C + \bar{s}s\cos^2\theta_C - (\bar{d}s + \bar{s}d)\sin\theta_C\cos\theta_C$ を与える．

よって，その二つの和は $\mathcal{M} \sim \bar{d}'d' + \bar{s}'s' = \bar{d}d + \bar{s}s$ になる．ゆえに，正味の振幅は，両方のダイアグラムを足し合わせると，どちらの状態を使っても同じになる (CKM 行列がユニタリーである限り，同じ議論は 3 世代に対しても成立する)．

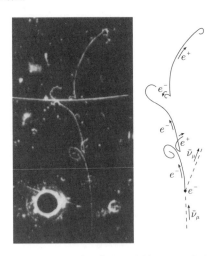

図 9.6 中性弱過程（$\bar{\nu}_\mu + e^- \to \bar{\nu}_\mu + e^-$）の初めての写真．ニュートリノは下から入り（飛跡は残さず），電子に当たり，その電子は（上方に）動き二つの光子（それは図では引き続き電子–陽電子対を生成したときにだけ現れる）を放出し，速度が遅くなると磁場によって内向きの螺旋を描く（左下の大きな円は電灯）（提供：CERN）

$$\bar{\nu}_\mu + e \to \bar{\nu}_\mu + e$$

の証拠が初めて見つかった．それは Z^0 による媒介を示していた．

一連の同じ実験により，対応するニュートリノ–クォーク過程を包括的なニュートリノ–核子散乱というかたちで見つけた．

$$\bar{\nu}_\mu + N \to \bar{\nu}_\mu + X$$
$$\nu_\mu + N \to \nu_\mu + X$$

それらの断面積は，関連する荷電事象（$\bar{\nu}_\mu + N \to \mu^+ + X$ と $\nu_\mu + N \to \mu^- + X$）に比べて約 3 倍で，たんに高次の過程なのではなく，本当に新しい種類の弱い相互作用であることを示唆していた

9.6 中性弱相互作用

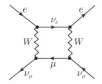

(高次の過程では断面積がはるかに小さくなってしまう).CERN の結果は,数年間足踏みをしていた電弱理論家に勇気を与え,歓迎された [12].

これまでに見てきたように,クォークとレプトンの $W^\pm$ への結合は共通の「$V-A$」型である.バーテックスに掛かる因子はいつも

$$\frac{-ig_w}{2\sqrt{2}}\gamma^\mu(1-\gamma^5) \qquad (W^\pm \text{ バーテックス因子}) \tag{9.89}$$

である(陽子のような複合物への軸性結合は変更を受けるというのは真実だ.しかし,それは強い相互作用による汚染のせいであって,その背後にあるクォークレベルでの過程は純粋な $V-A$ である).Z^0 への結合はそれほど単純ではない.

$$\frac{-ig_z}{2}\gamma^\mu(c_V^f - c_A^f \gamma^5) \qquad (Z^0 \text{ バーテックス因子}) \tag{9.90}$$

ここで,g_z は中性の結合定数で,係数 c_V^f と c_A^f は反応に含まれるクォークあるいはレプトン (f) に依存する.GWS 模型では,表 9.1 に示されるように,これらすべての数値が「弱混合角」(あるいは「ワインバーグ角」)とよばれる基本的なパラメーターで決定される.弱結合定数と電磁気結合定数には以下の関係がある.

$$g_w = \frac{g_e}{\sin\theta_w}, \qquad g_z = \frac{g_e}{\sin\theta_w \cos\theta_w} \tag{9.91}$$

ここで,g_e は本質的には電子の電荷 ($g_e = e\sqrt{4\pi/\hbar c}$) であることを思い出そう.最後に,$W^\pm$ と Z^0 の質量は

$$M_W = M_Z \cos\theta_w \tag{9.92}$$

表 9.1　GWS 模型における中性ベクトルおよび軸性ベクトル結合

f	c_V	c_A
ν_e, ν_μ, ν_τ	$1/2$	$1/2$
e^-, μ^-, τ^-	$-1/2 + 2\sin^2\theta_W$	$(-1/2)$
u, c, t	$1/2 - (4/3)\sin^2\theta_W$	$1/2$
d, s, b	$-(1/2) + (2/3)\sin^2\theta_W$	$(-1/2)$

のように関連づけられる．式 (9.90) から (9.92) は GWS モデルの基本的な予言である．これらがどのように求められたかは次の節で見ていこう．

標準模型には θ_w 自身を計算する術がない．CKM 行列と同様に，その値は実験によって決められる．

$$\theta_w = 28.75° \qquad (\sin^2 \theta_w = 0.2314) \tag{9.93}$$

しかし，θ_w が与えられると，W と Z の質量を計算できる（問題 9.20）．1983 年に CERN でルビアによってそれらが $M_W = 82\,\text{GeV}/c^2$, $M_Z = 92\,\text{GeV}/c^2$ という質量（予言されたように）で発見されたことは，GMS 模型の説得力のある証拠となった [13]．

例題 9.4 弾性ニュートリノ–電子散乱　例題 9.1 で，W によって媒介される $\nu_\mu + e \to \nu_e + \mu$ の断面積を計算した．今度はそれに関連した，Z^0 により媒介される $\nu_\mu + e \to \nu_\mu + e$ を考察する．

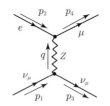

Z^0 の伝播関数は（式 (9.3)）

$$\frac{-i(g_{\mu\nu} - q_\mu q_\nu / M_Z^2 c^2)}{q^2 - M_Z^2 c^2} \tag{9.94}$$

である．低エネルギー（$q^2 \ll M_Z^2 c^2$）では，それは

$$\frac{ig_{\mu\nu}}{(M_Z c)^2} \tag{9.95}$$

と簡略になる．この近似を使うと，その振幅は

$$\mathcal{M} = \frac{g_z^2}{8(M_Z c)^2}[\bar{u}(3)\gamma^\mu(1-\gamma^5)u(1)][\bar{u}(4)\gamma_\mu(c_V - c_A\gamma^5)u(2)] \tag{9.96}$$

であり，よって（問題 9.2）

図 9.7　重心系における弾性ニュートリノ-電子散乱

$$\langle|\mathscr{M}|^2\rangle = 2\left(\frac{g_z}{4M_Zc}\right)^4 \mathrm{Tr}\{\gamma^\mu(1-\gamma^5)\not{p}_1\gamma^\nu(1-\gamma^5)\not{p}_3\}$$
$$\times \mathrm{Tr}\{\gamma_\mu(c_V-c_A\gamma^5)(\not{p}_2+mc)\gamma_\nu(c_V-c_A\gamma^5)(\not{p}_4+mc)\}$$
$$= \frac{1}{2}\left(\frac{g_z}{M_Zc}\right)^4 \{(c_V+c_A)^2(p_1\cdot p_2)(p_3\cdot p_4)$$
$$+ (c_V-c_A)^2(p_1\cdot p_4)(p_2\cdot p_3) - (mc)^2(c_V^2-c_A^2)(p_1\cdot p_3)\} \quad (9.97)$$

である．ここで，m は電子の質量で，c_V と c_A は電子に対する中性弱結合定数である．いま，重心系に移り，電子の質量を無視すると（$m\to 0$），

$$\langle|\mathscr{M}|^2\rangle = 2\left(\frac{g_zE}{M_Zc^2}\right)^4 \left[(c_V+c_A)^2 + (c_V-c_A)^2\cos^4\frac{\theta}{2}\right] \quad (9.98)$$

を見出す．ここで，E は電子（あるいはニュートリノ）のエネルギーで，θ は散乱角である（図 9.7）．微分断面積（式 (9.47)）は，

$$\frac{d\sigma}{d\Omega} = 2\left(\frac{\hbar c}{\pi}\right)^2 \left(\frac{g_z}{4M_Zc^2}\right)^4 E^2\left[(c_V+c_A)^2 + (c_V-c_A)^2\cos^4\frac{\theta}{2}\right] \quad (9.99)$$

で，（すべての角度について積分する）全断面積は，

$$\sigma = \frac{2}{3\pi}(\hbar c)^2 \left(\frac{g_z}{2M_Zc^2}\right)^4 E^2(c_V^2+c_A^2+c_Vc_A) \quad (9.100)$$

となる．GWS 模型における c_V と c_A の値を（表 9.1 から）代入し，例題 9.1 の結果（式 (9.14)）と比較すると，ミュー粒子質量よりもはるかに高いエネルギー領域では

$$\frac{\sigma(\nu_\mu+e^-\to\nu_\mu+e^-)}{\sigma(\nu_\mu+e^-\to\nu_e+\mu^-)} = \frac{1}{4} - \sin^2\theta_w + \frac{4}{3}\sin^4\theta_w = 0.0900 \quad (9.101)$$

であることを見出す．実験に 10% の不確定性があることを考えると，現在の実測値 [14] 0.11 とよく一致している．

実験室で弱中性相互作用を検出するのになぜそんなに時間がかかったのかと思うかもしれない．結局，ブラドマンの最初の予想から CERN での確固たる実験結果の間

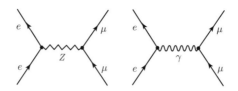

図9.8　$e^+ + e^- \to \mu^+ + \mu^-$ に対する弱相互作用および電磁気相互作用の寄与

には15年の歳月が流れた．その理由は，たいていの中性過程は競合する電磁気過程に「マスクされて」しまうからだ．たとえば，$e^+ + e^- \to \mu^+ + \mu^-$ は，仮想 Z^0 と仮想 γ のどちらかによって起こる（図9.8）．低エネルギーでは，光子を媒介する過程が圧倒している[*22]．だからこそ，ニュートリノ散乱が中性弱相互作用の存在を確かめるために最初に使われたのだ．ニュートリノは電磁気結合をもたないので，弱い相互作用による効果がぼやけないのだ．しかし，ニュートリノの実験は非常に難しく，だからとても時間がかかったのだ．別の選択肢は，高エネルギーに行くことだ．とりわけ，Z^0 質量の近くでは Z^0 の伝播関数の分母が小さくなるので，それに応じて「弱い」相互作用が大きくなる．昔は，θ_w を見積もるのが難しかったので，Z^0 質量はまったくもって不定だった．しかし，70年代の終わり頃までには，何種類もの実験データが $\theta_w \approx 29°$ であること，よって $M_Z = 90\,\text{GeV}/c^2$ であることを示した（問題9.20）．この予言は1983年に驚くほどしっかりと確かめられて [13]，その結果が，Z^0 ピークで実験を行うように設計された電子–陽電子コライダーの建設へと人々を奮い立たせた．SLAC の SLC と CERN の LEP だ．

例題 9.5　Z^0 ピーク近傍における電子–陽電子散乱　$e^+ + e^- \to f + \bar{f}$ 過程（図9.9）を考えてみよう．ここで，f はクォークかレプトンだ[*23]．今度は，Z^0 の伝播関数に関して近似（式 (9.95)）を使わない．というのは，まさに $q^2 \approx (M_Z c)^2$ の領域に興味があるからだ．振幅は

$$\mathscr{M} = -\frac{g_z^2}{4\left[q^2 - (M_Z c)^2\right]}[\bar{u}(4)\gamma^\mu(c_V^f - c_A^f \gamma^5)v(3)]$$

[*22] 原理的には，すべての電磁気過程に弱い相互作用による汚染が存在する．というのも，Z^0 は γ が結合するものすべてに結合するからだ（加えてそれ以外にも）．たとえば，原子内で電子を原子核に束縛しているクーロン力は Z^0 の交換によりわずかに修正を受けて，それが原子のスペクトルで観測されている．同様に，電子–陽子散乱にも弱相互作用の混入はある．これらの効果はわずかだが，隠しきれない痕跡を残している．パリティ非保存だ [15]．

[*23] しかし，電子の場合，それを回転させたダイアグラムも含めなければならないことに注意せよ．

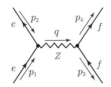

図 9.9　Z^0 ピーク近くでの電子–陽電子散乱

$$\times \left(g_{\mu\nu} - \frac{q_\mu q_\nu}{(M_Z c)^2}\right)[\bar{v}(2)\gamma^\nu(c_V^e - c_A^e \gamma^5)u(1)] \quad (9.102)$$

となる．ここで，$q = p_1 + p_2 = p_3 + p_4$ である．90 GeV 近傍の話をしているので，レプトンとクォークの質量は無視してよい[*24]．この場合，伝播関数の第 2 項は何の寄与も与えない．なぜなら，q_μ が γ^μ と縮約されて，

$$\bar{u}(4)\displaystyle{\not}q(c_V - c_A\gamma^5)v(3)$$

となり，$\displaystyle{\not}q = \displaystyle{\not}p_3 + \displaystyle{\not}p_4$，かつ，$\bar{u}(4)\displaystyle{\not}p_4 = 0$（式 (9.96) で $m = 0$ とする）で，同じ理由から

$$\displaystyle{\not}p_3(c_V - c_A\gamma^5)v(3) = (c_V + c_A\gamma^5)\displaystyle{\not}p_3 v(3) = 0$$

となるからである．ゆえに，

$$\mathscr{M} = -\frac{g_z^2}{4[q^2 - (M_Z c)^2]}[\bar{u}(4)\gamma^\mu(c_V^f - c_A^f\gamma^5)v(3)][\bar{v}(2)\gamma_\mu(c_V^e - c_A^e\gamma^5)u(1)] \quad (9.103)$$

であり，そこから，

$$\langle |\mathscr{M}|^2\rangle = \left[\frac{g_z^2}{8(q^2 - (M_Z c)^2)}\right]^2 \mathrm{Tr}\{\gamma^\mu(c_V^f - c_A^f\gamma^5)\displaystyle{\not}p_3\gamma^\nu(c_V^f - c_A^f\gamma^5)\displaystyle{\not}p_4\}$$
$$\times \mathrm{Tr}\{\gamma_\mu(c_V^e - c_A^e\gamma^5)\displaystyle{\not}p_1\gamma_\nu(c_V^e - c_A^e\gamma^5)\displaystyle{\not}p_2\} \quad (9.104)$$

が導かれる．さてここで，最初のトレースは（問題 9.2），

$$4[(c_V^f)^2 + (c_A^f)^2][p_3^\mu p_4^\nu + p_3^\nu p_4^\mu - g^{\mu\nu}(p_3 \cdot p_4)] - 8ic_V^f c_A^f \epsilon^{\mu\nu\lambda\sigma} p_{3\lambda} p_{4\sigma} \quad (9.105)$$

であり，2 番目のトレースも同様の表現になる．よって，

[*24] $m_f \ll M_Z$ を仮定していて，トップクォークは含まれない．しかし，このエネルギーではいずれにせよ t は生成されない．

$$\langle|\mathscr{M}|^2\rangle = \frac{1}{2}\left[\frac{g_z^2}{q^2-(M_Zc)^2}\right]^2 \{[(c_V^f)^2+(c_A^f)^2][(c_V^e)^2+(c_A^e)^2]$$
$$\times [(p_1\cdot p_3)(p_2\cdot p_4)+(p_1\cdot p_4)(p_2\cdot p_3)]$$
$$+ 4c_V^f c_A^f c_V^e c_A^e[(p_1\cdot p_3)(p_2\cdot p_4)-(p_1\cdot p_4)(p_2\cdot p_3)]\} \quad (9.106)$$

であり，重心系では，

$$\langle|\mathscr{M}|^2\rangle = \left[\frac{g_z^2 E^2}{(2E)^2-(M_Zc^2)^2}\right]^2$$
$$\times \left\{[(c_V^f)^2+(c_A^f)^2][(c_V^e)^2+(c_A^e)^2](1+\cos^2\theta) - 8c_V^f c_A^f c_V^e c_A^e \cos\theta\right\} \quad (9.107)$$

になる．ここで，E はそれぞれの粒子のエネルギーで，θ は $\boldsymbol{p}_1$ と $\boldsymbol{p}_3$ の間の角度である．それゆえ，微分散乱断面積（式 (9.47)）は

$$\frac{d\sigma}{d\Omega} = \left(\frac{\hbar c g_z^2 E}{16\pi[(2E)^2-(M_Zc^2)^2]}\right)^2$$
$$\times \left\{[(c_V^f)^2+(c_A^f)^2][(c_V^e)^2+(c_A^e)^2](1+\cos^2\theta) - 8c_V^f c_A^f c_V^e c_A^e \cos\theta\right\} \quad (9.108)$$

となり，全断面積は

$$\sigma = \frac{1}{3\pi}\left(\frac{\hbar c g_z^2 E}{4[(2E)^2-(M_Zc^2)^2]}\right)^2 [(c_V^f)^2+(c_A^f)^2][(c_V^e)^2+(c_A^e)^2] \quad (9.109)$$

である．

見てわかるように，Z^0 極，つまり，全エネルギー ($2E$) が M_Zc^2 (Z^0 を質量核上にちょうど置いたとき) になると，σ は発散する．この問題は，Z^0 を安定粒子として取り扱ってきたことにあるが，じつはそうではないということだ．その寿命は有限で，これが質量を「ぼやかせる」効果を与える．これを考慮に入れるために伝播関数を修正する [16]．

$$\frac{1}{q^2-(M_Zc)^2} \to \frac{1}{q^2-(M_Zc)^2+i\hbar M_Z\Gamma_Z} \quad (9.110)$$

ここで，Γ_Z は崩壊幅である（実験的には $\Gamma_Z = 3.791\pm 0.003\times 10^{24}/$秒）．この調整を加えると，断面積は

$$\sigma = \frac{(\hbar c g_z^2 E)^2}{48\pi} \frac{[(c_V^f)^2 + (c_A^f)^2][(c_V^e)^2 + (c_A^e)^2]}{[(2E)^2 - (M_Z c^2)^2]^2 + (\hbar M_Z c^2 \Gamma_Z)^2} \qquad (9.111)$$

になる.$\hbar\Gamma_Z \ll M_Z c^2$なので,$Z^0$を有限寿命にする補正は,$Z^0$極のごく近傍以外では無視できるほど小さい.$Z^0$極では無限のピークを滑らかにする効果がある.

8章で光子が媒介するときの同じ過程の断面積を計算した(式(8.6)).

$$\sigma = \frac{(\hbar c g_e^2)^2}{48\pi} \frac{(Q^f)^2}{E^2} \qquad (9.112)$$

ここで,Q^fはeを単位としたfの電荷である).ゆえに,(たとえば)ミュー粒子生成における弱相互作用と電磁気相互作用との比は,

$$\frac{\sigma(e^+ e^- \to Z^0 \to \mu^+ \mu^-)}{\sigma(e^+ e^- \to \gamma \to \mu^+ \mu^-)} = \left\{ \frac{[(1/2) - 2\sin^2\theta_w + 4\sin^4\theta_w]^2}{(\sin\theta_w \cos\theta_w)^4} \right\} \\ \times \frac{E^4}{[(2E)^2 - (M_Z c^2)^2]^2 + (\hbar\Gamma_Z M_Z c^2)^2} \qquad (9.113)$$

となる.中括弧の中の係数は約2である.Z^0極よりもはるかに低いところ($2E \ll M_Z c^2$)では,

$$\frac{\sigma_Z}{\sigma_\gamma} \cong 2\left(\frac{E}{M_Z c^2}\right)^4 \qquad (9.114)$$

であり,電磁気力を経由する方が圧倒的に大きい(たとえば,$2E = (1/2) M_Z c^2$では弱い相互作用の寄与は1%未満だ).しかし,ちょうどZ^0極上では($2E = M_Z c^2$),

$$\frac{\sigma_Z}{\sigma_\gamma} \cong \frac{1}{8}\left(\frac{M_Z c^2}{\hbar\Gamma_Z}\right) \approx 200 \qquad (9.115)$$

となる.つまり,Z^0極では200倍も弱い相互作用の方が好まれる(図9.10)[*25].

[*25] 同様に興味深いのは,その二つの振幅を組み合わせるときに起きる電磁相互作用と弱い相互作用との「干渉」$|\mathcal{M}_\gamma + \mathcal{M}_Z|^2 = |\mathcal{M}_\gamma|^2 + |\mathcal{M}_Z|^2 + 2\mathrm{Re}(\mathcal{M}_\gamma \mathcal{M}_Z)$だ.$|\mathcal{M}_\gamma|^2$と$|\mathcal{M}_Z|^2$(8章で)は計算したが,交差項は$Z^0$極よりもはるかに低いエネルギーでもGWS模型に対する精度の高い試験を提供する(ハルツェンとマーチンの教科書[11]の13.6節と文献[15]を参照).実際,1978年の電弱干渉実験は成功して,それによりたいていの理論家がGMS模型は正しいと確信した.現代の結果については,Physics Today, 17 (September 1978)を参照せよ.

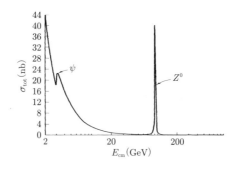

図 9.10　Z^0 極近辺における電子–陽電子散乱

9.7　電弱統一

9.7.1　カイラルフェルミオン

いまやすべてのカードがテーブルに出そろった[*26]．残っているのは，表 9.1 と式 (9.90) から (9.92) 中の GWS 模型のパラメーターがどこから出てくるのかを説明するのみだ．グラショーの元々の目的は弱い相互作用と電磁気相互作用を統一することであった．つまり，互いが無関係な現象としてではなく，一つの根源的な「電弱」相互作用の異なる顕在化として，一つの理論体系にまとめることだった．これは 1961 年には大胆な提案であった [17]．まず初めに，弱い力と電磁気力では強さの差が甚大だ．しかし，グラショーと他の数人が気づいたように，もし弱い相互作用が極度に重い粒子によって媒介されているとしたら，その違いは説明がついた．もちろん，すぐに次の疑問にぶつかる．もし本当に根本的には一つの相互作用だとしたら，電磁気力の媒介粒子（γ）は質量がないのに，弱い力の媒介粒子（$W^\pm$ と Z^0）はなぜそんなに重いのか．グラショーには特別なよい答えがなかった（彼は恥ずかしそうに「それはわれわれが乗り越えなければならないつまずきだ」といった）．その解答は，1967 年に「ヒッグス機構」（10 章）というかたちで，ワインバーグとサラムによってもたらされた（文献 [8] と [9] を参照）．最後に，電磁気力と弱い力のバーテックス因子には構造的な違いがある．一見それは，統一の可能性を拒むように見える．前者は純粋にベクトル（γ^μ）で，後者はベクトルと軸性ベクトル部分を含む．とりわけ，$W^\pm$ の結合は，文字通り「最大限」$V - A$ に混じり合って，$\gamma^\mu(1 - \gamma^5)$ だ．

[*26] W と Z^0 同士の（あるいは W と光子の）結合についてはまだ議論していない．そのルールは，QCD におけるグルーオン–グルーオン結合のルールと似ており，付録 D にまとめてある．

この最後の難問は，行列 $(1-\gamma^5)$ を粒子のスピノル自身に吸収させてしまうという賢明な方法によって解決された．具体的には，

$$u_L(p) \equiv \frac{(1-\gamma^5)}{2}u(p) \tag{9.116}$$

を定義する．下付き添字 (L) は「左巻き」を意味し，「ヘリシティ -1」を想起させるはずだ．しかし，これは重大な誤解を生む．というのも，u_L は一般的にはヘリシティの固有状態ではないからだ．実際，ディラック方程式の解に対して

$$\gamma^5 u(p) = \begin{pmatrix} \dfrac{c(\boldsymbol{p}\cdot\boldsymbol{\sigma})}{E+mc^2} & 0 \\ 0 & \dfrac{c(\boldsymbol{p}\cdot\boldsymbol{\sigma})}{E-mc^2} \end{pmatrix} u(p) \tag{9.117}$$

となる（問題 9.26）．問題となっている粒子が質量ゼロならば，$E=|\boldsymbol{p}|c$ で

$$\gamma^5 u(p) = (\hat{\mathbf{p}}\cdot\boldsymbol{\Sigma})u(p) \tag{9.118}$$

である．ここで

$$\boldsymbol{\Sigma} = \begin{pmatrix} \boldsymbol{\sigma} & 0 \\ 0 & \boldsymbol{\sigma} \end{pmatrix} \tag{9.119}$$

なのは以前と同じだ．$(\hbar/2)\boldsymbol{\Sigma}$ はディラック方程式のスピン行列であることを思い出すと，$(\hat{\mathbf{p}}\cdot\boldsymbol{\Sigma})$ は固有値 ± 1 をもつヘリシティである．それに伴って

$$\frac{1}{2}(1-\gamma^5)u(p) = \begin{cases} 0 & (u(p) \text{ のヘリシティが} +1) \\ u(p) & (u(p) \text{ のヘリシティが} -1) \end{cases} \quad (m=0 \text{ のとき}) \tag{9.120}$$

である．もし $u(p)$ がヘリシティの固有状態でなかったら，$(1/2)(1-\gamma^5)$ は，ヘリシティ -1 成分を取り出す「射影演算子」として働く．一方，もし粒子が質量ゼロでないときは，式 (9.118) が（近似的に）成立するのは超相対論的な領域（$E \gg mc^2$）だけで，それゆえ，この極限でのみ（式 (9.116) で定義された）u_L はヘリシティ -1 をもつ．しかしそれでも，みんなが u_L を「左巻き」とよぶので，私も慣例に従った言語を使うことにする*27．

---

*27 どうか理解してほしい．式 (9.116) が u_L の定義で，誰もそれに異論はない．注意喚起したいのは，そのよび名が混乱を生じさせるということだけだ．「左巻き」は，粒子の質量を無視できるとき以外では，「ヘリシティ -1」を意味しない．

表9.2 カイラルスピノル

粒子	反粒子
$u_L = \dfrac{1}{2}(1-\gamma^5)u$	$v_L = \dfrac{1}{2}(1+\gamma^5)v$
$u_R = \dfrac{1}{2}(1+\gamma^5)u$	$v_R = \dfrac{1}{2}(1-\gamma^5)v$
$\bar{u}_L = \bar{u}\dfrac{1}{2}(1+\gamma^5)$	$\bar{v}_L = \bar{v}\dfrac{1}{2}(1-\gamma^5)$
$\bar{u}_R = \bar{u}\dfrac{1}{2}(1-\gamma^5)$	$\bar{v}_R = \bar{v}\dfrac{1}{2}(1+\gamma^5)$

R と L は,$m=0$ ならヘリシティ $+1$ と -1 に対応し,$E \gg mc^2$ のときも近似的にヘリシティに対応する.

一方,反粒子に対しては

$$v_L(p) \equiv \frac{(1+\gamma^5)}{2}v(p) \tag{9.121}$$

を定義する*28. それに対応する「右巻き」のスピノルは

$$u_R(p) = \frac{(1+\gamma^5)}{2}u(p), \quad v_R(p) \equiv \frac{(1-\gamma^5)}{2}v(p) \tag{9.122}$$

である. 随伴表現のスピノルについては,γ^5 がエルミートで $(\gamma^{5\dagger} = \gamma^5)$,かつ,$\gamma^\mu$ と反交換なので $(\gamma^\mu \gamma^5 = -\gamma^5 \gamma^\mu)$,

$$\bar{u}_L = u_L^\dagger \gamma^0 = u^\dagger \frac{(1-\gamma^5)}{2}\gamma^0 = u^\dagger \gamma^0 \frac{(1+\gamma^5)}{2} = \bar{u}\frac{(1+\gamma^5)}{2} \tag{9.123}$$

となる. 同様に,

$$\bar{v}_L = \bar{v}\frac{(1-\gamma^5)}{2}, \quad \bar{u}_R = \bar{u}\frac{(1-\gamma^5)}{2}, \quad \bar{v}_R = \bar{v}\frac{(1+\gamma^5)}{2} \tag{9.124}$$

である. これらのさまざまな (表9.2 にまとめられた) スピノルを「カイラル」フェルミオン状態とよぶ (ギリシャ語の「手」から来ていて,語源は「カイロプラクティック」と同じだ).

これは表記法以外の何物でもないということを強調したい. ただ,これによって電弱統一が容易になり,弱い相互作用と電磁気相互作用を再構築することができるので便利なのだ. まず初めに,電子とニュートリノの W^- への結合を考えてみよう (たとえば,逆ベータ崩壊のかたちで起こる. 例題9.1 参照).

---

*28 もし γ^5 の符号が奇妙だと思うなら,式 (7.30) に続く脚注 *9 (7章) を参照せよ.

9.7 電弱統一

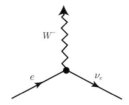

このバーテックスから $\mathcal{M}$ への寄与は

$$j_\mu^- = \bar{\nu}\gamma_\mu \left(\frac{1-\gamma^5}{2}\right) e \tag{9.125}$$

によって与えられる（ここで，e と ν は粒子のスピノルを表す．しばらくの間，異なる種類の粒子の表記には注意する必要がある．u_e や u_{ν_e} などと書くのはあまりにも面倒なので）．この物理量は弱「カレント」とよばれる．今後わかるように，それは，QED における電流のような役割を果たす．

$$\left(\frac{1-\gamma^5}{2}\right)^2 = \frac{1}{4}[1 - 2\gamma^5 + (\gamma^5)^2] = \left(\frac{1-\gamma^5}{2}\right) \tag{9.126}$$

かつ，

$$\gamma_\mu \left(\frac{1-\gamma^5}{2}\right) = \left(\frac{1+\gamma^5}{2}\right)\gamma_\mu \tag{9.127}$$

なので，

$$\gamma_\mu \left(\frac{1-\gamma^5}{2}\right) = \left(\frac{1+\gamma^5}{2}\right)\gamma_\mu \left(\frac{1-\gamma^5}{2}\right) \tag{9.128}$$

である．

あまり何も変わっていないように見えるかもしれないが，この式とカイラルスピノルを使い，式 (9.125) をもっとすっきりと書くことができる．

$$j_\mu^- = \bar{\nu}_L \gamma_\mu e_L \tag{9.129}$$

弱い相互作用のバーテックス因子はいまや純粋なベクトル型となった．しかし，これは左巻きの電子と左巻きのニュートリノに結合する．この点では，QED における本質的なバーテックスとは構造的にまだ違う．しかし，QED でやったのと同じようなことができる．

$$u = \left(\frac{1-\gamma^5}{2}\right) u + \left(\frac{1+\gamma^5}{2}\right) u = u_L + u_R \tag{9.130}$$

に注意すると（同様に $\bar{u} = \bar{u_L} + \bar{u_R}$），カイラルスピノルを使い電磁カレント自身を

$$j_\mu^{em} = -\bar{e}\gamma_\mu e = -(\bar{e}_L + \bar{e}_R)\gamma_\mu(e_L + e_R) = -\bar{e}_L\gamma_\mu e_L - \bar{e}_R\gamma_\mu e_R \qquad (9.131)$$

と書ける（先々のために，電子の電荷が負であることを考慮して，因子 -1 をつけておくのがよい）．「交差項」が消えていることに着目しよう．

$$\bar{e}_L\gamma_\mu e_R = \bar{e}\left(\frac{1+\gamma^5}{2}\right)\gamma_\mu\left(\frac{1+\gamma^5}{2}\right)e = \bar{e}\gamma_\mu\left(\frac{1-\gamma^5}{2}\right)\left(\frac{1+\gamma^5}{2}\right)e \qquad (9.132)$$

だが，

$$(1-\gamma^5)(1+\gamma^5) = 1 - (\gamma^5)^2 = 0 \qquad (9.133)$$

である．式 (9.129) と (9.131) は統一理論を構築するための第一歩だ．弱カレントは左巻きだけに結合する一方で，電磁カレントが左右両方に結合するのは真実だが，それを除けば，それら二つは驚くほどよく似ている．この式がさらに魅力的なのは，物理学者が左巻きフェルミオンと右巻きフェルミオンをほぼ別の粒子とみなすに至ったことである[*29]．

この観点からは，荷電弱バーテックスの因子 $(1-\gamma^5)/2$ は，相互作用自身というよりもむしろそれに関わる粒子を特徴づけている．相互作用自身は，強い力しかり，電磁気力しかり，弱い力しかり，すべての場合でベクトル型だ．

9.7.2 弱アイソスピンとハイパー荷

$e^- \to \nu_e + W^-$ 過程を記述する（負の荷電）弱カレント

$$j_\mu^- = \bar{\nu}_L\gamma_\mu e_L$$

[*29] この議論を進めすぎるのは危険だ．たとえば，左巻きの電子が必ずしも右巻きと同じ質量である必要があるのか不思議に思うかもしれない．あるいは，いかなるベクトル相互作用も左巻き粒子を右巻き粒子に結合させないことに気づいて（式 (9.132) と (9.133) を参照），それら二つの「世界」はどのように交信するのか疑問に思うかもしない．どちらの疑問も u_L と u_R に対する誤解に由来している．問題は，粒子の相互作用を記述するには便利であるけれども，（粒子の質量がゼロでない限り）左巻き右巻きは自由粒子の伝播に対して保存しない．数式的には，γ^5 は自由粒子のハミルトニアンと交換しない．実際に，u_L と u_R はディラック方程式を満たさない（問題 9.26）．初期状態で左巻きだった粒子が，すぐに右巻き成分をもち始める（対照的に，ヘリシティは自由粒子の伝播で保存する）．質量をもたないフェルミオンに限って，完全な意味で，左巻きと右巻き粒子は文字通りまったく別物であると考えることができる．

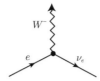

に加えて，もちろん，$\nu_e \to e^- + W^+$ 過程を表現する正の荷電カレント

$$j_\mu^+ = \bar{e}_L \gamma_\mu \nu_L$$

も存在する．これらの弱カレントは，左巻き二重項

$$\chi_L = \begin{pmatrix} \nu_e \\ e \end{pmatrix}_L \tag{9.134}$$

と，2×2 行列

$$\tau^+ \equiv \begin{pmatrix} 0 & 1 \\ 0 & 0 \end{pmatrix}, \qquad \tau^- \equiv \begin{pmatrix} 0 & 0 \\ 1 & 0 \end{pmatrix} \tag{9.135}$$

を導入することにより，

$$j_\mu^\pm = \bar{\chi}_L \gamma_\mu \tau^\pm \chi_L \tag{9.136}$$

のように，より簡略化した表記で記述できる．行列 $\tau^\pm$ はパウリのスピン行列の最初の二つの線形結合だ（式 (4.26)）

$$\tau^\pm = \tfrac{1}{2}(\tau^1 \pm i\tau^2) \tag{9.137}$$

(ここでは，通常のスピンとの混乱を避けるために，σ の代わりに τ という文字を使う)．これは，アイソスピンのことを強く思い起こさせる．4.3 節で，陽子と中性子を式 (9.134) とよく似た二重項に組み込んだ．もし，$(1/2)\tau^3 = (1/2)\begin{pmatrix} 1 & 0 \\ 0 & -1 \end{pmatrix}$ に対応する 3 番目の弱カレント

$$j_\mu^3 = \bar{\chi}_L \gamma_\mu (1/2)\tau^3 \chi_L = (1/2)\bar{\nu}_L \gamma_\mu \nu_L - (1/2)\bar{e}_L \gamma_\mu e_L \tag{9.138}$$

が存在するならば，本当に，完全な「弱アイソスピン」対称性を考えることができる．「完璧だ！　弱中性カレントがあった！」と読者が叫ぶのが聞こえてくる．そう急いではいけない．このカレントは左巻き粒子にだけ結合する．昔の言葉でいえば，それは純粋な $V-A$ だ．一方，中性弱相互作用は右巻き成分も同様に含んでいる．しかし，大丈夫だ，ゴールは目前だ．

アイソスピンに平行な成分を構築することで，ハイパー荷 (Y)[*30]の弱相互作用版を考えてみる．それは，電荷（e を単位として Q）とアイソスピン（I^3）を使い，ゲルマン–西島の公式によって（式 (4.37)）

$$Q = I^3 + (1/2)Y \tag{9.139}$$

と関係づけられる．そこで，「弱ハイパー荷」カレント

$$j_\mu^Y = 2j_\mu^{em} - 2j_\mu^3 = -2\bar{e}_R\gamma_\mu e_R - \bar{e}_L\gamma_\mu e_L - \bar{\nu}_L\gamma_\mu \nu_L \tag{9.140}$$

を導入する．これは，弱アイソスピンに関しては，不変な構造になっている．というのも，後ろの部分は右巻き成分にまったく感知しておらず，かつ，組み合わせ

$$\bar{e}_L\gamma_\mu e_L + \bar{\nu}_L\gamma_\mu \nu_L = \bar{\chi}_L\gamma_\mu \chi_L$$

自身が不変だ[*31]．この背後にある対称群のことは，$SU(2)_L \otimes U(1)$ とよばれる．$SU(2)_L$ は弱アイソスピンを意味し（下付き添字によって，それは左巻き状態だけに伴うことを注記している），$U(1)$ は弱ハイパー荷を意味する（右巻きと左巻きの両方を含む）．

すべてのことを電子とニュートリノを用いて説明してきたが，他のレプトンやクォークにも簡単に拡張できる．左巻き二重項（クォークの場合はカビボ回転されたもの）

$$\chi_L \to \begin{pmatrix}\nu_e \\ e\end{pmatrix}_L, \begin{pmatrix}\nu_\mu \\ \mu\end{pmatrix}_L, \begin{pmatrix}\nu_\tau \\ \tau\end{pmatrix}_L, \begin{pmatrix}u \\ d'\end{pmatrix}_L, \begin{pmatrix}c \\ s'\end{pmatrix}_L, \begin{pmatrix}t \\ b'\end{pmatrix}_L \tag{9.141}$$

[*30] おそらく，この語を忘れているのではないか．しかし，ハイパー荷は基本的にはストレンジネスと同じで，バリオンの場合，八道説の図の真ん中の行がつねに $Y=0$ をもつように平行移動させればよい．具体的には，A をバリオン数として，$Y = S + A$ だ．

[*31] もしこう考えることが気になるなら，以下のように考えてみよう．われわれは，二つのアイソスピン二重項を組み合わせてアイソスピン三重項 $\bar{\nu}_L e_L$, $(\bar{\nu}_L \nu_L - \bar{e}_L e_L)$, $\bar{e}_L \nu_L$（式 (5.38) の類推）と，アイソスピン一重項 $(\bar{\nu}_L \nu_L + \bar{e}_L e_L)$（式 (5.39) の類推）をつくったのだ．最初の三つが弱アイソスピンカレント $j^\pm$ と j^3 になり，残りが右巻き成分と一緒になり，弱ハイパー荷カレント j^Y になったのだ．

から，三つの弱アイソスピンカレント

$$\boldsymbol{j}_\mu = (1/2)\bar{\chi}_L \gamma_\mu \boldsymbol{\tau} \chi_L \tag{9.142}$$

と，弱ハイパー荷カレント

$$j_\mu^Y = 2j_\mu^{em} - 2j_\mu^3 \tag{9.143}$$

を構築する．ここで，j_μ^{em} は電流である

$$j_\mu^{em} = \sum_{i=1}^{2} Q_i(\bar{u}_{iL}\gamma_\mu u_{iL} + \bar{u}_{iR}\gamma_\mu u_{iR}) \tag{9.144}$$

(Q_i を電荷として，二重項に入っている粒子について和を取る)[*32]．

9.7.3 電弱混合

さて，GWS 模型によると，三つのアイソスピンカレントは強さ g_W で弱アイソスピン三重項であるベクトルボソン $\boldsymbol{W}$ と結合し，一方，弱ハイパー荷カレントは強さ $g'/2$ でアイソスピン一重項 B と結合する

$$-i\left[g_W \boldsymbol{j}_\mu \cdot \boldsymbol{W}^\mu + \frac{g'}{2}j_\mu^Y B^\mu\right] \tag{9.145}$$

(これら四つの粒子は，最終的には，弱い相互作用と電磁相互作用の媒介粒子である $W^\pm$，Z^0，γ に対応しているが，これから見ていくように，ひとひねりすることが必要である)．ここで，太字は弱アイソスピン空間における3元ベクトルを表す．内積をあらわに書くと

$$\boldsymbol{j}_\mu \cdot \boldsymbol{W}^\mu = j_\mu^1 W^{\mu^1} + j_\mu^2 W^{\mu^2} + j_\mu^3 W^{\mu^3} \tag{9.146}$$

あるいは，荷電カレント $j_\mu^\pm = j_\mu^1 \pm i j_\mu^2$ を使い

$$\boldsymbol{j}_\mu \cdot \boldsymbol{W}^\mu = (1/\sqrt{2})j_\mu^+ W^{\mu+} + (1/\sqrt{2})j_\mu^- W^{\mu-} + j_\mu^3 W^{\mu^3} \tag{9.147}$$

[*32] 弱アイソスピン（とハイパー荷）と普通の（「強い」相互作用に関する）アイソスピンの違いが何なのかと思うかもしれない．とりわけ，軽いクォークについて考えてみると，その問題は明白になる．弱アイソスピン二重項は $\binom{u}{d'}_L$ である一方，強い相互作用によるアイソスピン二重項は $\binom{u}{d}$ だ．非常に似ているが……何か関係があるのだろうか．答えは否だ．結局のところ，(1) 弱アイソスピンはクォーク同様レプトン（3世代すべて）にも適用でき，(2) 弱アイソスピンは左巻き成分だけを含み（すべての右巻き成分は一重項である，つまり，弱アイソスピンに関しては不変だ），(3) 弱アイソスピン二重項はカビボ回転されたものである．平たくいうと，強い相互作用のアイソスピンと弱アイソスピンは，数学的に共通の構造をもち（これに関しては，普通のスピン 1/2 のように，他の多くの系でも同じである），名前も似てはいるが（たぶん不運だった），互いに何の関係もない．

となる．ここで，

$$W_\mu^\pm \equiv (1/\sqrt{2})(W_\mu^1 \mp iW_\mu^2) \tag{9.148}$$

は，$W^\pm$ 粒子の波動関数である．

$W^\pm$ の結合は，式 (9.147) の $W^\pm$ の係数からただちに読み取ることができる．たとえば，$e^- \to \nu_e + W^-$ では，$j_\mu^- = \bar{\nu}_L \gamma_\mu e_L = \bar{\nu}\gamma_\mu[(1-\gamma^5)/2]e$ があるので，

$$-ig_w(1/\sqrt{2})j_\mu^- W^{\mu^-} = -\frac{ig_w}{2\sqrt{2}}[\bar{\nu}\gamma_\mu(1-\gamma^5)e]W^{\mu^-} \tag{9.149}$$

という項が出てくる．バーテックス因子は

$$\frac{-ig_w}{2\sqrt{2}}\gamma_\mu(1-\gamma^5) \tag{9.150}$$

であり，これこそまさにわれわれの出発点である（式 (9.5)）．

けれども，二つの中性状態（W^3 と B）はグラショーの理論では「混ざり合い」，質量をもたない線形結合の組み合わせ（光子）と，それに直交する質量をもつ組み合わせ（Z^0）をつくる

$$A_\mu = B_\mu \cos\theta_w + W_\mu^3 \sin\theta_w$$
$$Z_\mu = -B_\mu \sin\theta_w + W_\mu^3 \cos\theta_w \tag{9.151}$$

（これを見ると θ_W がなぜ「弱混合角」とよばれるのかわかるだろう）．物理的な場（A^μ と Z^μ）で書くと，電弱相互作用の中性部分（式 (9.145)）は以下のように取り出せる．

$$-i\left[g_w j_\mu^3 W^{\mu 3} + \frac{g'}{2}j_\mu^Y B^\mu\right] = -i\left\{\left[g_w \sin\theta_w j_\mu^3 + \frac{g'}{2}\cos\theta_w j_\mu^Y\right]A^\mu \right.$$
$$\left. + \left[g_w \cos\theta_w j_\mu^3 - \frac{g'}{2}\sin\theta_w j_\mu^Y\right]Z^\mu\right\} \tag{9.152}$$

もちろん，電磁気結合についてはわかっていて，現代の言葉で書くとそれは

$$-ig_e j_\mu^{em} A^\mu \tag{9.153}$$

となる．一方，式 (9.143) から $j_\mu^{em} = j_\mu^3 + \frac{1}{2}j_\mu^Y$ である．電弱統一理論と，通常の QED の整合性から

$$g_w \sin\theta_w = g' \cos\theta_w = g_e \tag{9.154}$$

が要求される．あきらかに，弱い力と電磁気力の結合定数は独立ではない．

残っているのは，Z^0 への結合だ．式 (9.143) と (9.152)，(9.154) を使うと，

$$-ig_z(j_\mu^3 - \sin^2\theta_w j_\mu^{em})Z^\mu \tag{9.155}$$

を得る．ここで，

$$g_z = \frac{g_e}{\sin\theta_w \cos\theta_w} \tag{9.156}$$

である．式 (9.155) から，中性弱結合を取り出せる．たとえば，$\nu_e \to \nu_e + Z^0$ では j_μ^3 の項だけが寄与する．式 (9.138) に戻ると

$$-i\frac{g_z}{2}(\bar{\nu}_L \gamma_\mu \nu_L)Z^\mu = -\frac{ig_z}{2}\left[\bar{\nu}\gamma_\mu\left(\frac{1-\gamma^5}{2}\right)\nu\right]Z^\mu \tag{9.157}$$

であり，それゆえ，ベクトルと軸性ベクトル結合（式 (9.90)）は $c_V^\nu = c_A^\nu = 1/2$ となる．表 9.1 の残り部分の計算については読者に委ねる（問題 9.28）[*33].

いくつかの大きな疑問が生じる．どのような仕組みによって，背後にある $SU(2)_L \otimes U(1)$ 電弱対称性が「破れた」のだろうか．なぜ，B と W^3 状態は「混ざって」Z^0 と光子になるのだろうか．もし仮に弱い相互作用と電磁気相互作用が根本的に一つの電弱力によるものだとしたら，弱い相互作用の媒介粒子（$W^\pm$ と Z^0）が非常に重い一方で，電磁気力の媒介粒子（γ）が質量をもたないのはどうしてなのだろうか．これらの疑問については，次の章であきらかにしていく．

参　考　書

[1] N. Cabibbo: Physical Review Letters, **10**, 531 (1963).
[2] 弱い相互作用に関する理論のより詳細な計算については，古典的な論文 R. E. Marshak, Riazuddin and C. P. Ryan: Theory of Weak Interactions in Particle Physics (John Wiley & Sons, 1969)．または，簡単な記事 (a) E. D. Commins: Weak Interactions (McGraw-Hill, 1973) を参照．クォーク模型における弱い相互作用の包括的なレビューについては，以下を参照．(b) J. F. Donoghue, E. Golowich and B. Holstein: Physics Reports, **131**, 319 (1986); (c) E. D. Commins and P. H. Bucksbaum: Weak Interactions of Leptons and Quarks (Cambridge University Press, 1983).
[3] S. L. Glashow, J. Iliopoulos and L. Maiani: Physical Review, D **2**, 1585 (1970). 弱い相互作用の理論に関する他の基礎的な論文は，(a) C. H. Lai (ed): Gauge Theory of Weak and Electromagnetic Interactions (World Scientific, 1981).
[4] M. Kobayashi and K. Maskawa: Progress in Theoretical Physics, **49**, 652 (1973).
[5] 著者によって異なるパラメーターを使用する．ここでは Particle Physics の慣習に従う．

[*33] 弱混合角は GWS 模型では決まらないので，二つの独立な結合定数（たとえば g_e と g_w，あるいは g_e と g_z）が残る．この観点からは，完全な統一理論ではなく，むしろ，弱い相互作用と電磁気相互作用をまとめた理論である．

[6] Particle Physics Booklet (2006). CKM 行列の有用な議論については，T.-P. Cheng and L.-F. Li: Gauge Theory of Elementary Particle Physics (Oxford, 1984) Sect. 12.2.
[7] S. A. Bludman: Nuovo Cimento, **9**, 443 (1958).
[8] S. L. Glashow: Nuclear Physics, **22**, 579 (1961). 下記に転載されている．(a) C. H. Lai (ed): Gauge Theory of Weak and Electromagnetic Interactions (World Scientific, 1981).
[9] S. Weinberg: Physical Review Letters, **19**, 1264 (1967); (a) A. Salam: Elementary Particle Theory, (eds N. Svartholm) (Almquist and Wiksell, 1968); C. H. Lai (ed): Gauge Theory of Weak and Electromagnetic Interactions (World Scientific, 1981) にも再掲．以下も参照．(b) Weinberg's Nobel Prize lecture, Science, **210**, 1212 (1980) に再掲．
[10] G.'t Hooft: Nuclear Physics, B **33**, 173 (1971); B **35**, 167 (1971). 以下にも再掲．(a) C. H. Lai (ed): Gauge Theory of Weak and Electromagnetic Interactions (World Scientific, 1981).
[11] F. J. Hasert et al.: Physics Letters, B **45**, 138 (1973); Nuclear Physics, B **73**, 1 (1974).
[12] 一方，一連の深性非弾性ニュートリノ–陽子散乱実験（CERN でも）は，荷電，中性弱相互作用の基本構造を支持するだけでなく，クォーク模型そのものを確認するのにも役立った．たとえば，D. H. Perkins: Introduction to High Energy Physics, 4th edn (Cambridge University Press, 2000) Sect. 8.7; (a) F. Halzen and A. D. Martin: Quarks and Leptons (John Wiley & Sons, 1984) Sects. 12.7, 12.10; (b) F. E. Close: An Introduction to Quarks and Partons (Academic, 1979) Sect. 11.3.
[13] G. Arnison et al.: Physics Letters, B **122**, 103 (1983); B **126**, 398 (1983). これらの発見のレビューについては，(a) E. Radermacher: Progress in Particle and Nuclear Physics, **14**, 231 (1985).
[14] $\nu_\mu + e^- \to \nu_e + \mu^-$ についてのデータは以下の論文から引用．P. Vilain et al.: Physics Letters, B **364**, 121 (1995); $\nu_\mu + e^- \to \nu_\mu + e^-$ についてのデータは以下の論文から引用．(a) L. A. Ahrens et al.: Physical Review, D **41**, 3297 (1990). 初期のデータは，(b) P. Alibran et al.: Physics Letters, B **74**, 422 (1978). これは GWS 模型とは矛盾していて当時驚かれたが，間違っていたことが判明し，(c) N. Armenise et al.: Physics Letters, B **86**, 225 (1979) によって訂正された．
[15] E. N. Fortson and L. Wilets: Advances in Atomic and Molecular Physics, **16**, 319 (1980); (a) C. Y. Prescott et al.: Physics Letters, B **77**, 347 (1978); B **84**, 524 (1979); (b) S. L. Wu: Physical Reports, **107**, 229 (1984); (c) C. S. Wood et al.: Science, **275**, 1759 (1997).
[16] たとえば，H. Frauenfelder and E. M. Henley: Subatomic Physics, 2nd edn (Prentice-Hall, 1991) Sect. 5.7.
[17] 1957 年にシュウィンガーはこのような理論の根本的な基礎を築いた．J. Schwinger: Annals of Physics, **2**, 407 (1957). (a) C. H. Lai (ed): Gauge Theory of Weak and Electromagnetic Interactions (World Scientific, 1981) にも再掲．

問題

9.1 質量をもったスピン 1 の粒子の完全性関係を導出せよ（質量なしの類推として問題 7.25 を参照）。[ヒント：p の方向に z 軸を取る．まず三つの互いに直交する偏極ベクトル $(\epsilon_u^{(1)}, \epsilon_u^{(2)}, \epsilon_u^{(2)})$ をつくる．これは $p^\mu \epsilon_\mu = 0$ と $\epsilon_\mu \epsilon^\mu = -1$ を満たす．]

$$\left[答え: \sum_{s=1,2,3} \epsilon_\mu^{(s)} \epsilon_\nu^{(s)*} = -g_{\mu\nu} + \frac{p_\mu p_\nu}{(Mc)^2}\right] \tag{9.158}$$

9.2 以下のトレースを計算せよ．

$$\mathrm{Tr}[\gamma^\mu (c_V - c_A \gamma^5)(\not{p}_1 + m_1 c) \gamma^\nu (c_V - c_A \gamma^5)(\not{p}_2 + m_2 c)]$$

ここで c_V と c_A は任意の（実）数である．

$$\left[答え: 4(c_V^2 + c_A^2)[p_1^\mu p_2^\nu + p_1^\nu p_2^\mu - p_1 \cdot p_2 g^{\mu\nu}] \right.$$
$$\left. + 4(c_V^2 - c_A^2) m_1 m_2 c^2 g^{\mu\nu} - 8i c_V c_A \epsilon^{\mu\nu\lambda\sigma} p_{1\lambda} p_{2\sigma} \right] \tag{9.159}$$

9.3 (a) $\nu_\mu + e^- \to \mu^- + \nu_e$ の $\langle |\mathcal{M}|^2 \rangle$ を，より一般的な結合 $\gamma^\mu (1 + \epsilon \gamma^5)$ を用いて計算せよ．また，$\epsilon = -1$ のとき式 (9.11) になることを確認せよ．

$$\left[答え: \frac{1}{4}\left(\frac{g_w}{M_W c}\right)^4 [(1-\epsilon^2)^2 (p_1 \cdot p_4)(p_2 \cdot p_3) \right.$$
$$\left. + (1 + 6\epsilon^2 + \epsilon^4)(p_1 \cdot p_2)(p_3 \cdot p_4)]\right]$$

(b) $m_e = m_\mu = 0$ とした場合の重心系での微分散乱断面積を求めよ．また，全断面積も求めよ．
(c) もしこの反応の正確な実験データがあるとしたら，どうやって ϵ を決めることができるか．

9.4 式 (9.30) が (9.29) と等価であることを示せ．

9.5 崩壊が純粋にレプトンにだけであると仮定して，式 (9.35) の適切な変換を行うことによって，タウ粒子の寿命を決定せよ（ミュー粒子の質量は，m_τ と比較して無視することができることも仮定する）．実験値と比較せよ．

9.6 弱い相互作用が純粋なベクトル型（式 (9.5) には γ^5 がない）だと仮定する．それでも図 9.1 のグラフと同じかたちが得られるだろうか．

9.7 ミュー粒子崩壊での電子のエネルギーの平均値はいくらだろうか．
[答え：$(7/20) m_\mu c^2$]

9.8 $n \to p + W$ の結合に $\gamma^\mu (1 + \epsilon \gamma^5)$ を用いるが，レプトンには $\gamma^\mu (1 - \gamma^5)$ を用いる．中性子のベータ崩壊のスピン平均化振幅を計算する．$\epsilon = -1$ のとき，結果が式 (9.41) に還元されることを示せ．

$$\left[答え: \langle |\mathcal{M}|^2 \rangle = \frac{1}{2}\left(\frac{g_w}{M_W c}\right)^4 [(p_1 \cdot p_2)(p_3 \cdot p_4)(1-\epsilon)^2 \right.$$
$$\left. + (p_1 \cdot p_4)(p_2 \cdot p_3)(1+\epsilon)^2 - (1-\epsilon^2) m_p m_n c^2 (p_2 \cdot p_4)]\right]$$

9.9 (a) 式 (9.52) を導出せよ．
(b) 式 (9.58) を導出せよ．

9.10 本文中で,中性子崩壊の電子エネルギーは約 $(m_n - m_p)c^2$ までの範囲にあるとした.しかし,これは正確ではない.なぜなら,陽子とニュートリノの運動エネルギーを無視したためである.では,どのような運動学的な配分が最大の電子エネルギーを与えるのか.エネルギーと運動量の保存を適用して,正確な最大電子エネルギーを決定せよ.[答え:$(m_n^2 - m_p^2 + m_e^2)c^2/2m_n$] 概算とはどのくらい離れているだろうか(パーセントで誤差を与えよ).

9.11 (a) 式 (9.59) を積分して式 (9.60) を導出せよ.
(b) $m_e \ll \Delta m = (m_n - m_p)$ のときの概算値を求めよ.もはや m_e はゼロでよいことに注意せよ.

9.12 式 (9.62) を導出せよ.

9.13 中性子崩壊における W のド・ブロイ波長 ($\lambda = h/p$) の最小値を求め,中性子の直径 ($\sim 10^{-13}$ cm) と比較せよ.[答え:$|\boldsymbol{p}| = 1.18\,\mathrm{MeV}/c$ の最大値は p と e が真逆方向に出現するときなので,最小値は $\lambda = 10^{-10}$ cm である.]

9.14 例題 7.8 と 8.5 節の方法を用いて π^- 崩壊を散乱過程として解析せよ.崩壊率を計算し,本文中の結果と比較することで,$|\psi(0)|^2$ を用いて f_π の式を求めよ.クォークの質量はゼロとせよ.

$$\left[答え:f_\pi^2 = \frac{2\hbar^3}{3c}\frac{2m_\pi^2 + m_l^2}{m_\pi m_l^2}\cos^2\theta_c |\psi(0)|^2\right]$$

9.15 $m_c^2 \ll E$ のとき

$$\gamma^5 u \cong \begin{pmatrix} \boldsymbol{\sigma}\cdot\hat{\boldsymbol{p}} & 0 \\ 0 & \boldsymbol{\sigma}\cdot\hat{\boldsymbol{p}} \end{pmatrix} u$$

であることを示せ.このとき,u はスピノル粒子でディラック方程式を満たす(式 (7.35), (7.41)).

$$u = \begin{pmatrix} u_a \\ \dfrac{c(\boldsymbol{p}\cdot\boldsymbol{\sigma})}{E + mc^2} u_A \end{pmatrix}$$

射影行列

$$P_\pm \equiv \frac{1}{2}(1 \pm \gamma^5)$$

が,u のヘリシティ ± 1 部分を抜き出すことを示せ.

$$\Sigma \cdot \hat{\boldsymbol{p}}\,(P_\pm u) = \pm(P_\pm u)$$

9.16 $K^- \to e^- + \bar{\nu}_e$ と $K^- \to \mu^- + \bar{\nu}_\mu$ の崩壊率の比を計算し,観測されている分岐比と比較せよ.

9.17 以下の過程の崩壊率を計算せよ.(a) $\Sigma^0 \to \Sigma^+ + e + \bar{\nu}_e$, (b) $\Sigma^- \to \Lambda + e + \bar{\nu}_e$, (c) $\Xi^- \to \Xi^0 + e + \bar{\nu}_e$, (d) $\Lambda \to p + e + \bar{\nu}_e$, (e) $\Sigma^- \to n + e + \bar{\nu}_e$, (f) $\Xi^0 \to \Sigma^+ + e + \bar{\nu}_e$. 結合はすべて $\gamma^\mu(1-\gamma^5)$ であると仮定する.つまり,強い相互作用による軸結合の補正を無視してよいが,カビボ因子を忘れないこと.また,実験データと比較せよ.

9.18 (a) CKM 行列がユニタリー ($V^{-1} = V^\dagger$) である限り[*34],$K^0 \to \mu^+\mu^-$ を消す GIM 機構は三つの世代(もしくは任意の世代)で機能することを示せ.[注意:$u \to d + W^+$ は CKM 要素 V_{ud} をもつ.つまり $d \to u + W^-$ は因子 V_{ud}^* をもつ.]
(b) 3×3 の一般的なユニタリー行列はいくつの独立した実パラメーターをもっているだろうか.また,$n \times n$ の場合ではどうだろうか.[ヒント:任意のユニタリー行列 (U) は $U = e^{iH}$ と書くことができる.このとき H はエルミート行列である.一般的なエルミート行列にい

[*34] 実験的な確認については,問題 9.33 を参照すること.

くつの独立の実パラメーターがあるのかという問題と等価である.]

各クォークの波動関数の位相は自由に変えることができる（u の規格化は $|N|^2$ だけしか決めない. 問題 7.3 参照）. だから, $2n$, 正確には $(2n-1)$ のパラメーターが任意である. なぜなら, すべてのクォークの波動関数の位相を同じだけ一斉に変えるのは V に何もしないのと同じだからだ. これで CKM 行列を実行列にすることができるだろうか（もし実ユニタリーなら, 直交である. $V^- = V^T$）.

(c) 一般的な 3×3 の（実）直交行列には, いくつの実パラメーターがあるだろうか. また, $n \times n$ ではどうだろうか.

(d) それでは答えはどうか. CKM 行列を実数だけにできるだろうか. 二世代（$n = 2$）だけならどうか.

9.19 CKM 行列（式 (9.87)）が任意の（実）数値 θ_{12}, θ_{23}, θ_{13}, δ に対してユニタリーであることを示せ.

9.20 フェルミ定数 G_F（式 (9.38)）と弱混合角 θ_W（式 (9.93)）の実験値を用いて, $W^\pm$ と Z^0 の質量を GWS 理論で「予想」せよ. また, 実験値と比較せよ.

9.21 例 9.4 では, 電子ニュートリノではなくミューニュートリノを用いた. 実際のところ, ν_μ, $\bar{\nu}_\mu$ ビームは ν_e と $\bar{\nu}_e$ よりもつくりやすい. さらに, $\nu_\mu + e^- \to \nu_\mu + e^-$ は, $\nu_e + e^- \to \nu_e + e^-$ や $\bar{\nu}_e + e^- \to \bar{\nu}_e + e^-$ よりも単純であるという理論的な理由もある. これについて説明せよ.

9.22 (a) GWS 模型での $\bar{\nu}_\mu + e^- \to \bar{\nu}_\mu + e^-$ の微分断面積と全断面積を計算せよ. [答え: 式 (9.100) と同じである. ただし, $c_A c_V$ の符号が逆である.]

(b) 比 $\sigma(\bar{\nu}_\mu + e^- \to \bar{\nu}_\mu + e^-)/\sigma(\nu_\mu + e^- \to \nu_\mu + e^-)$ を求めよ. このとき, $m_e = 0$ とおけるほど高エネルギーであるとする.

9.23 (a) $Z^0 \to f + \bar{f}$ の崩壊率を計算せよ. ここで, f は任意のクォークかレプトンである. f が（Z と比較して）十分に軽く, 質量を無視できると仮定する（Z^0 の完全性の関係が必要である. 問題 9.1 を参照）.

$$\left[\text{答え: } \Gamma(Z^0 \to f + \bar{f}) = \frac{g_z^2 M_Z c^2}{48 \pi \hbar}(|c_V^f|^2 + |c_A^f|^2) \right]$$

(b) これらが支配的な崩壊モードだと仮定して, クォーク・レプトンの各種類への分岐比を求めよ（クォークにはカラーが 3 種類あることを忘れないこと）. また, この崩壊にトップクォークを含むべきだろうか. [答え: e, μ, τ はそれぞれ 3%; ν_e, ν_μ, ν_τ はそれぞれ 7%; u, c はそれぞれ 12%; d, s, b は 15% である.]

(c) Z^0 の寿命を計算せよ. もし第 4 世代の（クォークとレプトン）が存在した場合, 定量的にどのように変わるだろうか（Z^0 寿命の正確な測定は, 質量が $45\,\text{GeV}/c^2$ 未満であるクォークとレプトンがいくつあるかを示していることに注意せよ）.

9.24 Z^0 に媒介される過程における R（$e^+ e^-$ 散乱でのクォーク対生成とミュー粒子対生成の全比率）を見積もれ. 議論のためトップクォークを式 (9.109) に適応できるほど十分軽いと仮定する. また, カラーを忘れないこと.

9.25 式 (9.113) の比を $x \equiv 2E/M_Z c^2$ の関数としてグラフにせよ. $\Gamma_Z = 7.3(g_z^2/48\pi)(M_Z c^2/\hbar)$（問題 9.23）を用いること.

9.26 (a) もし $u(p)$ が（運動量空間で）ディラック方程式 (7.49) を満たしているとすると, u_L, u_R（表 9.2）は（$m = 0$ でなければ）満たせないことを示せ.

(b) 行列 $P_\pm \equiv (1/2)(1 \pm \gamma^5)$ の固有値と固有スピノルを求めよ.

(c) （たとえば）P_+ とディラック演算子（$\not{p} - mc$）の同時固有状態のスピノルは存在できるだろうか. [答え: できない. これらの演算子は交換できないためである.]

9.27 軽いクォーク二重項 u, d' の弱アイソスピンカレント $j_\mu^\pm$, j_μ^3 を計算せよ. また, 電磁気カレント（j_μ^{em}）と弱ハイパー電荷カレント（j_μ^Y）を構築せよ（答えは d' を使ってよい）.

9.28 式 (9.155) から，表 9.1 のベクトル結合と軸性ベクトル結合を求めよ．

9.29 問題 9.5 で $\tau \to e + \nu_\tau + \bar{\nu}_e$ と $\tau \to \mu + \nu_\tau + \bar{\nu}_\mu$（本質的には同じ）の崩壊率 Γ を求めた．ハドロニックモード（$\tau \to d + \nu_\tau + \bar{u}$ と $\tau \to s + \nu_\tau + \bar{u}$）はどうだろうか．$\tau$ の寿命（レプトニックモードとハドロニックモードを両方含んだ場合）を見積もれ．そして電子，ミュー粒子，ハドロンモードの分岐比を算出せよ．実験値と比較せよ．[部分的な答え：$\Gamma_{\text{tot}} = 5\,\Gamma$]

9.30 **(a)** チャームクォークの寿命を推定せよ（まず支配的なモードを決めて，ミュー粒子崩壊式 (9.35) に適切な修正を加える）．[ヒント：問題 9.29 を参照．]
  (b) (a) に基づいて，軽いクォークを傍観者として扱う D 中間子（$D^0 = c\bar{u}$ と $D^+ = c\bar{d}$）の寿命を見積もれ．また，さまざまなセミレプトニックモードやハドロニックモードの分岐比を計算せよ．実験値と比較せよ．
  (c) 同様に，B 中間子（$B^0 = b\bar{d}$ と $B^- = b\bar{u}$）の寿命を推定せよ．b クォークは可能な崩壊モードが多いことに注意して，分岐比を求め，実験値と比較せよ．
  (d) 式 (9.35) によると，崩壊率は質量の 5 乗に比例する．ボトムクォークはチャームクォークのほぼ 4 倍の質量がある．なぜ，D 中間子は B 中間子より 1000 倍寿命が長くないのだろうか．実際は，これらの寿命は同じぐらいである．しかし，これは偶然のようなものである．この理由を説明せよ．

9.31 トップクォークの寿命を計算せよ．ただし，$m_t \geq m_b + m_W$ であり，トップクォークは実 W（$t \to b + W^+$）に崩壊できる．一方，他のすべてのクォークは仮想 W を経由しなければならない．その結果として，この寿命は非常に短く，束縛状態（「トゥルース」のある中間子やバリオン）を形成しない．b クォークを（t クォークや W と比較して）質量がないものして計算せよ．[答え：4×10^{-25} 秒]

9.32 革命的な新しい弱い相互作用の [あなたの名前] 理論は，W がスピン 0（1 ではない）で，結合は，ベクトル・軸ベクトルの代わりに，スカラー・擬似スカラーである．具体的には，W の伝播関数は

$$\frac{-i}{q^2 - (M_W c)^2} \approx \frac{i}{(M_W c)^2}$$

（式 (9.4) の置き換え），そしてバーテックス因子は

$$\frac{-ig_w}{2\sqrt{2}}(1 - \gamma^5)$$

（式 (9.5) の置き換え）である．この理論で「逆ミュー粒子崩壊」（$\nu_\mu + e \to \mu + \nu_e$）を考える．
  (a) ファインマン図を描いて，振幅 $\mathscr{M}$ を求めよ．
  (b) スピン平均化した振幅 $\langle |\mathscr{M}|^2 \rangle$ を求めよ．
  (c) 重心系での微分散乱断面積を電子のエネルギー E と散乱角 θ を用いて求めよ．このとき，$E \gg m_\mu c^2 \gg m_e c^2$ と仮定して，ミュー粒子と電子の質量を安全に無視してよい（もちろんニュートリノの質量も）．
  (d) 同様な条件のもと，全断面積を計算せよ．
  (e) この過程の通常の場合の予測と比較することによって，実験者が理論を最もよく確認できる（そして標準模型を破壊できる）方法を説明せよ．[注意：あなたの新しい理論の弱結合定数（g_w）が標準模型と同じ値である理由はないので，この数に依存するテストにはあまり説得力がない．]

9.33 ユニタリー行列の行（および列）は正規直交である．これを利用すると，行列要素の値が高精度で測定されつつあるので，CKM 模型の多数のテストが可能になる．たとえば，第 1 列と第 3 列の直交性は（式 (9.86)），

$$V_{ud}V_{ub}^* + V_{cd}V_{cb}^* + V_{td}V_{tb}^* = 0$$

もしくは（真ん中の項で全体を割ると）

$$1 + z_1 + z_2 = 0 \quad \text{ここで} \quad z_1 \equiv \frac{V_{ud}V_{ub}^*}{V_{cd}V_{cb}^*}, \quad z_2 \equiv \frac{V_{td}V_{tb}^*}{V_{cd}V_{cb}^*}$$

複素平面上では，1, z_1, z_2 は，「ユニタリー三角形」とよばれる閉じたループを形成する．CKM行列要素の最新値を調べて，1, z_1, z_2 をプロットせよ．それらは実際に閉じた三角形を形成しているだろうか．

9.34 逆ミュー粒子崩壊（例題9.1）の ν_μ のエネルギーしきい値を求めよ．標的の電子は静止しているとする．ミュー粒子をつくるだけなのに，なぜこの答えがとても巨大になるのだろうか．

10
ゲージ理論

　この章では，素粒子のすべての相互作用を記述する「ゲージ理論」を紹介する．まず，古典力学のラグランジアンの定式化から始めて，場の理論のラグランジアン，局所ゲージ不変の原理，自発的対称性の破れの概念，そして（W と Z の質量を説明する）ヒッグス機構に進む．この内容は（ここまでの章とは対照的に）非常に概略で，ファインマン則のよりどころとなっている場の量子論の根本と関わりがある．しかし，断面積や寿命の計算の手助けにはならない．一方で，ここで議論されているアイデアが，現代の理論のほぼすべてを予言できる定式化の元となっている．この章を理解するためには，いくつかのラグランジアン力学が役立つが，それよりももっと本質的なのは，3 章の相対論的表記や，4 章の群論の概念や，6 章のファインマン則や，7 章のディラック方程式だ．

10.1　古典力学によるラグランジアンの定式化

　ニュートンの運動の第二法則によると，質量 m の粒子に力 $\boldsymbol{F}$ が与えられると，

$$\boldsymbol{F} = m\boldsymbol{a} \tag{10.1}$$

で示される加速度 $\boldsymbol{a}$ を得る．もし力が保存力だと，それはスカラーポテンシャルエネルギー関数 U の傾きとして表現され，

$$\boldsymbol{F} = -\boldsymbol{\nabla} U \tag{10.2}$$

ニュートンの法則は

$$m\frac{d\boldsymbol{v}}{dt} = -\boldsymbol{\nabla} U \tag{10.3}$$

となる．ここで，$\boldsymbol{v}$ は速度だ [1]．

　古典力学におけるもう一つの定式化は，「ラグランジアン」から始める．

$$L = T - U \tag{10.4}$$

ここで，T は粒子の運動エネルギーだ．

$$T = \frac{1}{2}m\boldsymbol{v}^2 \tag{10.5}$$

ラグランジアンは，座標軸 q_i（すなわち，$q_1 = x$, $q_2 = y$, $q_3 = z$）と，それらの時間微分 $\dot{q}_i$（$\dot{q}_1 = v_x$, $\dot{q}_2 = v_y$, $\dot{q}_3 = v_z$）の関数である．ラグランジアンの定式化では，運動の基本法則はオイラー–ラグランジュ方程式だ [2]．

$$\frac{d}{dt}\left(\frac{\partial L}{\partial \dot{q}_i}\right) = \frac{\partial L}{\partial q_i} \qquad (i = 1, 2, 3) \tag{10.6}$$

よって，デカルト座標系では

$$\frac{\partial L}{\partial \dot{q}_1} = \frac{\partial T}{\partial v_x} = mv_x \tag{10.7}$$

$$\frac{\partial L}{\partial q_1} = -\frac{\partial U}{\partial x} \tag{10.8}$$

となり，（$i = 1$ に対する）オイラー–ラグランジュ方程式が，式 (10.3) のかたちのニュートンの法則の x 成分を再現する．ゆえに，ラグランジアンの公式は，ニュートンのものと（少なくとも保存系に対しては）等価であるが，この後見ていくように理論的には確かに優れている（問題 10.1 も参照）．

10.2　相対論的場の理論におけるラグランジアン

粒子は，その本質からして，空間的に局在して存在するものである．古典的な粒子に対する力学で，われわれが興味があるのは典型的には粒子の位置を時間の関数 $x(t)$, $y(t)$, $z(t)$ として計算することだ．一方では，場は空間のある領域を占めるものだ．場の理論での関心事は，一つ以上の時空に依存する関数 $\phi_i(x, y, z, t)$ を計算することだ．場の変数 ϕ_i は，たとえば，空間のそれぞれの点における温度だったり，電圧 V だったり，磁場 $\mathbf{B}$ の 3 成分だったりする．粒子力学では，座標軸 q_i とそれらの時間微分 $\dot{q}_i$ の関数であるラグランジアン L を導入した．場の理論では，場 ϕ_i とそれらの x, y, z, t 微分

$$\partial_\mu \phi_i \equiv \frac{\partial \phi_i}{\partial x^\mu} \tag{10.9}$$

の関数であるラグランジアン $\mathscr{L}$（正確にはラグランジアン密度）から始める．古典的な場合は式 (10.6) のオイラー–ラグランジュ方程式の左辺は時間微分しか含まなかったが，相対性理論では空間座標と時間座標を平等に扱う必要があり，オイラー–ラグラ

ンジュ方程式の一般化は，可能な最も単純な方法では

$$\partial_\mu \left(\frac{\partial \mathscr{L}}{\partial(\partial_\mu \phi_i)} \right) = \frac{\partial \mathscr{L}}{\partial \phi_i} \quad (i = 1, 2, 3, \cdots) \tag{10.10}$$

となる．

例題 10.1 <u>スカラー場（スピン 0）に対するクライン–ゴルドンのラグランジアン</u>
1 個のスカラー場 ϕ と，そのラグランジアン

$$\mathscr{L} = \frac{1}{2}(\partial_\mu \phi)(\partial^\mu \phi) - \frac{1}{2}\left(\frac{mc}{\hbar}\right)^2 \phi^2 \tag{10.11}$$

を考えてみよう．この場合

$$\frac{\partial \mathscr{L}}{\partial(\partial_\mu \phi)} = \partial^\mu \phi \tag{10.12}$$

となる（もしこの表式に混乱するなら，ラグランジアンを「長く」書き下してみよう．

$$\mathscr{L} = \frac{1}{2}\left[\partial_0 \phi \partial_0 \phi - \partial_1 \phi \partial_1 \phi - \partial_2 \phi \partial_2 \phi - \partial_3 \phi \partial_3 \phi\right] - \frac{1}{2}\left(\frac{mc}{\hbar}\right)^2 \phi^2$$

このかたちだと

$$\frac{\partial \mathscr{L}}{\partial(\partial_0 \phi)} = \partial_0 \phi = \partial^0 \phi, \qquad \frac{\partial \mathscr{L}}{\partial(\partial_1 \phi)} = -\partial_1 \phi = \partial^1 \phi,$$

などが明白だ）．一方，

$$\frac{\partial \mathscr{L}}{\partial \phi} = -\left(\frac{mc}{\hbar}\right)^2 \phi$$

であるから，オイラー–ラグランジュ方程式は

$$\partial_\mu \partial^\mu \phi + \left(\frac{mc}{\hbar}\right)^2 \phi = 0 \tag{10.13}$$

となる．これが，スピン 0，質量 m の粒子を（場の量子論において）記述するクライン–ゴルドン方程式（式 (7.9)）である．

例題 10.2 <u>スピノル（スピン 1/2 の）場に対するディラックのラグランジアン</u>
今度はスピノル場 ψ とそのラグランジアン

$$\mathscr{L} = i(\hbar c)\bar{\psi}\gamma^\mu \partial_\mu \psi - (mc^2)\bar{\psi}\psi \tag{10.14}$$

を考察してみよう．ψと随伴スピノル$\bar{\psi}$を独立な場の変数として扱う[*1]．$\bar{\psi}$にオイラー–ラグランジュ方程式を適用すると，

$$\frac{\partial \mathscr{L}}{\partial(\partial_\mu \bar{\psi})} = 0, \qquad \frac{\partial \mathscr{L}}{\partial \bar{\psi}} = i\hbar c \gamma^\mu \partial_\mu \psi - mc^2 \psi$$

となることがわかり，よって，

$$i\gamma^\mu \partial_\mu \psi - \left(\frac{mc}{\hbar}\right)\psi = 0 \tag{10.15}$$

である．これが，スピン1/2，質量mの粒子を（場の量子論で）記述するディラック方程式だ（式(7.20)）．

もし，ψにオイラー–ラグランジュ方程式を適用すると，

$$\frac{\partial \mathscr{L}}{\partial(\partial_\mu \psi)} = i\hbar c \bar{\psi} \gamma^\mu, \qquad \frac{\partial \mathscr{L}}{\partial \psi} = -mc^2 \bar{\psi}$$

となり，ゆえに，

$$i\partial_\mu \bar{\psi} \gamma^\mu + \left(\frac{mc}{\hbar}\right)\bar{\psi} = 0$$

である．これが，随伴ディラック方程式である（問題7.15）．

例題 10.3 <u>ベクトル場（スピン1）に対するプロカのラグランジアン</u>

最後にベクトル場A^μとラグランジアン

$$\mathscr{L} = \frac{-1}{16\pi}(\partial^\mu A^\nu - \partial^\nu A^\mu)(\partial_\mu A_\nu - \partial_\nu A_\mu) + \frac{1}{8\pi}\left(\frac{mc}{\hbar}\right)^2 A^\nu A_\nu \tag{10.16}$$

について考えてみよう．ここで，

$$\frac{\partial \mathscr{L}}{\partial(\partial_\mu A_\nu)} = \frac{-1}{4\pi}(\partial^\mu A^\nu - \partial^\nu A^\mu) \tag{10.17}$$

（問題10.2），かつ，

$$\frac{\partial \mathscr{L}}{\partial A_\nu} = \frac{1}{4\pi}\left(\frac{mc}{\hbar}\right)^2 A^\nu \tag{10.18}$$

なので，オイラー–ラグランジュ方程式により

[*1] ψは複素スピノルなので，ψの4成分それぞれに実部と虚部があり，ここでは実際には8個の独立な場が存在する（iは1から8まで取る）．しかし，オイラー–ラグランジュ方程式を適用するときは，これら8個のどの線形結合を使っても同じ結果になるので，ψの4成分と$\bar{\psi}$の4成分を使うことに決めた．

10.2 相対論的場の理論におけるラグランジアン

$$\partial_\mu(\partial^\mu A^\nu - \partial^\nu A^\mu) + \left(\frac{mc}{\hbar}\right)^2 A^\nu = 0 \tag{10.19}$$

を得る.

これはプロカ方程式とよばれ,スピン 1,質量 m をもつ粒子を記述する.ちなみに,$(\partial^\mu A^\nu - \partial^\nu A^\mu)$ という組み合わせがこの理論ではたびたび出てくるので,以下の省略を導入すると便利である.

$$F^{\mu\nu} \equiv \partial^\mu A^\nu - \partial^\nu A^\mu \tag{10.20}$$

すると,ラグランジアンは

$$\mathscr{L} = -\frac{1}{16\pi} F^{\mu\nu} F_{\mu\nu} + \frac{1}{8\pi} \left(\frac{mc}{\hbar}\right)^2 A^\nu A_\nu \tag{10.21}$$

であり,場の方程式は

$$\partial_\mu F^{\mu\nu} + \left(\frac{mc}{\hbar}\right)^2 A^\nu = 0 \tag{10.22}$$

となる.もし,この表式によって電気力学を思い出したとしたら,それは決して偶然ではない.というのも,電磁場はまさしく質量ゼロのベクトル場だからだ.

式 (10.22) で $m = 0$ とすると,何にもない空間に対するマクスウェル方程式が出てくる[*2].

これらの例の中のラグランジアンはどこからともなく出てきた(あるいは,むしろ,欲しい場の方程式を再現するためにでっち上げられた).古典粒子力学では L は導出されたが($L = T - U$),相対論的場の理論における $\mathscr{L}$ はいつも証明の要らない公理とされる.どこかから始めなければならないのだ.ある特定の系のラグランジアンは唯一無二ではない.いつも $\mathscr{L}$ に定数を掛けたり,定数を足したりすることができるし,さらにいうと,任意のベクトル関数の発散($\partial_\mu M^\mu$,ただしここで M^μ は ϕ_i や $\partial_\mu \phi_i$ のいかなる関数でもよい)を加えることもできる.そのような項はオイラー–ラグランジュ方程式を適用するときに打ち消し合って,場の方程式に影響を与えない.そういう意味では,たとえば,クライン–ゴルドンのラグランジアン中の係数 1/2 は純粋に

[*2] この定式化では,A^μ が本質的な物理量で $F^{\mu\nu}$ はたんに便利な表記(式 (10.20))だということに注意しよう.**E** と **B**(ゆえに $F^{\mu\nu}$)が本質的で,ポテンシャルはそれらから組み上げられていると考える古典電気学の視点とは逆なのだ.とりわけ,オイラー–ラグランジュ方程式に対して,「場」は A^μ であり $F^{\mu\nu}$ ではない.

習慣である*3. ひとまずそのことは忘れて, とにかく, われわれが導出してきたのは, スピン 0, スピン 1/2, スピン 1 に対するラグランジアンだ. だがこれまでに話をしてきたのは, 力の源や相互作用のない自由場についてのみである.

例題 10.4 ソース $\mathbf{J}^\mu$ がある場合の質量のないベクトル場に対するマクスウェルのラグランジアン 以下を考えよう.

$$\mathscr{L} = \frac{-1}{16\pi} F^{\mu\nu} F_{\mu\nu} - \frac{1}{c} J^\mu A_\mu \tag{10.23}$$

ここで, $F^{\mu\nu}$ は (またも) $(\partial^\mu A^\nu - \partial^\nu A^\mu)$ を意味し, $\mathbf{J}^\mu$ はある特定の関数である. オイラー–ラグランジュ方程式により

$$\partial_\mu F^{\mu\nu} = \frac{4\pi}{c} J^\nu \tag{10.24}$$

を得る. これは (7.4 節で見つけたように) テンソル型のマクスウェル方程式で, 電流 $\mathbf{J}^\mu$ で生成される電磁場を記述する. ちなみに, 式 (10.24) から

$$\partial_\nu J^\nu = 0 \tag{10.25}$$

となる. つまり, マクスウェルのラグランジアン (式 (10.23)) の整合性を満たすために, 電流が連続の式 (7.74) を満たさなければならないのだ. $\mathbf{J}^\mu$ としてたんに何でもよいから入れるというのは駄目で, 電荷の保存則を守らなければならない.

10.3 局所ゲージ不変

ディラックのラグランジアン

$$\mathscr{L} = i\hbar c \bar{\psi} \gamma^\mu \partial_\mu \psi - mc^2 \bar{\psi} \psi$$

---

*3 ラグランジアン L はエネルギーの次元をもち (式 (10.4)), ラグランジアン密度 ($\mathscr{L}$) は単位体積あたりのエネルギーという次元をもつ. 場がもつ次元は以下になる.

ϕ (スカラー場): $\sqrt{ML}/T$
ψ (スピノル場): $L^{-3/2}$
A^μ (ベクトル場): $\sqrt{ML}/T$

これらは, ψ が (非相対論的極限で) シュレーディンガー波動方程式に入り, A^μ が (非量子論的極限で) マクスウェルのベクトルポテンシャルに入るように選ばれた. ところで, ローレンツ–ヘヴィサイド単位系では, プロカとマクスウェルのラグランジアンは慣習として 4π が掛けられている.

が変換

$$\psi \to e^{i\theta}\psi \quad \text{(大局的位相変換)} \tag{10.26}$$

のもとで不変であることに注意しよう（ここでθはどんな実数でもよい）．というのも，$\bar{\psi} \to e^{-i\theta}\bar{\psi}$なので，$\bar{\psi}\psi$の組み合わせで指数関数部分は打ち消し合う（非相対論的量子力学では，波動関数の全体の位相はもちろん任意である）．しかし，異なる時空点で位相が異なるとどうなるだろう．つまり，θがx^μの関数だったらどうなるだろうか．

$$\psi \to e^{i\theta(x)}\psi \quad \text{(局所的位相変換)} \tag{10.27}$$

そのような「局所的な」位相変換のもとでラグランジアンは不変だろうか．答えは否だ．というのは，今度はθの微分で余分な項を拾ってしまうのだ．

$$\partial_\mu(e^{i\theta}\psi) = i(\partial_\mu\theta)e^{i\theta}\psi + e^{i\theta}\partial_\mu\psi \tag{10.28}$$

なので，

$$\mathscr{L} \to \mathscr{L} - \hbar c(\partial_\mu\theta)\bar{\psi}\gamma^\mu\psi \tag{10.29}$$

となってしまう．そこからθの係数$-(q/\hbar c)$を取り出し

$$\lambda(x) \equiv -\frac{\hbar c}{q}\theta(x) \tag{10.30}$$

とするのが便利だ．ここでqは粒子の電荷である．すると，λを使って表すと

$$\mathscr{L} \to \mathscr{L} + (q\bar{\psi}\gamma^\mu\psi)\partial_\mu\lambda \tag{10.31}$$

が，局所位相変換

$$\psi \to e^{-iq\lambda(x)/\hbar c}\psi \tag{10.32}$$

の結果となる．

これまでのところ，とりわけ新しいことも深遠なこともない．重大な局面は，「ラグラジアン全体が局所位相変換に対して不変であることを要求」したときにやってくる[*4]．自由場のディラックラグランジアン（式(10.14)）は局所位相変換に対して不変

[*4] 大局的な不変性が局所的にも成立すべきだとする説得力のある議論を私は知らない．もし位相変換が何らかの意味で「本質的」だと信じるならば，空間的に離れた地点で独立な位相変換を実行できるはずだと考えるであろう（結局のところ，互いが音信不通である）．しかし，そう考えるのには疑問があると思う．それよりも，少なくともいまは，局所位相変換の不変性を物理学における新たな原理であるとするのがよい．

ではないので，式 (10.31) 中の余分な項を吸収するために何かを足す必要がある．とくに，

$$\mathscr{L} = [i\hbar c\bar{\psi}\gamma^\mu \partial_\mu \psi - mc^2\bar{\psi}\psi] - (q\bar{\psi}\gamma^\mu\psi)A_\mu \tag{10.33}$$

としてみよう．ここで，A_μ は新たな場で（ψ の局所位相変換とともに）以下のルールに従って変換する．

$$A_\mu \to A_\mu + \partial_\mu \lambda \tag{10.34}$$

この「新しく改善された」ラグランジアンは今度は局所不変になっている．式 (10.34) の $\partial_\mu \lambda$ が式 (10.31) の「余分な」項をちょうど吸収する．われわれが支払うべき対価は，式 (10.33) の最後の項を通して，ψ と結合する新たなベクトル場を導入することだ（問題 10.6）．しかし，式 (10.33) が話のすべてではない．ラグランジアン全体は場 A_μ に対する「自由」項（相互作用項以外の項）を含まなければならない．その場はベクトルなので，プロカラグランジアン（式 (10.21)）に目を向けてみる．

$$\mathscr{L} = \frac{-1}{16\pi}F^{\mu\nu}F_{\mu\nu} + \frac{1}{8\pi}\left(\frac{m_A c}{\hbar}\right)^2 A^\nu A_\nu$$

しかし，ここには問題がある．というのは，$F^{\mu\nu} \equiv (\partial^\mu A^\nu - \partial^\nu A^\mu)$ が式 (10.34) のもとで不変である一方（読者自身で確認してほしい），$A^\nu A_\nu$ は不変ではない．あきらかに，新たに導入された場は質量ゼロでなくてはならず（$m_A = 0$），さもないと不変性が失われてしまう．

結論：ディラックのラグランジアンから始めて，局所位相変換において不変であることを要求すると，質量のないベクトル場（A_μ）を導入することが不可欠となり，ラグランジアンは全体で

$$\mathscr{L} = [i\hbar c\bar{\psi}\gamma^\mu \partial_\mu \psi - mc^2\bar{\psi}\psi] - \left[\frac{1}{16\pi}F^{\mu\nu}F_{\mu\nu}\right] - (q\bar{\psi}\gamma^\mu\psi)A_\mu \tag{10.35}$$

となる．想像通り，A^μ はまさに電磁ポテンシャルだ．A^μ に対する変換の法則（式 (10.34)）は，7 章で見つけたゲージ不変性（式 (7.81)）そのもので[*5]，式 (10.35) の後ろの 2 項がマクスウェルのラグランジアン（式 (10.23)）を再現し，電流密度は

$$J^\mu = cq(\bar{\psi}\gamma^\mu\psi) \tag{10.36}$$

となる．ゆえに，自由場のディラックラグランジアンに局所位相不変を要求すると，電

[*5] 古典電気力学におけるゲージ不変性との関連性から，式 (10.34) と (10.26) は「ゲージ変換」とよばれ，A^μ は「ゲージ場」とよばれ，そして，全体の方針が「ゲージ理論」とよばれる．

気力学のすべてが生成されて，ディラック粒子による電流密度が指定される．

これは真に息をのむような成果だ．決定的に重要なのは，式 (10.33) に付け足された項だ．これをどうやって得たのか．大局的位相変換と局所的位相変換の違いは場（式 (10.28)）の微分を計算したときに生じる．

$$\partial_\mu \psi \to e^{-iq\lambda/\hbar c}\left[\partial_\mu - i\frac{q}{\hbar c}(\partial_\mu \lambda)\right]\psi \tag{10.37}$$

単純な位相因子の代わりに，$\partial_\mu \lambda$ を含む余分な項を拾い上げた．もし，元々の（自由場の）ラグランジアンですべての微分 (∂_μ) をいわゆる「共変微分」

$$\mathscr{D}_\mu \equiv \partial_\mu + i\frac{q}{\hbar c}A_\mu \tag{10.38}$$

に置き換えると（そしてすべての ∂^μ を $\mathscr{D}^\mu$ に），A^μ のゲージ変換（式 (10.34)）は式 (10.37) 中のゲージ不変を破る項を打ち消して

$$\mathscr{D}_\mu \psi \to e^{-iq\lambda/\hbar c}\mathscr{D}_\mu \psi \tag{10.39}$$

となり，$\mathscr{L}$ の不変性をよび戻す．∂_μ を $\mathscr{D}_\mu$ に置き換えることは，大局的に不変なラグランジアンを局所的に不変にするための単純で美しい方法だ．これを「最小結合法則」とよぶ[*6]．しかし，共変微分は，新たなベクトル場 (A_μ) の導入と，それ自身の自由ラグランジアンを要求する．もし，自由ラグランジアンが局所ゲージ不変性を台なしにしないのであれば，ゲージ場を質量ゼロにしなければならない．これにより最終的な式 (10.35) が得られて，知っている人はそれを見てすぐにディラック場（電子と陽電子）がマクスウェル場（光子）と相互作用している量子電気力学のラグランジアンだとわかる．

局所ゲージ不変のアイデアは古く 1918 年のヘルマン・ワイルにさかのぼる [3]．しかし，その威力と一般性については，1970 年代初頭になるまで完全には理解されていなかった．われわれのスタート地点（式 (10.26) 中の大局的位相変換）は，ψ と 1×1 ユニタリー行列の積だとみなしてもよい

$$\psi \to U\psi, \qquad U^\dagger U = 1 \tag{10.40}$$

（ここでは $U = e^{i\theta}$ である）．このような行列の集合は $U(1)$ であり（表 4.2 を参照），

[*6] 最小結合法則は，局所ゲージ不変の原理よりもずっと古い．運動量 ($p_\mu \to i\hbar\partial_\mu$) に関していうと $p_\mu \to p_\mu - i(q/c)A_\mu$ であり，電場が存在するときに荷電粒子の運動方程式を得るための古典電気力学でのやり方としてよく知られている．この観点では，ローレンツ力の法則の洗練された定式化を行っていることになる．現代の素粒子理論では，局所ゲージ不変を本質的であるととらえ，最小結合は局所ゲージ不変を成立させるための道具である．

それゆえ，その対称性のことは「$U(1)$ ゲージ不変」とよばれている．この用語はいまの場合だと大げさだ（1×1 行列は数なので，なぜそのように抜きださなければならないのか）．しかし，1954 年にヤンとミルズが同じ方法を $SU(2)$ に（大局的不変性が局所的にも成立するように）適用し [4]，その後，そのアイデアは $SU(3)$ にも拡張され，量子色力学を誕生させた．標準模型では，すべての根源的な相互作用がこのようにして生成される．

10.4　ヤン-ミルズ理論

今度は，二つのスピン $1/2$ の場 ψ_1 と ψ_2 があると仮定しよう．どんな相互作用もないときのラグランジアンは

$$\mathscr{L} = [i\hbar c\bar{\psi}_1\gamma^\mu\partial_\mu\psi_1 - m_1c^2\bar{\psi}_1\psi_1] + [i\hbar c\bar{\psi}_2\gamma^\mu\partial_\mu\psi_2 - m_2c^2\bar{\psi}_2\psi_2] \qquad (10.41)$$

である．それは，たんに二つのディラックラグランジアンの和だ（この $\mathscr{L}$ にオイラー–ラグランジュ方程式を適用すると，ψ_1 と ψ_2 の両方が適切な質量をもったディラック方程式に従っていることがわかる）．しかし，ψ_1 と ψ_2 を 2 成分の列ベクトル

$$\psi \equiv \begin{pmatrix} \psi_1 \\ \psi_2 \end{pmatrix} \qquad (10.42)$$

に組み込んでしまうことによって，式 (10.41) をもっと簡単なかたちで書くことができる（もちろん，ψ_1 と ψ_2 自身は 4 成分のディラックスピノルで，もしかしたら $\psi_{\alpha,i}$ という二重の添字の方を読者は好むかもしれない．ここで，$\alpha = 1, 2$ は粒子を特定し，$i = 1, 2, 3, 4$ がスピノルの成分を表す．しかし，ディラック行列はもちろんスピノルの添字に作用するのだが，ここで気にすべきは粒子を特定する添字だけだ）．随伴スピノルは

$$\bar{\psi} = (\bar{\psi}_1\ \bar{\psi}_2) \qquad (10.43)$$

であり，ラグランジアンは

$$\mathscr{L} = i\hbar c\bar{\psi}\gamma^\mu\partial_\mu\psi - c^2\bar{\psi}M\psi \qquad (10.44)$$

となる．ここで，

$$M = \begin{pmatrix} m_1 & 0 \\ 0 & m_2 \end{pmatrix} \tag{10.45}$$

は,「質量行列」だ. とくに, もしその二つの質量がたまたま同じなら, 式 (10.44) は以下のようになる.

$$\mathscr{L} = i\hbar c \bar{\psi} \gamma^\mu \partial_\mu \psi - mc^2 \bar{\psi} \psi \tag{10.46}$$

これは, 1 粒子に対するディラックラグランジアンとまったく同じに見える. しかし, ψ はいまや 2 成分の列ベクトルであり, $\mathscr{L}$ は以前よりもより一般的で大域的な以下の不変性をもっている.

$$\psi \to U\psi \tag{10.47}$$

ここで, U は任意の 2×2 行列であり

$$U^\dagger U = 1 \tag{10.48}$$

を満たす. 式 (10.47) のもとでの変換により

$$\bar{\psi} \to \bar{\psi} U^\dagger \tag{10.49}$$

となる. ゆえに, $\bar{\psi}\psi$ という組み合わせは不変である. さて, 絶対値が 1 のいかなる複素数も $e^{i\theta}$ というかたちで書けるように, いかなるユニタリー行列も

$$U = e^{iH} \tag{10.50}$$

というかたちで書ける [5]. ここで, H はエルミートである ($H^\dagger = H$)[*7]. さらに, 最も一般的な 2×2 のエルミート行列は四つの実数 a_1, a_2, a_3, θ の 4 個で表現できる (問題 10.10).

$$H = \theta \mathbf{1} + \boldsymbol{\tau} \cdot \mathbf{a} \tag{10.51}$$

ここで, $\mathbf{1}$ は 2×2 の単位行列, τ_1, τ_2, τ_3 はパウリ行列 (式 (4.26)), そして, ドットの掛け算は $\tau_1 a_1 + \tau_2 a_2 + \tau_3 a_3$ の簡略表記だ. よって, あらゆる 2×2 のユニタリー行列が積として表現できる.

[*7] 行列理論では, 複素共役 ($*$) の自然な一般化は, エルミート共役, つまり転置共役だ. もちろん, 1×1 行列 (複素数) の場合では違いはないが, $n \times n$ 行列の場合, エルミート共役こそが通常の複素共役の最も便利な特徴を共有する. この意味で, 実数 ($a = a^*$) に最も近い類似はエルミート行列 ($A = A^\dagger$) であり, 絶対値 1 の数 ($a^*a = 1$) だとユニタリー行列 ($A^\dagger A = 1$) だ.

$$U = e^{i\theta} e^{i\boldsymbol{\tau}\cdot\mathbf{a}} \tag{10.52}$$

位相変換（$e^{i\theta}$）の意味についてはすでに考察してきた．この節では，

$$\psi \to e^{i\boldsymbol{\tau}\cdot\mathbf{a}}\psi \quad （大域的 SU(2) 変換） \tag{10.53}$$

というかたちの変換に集中する．行列 $e^{i\boldsymbol{\tau}\cdot\mathbf{a}}$ は行列式1をもつので（問題4.22），$SU(2)$ 群に属する．10.3節の用語を一般化すると，ラグランジアンは大域的 $SU(2)$ 変換のもとで不変といえる[*8]．ヤンとリーが行ったのは，この大域的不変性を局所不変性という状態に格上げしたことだった．

ひらめきと戦略はワイルのものと似ていたが，実行するのはもっと繊細で難しかった．実際，それがうまくいくのは非常に驚くべきことだ．最初のステップはパラメター（$\mathbf{a}$）を x^μ の関数とすることだ（以前と同様に $\boldsymbol{\lambda}(x) \equiv -(\hbar c/q)\mathbf{a}(x)$ と定義する．ここで，q は電荷の類推で結合定数だ）．

$$\psi \to S\psi, \quad \text{ここで} \quad S \equiv e^{-iq\boldsymbol{\tau}\cdot\boldsymbol{\lambda}(x)/\hbar c} \quad （局所 SU(2) 変換） \tag{10.54}$$

いまのところ，$\mathscr{L}$ はこのような変換で不変ではない．というのも，微分が余分な項を拾ってしまうからだ．

$$\partial_\mu \psi \to S\partial_\mu \psi + (\partial_\mu S)\psi \tag{10.55}$$

ここでも救済策は，$\mathscr{L}$ を式 (10.38) でつくった「共変微分」で置き換えることだ．だが，式 (10.55) の構造を考慮に入れる必要がある．

$$\mathscr{D}_\mu \equiv \partial_\mu + i\frac{q}{\hbar c}\boldsymbol{\tau}\cdot\boldsymbol{A}_\mu \tag{10.56}$$

そして，ゲージ場 $\boldsymbol{A}_\mu$（今度は3成分だ）に以下の変換のルールを割り当てる．

$$\mathscr{D}_\mu \psi \to S(\mathscr{D}_\mu \psi) \tag{10.57}$$

すると，ラグランジアン（式 (10.46)）はあきらかに不変になる．

式 (10.57) から $\boldsymbol{A}_\mu$ の変換ルールを推測するのは簡単なことではない [6]．$\boldsymbol{A}'_\mu$ を

$$\boldsymbol{\tau}\cdot\boldsymbol{A}'_\mu = S(\boldsymbol{\tau}\cdot\boldsymbol{A}_\mu)S^{-1} + i\left(\frac{\hbar c}{q}\right)(\partial_\mu S)S^{-1} \tag{10.58}$$

[*8] それは，より大きな群である $U(2)$ に対しても不変だ．しかし，式 (10.52) が意味しているのは，$U(2)$ のいかなる要素も $SU(2)$ の要素と適当な位相因子の積として書けるということで（群論の言葉を使うと $U(2) = U(1) \otimes SU(2)$），$U(1)$ 不変についてはすでに勉強してきたので，ここで唯一新しいのは $SU(2)$ 対称性だ．

とすると，$A_\mu \to A'_\mu$ となることを示すのは読者に任せたい（問題 10.11）．大部分は比較的簡単だ．しかし，第 1 項の S と S^{-1} は一緒にできない．$\boldsymbol{\tau} \cdot \boldsymbol{A}_\mu$ と交換しないからだ．S の勾配もたんに $-i(q\boldsymbol{\tau} \cdot \partial_\mu \boldsymbol{\lambda}/\hbar c)S$ とはならない．S が $\boldsymbol{\tau} \cdot \partial_\mu \boldsymbol{\lambda}$ と交換しないからだ．もし余力があれば，（問題 4.20 と 4.21 を使って）正確な結果を求めてもよいが，その答えはあまり理解を鮮明にするものではない．われわれの目的としては，$|\boldsymbol{\lambda}|$ が非常に小さい場合に限って，近似的な変換ルールがわかれば十分だ．そのためには，S を展開して，1 次の項だけを残せばよい．

$$S \cong 1 - \frac{iq}{\hbar c}\boldsymbol{\tau}\cdot\boldsymbol{\lambda}, \quad S^{-1} \cong 1 + \frac{iq}{\hbar c}\boldsymbol{\tau}\cdot\boldsymbol{\lambda}, \quad \partial_\mu S \cong -\frac{iq}{\hbar c}\boldsymbol{\tau}\cdot\partial_\mu\boldsymbol{\lambda} \quad (10.59)$$

この近似のもとでは，式 (10.58) は

$$\boldsymbol{\tau}\cdot\boldsymbol{A}'_\mu \cong \boldsymbol{\tau}\cdot\boldsymbol{A}_\mu + \frac{iq}{\hbar c}[\boldsymbol{\tau}\cdot\boldsymbol{A}_\mu, \boldsymbol{\tau}\cdot\boldsymbol{\lambda}] + \boldsymbol{\tau}\cdot\partial_\mu\boldsymbol{\lambda} \quad (10.60)$$

となり，それゆえ（交換関係を計算するために問題 4.20 を使うと）

$$\boldsymbol{A}'_\mu \cong \boldsymbol{A}_\mu + \partial_\mu\boldsymbol{\lambda} + \frac{2q}{\hbar c}(\boldsymbol{\lambda}\times\boldsymbol{A}_\mu) \quad (10.61)$$

である．

結果として得られるラグランジアン

$$\mathscr{L} = i\hbar c\bar{\psi}\gamma^\mu\mathscr{D}_\mu\psi - mc^2\bar{\psi}\psi = [i\hbar c\bar{\psi}\gamma^\mu\partial_\mu\psi - mc^2\bar{\psi}\psi] - (q\bar{\psi}\gamma^\mu\boldsymbol{\tau}\psi)\cdot\boldsymbol{A}_\mu \quad (10.62)$$

は，局所ゲージ変換で不変（式 (10.54) と (10.58)）であるが，三つの新たなゲージ場 $\boldsymbol{A}^\mu = (A_1^\mu, A_2^\mu, A_3^\mu)$ を導入しなければならない．そのゲージ場自体の自由ラグラジアンは以下のようになる

$$\mathscr{L}_A = -\frac{1}{16\pi}F_1^{\mu\nu}F_{\mu\nu 1} - \frac{1}{16\pi}F_2^{\mu\nu}F_{\mu\nu 2} - \frac{1}{16\pi}F_3^{\mu\nu}F_{\mu\nu 3} = -\frac{1}{16\pi}\boldsymbol{F}^{\mu\nu}\cdot\boldsymbol{F}_{\mu\nu} \quad (10.63)$$

（ここでも，3 元ベクトルの表記は粒子の種類を指定するのに使われている）．プロカの質量項

$$\frac{1}{8\pi}\left(\frac{m_A c}{\hbar}\right)^2 \boldsymbol{A}^\nu\cdot\boldsymbol{A}_\nu \quad (10.64)$$

は，局所ゲージ不変性により禁止される．以前と同様に，ゲージ場は質量ゼロでなければならない．しかし今度は，以前の定義 $\boldsymbol{F}^{\mu\nu} = \partial^\mu\boldsymbol{A}^\nu - \partial^\nu\boldsymbol{A}^\mu$ を変更しなければならない．この定義のままではゲージ場のラグランジアン（式 (10.63)）も不変になら

ないからだ（問題 10.12）．代わりに以下のように定義する*9．

$$F^{\mu\nu} \equiv \partial^\mu A^\nu - \partial^\nu A^\mu - \frac{2q}{\hbar c}(A^\mu \times A^\nu) \tag{10.65}$$

無限小局所ゲージ変換で（式 (10.61)），

$$F^{\mu\nu} \to F^{\mu\nu} + \frac{2q}{\hbar c}(\lambda \times F^{\mu\nu}) \tag{10.66}$$

のように変換するので（問題 10.13），$\mathscr{L}_A$ は不変である（有限のゲージ変換でも不変になることの証明は，問題 10.14 を参照せよ）．

結論：式 (10.65) で定義された $F^{\mu\nu}$ を用いると，ヤン–ミルズ場のラグランジアンは

$$\mathscr{L} = [i\hbar c\bar{\psi}\gamma^\mu \partial_\mu \psi - mc^2\bar{\psi}\psi] - \frac{1}{16\pi}F^{\mu\nu} \cdot F_{\mu\nu} - (q\bar{\psi}\gamma^\mu\boldsymbol{\tau}\psi) \cdot A_\mu \tag{10.67}$$

で完成となる．それは，局所 $SU(2)$ ゲージ変換のもとで不変で（式 (10.54) と (10.58)），同じ質量をもつ二つのディラック場と質量ゼロの三つのゲージ場との相互作用を記述する．これらの結果すべては，大域的 $SU(2)$ 不変性をもっていた元の自由ラグランジアン（式 (10.46)）が局所的にも不変であるべし，という要請から得られる．電気力学の言葉を借用すると，以下のようにいえる．ディラック場が三つのカレント

$$J^\mu \equiv cq(\bar{\psi}\gamma^\mu\boldsymbol{\tau}\psi) \tag{10.68}$$

を生成し，それがゲージ場の源として作用する．ゲージ場のみのラグランジアン

$$\mathscr{L} = -\frac{1}{16\pi}F^{\mu\nu} \cdot F_{\mu\nu} - \frac{1}{c}J^\mu \cdot A_\mu \tag{10.69}$$

は，マクスウェルのラグランジアン（式 (10.23)）の名残があり，豊穣で興味深い古典場の理論を与える [7]（問題 10.15）．

ヤン–ミルズの理論はワイルと同じアイデア（つまり，大域的不変性が局所的にも保たれている）に基づいているが，それを実行する際には以下の二つの点でより精緻であった．(1) ゲージ場に対する局所的変換のルールと (2) A^μ を使って $F^{\mu\nu}$ を表現する点である．どちらの複雑さも，問題にしている対称群が非アーベル群（2×2 行列は交換しないが，一方で 1×1 はあきらかに交換する）だという事実に由来している．

---

*9 見た目と違ってこの定義は任意ではない．重要なのは，3 元ベクトル場があると，$(A^\mu \times A^\nu)$ というかたちの二つ目の反対称テンソルが存在し，その係数 $-2q/\hbar c$ は $\mathscr{L}_A$ を正確に不変にするために選ばれているということだ．結合定数 q をゼロにすると，それぞれのスピノル場に対する自由ディラックラグランジアンと，三つのゲージ場それぞれに対する（質量ゼロの）自由プロカラグランジアンが残ることに注意しよう．

その違いがよくわかるように，アーベル群の場合としてワイルの理論を，非アーベル群の場合としてヤン–ミルズの理論を見てみよう．現代の素粒子物理学では，多くの対称群が調査されてきた．これから残りの章で，それらのいくつかに出合うことになる．しかしながら，難しい作業はもう終わりだ．いったんヤン–ミルズ理論がわかれば，非アーベルゲージ理論をより高い対称群に拡張するのは単純な作業だ．

だが，興味深いことに，ヤン–ミルズ理論はそのままのかたちではほとんど役に立たないことがわかってしまった．結局のところ，質量が同じでスピンが1/2という二つの素粒子の存在を前提としてスタートしたが，われわれが知る限り，そのような対は自然界には存在しない．ヤンとミルズは，核子の系（陽子と中性子）を思い浮かべて，強い相互作用におけるハイゼンベルクのアイソスピン不変性に使うためのものとして，ある模型を考えた．$1.29\,\mathrm{MeV}/c^2$ というわずかな陽子と中性子の質量差を電磁気力の対称性の破れの帰結とみなそうとしたのだ．その理論が成功を収めるためには，質量のないアイソ三重項のベクトル（スピン1）粒子が存在する必要があった．思いつく唯一の候補は ρ 中間子であったが，それは質量ゼロからかけ離れていて（$M_\rho = 770\,\mathrm{MeV}/c^2$），電磁気力の混入として説明できるような小さな乖離(かいり)ではなかった．有限の質量をもつゲージボソンを組み入れてヤン–ミルズ理論を救うための数多くの試みがなされた．それがやっと（ヒッグス機構によって）実を結ぶ頃には，とにもかくにも p, n, ρ が複合粒子であることや，アイソスピンがより大きなフレーバー対称性の成分のたんなる一部で，強い相互作用で根源的な役割を果たすにはあまりに劇的に破れていることが，明白だった．非アーベル・ゲージ理論がとうとう成功を収めたときには，強い相互作用における色の $SU(3)$ 対称性，弱い相互作用における（弱）アイソスピン・ハイパー荷の $SU(2)_L \otimes U(1)$ 対称性という文脈であった．一方，1954年から10年以上もヤン–ミルズ模型は廃れていた．自然を正しく記述している美しいアイデアが使われなかったのだ．

10.5　色力学

標準模型によると，クォークのフレーバーそれぞれに，赤，青，緑の3色がある．クォークのフレーバーが違うと質量も違うが（**表4.4**），ある特定のクォークに関しては，3色どれも同じ質量をもっている．よって，ある特定のフレーバーのクォークの自由ラグランジアンは以下のようになる．

$$\mathscr{L} = [i\hbar c\bar{\psi}_r\gamma^\mu\partial_\mu\psi_r - mc^2\bar{\psi}_r\psi_r] + [i\hbar c\bar{\psi}_b\gamma^\mu\partial_\mu\psi_b - mc^2\bar{\psi}_b\psi_b]$$
$$+ [i\hbar c\bar{\psi}_g\gamma^\mu\partial_\mu\psi_g - mc^2\bar{\psi}_g\psi_g] \tag{10.70}$$

以前と同様,

$$\psi \equiv \begin{pmatrix} \psi_r \\ \psi_b \\ \psi_g \end{pmatrix}, \qquad \bar{\psi} = (\bar{\psi}_r \ \bar{\psi}_b \ \bar{\psi}_g) \tag{10.71}$$

を導入することにより, 表記を簡略化できて

$$\mathscr{L} = i\hbar c\bar{\psi}\gamma^\mu\partial_\mu\psi - mc^2\bar{\psi}\psi \tag{10.72}$$

となる. これは, ψ が今度は3成分の列ベクトルになっただけで (ベクトルのそれぞれの要素は4成分のディラックスピノルである), 元のディラックラグランジアンとまったく同じに見える. ちょうど, 一つの粒子のディラックラグランジアン (式(10.14)) が (大域的) $U(1)$ 位相不変性をもち, (同じ質量をもつ) 二つの粒子のラグランジアン (式(10.41)) が $U(2)$ 不変性をもっているように, この (同じ質量をもつ) 三つの粒子のラグランジアンは $U(3)$ 対称性を示す. つまり,

$$\psi \to U\psi \qquad (\bar{\psi} \to \bar{\psi}U^\dagger) \tag{10.73}$$

というかたちの変換のもとで不変である. ただしここで, U は任意の 3×3 ユニタリー行列で

$$U^\dagger U = 1 \tag{10.74}$$

である.

しかし, (式(10.50) を) 思い出してほしい. いかなるユニタリー行列もエルミート行列の指数関数で表示できる.

$$U = e^{iH}, \qquad \text{ただし} \quad H^\dagger = H \tag{10.75}$$

さらに, いかなる 3×3 のエルミート行列も9個の実数 $a_1, a_2, \cdots, a_8$ と θ で表すことができる (問題10.16).

$$H = \theta 1 + \boldsymbol{\lambda}\cdot\boldsymbol{a} \tag{10.76}$$

ここで, 1 は 3×3 の単位行列で, $\lambda_1, \lambda_2, \cdots, \lambda_8$ はゲルマン行列 (式(8.34)) で, ドッ

トの掛け算はいまは 1 から 8 までの和を意味する.

$$\boldsymbol{\lambda} \cdot \boldsymbol{a} \equiv \lambda_1 a_1 + \lambda_2 a_2 + \cdots + \lambda_8 a_8 \tag{10.77}$$

ゆえに,

$$U = e^{i\theta} e^{i\boldsymbol{\lambda} \cdot \boldsymbol{a}} \tag{10.78}$$

である. われわれはすでに位相変換 ($e^{i\theta}$) については見てきた. ここで新しいのは, 第 2 項だ. 行列 $e^{i\boldsymbol{\lambda} \cdot \boldsymbol{a}}$ は行列式 1 をもち (問題 10.17 参照), $SU(3)$ 群に属する[*10]. だから, 興味があるのは, 大域的対称性を局所的にしようとしている $SU(3)$ 変換のもとでのラグランジアン (式 (10.72)) の不変性だ.

つまり, $\mathscr{L}$ を修正して, それが局所 $SU(3)$ ゲージ変換のもとで不変になるようにする.

$$\psi \to S\psi \quad \text{ここで} \quad S \equiv e^{-iq\boldsymbol{\lambda} \cdot \boldsymbol{\phi}(x)/\hbar c} \tag{10.79}$$

(ここでもまた, $\boldsymbol{\phi} \equiv -(\hbar c/q)\boldsymbol{a}$ として, 結合定数 q が QED における電荷のような役割を果たすようにした.) いつものように, 秘訣は通常の微分 ∂_μ を「共変微分」$\mathscr{D}_\mu$

$$\mathscr{D}_\mu \equiv \partial_\mu + i\frac{q}{\hbar c}\boldsymbol{\lambda} \cdot \boldsymbol{A}_\mu \tag{10.80}$$

に置き換え, ゲージ場 $\boldsymbol{A}_\mu$ (8 個あることに注意せよ) に以下の変換ルールをもたせることだ.

$$\mathscr{D}_\mu \psi \to S(\mathscr{D}_\mu \psi) \tag{10.81}$$

ここでも (式 (10.58) を参照), これは

$$\boldsymbol{\lambda} \cdot \boldsymbol{A}'_\mu = S(\boldsymbol{\lambda} \cdot \boldsymbol{A}_\mu)S^{-1} + i\left(\frac{\hbar c}{q}\right)(\partial_\mu S)S^{-1} \tag{10.82}$$

を伴う. 無限小変換の場合は, 式 (10.61) と同一の式を与える.

$$\boldsymbol{A}'_\mu \cong \boldsymbol{A}_\mu + \partial_\mu \boldsymbol{\phi} + \frac{2q}{\hbar c}(\boldsymbol{\phi} \times \boldsymbol{A}_\mu) \tag{10.83}$$

しかし, 今度は, 掛け算の表記は以下の簡略化である.

$$(\boldsymbol{B} \times \boldsymbol{C})_i = \sum_{j,k=1}^{8} f_{ijk} B_j C_k \tag{10.84}$$

[*10] 群論の言葉では, $U(3) = U(1) \otimes SU(3)$ だ.

ここで，f_{ijk} は $SU(3)$ の構造定数（式 (8.35)）で，$SU(2)$ の場合の ϵ_{ijk} に相当する（問題 10.18）.

修正されたラグランジアン

$$\mathscr{L} = i\hbar c \bar{\psi} \gamma^\mu \mathscr{D}_\mu \psi - mc^2 \bar{\psi}\psi = [i\hbar c \bar{\psi} \gamma^\mu \partial_\mu \psi - mc^2 \bar{\psi}\psi] - (q\bar{\psi}\gamma^\mu \boldsymbol{\lambda}\psi) \cdot \boldsymbol{A}_\mu \tag{10.85}$$

は，局所 $SU(3)$ ゲージ変換（式 (10.79) と (10.82)）のもとで不変だが，いつものように，その対価としてゲージ場 $\boldsymbol{A}_\mu$（今度は 8 個だ）を導入する．素粒子物理学の言葉になおすと，ちょうど，ワイルの理論における $U(1)$ ゲージ場が光子を記述しているように，これら 8 個のグルーオンに対応する[*11]．ラグランジアンを完成させるには，グルーオンの自由ラグランジアンを付け加えなければならない．

$$\mathscr{L}_{\text{gluons}} = -\frac{1}{16\pi} \boldsymbol{F}^{\mu\nu} \cdot \boldsymbol{F}_{\mu\nu} \tag{10.86}$$

ここで，ヤン–ミルズの場合と同様に

$$\boldsymbol{F}^{\mu\nu} \equiv \partial^\mu \boldsymbol{A}^\nu - \partial^\nu \boldsymbol{A}^\mu - \frac{2q}{\hbar c}(\boldsymbol{A}^\mu \times \boldsymbol{A}^\nu) \tag{10.87}$$

である（$SU(3)$ の「掛け算」は式 (10.84) で定義した）．

結論：色力学における完全なラグランジアンは

$$\mathscr{L} = [i\hbar c \bar{\psi} \gamma^\mu \partial_\mu \psi - mc^2 \bar{\psi}\psi] - \frac{1}{16\pi} \boldsymbol{F}^{\mu\nu} \cdot \boldsymbol{F}_{\mu\nu} - (q\bar{\psi}\gamma^\mu \boldsymbol{\lambda}\psi) \cdot \boldsymbol{A}_\mu \tag{10.88}$$

である．$\mathscr{L}$ は局所 $SU(3)$ ゲージ変換に対して不変で，8 個の質量ゼロのベクトル場（グルーオン）と相互作用する 3 個の等質量のディラック場（ある特定のクォークにおける 3 色）を記述する．それは，元のラグランジアン（式 (10.70)）の大域的 $SU(3)$ 対称性が局所的にも保たれるべし，という要請から導き出される．ディラック場は 8 個の色カレント

$$\boldsymbol{J}^\mu \equiv cq(\bar{\psi}\gamma^\mu \boldsymbol{\lambda}\psi) \tag{10.89}$$

を構築する．電流が電磁場の源の役割を果たしたのと同じように，このカレントが色の場（$\boldsymbol{A}_\mu$）の源の役割を果たす．ここで記述した理論はヤン–ミルズのものと構造的にそっくりだ．しかし，この場合，自然界で起きる現象，すなわち強い相互作用の正しい記述になっているとわれわれは信じている（もちろん，式 (10.88) において ψ の複

[*11] すべてのクォークに同じ結合をする「9 番目のグルーオン」が実験的に排除されていることを思い出そう（問題 8.11）．

製6個が必要で，それぞれが適切な質量をもち，クォーク6フレーバーを記述する）．

10.6　ファインマン則

　これまで，われわれが扱ってきたラグランジアンは，量子場だけでなく古典場も記述できた．実際，マクスウェルのラグランジアンは，いかなる古典電気力学の教科書にも載っている．古典的場の理論からそれに対応する場の量子論に到達するために，ラグランジアンや場の方程式を修正する必要はないが，むしろ，場の変数を再解釈する必要がある．場は「量子化」され，粒子はそれに付随する場の量子として現れる．すなわち，光子は電磁場 A_μ の量子で，クォークはディラック場の量子で，グルーオンは8個の $SU(3)$ ゲージ場の量子で，$W^\pm$ や Z^0 はプロカ場の量子だ．量子化の手続き自体は難解なもので，ここではそれに関して深入りしない [8]．われわれの目的において重要なのは，それぞれのラグランジアンがある特定のファインマン則の書き方を指示しているということだ．ということは，われわれにとって必要なのは，あるラグランジアンによって指示されるファインマン則をどのように得るのかという手順である．

　手始めに，$\mathscr{L}$ は2種類の項，それぞれの場に対する自由ラグランジアンとさまざまな相互作用項（$\mathscr{L}_{\text{int}}$）からなっていることに注意しよう．前者は，スピン0ならクライン–ゴルドンだし，スピン1/2ならディラックだし，スピン1ならプロカだし，より高次なスピンの理論ではよりエキゾチックな何かになる．いずれにせよ，局所ゲージ対称性その他の方法によって，伝播関数やバーテックス因子を決める．

$$\text{自由ラグランジアン} \Rightarrow \text{伝播関数}$$
$$\text{相互作用項} \Rightarrow \text{バーテックス因子}$$

最初に，伝播関数について考えてみよう．

　自由ラグランジアンにオイラー–ラグランジュ方程式を適用すると，自由場の方程式（式 (10.13)，(10.15)，(10.22)）を得る．

$$\left[\partial^\mu \partial_\mu + \left(\frac{mc}{\hbar}\right)^2\right]\phi = 0 \quad \text{（スピン0に対するクライン–ゴルドン方程式）}$$

$$\left[i\gamma^\mu \partial_\mu - \left(\frac{mc}{\hbar}\right)\right]\psi = 0 \quad \text{（スピン1/2に対するディラック方程式）}$$

$$\left[\partial_\mu(\partial^\mu A^\nu - \partial^\nu A^\mu) + \left(\frac{mc}{\hbar}\right)^2 A^\nu\right] = 0 \quad \text{（スピン1に対するプロカ方程式）}$$

対応する「運動量空間」での方程式は，通常の処方箋 $p_\mu \leftrightarrow i\hbar \partial_\mu$ で得られる．

$$[p^2 - (mc)^2]\phi = 0 \quad (\text{スピン } 0) \tag{10.90}$$

$$[\not{p} - (mc)]\psi = 0 \quad (\text{スピン } 1/2) \tag{10.91}$$

$$[(-p^2 + (mc)^2)g_{\mu\nu} + p_\mu p_\nu]A^\nu = 0 \quad (\text{スピン } 1) \tag{10.92}$$

伝播関数は単純に大括弧の中の因子の逆数（に i を乗じる）だ．

$$\frac{i}{p^2 - (mc)^2} \quad (\text{スピン } 0) \tag{10.93}$$

$$\frac{i}{\not{p} - mc} = i\frac{(\not{p} + mc)}{p^2 - (mc)^2} \quad (\text{スピン } 1/2) \tag{10.94}$$

$$\frac{-i}{p^2 - (mc)^2}\left[g_{\mu\nu} - \frac{p_\mu p_\nu}{(mc)^2}\right] \quad (\text{スピン } 1) \tag{10.95}$$

2 番目の場合，この因子は 4×4 の行列で，その逆行列が欲しいということに注意しよう．3 番目の場合は，その因子は 2 階のテンソル $(T_{\mu\nu})$ で，$T_{\mu\nu}(T^{-1})^{\lambda\nu} = \delta_\mu^\nu$ となるような逆テンソル $(T^{-1})_{\mu\nu}$ が欲しい（問題 10.19）．これらは，まさに 6 章，7 章，9 章で扱った伝播関数だ[*12]．プロカ伝播関数（式 (10.95)）で $m \to 0$ とはあきらかにできないので，光子の伝播関数を求めるためには，自由場の方程式（式 (10.22)）に戻らなければならない．

$$\partial_\mu(\partial^\mu A^\nu - \partial^\nu A^\mu) = 0 \quad (\text{質量ゼロでスピン } 1) \tag{10.96}$$

以前に注意を促したように，この式では A^μ は一意的に決まらない．ローレンツ条件（式 (7.82)）

$$\partial_\mu A^\mu = 0$$

を課すと，（式 (10.96) は）

$$\partial^2 A^\nu = 0 \tag{10.97}$$

となる．これは，運動量空間では

$$(-p^2 g_{\mu\nu})A^\nu = 0 \tag{10.98}$$

と書ける．よって，光子の伝播関数は

[*12] 実際のところ，この方法で決めることができるのは，伝播関数掛ける定数だ．というのは，場の方程式はいつもそのような因子が掛けられているからだ．これらの方程式の「正準」形式では，mc あるいは $(mc)^2$ という係数は ± 1 として，符号は $\mathscr{L}$ の質量項と整合するようにしている．他の表式を使うと，わずかに違ったファインマン則にたどり着くが，もちろん，計算結果の反応振幅は変えない．

$$-i\frac{g_{\mu\nu}}{p^2} \quad (\text{質量ゼロでスピン 1}) \tag{10.99}$$

となる．

バーテックス因子を求めるには，まず，運動量空間 ($i\hbar\partial_\mu \to p_\mu$) で $i\mathscr{L}_{\text{int}}$ を書き下して，反応に寄与する場が何かを吟味する．これらによって，相互作用の定性的な構造を決めることができる．たとえば，QED のラグランジアン（式 (10.35)）の場合，

$$i\mathscr{L}_{\text{int}} = -i(q\bar{\psi}\gamma^\mu\psi)A_\mu \tag{10.100}$$

であり，含まれている場は三つある ($\bar{\psi}$, ψ, A_μ)．これが，入ってくるフェルミオン，出て行くフェルミオン，そして光子の三つの線によりつくられるバーテックスを定義する．バーテックス因子自体を求めるには，たんに場を記述する変数を擦り落としてやればよい

$$-i\sqrt{\frac{4\pi}{\hbar c}}q\gamma^\mu = ig_e\gamma^\mu \quad (\text{QED のバーテックス因子}) \tag{10.101}$$

（光子の場合，実際に擦り落とすのは $\sqrt{\hbar c/4\pi}A_\mu$ だ．余分な因子は CGS 単位系を使っているからで，われわれの目的に対しては，少々厄介なものだ）．同じことが色力学にもいえる（式 (10.88)）．クォーク–グルーオン結合

$$\mathscr{L}_{\text{int}} = -(q\bar{\psi}\gamma^\mu\boldsymbol{\lambda}\psi)\cdot\boldsymbol{A}_\mu \tag{10.102}$$

は，以下のかたちのバーテックスを与える．バーテックス因子は

$$-i\frac{g_s}{2}\gamma^\mu\boldsymbol{\lambda} \tag{10.103}$$

となる（強い力の結合定数は伝統的に因子 2 を伴って定義される．$g_S \equiv 2\sqrt{4\pi/\hbar c}q$，ここで q はラグランジアンに現れる「強荷」である）．しかし，$\mathscr{L}$ にある $\boldsymbol{F}^{\mu\nu}\cdot\boldsymbol{F}_{\mu\nu}$ という項から出てくるグルーオン–グルーオン結合も存在する．というのも，$\boldsymbol{F}^{\mu\nu}$ は相互作用のない場合の項 $\partial^\mu\boldsymbol{A}^\nu - \partial^\nu\boldsymbol{A}^\mu$ だけでなく，$-2q/\hbar c(\boldsymbol{A}^\mu \times \boldsymbol{A}^\nu)$（式 (10.87)）という相互作用項を含むからだ．それを書き下すと

$$\mathscr{L}_{\text{int}} = \left(\frac{q}{8\pi\hbar c}\right)[(\partial^\mu \boldsymbol{A}^\nu - \partial^\nu \boldsymbol{A}^\mu) \cdot (\boldsymbol{A}_\mu \times \boldsymbol{A}_\nu) + (\boldsymbol{A}^\mu \times \boldsymbol{A}^\nu) \cdot (\partial_\mu \boldsymbol{A}_\nu - \partial_\nu \boldsymbol{A}_\mu)]$$
$$- \frac{q^2}{4\pi(\hbar c)^2}(\boldsymbol{A}^\mu \times \boldsymbol{A}^\nu) \cdot (\boldsymbol{A}_\mu \times \boldsymbol{A}_\nu) \tag{10.104}$$

となる.最初の項は $\boldsymbol{A}^\mu$ の因子を三つもっていて,三つのグルーオンがつくるバーテックス(式 (8.43))を表している.第2項は,四つの $\boldsymbol{A}^\mu$ 因子をもっていて,四つのグルーオンがつくるバーテックス(式 (8.44))を与える(ラグランジアンからファインマン則を導き出すための練習には,問題 10.20 と 10.21 を参照せよ).

10.7 質量項

局所ゲージ不変性という原理によって,強い相互作用と電磁相互作用を非常にうまく記述できる.まず第一に,それによって,結合を決める仕組みがわかる(「昔は」$\mathscr{L}_{\text{int}}$ の構築は場当たり的な推測であった).さらに,トフーフトたちが 1970 年代初頭に証明したように [9],ゲージ理論はくりこみ可能だ.しかし,ゲージ場が質量ゼロでなければならないという事実によって,弱い相互作用に対する適用は停滞した.プロカラグランジアン中の質量項は局所ゲージ不変になっておらず,光子やグルーオンが質量ゼロである一方,$W^\pm$ や Z^0 がまったくもって質量ゼロではないということを思い出そう.そこで,疑問が生じた.質量をもつゲージ場を収容してゲージ理論を救うことができるのか.答えはイエスだ.しかし,自発的対称性の破れとヒッグス機構を利用するその方法はすごく狡猾で,ラグランジアン中の質量項をどのように同定するかについて非常に注意深く考えることから始めなければならない.

たとえば,スカラー場 ϕ に関する以下のラグランジアンが与えられているとしよう.

$$\mathscr{L} = \frac{1}{2}(\partial_\mu \phi)(\partial^\mu \phi) + e^{-(\alpha\phi)^2} \tag{10.105}$$

ここで,α は(実数の)定数だ.どこに質量項があるだろうか.一見,それらしいものはなく,これは質量ゼロの場だと結論づけるかもしれない.しかし,それは間違いだ.というのは,そこにある指数関数を展開すると,ラグランジアンは

$$\mathscr{L} = \frac{1}{2}(\partial_\mu \phi)(\partial^\mu \phi) + 1 - \alpha^2 \phi^2 + \frac{1}{2}\alpha^4 \phi^4 - \frac{1}{6}\alpha^6 \phi^6 + \cdots \tag{10.106}$$

というかたちを取る.1 は気にしなくてよいが($\mathscr{L}$ 中の定数項は場の方程式に何の影響も与えない),その次の 2 項は $\alpha^2 = (1/2)(mc/\hbar)^2$ とすると,クライン–ゴルドンラグランジアン(式 (10.11))中の質量項にそっくりだ.あきらかに,このラグランジ

アンは

$$m = \sqrt{2}\alpha\hbar/c \tag{10.107}$$

という質量をもつ粒子を記述する．高次の項は

などのかたちを取る結合を表現する．これはもちろん現実的な理論のはずがない．ここで見せたかったのは，ラグランジアン中の質量項がどのように「隠れているか」という例だ．それをあきらかにするために，$\mathscr{L}$ を ϕ のべき乗に展開し，ϕ^2 に比例する項を取り出した（一般に，ϕ, ψ, A_μ, あるいはそれ以外のなんであれ，質量項は場の 2 次の項だ）．

しかし，ここには深遠，かつ微妙な問題が隠れている．それを以下のラグランジアンを使って説明する．

$$\mathscr{L} = \frac{1}{2}(\partial_\mu\phi)(\partial^\mu\phi) + \frac{1}{2}\mu^2\phi^2 - \frac{1}{4}\lambda^2\phi^4 \tag{10.108}$$

ここで，μ と λ は（実数の）定数である．第 2 項が質量のように（そして，第 3 項が相互作用項のように）見える．しかし，ちょっと待って！　符号が反対だ（式 (10.11) と比較して）．もしそれが質量項ならば m が虚数になってしまいナンセンスだ．では，このラグランジアンをどのように解釈すべきなのだろうか[*13]．この質問に答えるには，ファインマンの処方箋がまさに摂動の手続きであり，基底状態（「真空」）から始めて，その状態からの変動を場として取り扱っているということを理解しなければならない．これまでに考えてきたラグランジアンでは，基底状態，すなわち最小のエネル

[*13] ラグランジアンを入力として，そのラグランジアンが表現する宇宙をつくり出す，そのような巨大なコンピューター制御の工場を神がもっていると想像してみると楽しい．たいてい，神のコンピューター工場に難しい問題はなく，たとえば，式 (10.35) のマクスウェルラグランジアンを与えれば，電子と陽電子と光子が相互作用する電磁気的な宇宙をすぐにつくり出す．たまには，少し時間がかかる．たとえば，式 (10.105) のラグランジアンだと「隠れた」質量項を解読するまでの間，最初，コンピューター工場は混乱する．そして，たまには，エラーメッセージを返す．「このラグランジアンは生成可能な宇宙を記述していません．文法の間違い，あるいは符号が間違っていないかを確認してください．」たとえば，もし λ の項を付けずに式 (10.108) のラグランジアンを入力すると，そういうメッセージが返ってくるだろう．

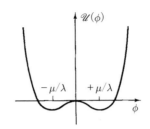

図 10.1　$\mathcal{U}(\phi)$ のグラフ（式 (10.110)）

ギーをもつ場の配位はいつも $\phi = 0$ という自明なものであった．しかし，式 (10.108) のラグランジアンでは，$\phi = 0$ が基底状態ではない．真の基底状態を決めるためには，$\mathscr{L}$ を「運動」項 $((1/2)\partial_\mu \phi \partial^\mu \phi)$ 引く「ポテンシャル」項（式 (10.4) の古典物理のラグランジアンをヒントにした）と書き，

$$\mathscr{L} = \mathscr{T} - \mathscr{U} \tag{10.109}$$

そして，$\mathscr{U}$ の最小値を探す．いまの場合，

$$\mathcal{U}(\phi) = -\frac{1}{2}\mu^2 \phi^2 + \frac{1}{4}\lambda^2 \phi^4 \tag{10.110}$$

であり，最小値を取るのは

$$\phi = \pm \mu/\lambda \tag{10.111}$$

のときだ（図 10.1）．ファインマンの計算法はこれら基底状態のどちらかからのずれとして定式化されなければならない．そこで，以下のように定義される新たな場の変数 η を導入する．

$$\eta \equiv \phi \pm \frac{\mu}{\lambda} \tag{10.112}$$

η の関数としてみると，ラグランジアンは

$$\mathscr{L} = \frac{1}{2}(\partial_\mu \eta)(\partial^\mu \eta) - \mu^2 \eta^2 \pm \mu\lambda\eta^3 - \frac{1}{4}\lambda^2 \eta^4 + \frac{1}{4}(\mu^2/\lambda)^2 \tag{10.113}$$

となる．今度は第 2 項が正しい符号をもった質量項で，（式 (10.11) と比べると）粒子の質量が

$$m = \sqrt{2}\mu\hbar/c \tag{10.114}$$

であることがわかる．一方で，第 3 項と第 4 項は

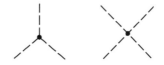

というかたちをした結合を表現している（最後の項は定数なので，意味をもたない）．

これら二つのラグランジアン（式 (10.108) と (10.113)）は物理的に完全に同じ系を表現しているということを強調しておく．われわれがやったことは表記を変えた（式 (10.112)）にすぎない．しかし，最初のものはファインマンの計算法に適していない（専門的には，不安定点での展開なので，ϕ の摂動展開が収束しない）．2 番目の式でのみ，質量とバーテックス因子を読み取ることができるのだ．

結論： ラグランジアンの質量項を同定するためには，まずは基底状態がどこか（$\mathscr{U}$ が最小となる場の配位）を見定め，その最小からのずれ η の関数として $\mathscr{L}$ を再表記する．η のべき乗展開をすると，η^2 の項の係数として質量を得る．

10.8 自発的対称性の破れ

われわれが考察してきた例は他の重要な現象も提示している．自発的対称性の破れだ．元のラグランジアン（式 (10.108)）は ϕ に関して偶だ．つまり，$\phi \to -\phi$ としても変わらない．しかし，再構成したラグランジアン（式 (10.113)）は η に関して偶になっていない．対称性が「破れて」いる．なぜこのようなことが起きたのだろうか．それは，真空（二つの基底状態のうちどちらを選んだとしても）がラグランジアンの対称性を共有していないからだ（すべての基底状態を集めればもちろん対称だが，ファインマンの定式化には，真空のどれか一つを使わなければならず，それが対称性を壊してしまう）．これを「自発的」対称性の破れとよぶ．なぜなら，外的要因が働いていないからだ（外的要因の例は重力．重力は部屋の 3 次元対称性を破って「上」と「下」を「左」と「右」とはまったく違うものにしている）．逆にいうと，その系の本当の対称性は，ある特定の（非対称な）基底状態を任意に選ぶことで「隠されて」しまうのだ．たくさんの物理現象で自発的対称性の破れの例がある．たとえば，細いプラスチックの細い板（たとえば，短い定規）を考えてみよう．もしその両端を押し縮めたら，その棒はしなって湾曲するだろう．しかし，それは右と同じように左にも曲がるだろう．その両方が系の基底状態で，どちらを選んでも左右の対称性を破る（図 10.2）．

いま考察した自発的対称性の破れは，二つの基底状態をもつ離散的な対称性だ．連

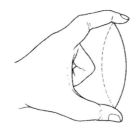

図 10.2 プラスチックの細い板の自発的対称性の破れ

続的な対称性を考えると，もっと興味深いことが起こる（図 10.2 のプラスチックの細い板をプラスチックの棒，たとえば，編棒に置き換えてみよう．すると，その棒は，たんに左あるいは右だけではなくあらゆる方向に曲がることができる[*14]．連続的な対称性を自発的に破るラグランジアンを構築するのはたやすい．たとえば，

$$\mathscr{L} = \frac{1}{2}(\partial_\mu \phi_1)(\partial^\mu \phi_1) + \frac{1}{2}(\partial_\mu \phi_2)(\partial^\mu \phi_2) + \frac{1}{2}\mu^2(\phi_1^2 + \phi_2^2) - \frac{1}{4}\lambda^2(\phi_1^2 + \phi_2^2)^2 \tag{10.115}$$

である．これは，二つの場 ϕ_1 と ϕ_2 があることを除けば，式 (10.108) と同じで，$\mathscr{L}$ がそれらの 2 乗和だけを含むので，ϕ_1 と ϕ_2 空間における回転のもとで対称だ[*15]．

今度は，「ポテンシャルエネルギー」を表現する関数は

$$\mathscr{U} = -\frac{1}{2}\mu^2(\phi_1^2 + \phi_2^2) + \frac{1}{4}\lambda^2(\phi_1^2 + \phi_2^2)^2 \tag{10.116}$$

であり，最小値は，半径 μ/λ の円に沿ったところにある（図 10.3）．

$$\phi_{1\,\mathrm{min}}^2 + \phi_{2\,\mathrm{min}}^2 = \mu^2/\lambda^2 \tag{10.117}$$

ファインマンの計算法に従うと，ある特定の基底状態（「真空」）の周りで展開しなければならず，ここでは

$$\phi_{1\,\mathrm{min}} = \mu/\lambda, \qquad \phi_{2\,\mathrm{min}} = 0 \tag{10.118}$$

を選ぶ．以前と同様に，新たな場 η と ξ を導入し，それらはこの基底状態からの変動だ．

$$\eta \equiv \phi_1 - \mu/\lambda, \qquad \xi \equiv \phi_2 \tag{10.119}$$

[*14] より洗練された例は強磁性体だ．基底状態ではすべてのスピンが同じ方向を向いているが，その方向を決めたのは過去の偶然だ．理論は対称だが，ある与えらえた鉄の切れ端は特定の方向を選んでいて，それは（「自発的に」）対称性を破っている．

[*15] 群論的には，それは $SO(2)$ 変換のもとで不変だ．つまり，$\phi_1 \to \phi_1 \cos\theta + \phi_2 \sin\theta$ と $\phi_2 \to -\phi_1 \sin\theta + \phi_2 \cos\theta$ のいかなる「回転角」θ に対しても不変である（問題 4.6 を参照）．

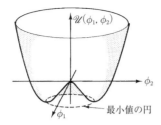

図 10.3 ポテンシャル関数（式 (10.116)）

ラグランジアンをこれらの新しい変数の関数として書き直すと

$$\mathscr{L} = \left[\frac{1}{2}(\partial_\mu \eta)(\partial^\mu \eta) - \mu^2 \eta^2\right] + \left[\frac{1}{2}(\partial_\mu \xi)(\partial^\mu \xi)\right] \\ - \left[\mu\lambda(\eta^3 + \eta\xi^2) + \frac{\lambda^2}{4}(\eta^4 + \xi^4 + 2\eta^2\xi^2)\right] + \frac{\mu^4}{4\lambda^2} \quad (10.120)$$

を見出す（問題 10.22）。最初の項は場 η の自由クライン–ゴルドンラグランジアン（式 (10.11)）で，あきらかに質量

$$m_\eta = \sqrt{2}\,\mu\hbar/c \quad (10.121)$$

をもっている（式 (10.114) と同様だ）。第 2 項は場 ξ の自由ラグランジアンで，あきらかに質量をもっていない．

$$m_\xi = 0 \quad (10.122)$$

第 3 項は 5 個の結合を定義する（最後の定数はもちろん意味をもたない）．

このかたちでは，ラグランジアンはまったく対称に見えない．式 (10.115) の対称性はある特定の真空状態を選んだことによって破れた（あるいは，むしろ「隠された」）のだ．

ここで気をつけるべき重要な点は，場の一つ (ξ) は自動的に質量ゼロになることだ．これは偶然ではない．連続の大域的対称性が自発的に破れると，一つ以上の質量をも

たないスカラー（スピン0）粒子（それを「ゴールドストンボソン」[*16]とよぶ）がつねに現れることが示される（ゴールドストン定理 [10])[*17]．さて，これは大問題だ．われわれは，弱い相互作用のゲージ場の質量を説明するために，自発的対称性の破れという仕組みが使えると願ってきたが，そうすると質量ゼロのスカラーの導入につながることがわかってしまった．しかし，われわれが知っている素粒子の名簿にはそんなものはない[*18]．だが，大丈夫だ．この話には最後に驚くべきどんでん返しがある．自発的対称性の破れというアイデアを局所ゲージ不変性に適用すると，それが起こる．

10.9 ヒッグス機構

10.8節で見てきたラグランジアンは，二つの実場 ϕ_1 と ϕ_2 を合わせて一つの複素場にすると，もっとすっきりと書き直すことができる．

$$\phi \equiv \phi_1 + i\phi_2 \tag{10.123}$$

なので，

$$\phi^*\phi = \phi_1^2 + \phi_2^2 \tag{10.124}$$

である．この表記では（たんに表記だけである），ラグランジアン（式(10.115)）は

$$\mathscr{L} = \frac{1}{2}(\partial_\mu\phi)^*(\partial^\mu\phi) + \frac{1}{2}\mu^2(\phi^*\phi) - \frac{1}{4}\lambda^2(\phi^*\phi)^2 \tag{10.125}$$

となって，回転対称性である $SO(2)$ が自発的に破れて，$U(1)$ 位相変換のもとでの不変になる．

$$\phi \to e^{i\theta}\phi \tag{10.126}$$

いまはスピノルではなくスカラーについてであることを除くと，これこそまさに10.3節で考察した対称性にほかならない．この系を局所ゲージ変換

$$\phi \to e^{i\theta(x)}\phi \tag{10.127}$$

[*16] 訳注：近年は南部–ゴールドストンボソン，同様に南部–ゴールドストン定理とよぶことが多い．

[*17] 直感的には，これは ξ 方向への動きには抵抗がないという事実に関係している．曲がった編棒をぐるぐる回すとそれは軸を中心に自由に回転する一方で，半径方向への動きは棒の復元力のため振動することになる．

[*18] そういう粒子が検出を逃れていたとは想像しがたい．重い粒子ならいつでも可能だ．それを生成するためのエネルギーがたんに足りなかったのだろう．しかし，質量ゼロの粒子は「消失」エネルギーや運動量というかたちでだけかもしれないが，間違いなくどこかに現れていたはずである．

のもとで対称にするには，いつものように質量をもたないゲージ場 A_μ を導入し，式 (10.125) の微分を共変微分（式 (10.38)）

$$\mathscr{D}_\mu = \partial_\mu + i\frac{q}{\hbar c}A_\mu \tag{10.128}$$

に置き換えればよい．以上から

$$\begin{aligned}\mathscr{L} = &\frac{1}{2}\left[\left(\partial_\mu - \frac{iq}{\hbar c}A_\mu\right)\phi^*\right]\left[\left(\partial^\mu + \frac{iq}{\hbar c}A^\mu\right)\phi\right] \\ &+ \frac{1}{2}\mu^2(\phi^*\phi) - \frac{1}{4}\lambda^2(\phi^*\phi)^2 - \frac{1}{16\pi}F^{\mu\nu}F_{\mu\nu}\end{aligned} \tag{10.129}$$

となる．

いまから 10.8 節でやった手順をたんにもう一回くり返して，それらを局所不変なラグランジアン（式 (10.129)）に適用する．新たな場

$$\eta \equiv \phi_1 - \mu/\lambda, \quad \xi \equiv \phi_2 \tag{10.130}$$

を定義すると（式 (10.119) と比較せよ），ラグランジアンは以下になる（問題 10.25）．

$$\begin{aligned}\mathscr{L} = &\left[\frac{1}{2}(\partial_\mu\eta)(\partial^\mu\eta) - \mu^2\eta^2\right] + \left[\frac{1}{2}(\partial_\mu\xi)(\partial^\mu\xi)\right] \\ &+ \left[-\frac{1}{16\pi}F^{\mu\nu}F_{\mu\nu} + \frac{1}{2}\left(\frac{q}{\hbar c}\frac{\mu}{\lambda}\right)^2 A_\mu A^\mu\right] \\ &+ \left\{\frac{q}{\hbar c}[\eta(\partial_\mu\xi) - \xi(\partial_\mu\eta)]A^\mu + \frac{\mu}{\lambda}\left(\frac{q}{\hbar c}\right)^2 \eta(A_\mu A^\mu)\right. \\ &\left. + \frac{1}{2}\left(\frac{q}{\hbar c}\right)^2 (\xi^2 + \eta^2)(A_\mu A^\mu) - \lambda\mu(\eta^3 + \eta\xi^2) - \frac{1}{4}\lambda^2(\eta^4 + 2\eta^2\xi^2 + \xi^4)\right\} \\ &+ \left(\frac{\mu}{\lambda}\frac{q}{\hbar c}\right)(\partial_\mu\xi)A^\mu + \left(\frac{\mu^2}{2\lambda}\right)^2\end{aligned} \tag{10.131}$$

1 行目は以前（式 (10.120)）と同じで，質量 $\sqrt{2}\mu\hbar/c$ のスカラー粒子（η）と質量ゼロのゴールドストンボソン（ξ）を表している．2 行目は自由ゲージ場 A_μ を記述しているが，素晴らしいことに，質量を獲得している（式 (10.121) のプロカのラグランジアンと比べてみよ）．

$$m_A = 2\sqrt{\pi}\left(\frac{q\mu}{\lambda c^2}\right) \tag{10.132}$$

中括弧内の項は ξ, η, そして A_μ のさまざまな結合を指定している（問題 10.26）．A_μ の質量がどこから来たのかを調べてみるのは面白い．元のラグランジアン（式 (10.129)）は $\phi^*\phi A_\mu A^\mu$ という項を含んでいて，自発的対称性の破れがないときは，以下の結合

を表現している. しかし, 基底状態が「中心からずれた」ところに移動すると, ϕ_1 場

が定数を拾って (式 (10.130)), この部分がプロカの質量項としてラグランジアンに現れる.

しかしながら, まだ不必要なゴールドストンボソン (ξ) が存在する. さらに, 見た目の怪しい物理量

$$\left(\frac{\mu}{\lambda}\frac{q}{\hbar c}\right)(\partial_\mu \xi) A^\mu \tag{10.133}$$

が $\mathscr{L}$ にはある. これはどう取り扱かったらよいのだろうか. もしそれを相互作用とみなすと, それは以下のかたちのバーテックスになり,

そこでは, ξ が A_μ に変化している. 二つの別々の場に双線形になっているそのような項が意味するのは, 理論中の基本粒子を間違って同定してしまったということだ (問題 10.23). どちらの困難も $\xi = \phi_2$ の場に関与しているので, どちらも, $\mathscr{L}$ (式 (10.129) の元々のかたち) の局所ゲージ不変性を利用して, この場を消し去る変換をすることで解決できる. 式 (10.126) を実部と虚部について書き下すと,

$$\begin{aligned}\phi \rightarrow \phi' &= (\cos\theta + i\sin\theta)(\phi_1 + i\phi_2) \\ &= (\phi_1 \cos\theta - \phi_2 \sin\theta) + i(\phi_1 \sin\theta + \phi_2 \cos\theta)\end{aligned} \tag{10.134}$$

となる.

$$\theta = -\tan^{-1}(\phi_2/\phi_1) \tag{10.135}$$

と選べば, ϕ' が実数になり, つまり, $\phi'_2 = 0$ だ. ゲージ場 A_μ もそれに従って変換するが (式 (10.34)), ラグランジアンは新たな場を使い, 古い場で書かれていたときと同じかたちで書かれる. (それこそが, $\mathscr{L}$ が不変であることを意味している). 唯一の違いは, 今度は ξ がゼロだということだ. この特定のゲージでは, ラグランジアン

（式 (10.131)）は

$$\mathscr{L} = \left[\frac{1}{2}(\partial_\mu \eta)(\partial^\mu \eta) - \mu^2 \eta^2\right] + \left[-\frac{1}{16\pi}F^{\mu\nu}F_{\mu\nu} + \frac{1}{2}\left(\frac{q}{\hbar c}\frac{\mu}{\lambda}\right)^2 A_\mu A^\mu\right]$$
$$+ \left\{\frac{\mu}{\lambda}\left(\frac{q}{\hbar c}\right)^2 \eta(A_\mu A^\mu) + \frac{1}{2}\left(\frac{q}{\hbar c}\right)^2 \eta^2(A_\mu A^\mu) - \lambda\mu\eta^3 - \frac{1}{4}\lambda^2\eta^4\right\}$$
$$+ \left(\frac{\mu^2}{2\lambda}\right)^2 \tag{10.136}$$

になる．ゲージをうまく取ることで，$\mathscr{L}$ の中のゴールドストンボソンと，あってはならない項を取り除いた．残ったのは，一つの質量をもつスカラー場 η（「ヒッグス」粒子）と質量をもつゲージ場 A_μ である．

以下をよく理解してほしい．式 (10.129) と (10.136) のラグランジアンはまったく同じ物理システムを記述している．われわれがやったことは，便利なゲージ（式 (10.135)）を選んで，ある特定の基底状態（式 (10.130)）からのずれとして場を書き直しただけである．明白だった対称性を犠牲にして，物理量が何かはっきりわかる表記を採用し，それによってファインマン則をより直接的に取り出すことができるようになった．しかし，それは依然として同じラグランジアンだ．これについて考えるためのわかりやすい方法がある．質量をもたないベクトル場には二つの自由度（横偏極）がある．A_μ が質量を獲得すると，3 番目の自由度（縦偏極）も加わる．この余分な自由度はどこから来たのだろうか．

答え：理論から消え去ったゴールドストンボソンからである．ゲージ場はゴールドストンボソンを「食べて」，それによって質量と 3 番目の偏極状態の両方を得たのだ[*19]．これが有名なヒッグス機構で，局所ゲージ不変性と自発的対称性の破れの結婚によって生まれた素晴らしい子孫だ [11]．

標準模型によると，ヒッグス機構が弱い相互作用のゲージボソン（$W^\pm$ と Z^0）に質量を与えている．詳細はまだ推論の段階だ[*20]．ヒッグス粒子は実験的に未発見で（現存する加速器で生成するにはたぶん重すぎるのだ），ヒッグス「ポテンシャル」$\mathscr{U}$ もまだわかっていない（$\mathscr{U} = -(1/2)\mu^2(\phi^*\phi) + (1/4)\lambda^2(\phi^*\phi)^2$ はたんに議論のために使った）[*21]．もしかすると，実際にはたくさんの種類のヒッグス粒子があるかもしれ

[*19] ある特定のゲージを採用する必要があるわけではない．しかし，そうしないと理論が物理的には存在しない「幽霊」粒子を含んでしまうので，最初から明示的に取り除いてしまう方がすっきりとする．

[*20] 訳注：2012 年に LHC でヒッグス粒子は発見されて，$W^\pm$ と Z^0 の質量の起源がヒッグス機構であることはほぼ実証された．ただし，ヒッグスポテンシャルのかたちはまだ測定されていない．

[*21] 実際のところ，理論がくりこみ可能であるためには，ポテンシャルは場の 4 次（まで）でなければならない．

408   10 ゲージ理論

ないし，複合粒子かもしれない．しかし，それは気にしなくてよい．大切なのは原理的にゲージ場に質量を授ける方法を見つけたということだ[*22]．それが，強い相互作用と電磁気力だけでなく，弱い相互作用まで含めて，基本的な相互作用すべてが局所ゲージ理論によって記述できるという保証になっているのだ [12]．

参 考 書

[1] 古典力学におけるラグランジアンの定式化についての入門としては，以下を参照．J. R. Taylor: Classical Mechanics (University Science Books, 2005); (a) J. B. Marion and S. T. Thornton: Classical Dynamics of Particles and Systems, 4th edn (Harcourt, 1995).

[2] オイラー–ラグランジュ方程式は，結局，最小作用の原理から導き出せる．以下を参照．C. P. Poole, J. L. Sapko and H. Goldstein: Classical Mechanics, 3rd edn (Addison-Wesley, 2002); (a) C. Lanczos: The Variational Principles of Mechanics (Dover, 1986).

[3] H. Weyl: Annals of Physics, **59**, 101 (1919)．以下も役立つ．(a) H. Al-Kuwari and M. O. Taha: American Journal of Physics, **59**, 4 (1991); (b) K. Moriyasu: An Elementary Primer for Gauge Theory (World Scientific, 1983).

[4] C. N. Yang and R. L. Mills: Physics Review, **96**, 191 (1954)．歴史的な解説としては以下を参照．(a) R. Mills: American Journal of Physics, **57**, 493 (1989); (b) G.'t Hooft: Fifty Years of Yang-Mills Theory (World Scientific, 2005).

[5] たとえば，C. Chevalley: Theory of Lie Groups (Princeton University Press, 1946).

[6] 未公開の研究ノート N. A. Wheeler: 'Classical Chromodynamics' and 'Bare Bones of the Classical Theory of Gauge Fields' (Reed College, 1981) には，局所ゲージ理論がきわめて明瞭に記述されている．

[7] A. Actor: Reviews of Modern Physics, **51**, 461 (1979).

[8] 詳細は，序章の参考文献などにある場の量子論の論文に載っている．

[9] G.'t Hooft: Nuclear Physics, B **33**, 173 (1971); B **35**, 167 (1971)．以下にも再掲．(a) C. H. Lai (ed): Gauge Theory of Weak and Electromagnetic Interactions (World Scientific, 1981).

[10] J. Goldstone: Nuovo Cimento, **19**, 154 (1961); J. Goldstone, A. Salam and S. Weinberg: Physics Review, **127**, 965 (1962).

[11] P. W. Higgs: Physics Letters, **12**, 132 (1964); F. Englert and R. Brout: Physical Review Letters, **13**, 321 (1964).

[12] グラショー，ワインバーグ，サラムの電弱理論のヒッグス機構の詳しい応用については，たとえば，F. Halzen and A. D. Martin: Quarks and Leptons (John Wiley & Sons, 1984) Sect. 15 を参照．

[*22] 標準模型では，ヒッグス粒子がクォークとレプトンの質量の起源にもなっている．それらは初めは質量ゼロであるが，ヒッグス粒子との湯川結合（問題10.21 参照）があると仮定されている．ヒッグス場が自発的対称性の破れによって「ずらされる」（式 (10.130)）と，湯川結合は二つに分かれて，片方は真の相互作用になり，もう片方が場 ψ の質量項になる．これはうまいアイデアだが，フェルミオンの質量を計算する手助けにはならない．湯川結合定数自体がわかっていないからだ．ヒッグス粒子が実際に発見されて初めて（もし発見されれば），これらすべてを実証することができる．12 章を参照せよ．

問 題

10.1 ラグランジアンによる定式化の一つの利点は，特定の座標系に依存しないことである．式 (10.6) の q は，デカルト座標，極座標，粒子の位置を指定するために使用できる他の任意の変数のどれでもよい．たとえば，下図のように，軸を上に向けて取り付けられた円錐の内側の面に無摩擦で摺動(しょうどう)する粒子の動きを解析したいとする．

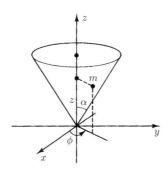

    (a) T と U を，z, θ, α（始状態の円錐の角度），m（粒子の質量），g（重力加速度）を用いて表せ．
    (b) ラグランジアンを構成して，オイラー–ラグランジュ方程式を適応し，$z(t)$, $\psi(t)$ に対する微分方程式を求めよ．
    (c) $L = (m\tan^2\alpha)z^2\dot\phi$ が運動の定数であることを示せ．量は何か．物理量に対応するか．
    (d) (c) の結果を用いて z の式から ψ を消去せよ．($z(t)$ の 2 階微分方程式が残るだろう．問題をさらに追求したい場合は，エネルギー保存則を頼りに z の 1 次方程式を得るのが最も簡単である．)

10.2 式 (10.17) を導出せよ．

10.3 式 (10.19) からスタートして，$\partial_\mu A^\mu = 0$ を示せ．そして A_μ の各成分がクライン–ゴルドン方程式 $\Box A^\nu + (mc/\hbar)^2 A^\nu = 0$ を満たすことを示せ．

10.4 ディラックラグランジアン（式 (10.14)）は ψ と $\bar\psi$ を非対称に取り扱う．対称に取り扱うために修正されたラグランジアン

$$\mathscr{L} = \frac{i\hbar c}{2}[\bar\psi\gamma^\mu(\partial_\mu\psi) - (\partial_\mu\bar\psi)\gamma^\mu\psi] - (mc^2)\bar\psi\psi$$

を用いる人もいる．この $\mathscr{L}$ にオイラー–ラグランジュ方程式を適応せよ．そして，それがディラック方程式（式 (10.15)）とその随伴になることを示せ．

10.5 複素場のクライン–ゴルドンラグランジアンは，

$$\mathscr{L} = \frac{1}{2}(\partial_\mu\phi)^*(\partial^\mu\phi) - \frac{1}{2}(mc/\hbar)^2\phi^*\phi$$

である．ϕ と ϕ^* を独立な場の変数として扱い，それぞれの場の方程式を導出し，それらの方程式が無矛盾であることを示せ（すなわち，片方の複素共役が残りの片方になる）．

10.6 オイラー–ラグランジュ方程式を式 (10.33) に適用することで，電磁気結合をもつディラック方程式を導け．

10.7 ディラックカレント（式 (10.36)）が，連続の方程式（式 (10.25)）を満たすことを示せ．

10.8 複素クライン–ゴルドンラグランジアン（問題 10.5）は大域的ゲージ変換 $\phi \to e^{i\theta}\phi$ のもとで不変である．局所ゲージ不変性を課して，完全なゲージ不変ラグランジアンを構築し，カレント密度 J^μ を求めよ．ϕ に対するオイラー–ラグランジュ方程式を用いて，このカレントが連続の式 (10.25) を満たすことを示せ．[注意：カレントは式 (10.24) で定義され，式 (10.23) ではない．前者は後者から（普通に）得られるが，J^μ が A^μ にあらわに依存するときはそうではない．この（まれな）状況では，A^μ に比例した $\mathscr{L}$ の項を選択するだけではよくない．むしろ，オイラー–ラグランジュ方程式を使って $\partial F^{\mu\nu}$ を決定し，そこからカレントを得る必要がある．]

10.9 (a) 場の変数 (ϕ_i) が微小大域的変換 $\delta\phi_i$ をすることを想定する．ラグランジアン $\mathscr{L}(\phi_i, \partial_\mu\phi_i)$ が以下の量だけ変化することを示せ．

$$\delta\mathscr{L} = \partial_\mu \left\{ \frac{\partial\mathscr{L}}{\partial(\partial_\mu\phi_i)} \delta\phi_i \right\}$$

とくに，ラグランジアンがこの変換のもとで不変であるとき，$\delta\mathscr{L} = 0$ であり，かつ中括弧の中が保存カレントになる（すなわち，連続の方程式に従う）．より正確には，もし変換 $\delta\phi_i$ がパラメーター $\delta\theta$ で特定される場合，ネーターカレントは

$$J^\mu = \frac{\partial\mathscr{L}}{\partial(\partial_\mu\phi_i)} \frac{\delta\phi_i}{\delta\theta}$$

となる（特定の状況においては，全体に掛かる定数まで，便宜上このまま使われる）．これが，ネーターの定理 [3] の本質であり，ラグランジアンの対称性と保存則を関連づけている．

(b) ネーターの定理をディラックラグランジアン（式 (10.14)）に適用させて，大域的位相不変に対応する保存カレントを構築せよ（式 (10.26)）．電気カレント（式 (10.36)）と比較せよ．

(c) 同様に，問題 (10.8) の複素クライン–ゴルドンラグランジアンにネーターの定理を適用せよ．

10.10 式 (10.51) を導出せよ．

10.11 式 (10.54) から (10.56) を用いて，式 (10.57) から式 (10.58) を導け．

10.12 ヤン–ミルズ理論での

$$\boldsymbol{F}^{\mu\nu} \equiv \partial^\mu \boldsymbol{A}^\nu - \partial^\nu \boldsymbol{A}^\mu$$

の定義を考える．
(a) 微小ゲージ変換（式 (10.61)）のもとでの $\boldsymbol{F}^{\mu\nu}$ の変換則を求めよ．
(b) この場合の，$\mathscr{L}_A$（式 (10.63)）の微小変換則を求めよ．このラグランジアンは不変だろうか．

$$\left[\text{答え：(a) } \boldsymbol{F}^{\mu\nu} \to \boldsymbol{F}^{\mu\nu} + \frac{2g}{\hbar c}[\boldsymbol{\lambda} \times \boldsymbol{F}^{\mu\nu} + \boldsymbol{A}^\mu \times \partial^\nu\boldsymbol{\lambda} - \boldsymbol{A}^\nu \times \partial^\mu\boldsymbol{\lambda}] \right] \quad (10.137)$$

$$\left(\text{b) } \boldsymbol{F}^{\mu\nu} \cdot \boldsymbol{F}_{\mu\nu} \to \boldsymbol{F}^{\mu\nu} \cdot \boldsymbol{F}_{\mu\nu} + \frac{8g}{\hbar c}(\boldsymbol{A}_\nu \times \boldsymbol{F}^{\mu\nu}) \cdot \partial_\mu\boldsymbol{\lambda} \right] \quad (10.138)$$

10.13 式 (10.61) と (10.65) から式 (10.66) を導出せよ．

10.14 以下の手順で，ゲージ場のラグランジアン（式 (10.63)）が有限局所ゲージ変換のもとで不変であることを証明せよ．
(a) 式 (10.58) と (10.65) を用いて

$$\boldsymbol{\tau} \cdot \boldsymbol{F}^{\mu\nu\prime} = S(\boldsymbol{\tau} \cdot \boldsymbol{F}^{\mu\nu})S^{-1}$$

となることを示せ．$[\partial_\mu(S^{-1}S) = 0 \Rightarrow (\partial_\mu S^{-1})S = -S^{-1}(\partial_\mu S)$ に注目．]
(b) したがって，

$$\text{Tr}[(\boldsymbol{\tau} \cdot \boldsymbol{F}^{\mu\nu})(\boldsymbol{\tau} \cdot \boldsymbol{F}_{\mu\nu})]$$

が不変であることを示せ．

(c) 問題 4.20 (c) を用いて，(b) のトレースが $2\boldsymbol{F}^{\mu\nu} \cdot \boldsymbol{F}_{\mu\nu}$ となることを示せ．

10.15 オイラー–ラグランジュ方程式を式 (10.69) のラグランジアンに適用する．通常の組み合わせ（式 (7.71)，(7.72)，(7.79)）を用いて，古典的なヤン–ミルズ理論としての「マクスウェル方程式」を導け．[三つの電荷密度，三つの電流密度，三つのスカラーポテンシャル，三つのベクトルポテンシャル，三つの「電場」，三つの「磁場」がこの理論にあることに注目．]（電気力学とは異なり，$\boldsymbol{E}$ と $\boldsymbol{B}$ の発散と回転は必然的にポテンシャルを含む．）

10.16 任意の 3×3 のエルミート行列は，単位行列と八つのゲルマン行列（式 (10.76)）の線形結合で書けることを示せ．

10.17 (a) 任意の行列 A について $\det(e^A) = e^{\mathrm{Tr}(A)}$ が成り立つことを示せ．[ヒント：まず対角行列を調べる．次に任意の対角化可能な行列 ($S^{-1}AS = D$, D は対角行列で，S は何かの行列) に拡張して，$\mathrm{Tr}(A) = \mathrm{Tr}(D)$, かつ $S^{-1}e^A S = e^D$ であることを，それゆえ $\det(e^A) = \det(e^D)$ であることを示す．もちろんすべての行列が対角化できるわけではない．しかし，どの行列もジョルダン標準形 ($S^{-1}AS = J$, このとき，J は対角成分と対角線のすぐ隣にあるいくつかの 1 からできた行列) で表すことができる．そこから始めよ．

(b) $e^{i\boldsymbol{\lambda}\cdot\boldsymbol{a}}$ （式 (10.78)）の行列式が 1 であることを示せ．

10.18 式 (10.81) からスタートして，式 (10.82) と (10.83) を導出せよ．

10.19 プロカ伝播関数（式 (10.95)）が，本文でいうところの式 (10.92) のテンソルの逆数であることを確認せよ．

10.20 ABC 理論（6 章）のラグランジアンを構築せよ．

10.21 以下の湯川ラグランジアンの物理的解釈を与えよ．

$$\mathscr{L} = \left[i\hbar c\bar{\psi}\gamma^\mu \partial_\mu \psi - m_1 c^2 \bar{\psi}\psi\right] \\ + \left[\frac{1}{2}(\partial_\mu \phi)(\partial^\mu \phi) - \frac{1}{2}\left(\frac{m_2 c}{\hbar}\right)^2 \phi^2\right] - \alpha_Y \bar{\psi}\psi\phi \tag{10.139}$$

粒子のスピンと質量とは何か．それらの伝播関数は何か．それらの相互作用についてファインマン図を描き，バーテックスの因子を決めよ．

10.22 式 (10.120) を導出せよ．

10.23 式 (10.119) の代わりに

$$\psi_1 \equiv (\eta + \xi)/\sqrt{2}, \qquad \psi_2 \equiv (\eta - \xi)/\sqrt{2}$$

を基本的な場に取る．ψ_1, ψ_2 についてのラグランジアン（式 (10.120)）を求めよ．
[コメント：一見，二つの質量場があり，ゴールドストンの定理から逃れられそうに思える．残念ながら，$-\mu_2 \psi_1 \psi_2$ というかたちの項もある．もしこれを相互作用として解釈すると，ψ_1 が ψ_2 になり，逆も同様である．これは，どちらも独立した自由粒子として存在しないことを意味する．むしろこの表現は，質量行列（式 (10.45)）の非対角項として解釈されるべきであり，理論における基本的な場を誤って識別したことを示している．物理的な場は M が対角であり，一方から他方への直接遷移が生じないものである．4.4.3 項で，このような状況に遭遇した．$K_0 \leftrightarrow \bar{K}_0$ を見つけたので，これらは物理的な粒子状態ではない．その代わりに，質量行列が対角であるという観点から，線形結合 K_1 および K_2 が「真の」粒子である．]

10.24 式 (10.115) からの議論を三つの場 (ϕ_1, ϕ_2, ϕ_3) に一般化する．三つの粒子の質量はいくつか．またこの場合いくつのゴールドストンボソンが存在するだろうか．

10.25 式 (10.129)，(10.130) からスタートして，式 (10.131) を導出せよ．

10.26 式 (10.131) の中括弧内のすべての相互作用の基本バーテックスを書け．また，式 (10.136) で残っているものを丸で囲め．

11
ニュートリノ振動

最近の実験結果によると，ニュートリノは（たとえば，$\nu_e \leftrightarrow \nu_\mu$ のように）あるフレーバーから別のフレーバーに転換できる．これが意味するところは，ニュートリノはゼロではない質量をもち，レプトン数（電子，ミュー粒子，タウについて）はフレーバーごとに保存しない．ニュートリノ振動が太陽ニュートリノ問題を解決し，標準模型にわずかな変更を要求する．この章の議論のほとんどは，それだけで話が閉じているので，2 章の直後にここを読んでも構わない．

11.1 太陽ニュートリノ問題

19 世紀半ばにレイリー卿が太陽の年齢を計算したときにまで話はさかのぼる [1]．彼は（当時の誰もがそうであったように）太陽エネルギーの源は重力だと仮定した．無限遠から物が集まって蓄積されたエネルギーが放射というかたちで長い時間をかけて解放されていると考えた．知られていた太陽の放射のレート（彼はそれを定数とした）に基づいて，レイリーは太陽の年齢の考え得る最大値が，地質学者によって見積もられていた地球の年齢よりもはるかに短く，さらにいうと，ダーウィンの進化論に必要な年月よりも短いことを示した．確固たる宗教的バックグラウンドをもち，ダーウィンの進化論に反対していたレイリーはこの結果を喜んだが，困惑したダーウィンは彼の本のその後の版から進化に関する見積もりを削除した．

1896 年にベクレルが放射能を発見した．その後の研究で彼とキュリーらはラジウムのような放射性物質が驚くべき量の熱を出すことに気づいた．これが意味するところは，重力ではなく核分裂が太陽のエネルギーの源かもしれず，太陽がはるかに長い寿命をもっていても構わないということだった．唯一の問題は，太陽にはいかなる放射性物質もなさそうで，ほとんどが水素からできているということだった（加えてわずかに軽元素はあったが，ウランやラジウムは間違いなくなかった）．

1920 年までに，アストンは念入りな原子質量の一連の測定を終え，エディントンは 1 個のヘリウム 4 原子よりも，4 個の水素原子の方が少しだけ重いことに気づいた．

ステップ1：二つの陽子から一つの重水素を生成

$p + p \rightarrow d + e^+ + \nu_e$

$p + p + e^- \rightarrow d + \nu_e$

ステップ2：重水素と陽子から ^{3}He を生成

$d + p \rightarrow {}^3\text{He} + \gamma$

ステップ3：^{3}He からアルファ粒子か ^{7}Be を生成

${}^3\text{He} + p \rightarrow \alpha + e^+ + \nu_e$

${}^3\text{He} + {}^3\text{He} \rightarrow \alpha + p + p$

${}^3\text{He} + \alpha \rightarrow {}^7\text{Be} + \gamma$

ステップ4：ベリリウムからアルファ粒子を生成

${}^7\text{Be} + e^- \rightarrow {}^7\text{Li} + \nu_e$

${}^7\text{Li} + p \rightarrow \alpha + \alpha$

${}^7\text{Be} + p \rightarrow {}^8\text{B} + \gamma$

${}^8\text{B} \rightarrow {}^8\text{Be}^* + e^+ + \nu_e$

${}^8\text{Be}^* \rightarrow \alpha + \alpha$

図 11.1　pp チェーン．太陽の中で陽子からどのようにアルファ粒子が生成されるかを示す

これは，（アインシュタインの $E = mc^2$ の観点から）4 個の水素が融合している方がエネルギー的には得をしていて，かなりのエネルギーを解放できることを意味していた．エディントンはこの過程（核融合）が太陽のエネルギーとなっていることを提案し，基本的に彼は正しかった．もちろん，エディントンは，水素を結合させる仕組みが何であるかは知らなかった．これに答えるには，1930 年代の核物理学の発展を待たなければならなかった．とりわけ，チャドウィックによる中性子の発見とパウリによるニュートリノの導入が重要だった．

1938 年にハンス・ベーテが詳細を研究したところ，非常に複雑だということがわかった．重い星のおもな燃焼メカニズムは CNO（炭素・窒素・酸素）サイクルで，わずかな量のこれら三つの元素を「触媒」として核融合が起きている．しかし，太陽（と比較的軽い星）では，おもな反応過程はいわゆる「pp チェーン」である（図 11.1）．まず陽子（水素の原子核）の対が結合して，重水素と陽電子とニュートリノをつくる（重水素は陽子と中性子なので，ここで本当に起こっているのは，陽子が中性子と陽電子とニュートリノに変換しているということ，すなわち中性子の逆ベータ崩壊だ）．あるいは，放出された陽電子を入射電子に置き換えてもよい．どちらにせよ，（いくつかのニュートリノを伴って）陽子から重水素が生成される．重水素はすぐに別の陽子と

結合してヘリウム 3 原子核（2 個の陽子と 1 個の中性子）をつくり，光子というかたちでエネルギーを解放する．ヘリウム 3 には三つの選択肢がある．束縛のゆるい他の陽子と結合してヘリウム 4 の原子核（2 個の陽子と 2 個の中性子）であるアルファ粒子をつくることができる．ここでもまた，陽子は（陽電子とニュートリノを放出して）中性子に変わる．あるいは，2 個のヘリウム 3 が結合して 1 個のアルファ粒子と 2 個の陽子になることもできる．あるいは，ヘリウム 3 が（これよりも前の反応で生成された）アルファ粒子と結合して光子の放出とともにベリリウム 7 を生成してもよい．最後に，ベリリウムは電子を吸収してリチウムになり，そのリチウムが陽子と結合して 2 個のアルファ粒子を生成するか，陽子を吸収してホウ素を生成し，そのホウ素がベリリウム 8 の励起状態になりそこから 2 個のアルファ粒子を生成する．

詳細は大して重要ではない．重要な点は，いつも水素（陽子）から始まって，最後はアルファ粒子（ヘリウム 4 の原子核）で終わることだ．これは，まさしくエディントンの反応だ．加えて，いくつかの電子，陽電子，光子，そしてニュートリノも放出される．しかし，この複雑な話は本当なのだろうか．太陽内部で起こっていることをどのように知ることができるのだろうか．光子は太陽の中心から表面に出てくるまでに何千年もかかるので，われわれが地球から見ている光では太陽内部のことはほとんどわからない．しかし，ニュートリノは相互作用が非常に弱いので，太陽の中を通り抜ける際に散乱をしないで出てくると考えてよい．よって，ニュートリノは太陽内部の研究をするための完璧なプローブとなる．

pp チェーンでは，ニュートリノを生成する 5 種類の反応があり，そのそれぞれが図 11.2 に示されているように，特徴的なエネルギースペクトルをもつ．圧倒的に一番多いのは，最初の反応 $p + p \rightarrow d + e + \nu_e$ から来るものだ．運の悪いことに，この反応から出てくるニュートリノのエネルギーは相対的に低くて，たいていの検出器ではこの領域をうまく観測できない．そのために，ホウ素 8 反応のニュートリノは数が多いとはまったくいえないが，たいていの実験家は実際にはこのニュートリノを使っている．

太陽からやって来るニュートリノは確かにたくさんある．太陽ニュートリノの量の計算のほとんどをやっているジョン・バーコールが好んでいうように，親指を毎秒 1000 億個のニュートリノが通り抜けている．しかしそれらは相互作用があまりに弱いので，体内で起きるニュートリノ反応を見つけようとしても，一生の間にせいぜい 1 回か 2 回だ．1968 年に，レイ・デービスたちはサウスダコタのホームステイク鉱山に設置した（宇宙線バックグラウンドを取り除くために地下深くで実験しないとならない）巨大

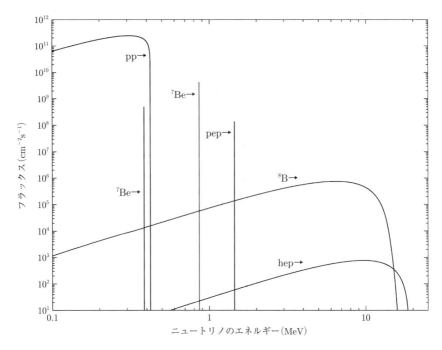

図 11.2 太陽ニュートリノのエネルギースペクトルの計算値（出典：J.N. Bahcall, A.M. Serenelli, and S. Basu: Astrophysical Journal, **621**, L85 (2005)）

な塩素（実際には，消毒液）タンクを使って，太陽ニュートリノを初めて観測したことを報告した [2]．塩素は $\nu_e + {}^{37}\text{Cl} \to {}^{37}\text{Ar} + e$（本質的にはこれも $\nu_e + n \to p + e$）という反応によってニュートリノを吸収してアルゴンになる．デービスの実験では数か月間アルゴン原子を集め（だいたい 2 日に原子 1 個の割合で生成された），それによって 2002 年にとうとうノーベル賞を受賞した．集めた総量はバーコールの予測値の約 1/3 だった [3]．これにより，有名な「太陽ニュートリノ問題」が生まれた．

11.2 振動

当時は，たいていの人が実験は間違っていると思っていた．結局のところ，デービスは 615 トンのテトラクロロエチレンの入ったタンクの中から全部で 33 個のアルゴンが出てきたと主張した．いくつかのアルゴンを逃してしまったと想像してしまいがちだ．理論の側では，バーコールの計算は太陽内部のいわゆる標準太陽模型に強く依

11.2 振動

存していた．しかし徐々に，とりわけ，別の検出方法を使った他の実験が欠損を確認したことで，学界は太陽ニュートリノ問題を真剣に受け止め始めた．

1968 年にブルーノ・ポンテコルボが太陽ニュートリノ問題に対する美しく，かつ単純な説明を提案した．それは，太陽で生成された電子ニュートリノが飛んでくる間に別の種類（たとえば，ミューニュートリノや反ニュートリノ）に変わってしまうというもので [4]，それに対して，デービスの実験は電子ニュートリノ以外には感度がなかった．これは，いまわれわれが「ニュートリノ振動」とよぶものだ．理論はきわめて単純だ．基本的に複合状態の量子力学で，ほとんど古典理論における結合振動 [5] と同じだ．たとえば，ν_e と ν_μ という 2 種類のニュートリノの場合を考えてみよう．一方がもう一方に自発的に変換できるとしたら，そのどちらもがハミルトニアンの固有状態ではないことを意味している．この系の真の安定な状態は，あきらかに，いくつかの直交する成分の線形結合だ

$$\nu_1 = \cos\theta\,\nu_\mu - \sin\theta\,\nu_e, \qquad \nu_2 = \sin\theta\,\nu_\mu + \cos\theta\,\nu_e \tag{11.1}$$

（係数を正弦と余弦で書くのは，たんに規格化をするうまい方法だからだ）．

シュレーディンガー方程式によると，これらの固有状態は単純な時間依存性 $e^{-iE_i t/\hbar}$ をもつ．

$$\nu_1(t) = \nu_1(0)e^{-iE_1 t/\hbar}, \qquad \nu_2(t) = \nu_2(0)e^{-iE_2 t/\hbar} \tag{11.2}$$

例として，初期状態が電子ニュートリノの場合を考えよう．

$$\nu_e(0) = 1, \quad \nu_\mu(0) = 0 \quad \text{よって} \quad \nu_1(0) = -\sin\theta, \quad \nu_2(0) = \cos\theta \tag{11.3}$$

この場合，

$$\nu_1(t) = -\sin\theta\, e^{-iE_1 t/\hbar}, \qquad \nu_2(t) = \cos\theta\, e^{-iE_2 t/\hbar} \tag{11.4}$$

となる．式 (11.1) を ν_μ について解くと，

$$\nu_\mu(t) = \cos\theta\,\nu_1(t) + \sin\theta\,\nu_2(t) = \sin\theta\cos\theta\left(-e^{-iE_1 t/\hbar} + e^{-iE_2 t/\hbar}\right) \tag{11.5}$$

となる．時間 t 後に電子ニュートリノがミューニュートリノに変わる確率はあきらかに

$$|\nu_\mu(t)|^2 = (\sin\theta\cos\theta)^2 \left(e^{-iE_2 t/\hbar} - e^{-iE_1 t/\hbar}\right)\left(e^{iE_2 t/\hbar} - e^{iE_1 t/\hbar}\right)$$

$$= \frac{\sin^2(2\theta)}{4}\left(1 - e^{i(E_2-E_1)t/\hbar} - e^{-i(E_2-E_1)t/\hbar} + 1\right)$$

$$= \frac{\sin^2(2\theta)}{4}\left(2 - 2\cos\frac{(E_2-E_1)t}{\hbar}\right) = \frac{\sin^2(2\theta)}{4} 4\sin^2\left(\frac{E_2-E_1}{2\hbar}t\right)$$

あるいは

$$P_{\nu_e \to \nu_\mu} = \left[\sin(2\theta)\sin\left(\frac{E_2-E_1}{2\hbar}t\right)\right]^2 \tag{11.6}$$

である.

なぜそれがニュートリノ振動とよばれるのかわかるだろう. ちょうど基準振動数の間で結合振動子が行ったり来たりするように, ν_e が ν_μ に変わり, その後また正弦波的に元に戻る. この理論の中では, 電子ニュートリノとミューニュートリノ自身はきちんと定義されたエネルギー, あるいは質量をもっていない. 「質量固有状態」は m_1 と m_2 をもつ ν_1 と ν_2 である[*1]. 質量 m で高いエネルギーをもつ相対論的粒子のエネルギーと運動量は何であろうか. そう, それは $E^2 - |\boldsymbol{p}|^2c^2 = m^2c^4$ なので,

$$E^2 = |\boldsymbol{p}|^2c^2 + m^2c^4 = |\boldsymbol{p}|^2c^2\left(1 + \frac{m^2c^2}{|\boldsymbol{p}|^2}\right)$$

$$E \approx |\boldsymbol{p}|c\left(1 + \frac{1}{2}\frac{m^2c^2}{|\boldsymbol{p}|^2}\right) = |\boldsymbol{p}|c + \frac{m^2c^3}{2|\boldsymbol{p}|}$$

である. すると, あきらかに[*2]

$$E_2 - E_1 \approx \frac{m_2^2c^3 - m_1^2c^3}{2|\boldsymbol{p}|} \approx \frac{(m_2^2 - m_1^2)}{2E}c^4 \tag{11.7}$$

であり, よって[*3]

$$P_{\nu_e \to \nu_\mu} = \left\{\sin(2\theta)\sin\left[\frac{(m_2^2 - m_1^2)c^4}{4\hbar E}t\right]\right\}^2 \tag{11.8}$$

となる. ニュートリノの飛行距離 $z \sim ct$ の関数として書くこともできる.

$$P_{\nu_e \to \nu_\mu} = \left\{\sin(2\theta)\sin\left[\frac{(m_2^2 - m_1^2)c^3}{4\hbar E}z\right]\right\}^2 \tag{11.9}$$

とくに, 距離

$$L = \frac{2\pi\hbar E}{(m_2^2 - m_1^2)c^3} \tag{11.10}$$

[*1] とりわけ, (たとえば) 電子ニュートリノの「質量」について語るのは, 文字通りナンセンスだ. それには質量はなく, 三つの和音が (一つの) ピッチを刻んでいるにすぎない.

[*2] ここでは, E ではなく p を定数にする標準的な導出に従った. カイザーがこれは「正確には正しくない」と指摘しているが[6], 「無害な過ち」だ. というのも, (はるかにすっきりと) 正しい答えにたどり着ける.

[*3] 完全に同じ定式化を中性 K 中間子混合にも適用できる (4.4.3.1 を参照). 問題11.2 を参照せよ.

飛行した後に，変換確率は最大値 $\sin^2(2\theta)$ に到達し，$2L$ のところですべてが元の電子ニュートリノに戻る．

ニュートリノ振動が起こるためには，二つの要素が必要だということに注意しよう．混合（θ）と質量差がなければならない．とくに，両方のニュートリノの質量がゼロにはなれない．標準模型はニュートリノ質量がゼロであることを要求するとよくいわれるが，私は同意しない．そういう仮定をした方が計算のいくつかが簡単になるのは本当だが，ニュートリノが質量ゼロであるべきという根源的な理由がない（一方で，光子の場合は質量ゼロということが本質的に重要だ）．すでにクォークセクターで起きていることがわかっているが，世代間の混合の方がより重要な変更で，ある意味，レプトンで起きていなかったとしたらそれはさらなる驚きだ[*4]．

11.3 ニュートリノ振動の確認

2001年にスーパーカミオカンデ実験グループが太陽ニュートリノについての結果を発表した [9]．デービスらの実験と違って，スーパーカミオカンデは検出器として水を使い（図 11.3），電子ニュートリノ同様，ミューニュートリノとタウニュートリノにも感度がある．その反応過程は $\nu + e \to \nu + e$ という弾性ニュートリノ–電子散乱で，出てきた電子は水中で放出したチェレンコフ光によって検出される．ニュートリノの種類はいかなるものでもよいが，電子ニュートリノの検出効率の方が他の2種類のニュートリノに対するよりも 6.5 倍大きい[*5]．ニュートリノがすべて電子ニュートリノだと仮定したところ，彼らは予測値の 45% しか観測しなかった．しかし，検出器は μ タイプと τ タイプのニュートリノに対しては感度が低いことを思い出そう．もし，いくらかの ν_e が ν_μ あるいは ν_τ に変換していたとしたら，実際のフラックスはもっと高いはずだ．しかし，どれだけのニュートリノが実際に変換したかを知る由もないので，フラックスが本当はどれだけ高いのかを知ることはできなかった．ホームステイクのデータを振り返ってもよいが（ホームステイクでは電子ニュートリノだけを観

[*4]（真空ではなく）物質中を通過するニュートリノには，電子ニュートリノの弾性散乱（W の交換による $\nu_e + e \to \nu_e + e$）と，すべてのタイプのニュートリノが Z^0 交換によって e, p, n と相互作用することに起因する別の効果がある．ウォルフェンシュタイン，ミケーエフ，スミルノフによって初めて指摘された（それゆえ，もともとは MSW 効果として知られていた）[7] この可能性は，式 (11.9) の関数形を変えることはないが，実効的な混合角と質量差を変えて，それらが物質の密度とビームのエネルギーに依存するようになる [8]．

[*5] 3種類すべてのニュートリノ種で Z^0 を交換することによる弾性ニュートリノ–電子散乱が起こるが，電子ニュートリノには W を誘起する別のダイアグラムがある（問題 11.3）．

420   11 ニュートリノ振動

図 11.3 スーパーカミオカンデ検出器（人がゴムボートに乗っていることに注目）
（提供：東京大学宇宙線研究所）

測していたことを思い出そう），実験環境があまりに違いすぎてその比較は説得力のあるものではなかった．

一方で，サドベリー・ニュートリノ観測施設（SNO）で，通常の水ではなく重水（D_2O）を使った非常によく似た実験が計画された．重水のよいところは，中性子が存在するため（電子を飛び出させる弾性散乱に加えて）別の二つの反応が存在し，それによって電子ニュートリノのフラックスと全ニュートリノフラックスを別々に測定できることである（図 11.4）．2001 年の夏，SNO グループは最初の結果を公表し [10]，（電子ニュートリノにだけ適用される）ニュートリノの吸収過程を報告した．彼らは予測フラックスの 35% を観測した．これをスーパーカミオカンデのデータ（45%）と比較すると，スーパーカミオカンデで検出したニュートリノの 10% は実際には ν_μ か ν_τ に違いなかった．けれども，検出器が電子ニュートリノに対して 6.5 倍感度がよいことを知っている．なので，もしそれらが ν_e だったとしたら，本来は $6.5 \times 10 = 65\%$ あるはずで，$35 + 65 = 100$ となり，計算が合っている！ これは偶然にしては完璧す

11.3 ニュートリノ振動の確認

ホームステイクの実験(1968)

$$\nu_e + {}^{37}\text{Cl} \rightarrow {}^{37}\text{Ar} + e$$

スーパーカミオカンデの実験(1998)

$$\nu + e \rightarrow \nu + e$$

サドベリー・ニュートリノ観測所(2002)

$$\nu_e + d \rightarrow p + p + e$$
$$\nu + d \rightarrow n + p + \nu$$
$$\nu + e \rightarrow \nu + e$$

図 11.4　ホームステイク，スーパーカミオカンデ，SNO における検出の仕組み

ぎる．そこで多くの人はそのときに太陽ニュートリノ問題は解けたと，ニュートリノ振動を確認したと結論づけた．だが，それでもすべての人が確信したわけではなかった．というのも，この議論は，別の装置を使って別の環境で得たデータを無理やり連結させたものであったからだ．それを絶対的に確定するためには，全フラックスと電子ニュートリノフラックスの二つの測定を同じ環境で行わなければならなかった[*6]．そのような結果が 2002 年 4 月にとうとう SNO グループによってもたらされた [12]．前の夏の仮の結論を（電子ニュートリノのミューニュートリノ，あるいはタウニュートリノへの変換に対して）

$$\theta_{\text{sol}} \approx \pi/6, \qquad \Delta(m^2)_{\text{sol}} \approx 8 \times 10^{-5} \, (\text{eV}/\text{c}^2)^2 \tag{11.11}$$

という値で完全に確かめたというにとどめておこう．

もちろん，太陽がニュートリノの唯一の供給源ではない．地球を起源とするもの（放射性物質や原子炉や粒子加速器）や，大気起源（宇宙線）や，天文的なもの（超新星爆発）もある．実際，ニュートリノ振動の最初の強い証拠は，1990 年代初頭に大気ニュートリノを使ったカミオカンデで得られた（スーパーカミオカンデの 1 世代前のもの）[13]．大気ニュートリノは，宇宙線（地球外から飛来する高エネルギーの陽子）が大気上空の空気分子と衝突して生成されるパイ中間子やミュー粒子の崩壊により生成される．

[*6] ちなみに，たんにニュートリノが崩壊したのではないかと思うかもしれない．それにより，間違いなくニュートリノは減るので．しかし，何に崩壊できるのだろうか．もしかしたら，われわれがまだ知らない，より軽いフェルミオンに崩壊するのかもしれない．SNO 実験が，たんに電子ニュートリノが消えているだけでなく，他のフレーバーが現れているということを決定的に示すまでは，ニュートリノ崩壊は（信じがたいかもしれないが）実際にあり得るオプションであった．カイザーはこれをニュートリノ振動の「確固たる」証拠だとよんだ．少なくとも一番重いニュートリノが不安定だというのは本当かもしれないが，その寿命はあまりに長く，おそらく現在の実験結果に影響を与えない [11]．

$$\pi^+ \to \mu^+ + \nu_\mu, \qquad \mu^+ \to e^+ + \nu_e + \bar{\nu}_\mu$$
$$\pi^- \to \mu^- + \bar{\nu}_\mu, \qquad \mu^- \to e^- + \bar{\nu}_e + \nu_\mu \tag{11.12}$$

あきらかに，ミューニュートリノ（と反ニュートリノ）は，電子ニュートリノの 2 倍あるはずだ[*7]．しかし，実際には，カミオカンデではほぼ同数の電子ニュートリノとミューニュートリノを観測した．これが意味するところは，ミューニュートリノが他の種類のニュートリノに変換しているということだ．じつは，カミオカンデ検出器はニュートリノがどこから飛来しているのか方向を測ることができた．頭上から直接来ているものは 10 km 程度しか飛行せず，期待される比は 2:1 であった．しかし，天頂角が大きくなるに従い（つまり，ニュートリノが生成された地点からの距離が増えると），その割合は減った（問題 11.4）．これらの結果は，1998 年にスーパーカミオカンデで確認され，測定精度が改善された [14]．ミューニュートリノが

$$\theta_\text{atm} \approx \pi/4, \qquad \Delta(m)^2_\text{atm} \approx 3 \times 10^{-3}\,(\text{eV}/c^2)^2 \tag{11.13}$$

という値をもってタウニュートリノに変換しているように見える．（ミューニュートリノ振動に関する）大気ニュートリノ実験では，（電子ニュートリノに関する）太陽ニュートリノ問題については何もわからないが，二つの異なる文脈で同じ現象が起きているのを見るのは安心感がある．

ニュートリノ振動の理想的な試験は，生成地点が固定されていて（原子炉か加速器），検出器の位置を動かせるものだ．それらの間の距離が増えれば，式 (11.9) で予言される正弦曲線の変動を見ることができるはずだ．不運なことに，ニュートリノ検出器は巨大な傾向があり，また，振動距離は典型的には数百 km のオーダーだ（一方，点源からのフラックスは $1/r^2$ で減る）．よって，固定標的できわめて強度の強いニュートリノ源をつくり，エネルギー依存性を見なければならない．

カムランド実験 [15] はスーパーカミオカンデのあるサイトで新たな検出器を使い，100 km から 200 km 離れたところにあるいくつかの原子力発電所からのニュートリノを観測する．MINOS 実験 [16] はミネソタ州スーダン鉱山にある検出器を使い，750 km 離れたイリノイ州のフェルミラボから加速器によって生成されたニュートリノを観測する．

[*7] もちろん，すべてのパイ中間子がミュー粒子に崩壊するわけではないし，すべてのミュー粒子が地上に届く前に崩壊するわけではない．さらに，パイ中間子同様 K 中間子も宇宙線によって生成される．なので，2 倍というのは正確ではないが，非常に近い値だ．

11.4 ニュートリノ質量

ニュートリノが3種類あると，三つの質量差は以下になる．

$$\Delta_{21} = m_2^2 - m_1^2, \quad \Delta_{32} = m_3^2 - m_2^2, \quad \Delta_{31} = m_3^2 - m_1^2 \quad (11.14)$$

そのうちの二つだけが独立だ（$\Delta_{31} = \Delta_{21} + \Delta_{32}$）[*8]．振動測定結果（式 (11.11) と (11.13)）は，質量分離の片方は非常に小さく，もう一方は比較的大きいことを示唆している．質量の近い対を（$m_2 > m_1$ として）ν_1 と ν_2 とよび，質量の離れている方を ν_3 とよぶ．この構造はなんとなく荷電レプトン（e と μ の質量が近く，τ がずっと重い）や，クォーク（d と s は近くて b は遠く，u と c は比較的近いが t はずっと重い）を思い出させるので，ν_3 が他の二つよりも重いと仮定するのは自然だ．しかし，ν_3 の方が ν_1 と ν_2 よりもはるかに軽いという「逆」スペクトルの可能性もある（図 11.5）．

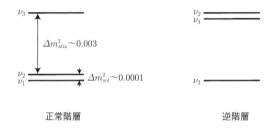

図 11.5 「正常」と「逆」の場合のニュートリノ質量スペクトル．単位は $(\mathrm{eV}/c^2)^2$ である

運の悪いことに振動ではニュートリノの質量の違い（の2乗）にのみにしか感度がないが，測定したいのはニュートリノ個々の質量だ．しかし，これは簡単ではない [19]．通常の方法はトリチウムのベータ崩壊スペクトルの高エネルギー側のカットオフを調べるものだ（9.2 節との類推）．しかし，これらの実験ではニュートリノ質量の上限値を与えたが，今日までに実際の質量の有限値の測定はない．一方で，偶然にも超新星爆発 SN 1987A によって上限値が独立に設定された．超新星爆発で，さまざまなエネルギーをもつ 19 個のニュートリノがたった 10 秒間の間に観測された．質量をもつ粒

[*8] ロスアラモス研究所での LSND 実験は，3番目の質量分離がこの制約と一致しないということを報告して [17]，しばらくの間第4番目のニュートリノの確証だと解釈された．しかしながら，弱い相互作用をする軽いニュートリノは正確に3種類だとすでに確定していたので（1.11 節），その「余計な」ニュートリノは「ステライル」（重力以外の相互作用をしない）だと考えられた．とにかく，フェルミラボの MiniBooNE 実験が LSND の結果を決定的に否定し [18]，それにより，ステライルニュートリノの概念も否定された．

子であれば（当然のことだが）速さはエネルギーの関数になるが，それだけの短時間の間にその19個が到達したことから，ニュートリノ質量に約 $20\,\mathrm{eV}/c^2$ という上限値がついた（問題 11.5）．他方，大気ニュートリノ振動（式 (11.13)）は，少なくとも一つのニュートリノの質量は $0.04\,\mathrm{eV}/c^2$ を超えていることを示唆している．これら利用可能な証拠のすべてから，今日（2008年）いえることは最も重いニュートリノの質量は，$0.04\,\mathrm{eV}/c^2$ から $0.4\,\mathrm{eV}/c^2$ の間ということだ[*9]．

11.5 混合行列

11.2節では，2種類のニュートリノ（議論のために ν_e と ν_μ としよう）の間での振動について議論した．もちろん，ニュートリノの種類は3種類であり，これが代数を少し複雑にしてしまう[*10]．しかし，本質的なことは変わらない．ニュートリノはフレーバーの固有状態として相互作用をするが（ν_e は電子の対であり，ν_μ はミュー粒子の，ν_τ はタウの対である），伝播する際には，自由粒子のハミルトニアン，すなわち，質量の固有状態 ν_1, ν_2, ν_3 として伝播する．フレーバーの固有状態は，複雑な，振動的な発展をする．というのも，結合振動子のビートのように互いに張り合っている三つの違った質量をもっているからだ．

同様の混合がクォークにも発生している．ただし，よく知られているフレーバー（d, s, b）が質量の固有状態であるところは，ニュートリノとは異なっていて，ニュートリノの場合に対応する「弱い相互作用の固有状態」（d', s', b'）は「回転」されてい

[*9] クォークとレプトンの中で，ニュートリノだけはもしかしたら反粒子と粒子の区別のない，すなわち「ディラック」ではなく「マヨラナ」ニュートリノかもしれない（問題 7.51）．1.5節で，デービスとハマーの実験が ν_e は $\bar{\nu}_e$ と区別がつくことを示したようにみえる，と言及した．しかし，それは，式 (1.13) を禁止する（反）ニュートリノのヘリシティだったのかもしれない．決定的な試験は，2個の電子を放出し，ニュートリノを放出しない，原子番号 Z の原子核が原子番号 $Z+2$ になるニュートリノレスダブルベータ崩壊だ．これは，崩壊で出てくる2個のニュートリノが消滅してしまうものだ．$\bar{\nu}_e \equiv \nu_e$ だとすると可能だが，これまで観測されていない．このシナリオが興味深い理由の一つは，マヨラナニュートリノがいわゆる「シーソー」機構で要求されるからだ．シーソー機構では，ニュートリノの質量がとてつもなく小さいことを説明するために，ニュートリノが，その質量に反比例するようなとてつもなく重いニュートリノと対になっていると考える [20]．いずれにせよ，ニュートリノのフレーバー振動は，ディラックに対してもマヨラナニュートリノに対しても同じように作用する．

[*10] 後でわかるように，三つの質量が互いに十分違っている場合（これまでに見てきたように，実際そうなっているのであるが）は，（式 (11.9) で記述された）「擬2ニュートリノ振動」がきわめてよい近似になっている [21]．

る[*11]．CKM 行列（式 (9.86)）は，クォークセクターの質量の固有状態を弱い相互作用の固有状態と関係づける．レプトンについて同じように組み立てられたものは，たびたび，「MNS 行列」とよばれる [22]．

$$\begin{pmatrix} \nu_e \\ \nu_\mu \\ \nu_\tau \end{pmatrix} = \begin{pmatrix} U_{e1} & U_{e2} & U_{e3} \\ U_{\mu 1} & U_{\mu 2} & U_{\mu 3} \\ U_{\tau 1} & U_{\tau 2} & U_{\tau 3} \end{pmatrix} \begin{pmatrix} \nu_1 \\ \nu_2 \\ \nu_3 \end{pmatrix} \quad (11.15)$$

以前と同じように（式 (9.87)），三つの角度（θ_1, θ_2, θ_3）と一つの位相因子（δ）で書き表すことができる

$$U = \begin{pmatrix} c_{12}c_{13} & s_{12}c_{13} & s_{13}e^{-i\delta} \\ -s_{12}c_{23} - c_{12}s_{23}s_{13}e^{i\delta} & c_{12}c_{23} - s_{12}s_{23}s_{13}e^{i\delta} & s_{23}c_{13} \\ s_{12}s_{23} - c_{12}c_{23}s_{13}e^{i\delta} & -c_{12}s_{23} - s_{12}c_{23}s_{13}e^{i\delta} & c_{23}c_{13} \end{pmatrix} \quad (11.16)$$

（ただし，$c_{ij} \equiv \cos\theta_{ij}$, $s_{ij} \equiv \sin\theta_{ij}$ とする）．しかし，クォークの混合角はすべてがやや小さい（それゆえ，CKM 行列は対角行列とはかけ離れていて，世代間の結合は抑制されている）のに対して，レプトンの混合角の二つ（$\theta_{12} \approx \theta_{\rm sol}$ と $\theta_{23} \approx \theta_{\rm atm}$）は大きい．実験的には $\theta_{\rm sol} = 34 \pm 2°$ と $\theta_{\rm atm} = 45 \pm 8°$ だ．一方で，θ_{13} は $10°$ より小さいことが知られている [23]．

U はユニタリー行列（$U^{-1} = U^\dagger$）なので，式 (11.15) を逆に解くのは簡単で，質量固有状態は

$$\begin{pmatrix} \nu_1 \\ \nu_2 \\ \nu_3 \end{pmatrix} = \begin{pmatrix} U_{e1}^* & U_{\mu 1}^* & U_{\tau 1}^* \\ U_{e2}^* & U_{\mu 2}^* & U_{\tau 2}^* \\ U_{e3}^* & U_{\mu 3}^* & U_{\tau 3}^* \end{pmatrix} \begin{pmatrix} \nu_e \\ \nu_\mu \\ \nu_\tau \end{pmatrix} \quad (11.17)$$

と表現できる．ν_3 は ν_μ と μ_τ のほとんど半分ずつの混ぜ合わせ（プラスわずかな ν_e）で，ν_2 は3種類をほぼ同量ずつ加えたもので，ν_1 はほとんど ν_e であることがわかる（図 11.6）．しかし，MNS 行列成分の正確な数値を得るには数年必要であろう．また，それらを実際に計算できるようになるまでに何年かかるかは誰にもわからない．

[*11] ここには深い意味はない．クォークはおもに強い相互作用で反応する．それは不可知論者で，どちらの状態を使ってもよい．クォークにとっては，フレーバーを質量と一致させるのが自然だ．しかし，ニュートリノは弱い相互作用しかしないので，フレーバーを定義するのに弱い相互作用の固有状態を使う方がより自然だ．振り返ってみると，「質量の固有状態」と「弱い相互作用の固有状態」について区別をしない方がよかったのかもしれない．通常のフレーバーは，クォークでは質量の固有状態と一致するが，レプトンでは弱い相互作用の固有状態と一致するのだ．

図 11.6 ニュートリノ質量固有状態のフレーバー成分. 黒が ν_e で, 灰色が ν_μ で, 白が ν_τ (ν_3 の電子ニュートリノ成分はこのスケールでは小さすぎて見えない).

参 考 書

[1] 太陽ニュートリノ問題についてのおもな論文の一連. J. N. Bahcall (ed) *et al*.: Solar Neutrinos: The First Thirty Years (Westview, 2002). ニュートリノ振動についての有用なレビューは以下. (a) S. M. Bilendy and S. T. Petcov: Reviews Modern Physics, **59**, 671 (1987); (b) W. C. Haxton and B. R. Holstein: American Journal of Physics, **68**, 15 (2000); (c) A. B. McDonald, J. R. Klein and D. L. Wark: Scientific American, 40 (April 2003); (d) C. Waltham: American Journal of Physics, **72**, 742 (2004).

[2] R. Davis Jr., D. S. Harmer and K. C. Hoffman: Physical Review Letters, **20**, 1205 (1968).

[3] J. N. Bahcall, N. A. Bahcall and G. Shaviv: Physical Review Letters, **20**, 1209 (1968).

[4] ポンテコルボが K^0-$\bar{K}^0$ 振動の類推から 1957 年に初めてニュートリノ振動の可能性を議論した. B. Pontecorvo: Soviet Physics JETP, **6**, 429 (1958). 彼は 1968 年にそのアイデアを太陽ニュートリノ問題を解決する可能性として復活させた. (a) V. N. Gribov and B. M. Pontecorvo: Physics Letters, B **28**, 493 (1969).

[5] 魅力的な議論が以下でなされている. L. Lyons: CERN Courier (June 1999) 32. 相対論的な取り扱いについては, 以下を参照. (a) E. Sassaroli: American Journal of Physics, **67**, 869 (1999).

[6] 公開されていて, ニュートリノ振動についてよく書かれているものとしては, B. Kayser (2004) を参照せよ. この引用は SLAC 夏の学校での講義で, 運動学の非常に注意深い議論がされている. 以下も参照せよ. (a) H. Burkhardt *et al*.: Physics Letters, B **566**, 137 (2003).

[7] L. Wolfenstein: Physical Review, D **17**, 2369 (1978); (a) S. Mikheyev and A. Smirnov: Soviet Journal of Nuclear Physics, **42**, 913 (1986); JETP, **64**, 4 (1986); Nuovo Cimento, C **9**, 17 (1986).

[8] B. Kayser, H. Burkhardt *et al*.: Physics Letters, B **566**, 137 (2003).

[9] S. Fukuda *et al*.: Physical Review Letters, **86**, 5651 (2001).

[10] Q. R. Ahmad *et al*.: Physical Review Letters, **87**, 071301 (2001).

[11] V. Barger *et al*.: Physics Letters, B **462**, 109 (1999); (a) J. F. Beacom and N. F. Bell: Physical Review, D **65**, 113009 (2002).

[12] Q. R. Ahmad *et al*.: Physical Review Letters, **89**, 011301 (2002). 有用な解説としては (a) B. Schwarzschild: Physics Today, 13 (July 2002).

[13] K. S. Hirata *et al*.: Physics Letters, B **280**, 146 (1992).

[14] K. Eguchi *et al*.: Physical Review Letters, **90**, 021802 (2003); (a) E. Kearns, T. Kajita and Y. Totsuka: Scientific American, 68 (August 1999).

[15] Y. Fukuda *et al*.: Physical Review Letters, **81**, 1562 (1998). スーパーカミオカンデの大気ニュートリノ実験に関するわかりやすい議論としては以下を参照. (a) B. Schwarzschild: Physics Today, 17 (August 1998).

[16] D. G. Michael *et al*.: Physical Review Letters, **97**, 191801 (2006).

[17] C. Athanassopoulos *et al*.: Physical Review Letters, **75**, 2650 (1995).

[18] B. Schwarzschild: Physics Today, 18 (June 2007). よい解説としては，(a) K. C. Cole: The New Yorker, 48 (June 2, 2003) を参照せよ．
[19] ニュートリノ質量の直接測定のまとめとしては，W. C. Haxton and B. R. Holstein: American Journal of Physics, **68**, 15 (2000).
[20] ニュートリノと反ニュートリノの違いに関する興味深い解説は以下．M. Boas: American Journal of Physics, **62**, 972 (1994); (a) R. Hammond: American Journal of Physics, **63**, 489 (1995); (b) R. G. Wagner: American Journal of Physics, **65**, 105 (1997); (c) M. P. Fewell: American Journal of Physics, **66**, 751 (1998); (d) B. R. Holstein: American Journal of Physics, **66**, 1045 (1998); (e) M. P. Fewell: American Journal of Physics, **66**, 751 (1998); (f) L. J. Boya: American Journal of Physics, **68**, 193 (2000). ニュートリノを出さないダブルベータ崩壊 $\beta\beta(0\nu)$ については，以下．(g) S. R. Elliott and P. Vogel: Annual Review of Nuclear and Particle Science, **52**, 115 (2002).
[21] B. Kayser: Review of Particle Physics, 156 (2006).
[22] Z. Maki, M. Nakagawa and S. Sakata: Progress in Theoretical Physics, **28**, 870 (1962) が名誉ある草分け的な研究で，ニュートリノ振動，そしてタウ粒子の発見のはるか前であった．
[23] 計画されている θ_{13} 測定実験については，以下．T. Feder: Physics Today, 31 (November 2006).

問 題

11.1 放射されるエネルギーが（ケルビン卿が行ったように）重力であると仮定し，太陽の寿命を概算せよ．経験的な数字（太陽によって放射されるパワー，太陽の質量や半径すべて）については自分で調べること．

11.2 (a) $K^0 \rightleftharpoons \bar{K}^0$ の振動 (4.4.3項) の周期はどれくらいだろうか．[ヒント：質量固有状態は K^0_S, K^0_L である．ニュートリノの場合（式 (11.7)）粒子は相対論的である．K の場合，運動エネルギーは静止エネルギーより実質的に小さいと仮定する．]

(b) (a)の結果を K^0_S, K^0_L の寿命と比較せよ．振動が生じる前に，ビームの K^0_S 成分が消滅し K^0_L のみになることに注意せよ．

11.3 ニュートリノ–電子弾性散乱の (a) 電子ニュートリノ，(b) ミューニュートリノ，(c) タウニュートリノに対する最低次のファインマン図を描け．

11.4 (a) 大気ニュートリノが高度 h でつくられ，検出器が海面にあるとする．天頂角 Θ （$\Theta = 0°$ を真上，$\Theta = 90°$ を真横，$\Theta = 180°$ を真下とする）の関数として，発生源から検出器までの距離 x を求めよ．地球の半径を R とする．

(b) 「上から（地平線より上）」のニュートリノが95％検出器に到達し，「下から（地平線より下）」50％しか検出器に到達しないと仮定する．振動の式 (11.9)（ここでは，ミューニュートリノがタウニュートリノに変化する）を用いて $\theta, \Delta m^2$ を求めよ．$h = 10\,\mathrm{km}, E = 1\,\mathrm{GeV}$ と仮定する．[この問題はウォルサムによって提示された [1]．数値解にはコンピューターを要する．]

11.5 (a) エネルギー E の超相対論的粒子（質量 m）の速さは，近似的に，

$$v \approx c\left[1 - \frac{1}{2}\left(\frac{mc^2}{E}\right)^2\right]; \quad \frac{1}{v} \approx \frac{1}{c}\left[1 + \frac{1}{2}\left(\frac{mc^2}{E}\right)^2\right]$$

であることを示せ．

(b) 超新星 SN 1987A は大マゼラン星雲（地球から 1.7×10^5 光年）で発生した．この爆発から

のニュートリノは，20 MeV から 30 MeV の範囲のエネルギーで 10 秒以内に検出された．このことから，ニュートリノ質量の上限はどのくらいと考えられるか．［ニュートリノはすべて同じ瞬間に発生したと仮定する．］

11.6 ニュートリノ振動によって，個別のレプトン数 (L_e, L_μ, L_τ) はもはや保存されない．これにより，$\mu \to e + \gamma$ の崩壊が原理的に可能となる（これがないので当初は保存則が成り立つと考えられた．式 (1.16) を参照.）

(a) この過程のファインマン図を描け．[注意：ニュートリノ振動は丸で表される．]

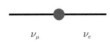

$\nu_\mu \qquad \nu_e$

(b) この過程では仮想 W をつくるためにエネルギーを「借りる」必要がある．不確定性原理（問題 1.2）によるとどれくらい早く「返す」必要があるだろうか．また，この時間でニュートリノはどれぐらいの距離を移動できるだろうか．ニュートリノ振動が何 km もの距離スケールで起きるとすれば，$\mu \to e + \gamma$ が発生するのに十分な長さのエネルギーを「借りる」ことができるだろうか．

12

その後：次は何だろうか？

これまで説明してきたことは，ほとんどすべてがすでに確立された「事実」だ．ヒッグス機構はもしかしたら例外かもしれないが，将来のいかなる理論もこれまでに確立されたことを含んでいなければならない．しかし，標準模型は間違いなく最後のテーマではない．将来何をすべきかについての，興味深い理論的憶測や，その結果が気になる実験的兆候がすでにある．その原動力は，伝統的な衝突型加速器実験から天体物理学や宇宙論に徐々に移ってきている[*1]．この章では，将来発見される可能性の最も高いいくつかの方向性について探る．大型ハドロン衝突型加速器（LHC）（と，テバトロンが稼働している間[*2]）での最大の研究テーマであり，すべての粒子の質量を説明するであろうヒッグス探索から始める（12.1 節）．次に 12.2 節で，大統一について議論する．大統一は 30 年前は「自然な」ステップであったが，予言された陽子崩壊が観測されていないことから，大きな壁にぶち当たっている．しかしながら，大統一は，あらゆる理論的発展の方向性を決める．そして 12.3 節で，CP 非保存と，それによる宇宙の物質・反物質非対称に関する示唆について考察する．12.4 節は，1984 年以来理論物理学を席巻してきたアイデアで，LHC により初めて実証されるかもしれない，超対称性と余剰次元と弦理論についての，非常に短いイントロダクションだ．最後に 12.5 節で，暗黒物質と暗黒エネルギーについて勉強する．それらは，現在，宇宙の 95% を担うと見積もられており，これまでの 11 章で出合ってきた「通常」の粒子では残りのわずか 5% しか説明できない．

[*1] 振り返ってみると，1930 年代初頭から 1954 年を宇宙線の時代，コスモトロンから大型ハドロン衝突型加速器（LHC）までを，たとえば 2010 年までを加速器物理の時代とよんでよいのかもしれない．この観点からいうと，いまは粒子天体物理学の時代に入っている [1]．その理由の一部は単純に経済のせいだ．さらに高いエネルギーに到達するためには，加速器はあまりに巨大であまりに高価になり，現在設計段階の国際線形衝突型加速器（ILC）の先を想像するのは難しい．天体物理学は比較的廉価ではるかに高いエネルギー領域への手がかりを提供する．

[*2] 訳注：2011 年にテバトロンは運転を終了した．

12.1 ヒッグスボソン

　ヒッグス機構では，ゲージ対称性は，基底状態がゼロではない 2 成分スカラー場 ϕ によって自発的に破れる（10.9 節）．ϕ の 1 成分は，いまや質量をもつことになったゲージ場の 3 番目の（縦）偏極状態に生まれ変わる．しかし，もう一つの成分はそのまま残って，スピン 0 の中性粒子として振る舞う [2]．

　たいていの素粒子物理学者はヒッグス機構の存在を信じている．というのも，局所ゲージ理論という文脈において，それが W と Z の質量を説明する唯一の方法のように見えるからだ（そして，間違いなく最もすっきりとした方法だ）．しかし，もし本当にヒッグス場が存在し，「真空」状態においてさえゼロでない値をもち，すべての空間に充満しているのならば，それによってクォークやレプトンの質量も説明できるかもしれない．クォークやレプトンと原始時代から存在するヒッグス場との相互作用は，深い水の中を歩いて渡るときのように，（ほとんど）すべての物が動くときに実効的な慣性力を与える．この想像力豊かな視点では，ヒッグス粒子はすべての質量の[*3]源になる．クォークとレプトンは質量ゼロで「生まれ」[*4]るが，ϕ への湯川結合 $\mathcal{L}_{\text{int}} = -\alpha_f \bar{\psi}_f \psi_f \phi$ をもっている（問題 10.21）．ここで，f はある特定のクォークやレプトンを表す．ϕ が自発的対称性の破れによって「平行移動」されると（式 (10.130)），$\mathcal{L}_{\text{int}}$ は二つに分かれる．そのうちの一つは，物理的なヒッグス場への湯川結合で，もう一つが純粋なフェルミオンの質量項 $-m_f c^2 \bar{\psi}_f \psi_f$ になる（10.9 節の表記法で $m_f c^2 = (\mu/\lambda)\alpha_f$ である）．運悪く，これは粒子の質量を計算するのに役立たない．一つの未知のパラメーター（m_f）を別のパラメーター（α_f）に交換したにすぎない．しかし，それは，ヒッグスとの結合の強さが質量に比例していることを示唆している．

　最も単純な理論（「最小標準模型」：Minimal Standard Model, MSM）では，二つの荷電，二つの中性，合計四つのスカラー場がまず存在する．そのうち三つは $W^\pm$ と Z^0 に「食べられて」（それゆえ，それらは質量を獲得する），四つ目が中性ヒッグス場として残る．複数の，あるいは，複合ヒッグス粒子などを含む，より複雑な手法も提案されているが[*5]，MSM はヒッグスセクターに関する実験的そして理論的な探

[*3] レオン・レーダーマンがそれを「神の粒子」とよんだのは有名だ（New York: Delta, 1993）．
[*4] 標準模型のラグランジアンでは，フェルミオンの質量項 $\bar{\psi}\psi$ は電弱対称性 $SU(2)_L \times U(1)$ のもとで不変ではないので，クォークとレプトンの「はじめの」質量はゼロでなければならず，物理的な質量は対称性が（自発的に）破れたときに初めて生じる．
[*5] たとえば，超対称性理論では少なくとも五つのヒッグスボソンが存在するし，テクニカラーではヒッグスの役目は二つのフェルミオンの束縛状態によって担われる．

査の有用な道標となっている．この模型では，ヒッグス (h) は

というダイアグラムによって，クォークやレプトンと相互作用し（バーテックス因子は $-im_f c^2/v$ である），弱い相互作用の媒介粒子とは

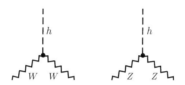

によって相互作用する（バーテックス因子は $2iM_m^2 c^2 g^{\mu\nu}/(\hbar^2 v)$ である，ここで，m は W あるいは Z を意味する）．さらに，ヒッグス–ヒッグスという直接結合も存在する[*6]（バーテックス因子は $-3im_h^2 c^2/(\hbar^2 v)$）．ここで，v は ϕ_1（10.8 節のポテンシャルでは μ/λ）の「真空期待値」である．これは，W の質量から計算できる（問題 12.1）．

$$\sqrt{\hbar c}\, v = \frac{2M_W c^2}{g_w} = 246\,\mathrm{GeV} \tag{12.1}$$

ヒッグス自身の質量は理論からは決められない[*7]．

この話（あるいは何らかの拡張）が実際のところ本当かどうかをできれば知りたい．ヒッグス粒子だけが標準模型の中で唯一実験的な確証を得られていない素粒子である[*8]．もしかしたら，LEP 実験（CERN）で（LHC を建設するための）シャットダウンの 1 か月前に見つかったのかもしれないし [4]，テバトロン実験（フェルミラボ）で

[*6] 「4点」結合 $hh \to ZZ$, $hh \to WW$, $hh \to hh$ も存在する [3].
[*7] 式 (10.121) では m_η は μ だけを含んでいて μ/λ を含まないのでポテンシャルのかたちに感度があり，ϕ_1 の真空期待値にだけ感度があるというわけではない．
[*8] 訳注：2012 年にヒッグス粒子は発見された．質量は約 125 GeV．原文は，未発見時に書かれたものであることに注意せよ．

まだ見つけられるかもしれないし，現段階での理論が大きく外れていなければ，LHC実験で間違いなく観測されるだろう．実験的かつ理論的なさまざまな制約により，その質量は

$$114\,\text{GeV}/c^2 < m_h < 250\,\text{GeV}/c^2 \tag{12.2}$$

でなければならず，最もあり得る値は $120\,\text{GeV}/c^2$ だ [5]．LHC ならこのすべての質量領域を，さらには $1\,\text{TeV}$ を越えるくらいまで探索できる．

LEP（電子–陽電子衝突型加速器）では，$e^+ + e^- \to Z + h$

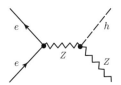

という Z の「制動輻射」による生成過程を使い，ヒッグスが探索された．ハドロン衝突型加速器（テバトロンやLHC）では，主要な生成過程はクォークのループを介した（おもにトップクォークである．というのは，それが最も重く，それゆえヒッグスとの結合が最も強いからだ）グルーオン–グルーオン「融合」$g + g \to h$ だ．

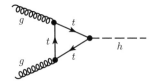

しかし，その他のいくつかのモードも寄与すると考えられている．とくに W あるいは Z の制動輻射と

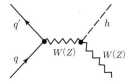

W あるいは Z の融合だ

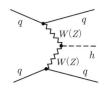

(直接のクォーク融合 $q + \bar{q} \to h$ は MSM ではあまり寄与しない．なぜなら，まともに利用できるクォークは u か d だけで，それらは非常に軽く，h への結合が弱いからだ）．

ヒッグスはどのように崩壊すると期待されるだろうか．ヒッグスの結合は質量（W や Z では質量の 2 乗）に比例するので，運動学的に許される範囲で，重い娘粒子へ高い頻度で崩壊する．崩壊比はヒッグスの質量に大きく依存する（図 12.1）．m_h が $140\,\mathrm{GeV}/c^2$ 以下だと，主要なモードは $h \to b\bar{b}$ だが，それより上だと $h \to W^+W^-$ になる（$160\,\mathrm{GeV}/c^2$ までは仮想 W で，それより上だと実粒子の W になる）．$h \to ZZ$ は（とくに $180\,\mathrm{GeV}/c^2$ 以上では）そのすぐ後に続く．ヒッグスがトップを二つつくれる（$m_h > 360\,\mathrm{GeV}/c^2$）だけ重いということは考えにくいが，その場合は $h \to t\bar{t}$ が 3 番目だと考えられる．光子対，あるいはグルーオン対というよりエキゾチックな崩壊もまた可能だ．

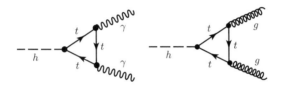

崩壊頻度はすべて詳細に計算されている [6]（その中のいくつかは読者自身でできる．問題 12.2 と 12.3 を参照）．

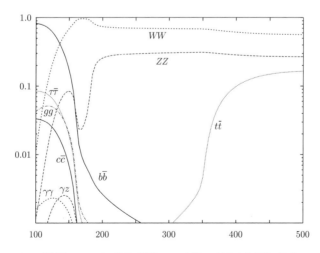

図 12.1　ヒッグスの崩壊比のヒッグス質量（単位 GeV/c^2）に対する依存性（出典：J. F. Gunion *et al.*: The Higgs Hunter's Guide (Addison-Wesley, 1990)）

ヒッグスの質量がわかるやいなや，図 12.1 の適切なところで縦線を引き，崩壊比を読み取ることになる．もし測定結果が一致しないときは（そういうこともあり得る），ヒッグスセクターは MSM で想定されていたものよりも興味深いものである．そしてもちろん，ヒッグス粒子が全然見つからない場合は，それは革命だ．

12.2 大統一

1960 年代に電弱力を統一したことを受け，次なる当然ともいえる目標は，強い相互作用を「大統一理論：Grand Unified Theory, GUT」に組み込むこととなった．GUT では，三つの力すべてが，裏に潜んだ一つの力の異なる見え方だとみなす．もちろん，強い力は他の力よりもはるかに強力だし，同様に弱い力に比べると電磁気力もはるかに強力だが，弱い力と電磁気力との違いは，W と Z が非常に重いことに起因していて，本来の強さは非常に似通ったものであることを知っている．ただし，この統一は，エネルギーが $M_W c^2$ よりも十分大きいときに限ったことである．

しかも，7.9 節と 8.6 節で見たように，結合「定数」そのものはエネルギーの関数であり，エネルギーが増えると，強い力と弱い力の結合は弱くなる一方，電磁気力の結合は強くなる．それがどこかで一致し（図 12.2），大統一のスケール（$\approx 10^{16}$ GeV）より上では，共通のたった一つの結合定数だけが存在し，強い力も，電磁気力も，弱い力も同じ強さになるということを思い浮かべないわけにはいかない[*9]．

最初の（そして最も単純な）GUT は，1974 年にジョージアイとグラショーにより

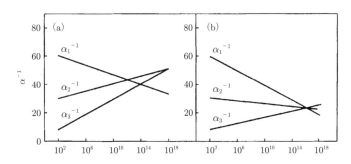

図 12.2 結合定数の GUT スケールでの収束性．(a) 最小標準模型．(b) 超対称性があるとき．横軸はエネルギー (GeV)

[*9] 悪いことに，MSM では，それらが一点で交わらないことが（非常に）はっきりとしている．超対称性の魅力の一つは，それによって，収束が完璧になることだ．

12.2 大統一

提案された [7]. それは, 壮大な予言を導いた. 陽子が不安定で（たとえば）陽電子とパイ中間子に崩壊するのだ.

$$p \to e^+ + \pi^0 \tag{12.3}$$

その寿命はとてつもなく長く, 最低でも 10^{30} 年だ. それは, 宇宙年齢の 10^{20} 倍にもなる. だが,（たくさんの陽子を使えるので）測定できる範囲外というわけでもない. しかし, ここ 30 年間実験感度が上がっているにもかかわらず, 陽子崩壊はいまだ観測されていない [8]. 現在の下限値は

$$\tau_{\text{proton}} > 10^{33} \text{ 年} \tag{12.4}$$

である（これはおそらくジョージアイ–グラショー模型を棄却する）. より精巧な GUT が提案されているが, それらのほとんどで何らかの陽子崩壊が起きる.

大統一を支持する実験的な直接の証拠はないが, その存在は理論家の間では疑いようのない信念となっている. ある意味, 「自然な」素粒子物理学の発展が陽子崩壊観測の失敗により無礼にも妨害されているといってよい. もし, 陽子崩壊が, たとえば 1985 年に発見されていたら, ここ 20 年間が標準模型の解明に費やされたのとちょうど同じように, 理論, 実験両面で膨大な努力が大統一の詳細解明のために注ぎ込まれていたであろうことは想像にかたくない. しかし, それは起こらなかった. そして今日, 大統一は煮て焼かれ半死状態となり, 重要性を忘れ去られようとしている[*10]. 大統一の本質は何なのか, なぜその存在を真剣に考えなければならないのだろうか [9].

大統一は, 標準模型の（カラー）$SU(3)$ と $SU(2)_L \otimes U(1)$ を部分群として含む包括的な対称群（ジョージアイ–グラショー模型では $SU(5)$) を必要とする. 根本的なフェルミオン（クォークとレプトン）はこの群の表現に割り振られる. それは, ちょうど八道説がバリオンと中間子を（フレーバー）$SU(3)$ の（八重項, 九重項, 十重項の）表現に割り振ったのと同じだ. 第 1 世代は, それぞれ三つの色と二つのカイラリティ（左巻きと右巻き）をもつ u と d, e（左巻きと右巻き）, ν_e（左巻きだけ[*11]）という

[*10] 今日, 比較的低エネルギーで実験可能な大統一の予言は, ほとんどない. もし存在すれば陽子崩壊が利用可能な最もよいプローブだが, 陽子の寿命測定の実験的限界に素早く近づきつつある（問題 12.4）.

[*11] 1974 年, ニュートリノは質量をもたないと仮定され, ν_R を自然に組み込む場がないという事実が理論の基礎となった. 質量をもつニュートリノの場合, ν_R を, ひどいことに, $SU(5)$ の一重項表現に割り振らなければならない. あるいは, マヨラナニュートリノの場合, ヒッグスセクターが拡張されなければならない.

表 12.1　$SU(5)$ GUT におけるフェルミオン

五重項	$e_L, \nu_e, \bar{d}_R^r, \bar{d}_R^b, \bar{d}_R^g$
十重項	$e_R, u_R^r, u_R^b, u_R^g, \bar{u}_L^r, \bar{u}_L^b, \bar{u}_L^g, \bar{d}_L^r, \bar{d}_L^b, \bar{d}_L^g$

表 12.2　$SU(5)$ GUT におけるゲージボソン

	電荷	質量
8個のグルーオン	0	0
1個の光子	0	0
$W^\pm$ と Z で合計 3 個	$1, -1, 0$	$\sim 10^2$ GeV/c^2
6個の X	$4/3, -4/3$	$\sim 10^{16}$ GeV/c^2
6個の Y	$1/3, -1/3$	$\sim 10^{16}$ GeV/c^2

15 の粒子状態からなる．$SU(5)$ GUT では，五重項と十重項からなる*12（表 12.1）．（ヒッグス機構による）対称性の破れがないと，それぞれの多重項に属する状態は同じ質量をもち，相互作用もまったく同じになる（もちろん，他の二つの世代についても同じだ）．力の媒介粒子は以下の 24 個だ*13（表 12.2）．8 個のグルーオン，光子，W^+，W^-，Z，そして X（電荷は $\pm 4/3$，三つの色，それゆえ全部で 6 個）と Y（電荷は $\pm 1/3$，三つの色があるのでさらに 6 個）という新しいものが 12 個ある．それらは，レプトンと（反）クォークに結合するので*14，「レプトクォーク」として知られている．たとえば，$\bar{d} \to e + X$ や $\bar{u} \to e + Y$ だ．

それらは，クォークと反クォークにも $u \to \bar{u} + X$ や $d \to \bar{u} + Y$ のように*15 結合する（この文脈では，それらはしばしばダイクォークとよばれる）．

---

*12 すべての粒子が一つの既約表現にぴったりとはまらないという事実は，$SU(5)$ 模型の面白くない特徴だ．$SO(10)$ GUT は，15 個すべてと ν_R を 16 次元の表現に割り振る．

*13 一般に，$SU(n)$ は $(n^2 - 1)$ 個の媒介粒子をもつ（カラー $SU(3)$ では 8 個のグルーオン，$SU(2)_L$ では 3 個のベクトルボソン）．$U(n)$ は n 個だ（よって，1 個の光子）．

*14 電子と同じ多重項に属するのは反 d クォークであることに注意せよ．

*15 驚くべきことに，これらの反応ではカラーは保存しない．だが，カラーに関する二つの状態の「直積」は一つのカラーをもっていることを思い出そう（式 (10.84)）．そして，ここでは暗にそのような組み合わせになっている．

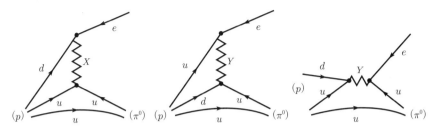

図 12.3 $SU(5)$ GUT における陽子崩壊

このより大きな対称性はあきらかにひどい破れ方だ（クォークとレプトンは同じ質量をもたず，強い相互作用は他よりもはるかに強い）．ちょうど電弱対称性が W や Z の質量よりも十分高いエネルギーで回復したように，GUT 対称性も（きわめて高い）大統一のスケールよりも高いエネルギーでは回復する．それゆえ，大統一による帰結は原理的にはドラマチックでも，それを実験室で試験するのは非常に難しい．レプトクォークの結合により，レプトンとバリオン数の非保存が起こり，それゆえ，図 12.3 のようなダイアグラムにより陽子崩壊が保証される．しかし，これらの媒介粒子は非常に重いので（おそらく，GUT スケールの近傍で $M_X \sim M_Y \sim 10^{16}\,\mathrm{GeV}/c^2$），崩壊幅はきわめて小さい（問題 12.5）．

　素粒子物理学における基本的な力の統一という，おもには審美眼的な魅力を除いても，大統一にはクォークとレプトンとの電荷の関係を（さらにその先には，電荷の量子化自身を）「説明する」という目的がある．専門的な理由により，一つの多重項内の電荷の和はゼロでなければならず，クォークとレプトンを同じ多重項に入れると（$SU(5)$ 五重項の場合）

$$q_e - 3q_d = 0 \tag{12.5}$$

が要求される．もし電子と陽子が正確に反対の電荷をもっていなかったら，われわれの世界は劇的に違ったものになっていたが，大統一がなかったとしても，それがなけ

ればならないという原理的な理由はない*16.

12.3 物質・反物質非対称

　誰もが，ビッグバンで粒子と反粒子が正確に同じ量だけつくられたと考えている．もしそうだとしたら，なぜ，われわれは，電子や陽子や中性子に囲まれているのに，陽電子や反陽子や反中性子は身の周りにないのだろうか．もちろん，（たとえば）もし陽電子が現れたとしても，それは長生きしない．電子と出合うやいなや対消滅してしまうからだ．しかし，これは，生き残っている電子の量が多いことの説明にはならない．もしかしたら，局所的な現象なのかもしれない．われわれの住む物質優勢宇宙は，どこか別の場所の反物質領域とつり合っているのかもしれない．だが，そのような証拠はなく，対照的に，宇宙物理学上の観測によると，少なくともわれわれの知る宇宙はすべて物質でできていることが示唆されている（もし反物質の領域があったとしたら，物質領域との境界はきわめてひどいことになり，宇宙背景放射の観測でそれを観測できないとは想像しがたい) [12]．別の考えは，宇宙が発展する際に，何らかのプロセスが反物質よりも物質を選び出したに違いないというものだ．どのような仕組みがそんなことをするのだろうか．

　1967年，サハロフ [13] は，必要条件を特定した．あきらかに，バリオン数とレプトン数を破る相互作用（大統一で提供し得るような何らかの相互作用）がなければならない．宇宙が熱浴から大きく外れていた時期がなければならない（さもないと，いかなる反応 $i \to f$ の頻度が逆方向の $f \to i$ と同じになってしまい，バリオン数の正味の変化がないだろう）．そして，重要なのが，CP の破れがなければならないということだ．つまり，何らかの反応 $i \to f$ の頻度がその CP 共役である $\bar{i} \to \bar{f}$ の頻度と違わなければならない（さもないと，ここでもまた，バリオン数の正味の変化がない）．ちょうどうまい具合に，CP の破れはクローニンとフィッチにより $K^0/\bar{K}^0$ 系で最近発見されている．

　今日までのところ，CP の破れの背景にある本質はまだ理解されていない．パリティの破れは非常に簡単に弱い相互作用の理論に組み込めた．たんにベクトル結合 γ^μ を

---

*16 さらなる問題となる大統一の帰結は，非常に重いトフーフト–ポリヤコフ磁気単極子（モノポール）の存在だ [10]．それは（ビッグバンの残り物で）多数存在しなければならないが，実験室では一度も観測されていない（いや，もしかすると一度だけ [11]）．インフレーション宇宙論により数が薄められていることは説明できるかもしれないが，大統一による（観測されていない）モノポールの予言は，他の理論でも同じだが，厄介な問題のままである．

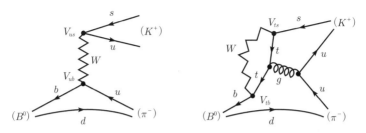

図 12.4　$B^0 \to K^+ + \pi^-$ に対する二つのダイアグラム．右は「ペンギン」ダイアグラム（問題 4.40）

軸性ベクトル結合 $\gamma^\mu(1-\gamma^5)$ に置き換えればよかった（9.1 節）．しかし，唯一知られている CP の破れの起源は CKM 行列中に残っている位相 δ で（式 (9.87)），なぜこれが CP を破るのかはあまり自明ではない．$i \to f$ という過程と，その CP 共役である $\bar{i} \to \bar{f}$ を考えてみよう（たとえば，もし i が左巻き電子を含む過程なら，$\bar{i}$ は右巻き陽電子を含む過程だ）．CP の破れが意味するのは，$\bar{i} \to \bar{f}$ の頻度が $i \to f$ と違うということだ（たとえば，$B^0 \to K^+ + \pi^-$ は $\bar{B}^0 \to K^- + \pi^+$ よりも 13% ほど頻度が高い）．さて，振幅 $\mathcal{M}$ は複素数で，CKM 行列要素が共役になることを除けば，$i \to f$ でも，$\bar{i} \to \bar{f}$ でも普通は同じである．ゆえに，

$$\mathcal{M} = |\mathcal{M}|e^{i\phi}e^{i\theta}, \qquad \tilde{\mathcal{M}} = |\mathcal{M}|e^{i\phi}e^{-i\theta} \tag{12.6}$$

である，ここで，θ は「複素共役」位相で，ϕ は通常の位相だ[*17]．一方で，反応頻度は $|\mathcal{M}|^2$ に比例するので，振幅そのものが違っても CP の破れは起こらない．

しかし，過程 $(i \to f)$ が二つの別の経路（たとえば，B^0 は $K^+ + \pi^-$ にいくつかの別の経路で崩壊できる．図 12.4 参照）で反応できると過程しよう．つまり，$\mathcal{M} = \mathcal{M}_1 + \mathcal{M}_2$ とする．ただし，

$$\mathcal{M}_1 = |\mathcal{M}_1|e^{i\phi_1}e^{i\theta_1}, \qquad \mathcal{M}_2 = |\mathcal{M}_2|e^{i\phi_2}e^{i\theta_2} \tag{12.7}$$

である．さらに，$\bar{\mathcal{M}} = \bar{\mathcal{M}}_1 + \bar{\mathcal{M}}_2$ とする，ここで

$$\bar{\mathcal{M}}_1 = |\mathcal{M}_1|e^{i\phi_1}e^{-i\theta_1}, \qquad \bar{\mathcal{M}}_2 = |\mathcal{M}_2|e^{i\phi_2}e^{-i\theta_2} \tag{12.8}$$

である．これから，

[*17] 教科書によっては，これらはそれぞれ「弱い」位相と「強い」位相とよくよばれる．違いはわずかだが，実際 θ は CKM 行列要素からのみ出てくるし，ϕ は典型的には強い相互作用の影響を受ける [14]．

$$|\mathcal{M}|^2 - |\bar{\mathcal{M}}|^2 = -4|\mathcal{M}_1||\mathcal{M}_2|\sin(\phi_1 - \phi_2)\sin(\theta_1 - \theta_2) \tag{12.9}$$

が導き出せる（問題 12.6）．この場合，頻度は同じではなく，CP が破れる．（CKM 行列からの）共役位相と共役ではない位相の両方が必要であることに注意しよう．そして，寄与する経路によって，これら二つは違わなければならない．

実験から，CP の破れはクォークの弱い相互作用で起こり，それがCKM 行列中の位相因子に起因していることがわかった[18]．だが運が悪いことに，これでは物質優勢宇宙をまったく説明できない [15]．それゆえ，CP の破れを説明する他の機構について想像を働かせる必要に迫られる．ニュートリノが質量をもち，CKM 行列のレプトン版（11.5 節）があれば，レプトンセクターでも同じことが起こるはずで，たとえば，$\nu_e \to \nu_\mu$ と $\bar{\nu}_e \to \bar{\nu}_\mu$ の確率の違いとして，その効果が現れるだろう．これは（まだ）観測されていないが，測定されている物質・反物質非対称を説明する（ときに，レプトジェネシス[19]とよばれる）仕組みに必要だと信じられている．もう一つの可能性は，強い相互作用における CP の破れだ（この場合，中性子の電気双極モーメントがゼロでないことが決定的な証拠になるだろう）．強い相互作用による過程ではいまだ CP の破れは観測されていないが，根本的に理論がそれを禁止しているようには見えない[20]．現在のところ，物質優勢宇宙は解けない謎のままで，決定的に欠けているのが CP の破れを引き起こす自然の本質の理解だ．この謎がどのように解決されていくのかは，まったく予想がつかない．

12.4 超対称性，弦理論，余剰次元

12.4.1 超対称性

量子力学における古典的な対称性は，同じ系の異なる状態を取り扱う．たとえば，回転対称性では，状態 ψ を回転した $U(\boldsymbol{\theta})\psi$（式 (4.27)）に置き換えても，理論が不変であ

---

[18] 実際，そのように CP を破るすべての効果は「ユニタリー三角形」の高さに比例している（問題 9.33）．訳注：CP の破れの大きさそのものは面積に比例するが，実験的に観測する CP 非対称度は高さに比例している．

[19] 言葉遣いは全体を通して首尾一貫しているとはいいがたい．バリオジェネシスは物質優勢の起源に対する一般的な言葉だが，レプトジェネシスは，じつはバリオジェネシスを説明できる機構の一つにすぎない．

[20] 本当のところ，強い相互作用で CP がなぜ破れないのかはミステリーだ．可能な説明の一つが1977年にペッチェイとクインによって提案された [16]．それによると，中性でスピン 0 の粒子（アクシオン）がクォークと結合し，強い相互作用における CP の破れを動力学的に打ち消す．アクシオンは観測されていないが，ダークマターの有力な候補となっている．

ることを要請する．あるいは，より正確には，波動関数を無限小 $\delta\psi = (-i/\hbar)[\delta\boldsymbol{\theta}\cdot\mathbf{S}]\psi$ (式 (4.28)) だけ動かしたときに，ラグランジアンが（1 次のオーダーでは）*21不変であることを要請する．昔から素粒子物理学では，関連の深い粒子（たとえば，フレーバーに関する多重項）を含む「内部対称性」という考えを一般化して使ってきた．1974 年，ヴェスとズミノは，フェルミオンとボソンを混ぜ合わせるという，さらに革新的な対称性を導入した [17]．たとえば，スカラー場 ϕ はスピノル場 ψ と混合する．

$$\delta\phi = 2\bar{\epsilon}\psi, \qquad \delta\psi = -\left(\frac{i}{\hbar c}\right)\gamma^\mu \epsilon(\partial_\mu \phi) \tag{12.10}$$

ここで，ϵ は変換を記述する（回転に対する $\delta\boldsymbol{\theta}$ に対応する）無限小スピノルで，$\bar{\epsilon} \equiv \epsilon^\dagger \gamma^0$ はその随伴表現だ．このような変換のもとで理論が不変であることを要求すると何が起こるだろうか．この特徴をもったラグランジアンをつくるのは難しくない．自由クライン–ゴルドン，そしてディラックラグランジアンの組み合わせ

$$\mathscr{L} = \frac{1}{2}\left[\partial^\mu \phi^* \partial_\mu \phi - \left(\frac{mc}{\hbar}\right)^2 \phi^*\phi\right] + i(\hbar c)\bar{\psi}\gamma^\mu \partial_\mu \psi - (mc^2)\bar{\psi}\psi \tag{12.11}$$

は，ボソン ϕ とそのフェルミオンパートナー ψ が同じ質量をもつ限り不変だ（問題 12.8）．スピン 1/2 の粒子にスピン 1 の粒子を加えても同じことができ，一般にスピンが 1/2 だけ違う粒子対に同様のことが成り立つ．このような，フェルミオンとボソンを結びつける不変性のことを「超対称性」とよぶ．

過去 30 年以上にわたり，超対称性に関して膨大な量の研究がなされてきた [18]．たいていの素粒子物理学者が（それを支持する実験的な証拠がまだないにもかかわらず）超対称性は自然がもつ根源的な対称性であると確信しているといっても過言ではない．超対称性からは驚くべき示唆がある．すべてのフェルミオンにはボソンのパートナーがいて（名前の前に「ス」をつけて識別するので，「スクォーク」「スレプトン」「スエレクトロン」「スニュートリノ」などになる），すべてのボソンにはフェルミオンのパートナーがいる（名前の後ろに「－ノ」をつけて識別するので「フォティーノ」「グルイーノ」「ウィーノ」「ヒッグシーノ」などになる）．これらの粒子は一体どこにいるのだろうか．もし超対称性が破れていなかったら，それらは双子である「通常の」粒子と同じ質量をもつので，フォティーノはスピン 1/2 で質量ゼロ，スエレクトロンはスピン 0 で質量 $0.511\,\mathrm{MeV}/c^2$ をもつ．これはあきらかにナンセンスだ．そんな粒子は存在しない．それゆえ，超対称性はひどく破れているに違いない（たぶん，自発的

---

*21 一般的に，無限小変換を取り扱う方が単純だし，有限の変換は無限小変換の積み重ねとして構築できるので（問題 12.7），一般性を失うこともない．

に．だが，とりわけ重力が入ってくると，他の可能性もある）．おそらく，超対称性粒子は非常に重く，あまりに重いために，存在するいかなる加速器でも生成できなかったのだ．しかし，そのうちの少なくともいくつかには LHC で手が届くはずだという強い示唆がある．

なぜそのような常識外れの企てを真剣に考えるのだろうか．超対称性により，いくつかの厄介な問題を解決できる可能性がある．その中のいくつかを以下に記す．

1. 多数の新しい粒子を導入することにより，三つの走る結合定数のエネルギー依存性が変わり（式 (7.191) と (8.94) 参照），GUT スケールで完璧に収束する可能性を与える（図 12.2）．
2. いわゆる階層性問題に対する「自然な」解を提供する．ヒッグスの質量はさまざまなループダイアグラムによりくりこまれ (6.3.3 項)，魔法のような打ち消し（「ファインチューニング」）がないと，途方もない大きさに飛んでいってしまう．しかし，ループによる補正は，ボソンとフェルミオンで符号が反対なので，「超対称性粒子」を対としてもつことで，超対称性での打ち消しが完璧となり，かつ自動的である．
3. たいていのモデルで，一番軽い超対称性粒子は色をもたず，中性で安定である．これは，ダークマターの魅力的な候補となる (12.5 節)．

さらに，重力を量子論で定式化するためには，超対称性が必須であるらしい．一方で，最小超対称性模型は少なくとも 124 個の独立なパラメーターをもつ [19]．（すでに呆れるほどたくさんある）標準模型におけるパラメーターの数の 5 倍で，ニュートリノ質量を簡単には組み込めない．もし，超対称性粒子が LHC で発見されたら，霊感に満ちた大胆さの見事な大勝利だ[*22]．しかし，私は超対称性粒子の発見に，あり金すべてを賭けることはしないだろう．

12.4.2 弦理論

過去数 10 年間，理論物理における重要な挑戦は重力の量子理論の定式化であった．すなわち，一般相対論の量子化だ（電磁気力の量子化が QED であるように）．何世代にもわたって物理学者が挑戦し，失敗してきた．質点に対しては，くりこみ不能に見えて，理論的に手に負えないのだ．これは厄介ではあるが，いまのところ素粒子物理

[*22] 2001 年に，ミュー粒子の異常磁気モーメントの測定値と計算値との間に乖離(かいり)があり，超対称性粒子による寄与であるかのように見えたため，興奮が巻き起こった [20]．しかし，それは計算ミスであることがわかった．ある一つの項の符号を修正したら，その乖離はほとんどなくなってしまった [21]．

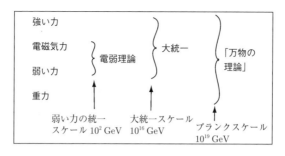

図 12.5 四つの力の統一

学に壊滅的な打撃はない．重力はあまりに弱くて重大な役割をもたないからだ．しかし，極端に短距離では（つまり，非常に高いエネルギー，具体的には 10^{19} GeV というプランクスケールでは），量子重力を考えなければならない．さらに，昔からの夢である自然界の力の統一をしようとすると「万物の理論」に到達し，その理論は，強い力，電磁気力，弱い力とともに重力も含む（図 12.5）．

弦理論なら，これらの問題（とさらに他の問題）を解決できる [22]．弦理論では，物質の最も根本的な単位は（0 次元の）粒子ではなく，1 次元の「弦」（あるいは，より高次元の「膜」）だ．そして，「粒子」は弦のさまざまな振動のモードである．ほんのわずかの先見の明だけで物事が推し進められた 1970 年代から理論は劇的な進歩を遂げて，2000 年までには他を圧倒するパラダイムを十分に確立した．初期のバージョンはボソンしか含んでいなかったし，整合性を保つためには 25 次元空間を必要とした．これは馬鹿げた誇張に聞こえるかもしれないが，25 次元のうちの 22 個を「丸め込む」（コンパクト化する）ということを考えるのは可能であり，それゆえ，巨視的なスケールでは見えなくなる[*23]．その後，フェルミオンが超対称性により組み込まれて（それゆえ「超弦理論」），空間の次元数は 9 あるいは 10 に減った．その一方で，理論は自動的にグラビトンを含むことがわかり，量子重力の自然な候補となった．

当初の超弦理論の大きな魅力は，それにより物事が一意的に決まるように見えた点である．われわれは数学的に可能な世界にのみ住んでいるようかのように見えたのだ．物理はもはや，実験的な観測により自然の法則を発見することではなく，唯一許され

[*23] 余剰次元というアイデアは新しいものではない．1919 年にカルツァは電磁気力と重力を統一しようとする研究の中でそのアイデアを初めて導入した．1926 年にはクラインが余剰次元を「隠す」ための方法としてコンパクト化を提案した（布の糸の上にいる蟻の位置を指定しようとしたら，たぶん，片方の端からの距離 z をたんに使うだろう．もっとずっと小さい虫にとってだけ，方位方向 ϕ が意味や重要性をもつ）．

た理論上の含蓄について考察するかのようであった．悲しいことに，この望みは逆転し，いまや「M理論」は（ある見積もりによると10^{500}個の）可能なモデルからなる「風景」が存在し，正しいものを選ぶ方法（人間原理の欠如[*24]）がないことを提案している．

現段階では，すべての世代の理論物理学者が手も足も出なくなっている．超弦理論はそれでもなお四つの力すべてを統一する最善の望みであるし，たぶん量子重力の最有力候補だ．しかし，われわれが住む低エネルギーについての検証（あるいは否定）可能な予言を引き出すことの難しさは証明されてしまっている．超対称性粒子あるいは余剰次元[23]の発見はある程度のサポートにはなるが，超弦理論の確認に近づくのは，現段階ではあまりに絶望的だ[24]．

12.5 暗黒物質と暗黒エネルギー

たくさんの天文学的証拠により，現在われわれが知っている，つまり，標準模型によって記述される物は宇宙の質量・エネルギーのたった5％しか担っていないことがわかっている．残りは暗黒物質（約20％）と暗黒エネルギー（75％）だ．素粒子物理学に対する意味は重大だ．われわれは氷山の一角しか見ていなかったのである．これらはいったい何で，どのようにわれわれの観測から逃れているのだろうか．

12.5.1 暗黒物質

1933年にフリッツ・ツヴィッキーは（原子のスペクトルのドップラー効果から）かみのけ座銀河団中の銀河の速度を測定し，この情報を銀河団の質量を決めるのに使った．結果は驚くべきもので，銀河団中の見える星から測定したものよりも400倍重かった．あきらかに，銀河には光を放たない物質がたくさんあるのだ（それゆえ，暗黒物質とよばれる）[25]．より近年，多数の銀河について（われわれの住む銀河も含めて）回転速度が測定されている．これらの結果から，銀河中心からの距離rの関数として回転の接線方向の速度vをプロットできる．ニュートンの重力の法則によると，中心から十分離れた星の速度vは$1/\sqrt{r}$で減少すべきだが（問題12.10），そうはならず，典型的にはそれは増えている（図12.6）．これが意味するのは，暗黒物質は銀河の核

[*24] 人間原理とは，物理法則やパラメーターは，そうなるべきものだという考え方である．「なぜなら」（それが正しい言葉だとしたら）もし，そうなっていないと，人類は存在せず，それを発見することができないからだ．

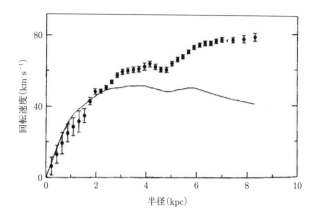

図 12.6 NGC 1560 銀河の回転速度．実線は，観測されているすべての物質（星とガス）から期待される曲線を表している（出典：A. H. Broeils: Astron and Astrophysics, **256** 19 (1992)）

の十分外側にまで広がった球状の「ハロー」を形成しているということだ[*25]．今日では，重力レンズ（重力により，光が曲がること）を使い，暗黒物質の分布図を作成することすら可能だ．

だがこれまでのところ，暗黒物質の証拠は大きなスケールでの重力の効果でしか得られておらず，もしかしたらニュートンの法則（と一般相対論）があるスケールでは間違っているのかもしれない．実際には暗黒物質はないのではないかと考えるのは自然だ [26]．そのように革新的な別の案を忘れると，疑問は残る．これは一体全体何なのだろうか．通常の非相対論的な物質かもしれない．砂や砂利や，もしかしたら，消滅した星あるいは死んだ惑星の残骸なのかもしれない．いや，ほぼ間違いなくそうではない．観測されている軽元素の残存量により間違いないと信じられている宇宙論のモデルでは，許されているバリオンの量は暗黒物質を説明するにはまったく足りない．ニュートリノではどうだろうか．たぶん違う．とてつもなく大量のニュートリノが存在するが，それらは軽すぎて観測されている暗黒物質の量のほんのわずかな一部分しか担えない[*26]．われわれが探しているものは，あきらかにニュートリノよりもはるかに重くて，しかし（ニュートリノのように）相互作用が弱い．バーコールは WIMP

[*25] ここで議論している暗黒物質を「閉じた」宇宙になるために要求されている「質量欠損」と混同してはならない．それについては，次の節で話をする．

[*26] さらに，ニュートリノは「熱い」暗黒物質になってしまう．それらは軽いために非常に相対論的で，銀河のハロー中に（あるいは，銀河が生まれる元となった原始宇宙の集まりに）閉じ込められているとは想像しがたい．

(Weakly Interacting Massive Particles) とよんだ[*27]. 質量はとりあえず 100 から 200 GeV/c^2 の範囲だと見積もられている. それらはあきらかに中性で (さもないと, 光を出す) 安定だ (ビッグバンの時代から生き残っているので). もちろん, そのような粒子は標準模型には存在しない. しかし, 超対称性なら候補がある. 超対称性粒子の中で一番軽いもの (おそらく, フォティーノとヒグシーノの, あるいはもしかしたらジーノの混合で「ニュートラリーノ」とよばれる. あきらかにこの用語は手に負えないものだ) は, たぶん完璧に安定だ. ビッグバンの時代からのものが大量に残っているかもしれない. 別の可能性は, 強い相互作用において CP の破れがないことを説明するために提唱された仮想的な粒子であるアクシオンだ. しかし, 確実に一番エキサイティングなのは, まったくもって新しく, 予期されていなかったものだ.

暗黒物質が何であるかはどのように決められるのだろうか. 1980 年代後半から多くの WIMP 探索がなされてきた. それらは, 太陽系が銀河中心に対して毎秒 220 km[*28]で回転していて, 地球は太陽に対して毎秒 30 km で回転しているので, 夏には毎秒 235 km, 冬には毎秒 205 km の「暗黒物質の向かい風」に面している, という事実を利用している (季節変化があるのは幸運だ. というのも, そのおかげで実験家がはるかに量の多い背景事象の中から信号をすくい取ることができる. 自然放射線や宇宙線による背景事象は季節変化がなく一定だ). いくつかの異なる検出手法が試されたが [27], 感度が大きく改善されて, 観測のために必要なレベルに近づいてきたのは最近になってからだ. すでにいくらかの (怪しい) 事象があり [28], 説得力のある証拠がこれからの数年で得られるかもしれない. 一方, LHC は暗黒物質を生成するという立場にあり, そこまでくると, 残された仕事は, (銀河, 地上, 加速器という) 三つの方法すべてが同じ粒子についての話をしているのだということを示すことになるだろう [29].

12.5.2 暗黒エネルギー

1998 年以前は, すべての物質の引力により宇宙の膨張速度は遅くなっているだろうと信じられていて, 唯一の問題は膨張から収縮に転じて「ビッグクランチ」(問題 12.11) に行き着くほど宇宙のエネルギー密度が十分大きいかどうかということだった. 見え

[*27] 原理的には暗黒物質は重力でしか相互作用しないかもしれない. しかし, クラインが恥ずかしそうにコメントしたように,「もしそれが本当なら, 物理学者がそれを検出する望みはこの先もない」(つまり, 個々の粒子として). そのため, 暗黒物質は少なくとも弱い相互作用には寄与すると一般的に仮定されている.

[*28] 暗黒物質のハローは (物質とは非常に弱くしか結合しないので) 銀河の回転を共有しない (と仮定している).

る物質と暗黒物質を合わせると「臨界密度」の約 1/3 で，宇宙の膨張が収縮に転じる「べき」だと信じている者にとっては[*29]，暗黒物質の問題とは独立に，二つ目の「質量欠損」という矛盾が存在した．一体全体その「余分な」エネルギーはどこにあるのだろうか．

　この問題は，宇宙の膨張速度は全然減速しておらず，むしろ加速しているという驚くべき発見により，状況が一変した．あきらかに，ニュートンの重力（万有引力）法則は最大のスケールでは正しくないか，自然界には重力に打ち勝つほどの強さの斥力をもつ何らかの新たな力がこの場合存在するかのどちらかだ．一般相対性理論には，この現象を説明するための（ある種）自然な余分な項がある．宇宙項 Λ だ．アインシュタインの元々の理論（それには宇宙項はなかった）では宇宙が膨張するが，彼はそれはありえないと思った．そうならないためだけの項を導入することにより，理論を救った．その余分な項の強さ（Λ）を調整することにより宇宙を安定させたのだ（数学的には，宇宙項により原始的な斥力あるいは負の圧力を導入し，宇宙論的スケールでの引力とのバランスをとったことになる）．後にハッブルが宇宙は本当に膨張しているということを発見したとき，歯がゆい思いをしたアインシュタインは宇宙項を否定し，「私の最大の失敗」だとよんだ．しかし，加速膨張が発見されたとき，わかりやすい救済方法は宇宙項を復活させることだった [30]．

　しかし，元々の宇宙項の概念と現在復活したものとの間には決定的な違いがある．アインシュタインは Λ をプランク定数や，ボルツマン定数のような，説明不能な自然がもつ根源的な定数だと考えて，2 種類の重力の源があるとした．物質（実際にはエネルギーと運動量を含んだ応力テンソルとすべてのかたちの応力）と Λ だ．現代の解釈では，Λ は，何らかの量子場の真空期待値に付随する暗黒エネルギーというかたちで，動的な起源をもつとされている．実効的には，それは応力テンソル中の定数項で，宇宙空間全体に均一に広がっている[*30]ものをわれわれは引きはがして個別に扱おうとしているのだ．この場（たち）がどのようなものかはいまはまったくもって謎だらけだ．いや謎よりも悪い．たとえば，模型となる理論を構築しようとすると，Λ の値が 120 桁も大きくなってしまう [31]．あきらかに，われわれには学ぶべき多くのことがある．

[*29] 広く受け入れられている膨張宇宙論によると，宇宙の全密度は臨界密度の値と正確に同じでなければならない．
[*30] 銀河の周辺部に集中している暗黒物質とは対照的だ．

12.6　結　論

　ほとんどの素粒子物理学者が，LHC でヒッグスボソンを生成するだろうと予想している．そして多くは，超対称性粒子を初めて生成するだろうと信じている．余剰次元の証拠が得られると考える者もいる．たぶん．しかし，他の可能性もある．真剣に考えている人はほとんどいないが，下層構造，すなわち，クォークとレプトンは（それと，おそらく力の媒介粒子も），より基本的な要素からなる複合粒子であるという考えだ．これは，40 年前にクォーク模型がすべてを変えたように，そして，1 世紀前にラザフォードの原子模型がすべてを変えたのとちょうど同じように，すべてを変えてしまうだろう．いずれにせよ，われわれは素粒子物理学が重要な発展をしようとしている，ほぼその転換点にいるのだ [32]．

参　考　書

[1] たとえば，Science, **315**, 55 (2007) special section を参照せよ．
[2] ヒッグス機構は，ヒッグスとアングレールにより独立に提案された．F. Englert and R. Brout: Physical Review Letters, **13**, 321 (1964); (a) P. W. Higgs: Physics Letters, **12**, 132 (1964); Physical Review Letters, **13**, 508 (1964).
[3] これに関する「バイブル」は，J. F. Gunion et al.: The Higgs Hunter's Guide (Addison-Wesley, 1990).
[4] LEP 実験はすでに $114\,\text{GeV}/c^2$ 以下のヒッグスボソンを棄却している．2000 年の統計的に微妙な観測は，質量 $115\,\text{GeV}/c^2$ を示唆している．たとえば，以下を参照．P. Renton: Nature, **428**, 141 (2004).
[5] ヒッグス質量の見積もりはトップクォークの正確な質量と，もちろん模型に依存する．超対称性により，一番軽いヒッグス粒子の質量上限値は $140\,\text{GeV}/c^2$ となる．たとえば，以下を参照．B. Schwarzschild: Physics Today, 26 (August 2004).
[6] 手に入る入門として，M. Peskin: Physics 450 lecture notes, Fall 2006, Stanford University (2006) がウェブ上で利用可能だ．
[7] H. Georgi and S. L. Glashow: Physical Review Letters, **32**, 438 (1974).
[8] M. Shiozawa et al.: Physical Review Letters, **81**, 3319 (1998).
[9] 簡潔にまとまったレビューが，G. Ross: Grand Unified Theories (Perseus, 1985); (a) P. Langacker: Physics Reports, **72**, 185 (1981).
[10] G.'t Hooft: Nuclear Physics, B **79**, 276 (1974); (a) A. M. Polyakov: JETP Letters, **20**, 194 (1974).
[11] B. Cabrera: Physical Review Letters, **48**, 1378 (1982).
[12] 遠方の反宇宙からの反ヘリウム探索に関するものが，P. Barry: Science News, **171**, 296 (2007).
[13] A. D. Sakharov: JETP Letters, **5**, 24 (1967).
[14] たとえば以下の雑誌．D. Kirkby and Y. Nir: Review of Particle Physics, 146 (2006).
[15] たとえば，M. Peskin: Nature, **419**, 24 (2002); (a) P. Harrison: Physics World, 27 (July 2003).

[16] R. D. Peccei and H. R. Quinn: Physics Review Letters, **38**, 1440 (1977); Physical Review, D **16**, 1791 (1977). クイン–ペッチェイ機構についての面白い記事なら, (a) P. Sikivie: Physics Today, 22 (December 1996); アクシオン探索の現状は以下を参照. (b) K. van Bibber and L. J. Rosenberg: Physics Today, 30 (August 2006).
[17] J. Wess and B. Zumino: Physics Letters, B **49**, 52 (1974).
[18] 超対称性に関する, そこそこ広く読まれている素晴らしい記事が, G. Kane: Supersymmetry: Unveiling the Ultimate Laws of Nature (Perseus, 2000). それなりにわかりやすい, 専門的な詳細は以下を参照. S. P. Martin: A Supersymmetry Primer (hep-ph/9709356).
[19] 以下の記事を参照. H. E. Haber: RPP (2006) 1105.
[20] H. N. Brown *et al.*: Physical Review Letters, **86**, 2227 (2001).
[21] B. Schwarzschild: Physics Today, 18 (February 2002).
[22] 弦理論に関するスリルがありそれなりに人気のある歴史であれば, 以下を参照. B. R. Greene: The Elegant Universe (W. W. Norton, 1999); 理論そのものに関するとっつきやすいイントロダクションであれば, (a) B. Zwiebach: A First Course in String Theory (Cambridge University Press, 2004). 標準的な大学院生のための教科書が (b) J. Polchinski: String Theory (Cambridge University Press, 1998).
[23] とっつきやすい余剰次元に関する記事なら以下を参照. L. Randall: Physics Today, 80 (July 2007). 余剰次元探索に関する現状を知りたければ以下の文献を参照. (a) G. F. Giudice and J. D. Wells: Review of Particle Physics, 1165 (2006).
[24] 2006 年には, 弦理論に反対する動きの兆候があり, その動きが普及したことが素粒子物理学に影響を与えた. B. Richter: Physics Today, 8 (October 2006); (a) L. Smolin: The Trouble with Physics (Houghton Mifflin, 2006); (b) P. Woit: Not Even Wrong (Basic Books, 2006).
[25] F. Zwicky: Helvetica Physics Acta, **6**, 124 (1933). 最初の 55 年間のよいレビューなら, (a) V. Trimble: Annual Review of Astronomy and Astrophysics, **25**, 425 (1987).
[26] M. Milgrom: Scientific American, 42 (August 2002); Science News, 206 (March 2007).
[27] ダークマター候補についての見事なすっきりとした調査と実験による探索であれば, 以下を参照. D. B. Cline: Scientific American, 51 (March 2003).
[28] B. Schwarzschild: Physics Today, 16 (August 2007).
[29] M. E. Peskin: Journal of the Physical Society of Japan, **76**, 111017 (2007).
[30] これが唯一の候補ではないが, 素晴らしいレビューであれば以下の雑誌を参照. M. S. Turner and D. Huterer: Journal of the Physical Society of Japan, **76**, 111015 (2007).
[31] とっつきやすい説明であれば, R. J. Adler, B. Casey and O. C. Jacob: American Journal of Physics, **63**, 620 (1995).
[32] J. Ellis: Nature, **448**, 297 (2007).
[33] M. Planck: Sitzungsber. Dtsch. Akad. Wiss. Berlin-Math-Phys. Tech. Kl., 440 (1899).

問 題

12.1 **(a)** 式 (10.132) を用いて W の質量を $v = \mu/\lambda$ と $q = g_w\sqrt{\hbar c/4\pi}$ を使って求めよ. そして, 式 (12.1) を確認せよ.
 (b) 問題 10.21 と式 (10.130) を用いて, ヒッグスとクォークもしくはレプトンとの結合のバーテックス因子を求めよ.
 (c) 式 (10.136) を用いて hWW, hZZ, hhh 結合のバーテックス因子を求めよ.

12.2 **(a)** MSM での $h \to f + \bar{f}$ (f はクォークもしくはレプトン) の崩壊率を計算せよ.

$$\left[答え: \frac{\alpha_w}{8\hbar}m_h c^2 \left(\frac{m_f}{M_W}\right)^2 \left[1 - \left(\frac{2m_f}{m_h}\right)^2\right]^{3/2}\right]$$

(b) もし $m_h = 120\,\mathrm{GeV}/c^2$ だとすると,分岐比 $\Gamma(b\bar{b})/\Gamma(c\bar{c})$ と $\Gamma(b\bar{b})/\Gamma(\tau^+\tau^-)$ はいくらになるだろうか. [クォークの場合はカラー因子 3 を含む.]

12.3 **(a)** MSM での $h \to W^+ + W^-$ と $h \to Z + Z$ の崩壊率を計算せよ.

$$\left[答え: \Gamma(W^+W^-) = \frac{\alpha_W m_h c^2}{16\hbar}\left(\frac{m_h}{M_W}\right)^2 \left(1 - 4\frac{M_W^2}{m_h^2} + 12\frac{M_W^4}{m_h^4}\right)\right.$$

$$\times \left[1 - 4\frac{M_W^2}{m_h^2}\right]^{1/2}$$

$$\Gamma(ZZ) = \frac{\alpha_W m_h c^2}{23\hbar}\left(\frac{m_h}{M_W}\right)^2 \left(1 - 4\frac{M_Z^2}{m_h^2} + 12\frac{M_Z^4}{m_h^4}\right)$$

$$\left.\times \left[1 - 4\frac{M_Z^2}{m_h^2}\right]^{1/2}\right]$$

(b) もし $m_h = 120\,\mathrm{GeV}/c^2$ だとすると,$\Gamma(W^+W^-)/\Gamma(ZZ)$ の比はいくつか.

12.4 現実的な実験で測定可能な陽子の最長寿命を予測せよ. [ヒント:実際の実験 (たとえば Super–K など) では,いくつの陽子を観測できるだろうか. あなたがどれくらい待てるか,あるいは,もっと大事なことは,資金の提供機関がどれくらい待つことができるだろうか.]

12.5 グラショー–ジョージアイ模型で,陽子の寿命はどれくらいだと推定されるだろうか. [ヒント:ここでは,何も計算しようとはしない. 計算のための情報が存在しないからだ. 寿命を求める式は,いろいろな質量に依存する. うまくいくなら,他のミュー粒子やニュートリノ,パイ中間子を分析して次元解析から考える.]

12.6 式 (12.7), (12.8) から式 (12.9) を導出せよ.

12.7 xy 平面上のベクトルを考える.

(a) ベクトル $\boldsymbol{a} = (a_x, a_y)$ を (反時計回りに) θ 回転させると $\boldsymbol{a}' = (a'_x, a'_y)$ になることを示せ.

$$a'_x = a_x \cos\theta - q_y \sin\theta, \quad a'_y = a_x \sin\theta + a_y \cos\theta$$

(b) 二つのベクトルのドット積はこのような回転のもとで不変 $\boldsymbol{a}' \cdot \boldsymbol{b}' = \boldsymbol{a} \cdot \boldsymbol{b}$ であることを示せ.

(c) ここで,微小回転 $d\theta$ を考える. (a) の変換則を $d\theta$ の1次で展開せよ.

(d) (1次の) ドット積が微小回転のもとで不変であることを示せ. [もちろん,有限変換のもとで不変であることをすでに知っているなら,無限小変換の証明は自明である. 重要な点は,微小変換を考える方が通常はるかに単純だということである.]

12.8 この問題の目的は,式 (12.11) のラグランジアンによって記述された作用が,式 (12.10) の超対称変換のもとで不変であることを証明することである.

(a) $\delta\phi^* = 2\bar{\psi}\epsilon$ と $\delta\bar{\psi} = (i/\hbar c)\bar{\epsilon}\gamma^\mu(\partial_\mu\phi^*)$ を示せ.

(b) まずスカラー「運動」項 $\mathscr{L}_1 = \frac{1}{2}(\partial^\mu\phi^*)(\partial_\mu\phi)$ を考える. $\delta\mathscr{L}_1 = (\partial^\mu\phi)(\partial_\mu\bar{\psi})\epsilon + \bar{\epsilon}(\partial^\mu\phi^*)(\partial_\mu\psi)$ を示せ.

(c) 次にスピノル「運動」項 $\mathscr{L}_2 = i\hbar c\bar{\psi}\gamma^\mu(\partial_\mu\psi)$ を考える. $\delta\mathscr{L}_2 = -\delta\mathscr{L}_1 + \partial_\mu Q^\mu$ を示せ. このとき $Q^\mu \equiv \bar{\psi}(\partial^\mu\phi)\epsilon + (1/2)\bar{\epsilon}\sigma^{\mu\nu}[\phi^*(\partial_\nu\psi) - (\partial_\nu\phi^*)\psi]$ であり,$\sigma^{\mu\nu}$ は式 (7.69) で定義されている.

(d) 質量項を確かめる. $\mathcal{L}_3 = -(1/2)(mc/\hbar)^2 \phi^* \phi$, $\mathcal{L}_4 = -mc^2 \bar{\psi}\psi$. $\delta\mathcal{L}_3 = -(mc/\hbar)^2 (\bar{\psi}\epsilon\phi + \phi^*\bar{\epsilon}\psi)$ と $\delta\mathcal{L}_4 = i(mc/\hbar)[-\bar{\epsilon}\gamma^\mu(\partial_\mu \phi^*)\psi + \bar{\psi}\gamma^\mu \epsilon(\partial_\mu \phi)]$ を示せ.

(e) 最後に, オイラー–ラグランジュ方程式 (10.15) からディラック方程式をつくる. $\delta\mathcal{L}_4 = -\delta\mathcal{L}_3 + \partial_\mu R^\mu$ であることを示せ. ただし, $R^\mu = i(mc/\hbar)[-\bar{\epsilon}\gamma^\mu(\partial_\mu \phi^*)\psi + \bar{\psi}\gamma^\mu \epsilon(\partial_\mu \phi)]$ である.

全ラグランジアン ($\mathcal{L} = \mathcal{L}_1 + \mathcal{L}_2 + \mathcal{L}_3 + \mathcal{L}_4$) は不変ではないが, 全微分 $\delta\mathcal{L} = \partial_\mu(Q^\mu + R^\mu)$ だけ変化するので, 作用と運動方程式は不変である. しかし, うまく機能するためにはスカラーとスピノルが同じ質量をもたなければならないことに注意.

12.9 (a) c, $\hbar$, G (ニュートンの万有引力定数) から, 長さの次元をもつ量 l_P, 時間の次元をもつ量 t_P, 質量の次元をもつ量 m_P を構築せよ. これらはプランク長, プランク時間, プランク質量として知られている. マックス・プランクによって 1899 年に最初に発表された後にこの名前がついた [33]. 実際の数を m, s, kg を単位として求めよ. また, プランクエネルギー ($E_P = m_P c^2$) を GeV を単位として計算せよ. [これらの量は, 量子重力が有効になるスケールを決める.]

(b) 微細構造定数の重力版は何だろうか. (i) 電子の質量, (ii) プランク質量を用いて実際の値を求めよ.

12.10 固定された質量 M を中心とした円軌道を動く物体の速さを, 軌道半径の関数として求めよ (たとえば, 太陽の周りの惑星).

12.11 臨界密度を計算するための速くて素朴な方法は, 宇宙を半径 R の一様な球として描き, (ハッブルの法則による) 膨張速度 $v = HR$ と等しい速さで表面の粒子が離れているという描像を考えることである. これに基づいて,

$$\rho_c = \frac{3H^2}{8\pi G}$$

を示せ. ハッブル定数 (H) の値を調べ, 臨界密度を kg/m^{-3} を単位として求めよ.

付　録

A　ディラックのデルタ関数

ディラックのデルタ関数の入門

ディラックのデルタ関数 $\delta(x)$ は，原点で面積 1 の無限に高く無限に狭い釘状のものである（図 A.1）．とくに，

$$\delta = \begin{cases} 0, & x \neq 0 \\ \infty, & x = 0 \end{cases}, \quad \int_{-\infty}^{\infty} \delta(x)\,dx = 1 \tag{A.1}$$

である．専門的にいうと，$x = 0$ で有限でないので，関数ではない．数学用語では，超関数や分布関数として知られている．これは，高さ n，幅 $1/n$ の四角形，あるいは，高さ n，底辺 $2/n$ の三角形，その他，好きなかたちの極限だと考えればよい（図 A.2）．

もし $f(x)$ が「普通の」関数なら，(つまり，別のデルタ関数ではなく，安全のために，たとえば，$f(x)$ が連続だとすると)，積 $f(x)\delta(x)$ は，$x = 0$ を除き，ゼロである．

$$f(x)\delta(x) = f(0)\delta(x) \tag{A.2}$$

（これはデルタ関数に関して最も重要なことで，なぜ正しいかを理解するべきだ．重要なのは，積は $x = 0$ 以外ではつねにゼロなので，$f(x)$ を原点での値に置き換えたものでよいだろうということだ．）とくに，

$$\int_{-\infty}^{\infty} f(x)\delta(x)\,dx = f(0) \int_{-\infty}^{\infty} \delta(x)\,dx = f(0) \tag{A.3}$$

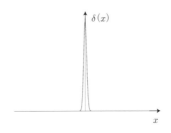

図 A.1　ディラックのデルタ関数（ただし，スパイクは無限に高く，無限に狭いと想像しなければならない）

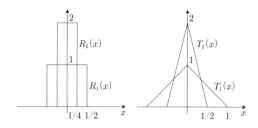

図 A.2　極限が $\delta(x)$ になる二つの関数の動き方

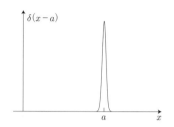

図 A.3　$\delta(x-a)$ の「グラフ」

である．この積分において，デルタ関数は $f(x)$ の $x=0$ における値を拾い上げる（これ以降，積分範囲は必ずしも $-\infty$ から ∞ まで取る必要はなく，デルタ関数を横切る $-\epsilon$ から ϵ で十分である）．

もちろん，$x=0$ でのスパイクは，他の違う点 $x=a$ に移すことができる

$$\delta(x-a) = \begin{Bmatrix} 0, & x \neq a \\ \infty, & x = a \end{Bmatrix}, \quad \int_{-\infty}^{\infty} \delta(x-a)\,dx = 1 \tag{A.4}$$

（図 A.3 を参照）．式 (A.2) は次のように一般化される．

$$f(x)\delta(x-a) = f(a)\delta(x-a) \tag{A.5}$$

そして，式 (A.3) は，

$$\int_{-\infty}^{\infty} f(x)\delta(x-a)\,dx = f(a) \tag{A.6}$$

になる．

k がゼロではない（実）数である場合，$\delta(kx)$ をどう解釈すべきだろうか．「普通」の関数 $f(x)$ との掛け算と積分を考えよう．

$$\int_{-\infty}^{\infty} f(x)\delta(kx)\,dx$$

$y \equiv kx$ のように変数を変更して，$x = y/k$，$dx = 1/k\,dy$ となるようにする．k が正の場

合，積分は依然として $-\infty$ から $+\infty$ まで実行されるが，k が負の場合は $x = \infty$ は $y = -\infty$ を意味するので，極限は反転する．「適切な」処置としてマイナス符号を付けることになる．したがって，

$$\int_{-\infty}^{\infty} f(x)\delta(kx)\,dx = \pm \int_{-\infty}^{\infty} f(y/k)\delta(y)\frac{dy}{k}$$
$$= \pm\frac{1}{k}f(0) = \frac{1}{|k|}f(0) \tag{A.7}$$

(下の符号は，k が負のとき適用され，示されている通り，k の絶対値を取ると整合性がとれている)．この文脈では，$\delta(kx)$ は $(1/|k|)\delta(x)$ と同じ働きをする．

$$\int_{-\infty}^{\infty} f(x)\delta(kx)\,dx = \int_{-\infty}^{\infty} f(x)\left[\frac{1}{|k|}\delta(x)\right]dx \tag{A.8}$$

これは任意の $f(x)$ に対して成り立つので，デルタ関数式は次の式に等しい[*1]．

$$\delta(kx) = \frac{1}{|k|}f(x) \tag{A.9}$$

われわれが分析したのは，$g(x)$ が x の関数であるときの一般的な形式 $\delta(g(x))$ の特別な場合である．一般に，$\delta(g(x))$ は，$g(x)$ がゼロになる点 $x_1, x_2, x_3, \cdots$ にスパイクがある．

$$g(x_i) = 0 \qquad (i = 1, 2, 3, \cdots, n) \tag{A.10}$$

i 番目のゼロ点の近傍では，$g(x)$ をテイラー展開することができる．

$$g(x) = g(x_i) + (x - x_i)g'(x_i) + \frac{1}{2}(x - x_i)^2 g''(x_i) + \cdots \simeq (x - x_i)g'(x_i) \tag{A.11}$$

式 (A.9) を考慮すると，x_i におけるスパイクは，

$$\delta(g(x)) = \frac{1}{|g'(x_i)|}\delta(x - x_i) \qquad (x \simeq x_i) \tag{A.12}$$

となる．因子 $|g'(x_i)|^{-1}$ は，x_i におけるデルタ関数の「強さ」を示している．これを他のゼロ点のスパイクと合わせると，

$$\delta(g(x)) = \sum_{i=1}^{n} \frac{1}{|g'(x_i)|}\delta(x - x_i) \tag{A.13}$$

[*1] 最後のステップで読者は熟考するかもしれない．通常，二つの積分が等しくても，元の関数が等しいとはいえない．しかし，ここで重要なのは，任意の $f(x)$ に対して積分が等しいということだ．たとえば，$x = 17$ の近傍でデルタ関数の式 $\delta(kx)$ と $(1/|k|)\delta(x)$ が異なると，その積分は $x = 17$ で鋭いピークをもつ $f(x)$ のものとは等しくないだろう．だが，積分が等しくなければいけないので，デルタ関数自体が等しいことになる．なぜなら，離れた点で異なっていたとしても，積分には何も寄与しないからだ．だから，式 (A.9) の両辺が $x = 0$ 以外ではあきらかにゼロであることに注意すればよい．

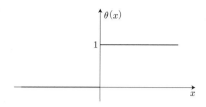

図 A.4 ヘヴィサイドの θ (「ステップ」) 関数

という結論になる．したがって，$\delta(g(x))$ というかたちで書かれたものは，単純なデルタ関数の和で書くことができる[*2]．

例題 A.1 $\delta(x^2 + x - 2)$ を簡略化せよ．

答え：$g(x) = x^2 + x - 2 = (x-1)(x+2)$ である．$x = 1$ と $x = -2$ でゼロになる．微分すると $g'(x) = 2x + 1$ なので $g'(x_1) = 3$, $g'(x_2) = -3$ である．

よって

$$\delta(x^2 + x - 2) = \frac{1}{3}\delta(x - 1) + \frac{1}{3}\delta(x + 2)$$

ディラックのデルタ関数は，ヘヴィサイドのステップ関数の導関数と考えることができる（図 A.4）[*3]．

$$\theta(x) \equiv \begin{cases} 0, & x < 0 \\ 1, & x > 0 \end{cases} \tag{A.14}$$

あきらかに，$d\theta/dx$ は原点を除いてどこでもゼロであり，

$$\int_{-\infty}^{\infty} \frac{d\theta}{dx} dx = \theta(\infty) - \theta(-\infty) = 1 - 0 = 1 \tag{A.15}$$

なので，$d\theta/dx$ は $\delta(x)$ の定義の条件（式 (A.1)）を満たす．

デルタ関数を 3（またはそれ以上の）次元に一般化するのは簡単なことだ．

$$\delta^3(\boldsymbol{r}) = \delta(x)\delta(y)\delta(z) \tag{A.16}$$

この 3 次元デルタ関数は，発散する原点を除いてどこでも 0 である．$\delta^3(\boldsymbol{r})$ に対する三重積分は 1 である．

$$\int \delta^3(\boldsymbol{r}) \, d^3r = \int \delta(x)\delta(y)\delta(z) \, dx\, dy\, dz = 1 \tag{A.17}$$

[*2] 式 (A.13) は，導出に使用したテイラー展開を途中で止めたにもかかわらず，正確である（式 (A.11)）．$(x - x_i)$ のべきを含むので，x_i で「余分な」項がゼロであるからだ．

[*3] 不連続点の値はあまり重要ではないが，もし心配なら，$\theta(0) \equiv 1/2$ とすればよい．

と
$$\int f(\boldsymbol{r})\delta^3(\boldsymbol{r}-\boldsymbol{r}_0)\,d^3r = f(\boldsymbol{r}_0) \tag{A.18}$$

のようになる．たとえば，点 $\boldsymbol{r}_0$ における点電荷 q の電荷密度（単位体積あたりの電荷）は，次のように書ける．

$$\rho(\boldsymbol{r}) = q\delta^3(\boldsymbol{r}-\boldsymbol{r}_0) \tag{A.19}$$

問 題

A.1 **(a)** $\int_0^3 (2x^2 + 7x + 3)\delta(x-1)dx$ を求めよ．
   (b) $\int_0^3 \ln(1+x)\delta(\pi - x)dx$ を求めよ．

A.2 式 (A.13) を用いて $\delta(\sqrt{x^2+1} - x - 1)$ を計算せよ．

A.3 式 (A.13) を用いて $\delta(\sin x)$ を計算せよ．その関数を書け．

A.4 $f(y) = \int_0^2 \delta(y - x(2-x))dx$ を求めて，$y=-2$ から $y=+2$ までをプロットせよ．

A.5 $\int_{-1}^5 x^4 \left[\dfrac{d^2}{dx^2}\delta(x-3)\right]dx$ を求めよ．［ヒント：部分積分を用いる．］

A.6 以下の積分を計算せよ．［有効数字 5 桁まで］

$$\int_{-1}^5 \theta(2x-4)e^{-3x}dx$$

A.7 $\int \boldsymbol{r}\cdot(\boldsymbol{a}-\boldsymbol{r})\delta^3(\boldsymbol{r}-\boldsymbol{b})d^3r$ を計算せよ．ここで，$\boldsymbol{a}=(1,2,3)$，$\boldsymbol{b}=(3,2,1)$ で積分は $(2,2,2)$ を中心に半径 1.5 の球面だとする．

B 崩壊率と断面積

崩壊率と散乱断面積の公式のまとめ

B.1 崩 壊

粒子 1 が粒子 2, 3, 4, …, n に崩壊する場合を考えよう．

$$1 \to 2 + 3 + 4 + \cdots + n$$

崩壊率は次の式で与えられる．

$$d\Gamma = |\mathscr{M}|^2 \frac{S}{2\hbar m_1} \left\{ \left[\frac{c\, d^3 \boldsymbol{p}_2}{(2\pi)^3 2E_2} \right] \left[\frac{c\, d^3 \boldsymbol{p}_3}{(2\pi)^3 2E_3} \right] \cdots \left[\frac{c\, d^3 \boldsymbol{p}_n}{(2\pi)^3 2E_n} \right] \right\} \\ \times (2\pi)^4 \delta^4(p_1 - p_2 - p_3 - \cdots - p_n) \tag{B.1}$$

ここで $p_i = (E_i/c, \boldsymbol{p}_i)$ は i 番目の粒子の 4 元運動量である（質量 m_i なので，$E_i = c\sqrt{\boldsymbol{p}_i^{\,2} + m_i^2 c^2}$）．崩壊している粒子は静止しているとする．$p_1 = (m_1 c, 0)$．$S$ は，終状態における j 個の同一粒子のための統計的因子でそれぞれ $1/j!$ である．

B.1.1 二体崩壊

終状態に二つの粒子がある場合，積分はあらわに実行できる．全崩壊率は，

$$\Gamma = \frac{S|\boldsymbol{p}|}{8\pi \hbar m_1^2 c} |\mathscr{M}|^2 \tag{B.2}$$

であり，ここで，$|\boldsymbol{p}|$ は，外に出て行くそれぞれの運動量の大きさである．

$$|\boldsymbol{p}| = \frac{c}{2m_1} \sqrt{m_1^4 + m_2^4 + m_3^4 - 2m_1^2 m_2^2 - 2m_1^2 m_3^2 - 2m_2^2 m_3^2} \tag{B.3}$$

とくに，外に出て行く粒子に質量がない場合，$|\boldsymbol{p}| = m_1 c/2$ なので，

$$\Gamma = \frac{S}{16\pi \hbar m_1} |\mathscr{M}|^2 \tag{B.4}$$

になる．

B.2 断面積

粒子 1 と粒子 2 が衝突し，粒子 3, 4, …, n が生成されるとする．

$$1 + 2 \to 3 + 4 + \cdots + n$$

断面積は次の式で与えられる．

$$d\sigma = |\mathscr{M}|^2 \frac{\hbar^2 S}{4\sqrt{(\boldsymbol{p}_1 \cdot \boldsymbol{p}_2)^2 - (m_1 m_2 c^2)^2}}$$

$$\times \left\{ \left[\frac{c\,d^3\boldsymbol{p}_3}{(2\pi)^3 2E_3} \right] \left[\frac{c\,d^3\boldsymbol{p}_4}{(2\pi)^3 2E_4} \right] \cdots \left[\frac{c\,d^3\boldsymbol{p}_n}{(2\pi)^3 2E_n} \right] \right\}$$
$$\times (2\pi)^4 \delta^4(\boldsymbol{p}_1 + \boldsymbol{p}_2 - \boldsymbol{p}_3 - \cdots - \boldsymbol{p}_n) \tag{B.5}$$

ここで，(以前のように) $p_i = (E_i/c, \boldsymbol{p}_i)$ は粒子 i の 4 元運動量（質量 m_i），$E_i = c\sqrt{\boldsymbol{p}_i^2 + m_i^2 c^2}$ である．S は統計的因子（終状態の j 個の同一粒子各々について $1/j!$）である．

B.2.1 二体散乱

終状態が粒子 2 個の場合，積分はあらわに実行できる．

(a) 重心系では

$$\sqrt{(p_1 \cdot p_2)^2 - (m_1 m_2 c^2)^2} = (E_1 + E_2)|\boldsymbol{p}_1|/c \tag{B.6}$$

と

$$\frac{d\sigma}{d\Omega} = \left(\frac{\hbar c}{8\pi}\right)^2 \frac{S|\mathscr{M}|^2}{(E_1 + E_2)^2} \frac{|\boldsymbol{p}_f|}{|\boldsymbol{p}_i|} \tag{B.7}$$

である．ここで，$|\boldsymbol{p}_i|$ は入射粒子の運動量の大きさであり，$|\boldsymbol{p}_f|$ は出て行く粒子それぞれの運動量の大きさである．とくに，弾性散乱 ($A + B \to A + B$) の場合は，$|\boldsymbol{p}_i| = |\boldsymbol{p}_f|$ であるので，$E \equiv (E_1 + E_2)/2$ となる．

$$\frac{d\sigma}{d\Omega} = \left(\frac{\hbar c}{16\pi}\right)^2 \frac{S|\mathscr{M}|^2}{E^2} \tag{B.8}$$

(b) 実験室系（粒子 2 が静止している）では

$$\sqrt{(\boldsymbol{p}_1 \cdot \boldsymbol{p}_2)^2 - (m_1 m_2 c^2)^2} = m_2 c |\boldsymbol{p}_1| \tag{B.9}$$

である．弾性散乱の場合 ($A + B \to A + B$)，

$$\frac{d\sigma}{d\Omega} = \left(\frac{\hbar c}{8\pi}\right)^2 \frac{\boldsymbol{p}_3^2 S|\mathscr{M}|^2}{m_2 |\boldsymbol{p}_1| |\boldsymbol{p}_3| (E_1 + m_2 c^2) - |\boldsymbol{p}_1| E_3 \cos\theta} \tag{B.10}$$

とくに，入射粒子に質量がない ($m_1 = 0$) 場合，これは

$$\frac{d\sigma}{d\Omega} = \left(\frac{\hbar E_3}{8\pi m_2 c E_1}\right) S|\mathscr{M}|^2 \tag{B.11}$$

のように簡単になる．もし反跳が無視できる ($m_2 c^2 \gg E_1$) ならば，式 (B.10) は

$$\frac{d\sigma}{d\Omega} = \left(\frac{\hbar}{8\pi m_2 c}\right) |\mathscr{M}|^2 \tag{B.12}$$

のようになる．出て行く粒子に質量がない場合 ($m_3 = m_4 = 0$)，式 (B.5) は，

$$\frac{d\sigma}{d\Omega} = \left(\frac{\hbar}{8\pi}\right) \frac{S|\mathscr{M}|^2|\boldsymbol{p}_3|}{m_2|\boldsymbol{p}_1|(E_1 + m_2c^2 - |\boldsymbol{p}_1|c\cos\theta)} \tag{B.13}$$

のようになる.

C パウリ行列とディラック行列

パウリ行列とディラック行列

C.1 パウリ行列

パウリ行列は，エルミート，かつユニタリー，かつトレースがゼロの 2×2 行列 3 個からなる

$$\sigma_x \equiv \begin{pmatrix} 0 & 1 \\ 1 & 0 \end{pmatrix}, \quad \sigma_y \equiv \begin{pmatrix} 0 & -i \\ i & 0 \end{pmatrix}, \quad \sigma_z \equiv \begin{pmatrix} 1 & 0 \\ 0 & -1 \end{pmatrix} \tag{C.1}$$

（多くの場合，数字による指標を使用する．$\sigma_1 = \sigma_x$, $\sigma_2 = \sigma_y$, $\sigma_3 = \sigma_z$；$\boldsymbol{\sigma}$ は 4 元ベクトルの一部ではない．だから，上付きと下付き指標の区別もしない．$\sigma_1 = \sigma^1$, $\sigma_2 = \sigma^2$, $\sigma_3 = \sigma^3$）．

(a) 積のルール

$$\sigma_i \sigma_j = \delta_{ij} + i\epsilon_{ijk}\sigma_k \tag{C.2}$$

（2×2 の単位行列は第 1 項で示され，第 2 項では k について和を取る）．したがって，

$$\sigma_x{}^2 = \sigma_y{}^2 = \sigma_z{}^2 = 1 \tag{C.3}$$

$$\sigma_x \sigma_y = i\sigma_z, \quad \sigma_y \sigma_z = i\sigma_x, \quad \sigma_z \sigma_x = i\sigma_y \tag{C.4}$$

$$[\sigma_i, \sigma_j] = 2i\epsilon_{ijk}\sigma_k \quad (\text{交換}) \tag{C.5}$$

$$\{\sigma_i, \sigma_j\} = 2\delta_{ij} \quad (\text{反交換}) \tag{C.6}$$

となり，任意の二つのベクトル $\boldsymbol{a}$ と $\boldsymbol{b}$ に対して，

$$(\boldsymbol{a} \cdot \sigma)(\boldsymbol{b} \cdot \sigma) = \boldsymbol{a} \cdot \boldsymbol{b} + i\sigma \cdot (\boldsymbol{a} \times \boldsymbol{b}) \tag{C.7}$$

である．

(b) 指 数

$$e^{i\theta \cdot \sigma} = \cos\theta + i\hat{\theta} \cdot \sigma \sin\theta \tag{C.8}$$

C.2 ディラック行列

ディラック行列は，トレースがゼロかつユニタリーな 4×4 行列 4 個からなる

$$\gamma^0 \equiv \begin{pmatrix} 1 & 0 \\ 0 & -1 \end{pmatrix}, \quad \gamma^i \equiv \begin{pmatrix} 0 & \sigma^i \\ -\sigma^i & 0 \end{pmatrix} \tag{C.9}$$

（ここで，1 は 2×2 単位行列，0 は 2×2 行列の 0 であり，σ^i はパウリ行列である．添字を下げると，「空間」成分の添字が反転し，$\gamma_0 = \gamma^0$, $\gamma_i = -\gamma^i$ となる）．補助的な行列も同

様に導入する.

$$\gamma^5 \equiv i\gamma^0\gamma^1\gamma^2\gamma^3 \tag{C.10}$$

$$\Sigma \equiv \begin{pmatrix} \sigma & 0 \\ 0 & \sigma \end{pmatrix} \tag{C.11}$$

$$\sigma^{\mu\nu} = \frac{1}{2}(\gamma^\mu\gamma^\nu - \gamma^\nu\gamma^\mu) \tag{C.12}$$

任意の 4 元ベクトル a^μ に対して，次のように 4×4 行列 $\not{a}$ を定義する．

$$\not{a} \equiv a_\mu \gamma^\mu \tag{C.13}$$

(a) 積のルール
計量

$$g^{\mu\nu} \equiv \begin{pmatrix} 1 & 0 & 0 & 0 \\ 0 & -1 & 0 & 0 \\ 0 & 0 & -1 & 0 \\ 0 & 0 & 0 & -1 \end{pmatrix} \tag{C.14}$$

について（ここで，$g^{\mu\nu}g_{\mu\nu} = 4$ である），次を得る．

$$\gamma^\mu\gamma^\nu + \gamma^\nu\gamma^\mu = 2g^{\mu\nu}, \qquad \not{a}\not{b} + \not{b}\not{a} = 2a\cdot b \tag{C.15}$$

$$\gamma_\mu\gamma^\mu = 4 \tag{C.16}$$

$$\gamma_\mu\gamma^\nu\gamma^\mu = -2\gamma^\nu, \qquad \gamma_\mu\not{a}\gamma^\mu = -2\not{a} \tag{C.17}$$

$$\gamma_\mu\gamma^\nu\gamma^\lambda\gamma^\mu = 4g^{\nu\lambda}, \qquad \gamma_\mu\not{a}\not{b}\gamma^\mu = 4a\cdot b \tag{C.18}$$

$$\gamma_\mu\gamma^\nu\gamma^\lambda\gamma^\sigma\gamma^\mu = -2\gamma^\sigma\gamma^\lambda\gamma^\nu, \qquad \gamma_\mu\not{a}\not{b}\not{c}\gamma^\mu = -2\not{c}\not{b}\not{a} \tag{C.19}$$

(b) トレース定理
奇数個のガンマ行列の積のトレースはゼロである．

$$\mathrm{Tr}(1) = 4 \tag{C.20}$$

$$\mathrm{Tr}(\gamma^\mu\gamma^\nu) = 4g^{\mu\nu}, \qquad \mathrm{Tr}(\not{a}\not{b}) = 4a\cdot b \tag{C.21}$$

$$\mathrm{Tr}(\gamma^\mu\gamma^\nu\gamma^\lambda\gamma^\sigma) = 4(g^{\mu\nu}g^{\lambda\sigma} - g^{\mu\lambda}g^{\nu\sigma} + g^{\mu\sigma}g^{\nu\lambda})$$

$$\mathrm{Tr}(\not{a}\not{b}\not{c}\not{d}) = 4[(a\cdot b)(c\cdot d) - (a\cdot c)(b\cdot d) + (a\cdot d)(b\cdot c)] \tag{C.22}$$

γ^5 は γ 行列の偶数個の積なので，$\mathrm{Tr}(\gamma^5\gamma^\mu) = 0$, $\mathrm{Tr}(\gamma^5\gamma^\mu\gamma^\nu\gamma^\lambda) = 0$ である．γ^5 に偶数個の γ が掛けられたとき，

$$\mathrm{Tr}(\gamma^5) = 0 \tag{C.23}$$

$$\mathrm{Tr}(\gamma^5\gamma^\mu\gamma^\nu) = 0, \qquad \mathrm{Tr}(\gamma^5\not{a}\not{b}) = 0 \tag{C.24}$$

$$\mathrm{Tr}(\gamma^5\gamma^\mu\gamma^\nu\gamma^\lambda\gamma^\sigma) = 4i\epsilon^{\mu\nu\lambda\sigma}$$

$$\text{Tr}(\gamma^5 \not{a}\not{b}\not{c}\not{d}) = 4i\epsilon^{\mu\nu\lambda\sigma} a_\mu b_\nu c_\lambda d_\sigma \tag{C.25}$$

となる．ここで，$\mu\nu\lambda\sigma$ が 0123 の偶数置換の場合は $\epsilon^{\mu\nu\lambda\sigma} = -1$ で，奇数置換の場合は $+1$，そして，二つの添字が同じ場合は 0 である．また，

$$\epsilon^{\mu\nu\lambda\sigma} \epsilon_{\mu\nu\kappa\tau} = -2(\delta^\lambda_\kappa \delta^\sigma_\tau - \delta^\lambda_\tau \delta^\sigma_\kappa) \tag{C.26}$$

である．

(c) 反交換関係

$$\{\gamma^\mu, \gamma^\nu\} = 2g^{\mu\nu}, \qquad \{\gamma^\mu, \gamma^5\} = 0 \tag{C.27}$$

D ファインマン則（ツリーレベル）

QED，QCD と弱相互作用のファインマン則

D.1 外 線

スピン 0：（なし）

スピン $\dfrac{1}{2}$: $\begin{cases} 入射粒子：u \\ 入射反粒子：\bar{v} \\ 放出粒子：\bar{u} \\ 放出反粒子：v \end{cases}$

スピン 1 : $\begin{cases} 入射：\epsilon_\mu \\ 放出：\epsilon_\mu^* \end{cases}$

D.2 伝播関数

スピン 0 : $\dfrac{i}{q^2 - (mc)^2}$

スピン $\dfrac{1}{2}$: $\dfrac{i(\not{q} + mc)}{q^2 - (mc)^2}$

スピン 1 : $\begin{cases} 無質量：\dfrac{-ig_{\mu\nu}}{q^2} \\ 有質量：\dfrac{i[g_{\mu\nu} - q_\mu q_\nu/(mc)^2]}{q^2 - (mc)^2} \end{cases}$

D.3 バーテックス因数

QED:

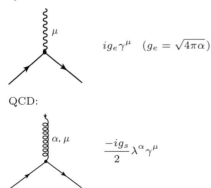

$ig_e \gamma^\mu \quad (g_e = \sqrt{4\pi\alpha})$

QCD:

$\dfrac{-ig_s}{2}\lambda^\alpha \gamma^\mu$

D ファインマン則（ツリーレベル）

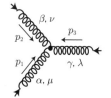

$$-g_s f^{\alpha\beta\gamma}[g_{\mu\nu}(q_1-q_2)_\lambda + g_{\nu\lambda}(q_2-q_3)_\mu \\ + g_{\lambda\mu}(q_3-q_1)_\nu]$$

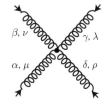

$$-g_s^2[f^{\alpha\beta\eta}f^{\gamma\delta\eta}(g_{\mu\lambda}g_{\nu\rho} - g_{\mu\rho}g_{\nu\lambda}) \\ + f^{\alpha\delta\eta}f^{\beta\gamma\eta}(g_{\mu\nu}g_{\lambda\rho} - g_{\mu\lambda}g_{\nu\rho}) \\ + f^{\alpha\gamma\eta}f^{\delta\beta\eta}(g_{\mu\rho}g_{\nu\lambda} - g_{\mu\nu}g_{\lambda\rho})]$$

GWS:

$\dfrac{-ig_w}{2\sqrt{2}}\gamma^\mu(1-\gamma^5)$

（ここで，l は任意のレプトン，ν_l はそれに対応するニュートリノである．）

$\dfrac{-ig_w}{2\sqrt{2}}\gamma^\mu(1-\gamma^5)V_{ij}$

（ここで，$i=u, c, t$ で，$j=d, s, b$ であり，V は CKM 行列である．）

$\dfrac{-ig_z}{2}\gamma^\mu(c_V^f - c_A^f \gamma^5)$

（ここで，f はクォークかレプトンである．c_V と c_A は以下の表で与えられる．）

f	c_V	c_A
ν_e, ν_μ, ν_τ	$\dfrac{1}{2}$	$\dfrac{1}{2}$
e^-, μ^-, τ^-	$-\dfrac{1}{2} + 2\sin^2\theta_w$	$-\dfrac{1}{2}$
u, c, t	$\dfrac{1}{2} + \dfrac{4}{3}\sin^2\theta_w$	$\dfrac{1}{2}$
d, s, b	$-\dfrac{1}{2} + \dfrac{2}{3}\sin^2\theta_w$	$-\dfrac{1}{2}$

466　付　録

$$ig_w \cos\theta_w [g_{\nu\lambda}(q_1-q_2)_\mu + g_{\lambda\mu}(q_2-q_3)_\nu + g_{\mu\nu}(q_3-q_1)_\lambda]$$

$$ig_w^2 \cos^2\theta_w (2g_{\mu\nu}g_{\lambda\sigma} - g_{\mu\lambda}g_{\nu\sigma} - g_{\mu\sigma}g_{\nu\lambda})$$

$$ig_w^2 (2g_{\mu\lambda}g_{\nu\sigma} - g_{\mu\nu}g_{\lambda\sigma} - g_{\mu\sigma}g_{\nu\lambda})$$

弱い相互作用の結合定数は電磁相互作用の結合定数と関係づけられる．

$$g_w = \frac{g_e}{\sin\theta_w}, \quad g_z = \frac{g_e}{\sin\theta_w \cos\theta_w}$$

光子と W, Z との「混合」結合もある．

$$ig_e [g_{\nu\lambda}(q_1-q_2)_\mu + g_{\lambda\mu}(q_2-q_3)_\nu + g_{\mu\nu}(q_3-q_1)_\lambda]$$

$$-ig_e^2 (2g_{\mu\nu}g_{\lambda\sigma} - g_{\mu\lambda}g_{\nu\sigma} - g_{\mu\sigma}g_{\nu\lambda})$$

$$-ig_e g_w \cos\theta_w (2g_{\mu\nu}g_{\lambda\sigma} - g_{\mu\lambda}g_{\nu\sigma} - g_{\mu\sigma}g_{\nu\lambda})$$

索　引

欧数字

11 月革命　47
4 元運動量　105
4 元ベクトル　98
4 点結合　335

α_S　72, 308
α_W　90

b クォーク　48
B ファクトリー　160
CKM 行列　159, 343, 350
CP　155
　　──の固有状態　156
　　──の破れ　159, 438
CPT 定理　162
CVC 仮説　341
g_W　328
GIM 機構　82, 348
GUT　434
GUT スケール　437
GWS 模型　353, 369
GWS 理論　64
KM 行列　82
LEP 実験　431
LHC　429, 446
MNS 行列　425
OZI 則　88
pp チェーン　414
QCD　→量子色力学
QED　→量子電気力学
R 比　296
SNO 実験　421
$SO(2)$　402
$SO(3)$　127
$SO(10)$　436
$SO(n)$　127
$SU(2)$　127, 138, 388
$SU(2)_L \otimes U(1)$　366, 391, 435
$SU(2)$ 不変性　390
$SU(3)$　128, 145, 435
$SU(3)$ 対称性　304, 391
$SU(5)$　435

$SU(n)$　127
$U(n)$　127
$V-A$ 結合　329, 353
W　50, 327
　　──の質量　354
WIMP　445
Z　50, 327
　　──の質量　354
Z^0 極　358

あ 行

アイソスピン　139
アインシュタイン　16
アクシオン　440, 446
アップ　345
アーベル群　126, 391
アルファ線　14
暗黒エネルギー　444
暗黒物質　444
アンダーソン　22
異常磁気モーメント　177, 263
位相空間　218
一般相対性理論　63, 447
色　45, 71, 86, 296, 303, 391
　　──の $SU(3)$　200
　　──の数　297
色一重項　304
色因子　→カラー因子
色カレント　394
色力学　394
インパクトパラメーター　215
ウォードの恒等式　285
宇宙項　447
ウーの実験　147
ウプシロン　188
運動量　104
運動量空間　249, 395
運動量保存　104, 109
エネルギー運動量の保存　261
エネルギー保存　109
エルミート行列　387
円偏極　277
オイラー–ラグランジュ方程式　378

か 行

階層性問題　442
階段関数　219
回転行列　350
カイラリティ　435
カイラルスピノル　362
角運動量　128
　──の足し算　130
核融合　414
加算的　152
カシミール・トリック　269
仮想粒子　67, 228
カットオフ　282
荷電共役　153
荷電弱相互作用　78, 328, 345
カビボ　82, 348
カビボ角　342
カラー因子　309
換算質量　182
慣性系　95
完全性　327
ガンマ行列　242
規格化　135, 172, 248
擬スカラー　132, 252
基底状態　399
軌道角運動量　128
擬ベクトル　150
基本表現　127
逆ベータ崩壊　414
逆ミュー粒子崩壊　329
球面調和関数　173
共変微分　385, 393, 405
共変ベクトル　100, 240
共鳴　143, 297
局所位相変換　383
局所ゲージ不変　382, 385
局所ゲージ不変性　398, 404, 407
局所ゲージ理論　408
極性ベクトル　150
霧箱　32
空間反転　150
クォーク　40
　──の実効質量　145
　──の閉じ込め　43, 75
クォーク間の有効ポテンシャル　308
クォーコニウム　185
クライン–ゴルドン方程式　239, 379
クライン–ゴルドンラグランジアン　379
くりこみ　235, 281, 319, 398
グルーオン　53, 71, 303
　──の存在　294
クレブシュ–ゴルダン係数　132

クーロンゲージ　256, 327
群論　126
形状因子　301, 340, 343
ゲージ場　384, 389
ゲージ変換　256, 384
ゲージ理論　377, 384
結合定数　72, 228
ゲルマン　38
ゲルマン–西島の公式　366
ゲルマン–西島の法則　140
原子　14
弦理論　443
光子　15
　──の交換　18
構造関数　306
構造定数　394
光電効果　16
公理　381
小林と益川　82, 349
小林–益川行列　55
固有関数　173
固有時間　103
固有スピノル　249
固有速度　103
固有値　136, 173
固有ベクトル　136
ゴールドストンボソン　404, 405
コンプトン　17
コンプトン散乱　19, 66, 263
コンプトン波長　17

さ 行

最小結合法則　385
最小標準模型　430
サハロフ　438
散乱角　215
ジェット　294
時間の遅れ　97
時間反転　161
磁気モーメント　202
軸性ベクトル　150, 329
シーソー機構　424
実効電荷　73
質量殻　69
質量行列　387
質量項　398
質量の固有状態　418, 424, 425
自発的対称性の破れ　351, 401, 407
射影演算子　361
弱アイソスピン　366
弱結合定数　328
弱混合角　353, 368

索引

弱電荷　76, 341
遮蔽効果　73
自由場の方程式　395
自由ラグランジアン　395
重力　63
縮約の定理　270
寿命　84, 211
シュレーディンガー方程式　172, 239
真空　399, 401
真空期待値　431
真空偏極　74, 179, 280, 319
深非弾性散乱　44
振幅　218, 219
水素
　——のエネルギー順位　175
　——の束縛エネルギー　172
水素原子　174
スカラー　132, 137, 151, 252
スカラー積　101
ストレンジ　345
ストレンジネス　36, 82
スーパーカミオカンデ　419
スピノル　135, 137, 250
スピン　45, 130
スピン 1/2　135, 245
スピン角運動量　128
静止エネルギー　106, 171
制動輻射　432
積算的　152
世代　52, 80, 345
セミレプトニック崩壊　347
漸近的自由　73, 308
全断面積　216
双一次共変形　250
相互作用項　395
相対論的エネルギー　105
相対論的衝突　108
相対論的場の理論　378
束縛エネルギー　171
束縛状態　171
素電荷　303

た 行

大気ニュートリノ　421
大局的位相変換　383
対称性　124
　——と保存則　125
対数発散　234
大統一　90, 434
大統一理論　34, 434
太陽ニュートリノ　413, 415
タウ・シータ・パズル　152

ダウン　345
ダークマター　442
縦偏極　327, 407
ダブルベータ崩壊　424
弾性　109
弾性散乱　213
断面積　213, 225, 271
チャーム　47, 186, 345
チャーモニウム　186
中間子　19, 20
中性子　15
　——の寿命　339
　——の崩壊　336
中性弱相互作用　77, 351
長距離力　305
超弦理論　56, 443
超対称性　55, 430, 441
超対称性粒子　442
超微細分離　180
直行行列　127
対消滅　24, 66, 263, 314
対生成　66, 263
強い力　19, 63
　——の結合定数　303
ツリーレベル　232, 283
ディラック　21
ディラックスピノル　243
ディラック方程式　21, 239, 245, 380
ディラックラグランジアン　379
テクニカラー　430
テバトロン　50, 429
デルタ関数　219, 261
電荷　14, 86, 437
電気双極子モーメント　162
電気力学　63
電子　13
　——の異常磁気モーメント　18
　——の海　22
電磁気力　63
電子-ミュー粒子散乱　263
電弱統一　360, 368
電子-陽子散乱　299
テンソル　102
伝播関数　228, 260, 328, 354, 396
トイモデル　226
同時の相対性　96
特殊相対論　63, 95
トップ　345
トップクォーク　49
トフーフト　236, 351
トムソン　13
トリチウムのベータ崩壊　423
トレース　268

トレース定理 270

な 行

内部対称性 125, 441
二体散乱 224
二体崩壊 223
ニュートリノ 26
——のヘリシティ 149
ニュートリノ質量 423
ニュートリノ振動 31, 417
ニュートリノ電子散乱 354
人間原理 444
ネーターの定理 125

は 行

場 18
バイスピノル 243
パイ中間子 21
パイ中間子崩壊 342
ハイパー荷 366
パウリ 25
パウリ行列 137, 243
パウリの排他原理 21, 130, 195
走る結合定数 72, 236, 284, 321, 442
走る質量 236
裸の結合定数 283
裸の質量 146, 235
八道説 36
発散 281
バーテックス 65
バーテックス因子 228, 260, 328, 397, 431
ハドロン 31
ハドロン化 294
ハドロン生成 293
ハドロン多重項 140
パートン 46
場の量子化 395
バーバー散乱 263
バリオン 19, 193
——の質量 204
バリオン数 34, 86
パリティ 146
——の破れ 148, 329
パリティ演算 150
パリティ不変性 147
パリティ変換 252
バーン 225
半減期 84, 339
反交換関係 316
反対称性 262

反物質 438
反変ベクトル 100, 240
反陽子 23
反粒子 23, 66, 245, 424
非アーベル群 391
非可換ゲージ場 308
微細構造定数 68, 174, 178, 321, 336
非相対論的量子力学 171, 239
非弾性散乱 213
ヒッグス機構 90, 360, 404, 407, 430
ヒッグスの結合 433
ヒッグスの崩壊比 433
ヒッグス粒子 53, 407, 430, 431
微分断面積 215
標準模型 51, 354, 407
ファインチューニング 442
ファインマン図 65, 218
ファインマン則 68, 218, 226, 259, 306, 395
フィッチとクローニンの実験 159
フェルミオン 130, 196
——の波動関数 130
フェルミ結合定数 334
フェルミの黄金律 218
フェルミのベータ崩壊の理論 335
物質優勢宇宙 438
負のエネルギー 244
プランク 15
プランクスケール 443
プランク定数 16
フレーバー 71, 87
——の固有状態 424
フレーバー対称性 138
プロカ方程式 239, 381
プロカラグランジアン 380
ベクトル 132, 137, 151
ベクトル結合 329
ベクトル場 385
ベクトルボソン 327
ベータ崩壊 24, 329
ヘリウム 15
ヘリシティ 148, 345, 361
——の固有状態 250
偏極 327
偏極ベクトル 257, 277
ペンギンダイアグラム 439
ボーア 15
ボーア準位 178
ボーア半径 175
崩壊 84, 211, 273
崩壊定数 343
崩壊比 85, 212
崩壊頻度 212, 225

索 引　　*471*

放射補正　179
ポジトロニウム　181
　　──の寿命　279
ボソン　130, 196
　　──の波動関数　130
保存則　86
ボトム　49, 345
ボトモニウム　188
ボルンの統計的解釈　241

ま 行

マクスウェル方程式　254, 381
マクスウェルラグランジアン　382
マヨラナニュートリノ　29, 424
ミューオニウム　181
ミュー粒子　21
　　──の寿命　334
ミュー粒子崩壊　26, 330
無限小変換　441
無色　200, 304
メラー散乱　263
モット散乱　263
モットの公式　273, 340

や 行

ヤン-ミルズ場　390
ヤン-ミルズ理論　386
有効電荷　319
湯川　19
　　──の中間子　32
湯川結合　408, 430
ユニタリー行列　127, 387
ユニタリー三角形　440
陽子　15
　　──の内部構造　299
陽子崩壊　91, 435
陽電子　22

横偏極　257, 407
余剰次元　443
弱い相互作用における微細構造定数　336
弱い相互作用の固有状態　424
弱い力　63

ら 行

ラグランジアン　377
ラグランジアン密度　378
ラザフォード　14
ラザフォード散乱　216, 263
ラムシフト　18, 179
リー群　126
立体角　215
リーとヤン　147
粒子の交換　19, 50
リュードベリの公式　177
量子色力学（QCD）　71, 185, 303
量子電気力学（QED）　64, 73, 177, 234, 239
ループ図　235
ルミノシティ　217
レプトニック崩壊　346
レプトン　19
レプトン数　87
レプトン数保存則　29
連続の式　254
ローゼン-ブルースの式　301
ローレンツ群　126
ローレンツ収縮　96
ローレンツ条件　256, 305, 327
ローレンツ不変　99
ローレンツ変換　96

わ 行

ワイル　150
ワインバーグ角　353

グリフィス 素粒子物理学

令和元年 9 月 15 日　発　行

訳　者　　花　垣　和　則
　　　　　波　場　直　之

発行者　　池　田　和　博

発行所　　丸善出版株式会社
　　　　　〒101-0051 東京都千代田区神田神保町二丁目17番
　　　　　編集：電話 (03) 3512-3265／FAX (03) 3512-3272
　　　　　営業：電話 (03) 3512-3256／FAX (03) 3512-3270
　　　　　https://www.maruzen-publishing.co.jp

Ⓒ Kazunori Hanagaki, Naoyuki Haba, 2019

組版印刷・製本／三美印刷株式会社

ISBN 978-4-621-30392-4　C 3042　　　　Printed in Japan

本書の無断複写は著作権法上での例外を除き禁じられています.